"十三五"国家重点出版物
出版规划项目

废物资源综合利用技术丛书

FEIJIU GAOFENZI CAILIAO GAOZHI LIYONG

废旧高分子材料
高值利用

刘明华　等编著

化学工业出版社

·北京·

本书对废旧高分子材料的资源高值利用做了较全面的介绍，共五篇。第一篇介绍了废旧高分子材料的发展概况、组成、结构以及国内外废旧高分子材料的高值利用；第二篇介绍了废旧塑料的产生、危害、分类、鉴别、前期处理、成型工艺以及各种废旧塑料的高值利用；第三篇介绍了废旧橡胶的种类、来源、再生橡胶的生产与应用、废旧橡胶的各种高值利用以及废旧轮胎的高值利用；第四篇介绍了废旧纤维的来源、分类、辨识、性能、前期处理以及高值利用技术；第五篇介绍了废旧高分子涂料的高值利用、废旧高分子胶黏剂的高值利用及其他高分子材料高值利用的概述等内容。

本书内容丰富，实用性强，可供能源、化工、材料、环境等相关领域研究人员、工程技术人员和管理人员使用，也可供高等学校再生资源科学与工程、环境科学与工程、高分子化学与物理、材料科学、化学工程及相关专业的师生参考。

图书在版编目（CIP）数据

废旧高分子材料高值利用/刘明华等编著. —北京：化学工业出版社，2018.1（2022.4重印）
（废物资源综合利用技术丛书）
ISBN 978-7-122-30676-0

Ⅰ.①废… Ⅱ.①刘… Ⅲ.①高分子材料-废物综合利用 Ⅳ.①X783.1

中国版本图书馆CIP数据核字（2017）第234375号

责任编辑：刘兴春 刘 婧　　文字编辑：李 玥
责任校对：王 静　　装帧设计：王晓宇

出版发行：化学工业出版社（北京市东城区青年湖南街13号 邮政编码100011）
印 装：北京虎彩文化传播有限公司
787mm×1092mm 1/16 印张28½ 字数697千字 2022年4月北京第1版第3次印刷

购书咨询：010-64518888　　售后服务：010-64518899
网 址：http://www.cip.com.cn
凡购买本书，如有缺损质量问题，本社销售中心负责调换。

定 价：198.00元

《废旧高分子材料高值利用》编著人员

编著者：刘明华　林兆慧　刘以凡　李小娟　刘志鹏　白生杰
林　立　张玉清　魏　鸣　张熔烁　陈菲儿　侯淑娜
黄思逸

FOREWORD

前言

随着科学技术的发展和生活水平的提高，高分子材料的应用给人类带来了巨大的便利，但是大量废旧高分子材料的出现也向人们提出了严峻的考验。被现代人戏称为“白色污染”的就是越来越多的废塑料膜、塑料袋及其他类塑料浅色制品的废弃物。废旧高分子材料具有产量大、化学结构稳定、不易降解等特点，如不对其加以资源化利用，既污染环境又浪费资源。对废旧高分子材料进行资源化再生利用，不仅能保护人类赖以生存的生态环境，同时又能实现其本身价值的回收利用，利于循环经济的发展。

为了促进废旧高分子材料高值利用技术的推广和应用，推动我国废旧高分子材料高值利用的持续发展，我们通过查阅历年来的相关研究成果并综合编著者在废旧高分子材料高值利用研究领域的心得，编著了《废旧高分子材料高值利用》一书，希望本书的出版能够给相关技术人员在从事废旧高分子材料高值利用工作时提供一定的技术指导和应用参考，给高等学校再生资源科学与工程、环境科学与工程、材料科学、化学工程、高分子化学与物理及相关专业师生提供参考。

全书共分为五篇。第一篇介绍了废旧高分子材料的发展概况、组成、分类以及国内外废旧高分子材料的高值利用现状；第二篇介绍了废旧塑料的来源、特性、鉴别、前期处理、成型工艺以及各种废旧塑料的高值利用；第三篇介绍了废旧橡胶的综合利用途径、胶粉及再生橡胶的生产与应用、废旧橡胶的热裂解技术以及废旧轮胎的高值利用；第四篇介绍了废旧纤维的来源、分类、辨识、前期处理以及涤纶、腈纶、锦纶和丙纶等各种废旧纤维的高值利用技术；第五篇介绍了其他废旧高分子涂料、胶黏剂等的高值利用。

本书主要由刘明华编著，林兆慧、刘以凡、李小娟、刘志鹏、白生杰、林立、张玉清、魏鸣、张熔烁、陈菲儿、侯淑娜、黄思逸等参加部分章节内容的编著。全书最后由刘明华统稿、定稿。在本书编著过程中参考了该领域部分图书、期刊及相关内容，在此向其原作者表示衷心的感谢。

由于编著者的专业水平和知识范围有限，虽已尽努力，但疏漏和不足之处在所难免，恳请广大读者和同仁不吝指正。

编著者

2017 年 6 月

CONTENTS

目 录

第一篇 绪 论

第1章 废旧高分子材料概述

第2章 废旧高分子材料高值利用概况

第二篇 废旧塑料的高值利用

第1章 废旧塑料概述

第2章 废旧塑料的前期处理

第3章 废旧塑料成型工艺

第4章 废旧塑料的高值利用

第5章 废旧聚烯烃塑料的高值利用

第6章 废旧聚氯乙烯塑料的高值利用

第7章 废旧聚苯乙烯塑料的高值利用

第8章 废旧工程塑料的高值利用

第9章 废旧热固性塑料的高值利用

第10章 泡沫塑料的高值利用

第四篇　废旧纤维资源高值利用

第五篇 其他废旧高分子材料高值化利用

第一篇
绪 论

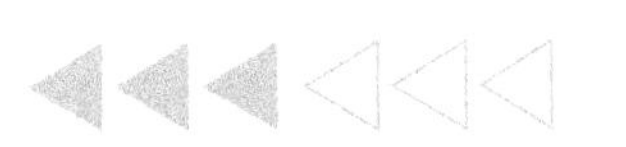

第 1 章

废旧高分子材料概述

高分子材料一般是指高聚物或以高聚物为主要成分，加入各种助剂，再经过成型的材料。高聚物的结构和性能对高分子材料的结构和性能起着决定性的作用。高分子材料属于高分子科学的范畴[1]。

功能高分子除继续延伸原有的反应功能和分离功能外，更重视光电磁功能和生物功能的研究和开发[2]。光电磁功能高分子材料，在半导体器件、光电池、传感器、质子电导膜中起着重要作用，是信息和能源等高技术领域的物质基础。在生物医药领域中，生物医用高分子材料不仅是组织工程的重要组成部分，还涉及药物控制释放和酶的固载，例如，胶束、胶囊、微球、水凝胶等。此外，具有热敏、光敏、离子敏、生物敏、力敏等功能的智能高分子材料的研究将成为 21 世纪材料科学的研究热点。

功能高分子材料的多样化结构和新颖性功能不仅丰富了高分子材料研究的内容，而且扩大了高分子材料的应用领域。

1.1 高分子材料的发展概况

与金属、陶瓷、玻璃、水泥等传统材料相比，高分子合成材料是 20 世纪才兴起的新型材料，但其在工农业、科技国防、日常生活等诸多领域中已经发展成为不可或缺的重要材料。远在几千年以前，人类就使用棉、麻、丝、毛等天然高分子作织物材料，直至 20 世纪 20～30 年代，还只有少数几种合成材料，而现在高分子材料的体积产量已经远超过钢铁和金属，在材料结构中的地位越来越重要，已与金属材料、无机材料并列[2]。

19 世纪中叶，开始发展天然高分子的化学改性，如天然橡胶的硫化(1839 年)、硝化纤维赛璐珞的出现(1868 年)、黏胶纤维的生产(1893～1898 年)。20 世纪初期，开始出现了第一种合成树脂——酚醛塑料，1909 年实现工业化。第一次世界大战期间，出现了丁钠橡胶。此后，醇酸树脂(1926 年)、醋酸纤维(1924 年)、脲醛树脂(1929 年) 也相继投入生产。

20 世纪 30～40 年代高分子工业化开始兴起，1935 年研制成功尼龙 66，并于 1938 年实现了工业化。与此同时，一批经自由基聚合而成的烯类加聚物也实现了工业化，如聚氯乙烯(1927～1937 年)、聚乙酸乙烯酯(1936 年)、聚甲基丙烯酸甲酯(1927～1931 年)、聚苯乙烯(1934～1937 年)、高压聚乙烯(1939 年)等。

20 世纪 40 年代，高分子工业以更快的速度发展。相继开发了丁苯橡胶(1937 年)、丁腈橡胶(1937年)、丁基橡胶(1940年)、不饱和聚酯(1942年)、聚氨酯(1942年)、氟树脂(1943年)、有机硅(1943年)、环氧树脂(1947年)、ABS树脂(1948年)等。由于原料问题，1940年开发成功的涤纶树脂直到1950年才实现工业化。聚丙烯纤维也在解决了溶剂问题以后，于1948～1950年才开始投产。

20世纪50～60年代，高分子发展更快，规模也更大，出现了许多新的聚合方法和聚合物品种，如高密度聚乙烯和等规聚丙烯(1953～1954年)、聚甲醛(1956年)、聚碳酸酯(1957年)、顺丁橡胶和异戊橡胶(1959年)、乙丙橡胶(1960年)以及SBS(苯乙烯-丁二烯-苯乙烯)嵌段共聚物(热塑性弹性体，1965年)、聚砜(1965年)、聚苯醚(1964年)、聚酰亚胺(1962年)等。

20世纪70～90年代，高分子材料的发展进入了新的时期。新聚合方法，新型聚合物，新的结构、性能和用途不断涌现。除了原有聚合物以更大规模、更加高效地工业生产以外，更重视新合成技术的应用以及高性能、高功能、特种聚合物的研制开发。新的合成方法涉及金属催化聚合、活性自由基聚合、基团转移聚合、二烯烃易位聚合、以CO_2为介质的超临界聚合以及大分子取代法制聚磷氮烯等。高性能涉及超强、耐高温、耐烧蚀、耐油、低温柔性等，相关的聚合物有聚对苯二甲酸丁二醇酯(1970年)、聚苯硫醚(1971年)、芳杂环聚合物(1970～1980年)、液晶高分子(1970～1980年)、梯形聚合物(1970～1980年)、非线性光学聚合物(1980～2000年)、聚磷氮烯(1980～2000年)、聚亚苯基亚乙烯基(1980～2000年)、遥爪聚合物(1980～2000年)等。还开发了一些新型结构聚合物，如星形和树枝状聚合物、新型接枝和嵌段共聚物、无机-有机杂化聚合物等。

21世纪是高度信息化、高度自动化、人类生活和医疗水平迅速提高的高新时代。高性能、高功能、复合化、精细化、智能化的高分子材料作为基础材料之一，扮演着不可或缺的角色[3]。

1.2 高分子材料的组成和分类

1.2.1 高分子材料的组成结构

高分子材料是由分子量较高的化合物构成的材料，包括橡胶、塑料、纤维、涂料和胶黏剂，高分子材料按来源分为天然高分子材料、半合成高分子材料(改性天然高分子材料)和合成高分子材料。人类社会一开始就利用天然高分子材料作为生活资料和生产资料，并掌握了其加工技术。如利用蚕丝、棉、毛织成织物，用木材、棉、麻造纸等。19世纪30年代末期，进入天然高分子化学改性阶段，出现半合成高分子材料。1907年出现合成高分子酚醛树脂，标志着人类应用合成高分子材料的开始。现在，高分子材料已与金属材料、无机非金属材料一样，成为科学技术、经济建设中的重要材料。

1.2.2 高分子材料的分类

回收利用废旧品的基础是先将其分门别类。

高分子材料按特性分为橡胶、纤维、塑料、高分子胶黏剂、高分子涂料和高分子基复合材料。

1）橡胶 橡胶是一类线型柔性高分子聚合物。其分子链间次价力小，分子链柔性好，在外力作用下可产生较大形变，除去外力后能迅速恢复原状。橡胶分为天然橡胶和合成橡胶两种。

2）纤维　高分子纤维分为天然纤维和化学纤维。前者指蚕丝、棉、麻、毛等；后者是以天然高分子或合成高分子为原料，经过纺丝和后处理制得。纤维的次价力大、形变能力小、模量高，一般为结晶聚合物。

3）塑料　塑料是以合成树脂或化学改性的天然高分子为主要成分，再加入填料、增塑剂和添加剂制得。其分子间次价力、模量和形变量等介于橡胶和纤维之间。

按合成树脂的特性可以将塑料分为两大类。一类是热塑性塑料，在软化点或熔点以上它可以反复受热加工成型，例如被称作四大通用热塑性树脂的聚乙烯、聚丙烯、聚氯乙烯、聚苯乙烯。另一类为热固性塑料，固化后的大分子形成三维网状结构。这类制品不能通过热塑而再生利用，一般通过粉碎、研磨作为填料使用。通用的热固性树脂为酚醛树脂、环氧树脂、氨基树脂、不饱和聚酯树脂等。

按物理力学性能及用途可将塑料分为通用塑料和工程塑料两大类。二者的主要差别在于前者模量低，后者模量高、机械强度大。一般通用工程塑料有 ABS、PA、PC（聚碳酸酯）、POM（聚甲醛）、PSU（聚砜），还有特种工程塑料如聚酰亚胺、PEEK（聚醚醚酮）等。

此外，还有阻燃型塑料、抗冲击型耐低温塑料、耐热型塑料等。

4）高分子胶黏剂　高分子胶黏剂是以合成天然高分子化合物为主体制成的胶黏材料。分为天然胶黏剂和合成胶黏剂两种。

5）高分子涂料　高分子涂料是以聚合物为主要成膜物质，添加溶剂和添加剂制得。根据成膜物质不同，分为油脂涂料、天然树脂涂料和合成树脂涂料。

6）高分子基复合材料　高分子基复合材料是以高分子化合物为基体，添加各种增强材料制得的一种复合材料。它综合了原有材料的性能特点，并可根据需要进行材料设计。

高分子材料按用途又分为普通高分子材料和功能高分子材料。功能高分子材料除具有聚合物的一般力学性能、绝缘性能和热性能外，还具有物质、能量和信息的转换、传递和储存等特殊功能。已实用的高分子材料有高分子信息转换材料、高分子透明材料、高分子模拟酶、生物降解高分子材料、高分子形状记忆材料和医用、药用高分子材料等。

1.3 废旧高分子材料高值利用的意义

从 20 世纪 30 年代高分子合成技术的出现到 60 年代先后实现高分子材料大规模的工业生产，与任何工业制品一样，其在生产和使用中也必然会出现大量的废弃物。在高分子材料中，产量占第一位的是塑料，其次是橡胶。据有关统计数据显示，2014 年中国塑料制品产量达 7387.78 万吨，与 2013 年同期相比增长了 19.38%。我国每年的废旧塑料回收量达 3000 万吨以上，每年还进口 800 万吨废塑料。如果利用不当或处理不好，废塑料就会成为“白色污染”之源。

诚然，与其他科技领域的发展一样，高分子材料的科技进步给人类带来了巨大的物质文明，但是大量废旧高分子材料的产生也向人们提出了严峻的考验。若不行之有效地解决“白色污染”（废塑料膜、塑料袋及其他浅色塑料制品的废弃物）和“黑色污染”（橡胶制品的废弃物），迟早会出现“白色恐怖”和“黑色恐怖”。可以郑重地说，回收、处理和利用这些废旧高分子材料已到了不可忽视的地步。

废旧高分子材料的回收利用至少有两个基本意义：其一是解决环境污染问题，保护人类赖以生存的唯一的地球；其二是充分利用自然资源。高分子合成材料的基本成分主要来自石油。与其他自然资源一样，从长远看石油等资源不会“取之不尽、用之不竭”。所以，与其说是回收废旧的塑料橡胶制品，不如称之为“可再利用的资源”。

第2章 废旧高分子材料高值利用概况

2.1 废旧塑料回收和利用概况

废旧塑料的回收和高值利用，是变废为宝和解决生态环境污染问题的重要途径。废旧塑料的回收和高值利用作为一项节约能源、保护环境的措施，受到世界各国的普遍重视。废旧塑料回收和高值利用方法主要包括分类回收、制取单体原材料、生产清洁燃油和用于发电等技术。一些新的废旧塑料高值利用技术已持续开发成功并推向应用领域。

Wrap公司的研究表明，塑料回收利用对减少二氧化碳气体排放有重要作用。生命循环分析表明，与埋地和焚烧而回收能量的替代方案相比，回收利用每吨塑料可避免产生约1.5～2t二氧化碳。

2.1.1 国外废旧塑料回收和利用概况

2.1.1.1 美国废旧塑料的回收和利用

美国是塑料生产大国。据统计，美国年生产塑料3400多万吨，废旧塑料超过1600万吨。美国早在20世纪60年代就已开展了对废旧塑料回收利用的研究，目前，回收利用的废旧塑料，包装制品占50%，建筑材料占18%，消费品11%，汽车配件5%，电子电气制品3%，其他占13%；按塑料原料品种分，所占比例分别为聚烯烃类占61%，聚氯乙烯占13%，聚苯乙烯占10%，聚酯类占11%，其他占5%。美国在20世纪末废旧塑料回收率达35%以上。其中，燃烧废旧塑料回收能源由20世纪80年代的3%增至18%，废旧制品的掩埋率从96%下降到37%。

塑料包装工业循环回收利用渐行渐近，已影响到食品和饮料制造商与零售商塑料瓶和包装的可持续发展，在某些情况下，循环回收服务已使塑料废弃物成为可持续发展的材料。例如，美国从事食品包装的PWP工业公司于2009年7月中旬宣布将建设第二套循环回收装置，据PWP工业公司测算，基于年处理能力8000万磅(1 lb＝0.4536kg)PETE塑料瓶，则新的循环回收利用装置将可减排二氧化碳6万吨、减少埋地22.63万立方米和节能7.8亿千瓦·时。2009年6月，PWP工业公司已在西弗吉尼亚州Davisville投产了8万平方英尺

($1ft^2=0.0329m^2$)的消费后塑料循环回收利用中心，这是北美自行运营公司投运的第一批之一。此后，PWP工业公司与可口可乐亚特兰大塑料循环回收利用公司一起，将PETE塑料瓶转化成食品和医药管理局(FDA)认可的食品级适用材料。

从事瓶用矿泉水的Native Waters公司已100%采用可生物降解塑料瓶，使用了ENSO可生物降解PET塑料。ENSO塑料瓶能保持现有PET塑料瓶相同的物性和强度，而比淀粉基PLA材料可降解塑料更稳定。美国环境设计顾问业务组织McDonough Braungart设计化学部(MBDC)于2009年1月13日授予沙伯创新塑料公司的Valox iQ PET聚酯树脂以环境绿色产品荣誉。Valox iQ PET聚酯树脂采用专有工艺用PET聚酯基聚合物制取，该树脂也使用了高达65%的消费使用后塑料废弃物，从而使其碳足迹比其他工程热塑性塑料要低50%～85%。Valox iQ PET树脂的应用包括家具、计算机和消费电子产品以及汽车部件。

2.1.1.2 欧洲废旧塑料的回收和利用

据位于布鲁塞尔的欧洲塑料制造和回收集团Plastics Europe、EuPC、EuPR和EPRO的统计，2007年欧洲塑料回收率第一次达到了50%，比上年提高了一个百分点。2007年欧洲塑料需求增长3%，需求量达到5250万吨，其中50%的塑料回收利用，20.4%循环回收，29.2%回收用作能量。

奥地利、比利时、丹麦、德国、荷兰、挪威、瑞典和瑞士的2007年塑料废弃物回收率均超过80%。

欧洲2007年市场上所有PET聚酯瓶回收利用率已达到40%，回收利用率比上一年提高20%。据欧洲PET聚酯瓶回收利用组织(Petcore)称，欧洲2007年收集量达到了113万吨。PET聚酯回收利用材料应用于制造纤维的吨位数增大，然而其在整个应用市场上所占份额从52%降低至47%。回收利用用于板材的吨位数增大，其所占份额增大到24%。而用于吹塑也继续增多，2007年占近18%。2007年PET聚酯回收利用用于捆带条的吨位数也强劲增长32%。向远东出口量维持所收集PET聚酯量的14%，但出口吨位数增长高达36%。

欧盟委员会于2006年9月强行通过一项法案，以提高回收塑料包装废弃物的目标比例。新法案把原先确定的回收15%塑料包装废弃物的目标提高至22.5%。根据欧盟统计数据，目前有5个国家(奥地利、比利时、德国、意大利和卢森堡)在这方面做得最好，已达到新法案的目标要求；执行状况最差而排在末尾的两个国家是葡萄牙和希腊，分别仅实现了9%和3%的回收目标。

据欧洲聚氯乙烯(PVC)2008年会议报道，2007年PVC消费后回收利用率提高到80%。2007年PVC消费后回收利用量14.95万吨，而2006年为8.3万吨。2007年回收利用量中窗框超过5万吨，管材为2.1万吨。

英国政府2008年5月初提出实施计划，到2020年所有牛奶包装的1/2用可回收材料。该目标是英国政府环境、食品和农业事务部确定的实施计划的一部分，被称为“牛奶路线图”(milk roadmap)。实施该计划后，CO_2、甲烷和氮氧化物排放比1990年减少高达30%。肉类和牛奶的生产估算占英国温室气体总排放量约7%。英国2007年每天生产136亿升牛奶，其中65亿升进入液体牛奶市场。Nampak公司已于2007年在中型规模内向市场推出其第一款可循环回收的HDPE牛奶瓶。据称，英国零售商出售的约80%牛奶采用塑料容器包装。经HDPE处理的塑料瓶100%可回收利用，表明可达到最大的可持续性，并实现有效地回收利用。2008年年底，Nampak公司使用了由政府资助的Wrap集团、牛奶供应商Dairy Crest公司、零售商M&S公司和从事回收利用技术的Nextek公司共同开发的工艺，在英国东北部建设了每年可处理 1.3 万多吨 HDPE 牛奶瓶的闭环回收利用装置。

意大利是目前欧洲回收利用废旧塑料工作做得最好的国家。意大利的废旧塑料约占城市固体废物的 4%，其回收率可达 28%。意大利还研制出了从城市固体垃圾中分离废旧塑料的机械装置。回收料加入一些新的助剂，可保证其具有足够的力学性能，用于生产垃圾袋、异型材和中空制品等。

欧洲 PET 聚酯生产商西班牙 LSB(La Sedade Barcelona)公司于 2008 年 5 月中旬宣布组建 PET 聚酯回收利用子公司。新的分部负责管理该集团在法国 Beaune 和 Perpignan、意大利 Acerra 和西班牙 Balaguer 的 4 套装置。LSB 公司已在前三年内通过发展和收购建立了 PET 回收利用业务。2007 年，LSB 公司取得西班牙 RPB(Recuperacionesde Plasticos Barcelona)公司的回收利用业务，在 Balaguer 拥有年处理能力 7000t 的装置，2007 年年底又增设第二条生产线。2007 年 10 月，LSB 收购法国 Beaune 装置，作为收购澳大利亚 Amcor 公司在欧洲业务的一部分。另外，2009 年 LSB 投资 200 万欧元在法国南部 Perpignan 建设回收利用新装置。至此，LSB 公司循环回收利用其生产 PET 的 10%以上，目标是今后几年内使每年回收利用能力达到 14 万吨。LSB 公司将致力于 PET 聚酯 100%回收利用并实现 CO_2减排。

据统计显示，2008 年欧洲塑料回收率已达到 54%，2009 年欧洲塑料需求量增长至 5280 万吨，其中有 50%的塑料被回收利用、20.6%循环回收、29.5%回收用作产能。奥地利、比利时、丹麦、德国、荷兰、挪威、瑞典和瑞士 2009 年塑料废弃物回收率均超过 82%。从欧盟 27 个成员国和 2 个非成员国的统计数据来看，2008 年欧洲塑料废弃物总量约为 2490 万吨，其中 63%来自塑料包装。欧盟非常重视废塑料的回收和利用，目前欧洲国家多数市民都能自觉地将包装废弃物分类。

欧洲 2009 年市场上所有 PET 聚酯瓶回收利用已达到 52%。据欧洲 PET 聚酯瓶回收利用组织称，欧洲 2009 年收集量达到了 150 万吨。PET 聚酯回收利用材料应用于制造纤维的吨位数增大，回收利用用于板材的吨位数增大，其所占份额提高到 27%。而用于吹塑的占比也继续增多，2009 年占近 20%。向远东出口量维持所收集 PET 聚酯量的 14%，但出口吨位数增长高达 36%。欧洲包装和包装废物导则要求欧盟大多数成员国 2008 年应至少回收塑料包装 22.5%，目标是到 2020 年从家庭来源回收利用或再利用塑料比例增加到 50%。

为保证塑料行业的可持续发展，必须在塑料生产商、加工商、零售商及回收厂之间建立联合的国家行动计划。例如，生产商需要保持塑料的良好形象，加工商应提高产品质量，零售商通过塑料袋交换方案加强与顾客的联系，回收商进行回收利用等，通过提高塑料袋责任使用来改善行业形象，实现双赢。此外，不同的废塑料品种的循环利用方式也不尽相同，有的可以送到工厂再加工，有的可用作堆肥，有的可用来转换成能源，有的可以进行生物降解等。

据了解，欧洲 PET 废塑料回收收益比塑料制品生产和回收过程中的排放高出 5～9 倍；预计到 2020 年，使用塑料的收益比生产和废弃物管理带来的排放之和高出 9～15 倍。

2.1.1.3 其他国家废旧塑料的回收和利用

日本是塑料生产第二大国，而且能源短缺，所以对废旧塑料的回收利用一直持积极态度。日本废旧塑料回收利用工作做得较好，据日本“废旧塑料管理协会”统计，2003 年日本 1020 万吨废旧塑料中，52%(530 万吨)回收利用，其中包括 2%用作化工原料、3%用作再熔化固体燃料、20%用作发电燃料、13%用于焚烧炉热能利用。日本在混合废旧塑料的开发应用方面也处于世界领先地位。三菱石油化学株式会社研制的 Reverzer 设备可以将含有非塑料成分(如废纸)达 2%的混合热塑性废旧塑料制成栅栓、排水管、电缆盘、货架等各种再生制品。

据巴西 PVC 协会称，与欧洲国家相比，巴西塑料回收缺少政府介入，但巴西的塑料回收量却很高，巴西的塑料回收率已从 1998 年的 9.5%提高到 2006 年的 17%。近年来，巴西废塑料回收率呈逐年上升趋势，其中以废塑料瓶最为显著。2011 年，巴西全国共产生废 PET 塑料 51.5 万吨，回收 29.4 万吨，回收率高达 57.1%。而美国当年的回收率不到 30%，欧盟也尚未过半。

2.1.2 国内废旧塑料回收和利用概况

我国塑料工业是国民经济的支柱产业之一，目前我国已步入世界塑料大国的行列。据 2012 年不完全统计，中国废旧塑料年产生量约 3000 万吨，我国已经成为全球最大的废旧塑料市场和再生利用国，同时也是全球废旧塑料进口量最大的国家。

塑料具有耐腐蚀、不易分解的特性，尤其一次性塑料包装废弃物、塑料农地膜被随意丢弃而造成的视觉污染，以及废塑料对环境造成的潜在危害，已成为我国社会各界关注的环境问题。它的这一特性及其在垃圾中质量轻、体积大，决定了它的最终处置不宜填埋，且它又是热值很高的大分子材料，回收利用符合我国可持续发展的基本国策，也能充分利用其价值，节约资源，保护环境。

随着我国塑料工业的不断发展，废弃塑料再生利用越来越成为我国资源再生和环境保护事业的一个重要方面[4]。目前，全国各地已形成大大小小的废塑料加工、经营集散地十几处，交易额大都在几亿元以上，呈蓬勃发展之势，为农村富余劳动力提供了就业、致富的门路。但是在一些地方由于设备简陋和对塑料了解甚少，存在资源浪费和二次污染，所以，对废塑料回收利用的综合治理成为一个迫切的问题。需要政府有关部门结合当地实际情况同有关专业协会共同合理规划并配以正确的指导措施，达到综合治理的目的。

我国塑料加工工业协会廖正品借鉴国外的经验，结合我国国情，提出“塑料工业和环境保护协调发展是塑料工业可持续发展的一项重要战略”和“回收利用为主，替代为辅，区别对待，综合防治”的科学决策。废塑料的回收加工技术并不复杂。近几年，我国在废塑料回收利用机械设备的研制开发上已经取得了重大成效，目前我国已经能够自己制造出各种聚乙烯、聚丙烯废膜回收生产设备，塑料破碎机，回收造粒机组(包括排气式挤出造粒)，切粒设备，而且拥有简单、适用、自动化程度较高、投入不大等特点，甚至有些还具有独创性。

当前，我国废塑料回收利用技术发展基本成熟，人力资源丰富，从事废塑料回收加工的人们积极性高，市场需求大且稳定，这项事业已经在全国各地如火如荼地进行着，如果加强管理，对该行业产业实施减免税的扶持政策，将会有很好的前景。

2.2 废旧橡胶回收和利用现状

橡胶制品的种类很多，其中橡胶轮胎占橡胶制品总量的多数。据估计，约 70%的天然橡胶和合成橡胶消耗在生产车辆轮胎上。轮胎是一种高性能的复合产品，在轮胎的胎体、胎面、胎面基部、内衬层、胎圈、白胎侧等构件中使用了 5 种不同类型的烃类弹性体和若干种不同种类的炭黑补强剂。因此，废旧轮胎被称为“黑色污染”，其回收和处理技术是一项世界性研究课题，同时也是环境保护的难题。

2.2.1 国内废旧橡胶回收和利用现状

虽然我国橡胶制品总产量与工业发达国家相比差距很大[5]，但是我国橡胶工业发展速度很快，废橡胶的再生利用率高，年生产再生胶比例名列前茅。我国废橡胶的利用主要是对废轮胎的利用，一是加工后生产再生胶和胶粉，二是旧轮胎翻修利用。据统计，2003 年全国橡胶消耗量为 310 万吨，产生的废橡胶量约为 200 万吨，利用量为 130 万吨，其利用率为 65%。2008 年，我国橡胶消耗总量约 550 万吨，同年产生的废旧橡胶量达 350 万吨。2010 年，我国共生产 440 万吨再生橡胶，相当于为橡胶工业提供了 70 多万吨天然橡胶，同时处理了 500 多万吨废橡胶。据测算，废轮胎中含有 22%～24%的尼龙等合成纤维，可加工成塑料制品；16%～24%的钢丝是优质弹簧的原料；58%～60%的橡胶混合物，可制成再生胶的胶粉，用于橡胶制品、建设道路等。当前我国废旧橡胶的回收利用正好与国外相反，国外大多以生产胶粉为再生利用的主要手段，生产再生胶为辅，而我国则以生产再生胶为主，约占全国废橡胶利用总量的 90%。胶粉工业刚刚起步，胶粉所占比例仅为再生胶的 2%，且基本上是生产粗胶粉。同时，我国对再生胶和胶粉的后续加工利用，没有普遍展开。其他在直接利用或改性利用方面也比发达国家少得多[6]。

另外，从美国、日本等发达国家废轮胎的利用渠道分析，旧轮胎符合翻新条件的，首先进行翻新，一般都翻新 3～5 次，不能翻新的才进行其他利用。而我国翻胎业落后，大量新胎为一次性用品。特别是我国废橡胶的再生利用，多数工厂规模较小，布局分散，管理粗放，污染严重。同时产品质量不稳定，生存发展缺乏后劲，导致了新的资源浪费。

2.2.2 国外废旧橡胶回收和利用现状

一般认为，橡胶制品的产量约为消耗生胶产量的 2 倍。在生胶产量中，天然橡胶约占 30%，合成橡胶占 70%。统计资料表明，20 世纪 80 年代中后期的废橡胶产生量约占当年橡胶制品产量的 40%～45%，而废橡胶的回收量在废橡胶产生量的 50%以下。

20 世纪 80 年代初期，世界年均生胶总消耗量为 1550 万吨左右，年生产橡胶制品 3100 万吨，其中 50%为轮胎，其余制品为胶鞋、胶管、胶带等。20 世纪 80 年代后期，世界各国所产生的废橡胶已超过 1300 万吨，美国橡胶制品年产量约 500 万吨，其中轮胎为 300 万吨，每年报废轮胎量约为 2 亿条；此外，每年还产生工厂废橡胶(即边角料等)约 45 万吨，年均再生处理废橡胶量占 20%，被堆存量为 60%。其中大量的废橡胶作为工业锅炉、热电厂的燃料，回收部分能量。日本每年产生的废橡胶量约为 96 万吨，其中废轮胎约 5000 万条，废轮胎占废橡胶的 60%，废胶管、胶带及工业杂品占 17%，其余为废胶鞋、电缆等。日本再生利用废橡胶中 37%废轮胎被制成再生胶或胶粉，13%翻新为轮胎。

20 世纪 90 年代以后，美国、英国、德国、澳大利亚、加拿大和日本等国相继建成了废轮胎低温粉碎工厂，将废橡胶制成精细胶粉或超细胶粉，其粒径为 30～60μm。国外废橡胶利用重点已从再生胶转向制造胶粉和开辟其他领域。

在美国，胶粉已占废橡胶利用量的 8.9%，大大超过再生胶。通过共同努力，美国境内废旧轮胎存量已减少许多，90%以上的废旧轮胎回收利用，主要用于生产胶粉、再生胶和热能利用。美国橡胶生产商会在报告中称，2010 年，美国产生的废轮胎已有 91%得到重新利用。据美国《橡胶世界》报道，废轮胎胶粉用来制备体育场和游乐场橡胶地板，是废轮胎回收利用增长最快和用量最大的两种用途。在这两个应用领域，美国每年大约要消耗掉1300万条废轮胎。美国生产胶粉是用常温或低温粉碎等方法，研究人员2002年参照粉末冶金的原理，以胶粉为原料，在不添加任何助剂的情况下，借助于高压直接压制出模压橡胶制品，制品性能可达到原来的35%～40%。利用胶粉生产各种橡胶制品，如鞋底、垫片、地砖、黏合剂、电气绝缘件、运输带、防水建材、农用节水渗管、消声板、水管、包装材料、涂料、窨井盖、游泳池护缘、橡皮擦等各种产品。

英国PYReco公司开发的废旧轮胎热解闭环回收利用技术获推广应用。PYReco公司于2008年11月与世界领先的特种矿物加工工程承包商之一、芬兰Metso公司旗下的Metso矿物公司签署协议，到2010年年底建成废旧轮胎连续化热解装置并投入运行。这一开发项目可使废旧轮胎再返回成为制取新轮胎适用的材料。

加拿大安大略省在全省范围内推行一项轮胎回收计划，旨在赋予废旧轮胎第二次生命。据统计，该省居民每年至少扔掉1200万条废旧轮胎，其中只有1/2被回收利用，而其余部分被送到加拿大的其他省份，作为水泥厂的燃料。加拿大的加工设施可以处理巨型轮胎，巨型轮胎不需要切成小块再投进去分割，设备可以一次性将巨型轮胎直接投进去破碎，在废橡胶生产设备方面已经形成自动化生产线。

2.3 废旧纤维的回收和利用概况

目前，生产再生胶和废胶粉已经是废橡胶再生利用的主要途径，且该过程产生了大量的废纤维。据统计[7]，20世纪80年代中期，我国每年产生废胶量达70万～80万吨，20世纪末突破100万吨。目前，我国再生胶的年产量为20万吨以上。在再生胶的生产过程中，一般至少产生5%的废纤维，这样每年的废纤维的产量约为1万吨(不包括废胶粉生产中产生的废纤维)。由于技术、经济及其他原因，作为第二产物的废纤维的再生和利用常被人们忽视，大部分厂家采用焚烧法将其处理掉。然而，通过焚烧法处理废纤维，在能源紧张的今天并非明智之举。实验证明，尽管废橡胶再生过程中废纤维已遭到一定程度的破坏，但它仍具有一定的机械强度，特别是合成纤维，仍具有弹性好、耐磨性高、耐介质性能优良等特点。虽然这些废纤维表面沾有污物，同时又混杂一定量的碎胶渣和胶粉，但是通过适当的工艺处理，完全可以发挥其潜在的利用价值[8]。

废旧纤维及其制品可由多种途径和方法进行回收利用：再生胶厂的废短纤维因粘有部分废橡胶可直接加工成再生板材或采用适宜配方制防水油毡；回收的废天然纤维可以造纸；合成纤维的废弃物可热解回收有机化工原料；如果将废纤维作为增强骨架材料，则可以用于制备弹性体、再生胶、热塑性树脂、废旧热塑性塑料回收料、橡塑共混物、微发泡制品等[9]。

回收利用废旧纤维，首先应区别其种类，然后进行分拣，以便合理地利用。国内对纺织纤维制品的回收处理，过去主要是采取分类回收处理的办法。即按棉、毛、丝、麻将其回收分类，然后回用于纺纱、织布。鉴于废弃纺织纤维质量状态存在的差异性，对其处理的方式可分为再加工利用和弃置两种。再加工利用是指利用机械对废弃纺织纤维进行切割、开松、除尘、梳理以获得纤维状物质。弃置的废弃纺织纤维可以传统的方式进行掩埋，也可以焚烧的方式作为热源使用。废旧纺织纤维及其制品可由多种途径和方法进行回收利用。回收的纤维可以作为纺织原料、造纸、制造纤维素衍生物，还可以用来制造无纺布等。

参考文献

[1] 赵书兰．高分子材料．哈尔滨：哈尔滨船舶工程学院出版社，1994.
[2] 贾红兵，朱绪飞．高分子材料．南京：南京大学出版社，2009.
[3] 黄澄华．展望高分子材料在世纪转换年代的发展和作用．化工进展，1995(3):1-10.
[4] 梁旭．节约型社会建设与政府决策选择．北京：中国政法大学出版社，2006.
[5] 陈占勋．废旧高分子材料资源及综合利用．北京：化学工业出版社，2007.
[6] 钱汉卿，徐怡珊．化学工业固体废物资源化技术与应用．北京：中国石化出版社，2007.
[7] 范仁德．废橡胶综合利用的现状及发展方向．金属再生，1989(2):56-62.
[8] 张立群，刘力．废纤维的回收利用．合成橡胶工业，1996(4):199-200.
[9] 黄发荣．高分子材料的循环利用．北京：化学工业出版社，2006.

第二篇
废旧塑料的高值利用

第 1 章

废旧塑料概述

1.1 废旧塑料的来源、特性及危害

塑料是一个时代的产物。塑料的发现与发展得益于化学科学与工程的发展，尤其得益于有机高分子科学技术的发展。塑料的出现令人兴奋，它的优良性能和广泛用途促使人们大力发展塑料业。不断开发新品种、连续扩大生产规模、广泛扩展应用范围，直至如今塑料产品琳琅满目，塑料废弃物铺天盖地，以至达到地球环境难于承受而出现“塑料公害”。塑料的发展是科学技术发展的必然结果，而白色污染则源于人们经济发展战略的失误。因此可以说，塑料的发展史是人类盲目发展经济而引起资源与环境危机的典型范例[1]。

2015 年，全球聚乙烯(PE)、聚丙烯(PP)、聚氯乙烯(PVC)、聚苯乙烯(PS)和丙烯腈-丁二烯-苯乙烯树脂(ABS)五大合成树脂新增产能 1120 万吨/年，总产能达到 2.77 亿吨/年，需求量为 2.16 亿吨，装置平均开工率维持在 78.2%，产能增长集中在聚烯烃产品。我国是世界五大合成树脂主要消费国之一，受世界经济复苏和我国经济继续高速增长的影响，我国合成树脂消费量保持较快增长，内需增长和出口恢复是拉动合成树脂消费增长的主要原因。

塑料从树脂合成、成型加工到消费使用，涉及的范围很广，所以其来源也很复杂。一般把合成、加工时产生的塑料废料叫消费前塑料废料或工业生产塑料废料(preconsumer or industrial plastics waste)；而把消费使用后的塑料废弃物称为消费后塑料废料(postconsumer plastics)。消费前塑料废料产生的量相对较少，易于回收且回收价值大，所以一般其回收工作由生产工厂自己即可完成。我们通常所说的废旧塑料，主要是指消费后塑料，这也是本书的重点。

包装塑料大部分最终以废旧薄膜、塑料袋和泡沫塑料餐具等形式被丢弃在环境中，散落在农田、市区、风景旅游区、水利设施和道路两侧，从而对环境造成严重的视觉污染并对生态环境造成潜在的危害[2]。如在聚氯乙烯(polyvinyl chloride)中，邻苯二甲酸酯(phthalic acid esters，PAE)作为添加剂的使用量达到了 35%～50%，PAE 具有一般毒性和特殊毒性(如致畸、致突变性或具有致癌性)，尤以造成人体生殖功能异常、男性精子数量减少而最受关注，在人体和动物体内发挥着类雌性激素的作用，干扰内分泌[3]。有研究表明，在陆地，一些反刍类动物(如牛、羊等牲畜)和鸟类因吞食草地上的塑料薄膜碎片，它们在肠胃中累积，造成肠梗阻乃至死亡的事例已屡见不鲜，如在北京从一只死亡奶牛的胃中清出的塑料薄膜竟有 13kg[4]。

随着塑料应用领域的拓宽和使用量的急剧增加，废旧塑料污染即白色污染问题已越来越为社会所关注。各国纷纷投入大量的人力、物力解决白色污染问题，并取得了初步的成效。目前解决白色污染的措施主要集中在两个方面：一方面是从技术方面进行开发研究，以期获得不可降解塑料制品的可替代产品和对废旧塑料制品的综合回收再利用；另一方面是从宣传法律、经济政策方面进行调控，利用法律法规的强制力和市场经济的杠杆作用把废旧塑料对环境的危害降到最低点。下文将从技术研发和政策调控两个方面分别进行阐述[5]。

1.2 废旧塑料的高值利用

废旧塑料的回收循环利用符合固体废物处理的减量化、无害化和资源化的原则，为国家节约资源，缓解国内塑料原料供需矛盾。数据表明，塑料总量约70%～80%的通用塑料在10d内转化为废弃塑料，其中有50%的塑料将在2d内转化为废弃塑料。目前欧洲塑料平均回收率在45%以上，德国甚至达到60%，而我国的塑料回收率仅在20%左右。将废旧塑料回收加工，循环生产，同时减少对石油等原料的消耗，降低塑料成品价格，具有强大的市场潜力。

填埋法是目前世界上最常用的垃圾处理技术，但废旧塑料在填埋过程中并不降解，且影响土质结构，使地基松软，垃圾中的细菌、病毒等有害物质很容易渗入地下，污染地下水，危及周围环境。因此，可采用焚烧、简单再生、化学循环利用等方法对废旧塑料进行高值利用。

1.2.1 焚烧

焚烧是通过高温燃烧，减少废旧塑料，并将其变成惰性残余物。焚烧回收能量曾一度被看作是处理废塑料的理想方法，因为这些聚合材料的发热值完全可以和燃油相比：聚乙烯和聚苯乙烯的燃烧热高达46000kJ/kg，超过燃料油平均值44000kJ/kg。但焚烧处理过程中，大多不能完全燃烧，从而对环境产生严重的二次污染。焚烧废旧塑料可排放出有毒物质如多环芳烃(PAHs)、二噁英、呋喃(furan)等。另外，废旧塑料焚烧后会产生镉、铅等重金属，也会对生态环境产生重大影响。

废塑料焚烧利用热能的过程中，关键技术是燃烧和排烟处理。目前，各国都在开发控制焚烧二次污染的技术，例如美国开发了RDF技术(垃圾固体燃料)，将废弃塑料与废纸、木屑、果壳等混合，既稀释了含氯的组分，又便于储存运输。但是其设备昂贵，不宜推广；目前日本开发了移动床气化炉，工艺采取气化加高温熔融焚烧，这种焚烧炉可从根本上解决二噁英和重金属污染的问题。日本研究了水泥回转窑喷吹废旧塑料技术，并成功地将废塑料代煤的比例提高到55%；德国和日本还开发了高炉喷吹废塑料炼铁技术，在把废塑料用于高炉喷吹代替煤、油和焦方面取得了良好效果。

1.2.2 再生

填埋和焚烧是处理废旧塑料较常采用的方式，但是这两种方式都容易对环境造成严重的污染，而采取净化处理的设备设施又价格昂贵。再生塑料主要是指消费后可循环利用的塑料，因其使用寿命结束后经过回收、集中、分类、处理后获得再生价值，实现循环利用。

(1) 塑料的鉴别分离

对废旧塑料进行处理的前提是对塑料的回收分离分选。在我国，造成废旧塑料回收率低的重要原因是垃圾分类收集程度很低。由于不同的废旧塑料的熔点、软化点相差较大，为使废旧塑料得到更好的再生利用，最好分类处理单一品种，因此对废旧塑料的鉴别分离是废旧塑料回收的重要环节。

1）塑料的鉴别　废旧塑料的传统鉴别技术有外观鉴别法、燃烧鉴别法、溶解鉴别法和密度鉴别法等。而利用先进的设备仪器，又发展出了近代鉴别技术，包括热分析鉴别法、中红外线(MIR)光谱鉴别法、近红外线(NIR)光谱鉴别法、激光发射光谱分析(LIESA)鉴别法和X射线荧光(XRF)鉴别法等。

2）塑料的分离　对于小批量的废旧塑料，可采用人工分选法，但效率低，成本高。目前，国外开发了多种分离分选的方法。这些分离方法可分为仪器识别与分离技术、水力旋分技术、溶剂分离技术、浮选分离技术、静电分离技术和熔融分离技术。

(2) 再生技术

1）熔融再生技术　熔融再生是将废旧塑料加热熔融后重新塑化。熔融再生是通过切断、粉碎、加热熔化等工序对废旧塑料进行加工的循环利用技术，是目前处理废旧塑料的重要途径。

2）化学循环利用技术　自20世纪90年代以来，世界各国，尤其是西方工业发达国家在废旧塑料的循环利用方面获得了迅速的发展，其中化学循环利用是近期研究开发的热点领域之一。它指的是在热和化学试剂的作用下高分子发生降解反应，形成了低分子量的产物，产物可进一步利用。目前化学循环的主要方法有热裂解和气化等技术。

① 热裂解。热裂解是指塑料在无氧条件下高温(>700℃) 进行裂解。随着裂解反应研究的不断深入，热裂解已经成为目前研究较多和已较多用于生产的化学深加工方法。裂解的产品一般分为两种：一种是化工原料(如乙烯、丙烯、苯乙烯等)；另一种是燃料(如汽油、柴油、焦油等)。

制取化工原料是在反应塔中加热废塑料，在沸腾床中达到分解温度，一般不产生二次污染，但技术要求高，成本也高[6]。C. Bonnans-Plaisance 报道了采用间歇式反应器，将废旧塑料放进外热式热降解反应器内，升温后，废旧塑料在一定温度下裂解，生成小分子的气态烃，并通过冷凝器收集。

通过裂解，将废旧塑料制为化工原料和燃料，是资源回收和避免二次污染的重要途径。美国、日本、德国都有大规模工厂。我国在北京、西安等地也建有小规模的废旧塑料油化厂，但是目前尚存在许多亟待解决的问题，如废塑料导热性差，塑料受热产生高黏度融化物，不利于输送；废旧塑料中含有PVC导致HCl产生，腐蚀设备，并使催化剂活性降低；生产中的油渣目前还没有较好的处理办法；等等。仍需要进一步吸收现有成果，攻克技术难点。

② 气化。气化是将废聚合材料在高温(>1500℃)裂解成一氧化碳(CO)、二氧化碳(CO_2)、氢气(H_2)，作为有机物合成材料，用于合成甲醇(methanol)、尿素(carbamide)等工业产品。这种技术的优点在于能将城市垃圾混合处理，无需分离塑料，但操作温度非常高。德国 Espag 公司的 Schwaize Pumpe 炼油厂每年可将 1700t 废塑料加工成城市煤气。RWE 公司计划每年将22万吨褐煤、10万吨塑料垃圾和城镇石油加工厂生产的石油矿泥进行气化。德国的 Hoechst 公司采用高温 Winkler 工艺将混合塑料气化，再转化成水煤气作为合成醇类的原料。

另外，目前也有人采用超临界油化法对废旧塑料进行油化处理。

3）二次加工利用技术　对废旧塑料进行二次加工，可制成复合材料、木塑材料、建筑材料等多种具有优良性能的材料。

目前各国都开发出了对废旧塑料的综合利用技术，有些技术甚至已经达到工业化的规模。但是，对废旧塑料的大规模分类回收和分离，以便为废旧塑料的再利用提供优质的原料成为目前废旧塑料能够高效再利用的难点。而对废旧塑料的分类回收不仅仅依靠技术的进步，更需要各国及地方政府的政策支持和对经济杠杆的运用。

1.3 政策及综合治理

2000 年 4 月 23 日国家经贸委发出《关于立即停止生产一次性发泡塑料餐具的紧急通知》，要求所有生产企业立即停止生产一次性发泡塑料餐具。2001 年又先后三次以通知、紧急通知等形式，要求各地政府和有关部门加强执法力度，立即停止生产和使用发泡塑料餐具。据中华人民共和国商务部流通业发展司发布的《中国再生资源回收行业发展报告 2016》显示，截至 2015 年年底，我国废塑料回收总量约为 1800 万吨，相比于 2014 年的回收总量 2000 万吨同比降低了 10%，而 2014 年比 2013 年同比增长了 46.4%。2015 年废塑料进口 735.4 万吨，较 2014 年同比降低了 10.9%。而 2014 年较 2013 年同比增长了 4.7%。

1.3.1 问题

（1）技术投入不足

目前，取代不可降解塑料的材料和废旧塑料的回收再生技术仍未能够得到广泛的市场应用，由于在技术的产业化方面还存在相当多的问题，需要进一步加大研发投入。

（2）缺少全国性法规

防治白色污染不能只靠企业或个人的自觉性，应有强制性措施，约束人们的行为。我国虽然各部门和地方出台了相关的政策规定，但是在我国现行的法律、法规中目前还没有一部专门防治“白色污染”和包装废弃物的法律文件。

（3）缺少相关经济政策，促进技术转化和环保产业发展

我国的杭州、武汉等城市颁布了有关政策、法规，禁止销售、使用不可降解的一次性餐具，并对违反者予以罚款等措施。从实际执行效果来看，往往存在“重罚轻管”的问题：一方面只注重罚款，缺乏对造成环境污染的责任追究；另一方面只注重末端治理，忽略了包装产品整个生命周期的全过程监管。在市场经济条件下，仅靠行政命令，不考虑经济杠杆的调节作用，操作起来是很困难的。而上海市利用经济杠杆治理白色污染的举措，就取得了比较好的效果。

（4）管理工作与环保宣传

在治理白色污染的管理方面，目前的情况是：一方面思想上不统一，相当多的地区对白色污染的危害性认识不足，防治白色污染问题还没有提上议事日程；另一方面管理力度不够，在城市街道和旅游区的配套设施不健全，繁华路段的垃圾箱密度太低，没有设置分类垃圾箱等。

城市居民的环保观念虽然比前几年有所提高，但废旧塑料包装物乱丢乱弃的行为仍随处可见。媒体缺乏对居民日常行为的引导教育，而塑料包装的生产、经营者也缺乏履行对废旧塑料回收利用的内在动力。

1.3.2 治理对策

（1）立足循环经济，加大研发投入

21 世纪是发展循环经济的时代，世界上许多国家都正在建立循环经济体系。我国资源的人均占有量在世界上处于很低的水平，发展循环经济，促进我国人口、资源、环境与社会经济的可持续发展是一项十分艰巨和长期的任务。由于我国生产和消费塑料量巨大，所以对废旧塑料的循环利用是循环经济的重要组成。所以，我们必须以立足循环经济为原则，以宣传教育为先导，以强化管理为核心，加大技术投入，以推广回收再生技术为主，并且重视可降解塑料的研究与开发，实现资源的循环利用。

在目前尚无可靠的塑料降解技术的条件下，发挥各种处理方法的优点，将多种处理、回收利用技术联合应用是实现废塑料减量化、无害化、资源化的有效途径，而先进高效的分类、分选技术设备是废旧塑料得以综合利用的基础。环境中的废塑料成分复杂，常常混有金属、沙土等其他垃圾，因此不仅应将塑料从杂物中分离出来，同时，不同种类的废旧塑料也应归类才能满足回收利用的要求。加强分选技术的研究开发和引进适合我国国情的国外先进分选设备，是现阶段废旧塑料综合治理、防治“白色污染”的根本出路。

（2）运用经济杠杆，制定适当的政策法规

制定适当的经济政策，建立在市场经济条件下消除“白色污染”的良性运作机制。体现“污染者付费”的原则，要求产生废物者自行回收利用，不能自行回收利用的企业或个人要交纳回收处理费，用于对回收利用者的补偿，并对塑料包装物的使用采取相应的征税制度，以经济杠杆减少塑料包装物的使用量。放开市场，鼓励所有有条件的社会机构与个人参与塑料的回收，参与市场竞争；放开价格，在回收行业某一段时间废品回收指导价格的指导下，由废品销售者和回收者按行情和个人意愿决定销、购价格。运用经济手段，鼓励和促进废旧塑料包装物的“减量化、资源化、无害化”。对所有参加回收工作的社会机构和个人进行资格认定和注册登记，严防无证经营废品回收；建立跨部门的覆盖全回收领域的规则，促使回收业进入有序、公平竞争的轨道。

（3）加强宣传教育

统一思想，强化管理。尽快制定颁布国家防治白色污染的有关法规，明确生产者、销售者和消费者对于回收利用废旧塑料包装物的义务和责任。对塑料包装物的生产经营和消费等环节，分别制定具体的控制措施和引导政策，控制不易回收利用的废旧塑料包装物的产生量。

加强对白色污染危害性的宣传，提高公民的环境意识和道德修养，引导和教育市民从自身做起，自觉减少塑料袋使用以及分类丢弃。

伴随着我国塑料工业的快速发展，塑料材料的使用对环境带来的负面影响日益加剧。在废旧塑料的数量、种类急剧增长的今天，我们应从充分利用地球上有限资源的角度，大力做好废旧塑料回收及再生利用的工作，努力做到塑料工业与环境保护协调发展。然而，废旧塑料回收再利用市场发展表明，废弃塑料再生利用不单纯是技术和经济问题，一方面需要研究废旧有机高分子材料再生利用技术，提出现行废塑料再生工艺的改进方法，在解决与处理技术的基础上，借鉴国外先进经验，研究推广适合我国国情的废塑料再生技术，以提高产品性能和质量；另一方面需要建立起全社会全方位科学合理的综合回收处理体系，需要政府有关部门和行业协会有效配合制定相关条例加以保证。培育一些对行业发展有示范作用的规模化企业和规范的加工交易市场应当成为工作重点，特别是要注意回收过程的集中化和处置过程的规范化。

第2章 废旧塑料的前期处理

废旧塑料回收与再生利用的前期处理主要有收集、分选、破碎(粉碎)、清洗和干燥等工序，本章将分别介绍。

2.1 废旧塑料的收集

收集的意义很明显，因为废旧塑料废弃在各个地方，必须先将其收集起来，送到专门的工厂进行处理回收。收集工作看似简单，却是废旧塑料回收一个极其重要的环节，也是回收过程的第一步。收集方式的不同，会导致收集效率、收集成本的差异，自然就影响回收成本，甚至影响回收是否能顺利完成。考察一个国家收集体系的完善程度，就可知道该国废旧塑料回收业的发达程度。

我国的塑料工业已取得了长足的发展，但相应的废旧塑料回收相对滞后，总体上说还较落后，回收率不足两成。造成这种情况的一个重要原因是我国现行的收集方式落后，收集效率低、成本高。我国现在还没有形成专业的社会收集体系，也没有专门的收集法规，城市固体废物还没有分类投放[7]。国家对这方面的宣传还不够，国民的整体环保意识还不强。废旧塑料回收业较发达的国家，都有一个完善的收集体系。

2.2 废旧塑料的分选与分离

废旧塑料的来源非常复杂，常常混入金属、橡胶、砂土、织物等其他杂质，且不同品种的塑料往往混杂在一起，这不仅会对废旧塑料的回收加工造成困难，也会较大地影响生产的制品质量，尤其当混入的有金属杂质或石块时，会严重地损伤加工设备。因此，在废旧塑料再生利用前，不仅要将废旧塑料中的各种杂质清除掉，而且也要将不同品种的塑料分开，只有这样，才能得到优质的再生塑料制品。废旧塑料的分选是塑料再利用工作不可缺少的重要环节。

城市垃圾中的塑料废弃物是回收利用废旧塑料的主要来源之一，虽然它们在城市垃圾中只占很小一部分，但实际数目却是十分可观的。为了能实现城市垃圾中各种成分，尤其是废旧塑料的回收利用，首先必须进行分离工作。

对城市垃圾的处理主要分两个步骤，即减小尺寸(即破碎)和分离。城市固体垃圾的破碎就是利用各种机械设备将其破碎成小块或碎片。常用的破碎机械有压碎机、剪切机、撕碎机、切片机等。城市固体垃圾中各种成分的主要物理特性有颗粒大小、密度、电磁性能和颜色，它们是分离技术的基础。各自的物理特性不同，其分离方法亦不同。

城市固体垃圾废弃物处理中会遇到将塑料与纸分离的问题，以下是塑料与纸分离的常用方法。

（1）热分法

利用加热后改变塑料的性质可实现塑料与纸的分离，可采用热筒法和热气流法。

① 热筒法　分离装置由电加热镀铬料筒与内装的带刮刀的空心筒（转鼓）组成，刮刀与加热筒壁相接，二者逆向旋转，筒底部连接一料槽。材料从投料加入，其中的塑料成分与热筒一旦接触开始熔融，附着在筒壁上，用刮刀刮下，落入料槽中。此法可将90%以上的塑料与纸分开，已分离的塑料含纸量很小，可控制在1%以下。

② 热气流法　利用塑料薄膜遇热收缩，减小比面积的原理实现塑性薄膜与纸的分离。将薄膜与纸的混合物送至加热区，加热箱可以是一台农用谷物干燥机，加热后塑料薄膜呈颗粒状，再将它与纸的混合物送入空气分离器，空气流将混合物中的纸带走，而热塑性塑料颗粒便落在分离器的底部。此法几乎可以把塑料与纸完全分开。

（2）湿分法

主要用于分离与塑料混合的纸，由运输机将各种废料送入干燥式撕碎机中，撕碎后进入风力分选机，将轻质部分（约含60%的纸，20%的塑料）送入搅碎机中加入适量的水进行搅碎，搅碎过程产生的纸浆从分选板上的小孔中流出，剩下的塑料则从分离出口排出，然后送入脱水机脱水，再送入空气分离机中对各种塑料进行分选。工艺流程见图2-2-1。

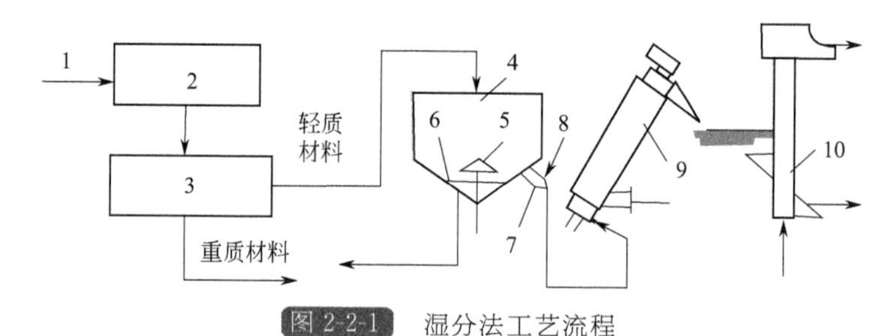

图2-2-1　湿分法工艺流程

1—输送机；2—干燥式撕碎机；3—风力分选机；4—搅碎机；5—旋转体；6—挡板；7—分离出口；8—阀门；9—脱水机；10—空气分离机

（3）电动分离法

将纸与塑料的混合物由一台振动喂料器送入分离机中，落入旋转的碾碎鼓，然后送到由电线电极与碾碎鼓之间形成的电晕区，纸被吸向电极，而塑料仍然贴在转鼓上，随着鼓的转动塑料落到它的底部收集起来，电动分离器的原理见图2-2-2。采用此法时湿度对分离结果有很大影响，混合物湿度为15%时，虽可使纸和塑料分离，但塑料仍会被大量的纸污染，当湿度提高至50%以上时，便可使塑料和纸完全分离。

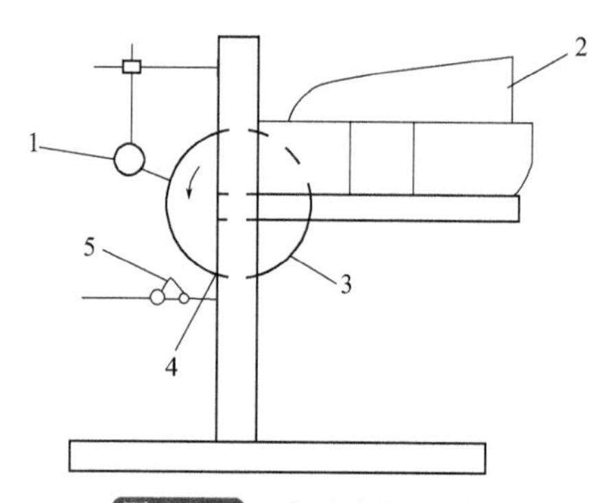

图2-2-2　电动分离器原理

1—电极；2—振动料器；3—碾碎鼓；4—刷子；5—可调整出料量的分离机

2.3 废旧塑料的破碎与增密

废旧塑料的形状复杂，大小不一，尤其是一些体积较大的废弃制品，必须经过破碎、研磨或剪切等手段，将其破碎成一定大小的碎片或小块物料，方可进行再生加工或进一步模塑成型制成各种再生制品。对于某些污染程度不大的生产性废料，如注塑、挤出加工厂产生的废边、废料或废品，一般经破碎后即可直接回用。

2.3.1 破碎的基本形式

所谓破碎，就是指物料尺寸减小的过程。通常是采用各种类型的破碎机械，对物料施加不同机械力来完成的，如拉伸力、挤压力、冲击力和剪切力等。破碎分粗破碎(将物料破碎到 10cm 以上)、中破碎(破碎至 10～50mm)及细破碎(即研磨至细度 50μm 以下)。粗破碎也就是对大型废旧塑料制品(如汽车保险杠、板材、周转箱、船只等)利用切割机切割成可以放入破碎机进料口的过程；细破碎还可以进一步划分为微破碎、超微破碎、特超微破碎。

2.3.2 废旧塑料的增密

一般的废旧塑料都要先进行粉碎才能回收处理，但对于泡沫、薄膜制品来说，粉碎就比较困难，即使能粉碎，效率也很低。这时就必须考虑用增密的方法。所谓增密，就是将这些体积大、密度低的废旧塑料，通过物理甚至化学的方法大大减小体积，增加其密度，使其尺寸和密度符合后续回收工艺的要求。增密的主要方法有密实和团粒。增密和粉碎有时在同一设备上进行，先将废旧塑料粉碎，然后立即增密成便于回收的尺寸。

增密设备分压实机和团粒机两种。如聚苯乙烯泡沫压实机，其原理是用螺旋压缩机构把 EPS 泡沫压缩成块。塑料团粒机利用摩擦生热原理，可对软聚氯乙烯、高低压聚乙烯、聚苯乙烯、聚丙烯及其他热塑性塑料的废弃薄膜、纤维和发泡材料碎块等进行团粒，是一种使废旧塑料变废为宝的、理想快速的塑料辅助机械。

2.4 废旧塑料的清洗与干燥

废旧塑料通常在不同程度上沾有各种油污、灰尘和垃圾等，必须清洗掉表面附着的这些外部杂质，以提高再生制品的质量。清洗方法有手工清洗和机械清洗两种；清洗设备主要可分为立式和卧式两种类型；干燥设备主要有热风干燥机、真空干燥设备和红外线干燥器等。

2.4.1 清洗与干燥方法

2.4.1.1 手工清洗和干燥

手工清洗要根据废旧塑料的品种和污染程度来选择清洗的方法。

① 农用薄膜与包装材料的清洗与干燥　温碱水清洗(去除油污)→刷洗→冷水漂洗→晾干。

② 有毒药品包装袋与容器的清洗与干燥　石灰水清洗(中和消毒)→刷洗→冷水漂洗→晾干。

2.4.1.2　机械清洗和干燥

机械清洗和干燥又可分为间歇式和连续式两种。

（1）间歇式清洗

首先，将废旧塑料放入一水槽中冲洗，并用塑料搅拌机器除去黏附在塑料表面的松散污垢，如砂子、泥土等，使之沉入槽底；若木屑和纸片很多，可在装有专用泵的沉淀池中进一步净化；对于附着牢固的污垢，如印刷油墨、涂有黏结剂的纸标签，可先人工拣出较大片者，在经过塑料破碎机破碎后放入热的碱水溶液槽中浸泡一段时间，然后通过机械搅拌使之相互磨擦碰撞，除去污物。最后将清洗后的破碎废旧塑料送进离心机中甩干，并经两步热风干燥至残留水分≤0.5%。

（2）连续式清洗

废旧塑料由传送带送入塑料破碎机，进行粗破碎，然后再送到大块分离段，将砂石等沉入水底，并定时送走。上浮的物料经输送辊送入湿磨机，随后进入沉淀池，所有密度比水大的东西均被分离出来，连最微小的颗粒也不例外，达到清洗的最佳效果。物料首先进入旋风分离器进行机械干燥，然后通过隧道式干燥机，进行热风干燥，干燥过的物料由收集器回收。

2.4.2　清洗设备

清洗设备主要分为立式和卧式两种类型，其工作原理是利用装在主轴上的叶轮或者桨叶，搅动塑料与水流，使塑料彼此撞击与摩擦，以达到除去表面污物的目的。清洗对象不同，需要选择不同的清洗设备。

2.4.2.1　立式清洗机

立式清洗机的清洗室同圆水桶一样，但体积大(直径约1.5～3m，高度约1.2～1.6m)，盛水多，叶轮与安装在中央的立轴相连，破碎料主要靠旋转的叶轮搅动水流来搅拌冲洗。某立式废旧塑料清洗机的构造如图2-2-3所示，该清洗设备特别适用于废旧电化铝的清洗回收(分离塑料薄膜层和膜上的金属粉)。清洗时，要将回收物破碎成小段或小块后再放入清洗机中清洗。

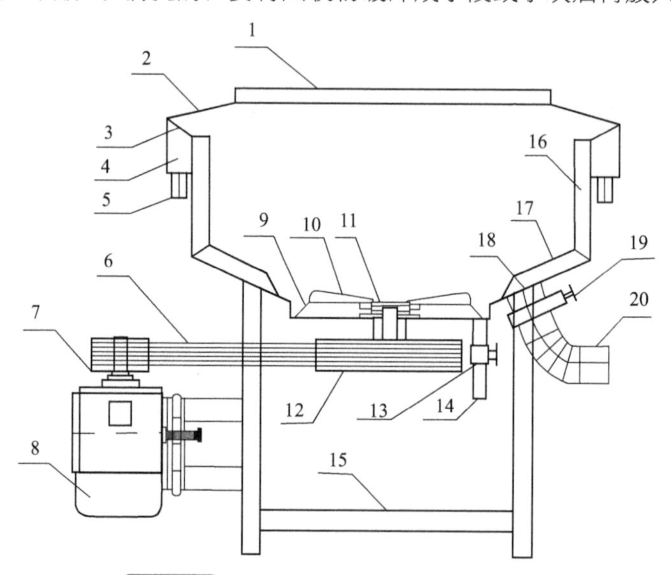

图2-2-3　某立式废旧塑料清洗机的构造

1—清洗桶；2—锥形挡板；3—滤网；4—出水口；5—回水管；6—皮带；7—小皮带轮；8—电动机；9—轮转盘；10—叶片；11—转轴；12—大皮带轮；13—阀门；14—出水口；15—机架；16，17—摩擦条；18—放水口；19—阀门；20—排水管

2.4.2.2 卧式清洗机

卧式清洗机的清洗室呈圆筒形，体积不大(直径约 0.6～1.5m，长度约 1.0～2.0m)，盛水也不多，桨叶焊接在中心横轴上，破碎料一方面靠旋转的桨叶搅动水流来搅拌冲洗，另一方面靠旋转的桨叶反复撞击而除去污物。图 2-2-4 是某卧式废旧塑料高速清洗机的构造，该设备清洗时，可以做到一边灌水，一边排污，清洗室内不积水，不仅料容易洗净，而且桨叶阻力小，可以高速清洗，既提高了清洗效率与洗净率，又省时节水，排料方便。

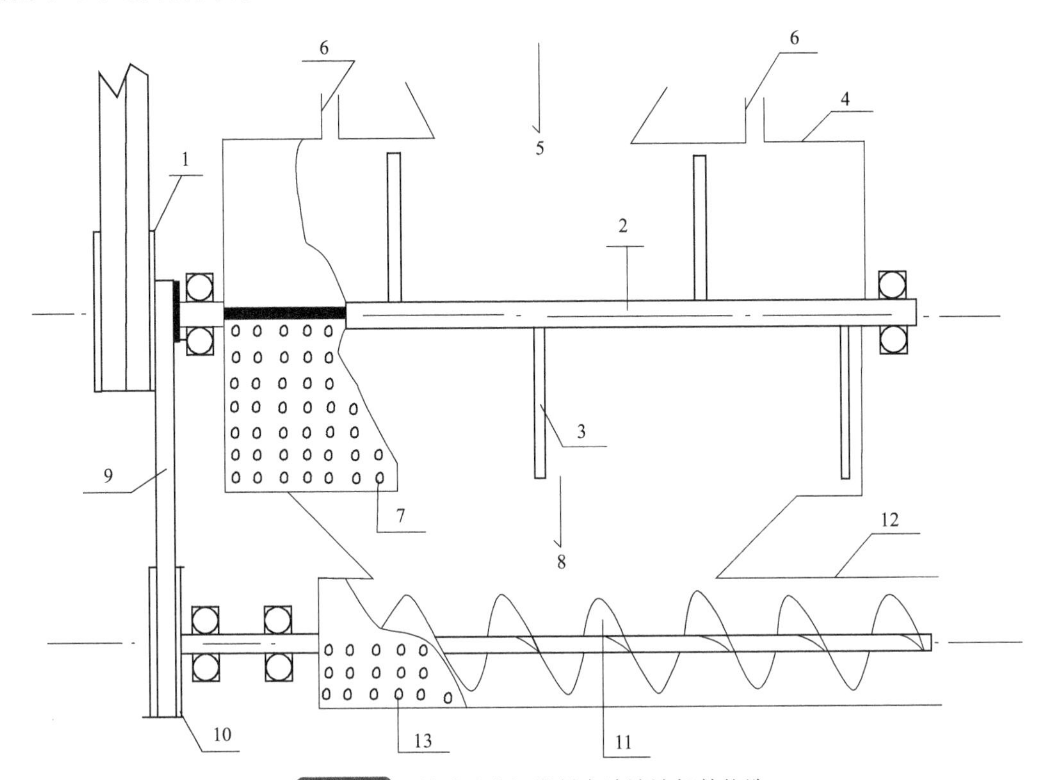

图 2-2-4 某卧式废旧塑料高速清洗机的构造

1—动轮；2—横轴；3—桨叶；4—清洗室；5—进料口；6—入水口；7—排污孔；8—排料口；9—V 带；10—动轮；11—螺旋；12—排料筒；13—排污孔

2.4.3 干燥设备

干燥是将材料中所含的水分、溶剂等可挥发成分汽化除去的操作，它在塑料加工过程中是很重要的环节，很多树脂在常温下易吸收水分，使其含水率较高，如 ABS 树脂、PA 树脂，在成型加工前必须干燥，否则成型的制品会产生气泡、材料强度下降等质量问题，成为不合格品。干燥类型很多，可根据材料的特性、形态，干燥过程中材料变化，干燥机理等情况选择合适的干燥装置和干燥条件。

干燥设备一般采用热风、氮气、真空、红外线等作为干燥介质。下面介绍几种干燥设备。

2.4.3.1 热风干燥机

图 2-2-5(a)、(b)分别为料斗式热风干燥机的构造图和实物图。

料斗式热风干燥机的工作方式是：当开动风机后，风机把经过电阻加热的空气由料斗下部送入干燥室，热风由下往上吹，热风在原料中通过时，把原料中的水分加热蒸发并带走，潮湿的热气流由干燥室顶部排出。这种热风连续进出，把原料中的水分一点点蒸发带走，达到干燥原料的目的。

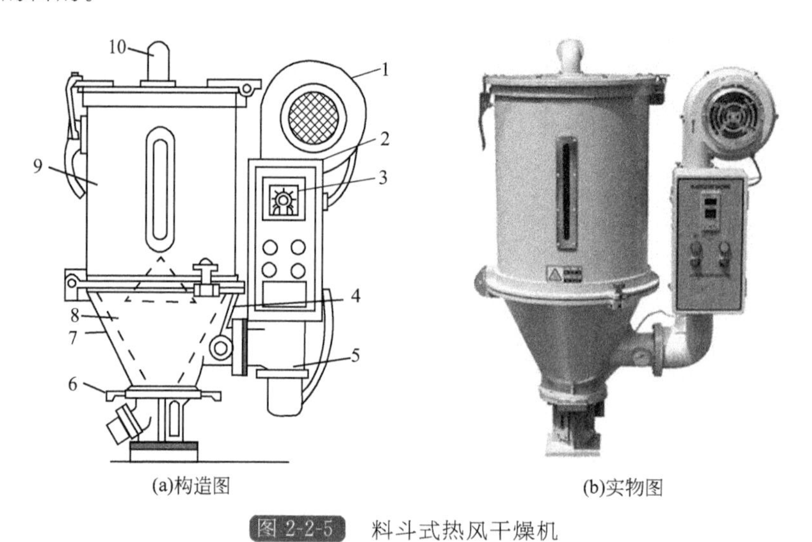

(a)构造图　　(b)实物图

图 2-2-5　料斗式热风干燥机

1—风机；2—电控箱；3—温度控制器；4—热电偶；5—电热器；6—放料闸板；7—集尘器；8—网状分离器；9—干燥室；10—排气管

2.4.3.2 真空干燥器

真空干燥是将被干燥物料置于真空条件下进行加热干燥。它利用真空泵进行抽气抽湿，使工作室处于真空状态，物料的干燥速率大大加快，同时也节省了能源。真空干燥器主要有方形和圆筒形两种，如图 2-2-6 所示。

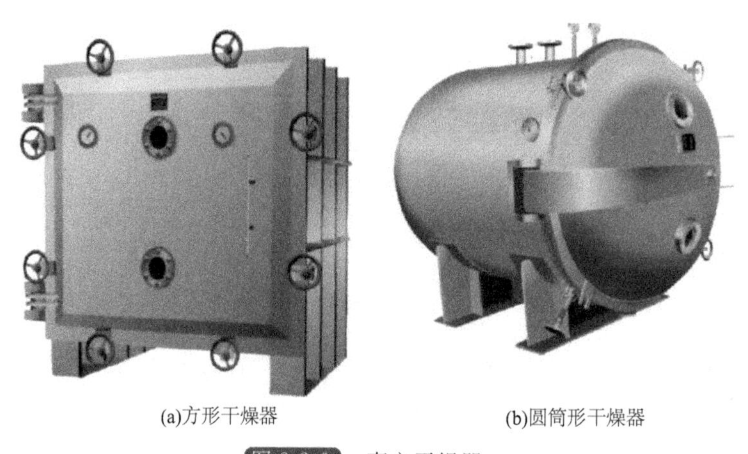

(a)方形干燥器　　(b)圆筒形干燥器

图 2-2-6　真空干燥器

2.4.3.3 红外线干燥器

红外线干燥又称辐射干燥，是指利用红外线辐射使干燥物料中的水分汽化的干燥方法。红外线是波长为 0.72～1000μm 的电磁波，通常将波长在 5.6μm 以上的称远红外线，波长在 5.6μm 以下的称近红外线。工业上多用远红外线干燥物料。由于湿物料及水分等在远红外区有很宽的吸收带，对此区域某些频率的远红外线有很强的吸收作用，故本法具有干燥速度快、干燥质量好、能量利用率高等优点，但红外线易被水蒸气等吸收而损失。

2.5 废旧塑料的混合、塑化与造粒

废旧塑料经过分选、破碎、清洗、干燥等一系列处理之后，有的可直接塑化成型，有的还需进行塑化、造粒，有的则要经过均化工艺。

① 混合　是将废旧塑料与各种添加剂均匀混合的过程，是在低于聚合物流动温度和较低的剪切速率下完成的，混合后物料的组成基本无变化。

② 塑炼　是将经过捏合的物料在高于树脂流动温度和较强的剪切作用下进行的混合。物料经过塑炼，各组分进一步混合均匀，具有良好的可塑性和分散性。

③ 塑化　是指将固态的粉料或颗粒经加热转变为具有一定流动性的均匀连续熔体的过程。

④ 均化　是将废旧塑料及其助剂或改性剂实施混炼使其均匀混合的一种塑化过程。它有两种方式：一种是混炼与塑化一步完成，即将破碎的废旧塑料与各类助剂(增塑剂、稳定剂、润滑剂、改性剂等)经混合、均化后直接成型加工成制品；另一种是均化后造粒制成半成品再生粒料[8]。

⑤ 混炼　是用炼胶机将生胶或塑炼生胶与配合剂炼成混炼胶的工艺，是橡胶加工最重要的生产工艺。本质来说混炼是配合剂在生胶中均匀分散的过程，粒状配合剂呈分散相，生胶呈连续相。

2.5.1 主要助剂

塑料助剂是在聚氯乙烯工业化以后逐渐发展起来的。20 世纪 60 年代以后，由于石油化工的兴起，塑料工业发展甚快，塑料助剂已成为重要的化工行业产品。根据各国塑料品种构成和塑料用途上的差异，塑料助剂消费量约为塑料产量的 8%～10%。目前，增塑剂、阻燃剂和填充剂是用量最大的塑料助剂。

2.5.2 混合的分类

混合按物料的状态分为固-固混合、固-液混合和液-液混合。

按照混合理论，混合可分为非分散混合、分散混合。

① 非分散混合　也叫分布性混合。其特点是混合过程中各组分粒子只有相互空间位置的变化，而无粒径大小的变化。

② 分散混合　也叫强烈混合。混合过程中发生离子尺寸减小到极限值，同时增加相界面和提高混合物组分均匀性的混合过程。分散混合又分固相结块的分散和液滴的破裂、分散。分散混合是一个包括物理机械和化学作用的复杂过程，在这个过程中，混合物各组分粒子被粉碎为适合于混合的较小粒子，并且在剪切热和传导热的作用下，聚合物熔融塑化，同时粒子分散、均匀分布和渗入到聚合物内。

2.5.3 混合设备

混合设备，根据操作方式，可分为间歇式和连续式两大类；根据混合过程特征，可分为分布式和分散式两类；根据混合物强度大小，可分为高强度、中强度和低强度混合设备。

2.5.3.1 间歇式和连续式

间歇式混合设备的混合过程是不连续的。混合过程主要有3个步骤：投料、混炼和卸料。此过程结束后，再重新投料、混炼、卸料，周而复始。间歇式混合设备适用于小批量、多品种生产。间歇式混合设备的种类很多，就其基本结构和运转特点可分为静态混合设备、滚筒式混合设备和转子类混合设备。

1）静态混合设备　主要有重力混合器和气动混合器。此类混合器的混合式是静止的，靠重力和气动促使物料流动混合，是温和的低强度混合器，适用于流体或大批量固态物料的分布混合。

2）滚筒式混合设备　是利用装载物料的混合室的旋转达到混合的目的，主要用于粉状、粒状固态物料的初混，如混色、配料和干混，也适用于向固态物料中加入少量液态添加剂的混合。

3）转子类混合设备　包括螺带混合机、高速混合机、挤出机、捏合机、开炼机和密炼机等，此类混合设备应用较为广泛。

连续式混合设备的混合过程是连续的。由于是连续操作，该设备可提高生产能力，易实现自动控制，减少能量消耗，混合质量稳定，降低操作人员的劳动强度，尤其是配备相应装置后，可连续混合、成型，既减少了生产工序，又可避免聚合物性能的降低，所以连续式混合设备是目前的发展趋势。

2.5.3.2 分布式和分散式

分布式混合设备主要具有使混合物中组分扩散更换、形成各组分在混合物中浓度趋于均匀的能力，即具有分布式混合的能力。代表性的设备有重力混合器、气动混合器及一般用于干混合的中低强度混合器等。分布式混合设备主要是通过对物料的搅动、翻转、推拉作用使物料中各组分发生位置更换，对于熔体则可使其产生大的剪切应变和拉伸应变，增大组分的界面面积以及配位作用等，从而达到分布混合的目的。

2.5.3.3 高强度、中强度和低强度混合设备

根据混合设备在混合过程中向混合物施加的速度、压力、剪切力及能量损耗的大小，又可分为高强度、中强度和低强度混合设备。强度大小的区分并无严格的数量指标，有些资料建议以混合单位质量物料所耗功率来标定混合强度，如对间歇式混合设备，所耗功率相同，能混合物料的批量多的混合设备定为低强度混合设备；反之，能混合物料的批量少的混合设备则定为高强度混合设备。习惯上，又常以物料所受的剪切力大小或剪切变形程度来区分混合强度的高低。

使用各种混熔设备，应掌握好剪切力、熔化温度和混炼时间。在确定混炼设备时，应知道开炼机的剪切力取决于辊距，密炼机取决于上顶栓的压力和转子转速，挤出机则取决于螺杆的转速。另外，还应注意温度、时间的等效性原则，即混炼效果在某种条件下的等效作用。例如，较低温度下较长时间的混炼与较高温度下较短时间的塑化效果是等效的，当然也存在着相对应的匹配值。混炼中应防止时间过长、温度过高、剪切力过大；否则，会使高聚物发生相应的热降解、化学降解和氧化降解。

2.5.3.4 各种混合设备

混合设备有预混机和塑化熔体混合机，我们这里重点讨论塑化熔体混合机，其包括间歇式塑化熔体混合机、单螺杆挤出机、双螺杆挤出机、往复式单螺杆挤出机和行星式螺杆挤出机[9]。

一台理想的连续混合机，它应当具有以下特点：a. 有均匀的剪切应力场和拉伸应力场；b. 有均匀的温度场、压力场，物料在其中的停留时间可以柔性地控制；c. 有能够均化不同流变性能物料的能力；d. 在物料分解之前，能有效地均化物料；e. 能把混合过程中产生的气体排除；f. 能在可控范围内改变混合过程参数，适应不同要求。

（1）间歇式塑化熔体混合机

间歇式塑化熔体混合机主要包括开炼机和密炼机。

① 开炼机(图 2-2-7)　又称双辊塑炼机或炼胶机，是由一对相向旋转的辊筒，借助物料与辊筒的摩擦力，将物料拉入辊隙，在剪切、挤压力及辊筒加热的混合作用下，使各组分得到良好的分散和充分的塑化。主要用于橡胶的塑炼和混炼、塑料的塑化和混合、填充于共混物的混炼、为压延机连续供料、母料的制备等。

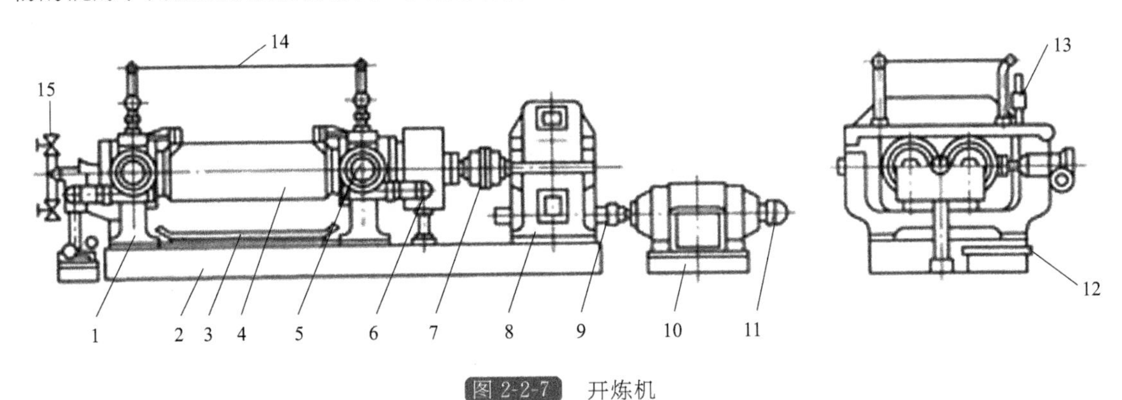

图 2-2-7　开炼机

1—机架；2—底座；3—接料盘；4—辊筒；5—调距装置；6—速比齿轮；7—齿形联轴器；8—减速器；9—弹性联轴器；10—电动机底座；11—电动机；12—润滑系统；13—液压保护装置；14—事故停机装置；15—辊筒温度调节装置

② 密炼机(图 2-2-8)　是密闭式间歇的塑炼设备，使混合好的物料进一步混合，易塑化。它主要由混炼室、转子、压料装置、卸料装置、加热冷却装置及传动系统组成。预混料经加料斗进入混炼室，随着压料装置下降，并以一定压力作用于预混料。预混料在具有一定速比［一般为 1∶(1～1.18)］的相向旋转的转子的作用下，在混炼室内得到混合塑化，塑化好的物料经卸料门排出。根据塑料品种的不同，可对混炼室进行加热和冷却。物料在密炼机内受到连续的剪切、撕拉、混合、塑炼作用。转子也可制成各种特殊的形式，使预混料做极为复杂的运动，提高塑炼效果。密炼机可用于橡胶的混炼和塑炼，也可用于塑料的混合(塑化)。

（2）单螺杆挤出机

单螺杆挤出机是由一根阿基米德螺杆在加热的料筒中旋转构成的，其结构主要包括传动装置、加料装置、料筒和螺杆等几部分，如图 2-2-9 所示。单螺杆挤出机又可分为两类：一类是常规单螺杆挤出机；另一类是装有混炼元件的单螺杆挤出机。

1）常规单螺杆挤出机　其螺杆系由全螺纹组成的三段［进料段、压缩段(熔融段)、计量段(均化段)］螺杆。常规单螺杆挤出机主要用于板、管、丝、膜等塑料制品的挤出。在这些制品的挤出过程中虽也有混合，但对混合不是主要要求。常规单螺杆挤出机不适用于混合作业，这也许就是选用常规单螺杆挤出机来进行混合作业时得不到预期结果的原因。

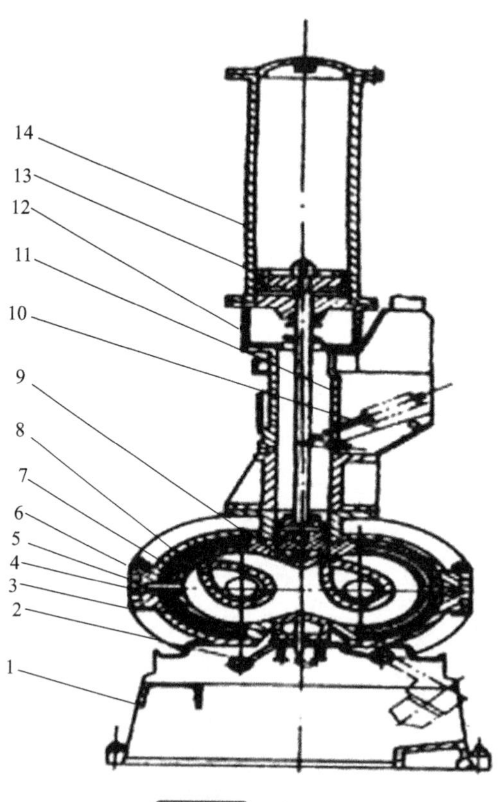

图 2-2-8　密炼机

1—底座；2—卸料门锁紧装置；3—卸料装置；4—下机体；5—下密炼室；6—上机体；7—上密炼室；8—转子；9—压料装置；10—加料装置；11—翻板门；12—填料箱；13—活塞；14—气缸

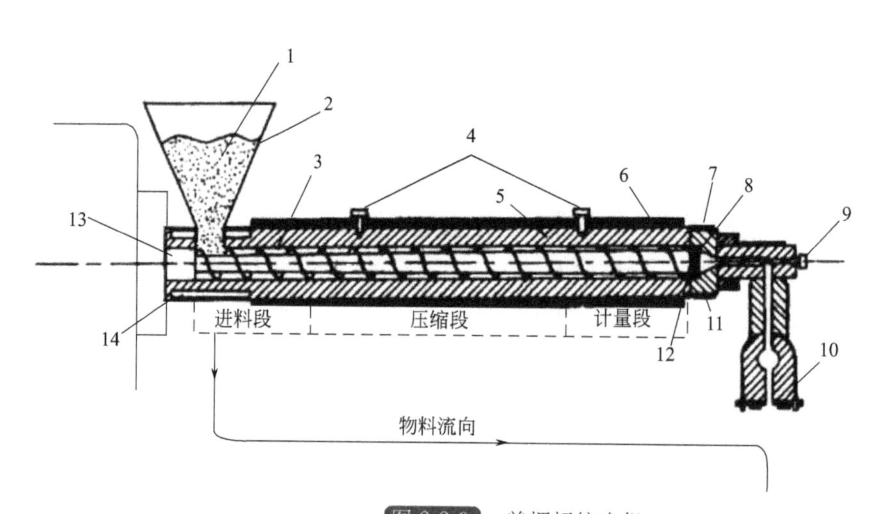

图 2-2-9　单螺杆挤出机

1—树脂；2—料斗；3—硬衬板；4—热电耦；5—机筒；6—加热装置；7—衬套加热器；8—多孔板；9—熔体热电耦；10—口模；11—衬套；12—过滤网；13—螺杆；14—冷却夹套

2）装有混炼元件的单螺杆挤出机　为克服常规单螺杆挤出机的上述缺点，人们研制出形形色色的非螺纹元件或非常规螺纹元件，并将它们装到常规单螺杆的不同轴向位置上，以取代该位置上的螺纹区段。虽然，这些元件中的一部分当初研制出来时不是为提高混合能力，而是为促进熔融，但它们的确能同时改进常规螺杆的混合能力。这些螺杆元件有销钉螺杆(机筒)、屏障螺杆(直槽和斜槽)、BM 螺杆、波状螺杆等。可以将它们分为两大类：混合元件和剪切元件。

混合元件以销钉螺杆为代表，其特点是在螺杆不同轴向位置设置了不同直径、不同数目、不同排列、不同疏密度的销钉。这些销钉能对已熔融的物料进行分流、合并，增加界面，故能起到分布混合的作用。若将销钉安在固液相共存区，还可促进熔融。但销钉螺杆无窄间隙的高剪切区，因而不能提供高的剪应力，故不能进行分散混合。但若在螺杆和机筒相应部位同时装有专门设计的销钉(销钉区)，形成窄间隙的高剪切区，则可能进行分散混合。

(3) 双螺杆挤出机

双螺杆挤出机是指在一根两相连孔道组成"∞"截面的料筒内由两根相互啮合或相切的螺杆所组成的挤出装置。双螺杆挤出机由传动装置、加料装置、料筒和螺杆等几部分组成，如图 2-2-10 所示。各部件的功能与单螺杆挤出机相似。双螺杆挤出机有很多种，如啮合同向旋转双螺杆挤出机、啮合异向旋转双螺杆挤出机(又分平行的、锥形的)、非啮合双螺杆挤出机。它们的工作机理、性能及用途有很大不同，选用时必须弄清。

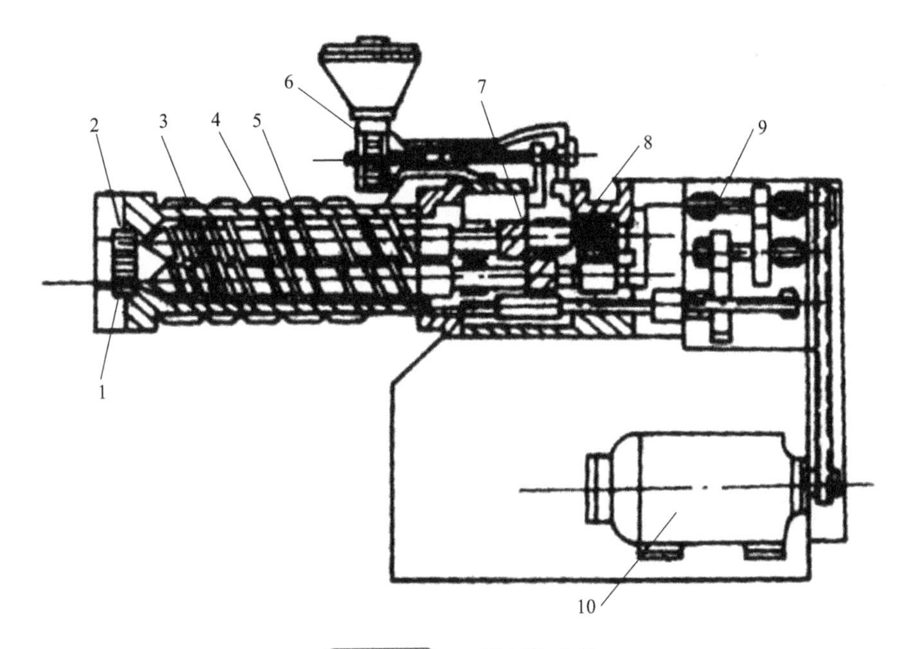

图 2-2-10　双螺杆挤出机

1—连接器；2—过滤器；3—料筒；4—螺杆；5—加热器；6—加料器；7—支座；8—止推轴承；9—减速器；10—电动机

1) 啮合同向旋转双螺杆挤出机　这种双螺杆挤出机采用组合式，其螺杆和机筒都是组合的。其长径比大($L/D=36\sim48$)，螺杆转速高(新一代最高可达 1200r/min)，配有各种混合元件和剪切元件。通过科学的组合，可以提供高的剪切速率和剪应力，能进行分布混合和分散混合。可对不同聚合物(两种及两种以上聚合物)和配方(聚合物中加有各种添加剂)进行共混、填充、增强改性，也可进行反应挤出。它比单螺杆挤出机的混合能力有大幅度的提高，是目前塑料改性中用得最多的一种机器。

2) 啮合异向旋转双螺杆挤出机　这种双螺杆挤出机又分平行的和锥形的两种。目前国内使用的这两种类型的异向双螺杆挤出机，主要用于 RPVC 制品的挤出和造粒。

(4) 往复式单螺杆挤出机

往复式单螺杆挤出机(图 2-2-11)，在螺杆芯轴上设计独特的积木式螺块在一个螺距内断开三次，该螺块称为混炼螺块，对应这些空隙，在机筒内衬套上，排列有三排混炼销钉，螺杆在径向旋转过程中，同时做轴向的往复运动。每转动一周，轴向运动一次，由于这种特殊的运动方式以及混炼螺块和销钉的作用，物料不仅在混炼销钉和不规则梯形混炼块之间被剪切，而且被往复输送，物料的逆流运动给径向混合加上了非常有用的轴向混合运动，熔体不断地被切断、翻转、捏合和拉伸，有规律地打断简单的层状剪切混合，混合过程产生的气体也得以排除。

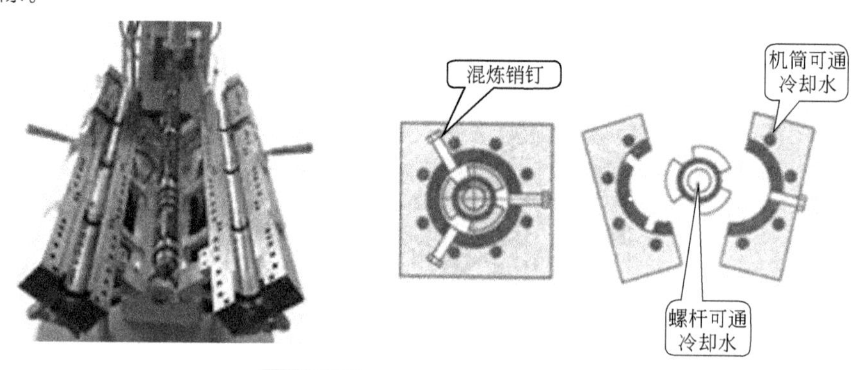

图 2-2-11 往复式单螺杆挤出机

(5) 行星式螺杆挤出机

行星式螺杆挤出机(图 2-2-12) 也是一种很有特色的连续混炼机。它把行星轮系的概念引入单螺杆挤出机的设计中，在单螺杆原来的压缩段，熔融段处用一组行星螺杆来代替，其中心螺杆和原来单螺杆的加料固体输送段为一体(但直径小)形成主螺杆，一起旋转。主螺杆周围均匀排列几根直径较小的行星螺杆，当主螺杆旋转时，带动几根行星螺杆转。行星螺杆和主螺杆相互啮合(如齿轮)，形成许多很小的啮合间隙。当物料通过这些间隙时会受到高的剪切和分流，合并，再取向。因而能进行分布混合和分散混合。

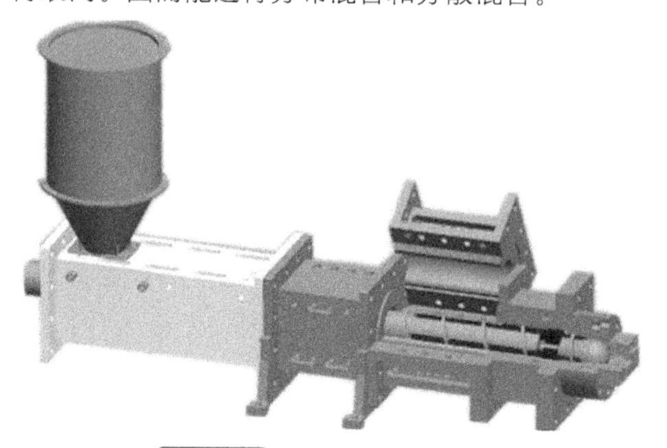

图 2-2-12 行星式螺杆挤出机

2.5.4 造粒

废旧塑料经过清洗干燥之后，成型加工或再生利用前一般要根据树脂的特性和成型条件的要求进行造粒[10]。

塑料造粒的方法主要有挤出造粒、筛选造粒、喷雾造粒。

1）挤出造粒　主要用于热塑性塑料的造粒，即将塑炼之后的熔体从挤出机机头挤出后，被刀切成一定形状的颗粒。挤出造粒也能应用于某些热固性塑料，有两种工艺：一种是将热辊塑炼过的塑料通过挤出机造粒，由于塑料在造粒过程中被再次加热，通常会导致塑料进一步缩聚使粒料过"硬"；另一种是将预混料直接在挤出机中塑炼并造粒，虽可避免粒料过硬，但受到塑料的配方、组成、挤出机结构及切粒装置的限制而难以多品种生产。

2）筛选造粒　主要用于热固性塑料，塑料粉碎后经振动分粒筛选，大颗粒再送回粉碎机粉碎，细粉送回配料工序重新塑炼。

3）喷雾造粒　该方法工艺先进、生产效率高、产品质量好，可以多品种生产。市场上有售的压力式喷雾干燥造粒机可用于 ABS 乳液、脲醛树脂、酚醛树脂、密胶(脲)甲醛树脂、聚乙烯、聚氯乙烯等的造粒。

2.5.4.1　冷切造粒

1）拉片冷切　经过捏合机或密炼机混合后的物料经开炼机塑炼成片，冷切后切粒。所用的切粒设备为平板切粒机，一定宽度的料片进入平板切粒机，经上、下圆辊刀纵向切割成条状，然后通过上、下侧梳板经压料辊送入回转甩刀与固定底刀之间，横向切断成颗粒状。粒料经过筛斗，将长条及连粒筛去，落入料斗，风送至储料斗。

2）挤片冷切　捏合好的物料经挤出机塑化，挤出成片再经风冷或自然冷切后进入平板切粒机切粒。

3）挤条冷切　挤条冷切是热塑性塑料最普遍采用的造粒方法。物料经挤出塑化成圆条状挤出，圆条经风冷或水冷后，通过切粒机切成圆柱形颗粒。圆条切粒机的结构比平板切粒机少一对圆辊刀，主要部件是固定底刀和 2～8 片回转刀。

2.5.4.2　热切造粒

熔体从挤出机机头挤出后，直接送入与模头断面相接触的切割刀而切断，切断的粒料再进行风冷或水冷，进行热切造粒的设备统称为模面热切造粒机。模面热切造粒机有气流造粒机、喷水造粒机和水下造粒机 3 种基本形式。

1）气流造粒机　推荐用于对热和长停留时间敏感的聚合物如聚氯乙烯、TPR 和交联聚乙烯。切粒速率很高，高达 4989.52kg/h，聚合物从挤出机至切粒室的流径要保持得尽可能短，并采用最少的热量。当聚合物通过口模挤出时，贴模面旋转的旋力即将它切成粒料。粒料切下后，随即被抛离旋转刀，为在专门设计的切粒室中强制循环流动的空气所捕获。空气流对粒料表面进行初步淬冷，并把它带出切粒室而送至冷却区。流化床干燥器常被用来冷却粒料，粒料沿着一个可调节的斜面溜下，而循环风机则鼓风通过这些粒料。调节斜面倾角可延长或缩短粒料在干燥器中的停留时间。另一个通用的冷却方法是把粒料从切粒室中卸出送入一个水槽，然后用流化床干燥器或离心干燥器脱除水分。

2）喷水造粒机　除熔体黏度低或具有黏性的聚合物之外，喷水造粒机适用于大多数聚合物。这类设备又称为水环切粒机，造粒速率达到 13607.77kg/h。熔融的聚合物从热口模挤出，被对着模面旋转的旋转刀切成粒料。这种造粒系统的特色是其特殊设计的喷水切粒室，水呈螺旋线绕流动，直至流出造粒室，粒料切下后即被抛入水流，进行初步淬冷。粒料水浆排入粒料浆槽被进一步冷却，然后送入离心干燥器脱除水分。

3）水下造粒机　与气流造粒机及喷水造粒机不同的是，水下造粒机有一股平稳的水流流过模面，而与模面直接接触。切粒室的大小以恰足以使切粒刀自由地转动越过模面而不限制水流为度。熔融聚合物从口模挤出，旋转刀切割粒料，粒料被经过调温的水带出切粒室而进入离心干燥器。在干燥器中，水被排回储罐，冷却并循环再用；粒料通过离心干燥器除去水分。水下造粒机需使用热分布均匀并有特殊绝热设施的口模。小型切粒刀采用电热；大型切粒刀需采用油热或蒸汽加热的口模。工艺用水常规情况下加热至最高温度，但其热度应不足以对粒料的自由流动造成有害影响。水下造粒机用于绝大多数聚合物，当用于低黏度或黏附性聚合物的切粒时水流过口模模面的方式是一大优点，但对有些聚合物如尼龙和某些品牌的聚酯，这一特点可能引起口模冻结。

2.5.4.3 回收造粒注意事项

① 须采用排气式挤出机　无论使用哪种类型的挤出机都应该是排气式的，这样才能使废旧塑料回收料中的水分、易分解和易挥发成分及时地由挤出机内排出。

② 熔体过滤　废旧塑料由挤出机熔融塑化，挤出物料，按所需规格直接热切成粒或冷却后切粒备用。挤出机前端必须有两个功能部件，即粗滤板和滤网，它们在废旧塑料的挤出造粒和成型加工中起着重要的作用。粗滤板由合金钢支撑，外观呈蝶形，厚度约为料筒直径的1/5。上面有规则排列的小孔，孔径为3～6mm。孔两边倒角，以防止物料滞留而降解。使用滤网可进一步清除废料中残存的杂质，如砂子、纤维（100μm以上）以及其他熔点较高的塑料等，以保证产品质量和挤出过程的顺利进行。滤网通常由不锈钢制成，网目为0.85～0.125mm。必要时还可用几层孔径不同的滤网叠合使用，以增加过滤效果。

第3章

废旧塑料成型工艺

废旧塑料的再生成型加工工艺有挤出成型、注射成型、压延成型、中空吹塑成型和发泡成型等。各种成型工艺之间优缺点的比较如表 2-3-1 所列。

表 2-3-1 各种成型工艺之间优缺点的比较

工艺名称	优点	缺点
挤出成型	应用广泛,产品花样多;连续喂料,生产效率高;操作简便;投资少,收效快	无法生产大面积板材
注射成型	生产自动化,成型周期短;可制作外形复杂、精度要求高的产品;适应性强,生产效率高	操作难度大、要求高;一次性投资大;对物料熔体的流动性具有一定要求
压延成型	加工能力大,生产效率高;既可生产成品,亦可生产坯料;与轧花辊配合可生产带图案的片材等	设备庞大,一次性投入高;配套设备多(开炼、密炼、挤出等);产品种类少,仅限于膜和片材
中空吹塑成型	自动化程度高,加工能力大;原料适应性广;商品化程度高	产品相对单一,仅为 PE 类再生膜、中空制品、PVC 再生膜等

3.1 挤出成型

挤出成型也称挤压成型或挤塑成型，是废旧塑料回收利用的主要加工方法。挤出成型主要用于生产具有一定横截面的连续型材，如薄膜、片、板、硬管、软管、波纹管、异型管、丝、电缆、打包带、棒、网和复合膜等；也可周期性重复生产中空塑件型坯，如瓶、桶等中空容器。使用回收的废旧塑料为 PVC、PE、PP、ABS、PA、PC 等。

挤出成型有如下特点[11]：a. 挤出机设备结构比较简单、造价低，挤出成型生产线投资比较少；b. 挤出机成型制品的产量比较高；c. 挤出机成型制品的长度可按需要无限延长；d. 挤出成型生产操作比较简单，产品质量比较容易保证，成品制造成本也比较低；e. 挤出成型生产线占地面积较小，生产环境比较清洁；f. 挤出成型用挤出机应用范围广，可用于各种热塑性塑料成型，也可用于混合、塑化、喂料和造粒等工作；g. 挤出机的维护保养和修理也比较容易、简单。

挤出成型设备包括挤出机和其他辅助装置，而最基本、最重要的设备是挤出机，其分类见图 2-3-1，其中主要的挤出机如单螺杆挤出机、双螺杆挤出机、往复式单螺杆挤出机和行星式螺杆挤出机在第 2 章中已有介绍。

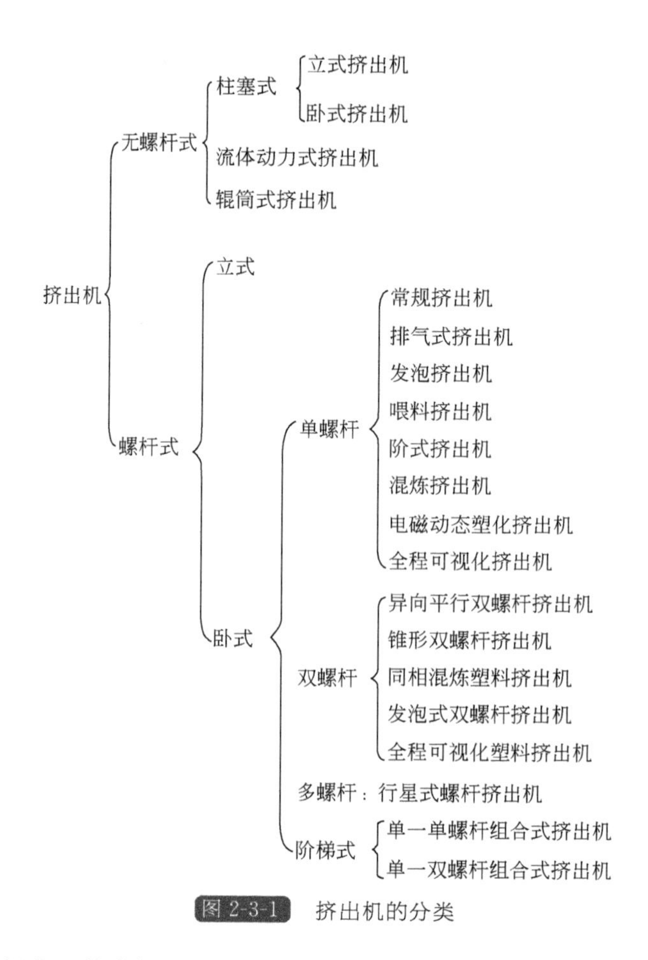

图 2-3-1　挤出机的分类

在整个挤出机组中，挤出机固然是很重要的组成部分，其性能的好坏对产品的产量和质量有很大影响，但没有机头、辅机的配合，也不能生产出制品来。如果机头和辅机性能不好，也很难得到产量高、质量好的制品。机头和辅机是挤出机组的重要组成部分。

辅机的作用是将机头出来已初具形状和尺寸的高温熔体通过冷却并在一定的装置中定型下来(或将由机头挤出的型坯吹胀、牵伸再冷却定型下来)，再通过进一步冷却，使之由高弹态最后转变为室温下的玻璃态，而获得合乎要求的制品或半成品。

辅机一般按生产的制品进行分类，如吹膜辅机、挤管辅机、挤板(片)辅机、拉丝辅机等。塑料经过辅机时，要经历物态的变化，分子要取向，要发生形状和尺寸的变化。这些变化，是在辅机提供的成型、温度、力、速度和各种动作的条件下完成的。这些条件提供的好坏，配合的好坏，对产品的产量和质量有很大的影响。例如，冷却能力不足，不单限制生产率的提高，也会影响产品质量；而温度条件控制不当，又会影响结晶过程和分子取向，使制品产生内应力、翘曲变形、表面质量降低等；定型装置设计得不合理，就难以得到所希望的几何形状和尺寸精度；牵引速度和牵引力也是对制品性能影响的重要因素；如果卷取不平整，就会影响二次加工等。总之，辅机对挤出生产影响很大。由此可以看出，除了挤出机，机头和辅机也是挤出生产中的关键，应引起高度重视。

3.1.1　挤出机

挤出机的介绍见 2.5.3 部分的介绍。

3.1.2 吹膜辅机

塑料薄膜是塑料制品中最常见的一种，它可以用压延法、流延法和挤出法进行生产。挤出法是采用挤出机生产，又分为挤出吹塑法和用狭缝机头直接挤出法两种。这里只介绍挤出吹塑法所用的辅机。

用挤出吹塑法生产的薄膜(片)，其厚度在 0.01～0.25mm(厚度小于 0.25mm 的通称为膜，大于 0.25mm 的通称为片材)，展开宽度最大可达 40m。可以用吹塑法生产薄膜的塑料有聚氯乙烯、聚乙烯、聚丙烯、聚苯乙烯、聚酰胺、乙烯-乙酸乙烯酯(EVA)。我国以聚氯乙烯和聚烯烃薄膜居多。

3.1.3 挤管辅机

管材是挤出制品的重要产品之一。随着社会需要的增多、塑料品种的增加和挤出工艺的发展，管材的生产得到很大的进展。可以用作管材原料的塑料有(软质和硬质)聚氯乙烯、聚乙烯、聚丙烯、ABS、聚酰胺、聚碳酸酯、聚四氟乙烯等。生产管材的工艺很多，这里只介绍挤出法生产管材所用的辅机。挤出机组主要包括主机、机头、定型装置、冷却装置、牵引装置、切割装置和卷取装置，如图 2-3-2 所示。

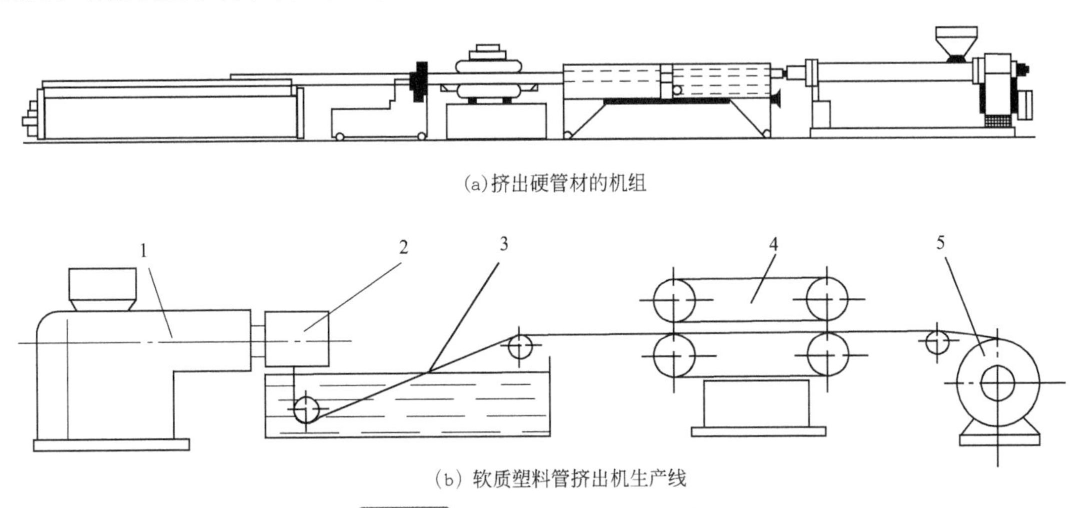

(a)挤出硬管材的机组

(b) 软质塑料管挤出机生产线

图 2-3-2 挤出法生产管材所用机组

1—挤出机；2—软管成型模具；3—冷却水槽；4—牵引机；5—收卷机

3.1.4 挤板（片）辅机

塑料板(片)材是常用的工业用材。随着工业的发展和塑料应用的扩大，板(片)材的需要量越来越大。可以用作生产板(片)材的塑料有聚氯乙烯、聚乙烯、聚丙烯、聚苯乙烯、ABS、聚酰胺、聚甲醛、聚碳酸酯、纤维素等。成品宽度最大为 3～4m。通常把厚度为 0.25～1.0mm 的称为片，1.0mm 以上的称为板。

板(片)材生产的方法有多种，如层压法、压延法、挤出法等，其中挤出法是最简单的。图2-3-3为挤板(片)机组。由图可以看出，挤板机组由挤出机、挤板(片)机头、三辊压光机、牵引装置、切割装置等组成。由机头出来的熔料立即进入三辊压光机，再经冷却输送辊、切边装置、牵引装置、切断装置，最后得到成品。

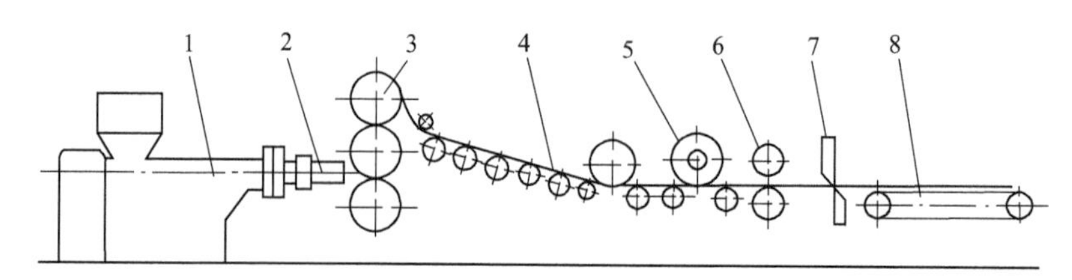

图 2-3-3 挤板(片)机组

1—挤出机；2—板材成型机头；3—三辊压光修整机；4—冷却输送辊组；5—切边机；6—牵引机；7—切割机；8—输送机

3.1.5 挤出成型工艺过程

挤出成型制品的过程可分为 3 个阶段：塑化、成型、定型[12]。

1）塑化　固体废旧塑料由料斗加入挤出机料筒后，经料筒加热、螺杆的旋转、压实及混合作用，将固态的粉料或颗粒转变为具有一定流动性的均匀连续熔体。

2）成型　塑化均匀的塑料熔体在螺杆的旋转、挤压、推动作用下，通过具有一定形状的口模得到截面和口模形状一致的型材(如棒、管、丝、薄膜等)。

3）定型　被挤出的具有一定高温的型材在挤出压力和牵引的作用下，经过冷却后，形成具有一定强度、刚度和一定尺寸精度的连续制品。

由此可见，挤出成型可连续化、自动化生产，生产效率高、设备简单、操作容易，可通过使用不同形式口模生产不同横截面的制品，投资少、见效快。

3.1.6 挤出成型新技术

3.1.6.1 振动挤出

振动挤出是指在挤出成型的某个阶段或全过程施加振动力场，以改善塑料熔体流动性能和制品力学性能的一种辅助挤出技术。根据产生振动力场的方式可分为机械振动、超声振动和电磁振动。施加的振动力场可以平行于挤出方向(轴向振动)，也可以垂直于挤出方向(周向振动)。振动力场能够加速分子链的解缠，降低熔体黏度和挤出压力，减少挤出胀大，增加挤出产量；也能够促进分子链的有序排列，从而增强产品的力学性能。

3.1.6.2 反应挤出

反应挤出是把挤出机作为连续的反应器，使混合物在熔融挤出过程中同时完成指定的化学反应。反应挤出的主要特点，一是可连续生产，二是熔融共混、化学反应和成型加工几乎同步完成。反应挤出目前已用于可控降解、动态硫化、接枝反应、反应增容和聚合反应等领域。

3.1.6.3 微孔发泡挤出

微孔发泡注射成型的原理是利用快速改变温度来使聚合物熔体/气体均相体系进行微孔发泡。其工艺过程为：N_2 或 CO_2 等低分子气体通过计量阀的控制以一定的流率注入机筒内的聚合物熔体中，与聚合物熔体混合均匀，形成聚合物熔体/气体均相体系；之后，聚合物熔体/气体均相体系由静态混合器进入扩散室，通过分子扩散使体系进一步均化，在扩散室通过加热器快速加热(例如在 1s 内使熔体温度由 190℃上升至 245℃)，从而使气体在聚合物熔体中的溶解度急剧下降，过饱和气体从熔体中析出，形成大量的微细气泡核(扩散室必须保持高压，防止已形成的气泡核膨胀长大)；注射操作之前，需向模具型腔中注入高压惰性气体，当螺杆前移使含有大量微细气泡核的聚合物熔体注入型腔时，由高压惰性气体提供的压力可防止气泡在充模过程中膨胀；充模过程结束后，使型腔内压力降低，气体膨胀；同时，模具的冷却作用使泡体固化定型。

3.1.6.4 共挤出

共挤出是由两台或多台挤出机供给不同的物料，在一个或两个口模内共同挤出，得到两层或多层复合制品的技术。废料共挤出的主要目的是节约成本。共挤出主要用于生产多层薄膜、中空容器、复合管材、异型材、板材、电线电缆和光纤等产品。多层薄膜、中空容器主要用于包装或盛装食品、药品或农药，在薄膜和中空容器中，将多种材料复合在一起的主要目的是增加其气密性或阻渗性，从而延长内容物的保质期。共挤复合管材主要包括铝塑复合管和芯层发泡复合管，铝塑管兼具金属管的强度和塑料管的耐化学腐蚀性，芯层发泡复合管则具有质量轻、冲击强度大、保温性和隔声性好等优点。异型材和板材的共挤出可分为软硬共挤出、发泡共挤出、废料共挤出和双色共挤出。软硬共挤出是在硬质型材指定部位共挤出一条或一层软质塑料，以增加型材的密封性或弹性。发泡共挤出是指复合型材中的一种或几种材料在共挤出的同时会发泡。

3.1.6.5 精密挤出

精密挤出是一种通过对挤出过程要素的精确控制，实现制品几何尺寸高精密化和材料微观形态高均匀化的技术。精密挤出过程中工艺参数波动很小，挤出设备工作状态非常稳定，所以制品的几何精度比常规挤出成型要高 50%以上。精密挤出技术已广泛用于双向拉伸薄膜、精密医用导管、音像基带、照相片基、通信级光导纤维和精密微发泡制品等的生产，精密挤出成型制品比常规挤出制品附加值要高出很多。精密挤出的关键是对熔体压力、流量、温度的稳定和工艺参数的精确控制。目前实现熔体压力、流量和温度稳定的方法主要有三类：一是使用稳压装置，如熔体齿轮泵、压力波动控制器、并联式稳压装置、锥体座套式压力控制装置和螺钉型阀门装置等；二是采用精密挤出机头，如阻力可调节机头、口模间隙自动调节机头和熔体黏度调节式机头等；三是采用失重式计量料斗。工艺参数的精确控制主要通过闭环控制、统计过程控制、复杂控制和智能控制等手段来实现。

3.2 注射成型

注射成型，又称注射模塑或简称注塑，是成型塑料制品的一种重要方法。几乎所有的热塑性塑料及多种热固性塑料都可用此法成型。用注射成型可成型各种形状、尺寸、精度，满足各种要求的模制品。

注射成型的过程是，将粒状或粉状塑料从注射机的料斗送进加热的料筒，经加热、受压塑化呈流动状态后，由柱塞或螺杆的推动，使其通过料筒前端的喷嘴注入闭合塑模中。充满塑模的熔料在受压的情况下，经冷却(热塑性塑料)或加热(热固性塑料)固化后即可保持注塑模型腔所赋予的形状。松开模具取得制品，在操作上即完成了一个模塑周期。之后不断重复上述周期的生产过程[13]。

注射成型的一个模塑周期从几秒至几分钟不等，时间的长短取决于制品的大小、形状和厚度，注射机的类型以及塑料品种和工艺条件等因素。每个制品的质量可自 1g 以下至几十千克不等，视注射机的规格及制品的需要而异。

3.2.1 注射成型设备

注塑是通过注射机来实现的。注射机的类型很多，无论哪种注射机，其基本作用均为：a. 加热塑料，使其达到熔化状态；b. 对熔融塑料施加高压，使其射出而充满模具型腔。为了更好地完成上述 2 个基本作用，注射机的结构已经历了不断改进和发展。

注射机分类方法很多，通常按照塑化方式进行分类，可分为柱塞式、单螺杆预塑化式、螺杆复合式、斜角螺杆式、平角螺杆式、直角螺杆式等；按合模方式可分为机械式、液压式、液压-机械式和电动式；按照结构方式可分为立式、卧式；按操作方式可分为自动、半自动、手动塑料注射机。

另外，注射机还有玻璃纤维增强塑料注射机、发泡塑料注射机、热固性塑料注射机等。如果我们把加工一般塑料和一般制品的注射机称为通用注射机，那么上述这些称为专用注射机。

3.2.2 注射成型工艺过程

注射成型工艺过程包括成型前的准备、注射成型过程和塑件的后处理 3 个阶段。

3.2.2.1 成型前的准备[14]

1）原料外观的检验和工艺性能的测定　检验内容包括对色泽、粒度、均匀性、流动性及收缩率等的检验。

2）原料的预热、干燥　除去原料中过多的水分和挥发物，以防止成型后塑件出现气泡和花纹等缺陷。

3）清洗料筒　当更换原料品种及颜色时需清洗料筒。

4）预热嵌件　因金属与塑料的收缩率不同，为减少嵌件在成型时与塑料熔体的温差，避免或抑制嵌件周围的塑料容易出现的收缩应力和裂纹，成型前应对金属嵌件进行预热。

5）选择脱模剂　为使塑件容易从模具内脱出，模具型腔或型芯需要喷涂脱模剂。

6）模具预热　为了保护模具，提高模具的使用效率，成型前需对模具进行预热处理。

3.2.2.2 注射成型过程

各种注射机成型的动作程序可能不完全相同，但其成型的基本过程还是相同的。完整的注射成型过程包括加料、加热塑化、充模、加压注射、保压、倒流、冷却定型、脱模等工序。其中，加热塑化、加压注射、冷却定型是注射过程中 3 个基本步骤。

1）加料　将粒状或粉状塑料加入注射机料斗中，由柱塞或螺杆带入料筒进行加热。

2）加热塑化　粒状或粉状塑料在料筒内加热熔融呈黏流态并具有良好可塑性的过程。

3）加压注射　塑化好的塑料熔体在注射机柱塞或螺杆的推动作用下，以一定的压力和速度经过喷嘴和模具的浇注系统进入并充满模具型腔。

4）保压　注射结束后，在注射机柱塞或螺杆推动下，熔体仍然保持压力，使料筒中的熔料继续进入型腔，以补充型腔中塑料的收缩，从而提高塑件密度，减少塑件收缩，克服塑件表面缺陷，这一阶段称为保压。

5）倒流　保压结束后，柱塞或螺杆后退，型腔中的熔料压力解除，这时型腔中的熔料压力将比浇口前方的压力高，如果此时浇口尚未冻结，型腔中熔料就会通过浇口流向浇注系统，使塑件产生收缩、变形及质地疏松等缺陷，这种现象称为倒流。如果撤除注射压力时浇口已经冻结，则倒流现象就不会发生。由此可见，倒流是否会发生及倒流的程度如何，均与保压时间有关，一般来说，保压时间越长，倒流越小。

6）冷却定型　塑件在模内的冷却过程是指从浇口处的塑料熔体完全冻结时起到塑件从模具型腔内推出为止的全部过程。这时补缩或倒流均不再进行，型腔内的塑料继续冷却并凝固定型。

7）脱模　塑件冷却到一定的温度，具有足够的强度，不会产生翘曲和变形，即可开模，在推出机构的作用下将塑件推出模外。

3.2.2.3　塑件的后处理

由于塑化不均匀或塑料在型腔内的结晶、取向、冷却及金属嵌件的影响等原因，塑件内部不可避免地存在一些内应力，从而导致塑件在使用的过程中产生变形或开裂。为解决这些问题，可对塑件进行一些适当的后处理。常用的后处理方法有退火和调湿两种。

（1）退火处理

退火处理是将塑件放在定温的加热介质(如热水、热空气或液体石蜡等)中保温一段时间，然后缓慢冷却至室温，从而消除塑件内应力的一种后处理方法。退火温度一般在塑件使用温度以上 10～20℃至热变形温度以下 10～20℃进行选择和控制。退火时间与塑料品种与塑件厚度、形状、成型条件等有关。退火处理时，冷却速度不应过快，否则会重新产生应力。

（2）调湿处理

调湿处理是将刚脱模的塑件放入热水中，以隔绝空气、防止塑件氧化、加快吸湿平衡的一种后处理方法。调湿处理的目的是使塑件颜色、性能、尺寸得到稳定，尽快达到吸湿平衡。调湿处理主要用于吸湿性很强且又容易氧化的聚酰胺等塑件。

需要指出的是，并非所有的塑件脱模后都需进行后处理，通常只对那些有金属嵌件、尺寸精度高、壁厚大、使用温度范围大的塑件进行后处理。

3.2.3　注射成型新技术

3.2.3.1　抽真空注射成型技术

抽真空注射成型方法是在合模后，启动真空系统将模腔内气体抽出，大约 3～5s 后真空度达到设定值，真空泵自动关闭，然后再进行注射[15]。

抽真空注射成型方法除了用于成型高精度制品外，还可用于形状复杂制品的成型。因为对于形状复杂的制品，用排气槽、分型面来排气有时很难将模腔内气体排净，从而导致一系列成型缺陷。另外，抽真空方法成型的产品硫化后不需要专门修整飞边，因此节约了劳动力，生产效率也得到进一步提高。

3.2.3.2　冷流道注射成型技术

冷流道注射成型是位于流道、分流道的物料，在模具内以一定的温度停留，然后在下次注射时注入模腔内成为制品。通常的塑料注射成型方法是将注入模具中的所有物料，包括主流道、分流道及模腔内的物料，同时硫化。脱模后再将制品上连带的流道废料除去。这样一来势必造成一定的浪费，尤其是小型制品，废料比例占的较大。

冷流道注射成型是将停留在主流道、分流道中的物料控制在硫化温度以下，脱模时只脱出制品，流道中的物料仍保留在流道中，下次注射时流道中的这些胶料注入模腔内成为制品。这种注射成型方法减少了原材料的浪费，节省了能源，而且制品脱模时因为不带流道废料，还可以减少开模距离，缩短成型周期。

3.2.3.3 气体辅助注射成型技术

气体辅助注射成型(gas-assisted injection molding，GAIM)，是注射机向模具注射进料量不足的胶料，然后通过注射机喷嘴、模型主流道或分流道把气体(一般为 N_2)向模腔注入，使在逐渐冷却中的物料全部进入模腔内部的成型技术。

3.2.3.4 水辅助注射成型技术

水辅助注射成型技术(water-assisted injection molding technology，WIT)是一种新型的生产中空或者部分中空注射制品的成型方法。这种方法形成空腔的原理与之前介绍的气体辅助注射成型技术(GAIM)基本相似。水辅助注射成型能够生产壁厚相差较大的制品，并且制品具有较少的收缩和翘曲变形，制品的表面质量好，成型的循环周期短。

3.2.3.5 反应注射成型技术

反应注射成型技术(reactive injection molding，RIM)是将两种或两种以上具有反应性的液体组分在一定的温度下注入模具型腔内，在其中直接生成聚合物的成型技术，即将聚合与成型加工一体化，或者说，直接从单体得到制品的“一步法”注射技术。当前 RIM 技术主要用于汽车部件的生产，其他工业用途也在逐渐扩展。用作 RIM 技术生产的主要材料为聚氨酯、尼龙和环氧树脂，近年来反应注射成型倾向应用于不同橡胶材料以及橡胶与塑料材料之间的复合等制品的成型过程。

3.2.3.6 动态注射成型技术

动态注射成型技术(dynamic packing injection molding，DPIM)是橡胶加工成型新方法之一，它将物理场直接作用于橡胶注射成型加工过程，其基本原理是：在振动力场(主要是机械振动和超声波振动)条件下，在物料的主要剪切流动方向上叠加了一个附加的应力，使得聚合物在组合应力作用下完成物理与化学变化的加工过程。

振动对聚合物成型制件性能的影响主要是通过对聚合物的凝聚态转变和结晶动力学过程起作用的。周期性的振动力将有效地促进分子的取向，并在熔体的固化阶段控制晶粒的生长、形成和取向，从而最终获得具有较高力学性能的制品。它主要应用于两种或多种聚合物共混，例如橡胶与塑料共混注射成型加工过程中。

3.3 压延成型

对于回收的热属性塑料薄膜和片材来说，通过压延成型工艺加工再生制品也是一种比较好的成型加工方法。

3.3.1 压延成型设备

3.3.1.1 压延机的分类

压延机按照辊筒数目来分，可以分成两辊、三辊、四辊和五辊等。其中以三辊和四辊压延机为最普遍，五辊压延机较少。若辊筒的数目为 n，则辊间间隙为$(n-1)$道。两辊只有一道辊隙，通常用于混炼或半成品的成型。三辊虽有两道间隙，其成型制品的精度、表面质量以及压延速度都受到限制。目前已发展四辊、五辊、六辊压延机以及不同辊径的压延机等。四辊较三辊多一道间隙，辊筒线速度可以更高，而且产品厚度均匀，表面粗糙度也低。通常四辊压延机的压延速度是三辊的 2～4 倍。所以塑料加工工业中，三辊压延机正逐步被四辊压延机所代替。但是，辊筒数目增多，机器庞大，结构复杂，造价也大，目前尚未普遍使用。

按照辊筒排列形式的不同，压延机有 I 形、Γ 形、L 形、Z 形、S 形及其他形式的压延机等(见图 2-3-4)。三辊压延机主要有 I 形、Γ 形；四辊压延机主要有 I 形、Γ 形、L 形和 S 形。辊筒排列不同，对制品的精度影响很大，同时也影响到操作和附属装置的设置。

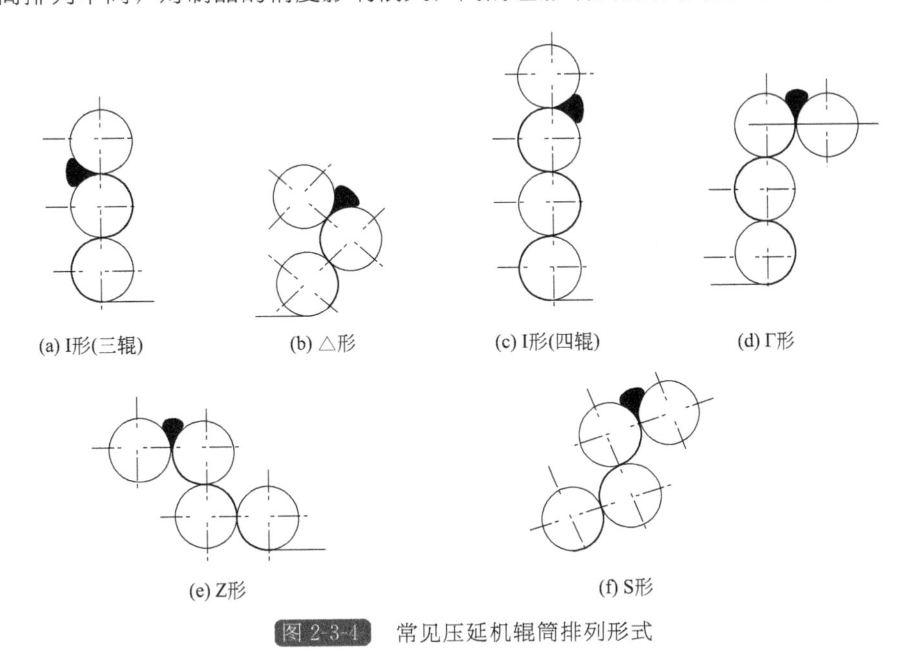

图 2-3-4 常见压延机辊筒排列形式

3.3.1.2 三辊压延机和四辊压延机的基本结构组成

三辊压延机如图 2-3-5 所示。挡料装置起调节制品幅宽的作用。压延机生产制品的最大幅宽近于辊筒长度，此时挡料装置可以防止物料从辊筒端部挤出。辊筒是压延机的成型部件，其内部可进行加热和冷却，以适应被加工物料的工艺要求。机架承受全部机械作用力，要求具有足够的强度和刚度，并有抗冲击振动能力。调距装置是调节辊间间隙的，以便生产各种不同厚度的制品。调距装置是成对出现的，三辊压延机一般是 2 辊固定，调节 1 辊、3 辊来改变两道辊间间隙量。为保持压延机的精度，维持良好的润滑是十分必要的。压延机辊筒轴承一般用稀油循环润滑，兼有冷却轴承的作用。

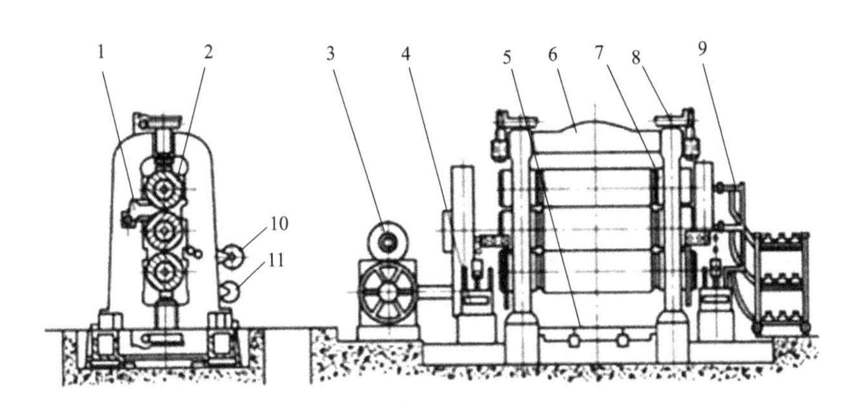

图 2-3-5 三辊压延机

1—挡料装置；2—辊筒；3—传动系统；4—润滑装置；5—安全装置；6—机架；7—辊筒轴承；8—辊距调整装置；9—加热冷却装置；10—导开装置；11—卷取装置

四辊压延机(图 2-3-6)的结构组成与三辊压延机基本相同。与三辊压延机相比，四辊压延机除了多一个辊筒、多一对调距装置以及机架的结构形状有些不同之外，还多了辊筒轴交叉装置(有的还有拉回装置，即预应力装置)和自动测厚装置等。

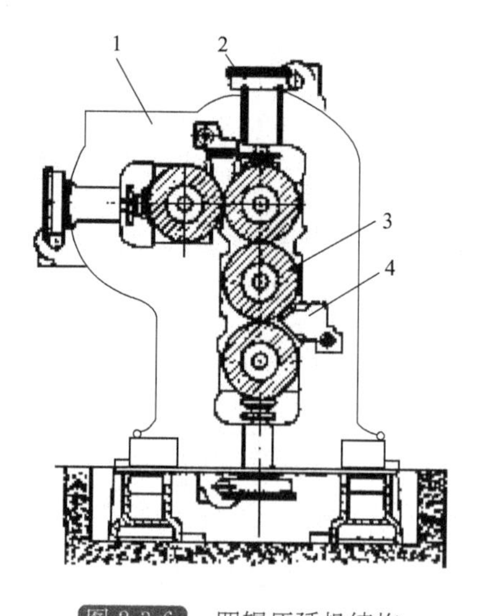

图 2-3-6 四辊压延机结构
1—机架；2—调距装置；3—辊筒；4—挡料装置

3.3.2 压延成型工艺过程

压延成型是将已经基本塑化的热塑性塑料，在热辊筒中滚压并成型为片材或薄膜的方法，也可以用于生产人造革(塑料与布或与纸的复合制品)。压延成型用的塑料有聚氯乙烯、聚乙烯、ABS、聚乙烯醇等，而以聚氯乙烯最为常见。压延制品广泛用作农业薄膜、包装薄膜、床单、室内墙壁装饰纸、地板以及热成型的片材等。

压延工艺过程一般是首先按照配方要求，把树脂和各种添加剂经过计量加入捏合机，进行搅拌混合，达到一定程度后转入密炼机密炼塑化，然后进入喂料机塑化和过滤。所以压延成型工艺一般包括以下过程：配料、塑炼、向压延机供料、压延、牵引、轧花、冷却、卷取、切割等。见图 2-3-7。

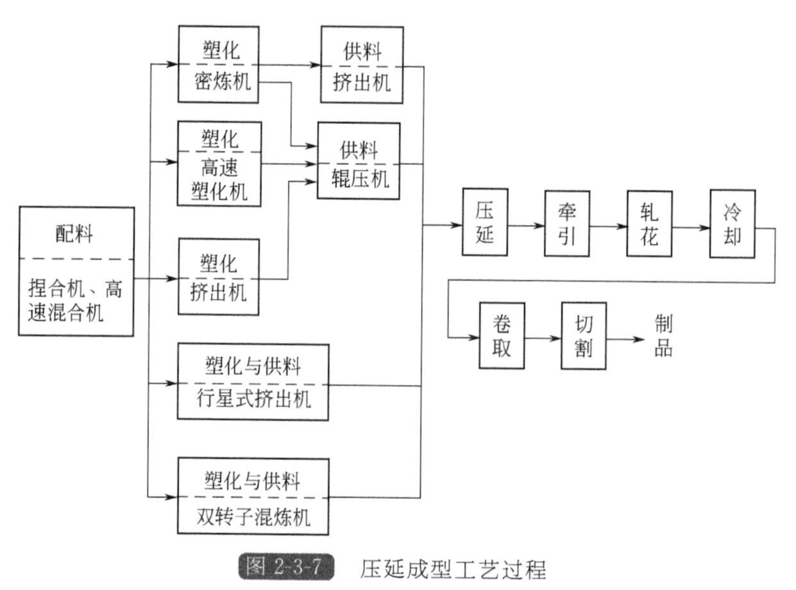

图 2-3-7 压延成型工艺过程

3.4 中空吹塑成型

中空吹塑成型的一般原理为将压缩空气鼓入熔融的型坯，使之横向吹胀，紧贴于模具型腔表面，经过冷却定型、脱模即得到中空制品。中空吹塑成型可制得各种不同容量、不同壁厚的塑料瓶、桶、罐等包装容器。适于中空吹塑成型的塑料有 PE、PVC、PP、PS、PET、NY、PC、CA 等。

3.4.1 挤出中空吹塑

挤出中空吹塑如图 2-3-8 所示，它是先由挤出机挤出管状型坯后，再趁热送入吹塑模内吹胀成型，冷却后脱模即得到制品。为配合连续挤出，挤出中空吹塑可采用多副吹塑模在回转台上轮流生产。

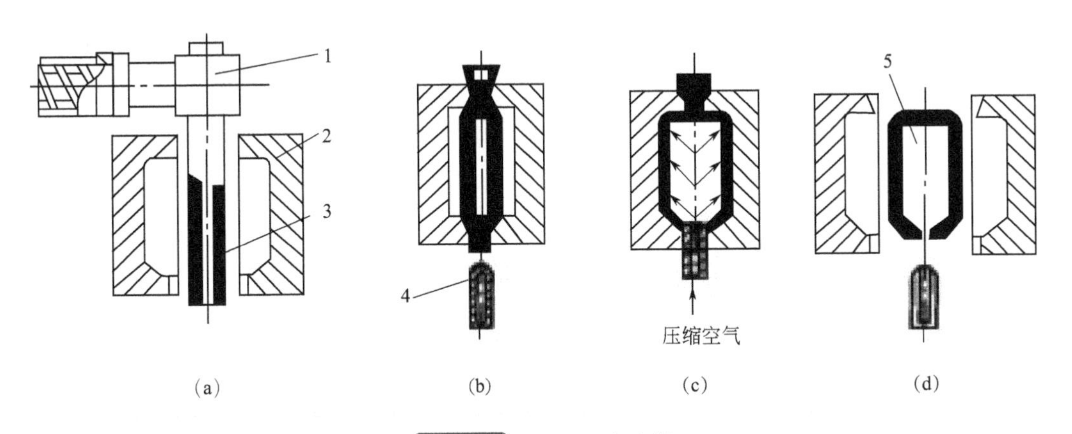

图 2-3-8 挤出中空吹塑

1—挤出机头；2—吹塑模；3—管状型坯；4—压缩空气吹管；5—制品

3.4.2 注射吹塑

注射吹塑是先由注射机将熔融的塑料注入注射模内形成有底型坯，开模后型坯留在芯模上，然后趁热移至吹塑模内，吹塑模闭合后从芯棒进气孔通入 0.20～0.69MPa 的压缩空气使型坯吹胀，冷却后脱模即得到制品，其成型工艺过程如图 2-3-9 所示。

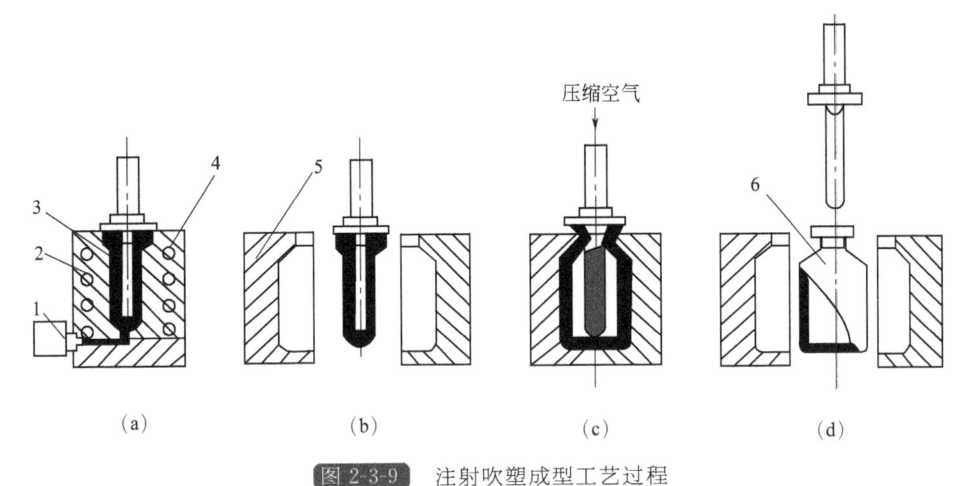

图 2-3-9 注射吹塑成型工艺过程

1—注射机；2—注射型坯；3—空心凸模；4—加热器；5—吹塑模；6—制品

3.4.3 拉伸吹塑

拉伸吹塑是 20 世纪 70 年代后发展起来的一种双轴定向拉伸吹塑新工艺。经拉伸吹塑成型的容器，其透明度、拉伸强度、抗冲击强度、表面硬度、刚性和气密性等均有较大的提高。且可使容器的壁厚减薄，节省原材料 50%左右。目前拉伸吹塑工艺广泛用于生产 PET、PP、PVC 等塑料瓶。

拉伸吹塑成型工艺又分为注射拉伸吹塑(注-拉-吹)和挤出拉伸吹塑(挤-拉-吹)两种，其中前者应用较广。

1）注射拉伸吹塑　是利用注射成型制得有底型坯，然后在拉伸温度下进行纵向拉伸，再经吹胀成型达到横向拉伸。

2）挤出拉伸吹塑　是由挤出法制得管状型坯，再把底部熔合形成有底型坯，然后在拉伸温度下进行纵向拉伸，而后进行吹胀成型完成横向拉伸，此法多用于成型 PVC 等无定形塑料。

3.5　其他成型方法

3.5.1　发泡成型

泡沫塑料是以树脂为基础而内部具有无数微孔性气体的塑料制品，又称为多孔性塑料。目前通常用于制造泡沫塑料的树脂有聚苯乙烯、聚氯乙烯、聚乙烯、聚氨酯、脲甲醛树脂等等。发泡性树脂直接填入模具内，使其受热熔融，形成气液饱和溶液，通过成核作用，形成大量微小泡核，泡核增长，制成泡沫塑件。常用的发泡方法：物理发泡法、化学发泡法和机械发泡法有 3 种。

3.5.1.1　物理发泡法

指应用物理原理实施发泡，包括：a. 使惰性气体在加压下溶于熔融聚合物或糊状复合物中，然后减压放出溶解气体而发泡；b. 低沸点液体汽化使聚合物发泡；c. 溶解掉聚合物中可溶组分而成微孔塑料(通称溶解泡沫塑料)；d. 在熔融聚合物中加入中空微球，再经固化而成泡沫塑料(通称组合泡沫塑料)等。

3.5.1.2　化学发泡法

指应用化学反应实施发泡，包括：a. 使化学发泡剂在加热时分解并释放气体而发泡；b. 在原料组分的聚合反应中，释放气体而发泡。

3.5.1.3　机械发泡法

借助机械搅拌作用，往液态聚合物或复合物中混入空气而发泡。

上述发泡法的共同点是，待发泡聚合物或复合物必须处于液态或一定黏度的塑性状态；泡沫的形成是依靠能产生泡孔结构的固体、液体或气体发泡剂，或者几种物质混合的发泡剂。针对某种聚合物，应根据其性质选择适宜的发泡法与发泡剂才会制成合格的泡沫塑料。

3.5.2　浇铸成型

浇铸成型是塑料加工的一种方法。早期的浇铸是在常压下将液态单体或预聚物(见聚合物)注入模具内经聚合而固化成型变成与模具内腔形状相同的制品。20 世纪初酚醛树脂最早用浇铸法成型。20 世纪 30 年代中期，用甲基丙烯酸甲酯的预聚物浇铸成有机玻璃(见聚甲基丙烯酸甲酯)。第二次世界大战期间，开发了不饱和聚酯浇铸制品，其后又有环氧树脂浇铸制品。20 世纪 60 年代出现了尼龙单体浇铸(见聚酰胺)。随着成型技术的发展，传统的浇铸概念有所改变，聚合物溶液、分散体指聚氯乙烯糊和熔体也可用于浇铸成型。用挤出机挤出熔融平膜，流延在冷却转鼓上定型，制得聚丙烯薄膜，被称为挤出-浇铸法[16]。

浇铸成型一般不施加压力，对设备和模具的强度要求不高，对制品尺寸限制较小，制品中内应力也低。因此，生产投资较少，可制得性能优良的大型制件，但生产周期较长，成型后必须进行机械加工。在传统浇铸基础上，浇铸成型派生出灌注、嵌铸、压力浇铸、旋转浇铸和离心浇铸等方法。

3.5.3 热成型

将热塑性塑料(见热塑性树脂)片材加工成各种制品的一种较特殊的塑料加工方法。片材夹在框架上加热到软化状态，在外力作用下，使其紧贴模具的型面，以取得与型面相仿的形状。冷却定型后，经修整即成制品。此过程也用于橡胶加工。近年来，热成型已取得新的进展，例如从挤出片材到热成型的连续生产技术[17]。热成型类型有如下几种。

(1) 真空成型

热成型方法有几十种，真空成型是其具有代表性的一种。采用真空状况下使受热软化的片材紧贴模具表面而成型。此法最简单，但抽真空所造成的压差不大，只用于外形简单的制品。

(2) 气压热成型

采用压缩空气或蒸汽压力，迫使受热软化的片材紧贴于模具表面而成型。由于压差比真空成型大，可制造外形较复杂的制品。

(3) 对模热成型

将受热软化的片材放在配对的阴、阳模之间，借助机械压力进行成型。此法的成型压力更大，可用于制造外形复杂的制品，但模具费用较高。

(4) 柱塞助压成型

用柱塞或阳模将受热片材进行部分预拉伸，再用真空或气压进行成型，可以制得深度大、壁厚分布均匀的制品。

第 4 章

废旧塑料的高值利用

目前我国塑料制品每年的消费量已超过 6000 万吨，是世界上最大的塑料消费国，占世界塑料消费的 1/5，人均消费 46kg，已超过国际平均消费水平 40kg。据报道，我国废塑料回收利用率在 20%～25%之间，2010 年我国废塑料回收量达 2000 万吨以上，其中国内回收约 1200 万吨，进口废塑料 860 万吨。回收网点遍布全国各地，市场需求大且稳定，已形成一批较大规模的再生塑料回收市场和加工集散地。主要分布在广东、浙江、江苏、山东、河北、辽宁等塑料加工发达省份。废塑料回收、加工、经营市场规模越来越大，交易额大多在几个亿以上，但是绝大多数是简单再生造粒技术，属低水平加工，生产低端产品，利润微薄，生活垃圾塑料分类分选大多为人工分拣，缺少先进的自动分拣设备。且废塑料成分复杂，未知杂质多，污染严重，一般人工简单分拣，直接影响造粒产品的质量，影响废旧塑料的有效利用。作为“十三五”时期指导轻工业发展的专项规划，《轻工业发展规划(2016—2020年)》指出，要加快塑木共挤、废塑料高效分选高值化利用技术和完全生物降解地膜、水性聚胺酯合成革等产品技术研发及应用。

由于再生塑料的售价只是新原料售价的一半甚至 1/3，有明显的成本优势，因而国内需求量很大，尤其是近几年来塑料原料价格的飞涨，使市场对再生塑料的需求进一步走强。此外，我国东北、西北、华北等广大地区农村大量使用的地膜，属一次性使用的农用物资，数量巨大，价格低廉。如果加以回收利用，既可及时解决农膜对土壤的污染问题，又可免去了中间环节，在确保原料来源的同时还可大幅度降低原料成本，增加企业的利润，减轻农民的负担。因此，废旧塑料的回收利用，既可缓解原料供需矛盾，又可节省大量资金，降低成本，有着广阔的市场空间。

废旧塑料的高值利用方法主要有物理回收、化学回收和能量回收 3 种(见图 2-4-1)。

1）物理回收方法　主要包括直接再生、熔融再生和改性再生。

2）化学回收方法　包括高温热裂解、催化裂解、加氢裂解、超临界油化法和化学分解等，废旧塑料经化学方法处理后回收单体、染料或化工原料。

3）能量回收　是采用焚烧的方法回收废旧塑料中的能量。

这 3 种方法各有特点：

(1）物理方法是目前最为常用的回收方法，几乎适合于所有热塑性塑料和部分热固性塑料，其技术投资与成本相对较低、工艺简单、操作灵活，成为许多国家作为再生资源利用的主要方法，已有较为成熟的再生工艺。

（2）化学回收得到的单体、燃油、化工原料的价值较高，但设备投资大、工艺复杂、技术难度大、经济性较差。

（3）能量回收特别适合于污染严重的废旧塑料，用于前两种方法很难经济地回收再生的情况下，目前也是一些国家主要采用的回收方法，但其设备投资大，且回收时可能产生二次污染。

选择使用哪种回收利用方法，除了要考虑技术因素外，还应考虑废旧塑料的来源、经济性和社会效益等因素。现阶段，很多回收工艺技术上不成问题，但经济上还难以让人接受。相信随着技术的进步、回收成本的降低，这种情况将逐渐得到改善。

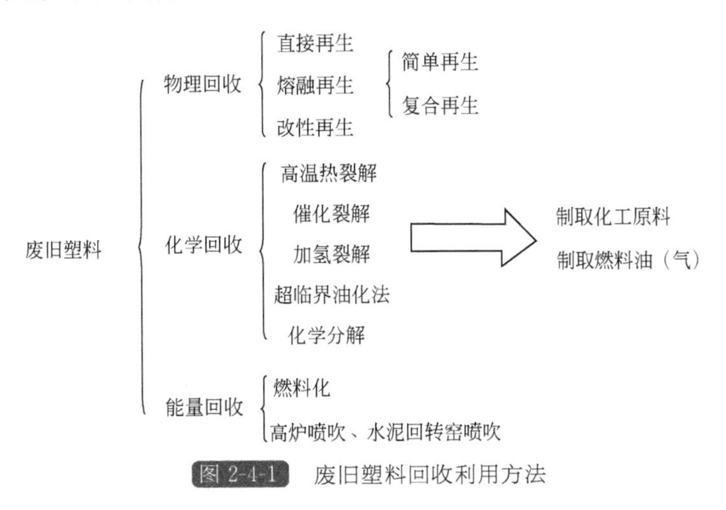

图 2-4-1　废旧塑料回收利用方法

4.1　物理回收

物理回收是指将废旧塑料经过分离筛选(或混合使用)后，粉碎、造粒并直接使用或与其他聚合物混制成聚合物合金。回收利用工序主要为收集、分类分离、清洗、干燥、破碎或造粒，经过改性再加工制成适合市场需求的产品或与新料混合使用。这些产品可用于制造再生塑料制品、塑料填充剂、过滤材料、阻隔材料、涂料、建筑材料和黏合剂等。这是一种简单可行的方法，可分为直接再生、熔融再生和改性再生。

4.1.1　直接再生

废旧塑料的直接再生利用是指废旧塑料直接塑化或破碎后塑化，即经过相应前处理破碎塑化后，再进行成型加工制得再生塑料制品的方法。

依据废旧塑料的不同来源、不同使用目的可分为 3 种直接再生利用方法。

① 不需要分拣、清洗等预处理，直接破碎后塑化成型。

② 必须经过清洗、干燥、破碎后造粒或直接塑化成型。

③ 经过特别预处理后直接再生利用。例如电缆护套的剥离往往需要特种处理方法，各类泡沫塑料制品的再生利用也常采用这种方法。

4.1.2　熔融再生

熔融再生又称为机械再生，该法是将废旧塑料热熔融后重新塑化而加以利用的方法。以熔融再生方式进行加工前，废旧塑料不仅需要分选分离、清洗干净，而且要求品种、颜色单一，不得混有杂质和异物，异种塑料的混入量应在1%以下。根据原料性质，熔融再生可分为简单再生和复合再生。

（1）简单再生

简单再生已被广泛采用，主要用于回收树脂生产厂和塑料制品厂生产过程中产生的边角废料，也可以包括那些易于清洗、挑选的一次性使用废弃品。这部分废旧塑料的特点是比较干净、成分比较单一，采用简单的工艺和装备即可得到性质良好的再生塑料，其性能与新料相差不多。现阶段大多数塑料回收厂都采用这种回收利用方法。

（2）复合再生

复合再生所用的废旧塑料是从不同渠道收集到的，杂质较多，具有多样化、混杂性、污脏等特点。由于各种塑料的物化特性差异及不相容性，它们的混合物不适合直接加工，在再生之前必须进行不同种类的分离，因此回收再生工艺比较繁杂，分离技术和筛选工作量大。

4.1.3 改性再生

废旧塑料的改性再生包括物理改性和化学改性。

4.1.3.1 物理改性

物理改性主要是指将再生料与其他聚合物或助剂通过机械共混，如增韧、增强、并用、复合活性粒子填充的共混改性，使再生制品的力学性能得到改善或提高，可以做档次较高的再生制品。物理改性包括增韧改性、增强改性、共混改性和填充改性。但这类改性再生利用的工艺路线较复杂，有的需要特定的机械设备。

（1）增韧改性

塑料制品在使用过程中，由于受到光、热、氧等的作用而会发生老化现象，使树脂大分子链发生降解，所以回收的塑料力学性能发生很大变化，耐冲击性随老化程度的不同而变化，改善回收塑料耐冲击性的途径之一是使用弹性体或共混型热塑性弹性体与回收料共混进行增韧改性。

（2）增强改性

回收的通用塑料的拉伸强度明显降低，要提高其强度，可以通过加入玻璃纤维、合成纤维、天然纤维的方法，扩大回收塑料的应用范围。

回收的热塑性塑料经过纤维增强改性后，其强度、模量大大提高，并明显地改善了热塑性塑料的耐热性、耐蠕变性和耐疲劳性，其制品成型收缩率小，废弃的热塑性玻璃纤维增强塑料可以反复加工成型。影响复合材料性能的还有纤维在塑料基质中的分散程度和取向，分散越均匀，取向程度越高，复合材料的性能越好。分散均匀性在选定设备后主要取决于混炼工艺，并且使用适当的表面处理剂（或偶联剂）进行处理，能够增加与树脂的黏合性，纤维在热塑性塑料中的分散取向也能得到一定的提高。

（3）共混改性

用一种高聚物来改性另一种高聚物性能的共混合改性，只要两种高聚物有良好的相容性，共混的两种聚合物在强力搅拌下，可以以分子的状态互相混合均匀，生成所谓共混高聚物（也可称为高分子“合金”）。“合金化”是改善聚合物性能的重要途径，“塑料合金”一词是流行于塑料工程界的一种俗称，无严格定义，实际是泛指以聚合物共混物为基本成分组成的塑料。

塑料合金的制造方法综合于表 2-4-1，在该表中同时介绍了各种方法的特点。

表 2-4-1　塑料合金制法

方法分类		基本概念	特点
物理法	干粉共混	将两种或两种以上品种不容的细粉状聚合物在各种通用的塑料混合设备中加以混合，形成各组分均匀分散的粉状聚合物混合物的方法。必要时也可同时加入各种助剂一起共混	该法简单易行，但要求原料应为细粉状；由于混合分散效果达不到制造塑料合金的要求，故一般仅为熔体共混的预备工序
	熔体共混	将共混所用的聚合物组分在其黏流温度以上用各种塑料混炼设备制取各组分均匀分散的聚合物共熔体，然后再冷却、造粒的方法。此法为制造塑料合金最重要的方法	该法工艺简单，操作方便，混合分散效果好；常用的设备为开放式双辊混炼机及双螺杆挤出机
	溶液共混	将各原料聚合物组分加入共同溶剂中(或分别溶解、再混合)搅拌溶解混合均匀，然后加热蒸发溶剂或加入非溶剂沉淀制取聚合物共混物的方法	该法因消耗大量溶剂并受聚合物溶解性能的限制而不宜工业化应用，但用于实验研究聚合物之间的相容性及形态非常方便
	乳液共混	将不同种类聚合物乳液搅拌混合均匀后，加入混聚剂使各种聚合物共沉析以形成聚合物共混物的方法	当原料聚合物为聚合物乳液或聚合物共混物将以乳液形式被应用时，此法最为有利，一般情况下，难以普遍推广
化学法	共聚共混	将聚合物组分Ⅰ溶于聚合物组分Ⅱ的单体中，形成均匀溶液后，再引发单体与聚合物组分Ⅰ发生接枝共聚，同时单体还会发生自聚；此共混体系由聚合物Ⅰ、聚合物Ⅱ以及它们的接枝共聚物组成	由于接枝共聚物起到两种聚合物增容的作用，所以该法产物的性能一般优于物理共混法的产物；共聚-共混法所用设备及生产工艺较复杂，使其应用受到一定的限制
	互穿聚合物网络(IPN)	这是一种以化学法制取物理共混物的方法，其典型操作是先制备一交联聚合物网络，将其在含有活化剂和交联剂的第二种聚合物单体中溶胀，然后聚合，于是第二步反应所产生的聚合物交联网络与第一种聚合物交联网络相互贯穿，形成聚合物共混物，但两聚合物网络之间无化学键	该法可得到均匀分散、形态稳定的共混体系，性能协同效应得到充分发挥；目前应用尚不够普遍
	反应增容	对于相容性不良的聚合物，可加入增容剂促进两者相容，以达到改性的目的。反应增容的概念包括外加反应性增容剂与共混聚合物组分反应而增容以及使共混聚合物组分官能化，并凭借相互反应而增容。反应增容拓宽了可共混改性的聚合物的范围，强化了组分之间的相容性，改性效果卓越	该法发展时间不长，应用领域正在不断扩大，具有反应容易伴随副反应，且共混条件必须严格控制等缺点

(4) 填充改性

填充改性是指通过添加填充剂，使废旧塑料再生利用。此改性方法可以改善回收的废旧塑料的性能、增加制品的收缩性、提高耐热性等。填充改性的实质是使废旧塑料与填充剂共混合，从而使混合体系具有所加填充剂的性能。

填充剂的分类：广义的填充剂包括气体(如发泡剂释放的气体)、液体(增量剂或增量增塑剂)和固体(即本节所说的填充、增强材料)物质。填充剂(也称填料)的作用在于改进塑料制品的性能和降低成本。

填料的品种很多，按化学组成分为无机(如碳酸钙、陶土)、有机(如木粉、纤维)；按形状分为粉状(如碳酸钙、硫酸钡等)、纤维状(如玻璃纤维、石棉等)、片状、带状、织物、中空微球等；按用途可分为补强性(可改进物理、力学性能，赋予特殊功能性)和增量性(增加体积或质量以降低成本)填料。

1）粉状填料

① 碳酸钙($CaCO_3$)。一般指轻体碳酸钙，生产方法包括机械法(也称研磨碳酸钙)和化学法(沉淀碳酸钙)。为白色轻质粉末，多呈纺锤形结晶(方解石型)，相对密度为2.0～2.7，粒径范围为1～16μm。

② 活性碳酸钙(胶体碳酸钙)。粒子近似于球形，粒径小于0.1μm。与轻体碳酸钙相比，粒径较小。因粒子表面涂覆一层有机物，能改善加工性能。制造活性碳酸钙时可加入1%～5%硬脂酸及表面活性剂进行表面处理。活性碳酸钙在橡胶中作补强剂，在塑料中主要作填充剂，能提高制品耐冲击强度。在聚氯乙烯中，轻体碳酸钙由于表面处理剂的作用而改善了相容性和润湿性，因此，能减少制品在弯曲时的白化现象，并赋予制品高度光泽及光滑的作用。

③ 空心微珠——新型的无机填料。空心微珠新型材料的直径在0.2～400μm范围内。空心微珠是一种轻质非金属多功能材料，主要成分是SiO_2和Al_2O_3，外观为灰白色或灰色，松散，球形，流动性好，中空，有坚硬的外壳，壁厚为其直径的8%～10%。空心微珠被誉为“空间时代材料”。

④ 硫酸钡(重晶石粉)。硫酸钡为白色粉末，相对密度为4.5，吸油量小，与增塑剂成糊容易，在聚氯乙烯中作填料，也可作白色颜料，可使制品表面有良好的光泽，在聚氯乙烯硬管配方中一般加入量为10～20份。

⑤ 陶土(高岭土)。主要成分是水合硅酸铝，浅灰色或浅黄色粉末，粒子呈六角形片状结晶，相对密度为2.6～2.63。在塑料加工中，陶土常用于聚氯乙烯和聚酯树脂。使模制品和挤出制品有比较好的表面光泽及光滑表面。

⑥ 其他粉状填料。白炭黑(胶体二氧化硅、二氧化硅)，耐热电缆中使用或在塑料溶液中作增稠剂；云母粉，电性能较好；滑石粉(光粉)，具有润滑性、耐火性及优良的电绝缘性。

2）纤维状填料

① 玻璃纤维(无碱玻璃纤维)。相对密度为2.5～2.7。由二氧化硅等多种氧化物组成，玻璃纤维最初仅用于热固性塑料，其中玻璃纤维增强塑料(俗称玻璃钢)的某些力学性能超过了一般有色金属。玻璃钢主要用于化工管道、容器衬里、汽车车身、飞机船舶构件以及农业用具等。也可以用玻璃纤维增强热塑性塑料，能提高制品的力学强度，如拉伸强度、弯曲强度、压缩强度、弹性模量、耐蠕变性；提高热变形温度、降低线膨胀系数；降低吸水量、增加尺寸稳定性；提高热导率、硬度；抑制应力开裂；阻滞燃烧性及改善电性能。玻璃钢中，增强用玻璃纤维的品种及配合量随所要求的制品性能、用途及成型方法的不同而异。

② 石棉纤维(湿石棉)。主要成分为水合硅酸镁，用石棉充填的塑料可以提高耐化学腐蚀性、耐热性、尺寸稳定性。用石棉增强的氟塑料，由于可高度压缩、耐腐蚀性优良，常用于石油化工的阀主体密封、玻璃管道密封及导弹燃料系统的密封等。

3）填料的发展趋势

① 填料的超细化。过去填料的粒度，一般不超过400目，很少使用超细粉体。随着技术的发展，填料日趋超细化。

② 填料品种扩大化。随着塑料改性的发展，填料的品种将不断扩大。其增加的品种

如下。

Ⅰ. 重钙和轻钙：仍然占据主导地位，约占65%。

Ⅱ. 滑石：刚性好，是汽车用塑料中主要填料。

Ⅲ. 高岭土：用于薄膜和电缆料。

Ⅳ. 重晶石：用于注塑高档产品。

Ⅴ. 硅灰石：主要用于尼龙和聚丙烯、聚乙烯。

③ 填料发展趋势。随着塑料改性技术的发展，向填料提出更高的要求。

Ⅰ. 纤维化填料：以取代玻璃纤维，作为补强填料。

Ⅱ. 轻质量填料：当填料使用技术不断提高、填充量大幅度提高时，带来一个重要问题是制品密度大了，相对影响使用质量和成本。现在寻求相对轻的填料，即密度小的、松装密度小的填料。如现在使用煅烧黑滑石填料，其相对松装密度为0.73，而茂名高岭土尾矿相对松装密度只有0.43。显然后者是所需要的轻质量填料。

Ⅲ. 复合填料：填料的发展趋势是使用复合填料，是指两种以上填料混合在一起使用。这也有两种情况：一种是人为制成的复合填料，如现在有碳酸钙-滑石、碳酸钙-硅灰石、滑石-硅灰石3种复合填料；另一种是天然生成的复合填料，如安徽宿松产的滑石、方解石混合矿石，浙江长兴产的方解石、硅灰石混合矿石，目前正在试验研究阶段。

4.1.3.2 化学改性

回收的废旧塑料，不仅可以通过物理改性扩大其用途，还可以通过化学改性的方法，拓宽回收塑料的应用渠道，提高其应用价值[18]。

化学改性是指通过接枝、共聚等方法在分子链中引入其他链节和功能基团，或通过交联剂等进行交联，或通过成核剂、发泡剂对废塑料进行改性，使废塑料被赋予较高的抗冲击性能、优良的耐热性和抗老化性等，以便进行再生利用。化学改性包括氯化改性、交联改性和接枝改性等。

（1）聚烯烃的氯化改性

聚烯烃(PO)是指乙烯、丙烯、丁烯等烯烃为主的均聚物和共聚物，也包括部分改性、共混、增强、复合物，主要品种有LDPE、LLDPE、MDPE、HDPE、EVA、PP等。聚烯烃通过氯化可得到阻燃、耐油等良好特性，其产品具有广泛的应用价值。

1）聚乙烯的氯化

① 加工方法。将废PE膜进行洗涤、脱水、粉碎后，送入反应釜进行氯化，可制得氯化聚乙烯(CPE)，具体工艺路线如图2-4-2所示。在100℃左右氯化反应时间大于1h，含氯量可达35%，具有良好的性能，用来替代市售CPE，可用于PVC低发泡鞋底和硬质PVC的改性。

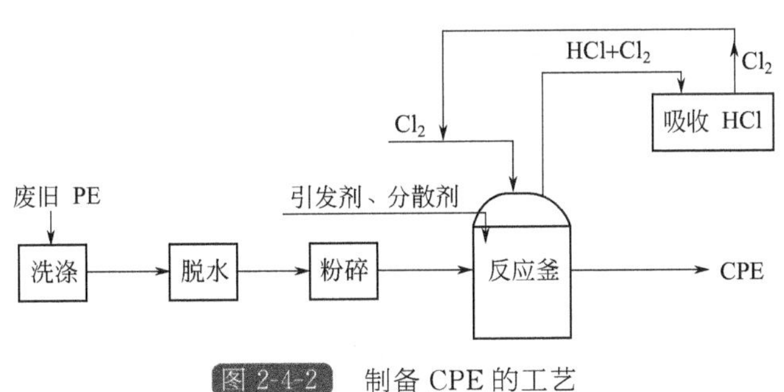

图2-4-2 制备CPE的工艺

② 特性。氯化聚乙烯的分子结构中含有乙烯-氯乙烯-1,2-二氯乙烯。含氯量为25%～40%时，拉伸、抗应力开裂性下降；含氯量≥45%时，易分解，需加入稳定剂。耐热、耐低温、耐燃、耐候性和耐化学稳定性皆优，柔韧性、耐磨耗性和耐应力开裂性好；填充能力高，与PE、CPVC、橡胶等共混性好，无毒，加工性能好；与碱、—NH_2等加热会交联成体型结构，尤其是CPE弹性体(含氯量35%左右)，可以作为大分子增塑剂及高分子共混物的增容剂。

③ 氯化聚乙烯用途。主要用来与PVC共混改进其冲击韧性、耐低温性、耐候性、耐燃性和成型性等，也用来与ABS、PS、PP、PE、CPVC、橡胶等共混改性。注塑制品用作机械部件，约有1/3产品用于涂层和薄片复合。

2）聚丙烯的氯化　回收的聚丙烯与回收的聚乙烯一样，也可以进行氯化改性。

① 加工方法。聚丙烯在$SbCl_5$等氯化介质中以过氧化苯甲酰或P_2O_5等氧化而得。

② 特性。氯含量低时化学稳定性好，但可溶于溶剂，与其他树脂相容性好；含氯量30%左右的软化点最低；含氯量38%～65%的结晶被破坏，但耐热、耐光、耐磨性好，黏合性、印刷性提高。

③ 用途。用作包装膜、覆盖物、涂料、黏合剂、油墨载体等。

3）聚氯乙烯的氯化　氯化聚氯乙烯(CPVC)是聚氯乙烯的重要化学改性方法之一。对回收PVC再生料的氯化改性有以下2个基本目标。

① 提高PVC的连续使用温度。普通PVC的缺点之一是最高的连续使用温度仅在65℃左右，经过氯化改性的聚氯乙烯的最高连续使用温度可达105℃。除了提高使用温度外，强度和模量等性能也得到了改善，见表2-4-2。但氯化改性聚氯乙烯也有不足之处，一是脆性略增，二是氯化改性后增加了熔体黏度，且CPVC的软化点也高于普通PVC。

表2-4-2　CPVC与PVC的性能对比

品种	CPVC	PVC
氯含量/%	67.8	56.8
密度/(g/cm^3)	1.54～1.59	1.35～1.45
洛氏硬度(R)	117～125	105～115
拉伸强度/MPa	58.8～73.5	49.0～65.9
弯曲强度/MPa	78.4～117.6	68.6～107.8
热变形温度/℃	94～113	55～80

注：聚氯乙烯和氯化聚氯乙烯的聚合度范围均为565～740。

② 氯化改性后用作涂料和胶黏剂。此类氯化改性采用溶液氯化工艺，其产品俗称过氯乙烯。而通常用悬浮氯化工艺制得的改性产品主要用于制备耐热、耐化学药品的器件，如电解设备配件、污水处理净化装置配件等产品。

(2) 聚烯烃的交联改性

聚烯烃交联为聚合物大分子链在某种外界因素影响下产生可反应自由基或官能团，从而在大分子链之间形成新的化学键，使得线型结构聚合物形成不同程度网状结构聚合物的过程。可引发交联的外界因素为不同形式的能源，具体有光、热和辐射等。

聚烯烃经过交联后，可以大大扩展其使用范围。通过交联，其拉伸强度、冲击强度、耐热性能和耐化学性能都得到提高，同时其耐蠕变性能、耐磨性能、耐环境应力开裂性能和黏结性能也可以提高。交联产物中可以添加较多量的填料而材料的性能不会有明显的降低。

常用交联方法有辐射交联、过氧化物交联和硅烷交联，此 3 种交联技术的比较见表2-4-3。

1）辐射交联法　辐射交联是指聚合物在辐射作用下大分子侧链断裂从而使大分子之间形成化学键并排地键合在一起，分子量增加，形成三维网状结构的过程。高聚物的辐射交联是一个复杂的过程，既可能伴随着交联，也可能有主链的降解[19]。高分子辐射交联的基本原理为聚合物大分子在高能或放射性同位素(Co-60 γ 射线)作用下发生电离和激发，生成大分子游离基，进行自由基反应；并产生一些次级反应，如正负离子的分解、电荷的中和，此外还有各种其他化学反应。

2）过氧化物交联法　过氧化物交联属于化学交联法，是用有机过氧化物加热分解产生的自由基引发大分子交联反应。它与辐射交联的不同之处有两点：一是其交联过程必须有交联剂，即过氧化物的存在；二是交联反应需要在一定的温度下进行。

3）硅烷交联法　硅烷交联法也是一种化学交联法，它是以硅烷为接枝剂在大分子之间进行交联。它的优点是成本低、交联度高。烯烃的均聚物或共聚物均可被硅烷交联，如聚乙烯、聚丙烯、聚氯乙烯及氯化聚乙烯、乙-丙共聚物、乙烯-乙酸乙烯酯共聚物及其他乙烯的共聚物等。

硅烷交联聚烯烃包括接枝和交联两个过程。接枝过程中，聚合物在引发剂热解生成的自由基作用下失去氢原子而在主链上产生自由基，该自由基与乙烯基硅烷中的乙烯基反应，同时发生链转移。产品成型后再进行交联，已接枝的聚合物在水和交联催化剂作用下形成硅醇，—OH 与邻近的 Si—O—H 基团缩合形成 Si—O—Si 键而使聚合物交联。

表 2-4-3　3 种实用交联技术的比较

交联技术名称		辐射交联	过氧化物交联	硅烷交联
交联的方法		辐射产生的自由基发生再结合	有机过氧化物热分解引发的聚合物自由基的再组合	接枝在聚合物上的硅烷加水缩合而交联
适合的聚合物	LDPE	○	○	○
	HDPE	○	○	○
	PVC	○	×	×
	橡胶	○	○	×
	氟树脂	○	×	×
	有阻燃剂的配方	○	×	×
挤出加工		○	△	○
配方树脂的存放期		○	△	×
交联速率		大	中	小
交联的均一性		分布不均一(与辐射源有关)	厚度大的分布不均匀	均一

续表

交联技术名称		辐射交联	过氧化物交联	硅烷交联
成本	配料	适当	高	高
	交联工艺	适当	重厚适当，细小的高	高
	设施和设备费用	复杂、价格高	简单、中等价格	简单、价格低
性能	高频特性	○	×	×
	耐热形变	○	○	△
	外观	○	×	△

注：○表示好；△表示一般；×表示不好。

(3) 聚烯烃的接枝共聚改性

废旧塑料的化学改性，除了有交联改性和氯化改性以外，还有接枝、嵌段等共聚改性，目前实用性较强的属回收聚丙烯的接枝共聚改性。

1) 聚丙烯接枝共聚改性　接枝改性聚丙烯(GPP)的目的是提高聚丙烯与金属、极性塑料、无机填料的粘接性或增容性。对回收聚丙烯再生材料而言，至少有如下 2 点意义。

① 当回收的聚丙烯料中混杂着部分 PVC 等极性树脂制品时，可不必分离而直接实施共混，在混炼塑化过程中引入接枝改性反应，使 PP 与 PVC 相间增容。

② 经接枝改性后的回收 PP 再生料可拓宽其应用范围，不仅可与极性高聚物制品共混，也可以较大量地进行填充或增强改性，以达到提高再生制品的性能并降低生产成本的目的。

所选用的接枝单体一般为丙烯酸及其酯类、马来酰亚胺类、顺丁烯二酸酐及其酯类。

接枝共聚的方法有：a. 辐射法；b. 溶液法，在溶剂中加入过氧化物引发剂进行共聚；c. 熔融混炼法，在过氧化物存在下使聚丙烯活化，在熔融状态下进行接枝共聚。

2) 聚苯乙烯接枝共聚改性　聚苯乙烯是非极性物质，如要提高其在钢材、木材等表面的黏附性，必须用强极性物质对其进行改性。化学接枝法就是通过化学反应，将接枝单体接到聚苯乙烯大分子上，使聚合物分子上分别带有—OH、—$CONH_2$ 等活性基团。化学接枝的程度用接枝率表示，接枝率以每克聚苯乙烯分子链上接入的—OH 物质的量来表示，单位为 mmol/g。经过化学接枝改性的聚苯乙烯可以制成涂料和黏结剂等产品。其中制造涂料的工艺流程见图 2-4-3。

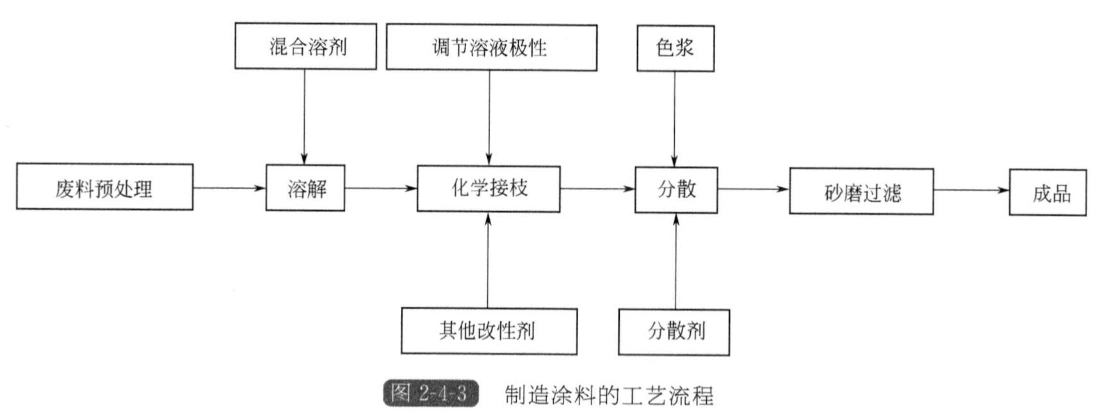

图 2-4-3　制造涂料的工艺流程

4.1.3.3 回收塑料物理与化学的同时改性方法

对回收热塑性废旧制品再生料的改性一般为单纯的物理改性与单纯的化学改性：前者是通过机械混炼设备在塑料的软化点以上的温度下实施熔融混合，以制备多组分多相态的共混物合金及复合材料；后者则通过大分子的化学反应或共聚反应实施改性。改性的目的是改善再生料的性能并扩大其应用范围。

20 世纪 90 年代，高分子材料的改性开拓出另一个新方向，被称为高分子材料科学与工程学发展的一场革命和战略转移，这就是原位反应挤出工艺的改性与成型。这一研究方向的突出内容是同时实现化学改性和物理改性。换言之，它突破了过去的化学改性、物理改性和成型加工之间的界限或不连续化，大幅度地缩短了塑料材料制备和制品生产的周期，也有效地改善了再生塑料的综合力学性能。

这一改性方法是在特制螺杆挤出机中边实施组分共混边进行接枝化学改性，且进一步连续就地进行改性共聚物的再混合，它体现了两种改性方向的同时性和就地性；可以直接得到改性粒料，也可以直接通过成型辅机或模具成型，又体现了改性与成型的连续化。

原位反应挤出的改性及成型工艺的具体操作办法：用一种长径比很大($L+D>40$)的单螺杆挤出机或双螺杆挤出机一次性地完成共混、改性及成型(或造粒)。原位反应挤出设备除大的长径比外，在机身适当位置还有几个加料口和减压口，其设备的构造特点如图 2-4-4 所示。选取马来酸酐或其酯化物作为接枝反应的中间体较好，因它不能产生单体的均聚，使相对接枝率升高；还可以引入酯基。

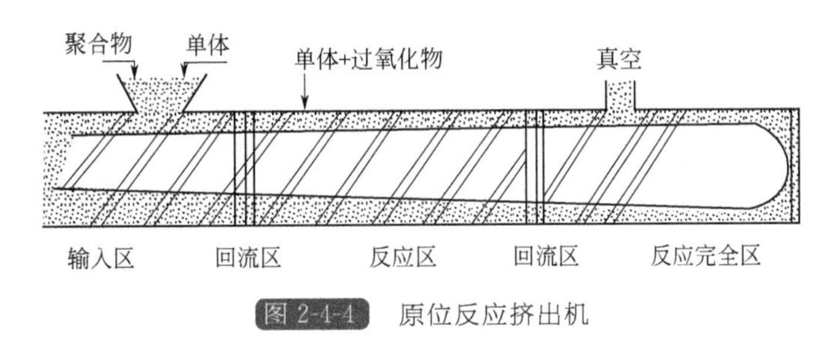

图 2-4-4 原位反应挤出机

原位反应挤出工艺所进行的塑料改性及其加工成型的主要优点是：a. 多相材料的内在相容性提高，促进了材料热力学稳定性及力学性能的稳定性；b. 实现了共混、改性、成型连续化，显著提高了生产效率；c. 使通用大品种塑料改性成工程塑料或结构材料；d. 生产场地面积小，污染少，节能，自动化程度高。

4.2 化学回收

化学回收是指利用化学手段使固态的废旧塑料重新转化为单体、燃油或化工原料，仅回收废旧塑料中所含化学成分的方法，也称为“三级回收”。化学回收可分为热分解回收、化学分解回收等。热分解是将废旧塑料(可以是某些品种的混合物)高温裂解或催化裂解后制取化学品(如乙烯、丙烯、芳烃、焦油等)及液体燃料油(汽油、柴油、煤油等)，主要包括高温热裂解、催化裂解、加氢裂解和超临界油化法；化学分解是将单一品种的废旧塑料经水解或醇解后制成单体或低分子量的多聚体，也称为溶剂分解；塑料降解反应还包括醇解法、水解法、碱解法、氨解法、热解法、加氢裂解法等。

4.2.1 热分解

废旧塑料的分离较为复杂，若将其分类后再裂解，要花费一定的设备投资、能源和时间，回收成本较高。热分解一般是在反应器中将那些无法分选和污染的废旧塑料加热到其分解温度(600～900℃)使其分解，再经吸收、净化处理而得到可利用的分解物。各种废旧塑料都有自己的热分解温度特性。

热分解技术的基本原理是，将废旧塑料制品中原树脂高聚物进行较彻底的大分子链分解，使其回到低分子量状态，从而获得使用价值高的产品。不同品种塑料的热分解机理和热分解产物各不相同。PE、PP的热分解以无规则断链形式为主，热分解产物中几乎无相应的单体，热分解同时伴有解聚和无规则断链反应，热分解产物中有部分苯乙烯单体，PVC的热分解先是脱除氯化氢，再在更高温度下发生断链，形成烃类化合物。热分解法适用于聚乙烯、聚丙烯、聚苯乙烯等非极性塑料和一般废弃物中混杂废塑料的分解，特别是塑料包装材料。例如薄膜包装袋等使用后污染严重，难以用机械再生法回收材料，可以通过热分解来进行化学回收。

塑料的热分解需专门的设备，操作工艺较复杂。由于塑料是热的不良导体，达到热分解需较长时间或苛刻的条件；热分解过程中，时常产生难以输送的高黏度熔体或液体粘连反应器内壁，且其排出困难。尽管如此，还是开发出了许多不同的工艺和专用设备，并各具特色。

4.2.1.1 热分解的分类及分解工艺

(1) 热分解分类

按分解产物不同，热分解可分为油化法、气化法和碳化法。

1) 油化法　全部以废旧塑料为原料，热分解温度较低，约450～500℃，回收油品。

2) 气化法　用城市垃圾中的废旧塑料或全部城市垃圾为原料，热分解温度为700℃，回收可燃性气体。

3) 碳化法　以废旧轮胎或聚氯乙烯、聚乙烯醇、聚丙烯腈等为原料，回收碳化物。

(2) 热分解工艺

目前，主要的热分解工艺有如下几种。

1) 高温熔融法(日)　以废旧塑料为原料，热分解温度在1200℃以上，在还原性气体气氛中反应回收可燃性气体。

2) 裂化法(欧)　处理废旧塑料，热分解温度为400～600℃，压力稍高于大气压，形成低聚物蜡状液，再经催化热分解生成可燃性气体。

3) 高温裂解或催化裂解(美)　无催化剂或有催化剂存在条件下，裂解温度为500～900℃，在不含氧的气氛中制得气体烃、氨和氯化氢(占50%以下)，合成原油(25%～45%)及固体残渣。

4) 气化法(欧)　气化装置在氧或蒸汽的氛围中运行，热分解温度为900～1400℃，压力为0～6MPa，气化产物为一氧化碳和氢气。

5) 加氢裂解(欧)　处理混杂废旧塑料，热分解温度为300～500℃，压力为10～40MPa，在氢气氛围中反应，生成混合产物，其中65%～90%为油(合成原油)。加氢裂解可得到高价值的产品，如类似汽油的液体燃料或柴油燃料；与热裂解和气化反应相比，氢化是一种更好的原料回收方法，因为得到的合成原油产物可直接用于精炼；氢化过程具有极佳的处理塑料废弃物中杂原子(如 Cl、N、O、S 等)的能力，在氢原子的参与下，这些杂原子生成相应的酸，可以非常方便地进行净化，并以盐的形式处理；反应过程中不会产生二噁英等有毒物质。但加氢裂解需要预先进行严格的分离和粉碎，需要昂贵的设备投资。

6）超临界油化法　采用超临界水作为介质，对废旧塑料进行分解，反应温度为 400～600℃，反应压力 25MPa，反应 10min 后，可获得 90%以上的油化收率。超临界油化技术的优势是：分解反应程度高，可以直接获得原单体化合物；可以避免热分解时发生的炭化现象，油化率提高；反应在密闭系统中进行，不污染环境；反应速率快，效率高；反应过程几乎不用催化剂，易于反应后产物的分离操作。超临界油化技术存在的问题是：需在高温、高压条件下进行反应；设备投资大，操作成本难以降低；腐蚀问题、临界点附近的变化规律、反应与传递过程机理等问题还有待于进一步研究[20]。

4.2.1.2　热分解工艺

(1) 油化工艺

油化工艺主要有槽式法、管式炉法、流化床法和催化法。它们各自的工艺特点见表 2-4-4。表中所列 4 种方法的工艺设备可以处理 PVC、PP、APP、PE、PS、PMMA 等多种废旧塑料，只是不同工艺设备更适于热解某种废旧塑料而已。所得热分解产物皆以油类为主，其次是部分可利用的燃料气、残渣、废气等。

表 2-4-4　油化工艺中各方法的比较

方法	特点		优点	缺点	产物特征
	熔融	分解			
槽式法	外部加热或不加热	外部加热	技术较简单	加热设备和分解炉大；传热面易结焦；因废旧塑料熔融量大，紧急停车困难	轻质油、气（残渣）
管式炉法	用重质油溶解或分散	外部加热	加热均匀，油回收率高；分解条件易调节	易在管内结焦；需均质原料	油、废气
流化床法	不需要	内部加热（部分燃烧）	不需熔融；分解速度快；热效率高；容易大型化	分解生成物中含有机氧化物，但可回收其中馏分	油、废气
催化法	外部加热	外部加热（用催化剂）	分解温度低，结焦少；气体生成率低	炉与加热设备大；难于处理 PVC 塑料；应控制异物混入	

1）槽式法　槽式法油化工艺有聚合浴法(川崎重工)、分解槽法(三菱重工)和热裂解法(三井、日欧)等，但它们的设计原理则完全相同[21]。槽式法的热分解与蒸馏工艺比较相似，加入槽内的废旧塑料在开始阶段受到急剧的分解，但在蒸发温度达到一定的蒸气压以前，生成物不能从槽内馏出。因此，在达到可以馏出的低分子油分以前先在槽内回流，在馏出口充满挥发组分，待以后排出槽外。然后经冷却、分离工序，将回收的油分放入储槽，气体则供作燃料用。

2）管式炉法　又称管式法，所用的反应器有管式蒸馏器、螺旋式炉、空管式炉、填料管式炉等，皆为外加热式，所以需大量加热用燃料。管式法中螺旋式工艺所得油的回收率为 51%～66%，管式法中的蒸馏工艺适于热分解品种均一的塑料，使用该法回收，较为容易获得废旧 PS 的苯乙烯单体油、PMMA 的单体油。可以说管式炉法比槽式法的操作工艺范围宽，收率较高。在管式法工艺操作中，如果在高温下缩短废旧塑料在反应管内的停留时间，以提高处理量，则塑料的气化和炭化比例将增加，油的收率将降低。图 2-4-5 为美国采用的管式蒸馏流化床加热的工艺流程。

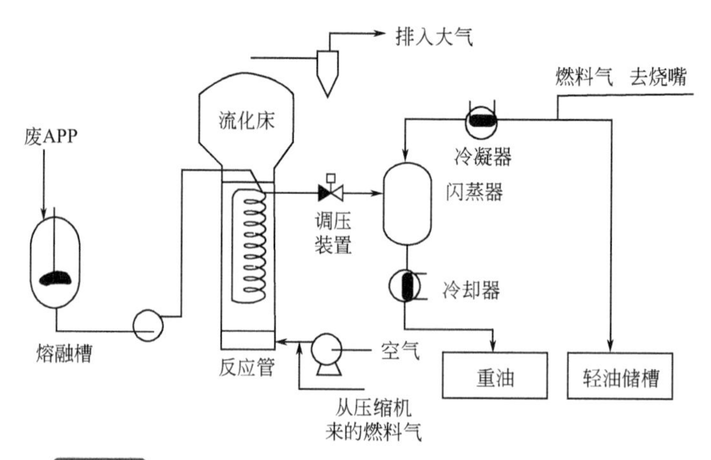

图 2-4-5 管式蒸馏流化床加热的工艺流程(聚丙烯热分解)

3）流化床法　该法油的收率较高，燃料消耗少。如将废旧 PS 进行热分解时，因以空气为流化载体而产生部分氧化反应使内部加热，故可不用或少用燃料，油的回收率可达 76%；在热分解 APP 时，油的回收率则高达 80%，比槽式法或管式法提高 30%左右。流化床法的热分解温度较低，如将废旧 PS、APP、PMMA 在 400～500℃进行热分解即可获得较高收率的轻质油。

采用流化床法反应器进行废旧塑料油化的有日本住友重机和德国汉堡大学等单位，图 2-4-6为汉堡大学的流化床热分解工艺。

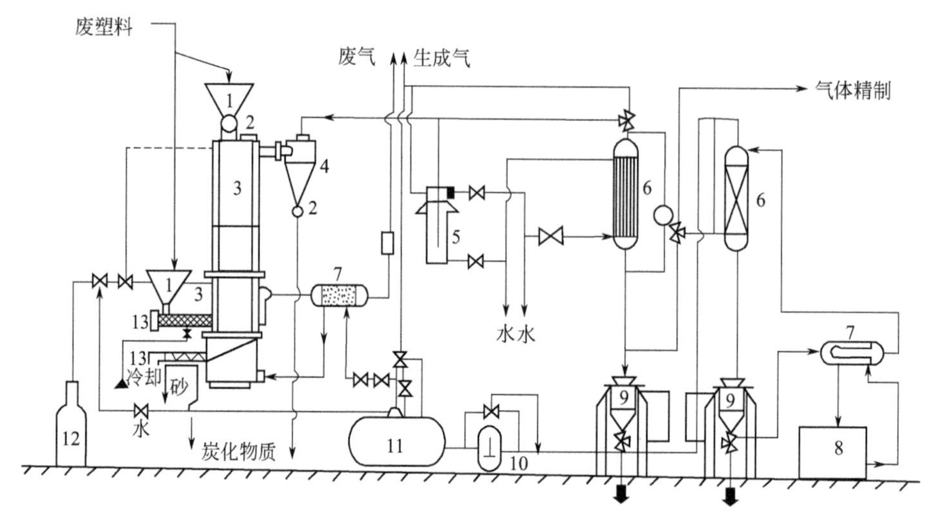

图 2-4-6 废旧塑料的流化床反应器油化装置(德国汉堡大学实验厂)

1—料斗；2—回转阀；3—流化床反应器；4—旋风分离器；5—缓冲罐；6—冷却器；7—热交换器；8—储槽；9—容器；10—压缩机；11—气罐；12—燃气罐；13—螺杆加料器

4）催化法　催化法热分解较槽式法、管式炉法和流化床法的明显区别在于因使用固体催化剂，致使废旧塑料的热分解温度降低，优质油的收率增高，而气化率低，充分显示了此油化工艺的特点。催化法的工艺流程是：将固体催化剂装填入固定床，用泵送入较净质的单一品种的废旧塑料(如 PE 或 PP)；在较低温度下进行热分解。此法对废旧塑料的预处理要求较严格，应尽量除去杂质、水分等。

5）螺杆式油化工艺　如图 2-4-7 所示，以联合碳化公司的塑料连续热解设备为例进行介绍。该系统由挤出机、热解筒、热交换器和产品回收设备组成，挤出机用电加热，废塑料由料斗投入，经挤出机压缩、熔融，进入环状热解筒进行热分解。热分解产物经过热交换器冷却后送入回收设备。

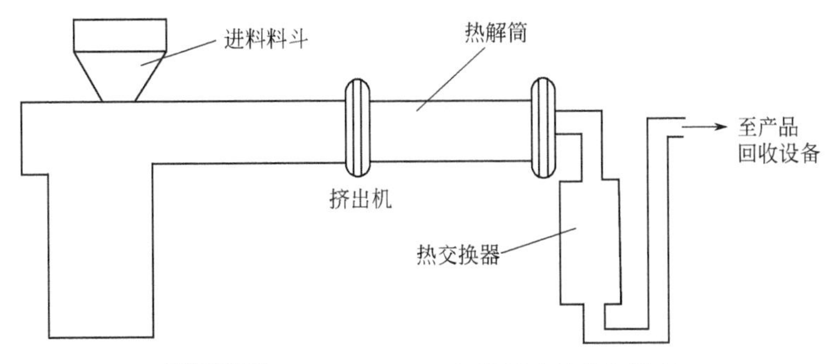

图 2-4-7　联合碳化公司的塑料连续热解设备

6）熔盐反应器油化工艺　图 2-4-8 为德国汉堡大学废旧塑料熔融盐热解装置。废料由料斗进入，通过螺杆送料器，进入熔融盐加热器，热分解后的蒸气通过静电沉淀器，其中石蜡的气化物冷凝形成较纯净的石蜡，而液态馏分在深度冷却器中从烃类气体中分离出来。

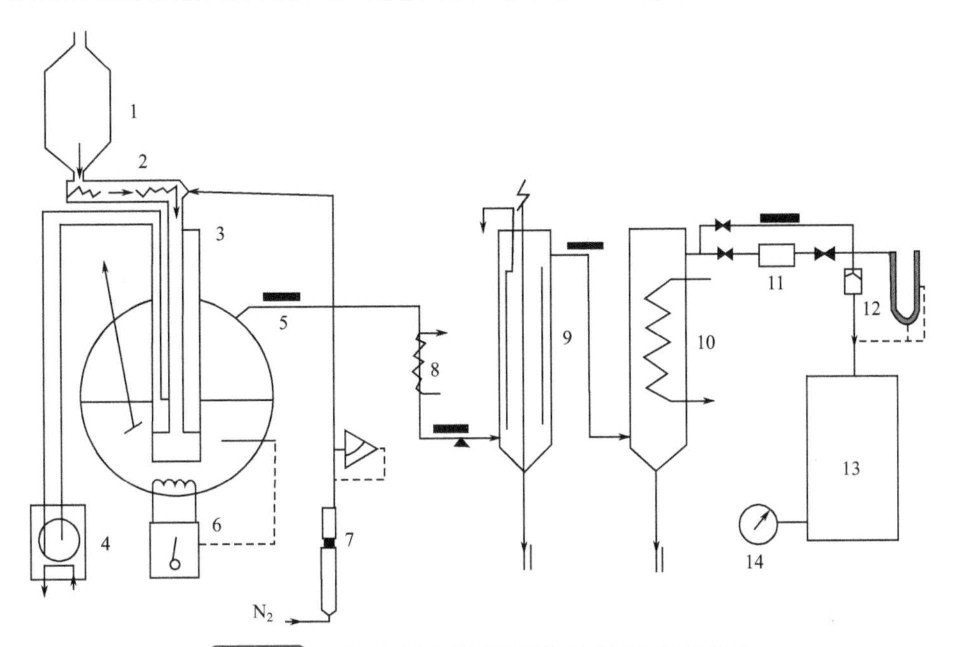

图 2-4-8　德国汉堡大学的废旧塑料熔融盐热解装置

1—料斗；2—螺杆送料器；3—熔融盐加热器；4—泵；5—熔融槽；6—加热器；7—阀；8—加热器；9—电力除尘器；10—深度冷凝器；11—节流器；12—阀；13—接收器；14—压力表

7）加氢油化工艺　德国 Union 燃料公司开发了废聚烯烃加氢油化还原装置。加氢条件为 500℃、40MPa，可得到汽油、燃料油。采用家庭垃圾中的废旧塑料为原料，其收率为

65%；采用聚烯烃工业废料为原料，收率可达90%以上。

8）超临界油化工艺　图2-4-9为日本东北电力与日本电线的超临界水废塑料油化工艺流程。

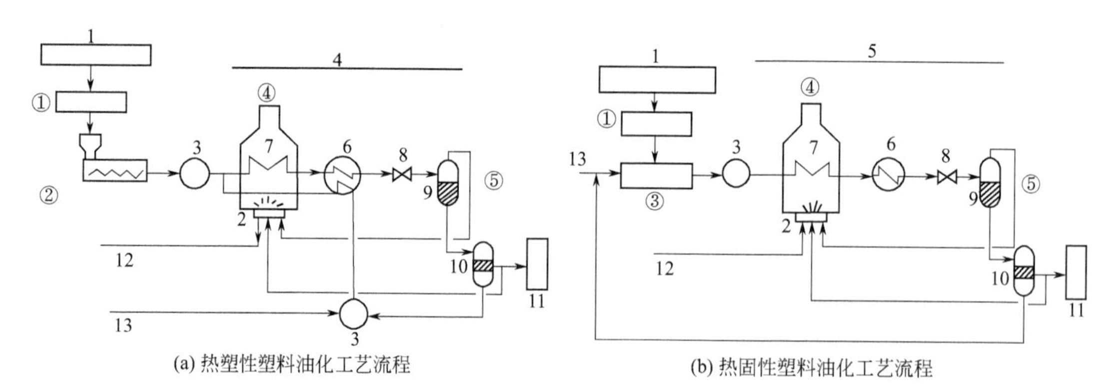

图2-4-9　日本东北电力与日本电线的超临界水废塑料油化工艺流程

①—破碎选择；②—熔融；③—浆料化；④—油化；⑤—分离回收；
1—废塑料；2—喷嘴；3—泵；4—热塑性塑料；5—热固性塑料；6—热交换器；7—反应器；8—减压阀；
9—气液分离器；10—油水分离器；11—生成油；12—LPC；13—水

上述试验装置处理能力为1t/d。由图2-4-9可知，超临界水废塑料油化流程由如下工序构成。

① 破碎分选工序。除去废塑料的附着物等油化不需要物(金属、玻璃、泥沙等)、粉碎。

② 熔融工序。加热熔融废塑料。

③ 浆料化工序。粉碎的废塑料与水混合制成浆料。

④ 油化工序。熔融的废塑料送入反应器，与超临界水混合后，通过反应器油化。

⑤ 分离回收工序。与超临界水混合的生成油，经冷却、减压，气体分离后，进入油水分离器分离回收。

热分解油化技术具有很多优点：a. 产生的氮氧化物、硫氧化物较少；b. 生成的气体或油能在低空气比下燃烧，废气量较少，对大气的污染较少；c. 热裂解残渣中腐败性有机物量较少；d. 排出物的密度高，结构致密，废物被大大减容；e. 能转换成有价值的能源。

热分解油化技术也存在一些问题：a. 处理的原料单一；b. 生产出的油达不到国家标准；c. 催化剂价格高、寿命短、设备投资大；d. 工艺流程复杂，操作困难，不能规模化生产，必须结合废旧塑料的收集、分选、预处理等和后处理中的烃类精馏、纯化等技术才能实现工业化应用。

(2) 气化工艺

废旧塑料的热分解大都采用油化工艺，而对城市垃圾中的混杂废旧塑料或混有部分废旧塑料的垃圾则多采用“气化工艺的热分解装置”，有立式多段炉、流化床、转炉等。气化工艺的特点是无需进行像油化工艺所要求的预处理，可以是不同塑料混杂的，也可以是与城市垃圾混杂的废旧塑料制品。用气化工艺处理混杂垃圾，可制得燃料气体。如用立式炉气化分解装置即可得到58%的各类可燃气体；用流化床气化分解装置则可得到约84%的燃料气体。

(3) 炭化

废旧塑料进行热分解时会产生炭化物质，多数情况下是油化工艺或气化工艺中所产生的副产物。当炭化物质排出系统外用作固体燃料时，需要采用高效率并且无污染的燃烧方法；

炭化物质经过相应的处理也可制得活性炭或离子交换树脂等吸附剂。

4.2.2 化学分解

废旧塑料的化学回收法还包括水解法、醇解法、溶剂解法、催化分解、氧化分解等，其原理都是将有机化合物中含有的大量酯键、醚键、氨基甲酸酯键等断键，形成分子量较低的含聚酯、聚醚多元醇、聚胺多元醇等的液体混合物[22]。

化学分解的产物组成较为简单，且易于控制。通常分解产物几乎不需要分离和精制。不过化学分解法要求所提供的废旧塑料相当清洁和单一，混杂废旧塑料不适用。虽然多种塑料均可以进行化学分解，但对于废旧塑料的处理来说，主要有聚氨酯类和热塑性聚酯类，此外，还有聚酰胺类、聚甲基丙烯酸甲酯(即有机玻璃)、聚α-甲基苯乙烯、聚甲醛等。例如：废旧聚氨酯泡沫塑料经水解后可回收多元醇；废聚酯通过醇解可生成对苯二甲酸和乙二醇；废有机玻璃的解聚产物精馏后可回收甲基丙烯酸甲酯单体等。

醇解法：PU＋HO—R—OH⟶多元醇混合物

水解法：PU＋水⟶多元醇＋多元胺

碱解法：PU＋NaOH⟶胺＋醇＋Na_2CO_3

氨解法：PU＋NH_3⟶多元醇＋胺＋脲

热解法：PU＋高温⟶气态与液态馏分的混合物

4.2.2.1 水解法

水解法适用于含有水解敏感基团的高聚物，这类高聚物多由缩聚反应制得，水解反应实质是缩合反应的逆向反应。这类聚合物有聚氨酯、聚酯、聚碳酸酯和聚酰胺。它们在通常的使用条件是稳定的，因此，这类塑料的废弃物必须在特殊的条件下才能够进行水解得到单体。现以聚氨酯泡沫塑料为例，略述水解反应工艺条件及主要水解产品。图 2-4-10 为聚氨酯(PU)泡沫塑料连续水解反应工艺流程，主要的水解反应装置是双螺杆挤出机。

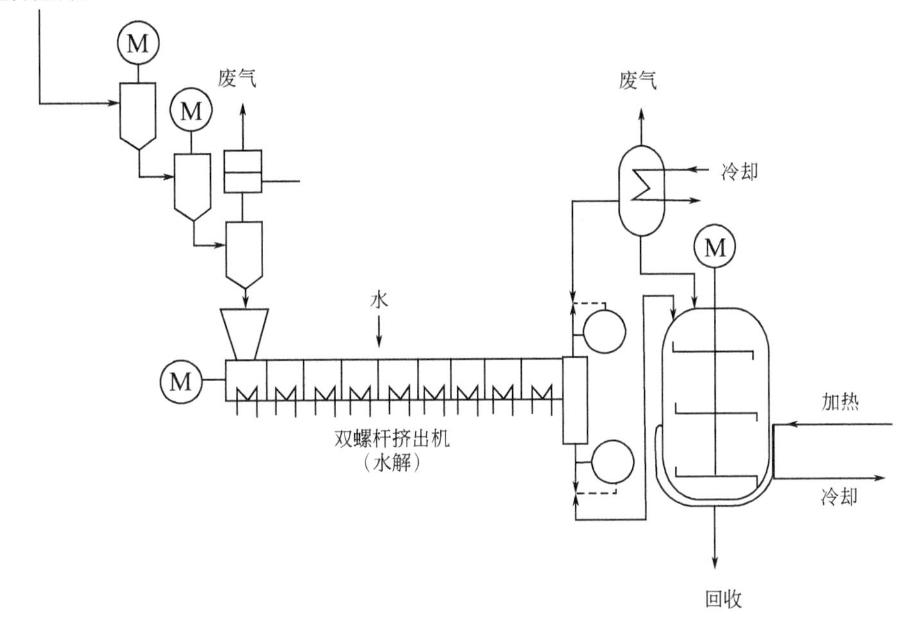

图 2-4-10 PU 泡沫塑料连续水解反应工艺流程

水解工艺流程为：PU泡沫塑料→粉碎→进料(双螺杆挤出机)→300℃→高温挤塑→中间加料口送水→混合浆料→水解→分离产物。

双螺杆挤出机既是制浆混炼室，又是水解反应器，制浆和水解反应约需5～30min。当螺杆低速旋转时，将加入的泡沫塑料进行塑化并在向前推进中与水掺混形成浆料，边混合边进行水解，通过温度和反应时间控制水解程度。其水解产物主要是聚酯和由异氰酸酯产生的二胺，经分离可得到均一的产品。混合产物的分离可采取蒸馏法，先蒸出二胺，后纯化聚酯，也可往混合产物中加入酸与胺反应使之沉淀，经过滤所得滤液为聚酯，沉淀物则含二胺。

4.2.2.2 醇解法

醇解是利用醇类的羟基来醇解某些聚合物及回收原料的方法。这种方法可用于聚氨酯塑料、聚酯塑料等。

醇解法既适用于分解聚氨酯泡沫塑料，又适用于分解聚氨酯软质或硬质制品。聚氨酯废旧制品的醇解可通过有机金属化合物或叔胺类催化剂进行。聚氨酯泡沫塑料的醇解条件较温和，在适量的乙二醇存在下，于185～200℃即可进行醇解，其反应产物主要是混合多元醇。工业上醇解工艺比较简单和易于操作，具体过程是将预先切碎的泡沫塑料送入用氮气保护的反应器内，以乙二醇为醇解剂，醇解温度可控制在185～210℃。由于泡沫塑料密度小，易浮于醇解剂的液面上，因此需要进行有效地搅拌与掺混，使醇解反应充分。如此制得的多元醇生产成本低，有较高的经济效益和社会效益。

废旧聚对苯二甲酸乙二醇酯醇解回收可获得对苯二甲酸乙二醇酯和乙二醇，用它们再生产聚对苯二甲酸乙二醇酯，其质量与新料相同。醇解过程，可以选择甲醇、乙二醇、酸或碱性水溶液作为溶剂。首先将废旧聚对苯二甲酸乙二醇酯瓶粉碎成薄片，加入溶剂中，于200℃下加压分解。由甲醇分解的可回收对苯二甲酸二甲酯，而由乙二醇分解的可得到低聚物，再经250℃、2h以及高真空，>200℃固相结合可制得聚对苯二甲酸乙二醇酯树脂。

4.2.2.3 溶剂解法

将无规聚丙烯、无规聚苯乙烯、线型酚醛类、非固化树脂、固化酚醛树脂和聚碳酸酯放在α-甲基苯中分解，反应温度为300～400℃，生成低分子化合物。由无规聚苯乙烯生成的多为甲苯、乙苯及苯乙烯等；由无规聚丙烯生成C_6～C_9化合物；由线型酚醛树脂和固化酚醛树脂生成的多为苯酚和甲酚等；聚碳酸酯的生成物类似于酚醛树脂。

聚氯乙烯的分解反应是使用硝基苯、亚磷酸三甲苯酯、苯酸酯及邻苯二甲酸二辛酯等为溶剂，反应生成多烯(烃)，并有氯化氢产生。反应温度为207℃时，使用磷酸三苯酯或亚磷酸三甲苯酯为溶剂能够充分促进脱氯化氢的反应。

4.2.2.4 催化分解

催化分解法是在复合催化剂的作用下，在常温常压下进行分解反应。分解产物为废旧聚合物的原单体。此种分解方法工艺简单，但对于催化剂的选用，装置比较精细。美国Amoco公司开发了一种新工艺，可将废旧塑料在炼油厂中转变为基本化学品。经预处理的废旧塑料溶解于热的精炼油中，在高温催化裂化催化剂作用下分解为轻产品。由PE回收得到LPG、脂肪族燃料，由PP回收得到脂肪族燃料，由PS可得芳香族燃料。

4.2.2.5 氧化分解

氧化分解大体可分为气相反应和液相反应两种，二者反应形态完全不同。气相催化反应是先把氧吸附到催化剂的活性点上进行活化，然后再使烃类化合物接近活性点发生氧化反应。而液相氧化反应则是以有机酸的金属盐或金属络合物作催化剂，在自动氧化的循环反应中分解所生成的过氧化物，促进活性基的生成。聚合物的氧化分解多采用液相法。氧化分解的聚合物以无规聚丙烯为多。

4.3 能量回收

大多数废旧塑料作为有机聚合物蕴含较多的能量，均可燃烧产生热量，并且塑料废弃物的热值(可达 20MJ/kg)与燃煤、天然气的热值相当。将废旧塑料作为能源回收利用，是一种有效、实际的回收方法。其中，较为简单的回收利用途径是将废旧塑料粉碎后直接作为燃料［如利用废旧塑料燃烧给锅炉供热、在热能发电厂中也可利用废旧塑料单独燃烧(或与其他燃料混合燃烧）给电厂提供热能发电］。废旧塑料作为燃料回收具有多种优点：a. 可有效处理废旧塑料；b. 焚烧后的废弃物质的质量和体积可减少 90%；c. 有助于废旧塑料中有毒物质的消除，减少环境污染；d. 该方法特别适用于复杂结构的聚合物产品、老化降解的塑料制品及含有毒残留物的塑料等材料作为能源的回收利用；e. 操作简单、成本低且效益高。

然而，塑料焚烧也会带来燃烧气体和灰尘的环境污染，故作为能源回收的废旧塑料应注意废气和灰尘的合理处理。

废旧塑料的能量回收是通过废旧塑料在焚烧炉焚烧时释放的热能的有效利用来达到回收的目的的方法。对于那些难以清洗、分选、回收的混杂废旧塑料，可在焚烧炉中进行焚烧，然后采用热交换器将热能转化成温水或通过锅炉转化成蒸汽发电和供热回收利用其散发的热能；并且通过焚烧可大幅度减少塑料的堆积量，大约可去掉其体积的 90%～95%；另外通过焚烧和裂解还可回收大量化工原材料或利用其含能部分作燃料。

废旧塑料能量回收技术的优点是：能最大限度地减少对自然环境的污染，而且除专用燃烧装置外不需要其他再加工工艺和配套的设备，焚烧符合垃圾处理的资源化、减量化、无害化原则[23]。其缺点是：有些塑料燃烧时产生有害物质，如 PVC 燃烧时产生氯化氢气体，聚丙烯腈燃烧时产生氰化氢(HCN)，聚氨酯燃烧时也产生氰化物等。所以如何做到保护环境、不致产生二次公害是很关键的。

现行的废旧塑料回收能量的方式有：a. 使用专用焚烧炉焚烧废旧塑料回收利用能量法；b. 高炉喷吹废旧塑料技术；c. 水泥回转窑喷吹废旧塑料技术；d. 废旧塑料制作垃圾固形燃料。

4.3.1 专用焚烧炉回收

焚烧塑料回收能量可以使用专用的焚烧炉，有流动床式燃烧炉、浮游燃烧炉、转炉式燃烧炉等。

专用焚烧炉回收利用能量的方法可以燃烧各种塑料废弃物及其与部分城市垃圾的混杂物，但需根据废弃塑料分布状况，合理地选择焚烧设备及其场地，以最大限度地减少运输费用和确保连续经常地焚烧处理。专用焚烧炉法的不足之处是需要较大场地、较庞大的辅助设施和有效地防止气体排放物中的有害成分污染环境，所需投资较大。对废旧塑料焚烧在设计上有如下要求：能用机械操作，且焚烧稳定，即使是多种塑料的混合物或混有其他城市固体垃圾也能有效焚烧，最大限度防止有害气体放出，焚烧能力大，故障少，燃烧完全，不产生烟尘粒子，废水排放符合环保要求。

热塑性塑料投入高温的焚烧炉时，部分塑料很快熔融并急速分解或汽化，结果进行气相燃烧，而产生的碳质残渣的燃烧较慢，部分熔体覆盖其表面，造成缺氧而燃烧不充分。热固性塑料加热也不熔融，而进行分解燃烧和表面燃烧，着火温度高而燃烧速度慢。当上述热塑性塑料和热固性塑料同时投入焚烧时，常会发生燃烧较慢的碳质残渣和热固性塑料的残留而导致燃烧停滞的情况，为此，在焚烧炉中要有适当的搅拌和良好的通风，以促进固体物的燃烧。专用能量回收利用焚烧厂的主要设施如下。

4.3.1.1 焚烧炉

焚烧炉是主体设备，炉体以钢架结构支撑，以混凝土为基础。炉壁设计的关键是承受高温，热能吸收采用通水的围在炉壁四周的钢管导热，从燃烧区吸热的水或蒸汽通过钢管循环输热；排气口上的锅炉用于回收能量，也就是说，燃烧的废旧塑料放出大量热能，同时，在高温条件下，分解出的一氧化碳、甲烷、氢气等可燃气体也由排气口导出，以利用它们再回收热能。

作为主体设备的焚烧炉，其构造和类型很多。从炉体构型上分，有立式圆柱型、卧式圆柱型、流化床型、转炉型等；从加热方式上分，又有直接加热式与间接加热式；在间接加热式中还有炉壁传递型和循环介质传递型两种。不论何种结构，衡量燃烧炉的基准是工艺操作的简单性、加热速度和热效率的优劣等。

4.3.1.2 辅助设备中的燃烧前设施

其中有大型的储料设施(如储备废旧塑料的坑、库等)，一般在地表下，以防止在地表上发生自氧化燃烧。大型焚烧炉应配备自动称量装置，以确定每次进料数量，有助于设施的控制和管理、评估成本和改进工艺。输送设施由升降设备和进料设备组成，前者储料坑中将废旧塑料铲起提升，卸料于进料口处；后者通过进料阀门将物料经料斗送入燃烧室。

4.3.1.3 辅助设备中的燃烧后设施

主要是污染控制装置，用以妥善处理燃烧时所产生的有毒和危害性气体。

废旧塑料的品种很多，体积较大，表面较脏并含有水分等，如何将其燃烧充分并处理燃烧过程中产生的有害气体，使它对大气不造成污染是研究的关键。这方面技术比较先进的国家主要是德国、日本等发达国家。他们研制出全套的自动化焚烧设备，包括前期的塑料干燥破碎设备、塑料加压进料设备、高效的焚烧炉及尾气净化设备等。不仅可用来焚烧工业废旧塑料，还可用来处理生活废塑料。这些设备及回收技术已在德国、日本及韩国等大型钢铁生产企业等得到应用。焚烧方法省去了废旧塑料前期分离等繁杂工作，可大批量处理废旧塑料和生活垃圾，但设备投资较大，成本较高。因此，目前利用焚烧方法处理废旧塑料的国家还仅限于富裕的发达国家和我国局部地区。

4.3.2 高炉喷吹废旧塑料技术

高炉喷吹废旧塑料技术是将废塑料用于炼铁高炉的还原剂和燃料，使废塑料得以资源化利用和无害化处理的方法，治理白色污染具有广阔前景。高炉喷吹技术的主要优点在于废旧塑料可以用于以高炉为基础的现行钢铁制造设施。作为预处理，废旧塑料只需加工到能将其进料投到高炉中即可，因此生产成本低，经济效益好，能量可得到充分的利用；在高炉风口前 2000℃的高温区和强还原性气氛下，不易产生二噁英、NO_x 和 SO_x 等有毒有害气体。但该法也存在如下问题：要把废旧塑料加工成一定粒度的块状才能喷入高炉中，使得加工成本较高；含氯塑料需首先进行脱氯处理，否则会损坏设备；虽然生产成本较低，但设备的初期投资较大。该技术在国外研究得较多[24]。

德国的不莱梅钢铁公司是世界上第一家把高炉喷吹废塑料的设想付诸实施的钢铁厂。该公司从 1994 年 2 月开始进行小规模试验，1995 年 6 月 2# 高炉($2688m^3$)建造了 1 套喷吹能力为 7×10^4 t/a 的喷吹设备，单一风口喷吹量达 1.25t/h。在该技术中，废塑料先经预处理分选，去除有害杂质，再经烧结，制成粒度<10mm 的散粒，并由喷吹系统送入高炉。试验结果表明，所喷入的废塑料对高炉的冶炼过程的影响介于煤粉和重油之间，但喷吹废塑料更为便宜。在资金投入上，从开发到对系统进行改造，不莱梅钢铁公司共耗资 4500 万马克，实现了每月用废塑料取代 3000t 石油的效果，并被批准全年使用废塑料。除了不莱梅钢铁公司之外，德国的克虏伯·赫施钢铁公司、蒂森钢铁公司、克虏伯·曼内斯曼冶金公司的胡金根厂、蒂森、普鲁士斯塔尔及埃考斯塔尔公司也在高炉上正式喷吹废塑料或进行工业试验。值得一提的是克虏伯·赫施钢铁公司进一步完善了高炉喷吹废塑料的装置，并建成了 9×10^4 t/a 的废塑料喷吹系统。

4.3.3 水泥回转窑喷吹废旧塑料技术

水泥回转窑喷吹废旧塑料技术利用最突出的是德山公司水泥厂。该厂于 1996 年进行了回转窑喷吹废旧塑料试验，通过将不含氯的废旧塑料粉碎后用空气送入水泥窑，运行过程中不需采取特殊措施，烟气环保达标，对熟料和水泥的质量也没有影响。而且废旧塑料的平均发热量比煤粉还高。在此基础上，该厂建设了 1 万吨/年废旧塑料制备装置，运行平稳，效益良好。

日本古泽石灰工业在烧石灰的回转窑中喷入废旧塑料代煤成功，并于 1998 年春投资 2 亿日元对葛生工场的 460t/d 回转窑改造后将废旧塑料代煤的比例由 40%提高到 55%。此技术已在其他石灰厂中推广[25]。

4.3.4 废旧塑料制作垃圾固形燃料

有些废旧塑料，如聚乙烯、聚丙烯、聚苯乙烯、聚酯树脂等，由于其中含有纸或纤维，不能再生或者已经是再生制品，目前唯一的利用方式就是制作垃圾固形燃料。

在美国，废旧塑料制作垃圾固形燃料(RDF)技术应用较广，美国垃圾焚烧发电站 171 处，其中烧 RDF 的有 37 处，发电效率在 30%以上，比直接烧垃圾的高 50%左右。废旧塑料制作垃圾固形燃料的原料以混合废旧塑料为主，加入少量石灰，掺杂木屑、纤维、污泥等可燃垃圾，经混合压制以保证粒度整齐，便于保存、运输和燃烧，这样既稀释了燃料中的含氯量，也有助于焚烧发电站的规模化。

日本近年来面临垃圾填埋场不足和焚烧处理含氯废旧塑料时的后续问题，主要体现在氯化氢对锅炉的腐蚀和尾气产生二噁英污染环境。

日本学习美国经验，大力发展 RDF，并且将一些小型垃圾焚烧站改为垃圾固形燃料生产站，以便于集中后进行较大规模的发电。秩父小野田水泥公司还开发了用 RDF 烧水泥技术，不仅代替了煤，而且灰分也成为水泥的有用组分，比单纯用于发电效率更好。

RDF 是将难以再生利用的废旧塑料粉碎，并与生石灰为主的添加剂混合、干燥、加压、固化成直径为 20 ～ 50mm 的颗粒燃料，使废旧塑料体积减小，且无臭，质量稳定，其发热量相当于重油，发电效率高，NO_x 和 SO_x 等的排放量很少。对于不便直接燃烧的含氯高分子材料废弃物可与各种可燃垃圾如废纸、木屑、果壳等配混制成固体燃料，替代煤用作锅炉和工业窑炉的燃料，不仅能使含氯组分得到稀释，而且便于储存运输。但由于其设备昂贵，不宜推广。

第5章

废旧聚烯烃塑料的高值利用

随着石油化学工业的发展，聚烯烃树脂的生产和应用也迅速发展。其中，聚乙烯的产量在所有树脂中稳居首位；聚丙烯的产量仅次于聚氯乙烯，是产量较大的树脂之一。尽管世界各国生产的各种树脂的比例不尽相同，但聚乙烯和聚丙烯树脂的产量占世界树脂总产量的35％～50％。这些塑料的用途广泛，用量大，其回收利用的价值极高。

聚烯烃塑料的主要类型有高密度聚乙烯、低密度聚乙烯、线型低密度聚乙烯和各种聚丙烯。主要来自薄膜、中空制品、编织袋、管材、各种带(绳)、周转箱及工业配件等废弃物，是塑料回收的重点材料。

5.1 国内外废旧聚烯烃塑料的回收和利用现状

废塑料的回收再生利用能够将工业垃圾变成极有价值的工业生产原料，实现了资源再生循环利用，具有不可忽略的潜在意义。目前世界各国对废塑料的回收再生利用方法都很关注和支持，并且予以高度评价。在工业发达国家的固体废物中，废塑料约占4％～10％(质量分数)或10％～20％(体积分数)，而这当中聚烯烃(主要是PE和PP)占有相当大的比例(超过70％)，加之其回收利用价值高、耐老化性较好等特点，近年来聚烯烃的回收利用受到特别的重视。塑料的品种较多，它们的生产原料不同，废弃物降解后的产物也不同，不同杂质的混入对回收再生后的性能影响也不一样，各种塑料的物化特性差异及不相容性，使回收后的混合物的加工性能受到较大影响。为了提高回收产品的利用价值，最好先将收集的废旧塑料分类筛选，然后根据不同的材料和不同的要求，采用不同的回收利用技术加以处理。在过去的20年中，废塑料的分类分离主要集中在PE、PP、PVC、PS以及PET五种主要塑料上。国外已开发出计算机自动分选系统，实现分选过程的连续自动化。我国仍以最原始的人工挑选方法为主，效率低、劳动强度大。如果生产商在塑料出厂时打印上供识别的代号，或者实施废塑料分类投放制度，能够对人工分选带来较大的帮助。

5.2 废旧聚烯烃塑料的回收和利用

5.2.1 薄膜的回收技术

聚烯烃薄膜主要包括聚乙烯和聚丙烯薄膜，通常用于农业和包装领域。该类薄膜主要有高密度聚乙烯、低密度聚乙烯和线型低密度聚乙烯及各种聚丙烯薄膜(BOPP、OPP、CPP)[26]。

随着我国农膜、棚膜使用量的与日俱增，废旧农膜的回收利用也越来越受到国家及各地方政府的关注。我国现在的棚膜多以废品收购的方式回收、集中，回收率一般可以达到100%。与之相对的是地膜的回收状况非常不乐观。国家还没有相关立法，也没有发展到农民可以自己回收，自掏腰包付费给相关机构进行加工再利用的程度。相反，我国地膜的厚度标准很低，仅为(0.008±0.003)mm，一般企业为了迎合农民低价的要求，尽可能降低厚度，因此市场上0.005～0.006mm的地膜居多，机械卷收非常困难。现有的解决途径：一是提高农膜的利用年限，减少排放量；二是提高地膜的厚度，利于机械回收；三是推广可降解地膜。

5.2.1.1 薄膜的回收工艺

薄膜的回收工艺过程一般是：粉碎→清洗→脱水→烘干→造粒。

(1) 粉碎

收集到的大片或成捆的薄膜需要剪切或研磨成易处理的碎片。粉碎设备有干式和湿式之分。干式粉碎机可直接对收集到的薄膜进行粉碎；湿式粉碎机则需要对收集到的薄膜进行预清洗后再粉碎。前者结构简单，投资小，但由于所粉碎的薄膜含有较多的杂质，刀具磨损较大；后者虽增加了一道工序，但刀具磨损小、噪声低。

(2) 清洗

清洗的目的是去除附着在薄膜表面的其他物质，使最终的回收料具有较高的纯度和较好的性能。通常用清水清洗，用搅拌的方法使附着在薄膜表面的其他物质脱落。对于附着力较强的油渍、油墨、颜料等，可用热水清洗或使用洗涤剂清洗。

清洗设备按工作方式分类有连续式和间歇式；按结构分类有敞开式和封闭式。不论何种方式都有一个产生很强洗涤作用的拨轮或辊筒。拨轮或辊筒的高速转动，使薄膜碎片受到较强的离心力的作用，而使附着物脱落。由于薄膜与附着物的密度不同，脱落的附着物最终沉淀，薄膜碎片浮于水面。为了取得更好的清洗效果，薄膜碎片用水清洗后，可送入摩擦清洗机继续清洗。在摩擦清洗机内，薄膜碎片表面受到较大的摩擦作用而使附着物脱落下来。

(3) 脱水

经清洗后的薄膜碎片含有大量的水分，为了进一步加工处理，必须脱水。目前，脱水方式主要有筛网脱水和离心过滤脱水。筛网脱水是将清洗后的薄膜碎片送到有一定目数的筛网上，使水与薄膜碎片分选。筛网可以平放或倾斜放置，而且带有振动器的筛网脱水效果更佳。离心脱水机是以高速旋转的甩干筒产生的强离心力使薄膜碎片脱水。

(4) 烘干

经脱水处理后的薄膜碎片仍含有一定的水分，为了使水分含量减少至0.5%以下，必须进行烘干处理。烘干通常采用热风干燥器或加热器进行，为了节约能源、降低成本，干燥器或加热器产生的热风应该循环利用。

(5) 造粒

经过清洗烘干的薄膜碎片可送入挤出造粒机进行造粒。为了防止轻质大容积的薄膜碎片(50R/L)出现“架桥”现象，需要采用喂料螺杆进行预压缩，使物料压实，喂料螺杆的速度应与挤出机相匹配，以防止机器过载，并通过计量设备加入适量的助剂以改善回收料的性能。

5.2.1.2 薄膜的粉碎和清洗

农用塑料薄膜一般指用于农用的棚膜或地膜，其回收时的注意问题是泥沙的清洗。一般采用湿式粉碎设备，粉碎(切碎)刀的使用寿命也可提高 1 倍。由于粉碎清洗后薄膜碎片常常还会夹杂着少量的泥沙杂质，因此有必要配备进一步分选泥沙的装置，通常使用水力旋流器将膜片与泥沙分离。图 2-5-1 为粉碎和清洗塑料碎片的简易设备。

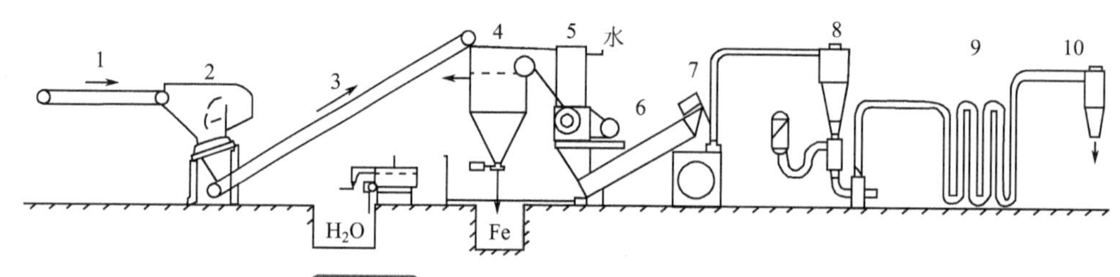

图 2-5-1 粉碎和清洗塑料碎片的简易设备

1—加料器；2—撕碎机；3—传送带至磨碎机磨碎；4—材料的粗略分离；5—湿式磨碎机；6—螺旋脱水机；7—机械干燥器；8—旋网分离器；9—热空气干燥部分；10—包装

5.2.1.3 典型的回收工艺

日本制钢所废聚乙烯农膜回收工艺流程见图 2-5-2。日立造船株式会社废农膜回收流程与装置的主要特点是整个系统无加热装置。破碎后的碎片经多次脱水，然后在粉碎机中粉碎和干燥。粉碎机形似高速捏合机，内装有刀片，利用粉碎时产生的摩擦热使水分蒸发。该装置的月处理能力为 400t。

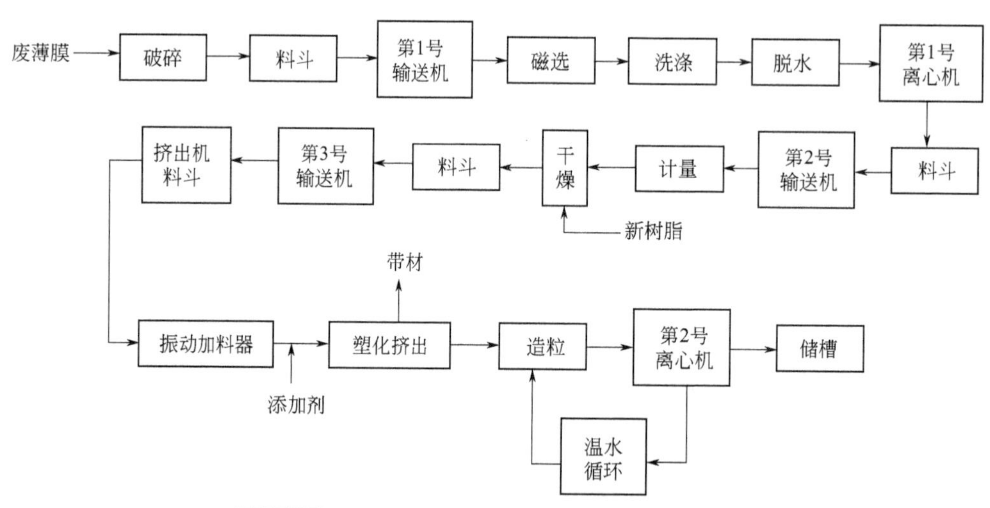

图 2-5-2 日本制钢所废聚乙烯农膜回收工艺流程

目前我国残膜回收机根据作业时期分为 2 类：苗期残膜回收机具和收获后的残膜回收机具[27]。

（1）苗期残膜回收

在玉米、棉花等作物中期作业时揭膜回收，此时由于地膜使用时间短，破损不严重，有利于收膜。残膜收起后，同时进行中耕作业。其收膜工作部件不需动力驱动，结构简单，使用调整方便，工作可靠，伤苗率低，收净率和生产率较高。

（2）收获后残膜回收

收膜工艺是：膜边松土→起膜铲将地表残膜推起→挑膜齿挑起残膜→卸膜机构将被挑起的残膜卸下并送入集膜部件。其中挑膜、脱膜和集膜部件是影响收膜效果的核心机构。

5.2.2 容器的回收技术

容器包括各种饮料瓶、冷饮盒、医药瓶、洗发香波瓶、洗涤剂瓶、化妆瓶、各种盛装液体或粉末状物质的桶、用塑料成型的汽车油箱、蓄电池外壳等，其容积从几十毫升到二百多升不等。这些容器如果不回收，则只能与生活垃圾一起焚烧或填埋。

容器类塑料一经收集，即发往材料回收厂。在材料回收厂中接收、检验、称量所收集到的容器，并将其输送到分选工序。分选的目的是使回收的塑料在性能上具有一致性，以保证回收再生塑料的质量和使用价值。分选是目前塑料回收利用所面临的主要问题。

当成捆容器进入破捆机后，除去全部捆扎带，均匀地将容器送入多孔筛板或筛选机中。筛选机进一步从瓶体中分选异物，除去原料中的尘土和其他松散碎片，包括碎玻璃、石子、铝护层、残液和其他污染物。离开筛选机后，将回收物传送通过磁铁分选器去除金属铁。然后再根据瓶料种类进行分类挑选。

分选可以由人工和机器完成。人工分选成本高，且材料分类误差较大，自动化容器分类分选系统既准确又经济。目前，国外已有商业化的自动化的容器类分选系统。有些分选系统的设计是针对某一种容器，如外观相似的容器，按树脂种类和颜色分选。例如，聚氯乙烯瓶和聚酯瓶两者都是非常容易回收的容器，然而，当这两类瓶混合在一起回收时，由于这两种树脂间的流变性能不相容，会影响整体质量。这也是聚酯瓶回收厂特别关心的问题，因为当聚酯加热至加工温度时，微量聚氯乙烯能引起回收聚酯树脂性能下降。因此在回收利用前，必须以各种办法分选和除去聚氯乙烯树脂。

分选后的聚乙烯容器直接送入粉碎机进行粉碎，然后送入清洗罐清洗。由于一般容器都可能粘有油类物质，故需要用70～80℃甚至更高温度的热水进行清洗，也可以用洗涤剂清洗。去除油渍和杂质后，进行脱水、烘干和造粒，工艺过程与薄膜的回收处理类似。

5.2.3 编织袋、周转箱及其他烯烃用品的回收

5.2.3.1 编织袋的回收

聚丙烯编织袋的使用非常广泛，对于回收的编织袋首先要进行清洗，将残留的各种粉尘洗掉，然后去除各种杂质，如金属、纸巾、棉线等。清洗后的编织袋可直接进行粉碎，也可先粉碎然后清洗、去除杂质。粉碎、清洗干净后的聚丙烯料稍经烘干处理便可造粒。

5.2.3.2 周转箱的回收

高密度聚乙烯周转箱广泛用于运输领域。在使用和运输过程中长期受紫外线的照射后，高密度聚乙烯周转箱的力学性能会下降，最终成为废品。美国 Pvik 等利用添加紫外线稳定剂的方法对回收的高密度聚乙烯周转箱再生料进行改性，对其回收利用的可能性进行了探索。结果发现，加入紫外线稳定剂后，回收料的力学性能有很大的改善，但与新料相比还是

有一定的差距。因此，在成型周转箱时可加入适量的回收料，但是如果加入过量则会影响其抗应力开裂性。

5.2.3.3 压延片材回收

由聚乙烯、聚氯乙烯制作的片材，用途很杂，废弃物难以收集，但加工过程中的残料、边角料多且集中。残料与边角料的回收较简单。分选后，可直接进入回收处理工序。

5.2.3.4 建筑产品的回收

由聚氯乙烯生产的塑料管、门窗、壁板等，属于长寿产品，由于分散量大，收集量小，回收利用尚存在问题。

5.2.4 再生制品的开发和应用

废聚烯烃塑料的再生制品可分为直接再生和改性再生两大类。直接再生是指将回收的废旧塑料制品经过分类、清洗、破碎、造粒后直接加工成型。改性再生是指将再生料通过物理或化学方法改性后(如复合、增强、接枝等)再加工成型。经过改性的再生塑料，其力学性能得到改善或提高，可用于制作档次较高的塑料制品。

5.2.4.1 直接再生

PE 直接回收利用生产“木材”的方法已在欧美十几家公司得到应用，具体程序为：首先将废聚乙烯塑料碾碎成均匀颗粒，然后加温熔化成糊状，最后快速通过机器挤压成所要求的制品。这种方法生产出的“再生木材”可像普通木材一样用锯子锯，用钉子钉，用钻头钻，从而可取代经过化学处理的木材，广泛应用于制作公园座椅、船坞组件等防水、耐蚀产品，且其成品使用寿命可达 50 年以上。除了废旧 PE 外，其他废旧聚烯烃制品也同样可以采用直接利用法生产再生料，如废 PP 制品中的编织袋、打包带、捆扎绳、仪表盘、保险杆等。以 PP 再生打包带为例，其再生利用工艺如下：

挤出塑化 → 打包带机头 → 冷却水箱 → 前牵伸辊 → 加热水箱 → 后牵伸辊 → 轧花纹 → 卷取

5.2.4.2 改性再生

直接再生制品的主要优点是工艺简单、再生制品的成本低廉，其缺点是再生料力学性能下降较大，不宜制作高档次的制品。为了改善废旧塑料再生料的基本力学性能，满足专用制品的质量要求，可以采取各种改性方法对废旧塑料进行改性以达到或超过原塑料制品的性能。改性利用的方法主要包括塑料合金化、填充改性(包括添加活化无机离子进行填充改性、添加纤维进行增强改性、添加弹性体进行增韧改性等)以及交联改性等。废旧塑料的改性再生制品很有发展前景，越来越受到人们的重视。

(1) 塑料合金

将废旧聚烯烃塑料与其他塑料共混，制成塑料合金，来提高废旧塑料的力学性能，从而生产出有用的制品。在实际应用中，主要是与分子量较高或键结构规整度较好的同类新树脂进行共混。其关键在于提高共混物之间的相容性，改善由于不同相界面粘接力和应力传递的差异而导致的材料力学性能差的问题。在塑料废弃物的回收过程中，PE 和 PP 树脂通常作为混合物来回收，二者的不相容性使得其共混物一般表现出较差的力学性能，因此，增容改性技术就变得更为重要。

(2) 填充改性制品

与新料的填充改性类似，也可通过许多填充改性方法得到废旧聚烯烃的再生制品，包括添加活化无机离子进行填充改性、添加纤维进行增强改性、添加弹性体进行增韧改性等。废旧塑料的性能虽然有所降低，但其塑料性能还是存在的，因此可以将废旧塑料和其他填充改性材料进行复合，形成具有新性能的复合材料。

1）塑料枕木　塑料枕木的价格是经防腐处理的枕木的 2 倍，但与木质枕木相比，塑料枕木具有生产周期短、使用寿命长和性能更好等特点。在气温高、湿度大的条件下木质枕木的腐烂速度快，而塑料枕木不会腐烂或碎裂，有些生产商承诺保证可使用 50 年。此外，跟普通枕木不同，塑料枕木容易生产出带有花纹或是表面粗糙的产品，可防止侧向移动，具有更好的抗震性能，十分稳固，因而日益受到欢迎。塑料枕木的潜在市场巨大，生产商们预计几年内其市场份额将达到 5%～10%。标准大小的塑料枕木质量约 90kg，而所有商业化塑料枕木至少含有 50%的回收 HDPE，因而，塑料枕木的大规模使用将使得回收 HDPE 的需求量大幅增加。

2）木塑材料　用木粉或植物纤维来填充的塑料再生料，经专用机器挤出、压制或注塑可以做成用来替代某些场合木材制品的木塑制品，这可以节约森林资源，保护生态环境，同时具有很高的经济附加值。该成果是近年来国外发展较快且经济效益显著的实用型新技术，可以广泛用于包装、建筑等行业，可制成板材、型材、片材、管材，除具有木加工的优点外，还具有强度高、防腐、防虫、防湿、使用寿命长、可重复使用等优点。实验室及工业化试验显示，聚烯烃及 PVC 等均可由木粉高比例填充改性研制生产木塑材料。

3）建工材料　建筑材料的需求量很大，而且利润高，如果能将废旧聚烯烃改性制成建筑用材料，可大大提高其回收附加值。利用废聚乙烯改性沥青，其改善性能良好，工艺简单，便于推广，且价格较其他改性剂低，同时又可以利用聚乙烯，有利于环境保护。

（3）交联改性制品

交联是聚合物改性的一项很重要的技术。目前，聚乙烯可以通过高能辐射、过氧化物、硅烷、紫外线等手段进行交联。经过交联改性以后得到的废聚乙烯再生制品，其物化性能、力学性能和燃烧的滴落现象得到很大改善，耐环境应力开裂现象减少甚至消失，耐温等级可提高至 90℃以上，允许短路温度从 130℃提高到 250℃。因此其产品广泛应用于生产电线电缆、热水管材、热收缩管和泡沫材料等。

例如可以对回收的聚乙烯薄膜破碎、清洗、干燥后进行交联改性利用，在处理过程中加入交联剂(常用的为有机过氧化物，如过氧化二异丙苯等)，使其形成三维网状结构，由热塑性塑料变为热固性塑料，可以改善力学性能及耐候性能，增加材料的使用范围。其加工成型方法有 2 种：a. 在 PE 软化点之上使之充分塑化，同时混入交联剂，在交联剂的分解温度下进行造粒，在模压工艺中使交联反应与成型一步完成；b. 在交联剂分解温度下制成坯型，再加热到产生交联反应的温度之上使之完全固化。

（4）其他

在废 PE 中加入发泡剂制取泡沫 PE，是废旧塑料降格使用的一种回收方法，这种以再生薄膜为基础的泡沫 PE，除断裂伸长率较低外，其他各项性能指标都可与新树脂发泡 PE 相媲美，可用作地板材料，其主要特点是富于弹性、摩擦系数大、步行感觉良好、耐磨损和耐寒。

将废旧塑料进行分选清洗后干燥粉碎，用混合溶剂溶解成塑料胶浆，然后加入改性剂、颜料、填料和助剂并分散研磨，加入溶剂调节黏度，最后过滤即可得涂料产品。利用废塑料生产涂料有如下几个特点：a. 最显著的特点是它的成本低廉，约为正规涂料的 1/2，可制出茶色或土黄色漆以及荧光漆或珠光漆等；b. 使用废塑料生产涂料可不再经过聚合过程，设备简单，操作容易，可以进行小规模生产，也可进行大规模生产；c. 生产过程没有二次污染，没有废液和废渣的排出。以废旧聚烯烃为原料，可以生产出塑料漆、色漆以及珠光漆等涂料产品。

第6章

废旧聚氯乙烯塑料的高值利用

聚氯乙烯是由氯乙烯单体聚合而成，是一种热塑性塑料。纯聚氯乙烯由于熔程短，分解温度与熔化温度相差不大，所以几乎不能加工，一般都需要加稳定剂以提高其分解温度。另外通常还需要加增塑剂。增塑剂的多少赋予了聚氯乙烯制品形式的多样化。

聚氯乙烯历史上曾经是使用量最大的塑料，现在某些领域上已被聚乙烯、PET所代替，但仍然在大量使用，其消耗量仅次于聚乙烯和聚丙烯。聚氯乙烯制品形式十分丰富，可分为硬聚氯乙烯、软聚氯乙烯、聚氯乙烯糊三大类。硬聚氯乙烯主要用于管材、门窗型材、片材等挤出产品，以及管接头、电气零件等注塑件和挤出吹型的瓶类产品，它们约占聚氯乙烯65%以上的消耗。软聚氯乙烯则主要用于压延片材、汽车内饰件、手袋、薄膜、标签、电线电缆、医用制品等。聚氯乙烯糊约占聚氯乙烯制品的10%，主要产品有搪塑制品等[28]。

国外聚氯乙烯树脂原料丰富，助剂品种齐全，因而其制品花色品种繁多，应用领域十分广泛。例如，美国聚氯乙烯应用构成比例如下：衣物类(婴儿衬裤、尿布、鞋类、外套等)2.4%，建筑材料(挤出发泡成型品、地板材、照明器具、护墙板、墙板、管、导管、管接头、游泳池衬里、水落管、窗框等)54.6%，电线电缆7.5%，娱乐(唱片、体育用品、玩具)2.6%，家庭日用器具(家庭用具、家具、庭院用软管、家庭用品、木纹薄膜)6.5%，运输工具(汽车用车厢地板、汽车用车篷、内部装饰品、雨布、汽车的其他用品)3.4%，包装材料(吹塑瓶、盖垫、衬垫、涂料、薄膜、片材)9.2%，其他(信用卡、医疗用管、工具、器具)5.3%和出口8.5%。

日本聚氯乙烯应用构成比例为：硬聚氯乙烯50.6%，软聚氯乙烯31.7%，电线及其他13.7%，出口4%。西欧的应用情况是：硬聚氯乙烯主要用来生产瓶、木材、注射成型品、管、导管、异型材、唱片等，软聚氯乙烯则用来生产薄膜、片材、地板材、管、电线电缆等。

美国聚氯乙烯的主要市场在建筑用材方面，其次在包装材料(瓶和薄膜)方面。日本聚氯乙烯的市场与美国的相似，也是以硬制品为主。

我国聚氯乙烯树脂行业在扩大规模增加产量的同时，注重企业技术进步，提高质量，增加品种，调整产品结构，重点增产疏松型树脂、卫生级树脂、高型号树脂、乳液聚氯乙烯树脂、糊用掺混树脂、共聚物新品种等，以满足塑料加工的需要。由于大量引进了国外的加工设备和生产线，我国聚氯乙烯的加工能力增长很快，大大改变了原有加工面貌，促进了我国聚氯乙烯制品加工和应用市场的发展。先进加工技术的应用，增加了制品的产量和种类。聚氯乙烯制品以其原料来源方便，成本较低，制品机械强度、耐腐蚀性、难燃性和绝缘性等综合性能优异的特点，广泛应用于我国国民经济的各个领域，制品从软到硬，包括管、管件、型材、片材、薄膜、人造革、电缆护套、地板材、鞋、瓶、玩具、唱片和其他日用品等。

随着聚氯乙烯塑料工业的发展、应用范围的日益广阔和消费量的增加，聚氯乙烯废弃塑料在城市垃圾中所占比例越来越大，严重污染环境，破坏生态平衡，因此其回收利用已成为全世界日益关注的问题。目前废旧聚氯乙烯的回收利用过程中存在二次污染等问题，如在其再生过程中常伴随能源消耗，并且产生粉尘，CO_2、NO_x 和 SO_2 等气体污染物，废水和固体废物的排放。此外，改性再生过程中增塑剂、稳定剂等的使用也会产生污染。

6.1 废聚氯乙烯塑料的焚烧

美国废塑料的10%、西欧废塑料的20%、日本废塑料的65%都是焚烧处理的。美国评论家提出了反对焚烧的3个主要论点。

1）焚烧危及健康　因为气流中存在毒性气体，特别是2,3,7,8-四氯二苯二噁英（TCDD，或简称二噁英）。由于聚氯乙烯是一种氯化材料，所以聚氯乙烯产生的问题是严重的。

2）焚烧炉供料中的有毒材料燃烧后排放到空气中或烧成灰分成为危险垃圾　由于某些聚氯乙烯和钙、铅稳定剂一起使用，因此聚氯乙烯产生的问题是严重的。

3）焚烧费用（包括基建费用和日益增长的焚烧炉的运转费用）昂贵　由于聚氯乙烯焚烧时产生的氯化氢必须在烟雾气中中和，所以废聚氯乙烯塑料焚烧产生的问题是严重的。

对于提出的这些问题已在文献中分别做了回答，并据报道，通过研究证实了担心焚烧，特别是担心废聚氯乙烯塑料的焚烧是没有理由的。在以各种形式焚烧时可能会产生二噁英，为了探讨二噁英生成的机理和聚氯乙烯对其形成的作用，对焚烧的基础研究已进行了十多年。在试验中，在焚烧炉供料中增加聚氯乙烯量，未发现二噁英的增加。另外，将城市固体垃圾和非废料的聚氯乙烯塑料在全尺寸的焚烧炉中，在不同温度下焚烧，排出的气体经分析表明，在供料中的聚氯乙烯量和排出的二噁英之间没有相关性，但二噁英生成量和焚烧温度密切相关，较低的焚烧温度产生较多的一氧化碳和二噁英。

由于酸雨和焚烧炉的腐蚀涉及酸性气体，无疑供料中氯含量的增加会导致焚烧时氯化氢的生成量增加，但是在酸雨中氯化氢的量很少，而且焚烧产生的氯化氢量也很少（少于0.3%）。为了使散发出的氯化氢和二噁英减至最少，必须安装能控制烟雾器的设备，因为聚氯乙烯是造成焚烧炉供料中氯含量1/3～1/2的原因，完全排除聚氯乙烯能减少氯化氢散发量30%～50%。为了消除酸气，还需要清楚氯化氢的残留物。如果废聚氯乙烯塑料焚烧时能回收利用释放出的热量，那么焚烧可看作是一种类型的回收方法。还有一种新的独特的可作为一种类型的回收方法是：当氯化氢在烟雾气中时，生成盐，采用“密闭的盐循环法”来回收氯化氢和氢氧化钠所生成的氯化钠；随后电解盐，产生氢氧化钠和氯气，将氯气和乙烯反应生产氯乙烯单体。但此法所需费用昂贵。

铅盐和钙盐是聚氯乙烯塑料的稳定剂，作为灰分存在的铅和钙会带来处理上的问题。从灰分中回收重金属的方法是将含有氯化氢的酸性气体和水混合过滤，将溶液浓缩，从溶液中回收金属。

适用于焚烧废塑料的焚烧炉，从设计上考虑，必须使废塑料能完全燃烧，防止放出烟雾，同时炉壁和炉床必须能经受住由于塑料燃烧产生的高温。空气供给设备必须能提供废塑料燃烧理论上所需空气量2.5～3倍的空气。焚烧炉的设计温度应保持在1150℃以下。由于烟雾量和空气量成正比，所以烟道的直径必须比传统的焚烧炉的烟道的直径要大。必须使用预热器，以便处理自燃塑料。此外，还要安装能操纵塑料的供料设备，日本Takuma Boiler MFG公司建造的焚烧炉特别适用于焚烧废聚氯乙烯塑料。通过加热废聚氯乙烯塑料，在旋转炉中产生氯化氢，在氯化氢从树脂中气化之后，炭化的塑料在焚烧炉中燃烧。由于含有的氯化氢气体量很少，排出存在的问题也就极少。氯化氢气体经旋风分离器、气体冷凝器，与气体反应生成氯化铵，用灰尘收集器将其收集。

6.2 废聚氯乙烯塑料的回收和利用

不同于聚烯烃塑料，聚氯乙烯在回收时，往往要根据其老化程度和回料的用途，加入适当的助剂，以改善再生料的性能。聚氯乙烯塑料的回收方法主要是直接回收，此外，填充和共混改性回收也有一些小规模的回收厂在应用。

6.2.1 废硬聚氯乙烯塑料制品的回收利用

硬聚氯乙烯的回收再生主要集中在瓶类和压延或挤出片材，尽管在建材产品上的应用量很大，回收再利用的潜力很大，但由于其使用寿命长，回收率还相当低。

6.2.1.1 塑料瓶

随弃式聚氯乙烯塑料瓶大约是20年前问世的，开始时仅用来装油。由于它具有质量轻、卫生性好、价格低廉等特点，使用范围不断扩大，现在在欧洲不仅用于装油，而且用于装矿泉水和其他不充气的饮料。聚氯乙烯瓶大量应用于饮料、食品、农药等的包装上，尽管现在由于PET等材料的兴起，其使用量已经有所减少，但数量还是很可观的。与所有随弃式包装一样，聚氯乙烯塑料瓶也成为今日的废料问题。首先是体积问题，加重了城市垃圾的问题(倒垃圾的场地有限，建造1台焚烧炉的费用又很昂贵)。为此，家庭废料的体积必须减少。通过将这些易识别的塑料进行分类回收，可以有效地解决这个问题。聚氯乙烯塑料瓶一般都是和各种垃圾混在一起的，目前均用手工挑选，但由于卫生的原因，应尽量避免采用这种方法挑选。有些地方已使用机器挑选，但是尚不能令人满意。在德国，要求每个家庭使用专用垃圾袋，将玻璃、金属、纸张、塑料分类存放，定期回收。在加拿大、法国和比利时的一些地区，已经这样集中分类，每周回收1次。

20世纪70年代，国外许多城市已经把随弃的玻璃瓶集中分类，解决了不易燃的玻璃瓶在垃圾中的灰化问题。现在利用现有的随弃玻璃瓶的集中系统，可将聚氯乙烯塑料瓶集中分类。将玻璃瓶和聚氯乙烯塑料瓶分开后，回收公司把聚氯乙烯塑料瓶就地磨成碎片(为了减小体积)，装袋送至塑料加工厂，这样就地处理可减少运输费用。

在澳大利亚，目前回收聚氯乙烯塑料瓶的只有一家公司Geon公司。Geon公司在1993年提出了一个回收清洁的聚氯乙烯果汁瓶、兴奋剂瓶和油瓶的计划，在1997年时回收率为6%。由于废聚氯乙烯塑料再利用技术的不断提高与人们的环保意识的增强，聚氯乙烯塑料瓶的回收率逐年提高，截至 2014 年，澳大利亚的聚氯乙烯塑料瓶的回收率达到 32%。

在美国，估计每年有 9 万吨聚氯乙烯用于包装植物油、调料、药品和化妆品等，因而聚氯乙烯塑料瓶在美国的回收潜力很大。美国塑料工业协会聚氯乙烯协会正推动聚氯乙烯的回收工作，拟从聚氯乙烯塑料瓶的回收开始，然后推广至其他聚氯乙烯制品。

我国聚氯乙烯塑料瓶的产量在千吨级的范围内。20 世纪 80 年代以来，各地引进了先进的注-拉-吹生产线，使我国聚氯乙烯塑料瓶的生产进入了一个新阶段，产品的产量、质量、品种、规格和应用领域都有很大发展。各地引进的设备主要是德国巴登费尔德公司和日本日精公司的注-拉-吹或挤-拉-吹制瓶机。我国聚氯乙烯塑料瓶主要用于食醋、食油、矿泉水、洗发香波、防晒液、护肤膏、家用清洁剂等的包装。目前主要靠废品收购站回收，出售给废塑料加工厂。

聚氯乙烯塑料瓶回收时最大的困难是分选，尤其是与 PET 分选时，两者的密度相近，都是 1.30～1.35g/cm^3，无法用一般的密度法分选，而两者的加工温度相差很大，在 PET 的加工温度下，聚氯乙烯早已分解，而在聚氯乙烯的加工温度下，PET 则尚未熔化。聚氯乙烯被分离后，由于是热敏性材料，可能要加些稳定剂和润滑剂等助剂，并尽可能减少其受高温的时间。另外的回收过程与其他塑料一样，不需要特别的设备和工艺。典型的聚氯乙烯塑料瓶再生工艺见图 2-6-1。

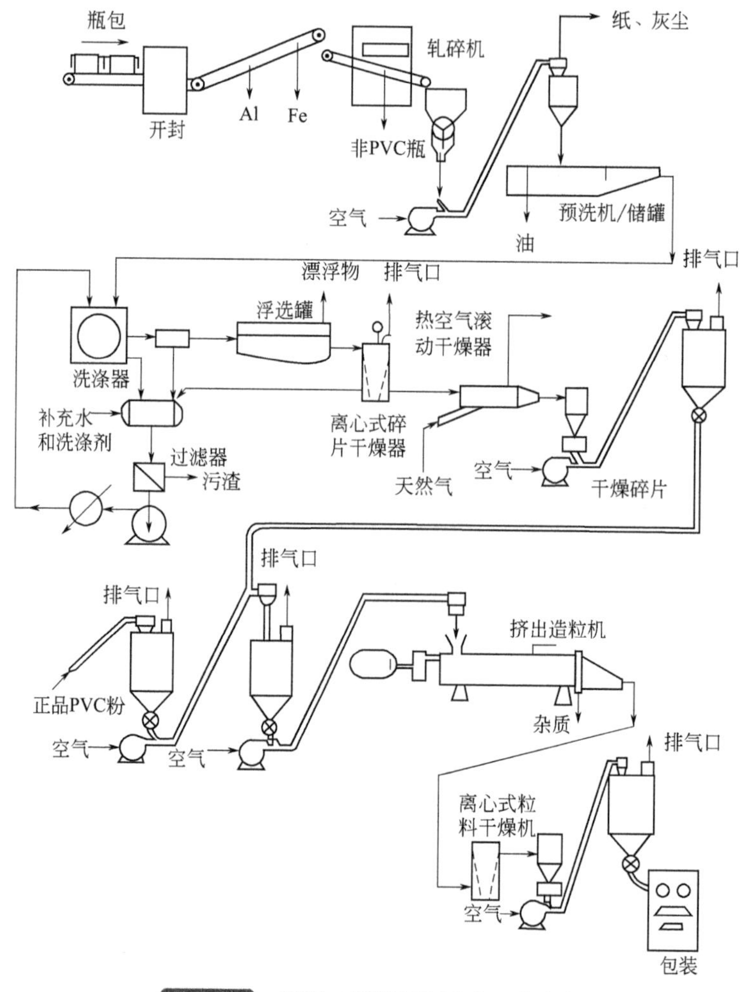

图 2-6-1　聚氯乙烯塑料瓶再生工艺流程

首先打开瓶包，由传送带输送，人工拣出大块杂质、铝盖和铝环等，铁质金属由磁性滑轮分出，再由X射线自动分拣机拣出其他塑料瓶，送入轧碎机破碎成13mm以下的碎片，经空气分选机除去纸屑和灰尘等，在预洗机中除去油性残渣后进入洗涤槽，用含洗涤剂的热水清洗，然后在振动筛上脱水，再送入浮选罐，除去胶黏剂、标签等，碎片在离心干燥器中干燥，再经热空气滚动干燥，可与新聚氯乙烯料混合挤出造粒。

6.2.1.2 压延片材

虽然聚氯乙烯大量用作包装膜，但增长最快的是硬压延片材或挤出泡罩片材和食品包装片材。到目前为止，美国收集计划只包括瓶，但泡罩片材的边角料仍是工业上计划回收的废料之一。生产泡罩片材时，从大的片材上切割下来，用剩下的毛边或残料或落地料生产出洁净的高冲击材料，这已是几年来边角料市场上的大宗产品。压延片材回收料的典型用途是，将这些废料挤塑成下水管或装饰模制品以及压延成用于冷却塔或净水装置的板材。

6.2.1.3 建筑产品

在美国回收这种类型的材料(管、壁板和窗型材)几乎没有得到应有的重视，但在欧洲已引起关注。尽管这些产品的使用寿命长达25年以上，但仍需要在聚氯乙烯达到使用寿命之后，提出有关处理聚氯乙烯方法对环境影响的调查报告。在德国一些城市，政府宣布了在新建筑中使用聚氯乙烯产品的免税范围，直至能提出合理的处理方法为止。然而长寿命产品的合理处理绝非聚氯乙烯工业的独有任务。管、壁板和窗型材等切割后余下大量的聚氯乙烯塑料边角料，但收集量小、分散量大是目前存在的一个大问题。

6.2.1.4 回收应用实例

用直接回收的方法利用废聚氯乙烯塑料，此方法同样适用于回收聚氯乙烯建筑材料，如管材、门窗型材等。

【例1】用废旧硬质聚氯乙烯生产农具

(1) 配方

见表2-6-1。

(2) 设备

在生产塑料农具时，小制品用ϕ50mm挤出机及30～50t机械压机，较大制品用ϕ90mm挤出机及100t左右机械压机。

表2-6-1 用废旧硬质聚氯乙烯生产农具的配方

原料名称	配比量/份
废旧PVC塑料	100
增塑剂(氯化石蜡、石油酯)	5
稳定剂(硬脂酸钡、单酯铅、三碱式硫酸铅)	0.8～1
填充剂(碳酸钙、滑石粉)	30

(3) 生产工艺

1) 选择和清洗　回收的硬聚氯乙烯塑料主要是工业配件、硬板管、容器等，必须捡出其他材质的塑料及杂质，特别是附加在这些废旧制品上的金属件，同时要进行清洗，除去上面附着的污物及黏着物。

2) 粉碎　较大的废塑料应先用铁锤敲成小块。利用粉碎机进行粉碎，应避免未除净的金属物进入粉碎机，以免损坏设备及飞出伤人。

3）混合　配料在常温下进行机械搅拌。根据废旧塑料组成的不同，添加一定量的稳定剂、增塑剂、填充剂。制品中加入填充剂的目的是降低成本，此外对提高制品耐热性、刚性等也有一定的作用，但填充过量，会使制品强度下降，且需相应增加增塑剂用量。干燥的木粉也可作为硬聚氯乙烯塑料的填充剂。

4）热挤出　混合好的物料，加入挤出机初步塑化成条状，目的是进一步混合均匀并除去水分，以利于下步成型加工。挤出温度在170～180℃左右，由于是初塑化，故挤出的条状物宁可生一些，而不可有“焦”的现象出现。

5）粉碎和磁选　初步塑化后的条状料加入粉碎机再一次粉碎，粉碎后的粒度不宜过大，然后再次磁选。

6）塑化压制　经上述处理后的物料，经挤出机塑化后切下，放入压力机内进行压制，物料在模具内冷却成型。

挤出机由四段加热，温度在190～195℃左右。

模具需通入冷却水冷却，模温一般在40～45℃，制品出模后放入冷却水槽冷却，或用风扇冷却，以免制品变形。压制品的成型时间为1～2min。

6.2.2　废软聚氯乙烯塑料制品的回收利用

6.2.2.1　汽车废弃物

中国已成为全球规模最大的汽车生产国和世界最大的汽车市场，但废旧汽车回收行业仍处于起步阶段。特别是报废的塑料件回收技术落后于发达国家。因此，对汽车塑料回收利用的深入研究对于环保、节能和中国汽车塑料行业的可持续发展具有重要意义。在美国，聚氯乙烯汽车产品通过进入非城市固体垃圾而成为废弃物。聚氯乙烯内装潢、缓冲垫、门板、车身侧面板和电线绝缘层作为汽车碎片废弃物(称作无价值)的一部分。在压碎和切割汽车之后，金属组分已被利用，剩下的废弃物中还含有玻璃、纤维、塑料和污物，其中塑料(包括热固性、热塑性及泡沫塑料)占有很大的比例。

以前，汽车废弃物采用掩埋的方法处理，但存在掩埋费用高、占用的土地面积大以及有潜在的危险性等问题，迫使有关部门和人员探索更好的解决办法。这种兼有热固性和热塑性塑料的混合材料是特别难回收的。

6.2.2.2　电线和电缆护套

美国每年大约有22.7万吨聚氯乙烯进入电线和电缆绝缘市场，由于拆毁、重建和改造电气和通信设备，每年有好几万吨到使用期限的电线和电缆废料进入非城市固体垃圾。除剖开取出铜和铝芯外，还剩下聚氯乙烯绝缘层和交联高密度聚乙烯、纸、织物和金属的混合物，其隐患是作为热稳定剂的含铅化合物。铅稳定剂用于电线和电缆的绝缘层，因为在加工时，它提供极佳的抗热降解保护作用而不产生盐，但会降低绝缘层的介电性能。铅是一种有毒金属，美国环境保护局特别将此作为替代目标，这是因为已发现它对地下水有污染，因而严格禁止填埋。焚烧也是被限制的，因为在空气中可能散发出含铅化合物，在灰分中也含有铅。再者，残留铜的存在又使人们联想到它是飞灰中形成二噁英的一种催化剂。已有几种回收电线、电缆绝缘层的方法，包括溶剂或漂浮分选和掺混加工。

由于电线、电缆废料经处理能除去金属和高密度聚乙烯，在美国专门有公司购买这类废料，回收处理后制成鞋底。虽然这不是最后的处理结果，因为鞋底使用后也将进入城市固体垃圾中，且无疑将被填埋或焚烧，然而无论哪一种方法均可认为是能被接受的。

1990 年美国有关部门曾要求将铅从这种材料中除去。目前有 4 种可能的处理方法：a. 像电线护套那样重新使用；b. 溶剂回收聚合物，采用过滤方法回收不溶解的铅；c. 在可以回收铅的特殊装置中焚烧；d. 挤出加工成一种合乎填埋、面积/体积比值小的制品。

简单地将这种材料返回到商业中是不允许的，而且制造商必须对其产品提出处理方法。目前至少有两家公司(BF Goodrich 和 Vista 化学公司)对这种材料有合适的处理对策。

6.2.2.3 包装薄膜

软聚氯乙烯包装薄膜包括半硬破损明显的薄膜以及肉类或消费品的包缠膜。在美国，所有这些薄膜废料均按城市固体垃圾来处理。回收这些薄膜废料要看它们是否包括在路边收集计划中，从整个废料中是否机械分选，或者是否在混合薄膜方面掺混成功。

6.2.2.4 农用薄膜

在农用聚氯乙烯塑料薄膜的回收与利用方面，很多国家(如日本、德国)都很重视。我国在塑料废弃物的回收与利用中，农用废塑料薄膜占了很大比例[29]。

聚氯乙烯在日本广泛地用作农用薄膜，通过撕碎和清洗，以欧洲各国回收聚乙烯薄膜相同的方法，完成了废农用薄膜的再加工。通常将废农用聚氯乙烯薄膜撕碎，经水洗和干燥制成碎片，然后再制成各种制品。这种是有效利用废农用聚氯乙烯薄膜、广泛采用的处理方法。

德国对农用废塑料薄膜回收技术十分重视，特别在回收农用废薄膜的机械方面获得很大的成功。例如，德国的克洛斯玛菲公司生产的塑料废料回收设备、莱芬豪舍公司生产的 HKS 系列回收造粒机、WH 公司生产的塑料回收机在世界上都享有一定的声誉。所采用的回收技术包括洗涤、粉碎和回收利用。其特点是采用预清洗和湿法造粒。在收集到的捆好的脏的农用薄膜包中，通常粘有砂、土、石，在造粒时会不可避免地损坏造粒机。为保护设备，采用预清洗系统，它包含 3 个部分，即存包仓、预破碎和预清洗槽。存包仓可以存放很多薄膜包，以便系统自动操作，连续供料。将废农膜包破碎成碎片送至预清洗槽中，从预破碎的产品中，自动分选出下沉物(石、砂、铁等)。

我国在回收废农用聚氯乙烯薄膜方面起步较晚，目前尚未完善。废农用薄膜回收技术的复杂性在于，从农民手中收购来的废农用薄膜往往夹带大量泥沙、土、石和草根、铁钉、铁丝等，给清洗、分离和粉碎带来了较大的困难。近年来，由于推广了地膜和大棚膜使农业生产达到了增产的目的，但由于土地中废农用薄膜未清除干净而导致植物根系生长受阻，已引起我国政府特别是农业和有关部门对废农用薄膜回收利用的重视。目前我国主要采用的还是熔融回收技术。对废农用聚氯乙烯薄膜的回收处理方法是：a. 将分选出的废农用聚氯乙烯薄膜经破碎、水洗和干燥等工序制成碎片或粒料；b. 用废农用聚氯乙烯薄膜直接生产塑料制品；c. 用溶剂萃取出增塑剂并生产硬质聚氯乙烯制品。

由于农用聚氯乙烯薄膜在自然环境中使用，受到日光照射而产生老化现象，回收的聚氯乙烯树脂性能降低，尤其是热稳定性变差，所以要采用适当的方法进行改性。改性的方法很多。在树脂中添加炭黑、硅酸铝或二氧化硅等吸油性高的充填料，制成的材料的热变形温度可提高 50℃。由于回收的聚氯乙烯树脂的分子量低，其热性能和机械强度都低，采用四季戊四醇巯基丙烯酸交联剂、过氧化苯甲酰或硫醇化合物，使其与树脂进行交联反应，则可使树脂的热性能明显提高，强度也相应提高，可制成硬聚氯乙烯板。

6.2.2.5 回收应用实例

（1）直接回收

软聚氯乙烯的产品形式很多，且大多要分离后才能回收，所以比硬聚氯乙烯的回收要困难。回收得比较好的制品是农膜，尤其是在日本等聚氯乙烯农膜产量较大的国家。

【例 2】用聚氯乙烯微孔拖鞋边角料和废旧薄膜生产微孔泡沫鞋片。

1）配方　配方中应加入各种助剂，其用量可用计算法或根据经验初步确定，再经试验加以修正。表 2-6-2 为用聚氯乙烯微孔拖鞋边角料和废旧薄膜生产微孔泡沫鞋片(厚底)的配方。

表 2-6-2　用 PVC 微孔拖鞋边角料和废旧薄膜生产微孔泡沫鞋片的配方

原料名称	配比量/份			
	1#		2#	3#
PVC 树脂	100			
边角料		100	100	
废旧膜				100
DOP	30		18	8
DBP	40		34	17
氯化石蜡			15	5
三碱式硫酸铅	5		4.5	4
二碱式亚磷酸铅				0.5
硬脂酸钡		0.6		
硬脂酸	0.8	1	1	0.6
AC 浆	13	8.5	、	9.5
$CaCO_3$			11	

2）原辅材料

① 聚氯乙烯。微孔拖鞋边角料有坡跟、薄底和厚底 3 类，各种原辅材料配比不同，颜色有深有浅。因此，必须进行分类选择。

② 废旧聚氯乙烯薄膜。由于聚氯乙烯微孔拖鞋边角料或回收的废旧薄膜一般附着泥土尘沙和油污，必须进行清洗。洗涤干净的聚氯乙烯拖鞋边角料或聚氯乙烯废旧薄膜，干燥后进行破碎，颗粒度控制在 4mm 以下(主要指边角料)，以增大颗粒的比表面积。颗粒相差太大，会影响各组分分散的均匀性，从而影响制品的质量。

③ 聚氯乙烯树脂。为使聚氯乙烯微孔拖(凉)鞋的微孔细致、外观美观、色泽鲜艳、富有弹性和穿着舒适，以及达到物理性能和加工工艺的要求，应使用一定数量的聚氯乙烯树脂。一般选用 XS-3 型，黏度为 0.0018～0.0019Pa・s。

④ 增塑剂聚氯乙烯。微孔拖鞋宜选用邻苯二甲酸二辛酯和邻苯二甲酸二丁酯为主增塑剂，氯化石蜡为辅助增塑剂。通常增塑剂用量为 60%～65%。

⑤ 稳定剂。可使用三碱式硫酸铅和二碱式亚磷酸铅。三碱式硫酸铅还可作为偶氮二碳酰胺(AC)发泡剂的活化剂。二碱式亚磷酸铅对含氯增塑剂类有特效稳定力，故使用氯化石蜡为辅助增塑剂就必须采用它。

⑥ 发泡剂。选用 AC 发泡剂。再生过程中，必须考虑降低边角料原体系中所含 AC 发泡剂的分解速率和提高分解温度。一般选用硬脂酸钡为 AC 发泡剂的阻滞剂。

⑦ 润滑剂。在回收配方中，选择硬脂酸和石蜡作为内外润滑剂。

硬脂酸另一作用是对填充剂碳酸钙表面进行活化处理，其工艺是预先将碳酸钙在 110℃下干燥后，在 50℃以上加入 20%硬脂酸进行搅拌。

⑧ 填充剂。选用轻质碳酸钙作为填充剂。用硬脂酸进行活化处理，增加碳酸钙与聚氯乙烯树脂表面亲和力。

⑨ 着色剂。尽量不用易变色的着色剂，并掌握拼色技术。

3）加工工艺　将已洗净、分类的边角料和废膜先切碎，再依照配方要求加入各种功能助剂，通过捏合工序，使各组分变为均匀的混合料。如能造粒则更理想。捏合后经塑炼进一步混合和预塑化，再按产品要求进行称量，组成色层胶片，然后加压塑化。热处理后定型、冲裁，最后装配成产品。

4）性能测试　按 SG77-73 标准进行试验，其结果见表 2-6-3。

表 2-6-3　发泡体的性能

指标名称	规定值	测定值		
		1#	2#	3#
邵尔硬度/(°)	18～35	8.6	18.0	23.3
拉伸强度/MPa	2.4	2.8	2.3	3.3
断裂伸长率/%	130	205	167	206
密度/(g/cm³)	0.25～0.40	0.3127	0.309	0.3762

（2）填充改性

【例 3】用泥炭填充废旧聚氯乙烯生产防水卷材。

1）原料与配方

① 采用废旧聚氯乙烯大棚膜、水稻育秧薄膜或其他软质废旧聚氯乙烯薄膜，经粉碎后使用。

② 泥炭在自然条件下呈黑色或黑褐色，含有未完全分解的植物残体和分解物形成的黑色腐殖质等物质。使用前泥炭要过 0.25mm 筛。

③ 其他添加剂有增塑剂、稳定剂、软化剂、改性剂。软化剂采用一种不易挥发的石油馏分，兼起润滑作用。

④ 配方见表 2-6-4。

表 2-6-4　用泥炭填充生产防水卷材的配方

原料	规格	配比量/份
废旧 PVC 膜	软质	100
泥炭	0.25mm	50～80
邻苯二甲酸二辛酯	工业级	5
邻苯二甲酸二丁酯	工业级	15～20
氯化石蜡		1～8

续表

原料	规格	配比量/份
泥炭改性剂	工业级	适量
三碱式硫酸铅	工业级	2～3

2）工艺流程　见图 2-6-2。

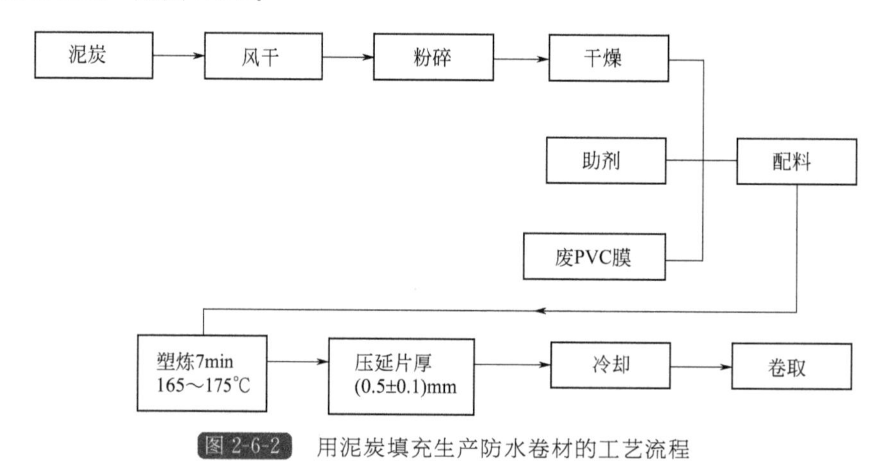

图 2-6-2　用泥炭填充生产防水卷材的工艺流程

3）设备　高速捏合机、塑炼机、三辊压延机。

4）产品性能　见表 2-6-5。

表 2-6-5　用泥炭填充生产防水卷材的产品性能

项目	性能
色泽	黑色
每卷($20m^2$)质量/kg	13～14
拉伸强度(纵/横)/MPa	9.0/7.15
伸长率(纵/横)/%	127.2/121.6
柔性	－30℃可绕 ϕ10mm 轴对折
热老化[(80±2)℃,168h]	117.6/87.2
拉伸强度保持率/%	86.0/69.2
吸水率/%	0.3
燃烧性	离火自熄
不透水性	
动水压力/MPa	0.15
保持时间/min	>40
耐高温性(120℃,5h)	不起泡、不黏

(3) 共混改性

【例 4】聚氯乙烯废膜与丁腈橡胶共混生产鞋料。

用聚氯乙烯薄膜和丁腈橡胶进行机械共混，制成颗粒，生产的材料耐油性、耐酸性好，低温耐屈挠性和抗滑性好。有橡胶手感，黏合牢度和抗撕性能优良，可在绝大多数注射机上加工。可用作运动型、劳保鞋的鞋底和其他制品。

1）配方　见表 2-6-6。

表 2-6-6　PVC 废膜与丁腈橡胶共混生产鞋料的配方

原料名称	配比量/份
PVC 废膜	100
稳定剂	1.92～2.2
混合增塑剂	20～30
丁腈橡胶-30	7～10
其他	5～6

2）设备　250 L 捏合机，XK-40 混炼机，ϕ90mm 造粒机。

3）生产工艺

① 聚氯乙烯废膜捏合塑化　按配比将聚氯乙烯废膜在捏合机中捏合塑化，蒸气压 0.3～0.5MPa，时间 1～1.7h。

② 塑炼　速比 1∶1.5，辊温(45±5)℃，辊距 0.5～1mm，丁腈橡胶塑炼在小辊距低温下进行，采取一段直接填料法共混，塑炼时间视丁腈橡胶中丙烯腈含量而定。将丁腈橡胶炼至包辊，调距 3～4mm，添加聚氯乙烯捏合料进行共混，翻动均匀，再以 1mm 辊距薄通 3 次。

③ 挤出造粒　挤出机供料区的温度为 80℃，压缩段为 150～160℃，计量段为 140℃，机头为 90～100℃。

6.2.3　聚氯乙烯增塑糊产品的回收

6.2.3.1　瓶盖

回收塑料瓶的一个复杂问题是瓶盖、垫圈和瓶是连在一起的，而瓶、标签、盖和垫圈的成分是不同的。为了密封得更好，采用一种发泡的或紧固的垫圈放在瓶盖中或采用一种插入物作为机械密封，但无论在何种情况下，聚氯乙烯是一种占优势的材料。最早，聚酯瓶的回收商注意到聚氯乙烯密封垫和金属盖污染了他们的产品，在处理中，通过清洗，虽然金属盖可以除去，但聚氯乙烯不能除去。随着工业的发展，这个问题在很大程度上已不复存在，因为乙烯-乙酸乙烯共聚物作为软饮料瓶盖的衬里已获得认可。

6.2.3.2　地板

国外聚氯乙烯增塑糊树脂一种非常大的用途是作片材聚氯乙烯地板。一种典型的地板结构见表 2-6-7。

表 2-6-7　典型的片材聚氯乙烯地板结构

层	材料	厚度/μm
面层	聚氨酯	25
耐磨层	聚氯乙烯	508
泡沫层	聚氯乙烯	762
底层	聚氯乙烯，“有机毡”	635

采用工厂里的边角料进行回收的方法是：将边角料切割、破碎后在混炼机上塑化，再经压延，得灰色材料，可用作地面材料的底材。

6.2.4 含聚氯乙烯的混合塑料制品的回收

由于不同塑料的热裂解具有不同的热分解机理、不同的反应速率，且反应速率与温度的关系也各不相同。所以，混合废弃塑料在不同温度下的热裂解应当是分步进行的，而较佳的热裂解条件是应能提高可作为燃料的热裂解产物的产量[30]。与热裂解温度有关，混合废弃塑料的热裂解固态残留物含有无机物(有一定程度灰化)、未反应的固态有机物和由有机化合物热分解所得的残炭。这些物质的含量与热裂解温度有关。以热裂解法回收含 PVC、PS、PE 及 PP 的几种混合塑料的工艺简况如下。

6.2.4.1 聚烯烃-聚苯乙烯-聚氯乙烯混合塑料

含有 HDPE、LDPE、PS、PP 和 PVC 的混合废弃塑料在真空下于 600℃以下热裂解时，为了回收有价值的物质，宜分两步热裂解。第一步可在 375℃下进行，热裂解失重约10%，其中一部分是 PVC 释出的 HCl，其余是混合塑料中各聚合物释出的挥发性产物。第二步热裂解可在 375～520℃下进行，此步得到液态产物及固态残留物，液态产物中的 HCl 含量甚微[31]。

6.2.4.2 聚乙烯-聚苯乙烯-聚氯乙烯混合塑料

这种混合塑料的热裂解可采用串联闭路循环反应系统，分步进行混合塑料的分离和各高聚物的气化[32]。对于处理 PVC 含量低于 15%的废弃塑料，没有必要进行预处理。PVC 的脱 HCl 在串联反应系统中的第 1 个反应器内定量地发生，尽管热裂解废弃塑料中氯含量较高，但第 3 个反应器流出的气态产物中的氯含量仅 0.0044%。第 2 个反应器系用于 PS 的热裂解，并得到高得率的单体。在第 2 个反应器中，既未检测到 HCl，也未检测到 PE 的分解产物。PE 系在第 3 个反应器中分解为链烷烃和烯烃。与废弃混合塑料的组成有关，PS 的热裂解产物为单环芳香族化合物，得率可达 93%，而且二聚及三聚苯乙烯量较低。

6.2.4.3 聚乙烯-聚氯乙烯及聚丙烯-聚氯乙烯混合塑料

对含 PE 和 PVC 的混合塑料，可采用间断操作使之在 430℃下热裂解，但其液态产物的得率均比单一 PE 在同样条件下低，而产物中的低分子量液态烃增多[33]。Zhou Qian 等[34]研究过混合塑料 PE-PVC 在 420℃，PP-PVC 在 380℃及 PS-PVC 在 360℃于玻璃反应器中在常压下的间断热裂解，其中 PP-PVC 的液态产物的得率最高，而 PS-PVC 最低。关于固态残余物(其中含碳质材料和高级烃)的得率，混合 PS-PVC 是 20%左右。关于废弃塑料中所含的氯，88%～96%的氯化物转化为 HCl，3%～12%转化为液态产物，含在固态残余物中的则低于 2%。热裂解得到的有机氯含量，混合 PP-PVC 为 13.5g/kg，混合 PE-PVC 为 3.6g/kg。

6.2.4.4 含聚氯乙烯混合塑料的直接液化

一些废弃塑料，包括 LDPE、HDPE、PS、PVC 和 PET 的 H/C(摩尔比)高，且分子链的结构适于液化，所以将这类废弃塑料直接液化以生产油的工艺也是一种可考虑的回收再利用方法。Bockhorn 等[35]研究过混合塑料 PVC-PS-PE 及 PVC-PA6-PS-PE 的直接液化：在 300～500℃下，某些混合塑料中的 LDPE 及 HDPE 能热裂解为线型和支化的烷烃和烯烃(含 C_1～C_{30})及某些芳烃，所得的油主要是 C_{10}～C_{15}的烃，还含少量 C_5～C_9 烃[36]。

第7章 废旧聚苯乙烯塑料的高值利用

聚苯乙烯是苯乙烯的均聚物，是一种热塑性通用塑料，产量仅次于聚乙烯、聚丙烯、聚氯乙烯。聚苯乙烯的应用范围很广，可大致分为以下4个方面。

1）通用聚苯乙烯　为无定形高透明度塑料，一般用注射或挤出成型，产品大量应用于日用品以及家电、计算机、医疗等透明制品上。通用聚苯乙烯的最大缺点是性脆，耐冲击强度较低，约为11～27J/m^2(缺口)。

2）高抗冲聚苯乙烯　大大提高了其冲击强度和断裂伸长率，产品广泛用于电气配件、家电外壳、食品容器等。

3）挤出发泡聚苯乙烯片材及其热成型制品　密度一般为48～160kg/m^3。厚的板材主要用作绝热、隔声、防震材料。热成型制品则大量用于食品包装以及快餐食品容器。

4）可发性聚苯乙烯泡沫制品　密度一般在16～60kg/m^3，产品用于电器的防震包装，建筑、冷冻等行业的绝热材料。

这些聚苯乙烯塑料材料很多都是一次性使用，用完后即随意废弃，因而废弃量很大。这些垃圾质量轻、体积大、化学性质稳定，在自然环境中经久不腐烂、不降解转化，直接污染环境。因而，这些废料的回收处理已是当务之急。另外，我国塑料工业发展很快，尤其是加工行业，已是遍地开花，因而出现原料短缺。仅对河北省调查发现，几家中、小型泡沫塑料厂使用的聚苯乙烯原料绝大部分是由日本、美国、德国等国家进口，每年耗费大量外币。因此，研究废弃聚苯乙烯塑料的回收和利用具有双重意义，既处理了废料，净化了环境，又可开发再生资源，使废物得到再利用。

7.1　废旧聚苯乙烯塑料的回收和利用

当前国内外对聚苯乙烯的回收利用一般有以下几种方法：a. 脱泡熔融挤出回收聚苯乙烯粒料；b. 复合再利用；c. 热分(裂)解回收苯乙烯和油类；d. 利用废聚苯乙烯泡沫制成涂料、黏合剂类产品；e. 废聚苯乙烯泡沫。

对通用聚苯乙烯和高抗冲聚苯乙烯废料回收，清洗后可直接破碎熔融挤出造粒，如果是不含杂质的干净边角料，可直接加入新料中使用，但回收的废聚苯乙烯制品往往含有不同程度的杂质，使再生制品不透明或有杂色。通常用于生产非食品接触性制品，其使用效果依然很好。

废聚苯乙烯泡沫的回收则比较麻烦。若回收的泡沫比较干净，也可获得较干净的粒料，可直接掺混于聚苯乙烯新料中使用。但大量的聚苯乙烯泡沫垫块、各种快餐饭盒和饮料杯都较肮脏，表面沾满了尘土及原来内容物的残渣渍液，还有相当多的容器表面复合有纸、铝箔等其他物质，假如不对它们进行清洗与分离是无法回收利用的。

7.1.1 混合废旧塑料的分离

(1) 废塑料的利用

首先要将其中所含的各种垃圾分离去除，然后再进一步分类、清洗、破碎、加工。垃圾中的废聚苯乙烯制品主要是各种快餐盒、盘、饮料杯、罐及食品托盘，还有各种家用电器的泡沫包装垫块等，这其中有些是纯聚苯乙烯板、片制造的，有发泡与不发泡的，还有的是与其他材料复合在一起的，这种复合料回收难度要大得多，我们将分别叙述。废聚苯乙烯塑料的回收利用与其他废塑料的回收利用既有相同之处也有不同之处，主要是聚苯乙烯发泡制品废弃物的回收较其他废塑料来说相对困难一些。

(2) 混合废塑料的分拣

目前一般是将混合废塑料统一送往回收工厂，由工厂分拣处理，对于表面黏附的剩余食品可以用水及洗涤剂清洗。塑料与其他物质的分离，目前国外已经研究了不少方法。国外目前所采用的分选废塑料的技术均为如下流程：粗分选→粗破碎→细破碎→细分选→清洗→干燥→造粒或以碎片形式供应再加工。其中分选包括磁选、气动分选、水力分选及其他介质分选。清洗也是要经过多次，而且要用洗涤剂，水一般采用循环水。有的回收料还需要加入一些改性助剂以提高其性能。如英国 Phillips Petroleum 公司就在回收的聚苯乙烯料中添加一种热塑性弹性体，以提高再生制品的韧性。对于有些与纸复合在一起的废塑料，也可以不用上面那些方法。有些公司对收集来的废塑料索性不分离就将其细粉碎直接造粒，把纸作为填料，再加上一定的改性剂，可以生产出性能类似木材的板材、垫板等产品。

7.1.2 直接回收利用

7.1.2.1 直接热熔 PS 再生利用

对 PS 边角料及下脚料可直接热熔成再生 PS 粒料；对 PS 泡沫废制品可先破碎，用螺旋推进器强制喂进挤出机挤出造粒，制成 PS 再生料。由于 PS 再生料的颗粒色泽和性能未发生明显变化，性能好，所以仍可作 PS 原料与新 PS 配合使用，重新制作 PS 发泡制品。据中国专利 CN1096735A 介绍，将废 PS 泡沫浸入到高沸点混合溶剂中使其消泡并成为凝胶料后，可与改性树脂、助剂混合，经多级排气挤出机挤出造粒，得到 PS 再生料，其中的溶剂经冷凝得以回收。这种 PS 再生料可用于制作文具、玩具和多种日用品如鞋底和电子零部件等再生塑料制品。

7.1.2.2 填充改性其他材料

采用废旧聚苯乙烯泡沫塑料、水泥、增黏剂等为主要原料，可以生产混凝土保温砌块。用该生产工艺生产的混凝土保温砌块质量轻，保温性能好，强度高，消化了大量难以降解的废旧泡沫塑料，有利于环境保护和节约能源。当水泥选用 42.5 级，水泥用量为 $300kg/m^3$，增黏剂掺量为水泥质量的10%，砂子和水适量。按一定配比和工艺制作的保温砌块表观密度为610kg/m³，抗压强度平均值为3.26MPa，抗压强度单块最小值为2.95MPa。试验表明：保温混凝土砌块的保温性能明显优于加气混凝土砌块，更优于普通黏土砖。

PS轻质混凝土就是一种通过PS颗粒或废弃PS破碎料作混凝土骨料的矿物质胶结混凝土，是轻质混凝土的一个新品种。由于PS颗粒与硅酸盐胶凝材料的表面性质不同，再加上两者之间显著的密度差异，新拌混凝土中的PS颗粒很容易上浮，造成KPS轻骨料混凝土匀质性变差，进而影响硬化PS轻骨料混凝土的性能。目前一些研究结果表明，通过掺加矿物添加剂，如粉煤灰或硅灰，掺加减水剂、引气剂和增稠剂可以改善PS轻质混凝土工作性能。同样，颗粒形状、颗粒大小以及所应用的PS骨料的表面特性也影响混凝土的表观密度和强度。通过选择混凝土表观密度能够实现承重、隔声、保温和防火等性能的最佳组合。EPS轻质混凝土与普通混凝土相比，具有轻质高强、热导率小等优点；与陶粒、膨胀珍珠岩等轻骨料混凝土相比，轻质混凝土吸水率更低。

复合保温内、外墙板和复合保温屋面板可采用回收的聚苯颗粒或再生水泥聚苯板作的保温芯材，以钢筋混凝土用热轧光圆钢筋和热轧带肋钢筋作受力筋，以快硬硫铝酸盐水泥为胶凝材料并配以外加剂，以玻璃纤维网格布或玻璃纤维短丝为增强材料作基材复合而成。废聚苯乙烯泡沫塑料可占复合外墙内保温板体积的30%～40%。生产工艺采取混合搅拌、浇注成型。产品具有质量轻、强度高、热工艺性能好、不燃、施工简单、安装方便等优点，适用于公共建筑、工业厂房、大型仓库等建筑内外墙和屋面保温结构。

7.1.2.3 模型制备聚苯乙烯泡沫塑料

原化工部成都有机硅中心也对废聚苯乙烯泡沫进行了研究，他们将废聚苯乙烯泡沫再生成可发性聚苯乙烯(EPS)，然后模塑制成聚苯乙烯泡沫塑料。工艺方法是：将废聚苯乙烯泡沫在100℃下加压，使其软化收缩，再投入可发性凝胶液中［凝胶液由发泡剂(石油醚)和溶剂组成］，废聚苯乙烯泡沫收缩成凝胶料团，再对料团进行捏合、挤出、造粒，在常温下风干，即成为可发性聚苯乙烯产品。这种工艺采用的溶剂属于易燃易爆品，且用量大，必须进行回收。

7.1.2.4 防水材料

湖南湘潭新型建筑材料厂研究了一种利用废聚苯乙烯泡沫塑料生产用于房室建筑防水材料的方法。该法是将废聚苯乙烯塑料与重苯、煤油按一定比例置于一定温度的熔化釜内，搅拌熔融后，稍加冷却，去掉水分，制成聚苯乙烯改性材料，再加入适量的无机填料与惰性材料制成聚苯乙烯改性防水材料。调整配方可以生产出聚苯乙烯塑料油膏、聚苯乙烯冷胶料、聚苯乙烯嵌缝膏、聚苯乙烯无基材防水片材。产品使用性能好、伸长率大、耐寒性好、不易龟裂老化、成本低廉。可替代沥青、油毡、聚苯乙烯防水片材，而且施工方便，是一种性能很好的建筑防水材料。

7.1.2.5 溶剂法回收利用

溶剂法是采用合适的溶剂减容泡沫塑料后造粒再生，如果使用的溶剂合适，在没有聚合链的降解时可将废旧PS泡沫塑料体积减小至原体积的1%。溶剂法选用的溶剂，目前主要是苯或苯的衍生物，大多有较强的毒性，也可选用酯类溶剂，但其存在价格偏高、异味浓、回收效率低的缺点。针对一般PS溶剂有毒性的问题，日本索尼中央研究所新开发了Rena系统，采用天然溶剂柠檬烯就地溶解，脱泡减容可达25∶1。溶剂法回收废旧聚苯乙烯泡沫塑料有如下优点：a. 能耗低，不需要高温过程；b. 再生树脂性能接近悬浮法制得的PS树脂，最大程度保持了材料的物理化学性能；c. 产品呈圆球形颗粒，有利于后续再利用生产；d. 生产过程相对环保，除了内部可能含有的助剂挥发成气体外，没有其他废气和废渣产生，仅在后处理中会产生一些废水。在合成革生产中会产生相当数量的块状废聚苯乙烯，由于其中含有大量的甲苯、十八醇、山梨醇等，所以无法分离与回收利用废聚苯乙烯。山东烟台化工研究所研究出有机溶剂萃取回收聚苯乙烯的方法，该方法是以 C_4～C_8脂肪醇作为萃取剂，在密闭的容器中加入废聚苯乙烯塑料和萃取剂，在一定的温度下回流，萃取废聚苯乙烯，然后分离萃取混合液和聚苯乙烯，即得到聚苯乙烯和其他化工原料。分离后的聚苯乙烯烘干造粒就是聚苯乙烯粒料，性能指标基本上符合部颁聚苯乙烯标准。另外，回收的甲苯、十八醇、山梨醇均是有用的化工原料，萃取液可以重复使用。这种方法如果能工业化生产，可以解决多年来困扰合成革厂处理废聚苯乙烯的难题。

7.1.2.6 废聚苯乙烯的破碎填充利用

废聚苯乙烯的填充利用操作相对简单，技术含量也较低。用旋转切割机将废聚苯乙烯切割成碎片，或者使用粉碎机粉碎为颗粒，经旋风分离器分离并以振动筛筛分。不同粒径等级的泡沫碎片可应用于不同场合：如 3～4mm 的颗粒混入土壤(废聚苯乙烯颗粒含量 10%～50%)可作土壤改性剂；8～10mm 颗粒可用作轻质保温建材的填料；15～20mm 颗粒可装入网袋中作为屋顶及庭院的下埋材料来增强排水性，还可作塌陷路面的填充材料等[37]。

7.1.3 热分解回收苯乙烯和油类

热分解回收是近年来国内外都非常注重的一种回收方法，目前被认为是最有效、最科学的回收废塑料的方法。

聚苯乙烯的热分解过程主要是无规降解反应，聚苯乙烯受热达到分解温度时就会裂解成苯乙烯、苯、甲苯、乙苯，通常苯乙烯占 50%左右，因此可使不便清洗或无法直接再生的废聚苯乙烯泡沫塑料通过裂解工艺来回收苯乙烯等物质。通常的回收工艺是将废聚苯乙烯泡沫塑料投入裂解釜中，控制温度使其裂解成粗苯乙烯单体，再经过蒸馏、精馏即可得到纯度在 99%以上的苯乙烯。如果将包括聚苯乙烯在内的废聚烯烃类塑料在更高的温度下热裂解和催化裂解，可变为汽油或柴油[38]。由于将废塑料油化的方法不仅对环境无污染，又能将原先用石油制成的塑料还原成石油制品，能最有效地利用能源，所以近年来国内外在这方面的研究相当活跃。

各种塑料的热分解情况，因塑料的种类不同而异。热分解产物也因塑料的种类不同而有较大的差异。

废塑料热分解油化工艺过程如图 2-7-1 所示，由 7 个工序组成。

1）前处理工序　分离出废塑料中混入的异物(罐、瓶、金属类）后，将废塑料送入熔融辊筒中破碎成大块。

2）熔融工序　将废塑料在 200～300℃下加热，使其熔融为煤油状液态。

3）热分解工序　提高温度，分解反应速率也会加快，但液状生成物产率下降，并会产生不利的炭化现象。

4）生成油回收工序　将热分解工序产生的高温热分解气体冷却至常温成为液状，即得到了油。生成油的质量、性质、产率均因投入塑料的种类、反应温度、反应时间的不同以及是否使用催化剂等而有很大差异。

5）残渣处理工序　在热分解工序中不能分离的少量异物(砂子、玻璃、木屑等）以及热

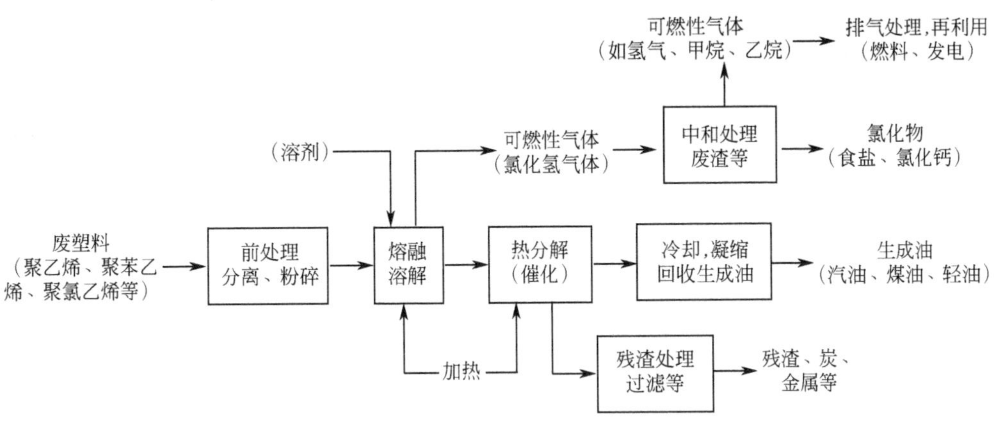

图 2-7-1 废塑料热分解油化工艺过程

分解中生成的炭化物等都必须从炉子中去除。尽量减少残渣量、保持正常运转是化工研究开发的一种重要技术。

6）中和处理工序　对于聚氯乙烯塑料来讲，因热分解时会产生氯化氢气体，作为盐酸来回收，用烧碱、熟石灰等碱中和无害后再回收。

7）排气处理工序　这是处理热分解工序中难以凝集的可燃性气体（如一氧化碳、甲烷、丙烷等）的工序。可采用明火烟囱直接烧掉或作热分解用的燃料。另外，也可以作为电力蒸汽的能源在系统内再利用。

日本富士回收公司于 1992 年建立了一套处理能力为 5kt/d 的废塑料油化装置，其工艺流程如图 2-7-2 所示。这套装置以热塑性塑料为原料，1kg 废塑料可回收 1L 石油制品，其中汽油约 60%，柴油约 40%，可作燃料及溶剂使用，工艺过程如下。

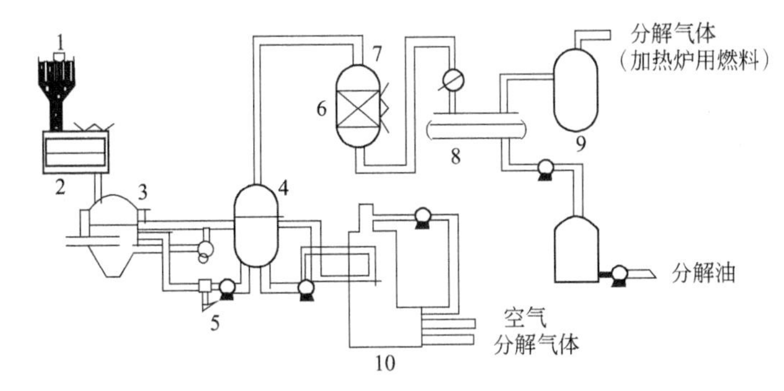

图 2-7-2 日本富士回收公司的废塑料油化装置工艺流程

1—料斗；2—挤出机；3—原料混合槽；4—热分解罐；5—沉积罐；6—催化分解罐；
7—冷却器；8—储罐；9—分解储气罐；10—加热炉

① 前处理工序。为提高油的回收率，废塑料投入前必须尽可能地将异物除去，以获得最高的回收率。根据相对密度分选后不适合油化处理的仅占 10%，这部分混入物在油化装置内处理后可排出。

② 油化过程。将经过前处理工序粉碎的废塑料由料斗定量供给挤出机。然后将料斗供给的料加热至 230～270℃，呈柔软的团状，投入原料混合槽。

原料混合槽是经常将热分解罐送来的液状热分解物循环，由挤出机不断投入的熔融塑料与这部分热分解物混合，再升至 280～300℃后由泵送入热分解罐。另外，在原料混合槽升温阶段残留的氯大部分可汽化排掉。

将送入热分解罐的熔融塑料加热至350～400℃，使之热分解汽化。汽化后分子量不能变小的热分解物重新进入混合槽，在系统内继续热分解，最终成为气态的氢气再送往催化分解罐。

由热分解罐至原料混合槽的循环管路中设有沉积罐，使在沉积罐循环的液状热分解物流速降低，炭和异物就分离，然后将其排放，从而解决以往技术上的最大难题——结焦问题，设备可以连续运转[39]。

在催化分解罐中加入ZSM-5合成沸石催化剂，由热分解罐送来的气态烃，经催化分解，被送往冷却器。

在冷却器中进行简单的分馏即可分馏出汽油和柴油，生成油被送入储罐，气体就作为这套油化装置的能源使用。

这套油化装置若只用于处理聚烯烃类废塑料，可获得85%的油制品，10%的气体，仅剩5%的残渣。若处理的废塑料全部为聚苯乙烯，则生成油的回收率在90%以上，其中芳香族化合物占90%，乙苯占40%，苯、甲苯各占20%。残余物也是其他的芳香族化合物。

7.1.4 制备涂料和黏合剂

聚苯乙烯涂料具有干燥快，性能稳定，耐水性、耐酸碱性好，并有一定的黏结性、耐磨性和装饰性的特点，被广泛用于各种设施的防腐。它的优点是制备生产工艺简单、投资少、成本低、生产周期短，但在聚苯乙烯乳液的稳定性、涂料的耐光老化性以及更强的黏附力方面还有更多的研究空间。

由于聚苯乙烯高分子是无定形的线型非极性结构，且含有苯环，在物性上表现为刚性大、柔性小，当它用于极性物质表面上时，黏结力很弱，而且硬化后强度不够，易脆。若将废旧聚苯乙烯塑料溶解成均相溶剂，氧化苯甲酸丁酯为引发剂，以氧化亚铜为活化剂，加热，以丙烯腈或丙烯醇作为改性单体，使聚苯乙烯分子链上接枝新的官能团，以硅酸钙为填料，搅拌均匀便能得到一种耐水性好、胶接强度高的白色黏稠状的胶黏剂。这种胶黏剂的耐水性是白乳胶的10倍，剪切强度是白乳胶的3倍以上。

废旧聚苯乙烯胶黏剂具有优良的耐水性、黏附力，以及原料易得、价廉、成本低、耐酸、耐碱、耐热、耐冻的优点，可广泛用于生产不干胶、无毒胶黏剂、医用胶黏剂、建筑胶黏剂、密封胶、乳液型胶黏剂、芳香胶黏剂等，用在玻璃、金属、木材、纸张、瓷砖、马赛克和水泥块等材料表面，完全可以代替白乳胶、淀粉胶、PVA胶等传统胶黏剂。

7.1.4.1 高分子快干漆

将废聚苯乙烯泡沫盒和一些配料加入反应釜中，搅拌，使聚苯乙烯泡沫溶解，经研磨过滤，加入填料、颜料，在一定温度下继续搅拌，最后经过过滤即得产品。这种主要用废聚苯乙烯泡沫生产快干漆的工艺优点很多，成本很低，而且所需设备少。产品的防水性、抗老化性及低温性都很好，而且耐磨，对金属、木材、水泥、纸张、玻璃等均有良好的黏结力，既可作为保护漆又可作为黏结剂，用于金属的表面喷涂有很好的防腐作用。

7.1.4.2 防潮涂料

将废聚苯乙烯泡沫塑料洗净、破碎、溶解，加入增塑剂、溶剂、水、表面活性剂、增稠剂和消泡剂等可制成一种水乳涂料。其工艺流程如下所示：

废聚苯乙烯泡沫→清洗→破碎→溶解→配制油相液→乳化→过滤→成品

这种涂料目前主要用作瓦楞纸箱的表面防潮涂料，而且使用性能优于现在使用的纸箱防潮剂。

7.1.4.3 防水涂料

用废聚苯乙烯泡沫制造防水涂料的生产设备及操作方法都比较简单，所生产的苯乙烯防水涂料性能很好，施工不受季节限制，涂层寒冬不脆裂，炎夏不流淌，黏结性强，防水性好，耐酸碱，耐老化。

7.1.4.4 防腐涂料

聚苯乙烯分子中具有饱和的 C—C 键惰性结构，并带有苯基，因而对许多化学物质有良好的耐腐蚀性，但脆性大，附着力和加工性差。因此，对聚苯乙烯改性是至关重要的一步。林金火等通过大量实验得出用邻苯二甲酸二丁酯(DOP)作改性剂制得防腐涂料有较好的物理机械性能、耐化学腐蚀性、光泽度。其具体制备方法如下：在装有温度计、搅拌器和冷凝管的 1000mL 三口瓶中，加入 190g 聚苯乙烯和 540g 混合溶剂(二甲苯∶乙酸乙酯∶200 号溶解汽油=70∶15∶15)，在搅拌下加热至 55～60℃，待聚苯乙烯完全溶解后，加入 45g 改性剂(DOP)，继续搅拌至溶液清澈透明，冷却至室温，出料。与适量颜料混合后在锥型磨中研磨至细度$\leqslant 50\mu m$，即得该成品。

7.1.4.5 胶黏剂

能将同种或两种或两种以上同质或异质的制件(或材料)连接在一起，固化后具有足够强度的有机或无机的、天然或合成的一类物质，统称为胶黏剂或粘接剂、黏合剂，习惯上简称为胶。按应用方法可分为热固型、热熔型、室温固化型、压敏型等。

7.1.4.6 保护漆

按常规工艺回收废聚苯乙烯泡沫，聚苯乙烯回收塑料的透光性、防水性、耐腐蚀性、隔热性、电绝缘性均接近聚苯乙烯新料，但性脆、附着性差。经过试验制得的聚苯乙烯保护漆(涂料)，其生产过程为：配料→搅拌反应→沉析分离→加入添加剂→成品。该保护漆吸收了喷漆、烤漆、防锈漆的长处，使用效果很好，具有光亮、耐水、耐腐蚀、不起泡、不失色、不脱落等优点。

7.1.4.7 塑料漆

用废聚苯乙烯泡沫生产塑料漆的工艺过程是：清洗→干燥→溶解→搅拌→过滤→成品。这种塑料漆中废塑料含量为 15%～40%。溶剂视所用废塑料种类而选用苯、甲苯等一种或多种。产品与珠光漆类似，可根据需要分别制成适用于家具及金属制品的表面涂饰漆及防锈漆。根据所选溶剂与填料，还可制成耐酸碱的防护漆。生产工艺极其简单，可在常温下生产，不需加热，能耗极少。

7.1.5 废聚苯乙烯焚烧能量回收

当废聚苯乙烯的收集、分类、运输和回收利用的能耗和费用较高，不能产生可观的经济效益时，焚烧回收能量可以作为最后的回收办法。废聚苯乙烯燃烧产生的热量为 46000kJ/kg，比燃油(44000kJ/kg)高，1kg 废聚苯乙烯产生的热量相当于 1.2～1.4L 燃料油产生的热量[40]。可部分替代炼铁、发电、燃烧锅炉的燃料。但是，我国目前城市垃圾仍然是未分类的混合收集，厨余类垃圾较多，导致垃圾含水率高、粘连性强、热值低以致无法实现自行燃烧，废聚苯乙烯与其他垃圾一同焚烧时必须添加煤炭、燃油等高热值的辅助燃料。近年来，我国新出台的垃圾焚烧补贴政策严格限制辅助燃料的使用，降低了垃圾焚烧的处理量[41]。

7.2 国内外废聚苯乙烯塑料回收和利用的问题

大型封闭式的回收工厂有其无可争议的先进性，但回收成本很高，而且只适合于有大量废聚苯乙烯特别是大量废聚苯乙烯泡沫的地方。就一般废聚苯乙烯泡沫来讲，很难大量集中，所以投资兴建大规模回收工厂或车间的方法，目前在我国有一定的困难，倒是一些小型而又简单的回收设备比较适合我国的情况[42]。

比较国内外各种设备回收的聚苯乙烯树脂，不可避免地其性能均低于新树脂。因为经过一定的回收温度后分子链总会有些断链、降解，一些助剂也会因较高温度的影响而降解或挥发，使回收树脂的性能下降。针对回收料性能下降这一缺点，特别是性脆的问题，某些生产企业通常是加入一些助剂以提高这方面的性能。对塑料加工厂来讲，这种方法比较容易做到，不必增加任何设备，而且费用也不会过高，但这种方法提高回收料的性能有限。如果想提高聚苯乙烯回收料的使用价值，可将其与其他韧性高分子材料共混改性，但这种方法在技术上有一定难度，非一般塑料制品企业能做到。若由专门的工厂和设备进行这项工作，无疑将导致成本上升，就目前国内情况来看，尚不具备这方面的条件。

对于一般塑料加工企业来说，通常都是把本厂产生的废塑料去污后破碎、熔融、挤出造粒，再少量掺入新料中用掉，这是最简单的回收法。它的优点是成本低，基本上不需要另外添置设备。如果从社会上回收聚苯乙烯泡沫块，也可以采用这种方法，只是要先去掉或清洗污浊部分。对于作为餐饮具的聚苯乙烯泡沫容器，可清洗干净后用上述方法回收。但实际上要完全清洗干净是非常困难的，多少总会含有一定量的油污、食物及汁液，会影响再生树脂的性能，这种情况最好是热分解回收苯乙烯或油类。废聚苯乙烯泡沫热分解回收苯乙烯，以前普遍存在苯乙烯产率不高的问题，近年来通过研究得知，适当加入某些金属催化剂即可提高苯乙烯产率。热分解得到的产物经过精馏等工序可得到纯度很高的苯乙烯，而且最后剩下的残余物可作为建筑物的防水材料使用，几乎可完全利用。回收苯乙烯也必须要有专门的回收设备，主要是裂解反应设备。若专为回收而设置设备，则可回收的废聚苯乙烯泡沫量必须很大，否则成本很高，不合算。若能利用化工厂的旧设备加以改造，则可大大减少设备投资。国内研制催化裂解回收苯乙烯工艺的单位很多，有的已取得较好成果，不仅产率高，而且苯乙烯含量在99%以上，设备投资也比较划算。

利用废聚苯乙烯泡沫用溶剂熔融后制成各种保护漆及黏合剂的方法，一般来说工艺均比较简单，成本也相对低，它比较适合我国聚苯乙烯泡沫使用分散、废弃分散的情况，可以因地制宜地在当地回收处理。

当今世界上许多国家与地区已禁止在某些方面使用塑料制品，以减少塑料废弃物对环境造成的危害。意大利是最早做出这方面规定的，该国早在1991年就宣布完全禁止使用塑料袋。德国与瑞士虽未完全禁止，但也在逐步减少塑料在包装方面的用量。美国原来的塑料包装已有1/2改为新型纸质包装。日本为了避免塑料量的增长，已在许多方面禁止或减少塑料包装的使用，并对现有聚苯乙烯饮料杯盒类产品只许减量生产而不许扩大与增加生产能力。各国目前对塑料包装所采取的禁令皆是因废塑料回收不好而引起环境污染、在无可奈何的情况下采用的措施。早些年，塑料的发展与应用均获得各国、各方舆论的交口赞誉，人类也都享受到了塑料发展带来的许多方便。近年来，当塑料废弃物回收处理工作尚未取得进展时，却又遭到各方舆论的口诛笔伐，似乎成了破坏人类环境的罪魁祸首。

由上述各种方法来看，回收聚苯乙烯泡沫也并非难事，应该说现有的各种方法与设备是完全可用于回收的，但目前仍有许多废聚苯乙烯泡沫不能完全回收。比如大块的聚苯乙烯泡沫容易回收，而零星散落的就不易回收；工厂内部废弃的容易回收，散落在铁路沿线的快餐盒不易回收。为了保护环境和充分回收废聚苯乙烯泡沫，国家可以制定一些条例法规来限制聚苯乙烯泡沫在某些方面的使用以减少废弃量，还可以制定回收法规。另外，对废聚苯乙烯塑料回收工作，国家应当予以鼓励和支持，给企业一些优惠政策，以调动企业的积极性。

第 8 章

废旧工程塑料的高值利用

废旧工程塑料主要有两大来源：一是工业废料，即工程塑料生产中产生的废料，包括树脂生产中产生的废料、塑料制品生产中产生的废料；二是消费后的工程塑料。除聚酯饮料瓶外，大多数废旧工程塑料并不是存在城市固体垃圾中，而主要存在于各种消费后的电器、电子产品、汽车、办公用品和办公设备、机器设备等中。

废旧工程塑料的回收与利用技术包括以下几个方面：一是收集、拆卸、分类；二是清洗、干燥；三是加工处理技术；四是利用技术。

工程塑料的收集只是集中在某些特定产品的回收，如废汽车上的塑料件等。这些塑料件收集时的一个主要问题是如何拆卸。现在人们正在从塑料件的设计出发，采取措施，方便其拆卸。另一个问题是其分类，不过现在人们已达成共识，即在塑料件及有关产品上标明塑料件所用材料，这样就可以方便地对其进行分类。

回收件清洗的难易与工艺取决于消费后塑料件的污染程度。对于汽车上一些工程塑料件如受污染的水箱、齿轮等的清洗就是其回收利用的关键。而像保险杠、高密度唱盘等塑料上涂料的清除则成为其再生制品性能好坏的关键[43]。

清洗、干燥后的塑料件的回收技术主要有机械回收(包括破碎、造粒)和化学回收(如水解、醇解、裂解等)。机械回收成本低，相对来说比较容易；而化学回收的设备和工艺复杂，成本高，但是再生制品的附加值高。

工程塑料利用的主要问题是回收料的热性能和力学性能被大大削弱。大多数结晶型工程塑料与其他树脂不相容，回收的混合物中存在着大量的弱的分子缺陷。在混合物中加入增容剂，可以减少分子缺陷，加强混合物间的物理和化学连接，提高混合物的性能。除了增容剂能够改善混合物的性能外，采用适当的机械设备也可以在一定程度上改善混合物的性能。如同向旋转双螺杆挤出机能够对不相容的树脂进行很好的混合，但要求树脂间要有相近的熔点。

从回收方法看，以往用于通用塑料的回收和处理技术，如材料回收、化学回收、能量回收和填埋处理等技术(图 2-8-1)同样适用于工程塑料的回收与处理。但是，有一点需要指出的是，用于薄的包装材料生物降解的方法不适用于厚的工程塑料件的处理，因为在无光照、干燥、无氧的土里，生物降解的速度极慢，据测量完全降解需要数十年。

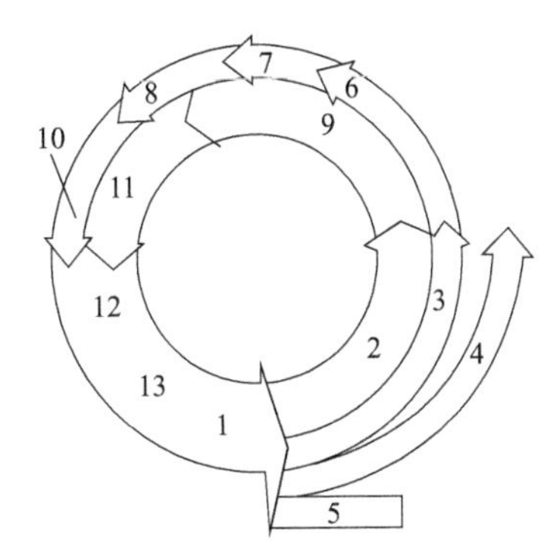

图 2-8-1 废塑料回收利用周期

1—废塑料收集、分类、分离；2—材料回收(一次回收，二次回收)；3—化学回收；4—热回收，能量利用；5—填埋处理；6—单体回收；7—单体；8—聚合；9—改性；10—原材料；11—回收料分类；12—加工新零件；13—生产可回收的拆卸零件

由于不同聚合物的化学结构、性能及应用不同，因此不同工程塑料件的具体回收技术是不同的，本章将分别讨论主要的热塑性工程塑料，如汽车塑料、PC、PA、ABS、POM、PET 等的回收与利用技术。

8.1 废汽车上塑料件的回收和利用

目前我国车用废旧塑料的综合利用主要有以下 7 种具体方法。

(1) 生产克漏王

克漏王是传统防水材料的升级换代产品，封闭快、渗透性极强，具有干燥迅速、塑化快、流平性能好、附着力强、耐酸碱等特点。用废旧塑料生产克漏王工艺简单、成本较低，并且使用寿命可达 20 年以上。

(2) 生产塑料编织袋

用车用废旧塑料生产编织袋有明显的成本优势，同时可以减少污染。此种回收利用的方法不需要昂贵的设备和复杂的操作，因此可以广泛应用。

(3) 再生颗粒

运用专用造粒设备，可将废旧聚乙烯、聚丙烯等塑料通过破碎、清洗、加热塑化、挤压成型工艺，加工生产再生颗粒。

(4) 制取芳香族化合物

目前我国正在进行以废塑料为原料制取化工原料新技术的实用化研制开发，其方法是把 PE、PP 等废塑料加热到 300℃，使之分解为碳水化合物，然后加入催化剂，即可合成苯、甲苯和二甲苯等芳香族化合物。在 525℃的温度下反应时，废旧塑料的 70%能够转换为有用的芳香族物质，这些物质可做化工品和医药品的原料及汽油用燃料改进剂等。

(5) 生产防水抗冻胶

以发泡塑料废弃物为基料，在特殊配方和工艺条件下生产多品种、多用途室内外建筑装修耐水胶膏、胶液系列产品。

(6) 制备多功能树脂胶

多功能树脂胶具有附着力好、光泽度高、抗冲击性强、耐酸碱等特点。此外，用废旧塑料还可制成防水涂料、防锈漆、家具腻子胶等产品，可替代各种玻璃胶、木材胶、印刷胶。

（7）制造燃油

废旧塑料回收燃油技术是一项国际领先技术，此项技术已经在成都获得成功。废旧塑料回收工厂用废塑料生产高质量的燃油，1t 废旧塑料可生产大约 0.5t 油。将废弃的塑料裂解加工成燃油，在技术上没有问题，这方面的研究在实验室已经获得成功，但在实际生产上，由于生产成本太高，难以产生经济效益，因此目前还无法进行规模化生产。

8.1.1 回收对策——树脂品种单一化

为了有效地回收汽车塑料件，一些先进国家都制定了一些法规。但是，汽车塑料件所用树脂种类繁多，回收时需要分类等诸多工序，费用高，人们难以接受。行之有效的方法是使汽车用树脂品种单一化。树脂品种单一化，一方面可降低塑料回收费用，另一方面可提高回收料性能。减少树脂品种，可以简化回收工作，在材料选择上已开始出现这种趋势，尤其是一些大小零件如仪表板、保险杠等。减少聚氯乙烯的使用，用单一树脂生产多种构件，优先选用可回收的树脂，是提高汽车塑料件可回收性的最优方案。目前汽车塑料件所用树脂品种多达 20 种，估计可减至 4～9 种，其中聚丙烯占主要部分，聚丙烯的回收已商业化，回收问题不大，而且其配方设计灵活，可用作特殊汽车塑料件。聚丙烯在汽车上的应用情况见表2-8-1。

表 2-8-1 聚丙烯在汽车上的应用情况

零件名称	树脂类型①	加工方法②	应用状况③
发动机箱体			
电池盖、隔热屏	冲击型聚合物	IM	D
保护衬垫	冲击型聚合物	IM，TF	D
保险丝盒盖	均聚物	IM	D
电线配线盖	冲击型聚合物	EX	C
加热器、蓄电池罩	MF-PP	IM	D
风挡清洗液存储器	均聚物	IM	D
散热器过流存储器	冲击型聚合物		
散热器风扇罩	MF-PP	IM	C
空气清洁器进口管	TPO	BM	D
空气清洁器	GR-PP	IM	C
外部构件			
仪表盘	TPO	IM	C
仪表盘支座	多种④	多种⑤	D
车体内衬	TPO	IM	C
散热器栅板	TPO	IM	C
竖直表盘	MF-TPO	IM	X

续表

零件名称	树脂类型①	加工方法②	应用状况③
头尾车灯座和盖	GR-PP	IM	C
保险杠	TPO,GR-PP	IM	D
内部构件			
仪器表盘	多种④	多种⑤	X
仪表盘	GR-PP,MF-PP	IM	C
仪表盘、弯垫木		IM	D
仪表盘、缓冲板		IM	D
工具箱		IM	C
加热器、存储器导管		IM	D
加速器踏板		IM	D
背座		IM	C
后箱架		TF	D
箱体内衬		EX,IM,TF	D
车内地毯		EX,IM	C
支持箱		IM	D

①树脂类型包括冲击型聚合物、均聚物、热塑性聚烯烃(TPO)和玻璃纤维增强(GR)或矿物(云母或滑石粉)填充(MF)材料。

②IM指注射成型；TF指热成型；EX指挤出成型；BM指吹塑成型。

③D指在市场上受到青睐的；C指集中竞争材料之一；X指实验性的。

④包括IM/TPO，IM/GR，IM/MF以及压制玻璃增强PP板材。

⑤先用玻璃或矿物填充的或冲击型TPO注射成型为仪器表盘结构，然后以此为阳模，用热成型的方法使压层TPO外壳和挤出基丙烯发泡板热成型到具有仪器表盘结构的阳模上。

但是，聚丙烯并不能代替汽车上的全部塑料件，因此提高树脂的相容性可以简化回收工作[44]。如通用电气塑料公司正在试制一种仪表板，使用改性聚苯醚和相容性高聚物的共混物，其目的是取消仪表板上的一小部分零件用的POM和PA这类材料，使这一小部分零件用树脂与仪表板上的大部分零件用树脂相容；否则，在回收之前必须将不相容的塑料件拆除，降低了回收效率，增加了拆卸费用和回收成本。为此而采取的另一个重要措施是，美国汽车制造商及全世界的同行都一致同意建立一套标码系统，对汽车塑料件进行分类，在质量超过8.5g的塑料件上模塑出或做出永久性标记来区别多达120种热塑性和热固性塑料，并说明标记所标示的塑料件的长期使用性能。为彻底解决汽车塑料件的回收问题，汽车设计师一致同意设计时应遵守以下设计准则：a. 设计的零件要便于拆卸；b. 所用塑料可以回收；c. 减少汽车塑料件所用树脂种类；d. 采用统一标码系统，以简化分选；e. 采用高强度塑料件以保证塑料件的拆卸；f. 在组合件中采用相容性树脂。

8.1.2 回收利用技术

8.1.2.1 塑料件的拆卸和分类

目前汽车上塑料件的拆除主要是人工借助于有效的工具来完成的。研究人员最近研制出一种新型的拆卸方法——应力开裂拆卸法，其原理是将废汽车放在输送带上，在输送带的一定区域内喷射腐蚀塑料保持架中塑料件的种类、保持架材料的种类和不同敏感性的溶剂，传送带经过不同的喷射区，每个区域内脱落一种材料的塑料件，这样就形成了一套自动分类拆卸的装置。

8.1.2.2 汽车碎片残留物的回收

将汽车上可以拆卸的零件拆除后，通常采用粉碎的方法回收汽车上的钢和铝等金属材料，但残留物中仍然含有25%的碎片，即ASR。ASR中2/3是玻璃、橡胶、污垢等，1/3是塑料件，但现在这一比例还在增加，平均每辆车上使用的塑料已达95kg。

ASR主要是采取填埋的方法处理，但污染了土地，并不是ASR的最佳处理方法。ASR的有效回收途径是热分解和氢化。图2-8-2为ASR中废塑料的热解工艺流程。工艺过程如下：在无氧或接近无氧的情况下加热ASR，以驱除其中的挥发物质，所得产品为可燃性气体或原料油，可用于维持上述过程的进行或者用作化学工业的原料。

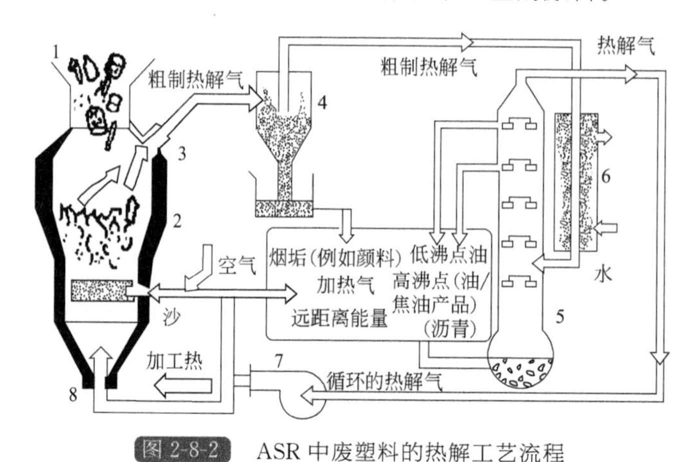

图2-8-2 ASR中废塑料的热解工艺流程

1—废塑料；2—流化床反应器；3—气体出口；4—烟尘分离器；5—蒸馏塔；6—冷却器；7—鼓风机；8—1/3加工热、2/3主干线加热系统

图2-8-3为ASR中废料的氢化工艺流程。工艺过程如下：将氢气升温后在中压下通过ASR，将其转化为油(如烃类化合物)。这种方法回收率非常高，但目前仍然处于实验阶段。在今后原油紧缺的情况下，这种工艺将得到发展。

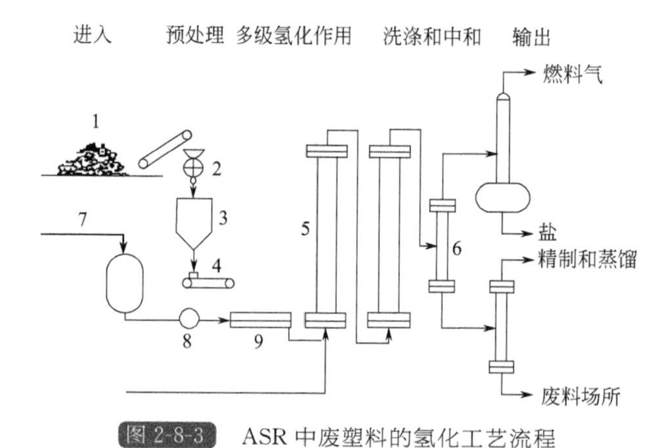

图2-8-3 ASR中废塑料的氢化工艺流程

1—含碳废料；2—造粒机；3—中间品储罐；4—计量装置；5—氢化反应器；6—分离器；7—流体废料；8—计量泵；9—预处理与加压装置

目前美国一研究机构正在研究 ASR 中热塑性塑料件的机械分选和溶剂熔融技术，减少 ASR 的填埋处理。其原理如下：用振动筛和真空处理技术清除聚氨酯泡沫，然后将剩下的混合物通过一孔径为 6mm 的筛子分离出来，在室温下用丙酮清洗，去除油、油脂和黏合剂，之后将其置于沸腾的二氯乙烯中。将溶于二氯乙烯的塑料的溶剂蒸发掉，得到一近 50%ABS 和 50%聚氯乙烯的混合物(质量分数)。将二氯乙烯萃取后的可溶性固体置于二甲苯中，过滤和沉淀二甲苯的已溶物，可得到含有聚乙烯的高纯度聚丙烯。

8.1.2.3 拆卸下的塑料件的回收

(1) 冷却水箱

冷却水箱一般用一种树脂［主要是聚酰胺 66(PA66)］加 30%的玻璃纤维制作。冷却水箱置于发动机中，与含有防冷冻作用的乙二醇的水接触。乙二醇和水的存在对冷却水箱有两个不利影响：一是可能影响水箱材料(PA66)的长期使用性能；二是水箱长时间承受压力作用(包括压力变化)、热老化和由于接触水-乙二醇冷却介质而受的化学老化作用，形成一个受巨大应力作用的模塑件。此外，水箱表面被油严重污染，还有氧化铝和灰尘等覆盖，因此需要特殊的处理工艺。另外，还有一点需要注意的是水箱中还有部分内嵌件存在，金属残留物达 5%，还有少量的 POM 和弹性体，乙二醇的平均含量为 1.4%。回收工艺流程见图 2-8-4。

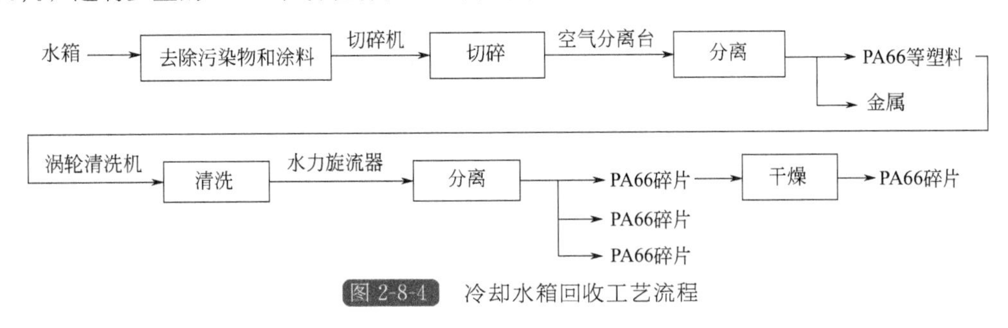

图 2-8-4 冷却水箱回收工艺流程

水箱回收料的组分和性能见表 2-8-2 和表 2-8-3。

表 2-8-2 水箱回收料的物理化学性能

组分	回收料	原料级 PA66
灰分/%	30.8	30.0
密度/(g/cm³)	1.37	1.36
玻璃纤维长度/μm	166	200
黏度/(cm³/g)	120	135
DSC 分析		
T_m/℃	260	260
乙二醇含量/%	0.20	—

表 2-8-3 水箱回收料的性能

性能	测试方法	PA66+30%玻璃纤维	回收料	50%PA66+50%回收料
拉伸弹性模量/MPa	DIN53457	9800	9300	9400
拉伸强度/MPa	DIN53455	180	151	170
断裂伸长率/%	DIN53455	3.2	2.8	3.1
弯曲模量/MPa	DIN53452	8400	8400	8400

续表

性能	测试方法	PA66+30%玻璃纤维	回收料	50%PA66+50%回收料
弯曲强度/MPa	DIN53452	270	251	265
冲击强度/(kJ/m^2)				
+23℃	DIN53453	45	32	43
−30℃	DIN53453	45	31	35
Izod缺口冲击强度(+23℃)/(kJ/m^2)	ISO180	11	7	9
热变形温度/℃	DIN53461	>250	242	248

从表2-8-2可以看出，回收料中乙二醇含量为0.20%，所以气味已基本上消除。采用涡轮机清洗、挤出机脱除和高温干燥等方法均可以去除回收料中的乙二醇，但不同方法的脱除效果不同，如图2-8-5所示。

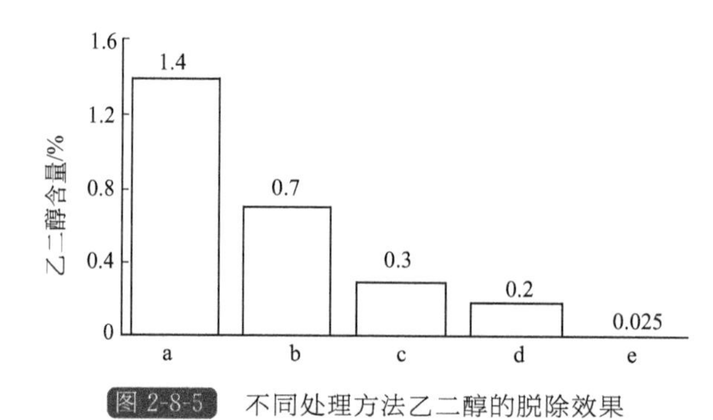

图2-8-5 不同处理方法乙二醇的脱除效果

a—回收料(未脱除乙二醇)；b—注射后乙二醇含量；c—挤出脱除后乙二醇含量；d—涡轮机清洗后乙二醇含量；e—150℃、干燥16h后乙二醇含量

从图2-8-5可以看出，涡轮机清洗即可将回收料中大部分乙二醇清除掉，但是如要继续降低乙二醇含量就要采取高温干燥的方法。在PA66常用的干燥条件下(75℃、16h)不足以降低乙二醇含量，因为乙二醇(沸点198℃)的挥发度低于水，延长干燥时间不如提高干燥温度更有效：在150℃下干燥16h，可以将乙二醇含量减少到0.1%以内。

从表2-8-3可以看出，回收料的性能低于相同配方的原料级的性能。这是因为回收过程中玻璃纤维长度缩短、PA66机体材料的热性能有一定程度的下降。机械的再加工过程(研磨、清洗、分离等)并不影响纤维的长度，但注射和挤出会缩短纤维的长度。不同的加工过程对纤维长度的影响如图2-8-6所示。

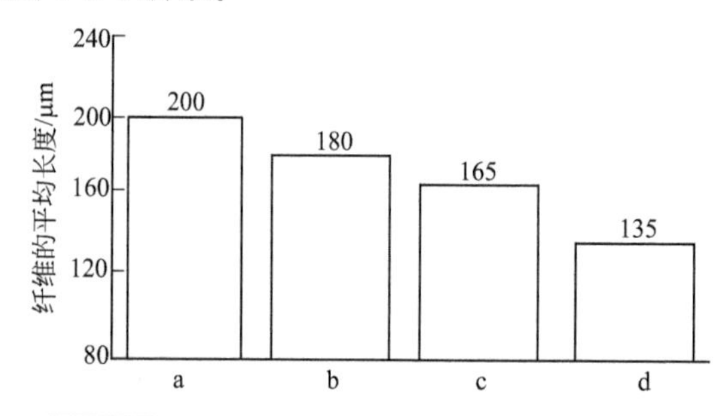

图2-8-6 不同处理过程对玻璃纤维长度的影响

a—原料级PA66中的玻璃纤维长度；b—一次注射后(即废零件)的玻璃纤维长度；c—二次注射后(回收料注射样)的玻璃纤维长度；d—一次注射、二次注射后的玻璃纤维长度

表 2-8-4 为挤出脱除乙二醇后回收料中玻璃纤维长度和物理性能变化情况。从图 2-8-6 和表 2-8-4 可以看出，加工次数越多，玻璃纤维长度越短。因此，在回收过程中应尽量减少加工次数，避免玻璃纤维长度变短和回收料性能下降。

表 2-8-4　挤出后回收料的物理性能及玻璃纤维长度变换情况

物理性能	回收料		原材料	
	未挤出	挤出后	未挤出	挤出后
玻璃纤维平均长度/μm	65	135	200	151
拉伸强度/MPa	146	132	180	143
拉伸弹性模量/MPa	9300	8280	9800	8400
冲击强度/(kJ/m^2)				
+23℃	33	33	45	40
−30℃	30	27	45	36

水箱回收料经改性后仍然可以用于生产水箱。在水压破坏实验条件(130℃、92%乙二醇)和静压长期实验条件(130℃、0.13MPa、50%乙二醇)下的实验表明，仅对水箱进行机械加工处理就可以满足水箱的短期性能要求。混合物(50%回收料+50%原料级 PA66)制造的水箱性能接近原料级 PA66 生产的水箱的性能。

经过清洗、干燥后的回收料还可以在双螺杆挤出机上与其他材料共混，提高回收料的性能。

另外，还可以采用化学方法回收水箱，即将 PA66 解聚，然后再将单体合成聚合物。

(2) 蓄电池外壳

目前蓄电池外壳一般是以聚丙烯为原料，高密度聚乙烯和弹性体(SBS、BR 等) 为改性剂，与其他助剂共混后注射成型的。其回收首先是将聚丙烯外壳与其他材料拆卸、分类，然后将其粉碎、清洗。为提高回收料的纯度，可在清洗后采取重力分离等方法再次分类、清洗，然后再进行干燥，即可得到高纯度的回收料。

回收的聚丙烯料可用于汽车工业、园林等。欧洲一些汽车制造商已用这种聚丙烯回收料生产内轮护板。采取有效措施提高回收料的流动性后可以注射薄壁塑料件，如园林上使用的容器等。

(3) 散热器栅板

过去散热器栅板几乎仅由 ABS 注射而成，但近几年也有由丙烯腈-苯乙烯-丙烯酸酯共聚物(ASA)制成的散热器栅板。不过 ABS 和 ASA 混合物的互容性良好，因此其回收不需要大量的分选工作。将散热器板上的金属件拆卸后，其回收工艺相对简单：粉碎→清洗→干燥→再加工→回收料。

表 2-8-5 为散热器栅板回收料的物理性能。从表 2-8-5 可以看出，尽管散热器栅板在室外使用数年，但由于表面的漆保护层不受气候老化的影响，因此回收料的力学性能可与原料级 ABS 的性能相比，而且回收料注射件的表面性能非常好，只是缺口冲击强度略微下降。恒定的流动性能表明材料没有明显的降解，但含有杂质的回收料的性能很差。表 2-8-6 为杂质对回收料物理性能的影响情况。从表 2-8-6 看出，涂料和杂质等使回收料的物理性能有明显的下降，但只要采用适宜的去漆工艺，也可以得到高性能的回收料。

表 2-8-5 散热器栅板回收料的物理性能

物理性能	测试方法	材料①				
		A	B	C	D	E
冲击性能/(kJ/m^2)	ISO,180/1A					
室温		27	7	15	18	23.7
−40℃		11	4	6	8	9.9
室温下落锤实验		t②	b③	b③	t②	t②
硬度/MPa	DIN53456	92	101	97	98	96
维卡软化点/℃	DIN53450	105	107	105	106	106
熔体流动指数(220℃,10kg)/[cm^3/(10min)]	DIN53455	3.8	5.2	4.2	4	3.7

① A 表示原料级 ABS；B 表示使用 5 年后的散热器栅板回收料，但含 4%玻璃纤维增强 PA；C 表示 50%A+50%B；D 表示使用 5 年后的散热器栅板回收料；E 表示 50%A+50%D。

② t 表示脆-韧。

③ b 表示脆。

表 2-8-6 杂质对回收料物理性能的影响

物理性能	测试标准	材料①				
		A	B	C	D	E
冲击性能/(kJ/m^2)	ISO,180/1A					
室温		25	12	15	20	22
−40℃		12	6	7	9	10
硬度/MPa	DIN53456	94	96	96	95	96
维卡软化点/℃	DIN53450	106	105	106	106	107
熔体流动指数(220℃,10kg)/[cm^3/(10min)]	DIN53455	3.7	5.2	4.8	4	3.7

① A 表示原料级 ABS；B 表示喷漆的散热器栅板回收料；C 表示 50%A+50%B；D 表示被污染的散热器栅板回收料；E 表示 50%A+50%D。

回收料仍然可以用于生产散热器栅板。如将 30%的回收料与原料级 ABS 混合生产的零件的表面质量很好，同时也可以根据汽车设计需要将零件喷漆，因为回收料与漆的黏结力与原料级树脂一样。

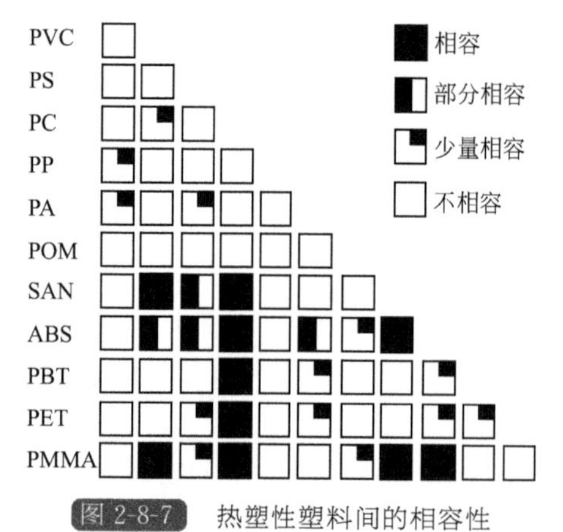

图 2-8-7 热塑性塑料间的相容性

(4) 车灯罩

汽车车灯罩主要是由聚甲基丙烯酸甲酯(PMMA)、ABS 和 PC 生产的。从图 2-8-7 可以看出，这三者是相容的，保证了车灯罩的易回收性。

废灯罩中除了有 PMAA、ABS 和 PC 外，还夹杂着许多金属(如铁、铝、锌、铜等)和一些非金属物质，如 PA 栅板、不饱和聚酯、EPDM 和有机硅密封材料、聚氨酯黏合剂等，所有杂质在灯罩破碎前都必须用手工拆除或机械破碎后分离，如重力分离等。回收工艺流程如图 2-8-8 所示。

从图 2-8-9 可以看出回收料的剪切黏度与剪切速率间的关系。当剪切速率高于 $500s^{-1}$时 3 条曲线重合。这说明注射、粉碎和老化过程中 ABS 的分子量保持相对稳定，变化极小。从表 2-8-8 可以看出，注射和粉碎后重均分子量有些下降，这说明注射和老化过程中有极少量分子裂解；数均分子量的增加表明高聚物中部分添加剂在加工中挥发掉。从表 2-8-9 可以看出，回收料的性能，除 Izod 缺口冲击强度有少许下降外，其他性能几乎不变。缺口冲击强度的下降是加工助剂的挥发所致。

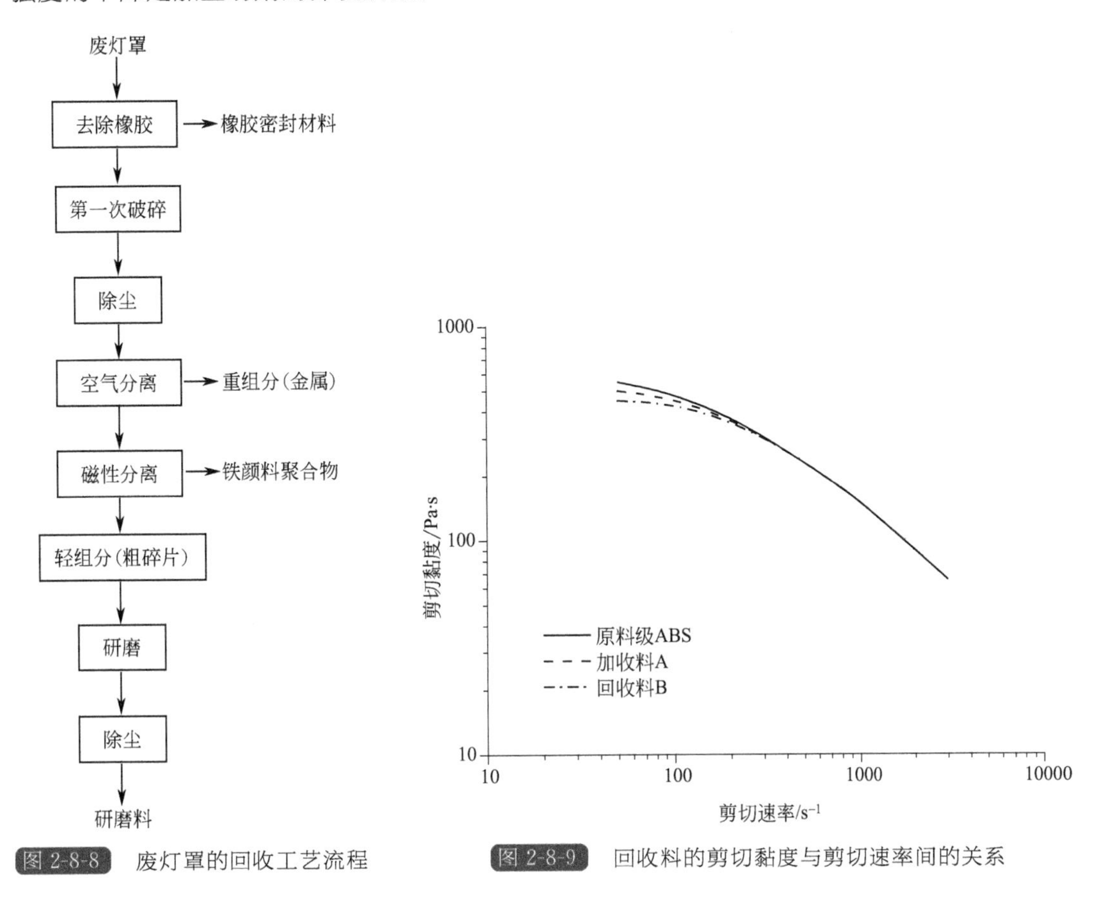

图 2-8-8 废灯罩的回收工艺流程

图 2-8-9 回收料的剪切黏度与剪切速率间的关系

PC/PMMA 回收料的性能如表 2-8-7 所列。从表 2-8-7 看出，回收料可以代替原料生产灯罩。

ABS 灯罩的回收工艺与 PC 或 PMMA 灯罩的回收工艺相似。表 2-8-8 为 ABS 灯罩回收料的 DSC 分析结果。三种材料的 T_g和 T_m几乎完全相同，说明注射、老化和粉碎后的 ABS 热性能没有变化。表 2-8-9 所示为 ABS 灯罩回收料的力学性能。

表 2-8-7 PC/PMMA 回收料的性能

性能	材料种类		
	原料级 PMMA	原料级 PC	PC/PMMA 回收料
拉伸强度/MPa	72	70	65
断裂伸长率/%	3	90	13
弹性模量/MPa	3600	2500	2740

续表

性能	材料种类		
	原料级 PMMA	原料级 PC	PC/PMMA 回收料
Izod 缺口冲击强度/(kJ/m^2)			
+23℃	2	80	5.5
−23℃	2	30	4.8
维卡软化点/℃	119	145	133
热变形温度/℃	109	125	108

表 2-8-8 ABS 灯罩回收料的 DSC 分析结果

性能	材料种类①		
	原料级 ABS	原料级 A	回收料 B
T_g/℃	106	106	106
T_m/℃	133	134	135
重均分子量(M_g)	183900	167800	163000
数均分子量(M_n)	47100	51100	53200
M_g/M_n	3.9	3.252	3.064

① A 表示注射后未使用的灯罩的粉碎料，以下同；B 表示人工老化后的灯罩的粉碎料，以下同。

表 2-8-9 ABS 灯罩回收料的力学性能

性能	材料种类		
	原料级 ABS	原料级 A	回收料 B
拉伸强度/MPa	51.4	51.1	49.5
断裂伸长率/%	4.3	3.4	3.9
拉伸弹性模量/MPa	2393	2241	2369
Izod 缺口冲击强度/(kJ/m^2)	1224	998	972

(5) 安全带

安全带一般是由 PET 丝线编织而成的，有花色的和黑色的，其分选可根据切边分析结果进行。黑色安全带的切边全是黑色的，花色安全带只有表面是染色的，而中间部分是白色的。在回收时，必须将安全带上的与 PET 不相容的零件如 PA、聚丙烯带夹、金属座带扣等拆卸下来。另外有些安全带是用 PA 制作的，而 PET 和 PA 是不相容的，必须将二者分开，可以采用近红外光谱对二者进行鉴别。

PET 安全带的回收工艺有两种：一种是直接再加工利用技术，如再熔融、附聚、后缩聚等；另一种是化学回收，包括热解、醇解、水解等。

安全带的直接再加工利用，首先是将安全带粉碎，然后在挤出机上连续熔融挤出，如图 2-8-10 所示。也可以粉碎研磨后直接送至后缩聚装置中，如图 2-8-11 所示，在反应器中回收料以熔融相进行后缩聚，在黏度接近原料黏度时反应终止。PET 安全带回收料的性能见表 2-8-10。

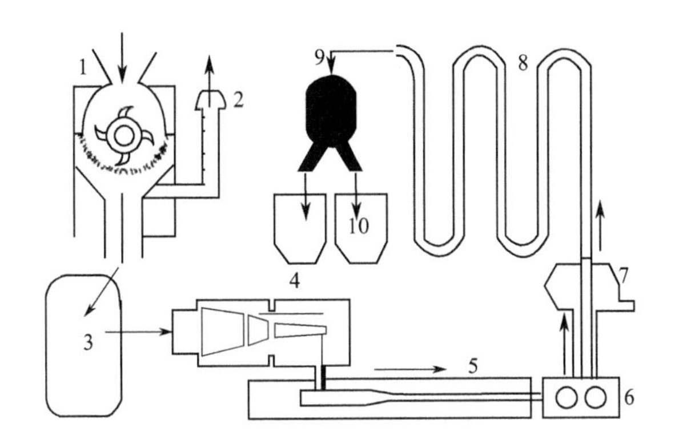

图 2-8-10　PET 安全带的熔融回收工艺流程

1—切碎机；2—除尘器；3—储料仓；4—加料器；5—再生挤出机；6—熔融过滤装置；
7—造粒机头；8—冷却系统；9—分装站；10—袋装站

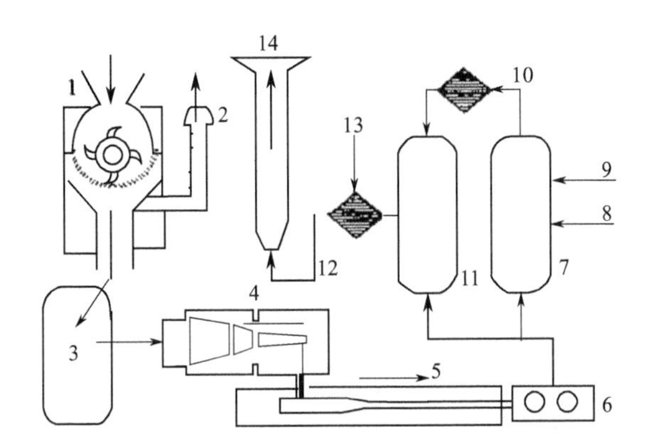

图 2-8-11　PET 安全带的后缩聚回收工艺流程

1—切粒机；2—除尘；3—储料仓；4—加料器；5—挤出机；6—熔融过滤装置；7—高压反应器；8—乙二醇；
9—催化剂；10—过滤器；11—低压反应器；12—过滤器；13—催化剂；14—粒料或纤维生产

表 2-8-10　PET 安全带回收料的性能

性能	材料种类			
	原料级 PET	研磨后附聚、缩聚		熔融挤出后缩聚
		黑色	白色	
断裂伸长率/%	2.0	2.3	2.2	2.2
断裂强度/MPa	180	167	175	163
弯曲强度/MPa	250	263	256	263
缺口冲击强度(+23℃)/(kJ/m^2)	9.5	7.4	7.0	7.6
特性黏数/(dL/g)	1.75	1.76	1.83	1.80

从表 2-8-10 可以看出，回收料的性能与原料级 PET 的性能接近，但冲击性能低，对替代原料级 PET 树脂有一定的限制。不过将回收料干燥，加入助剂如交联剂、成核剂和玻璃纤维后再挤出，可以得到 PET 模塑料，其性能与原料级树脂非常接近。这种 PET 模塑料可以生产汽车加热系统中的机械零件、滑动件、驱动齿轮、加热阀门等。

另外，将 PET 安全带回收料深加工后可以生产聚酯丝线，线团韧度值达 700mN/tex，与生产汽车安全带的标准丝硬度范围相同，安全性能能够满足汽车安全带的要求。

如果回收量太少，不便于分选加工，那么可用下述 3 种工艺处理：a. 将回收物加工成短纤维，作纤维涂料；b. 将回收物加工成纤维束，然后加工成 PET 半成品；c. 与相容材料如 PBT、PC 一起加工成混合物。

(6) 保险杠

在保险杠应用初期主要使用聚氨酯。1976 年左右，意大利和德国等国开始采用聚丙烯生产汽车保险杠。由于聚丙烯的特殊性能、塑料回收的要求以及聚丙烯的易回收性[45]，聚丙烯保险杠的用量在不断增长。聚丙烯保险杠有两大类：一类是无涂层的；另一类是有涂层的。

1) 无涂层保险杠　无涂层聚丙烯保险杠的回收相对简单，将其破碎、清洗、干燥后即可利用。现在使用的保险杠的成型热稳定性极优异，在加工、回收中性能变化较少。如图2-8-12所示，聚丙烯老化只在最表层的 50μm 处，再深处几乎不老化，物理性能降低很少。

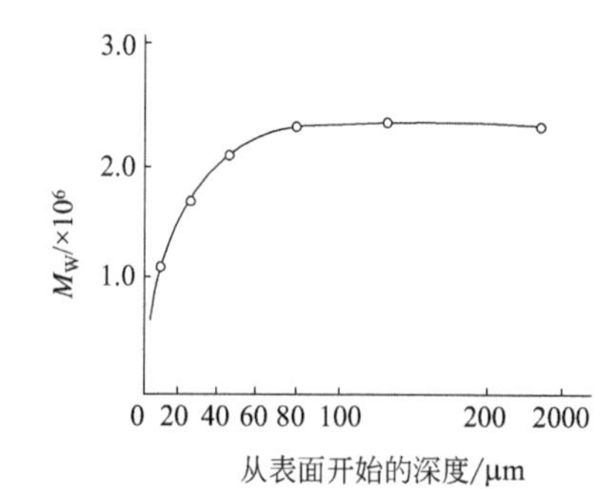

图 2-8-12　使用 5 年后的聚丙烯保险杠的聚丙烯重均分子量

2) 有涂层保险杠　有涂层聚丙烯保险杠如表面涂层经交联反应而固化的厚度超过 100μm 涂膜不进行处理直接再造粒，回收料的冲击强度、脆化温度、伸长率等降低，再生制品的表面性能达不到使用要求。因此，必须对涂层进行无害化处理，即使残留的涂膜粒径变小或减少残留量等。

聚丙烯保险杠用的涂料主要有丙烯酸/蜜胺构成的蜜胺型和有聚酯/氨基甲酸酯构成的异氰酸酯固化型两类。涂料的主要特性如下：相对密度约 1.7(白色涂料)，较聚丙烯高；玻璃化转变温度为−8～10℃，较聚丙烯高；与聚丙烯不相容；热固性树脂；具有水解性。

表 2-8-11 为典型的涂膜无害化技术。这里值得一提的是，多数无害化技术为除去涂膜后再回收 PP 基体材料，只有水解法不需除去涂膜，而是使涂料低分子量化后再分散到再生材料中。

表 2-8-11　聚丙烯保险杠涂膜无害化技术

方法	无害化技术	技术关键	质量	生产性	环境
机械法	相对密度分级法	相对密度分级	×	○	○
	挤出机分级法	过滤分离	□	○	○
	喷沙法	削离分离	□～○	□	○
	喷水法	削离分离	□～○	×	○
	振动压缩法	削离分离	□	○	○
化学法	碱法	溶解分离	○	□	×
	有机盐法	分解分离	□～○	□	×
水解法	高温加水分解法	有机填料法	○	○	○

注：×表示不好；□表示一般；○表示好。

① 机械法。涂料机械法无害化技术有涂层分离及从基材上削离等两种技术。

Ⅰ. 涂层分离法。图 2-8-13 为挤出过滤分离法的工艺流程。工业上是先将涂有丙烯酸/三聚氰胺的保险杠粉碎，再滴入表面活性剂的水溶液，利用密度差将涂层分离。这种方法可分离出约 18%的涂层。分离后的聚丙烯保险杠的粉碎料中残留较多的 100μm 以上的涂料粒子，其注射制品的表面质量即使目测也明显不好。

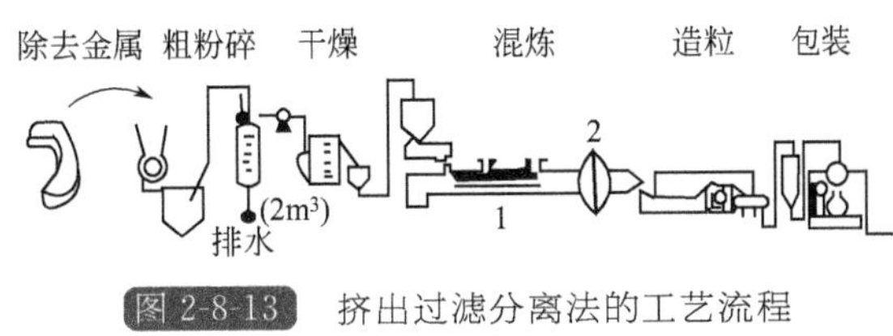

图 2-8-13 挤出过滤分离法的工艺流程

1—双螺杆挤出机；2—自动换网器

Ⅱ. 涂层削离法。涂层削离法是采用喷沙或喷水机械削离表面涂层的方法。喷沙法是用压缩空气将硬粒子吹到保险杠表面，削离涂层。喷水法是喷射高压水削离涂层的方法，但要考虑必要的压力。如通过喷射 20～30MPa 的高压水，可削离涂层，但聚丙烯表面粗糙，留有涂层碎片。喷沙法和喷水法均可削离涂层，但要优先解决保险杠形状的适应性和大批量处理的问题。

② 化学法。化学法是用酸、碱或特殊溶剂分解并溶解涂层，将涂层和聚丙烯基体分离的方法。和挤出过滤分离法相比，化学法回收的聚丙烯保险杠料 50～100μm 的涂料粒子大幅度减少。用注射成型进行表面质量评价发现，回收料的性能接近原料级的水平。但是从减少环境污染的观点看，溶解涂层的废液必须进行分离，工业化生产使处理费用提高。

③ 水解法。水解法是在高温下将涂膜水解，降低涂料的分子量，然后在挤出机中熔融混合，分散于聚丙烯中。图 2-8-14 为涂膜水解。

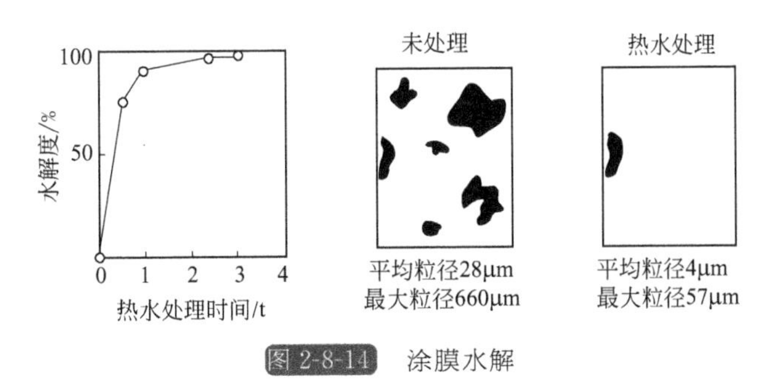

图 2-8-14 涂膜水解

涂膜水解的机理是涂料树脂即丙烯酸/三聚氰胺树脂、醇酸/三聚氰胺树脂的交联点二甲基醚键(—CH_2—O—CH_2—)被切断，分解成丙烯酸树脂、醇酸树脂和三聚氰胺树脂，三聚氰胺树脂进一步分解而低分子量化。

水解工艺一般是使用高压釜，无废水，不会造成环境污染，容易实现工业化，而且再生材料的力学性能、表面质量、耐候性、涂饰性等良好，可以满足保险杠性能要求，可以说是从保险杠回收到保险杠的有效途径。

（7）汽油箱

汽油箱可以使用 PE，但是聚乙烯易透过汽油，所以多使用多层汽油箱。一般将不易透过汽油的 PA 作汽油阻隔层，外包两层粘接性聚烯烃，粘接聚乙烯和 PA，最外层和最内层用超高分子量高密度聚乙烯，共 5 层，如图 2-8-15 所示。

由于高分子量聚乙烯和PA是不相容的，因此单纯将飞边粉碎利用的制品强度极低，这种方法是不可行的。

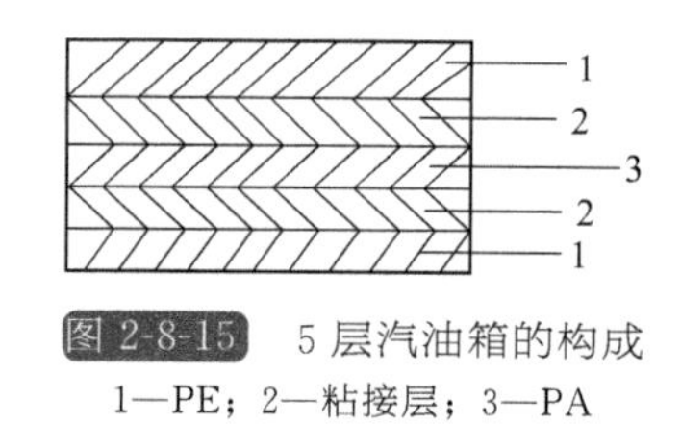

图 2-8-15 5层汽油箱的构成
1—PE；2—粘接层；3—PA

为了实现多层汽油箱飞边的回收利用，最近以聚合物合金制造技术为基层，通过混炼机的最佳设计，加入适量增容剂，选择最佳的混炼条件，可以防止各种组分性能的劣化，将力学性能降低到最小，提高了再生料的性能，图2-8-16为这一技术的原理。图2-8-17为挤出次数与Izod缺口冲击强度(−40℃)的关系。

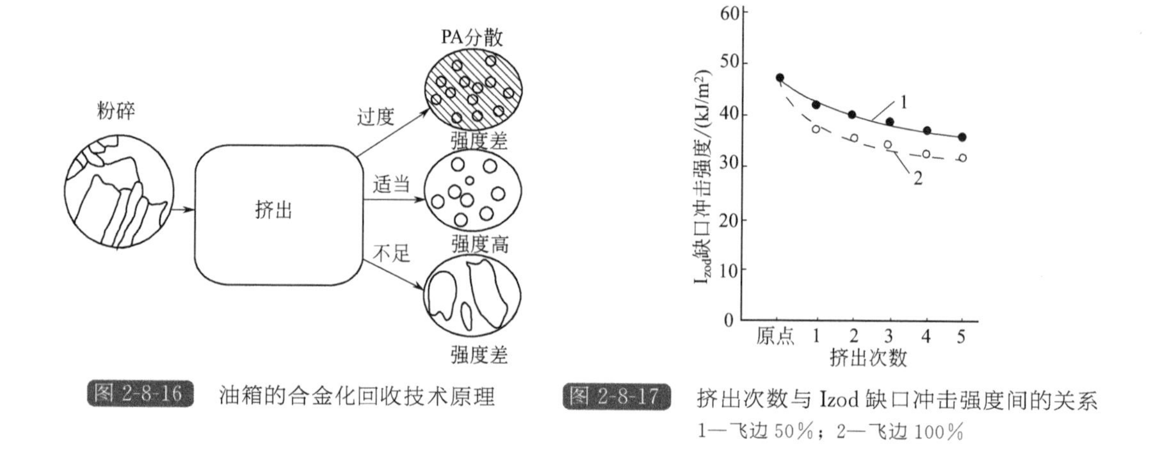

图 2-8-16 油箱的合金化回收技术原理

图 2-8-17 挤出次数与Izod缺口冲击强度间的关系
1—飞边50%；2—飞边100%

8.1.3 汽车塑料回收料制品开发

从汽车塑料件回收料性能看，大部分回收料能够满足再生制品使用要求。但是，回收料的应用受到以下2个因素的制约。

1）主观因素　即人们总是认为回收料的性能远低于原树脂的性能，不能满足使用要求。

2）客观因素　即由于废塑料回收成本高，售价与原树脂接近，这样再生制品的费用增加，人们不愿使用回收料生产新制品。

因此，汽车回收料除了少部分用于生产汽车塑料件外，大部分降级使用，生产非结构件。为不使工程塑料回收料大材小用，各大汽车公司和树脂公司都在研究如何利用回收料生产新汽车塑料件。人们相信随着汽车设计原则的实施、相容性材料的使用、回收设备的不断发展和人们对塑料回收的不断努力，会有更多的回收料与原料级树脂进行竞争，开辟新的应用领域。

8.2 废旧聚对苯二甲酸乙二醇酯的回收和利用

废PET塑料的来源主要有工业废料和消费后塑料。工业废料主要是树脂生产中的废料、加工中的边角料、不合格品等。消费后塑料有PET工程塑料和民用消费品如PET饮料瓶、薄膜、包装材料等。工业废料相对集中且清洁，其回收比较容易，一般在生产车间即可回收。而消费后PET废料的收集和回收要难得多，也是现在人们关注的热点[46]。

国外PET瓶的回收技术已达到相当高的水平，回收技术主要有机械回收法和化学回收法；其中机械回收法有重力分选、清洗、干燥、造粒等工艺，化学回收法是在机械回收的基础上将干净的 PET 分解、醇解、水解等。

PET 回收中的一个主要问题是要清除其中的杂质，以防止其加速 PET 的水解。毫无疑问，在清洗时也应该避免使用碱性清洗剂。水解的催化剂是酸或碱，酸或碱提高了水解的温度，一旦发生水解，反应就是自催化的。PET 水解形成小分子聚合物，这些聚合物是以羧酸为端基的，进一步加速了水解。

考虑到 PET 的结构，挤出回收 PET 时都会对其进行干燥(湿度小于 0.005%或更低)，但是 PET 仍然会有轻度分解，如固有黏度下降 0.02～0.03 个单位。每挤出 1 次，PET 的固有黏度都会下降 1 次。

难除去的是 PET 中的黏合剂，其水解产物会加速 PET 的水解，而且这些黏合剂在挤出 PET 的高温下会变黑，使回收的 PET 脱色。

为便于 PET 瓶的回收，减少其中的杂质，保证回收料的质量，对制瓶提出了以下基本要求：

① 用 100%的 PET 材料，透明、不涂漆、颜色自然；

② 用高密度聚乙烯作瓶盖，最好用白色的且不印刷，用溶性标签，无密封内嵌物；

③ 用纸标签，用可溶性聚乙烯胶或聚乙烯、聚丙烯袖形标签；

④ 瓶底座用 100%的透明 PET，最好是可回收的，用水溶性胶或 PET 基热熔胶。

8.2.1 回收利用技术

PET 塑料的回收利用技术有机械法和化学法。机械法回收的 PET 大多数用于纤维，但也有一些直接用于塑料生产的，包括用其生产非食品包装容器；也有一些用于化学法回收，其主要产品用于再聚合或用于其他制品的生产[47]。

8.2.1.1 工业废料

(1) 机械法回收

1) 与聚烯烃共混　在 PET 工业废料中加入 0.5%～50%的聚乙烯，可以改善制品的冲击性能。如果向 PET/PE 共混物中加入少量聚丙烯，可改善制品的尺寸稳定性且不降低制品的冲击强度。

聚烯烃的加入可大大改进由 PET 废料生产的薄膜对弯曲而形成裂纹的稳定性。如向 PET 工业废料中加入 16%的聚乙烯，在挤出后进行双向拉伸，薄膜抗裂纹稳定性比未经改性的要高出 100 倍左右。在这种共混体系中，聚烯烃以单个微片分散在 PET 薄膜中。除聚乙烯外，还可使用聚丙烯、聚丁烯或环氧丁烷。

由于聚烯烃是非极性聚合物，与 PET 的相容性差，需先对 PET 进行改性。例如，接枝极性单体或向大分子中引入酸酐等能与 PET 发生反应的官能团来改善共混物的相容性。也可以采用与聚乙烯、PET 均有良好相容性的 EVA 对 PET/PE 进行共混改性。实验表明，在 PET/LLDPE/EVA 共混体系中，当 EVA 含量大于 LLDPE 时，屈服强度和伸长率均较高。在 PET/LDPE/EVA 共混体系中，先将 PET 边角料与 EVA 共混，再与低密度聚乙烯进行二次共混，效果比较好[48,49]。共混设备主要有高效混合机和挤出机等。

2) 与 PC 共混　将 10%～60%的 PC 掺入 PET 废料中，通过挤出机共混，制得 PET/PC 共混物，其耐热性、韧性和耐化学性能优异，拉伸强度可达 40MPa，可用于生产汽车保险杠、汽车轮盖、办公用品等。其工艺过程如图 2-8-18 所示。

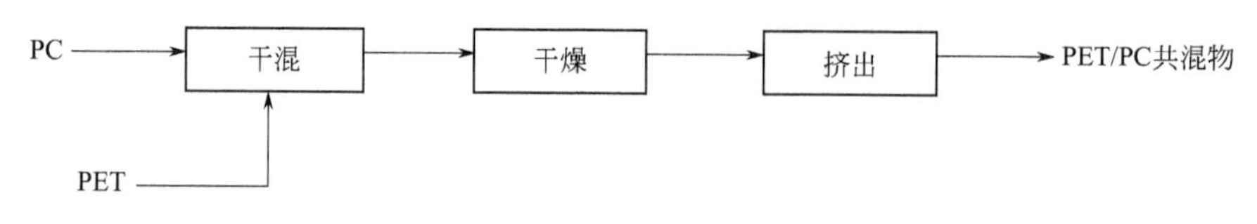

图 2-8-18 与 PC 共混改性流程

3）与其他共混物共混　在 PET 工业废料中掺入总量小于 25%、每种聚合物含量小于 20%的聚酰胺和聚酯酰胺，可在不降低 PET 软化点的情况下改进 PET 的柔性。

共混用的聚酯酰胺用下述方法制备：将 100 份已内酰胺、7.7 份对苯二甲酸、0.3 份水放在一热压釜内，在 225℃下加热 6h，并用乙二醇(14.4 份)、癸二酸双(乙羟乙基)酯(5.3 份)和 Sb_2O_3(0.02 份)处理。将此混合物在 200℃下加热 40min，除去水，在 245℃/133.3Pa 下聚合 2.5h，得到聚酯酰胺，其软化点为 193℃，特性黏数为 0.96dL/g(在氯甲苯酚中测定)。

将软化点为 260.3℃、固有黏度 0.65dL/g 的 PET 废料与制备的聚酯酰胺和聚酰胺 6(软化点为 205℃，特性黏数 0.81dL/g)以不同的比例在挤出机中于 280℃下共混 5min，熔融纺丝，可得到软化点为 260.3～261.1℃、特性黏数 0.55～0.58dL/g 的纤维。表 2-8-12 中给出了共混物组成对纤维性能的影响。从表 2-8-12 可以看出，单纯使用聚酰胺起不到改善柔性的作用。

表 2-8-12　共混物组成对纤维性能的影响

PET 废料∶聚酯酰胺∶PA6	韧度/(mN/tex)	伸长率/%
85∶5∶10	274	27
82.5∶2.5∶15	344	29
82.5∶0∶7.5	431	27
100∶0∶0	344	29

4）玻璃纤维增强改性　PET 工业废料用玻璃纤维增强后，其耐热性可与热固性塑料相比，热变形温度达 240℃；力学性能可与铸造用轻合金相比；弯曲强度可与玻璃纤维增强 PA 相比，大 209.7MPa。

5）PET 废料与纯 PET 混合使用　为防止 PET 废料发生水解和氧化降解，降低其固有黏度，在挤出前应先将其干燥处理，然后与纯 PET 料混合使用，PET 废料加入量可达 60%。将挤出料反复加到挤出机中，直至挤出料的黏度与纯料的黏度相同。

如在挤出前将 PET 废料加热处理，可提高分子量。工艺如下：在 200～235℃、0.133～1333Pa 的真空中或在 101kPa 的氮气保护下加热 4～6h，得到一种橡胶状的聚酯。这种聚酯可模塑拉伸强度大于 68.6MPa、伸长率大于 100%的制品；而未经热处理的同样制品的拉伸强度小于 54.9MPa，伸长率为 0。另外，经过热处理后的聚酯的物理性能得到改善，对水、无机酸和含水溶剂稳定。

(2) 化学法回收

其化学回收与消费后的 PET 废料的化学回收相同，将在下文的回收内容中详述。

8.2.1.2　消费后废料

消费后的 PET 目前回收较多的是 PET 瓶和 PET 薄膜，下面将分别阐述其回收技术。

（1）机械法回收

1）PET 瓶　常用的 PET 瓶有两种：一种是瓶体全部由 PET 制作；一种是瓶体的一部分是 PET，一部分是高密度聚乙烯。其机械回收技术有以下几种。

① 生产 PET 共混物。废 PET 瓶可用来生产 PET/HDPE/SEBS 共混物和 PET/PC 共混物。

Ⅰ．生产 PET/HDPE/SEBS 共混技术　SEBS 为 SBS 氢化产品，热塑性弹性体。相对瓶体为 PET、瓶底为高密度聚乙烯的饮料瓶来说，最为简单的方法是将 PET 与高密度聚乙烯共混生产 PET/HDPE 共混物。工艺流程如图 2-8-19 所示。

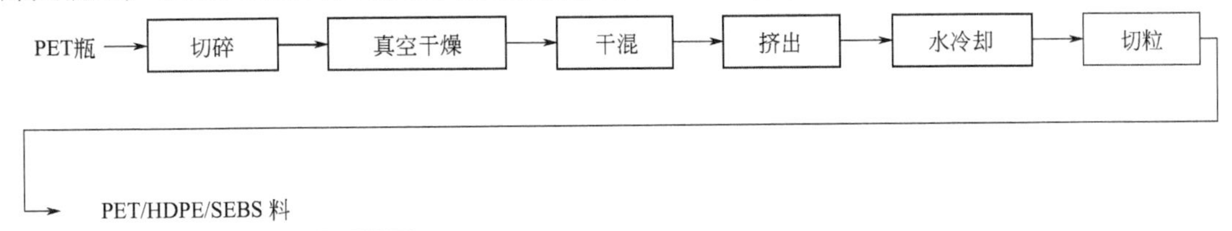

图 2-8-19　生产 PET/HDPE/SEBS 共沉技术工艺流程

由于 PET 与高密度聚乙烯的高度不相容性，PET/HDPE 共混物的力学性能极差，为提高其性能，必须对其进行改进。常用的方法是在其中加入热塑性弹性体增容剂来改善共混物的性能。实验表明，在 PET∶HDPE＝3.5∶1 的共混物中加入 13％的 SEBS，缺口冲击强度达 6.7J/m^2，可用来输出各种仪表外壳、汽车零部件等，用途广泛。

Ⅱ．生产 PET/PC 共混物技术　这一工艺与 PET 工业废料与 PC 共混工艺相似，只不过事先要将 PET 瓶体与瓶底分离，分离出高密度聚乙烯。工艺流程如图 2-8-20 所示。

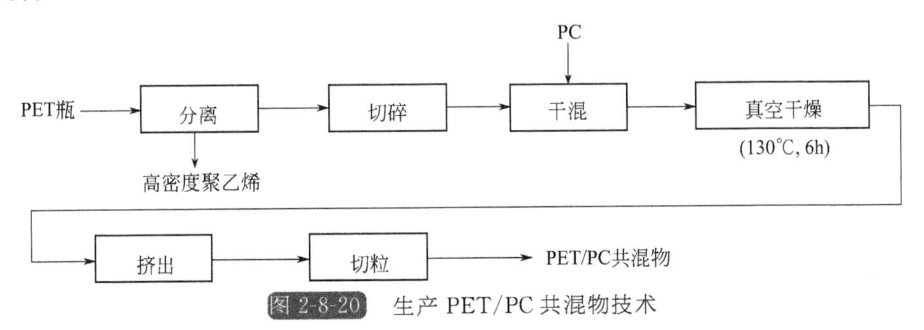

图 2-8-20　生产 PET/PC 共混物技术

用废 PET 瓶生产 PET 共混物，工艺相对简单，成本低且共混物性能优良，用途广泛，经济性好，值得推广使用。

② 生产 PET 纯料。由废 PET 瓶生产 PET 纯料有多种技术，下面介绍其中一种技术。

水浮选器/水力旋流器分离技术：这种分离回收技术的原理是根据瓶上各种组分的相对密度不同，利用气流分流分选器、水溶液洗涤剂、水浮选器/水力旋流器、静电分离器等分离出标签、胶、高密度聚乙烯、铝等，最后得到纯 PET。工艺流程如图 2-8-21 所示。

第一步，对收集的 PET 瓶分类，根据瓶的颜色进行人工分选，分出其中的聚氯乙烯瓶。

第二步，用破碎机将 PET 瓶破碎成 20～30mm 的碎片，然后在低温下破碎至 3.2～9.5mm 的碎片。在低温下黏合剂很脆，被粉碎成极细的粉末，用筛子将其与 PET 分开。在破碎中大多数标签与塑料分离，用气流分选器将其与 PET、高密度聚乙烯、胶、铝等分开。

第三步，将碎片计量加到搅拌清洗箱中，加入热的不发泡的清洗剂清洗，可以使用多个清洗箱连续清洗，经过实验确定最佳的固相浓缩剂、最佳的清洗温度和清洗周期。在塑料回收中，塑料的水溶液清洗从物理上看，与液相混合相似，主要是悬浮或分散。在清洗过程

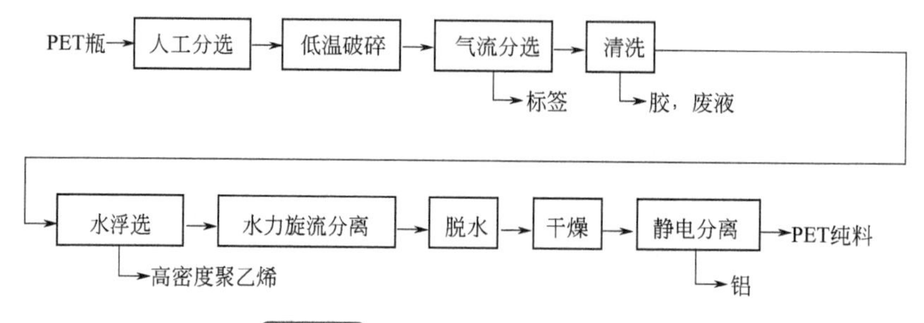

图 2-8-21 生产 PET 纯料工艺流程

中，塑料碎片悬浮在清洗液中用搅拌桨加速两相界面即液相和固相界面间的杂质交换。在固相悬浮体系中，保持固相运动速度和固相的质量分数是至关重要的。

清洗可以清除所有的标签，将黏合剂分散、溶解。用筛子将聚合物从聚合物粉末、脏物和细小的标签中筛出，然后用清水洗净[50]。

第四步，在水浮选器中将 PET 和铝与高密度聚乙烯分离。由于高密度聚乙烯的密度小于水的密度，而 PET 和铝的密度大于水的密度，因此高密度聚乙烯浮于水上而 PET 和铝沉于水下。水力旋流器是一种离心分离装置，可以提高高密度聚乙烯和 PET 的分离率，分离的效果取决于固体的浓度和离心速度。

第五步，将已分离出的 PET 和铝在旋风干燥器和热风干燥器中脱水和烘干。在带有滤网的挤出机中将得到的高密度聚乙烯挤出，以清除其中的黏合剂和标签等杂质，得到颗粒料。

第六步，用静电分离器将 PET 和铝分离。分离原理如下：将一层薄的 PET 和铝加到静电分离器的一系列滚动辊筒上，置于高压电流下。由于塑料的导电性很差，所以塑料端拥有电荷，而铝片被电荷排斥，PET 附于辊筒上，直到一旋转的纤维刷将其扫走，而铝片被旋转的辊筒抛到一槽中。这一过程不断重复，将第一辊筒处得到的塑料置于第二个旋转的辊筒上(最好使用四级装置)进一步分离。这种方法分离得到的 PET 中铝含量一般为 25～100mg/kg。残留的铝在 PET 挤出造粒过程中被滤网滤出。图 2-8-22 为一种新型金属探测器/分离器简图，可以将 PET 中的铝含量从 25～100mg/kg 降低至 5mg/kg 以下。这种装置是在运输带上的 PET 流动板上探测金属，当探测到金属颗粒时，一股气流使其离开流动板。

经过上述 6 个步骤回收的 PET 纯度很高，其使用价值可以与纯 PET 相比。

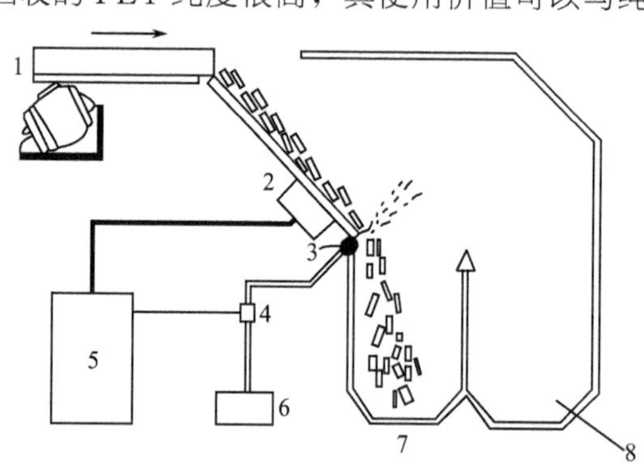

图 2-8-22 金属探测器/分离器简图

1—加料装置；2—探测器线圈；3—压缩空气入口；4—电磁阀；5—控制装置；6—压缩空气储罐；7—不含金属的 PET 碎片；8—铝

一般要求标签上的纸和底座上的高密度聚乙烯含量要极低，因为高密度聚乙烯与 PET 不相容，会使得到的 PET 呈雾状。标签上的油墨会使 PET 有轻微的着色，回收时应注意这一点。另外，回收中还要注意危害性极大的黏合剂，因为黏合剂会使 PET 呈雾状，在加热中脱色，一般产生褐色，在挤出中使 PET 降解，使得到的树脂的固有黏度很低，也会变色。

分离技术的提高和塑料瓶盖的使用可以将回收料中的铝含量降低到 5mg/kg。

2）PET 薄膜　PET 薄膜有 PET 金属版印刷膜、X 射线膜和相纸膜。从经济角度看，人们对 PET 废膜感兴趣的是其中所含的银。其回收技术有以下 2 种。

① 焚烧和灰化。利用其热量，同时将焚化后的灰加到银回收装置中回收银。

② 机械清洗。将含银的相纸与基膜分离，然后分别回收银和 PET 薄膜。对于 PET 薄膜的清洗，酶处理技术优于化学物质清洗。多数脱银工艺是用酶破坏膜上的凝胶，释放出银。回收料的性能如表 2-8-13 所列。

表 2-8-13　PET 薄膜回收料的性能

性能	测试值	性能	测试值
特性黏数/(dL/g)	≥0.58	体积密度/(g/cm³)	>0.50
羧基官能团/(mmol/kg)	30～40	熔点/℃	255
挥发物含量/%	<0.50	颜色	无色,蓝色

（2）化学法回收

PET 有两种合成方法。

一种是对苯二甲酸与乙二醇的缩聚反应，反应式如下：

$$n\mathrm{HOOC{-}C_6H_4{-}COOH} + n\mathrm{HOCH_2CH_2OH} \xrightleftharpoons{\text{催化剂}} \mathrm{\left[\!-\overset{O}{\overset{\|}{C}}{-}C_6H_4{-}\overset{O}{\overset{\|}{C}}{-}O{-}CH_2CH_2{-}O-\!\right]_{\mathit{n}}} + 2n\mathrm{H_2O}$$

另一种是对苯二甲酸二甲酯与乙二醇生成对苯二甲酸乙二醇酯单体的酯交换反应，反应式如下：

$$\mathrm{H_3COOC{-}C_6H_4{-}COOCH_3} + 2\mathrm{HOCH_2{-}CH_2OH} \xrightleftharpoons{\text{催化剂}} \mathrm{HOCH_2CH_2{-}O{-}\overset{O}{\overset{\|}{C}}{-}C_6H_4{-}\overset{O}{\overset{\|}{C}}{-}OCH_2CH_2OH} + 2\mathrm{CH_3OH}$$

对苯二甲酸乙二醇酯自缩聚生成 PET：

$$n\mathrm{HOCH_2CH_2{-}O{-}\overset{O}{\overset{\|}{C}}{-}C_6H_4{-}\overset{O}{\overset{\|}{C}}{-}OCH_2CH_2OH} \xrightleftharpoons{\text{催化剂}} \mathrm{HOCH_2CH_2{-}O\!\left[\!-\overset{O}{\overset{\|}{C}}{-}C_6H_4{-}\overset{O}{\overset{\|}{C}}{-}OCH_2CH_2{-}O-\!\right]_{\mathit{n}}\!H} + (n-1)\ \mathrm{HOCH_2CH_2OH}$$

上述反应均为可逆反应，在过量水或醇的作用下，一定条件下其逆反应就会发生。因此，可以将废 PET 解聚或裂解成单体或均聚物，利用单体再合成食品级 PET 树脂。用乙二醇代替水，还可以得到芳香族多元醇，可用其与异氰酸酯或不饱和二元羧酸合成聚氨酯或不饱和聚酯等。

PET 的化学回收是利用机械法回收的 PET 碎片，因此机械法回收的 PET 质量很重要，尤其是其中含有其他塑料如聚氯乙烯和聚乙烯时应予以重视。

杂质对裂解反应的不利影响如下：

① 金属杂质是降解和变色的催化剂；

② 夹杂在 PET 中的聚烯烃使 PET 发脆，降低材料的性能；

③ 聚氯乙烯的热稳定性比 PET 差，其热解产物氯化氢会使 PET 水解，使 PET 变脆、脱色；

④ 热熔胶中的蜡、乙烯-醋酸乙烯共聚物和烷烃等不溶于水，在水中呈棕色，如清洗不彻底，会使 PET 变色。

为保证回收料的质量，可采取下述措施。

① 去除金属杂质。电磁检测去除大的金属块；滤出固体杂质；将金属盐溶于热水中；制瓶时应避免使用内嵌金属件。

② 颜料。乙二醇醇解工艺不能将有色 PET 加工成无色 PET，可事先将有色瓶分离出。

③ 聚氯乙烯。用电磁辐射法分离出聚氯乙烯瓶。

④ 聚烯烃(聚乙烯、聚丙烯)。根据密度不同将其分离；尽可能使用纯 PET 瓶，不用其他树脂作底座。

⑤ 热熔胶。不用热水或碱性液体清洗；用收缩标签或水溶性胶。

1）甲醇醇解工艺　用甲醇醇解 PET 可以得到对苯二甲酸二甲酯和乙二醇(PET/甲醇＝1∶4)，反应式如下：

$$\left[OCH_2CH_2OC(=O)-C_6H_4-C(=O) \right]_n + 2nCH_3OH \xrightarrow[\text{加热}]{\text{催化剂}} nCH_3O-C(=O)-C_6H_4-C(=O)-OCH_3 + nHOCH_2CH_2OH$$

工艺过程如下：将熔融的 PET 和甲醇混合，在催化剂作用下，于 2.03～3.04MPa 下，将混合物加热至 160～240℃，保持 1h，得到的裂解产物为 99%的单体。单体再聚合，得到的 PET 可用于食品包装。

2）二醇醇解工艺　在过量二醇作用下，PET 会发生酯交换反应。用二醇如丙二醇加热 PET，在催化剂作用下，可以将长链 PET 变成短链组分。典型的催化剂有胺、烃氧化物或金属的乙酸盐。

反应工艺条件如下：反应温度 200℃，醇解时间 8h，丙二醇∶PET＝1.5∶1，反应过程中连续通入氮气，以阻止得到的多元醇分解。得到的多元醇的平均分子量为 480，羟基数为 480。可以用这些多元醇与不饱和二元醇或酸酐生产不饱和聚酯。若要得到高分子量多元醇，应降低丙二醇/PET 比值，即每摩尔 PET 中丙二醇含量要少。

另外，也可以采用乙二醇醇解 PET，工艺条件如下：乙二醇∶PET＝1∶3，催化剂为乙酸锰，反应温度 205～220℃，反应时间 3.5h，反应过程中通入氮气，以防止热氧老化。反应得到的多元醇的平均分子量为 556，羟基数为 202，可用于生产聚氨酯，并能提高聚氨酯的性能。

在聚酯分子链上，通过链断裂和二醇交换，自由的丙二醇代替了乙二醇，最后 PET 被裂解为以烃基为端基的短链组分，主要是双羟基乙基对苯二甲酸酯和双羟丙基对苯二甲酸酯、混合的乙二醇/丙二醇、对苯二甲酸甲酯和一些自由的乙二醇和丙二醇。反应式如下：

$$\left[O-CH_2CH_2-O-\overset{\overset{\displaystyle O}{\|}}{C}-C_6H_4-\overset{\overset{\displaystyle O}{\|}}{C}-O-CH_2CH_2-O\right]_n + nHOCH_2CH_2CH_2OH \xrightleftharpoons[\text{加热}]{\text{催化剂}}$$

$$\left[O-CH_2CH_2-O-\overset{\overset{\displaystyle O}{\|}}{C}-C_6H_4-\overset{\overset{\displaystyle O}{\|}}{C}-O-CH_2CH_2CH_2-O\right]_n +$$

$$\left[O-CH_2CH_2CH_2-O-\overset{\overset{\displaystyle O}{\|}}{C}-C_6H_4-\overset{\overset{\displaystyle O}{\|}}{C}-O-CH_2CH_2CH_2-O\right]_n + nHOCH_2CH_2OH$$

3）PET 水解的反应挤出技术　PET 水解和醇解均在反应釜中进行，所需设备多且不能连续生产，而在挤出机上进行 PET 的水解反应就可以连续生产，而且克服了容器式反应过程中反应产物性能不稳定等难题。图 2-8-23 为用于 PET 水解的同向旋转双螺杆挤出机，螺杆直径 25mm，长径比 28∶1。机筒分为 6 段，分别装有加热、冷却和温度控制系统。挤出机分为加料段、熔融段、反应挤出段、排气段和计量段。螺杆上有输送、捏合和混合盘等元件，其中输送元件和捏合元件共同完成 PET 的熔融；捏合盘和混合盘及输送件共同完成 PET 水解反应。在注水点前，采用反向元件提高 PET 熔融后的压力，在加料段的末端形成一密封环，防止反应物的泄漏。熔融段长约为螺杆直径的 10 倍，反应段紧靠排风口反向元件处或者置于挤出机末端机头节流阀处。用冷凝器收集由于膨胀而排出的热挥发性物质和过量的水蒸气。反应产物通过 3mm 双层线材挤出机头挤出。挤出机的喂料采用定量加料。

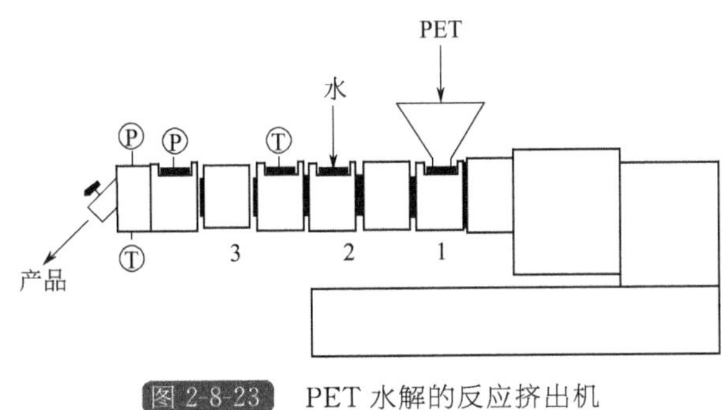

图 2-8-23　PET 水解的反应挤出机

1—加料段；2—熔融段；3—反应挤出段

目前该技术仍处在实验阶段，但有 3 点是可以肯定的。

① 在定量加料中，用冷的和热的饱和水对 PET 水解的反应挤出是无效的，但用高压饱和蒸汽和高背压可以大大提高 PET 的分解率。

② 水解温度越接近蒸汽入口处熔体温度，水解反应效率越高。

③ 优化螺杆转速，可以提高水解反应转化率。

8.2.2 PET 回收料的应用

8.2.2.1 生产纤维

用 PET 回收料生产粗的短纤维，可以作枕头、睡袋、滑冰服绝热材料、垫肩等的纤维填料，还可用于地毯衬、无纺毯和一些铺地织物的生产。纤维填料只要求 PET 瓶回收料的固有黏度在 0.58～0.65dL/g，而且纤维填料的价格相对较低，降低了制品成本。不过纤维填料要求回收料的纯度高，不能含黏合剂、纸和金属。

铺地织物可以作铁轨和铺路用的减振材料，也可以用作防腐和护墙材料。铺地织物一般做成黑色，因此可以使用绿色 PET 瓶回收料。

用纤维作两层塑料的夹心，做绝热材料非常节能。冬天用于建筑上可以保持固化浇注水泥所需的温度，还可以作冷冻、冷藏食品的绝热材料，也可以使用绿色 PET 瓶回收料。

8.2.2.2 生产板材

用 PET 回收料生产的板材可以用作 PET 软饮料瓶的底座。底座用超声波与瓶体焊接在一起，不使用黏合剂，简化了回收工作。这种板材还可以用来生产透明的蛋托，而且还可以使用绿色 PET 瓶回收料。另外，还可以用来生产热塑杯、磁带盒和波纹形遮阳篷等。用 PET 回收料生产的板材、片材可与工业上热成型包装所用的 PVC 板材竞争。因为结晶、透明的 PET 抗冲击性能好。

8.2.2.3 生产塑料合金复合材料

生产塑料合金和复合材料是提高 PET 回收料高附加值的应用。在 PET 中加入 PC，可以克服 PET 注射时的自由结晶，避免注射件变脆、翘曲、失效。PC/PFT 合金是一种可以注塑的复合材料，美国通用电器公司多年来一直用其生产汽车保险杠，还将其作为车体材料，还可以生产汽车挡泥板、办公机器罩、复印机纸盒等。这种合金还可以代替 ABS，且成本低得多。

8.2.2.4 PET 分解产物-多元醇的应用

多元醇，尤其是二甘醇醇解 PET 得到的多元醇广泛用于硬质聚氨酯/聚异氰脲酸酯泡沫的生产。这种泡沫具有良好的成本价格比，不仅成本低，而且泡沫的压缩强度、模具和阻燃性能等都有了显著的提高，燃烧时产生的烟雾及泡沫的脆性也小了。但是，由于这种多元醇的官能团和羟基数比较少，因此在聚氨酯生产中一般与其他多元醇混合使用。得到的泡沫塑料可用作屋顶和墙体的绝热材料。

多元醇可用于软质聚氨酯泡沫生产中作改性剂。与其他多元醇混合使用，可提高泡沫的剪切强度、断裂伸长率和压缩强度等。二甘醇或丙二醇醇解得到的多元醇与不饱和二元羧酸如马来酸酐反应，可得到不饱和聚酯。生产不饱和聚酯时，二元醇醇解和酯化反应可在一个反应器中进行。冷却后醇解得到的多元醇和残留的丙二醇与马来酸酐反应生产聚酯。酯化反应可用苯二甲酸酐或异苯二甲酸。用 PET 回收生产不饱和聚酯需要 12h 左右，不饱和聚酯的分子量为 2000～2500，酸值为 25～30。传统的不饱和聚酯生产方法需要 20h 左右。反应式如下：

$$n\mathrm{HOOCRCOOH}+n\mathrm{HOR'OH}\xrightarrow{\text{加热}}\mathrm{HO}\!\left[\!\mathrm{OCRCOOR'}\right]_{n}\!\mathrm{H}+(2n-1)\mathrm{H_2O}$$

式中，HOOCRCOOH 为饱和或不饱和二元酸；HOR′OH 为二元醇或醇解后的二元醇。工艺流程如图 2-8-24 所示。

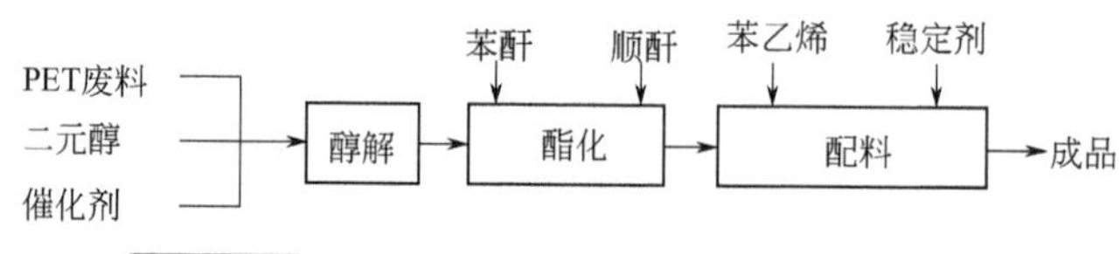

图 2-8-24 PET 废料生产不饱和聚酯的工艺流程

用 PET 废膜生产不饱和聚酯的配方和产品性能见表 2-8-14 和表 2-8-15，工艺如下：采用通用的不饱和聚酯生产装置，将 PET、乙二醇、催化剂加热到近乙二醇沸点，回流醇解废料。醇解完全后，丙二醇温度降至 140℃；加入苯酐，待其完全融化后降至 100℃；加入顺酐，升温至 160℃，回流 30min，继续升温至 190～210℃，进行脱水酯化，直到酸值合格。整个反应过程中通入氮气或二氧化碳保护。酯化反应完成后降温，在 150℃加入稳定剂，在 80℃加入苯乙烯，最后得到的浅黄色黏稠液体为不饱和聚酯。

表 2-8-14　PET 废料生产不饱和聚酯的配方

原料名称	摩尔比①	
	1#	2#
PET 废料(按链段计)	0.30	0.40
乙二醇	0.60	0.60
1,2-丙二醇	0.40	0.70
顺丁烯二酸酐	0.60	0.60
邻苯二甲酸酐	0.30	0.60
苯乙烯	0.82	1.20
催化剂②/%	0.40	0.40
环己醇		0.06

①相对于 PET 的摩尔比。
②催化剂用量为相对于 PET 的质量比。

表 2-8-15　PET 废料生产的不饱和聚酯的性能

项目	液态聚酯
外观	浅黄色，透明或不透明
酸值/(mg/g)	18～30
相对密度(25℃)	1.16
黏度(25℃落球式)/Pa·s	12.3～6.4
固体含量/%	53～64
分子量(端基分析)	1900～2300
高温固化时间(80℃)/min	4～5.5
低温固化时间(20℃)/min	8.5～12.5
储藏稳定性	
80℃/h	730
室温/月	8
相对密度(20℃)	1.24
断裂伸长率/%	−1
体积伸长率/%	−7.50
Barcal 硬度/(°)	33
热扭变温度/℃	85

续表

项目	液态聚酯
吸水率/%	0.16
煮沸吸水率/%	0.30

8.2.2.5 生产瓶和容器

(1) 生产非食品包装容器

PET 回收料生产非食品包装容器在 20 世纪 80 年代初就已开始使用，如拉伸模塑的网球盒、各种废食品包装容器等。

(2) 生产食品包装容器

1) 单层食品包装容器　PET 回收料生产的单层食品包装容器主要是指用化学法回收的单体再合成的 PET 树脂生产的容器，其成型与原料级 PET 树脂完全相同。

2) 多层食品包装容器　多层食品包装容器是用机械法回收的 PET 和原料级 PET 树脂，采用共注塑技术生产的容器，有五层共注(即 PET/EVOH/PET 回收料/EVOH/PET)和三层共注(即 PET/PET 回收料/PET)，但三层共注要求回收料层间至少有 1mm 的原料级树脂，起到阻隔层的作用，防止回收料中的杂质掺到食品中。而且，食品应在低温下装入瓶中，一般不用于苏打饮料、矿泉水和水基食品等的包装，不宜用于高脂肪食品包装。共注塑工艺与传统的共注塑工艺相同。不同回收料的允许使用范围见表 2-8-16。

表 2-8-16　不同回收料的允许使用范围

使用范围	机械法回收的 PET 树脂(100%或混合物)	机械法回收的 PET 作夹层	化学法回收的 PET 树脂
非食品包装	可以	可以	可以
食品、液体、长期稳定品	可以	一定范围	可以

8.3 废旧 ABS 塑料的回收和利用

ABS 工业废料如边角料、残次品等的回收相对比较简单，一般在生产车间粉碎后直接加到原料中使用，对制品的性能影响较小，这里不再介绍。

消费后的 ABS 主要来自办公用品、电子、电器、工业零件等，其中办公用品、电子、电器产品所用的 ABS 大部分都采用有机溴化物等作阻燃剂[51]。燃烧时，有机溴化物如溴化联苯醚(PBDE) 会放出有毒的溴化二噁烷和溴化呋喃。因此，人们关心其回收过程中溴化二噁烷和溴化呋喃的含量。实验表明，PBDE 阻燃的 ABS 回收料中含有大量的溴化二噁烷和溴化呋喃，因此生产 ABS 制品时应尽量采用无溴阻燃剂和其他代用品。

另外，回收过程中还需注意 ABS 性能的变化。如将 ABS 壳体破碎、清洗和干燥后，发现其熔体流动指数(220℃，0.98MPa)由玻璃化转变温度下降，这说明使用过程中 ABS 老化，加工过程中 ABS 降解，使其中的小分子物质增多，分子量下降。但投射电子显微镜分析表明，ABS 的结构并没有发生变化，说明降解程度很低。图 2-8-25 和图 2-8-26 表明降解和杂质使回收料的韧性下降，但强度并未变化。

办公用品、电子、电器壳体等在使用中一般不承受冲击载荷，所以回收料仍可作壳体材料使用。

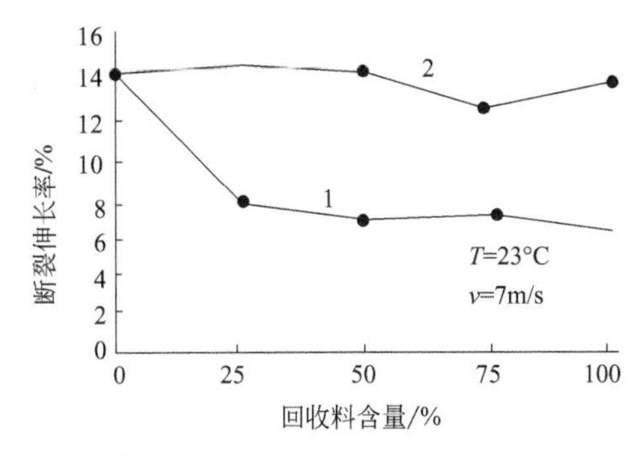

图 2-8-25 回收料含量与断裂伸长率的关系
1—干净的 ABS；2—不干净的 ABS

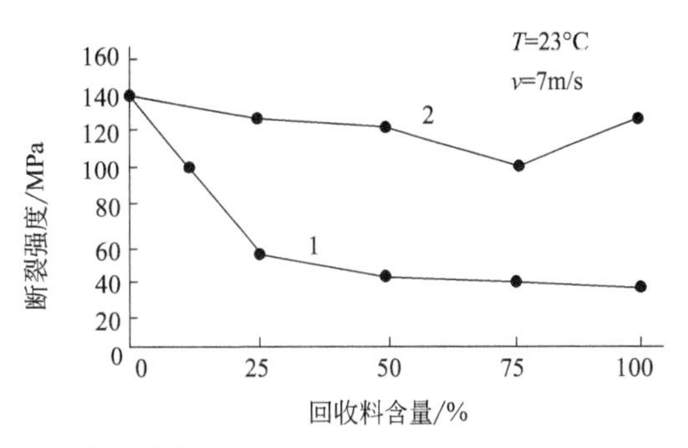

图 2-8-26 回收料含量与断裂强度的关系
1—干净的 ABS；2—不干净的 ABS

8.4 废旧聚碳酸酯塑料的回收和利用

汽车用 PC 和办公用品用 PC 已在上文中讨论过，这里讨论 CD 盘和计算机壳回收技术。

8.4.1 PC 高密度盘

CD 盘的制造精度高、制造工艺复杂，生产中将近 10%的产品不合格，CD 盘本身的性质决定了其不易回收。如图 2-8-27 所示，CD 盘是一种多层复合产品，其中一层是热塑性塑料(PC)，另外两层为涂层。涂层主要是涂料、漆和印刷物，仅占整个光盘的很小一部分，镀铝层仅有 15～70nm 厚，漆和印刷物占总厚度的 20μm，回收前必须将涂层清除，这样回收的 PC 料才能具有好的性能。

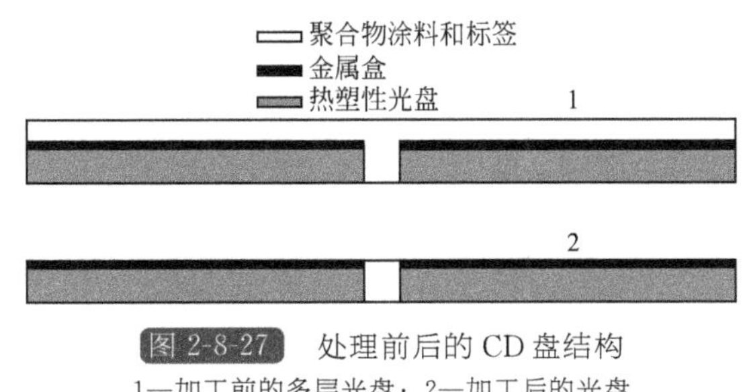

图 2-8-27 处理前后的 CD 盘结构
1—加工前的多层光盘；2—加工后的光盘

清除涂层的方法有三种：一是化学回收；二是熔体过滤；三是机械分离。

1）化学回收　是利用粒料、采用化学品将涂层清除掉，但化学回收的缺点多于优点，因为 PC 和化学品之间可能会发生作用，降低最终产品的性能，而且可能会对环境带来不利影响。

2）熔体过滤　可以回收 PC 粉碎料。但熔体过滤有一缺点，即过滤中 PC 要经受高温加热，而 PC 的热稳定性又差，回收料不会有足够的光学和力学性能保证其回收价值。另外，银粉碎料颗粒尺寸大小不一，熔体过滤并不能清除光盘的全部杂质。

3）机械分离　是一种安全、有效、简单的方法，厂家自身就可以采用这种方法进行回收，但机械分离只能分离方形、圆形等形状简单的 PC 产品，而不能分离多组分、形状复杂的制品如计算机外壳等。分离设备如图 2-8-28 所示，这种分离设备有一转动刷来清除涂料，一运输带带动光盘连续运动。刷子清除掉的涂料被一特制的过滤器回收其中的铝。在清除涂料过程中，光盘夹持架处保持真空以保持运动的稳定性，同时光盘表面要用压缩空气、惰性气体或水蒸气冷却，以防止 PC 因摩擦生热熔融。涂料清除干净后，将光盘清洗、干燥，然后将其切成 5mm 大小的颗粒。表 2-8-17 和表 2-8-18 为回收料的性能及表观黏度值。从表 2-8-17 可以看出，未清除涂料的 CD 盘的平均熔体流动指数较低，而已清除涂料的较高。据估计这是由于未处理的 CD 盘的密度略高于处理过的 CD 盘。从表 2-8-18 可以看出，在给定剪切速率下，处理过的 CD 盘料的黏度较低。从图 2-8-29 可以看出，在给定波长范围内，未处理的 CD 盘料的透光率为 42%～46%，而处理过的为 82%～88%，远高于前者，这是因为未处理的料中含有铝。在 780nm 处的透光率很重要，因为这是二极管读取 CD 盘上的信息的波段。未处理的料在 780nm 处的透光率仅为处理过的 1/2，处理过的为 88%，与原料级 PC 的透光率(90%)接近。

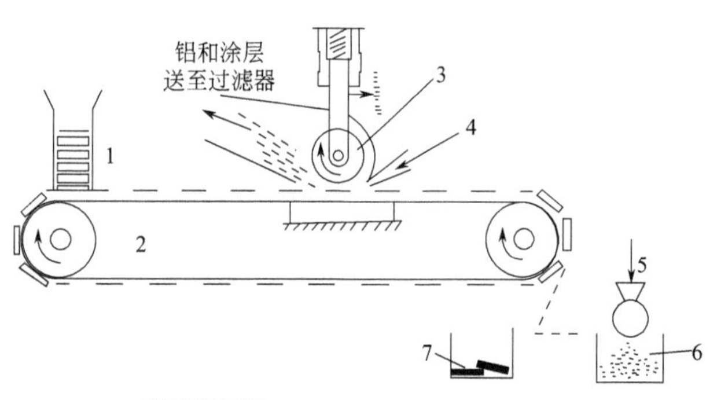

图 2-8-28 CD 盘机械分离设备简图

1—待处理光盘；2—真空夹持架；3—电子轮；4—空气、惰性气体或蒸汽入口；5—造粒机；6—粒料；7—处理后的光盘

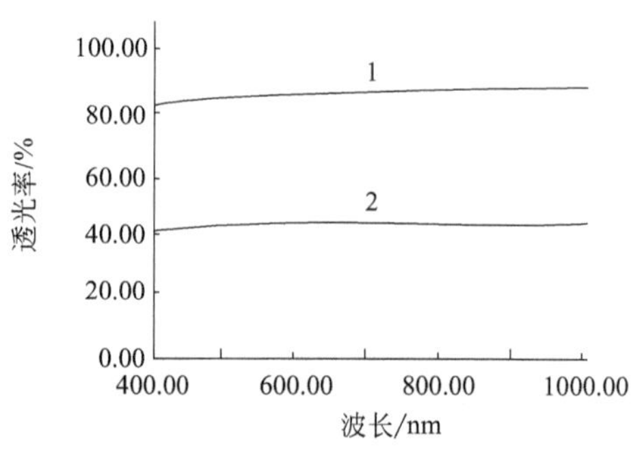

图 2-8-29 CD 盘回收料的透光率

1—处理过的 CD 盘料；2—未处理的 CD 盘料

表 2-8-17 机械分离回收的 CD 盘料的性能

性能	未处理的 CD 盘料		处理过的 CD 盘料	
	271.1℃	293.3℃	271.1℃	293.3℃
密度/(g/cm^3)	1.07	0.996	1.04	0.963
熔体流动指数/(g/10min)	50	83	55	91

表 2-8-18 CD 盘回收料的表观黏度值(271℃)

$\lg(\gamma/s^{-1})$	未处理的 CD 盘料的 $\lg[\eta/(Pa \cdot s)]$	处理过的 CD 盘料的 $\lg[\eta/(Pa \cdot s)]$
3.00	2.186	2.176
2.699	2.217	2.206
2.301	2.238	2.227
2.000	2.264	2.244
1.699	2.312	2.294

从上述分析看，机械分离法回收的 PC 料质量较高，可用于多种产品的生产。不过由于 PC

盘对 PC 树脂的性能有特殊要求，回收料还不能用于生产 CD 盘，但可以将其与其他材料共混，生产其他制品。从表 2-8-19 和图 2-8-30 可以看出，100％的 CD 盘回收料是一种硬且脆的材料，应变低，没有屈服点。加入玻璃纤维后虽然可以提高回收料的刚度和强度，但屈服应力下降得更多。而吹塑级 PC 回收料和 ABS 可以提高 CD 盘回收料的韧性。50％CD 盘回收料/50％ABS 和 50％CD 盘回收料/50％吹塑级 PC 混合物性能最佳，可用于注塑件的生产。

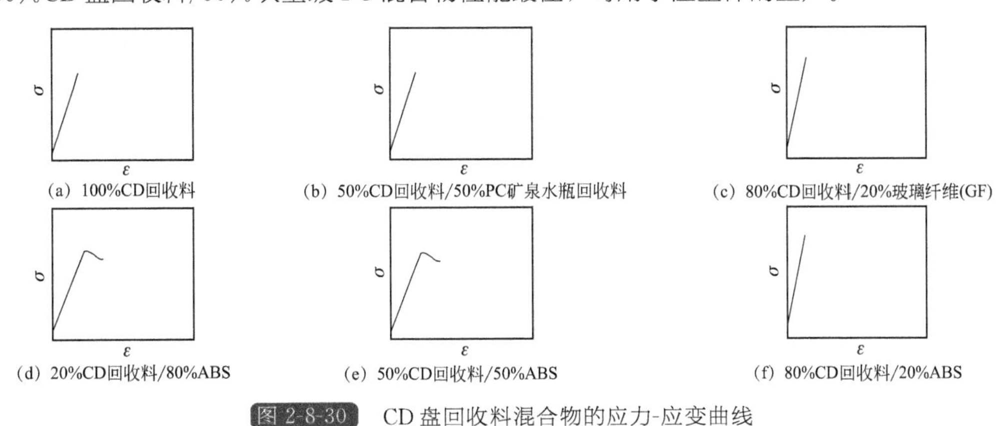

图 2-8-30 CD 盘回收料混合物的应力-应变曲线

表 2-8-19 CD 盘回收料与其他树脂的混合物的性能

混合物种类	强度指限/MPa	屈服应力/MPa	Izod 冲击强度/(J/m²)
100％CD 回收料	46.3	0.041	13.2
50％CD 回收料/50％PC 矿泉水瓶回收料	48.1	0.123	53.4
80％CD 回收料/20％玻璃纤维(GF)	50.0	0.026	28.2
20％CD 回收料/80％ABS	37.5	0.058	53.8
50％CD 回收料/50％ABS	40.5	0.129	121.0
80％CD 回收料/20％ABS	45.5	0.103	107.0

8.4.2 计算机外壳

计算机外壳是 PC/ABS 混合物，但为了起到屏蔽效果，表面镀铜。有效地清除镀铜是回收计算机外壳的关键，方法之一是熔体过滤。从表 2-8-20 可以看出，过滤后，PC/ABS 的性能甚至低于未过滤的 PC/ABS 回收料。这是因为在注射成型和熔体过滤中，混合物中的部分聚合物降解。未过滤的 PC/ABS 回收料的屈服强度和弯曲程度高于原料级 PC/ABS，这是因为其中的铜起到增强填充剂的作用；但其冲击强度和断裂伸长率低于原料级 PC/ABS，是因为铜破坏了基体材料的韧性[52]。

表 2-8-20 熔体过滤后 PC/ABS 回收料的性能

性能	测试方法	原料级 PC/ABS	未过滤铜的 PC/ABS 回收料	已过滤铜的 PC/ABS 回收料
屈服强度/MPa	ASTM D638	69.7	71.7	65.3
断裂伸长率/％	ASTM D638	6.53	6.2	4.4
断裂强度/MPa	ASTM D638	56.4	56.0	50.0

续表

性能	测试方法	原料级 PC/ABS	未过滤铜的 PC/ABS 回收料	已过滤铜的 PC/ABS 回收料
弯曲强度/MPa	ASTM D790	95.9	98.7	83.0
Izod 冲击强度/(kJ/m^2)	ASTM D265	0.46	0.46	0.097
热变形温度/℃				
0.462MPa	ASTM D648	112	109	103
1.848MPa		105	100	93

尽管过滤后 PC/ABS 回收料的性能低于未过滤的回收料，但为了开发 PC/ABS 回收料的用途，如与其他树脂共混，利用前必须将镀铜层清除，以防止镀铜对共混材料性能带来不利影响。

8.5 废旧聚甲醛塑料的回收和利用

POM 常用的回收方法有两种：一是再熔融造粒；二是化学回收。但在熔融造粒工程中聚合物会发生显著的降解，性能受到破坏，这从图 2-8-31 中体积流动指数(MVI)的变化即可看出。MVI 是测量聚合物分子量损失的一种方法。随着 MVI 的增加，POM 的热性能下降。与原料级相比，在热应力作用下，随着加工次数的增加，质量损失更多(见图 2-8-32)。

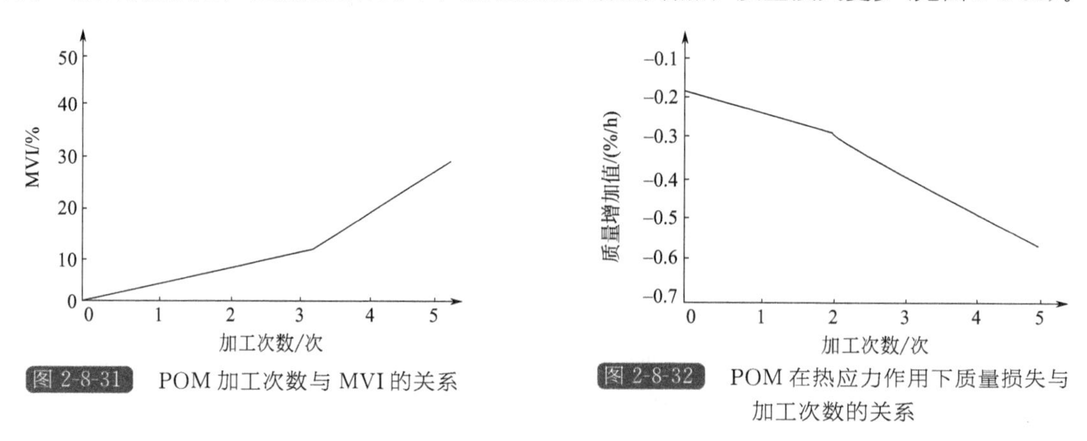

图 2-8-31 POM 加工次数与 MVI 的关系

图 2-8-32 POM 在热应力作用下质量损失与加工次数的关系

当然，回收工程应该避免这种破坏发生，否则难以保证 POM 的其他性能不发生变化。而采用化学法回收就可以避免上述破坏发生。我们知道，POM 是甲醛的均聚物或甲醛与三氧杂环和环醚的共聚物，POM 主链上几乎全部是—CH_2O—单元，如下式所示：

$$\diagdown CH_2 \diagup O \diagdown CH_2 \diagup O \diagdown CH_2 \diagup CH_2 \diagdown$$

POM 在所有通用溶剂中都非常稳定，但与一定的酸接触后就会完全分解。人们正是利用 POM 的这一特性进行化学回收，在一定条件下可以得到三氧环己烷和甲醛单体，然后将单体合成 POM，反应式如下：

$$\left[CH_2 \diagup O \diagdown CH_2 \diagup O \diagdown CH_2 \diagup O \diagdown CH_2 \diagup O \diagdown CH_2 \diagup CH_2 \diagdown O \right]_n \longrightarrow$$

$$\mathrm{H_2C{=}O} + \underset{\text{三氧杂环己烷}}{\left(\mathrm{CH_2{-}O{-}CH_2{-}O{-}CH_2{-}O}\right)_{\text{环}}} + \underset{\text{环己缩醛}}{\left(\mathrm{O{-}CH_2{-}O{-}(CH_2)_2}\right)_{\text{环}}} \xrightarrow{\text{聚合}}$$

$$\left[\mathrm{CH_2{-}O{-}CH_2{-}O{-}CH_2{-}O{-}CH_2{-}O{-}CH_2{-}CH_2{-}O}\right]_n$$

上述反应中得到的甲醛在一闭环系统中转化为三氧杂环己烷，可以得到充分利用。此外，这种工艺还得到了环己缩醛，可以合成 POM 共聚物的共聚单体。酸解反应得到的所有产品又都可以进入材料循环中，如图 2-8-33 所示。

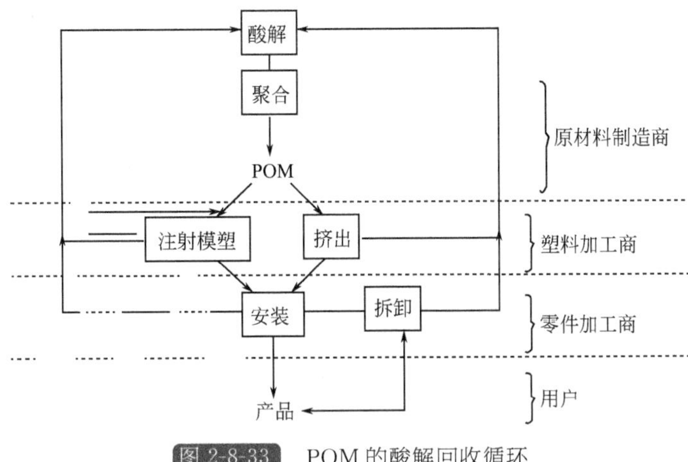

图 2-8-33　POM 的酸解回收循环

POM 的酸解只需要一定量的酸作催化剂，所有反应中仅残留少量的酸，不需要有机溶剂将其清除。这种方法可以回收各种 POM 废料。

8.6　废旧聚酰胺塑料的回收和利用

PA 的种类繁多，应用领域相当广泛，这里仅介绍几种 PA 产品的回收技术。

8.6.1　机械回收

8.6.1.1　玻璃纤维增强 PA66 注塑件的回收

玻璃纤维增强 PA66 是汽车发动机中常用的材料，如散热器端盖、涡轮冷却器和空气吸入管等。一般来说，在加工和回收工程中，PA 的降解使其性能大幅度下降。另外，在加工和使用过程中，不同助剂如稳定剂等的消耗严重影响了材料的热性能和力学性能。

玻璃纤维增强 PA66 在回收中性能的下降，除了上述两个原因外，另一个原因是随着加工次数的增加，玻璃纤维不断变短，如表 2-8-21 所列。实验表明，3mm 纤维在挤出造粒中缩短至 800μm 以下，这是螺杆高速剪切造成的。注射过程中使纤维进一步缩短，如在螺杆预塑区纤维与固/熔态聚合物表面黏结，在流动过程中纤维与其纤维间的相互作用，在压缩、固化阶段的熔体破裂等致使注射后纤维长度下降 29%。纤维断裂主要发生在挤出和第一次注射后，回收料中纤维长度的变化较小。从表 2-8-22 可以看出，回收料的断裂伸长率增加约 15%，而拉伸强度下降 10%，这是由纤维的断裂所致。另外，杂质和材料的降解也会影响材料的力学性能。

表 2-8-21 加工过程对纤维平均长度的影响

加工过程	平均纤维长度/μm	纤维长度＞230 μm 的纤维的体积分数/%
纤维原长	432	74
注射后	309	68
注射后粉碎	257	53
粉碎后再注射	248	48

表 2-8-22 回收料的性能

材料	拉伸强度/MPa	断裂伸长率/%
注塑件	136.5	5.5
回收料	122.8	6.3

从图 2-8-34 和图 2-8-35 可知，回收料的氧化诱导期短，氧化起始温度低，因此回收料的热氧化稳定性差，这是由回收过程中聚合物的降解和稳定剂的消耗所致。

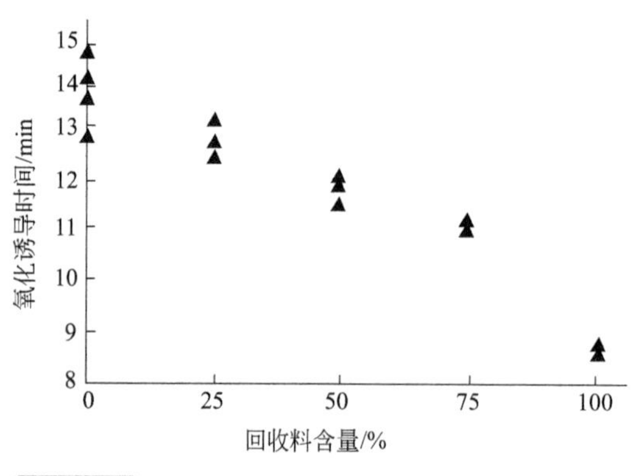

图 2-8-34 氧化诱导时间与回收料含量间的关系

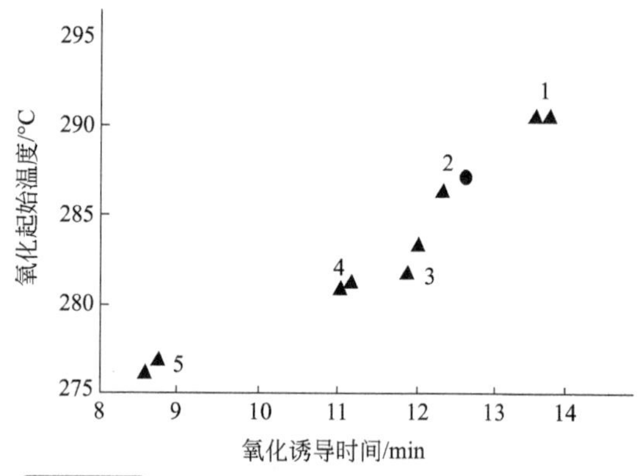

图 2-8-35 氧化起始温度与氧化诱导时间的关系
（回收料含量：1—0；2—25%；3—50%；4—75%；5—100%）

8.6.1.2 PA 多层复合薄膜的回收

为了提高塑料对不同物质的阻隔性，多层或多种聚合物如 PE/PA 复合材料广泛用于农药、化学品和工业品等的包装。这种复合薄膜不能用传统的方法分离。

对 HDPE/PA6/离子聚合物［组成比为 80/20/4，熔体流动指数分别为 1.1g/(10min)、32.5g/(10min)、5.0g/(10min)的三层复合薄膜］的回收实验表明(见表 2-8-23 和表 2-8-24)，由于加工过程中的氧化，随着加工次数的增加，挤出物的颜色由白色变成黄色，挤出物表面的粗糙度也越来越严重。而且随着加工次数的增加，双螺杆挤出机消耗的电流量减小，熔体流动指数增加，黏度下降(见图 2-8-36)，力学性能下降，这说明每加工 1 次，大分子就会降解 1 次。

表 2-8-23 不同加工过程中工艺参数和熔体流动指数的变换情况

挤出次数	电流消耗变化值/%	熔体温度/℃	熔体压力/MPa	熔体流动指数/[g/(10min)]
1	18	284	11	2.69
2	16	280	9.7	3.14
3	15	265	9.4	3.33
4	15	260	9.2	4.97
5	14	260	9.1	5.88

表 2-8-24 混合物的力学性能随加工过程的变化

挤出次数	1	2	3	4	5
屈服强度/MPa	27.9	25.9	25.7	24.5	24.0
断裂强度/MPa	24.3	23.4	23.3	22.9	22.4
屈服伸长率/%	18.0	16.4	13.2	8.2	7.1
断裂伸长率/%	24.9	20.6	17.9	8.5	7.2
弹性模量/MPa	1074	1047	1048	1084	1057
Izod 缺口冲击强度/(kJ/m^2)	11.0	9.5	7.4	2.2	2.0

但 DSC 分析表明，加工过程中热性能几乎不变(见表 2-8-25)，但混合物中的 PA6 的熔融热比纯 PA6 低 30%还多，其结晶低于纯 PA6。这说明混合物中的 PA6 的结晶度受到其他组分如高密度聚乙烯的影响，但加工过程中混合物的结构并没有发生变化。不过，加工 4 次后出现附聚现象，这说明混合物的相容性下降，这可能是离子聚合物的降解所致。

上述分析表明，聚乙烯/聚酰胺/离子聚合物至少可以挤出回收 2 次，当然要正确选择工艺参数和改性措施，保证回收达到再生制品的使用要求。

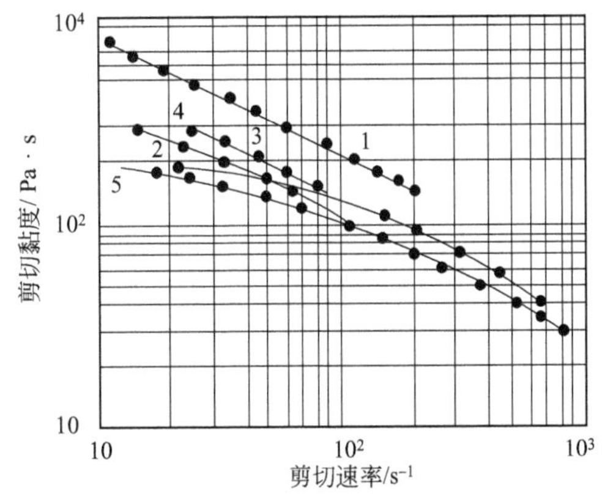

图 2-8-36 剪切黏度和剪切速率与加工过程的关系

1—高密度聚乙烯；2—PA6；3——次加工；4—三次加工；5—五次加工

表 2-8-25 混合物的热性能加工过程的变化情况

挤出次数	混合物中的高密度聚乙烯		混合物中的 PA6	
	熔融热/(J/g)	结晶温度/℃	熔融热/(J/g)	结晶温度/℃
1	153.5	129.8	61.5	219.4
2	156.8	129.7	63.0	219.5
3	150.3	130.0	60.5	219.6
4	156.6	129.9	64.5	219.4
5	163.0	129.8	66.5	219.5

8.6.1.3 PA渔网的回收

在各种海洋塑料残留物中，废弃渔网是对海洋生物造成不利影响的主要污染物。可以用不同方式处理由废弃渔具造成的海上污染问题，如采用可降解的塑料渔具代替现有渔具，建立激励机制促进回收等。但现在大多数渔具所用塑料仍然是不可降解的，因此应大力提倡回收。

渔网所用材料有高密度聚乙烯、PA6 和 PA66，其回收可采取熔融工艺。工艺如下所述。

1）分类　分两步进行。首先，将 3 种渔网用溶剂分辨出 PA6 和 PA66，由于 PA66 仅溶于 30%盐酸，而 PA6 溶于 14%盐酸，因此可以首先将高密度聚乙烯和 PA6 及 PA66 分开。然后，利用近红外光谱将高密度聚乙烯和 PA 鉴别出来。

2）尺寸减小　首先是人工将大块的渔网切成小块，然后在切碎机中将其切成碎片，密度在 40～50kg/m^3。

3）清洗　在挤出之前还需要将其中的沙石和杂质清洗。小批量生产时可用压缩空气和振动筛清除。大规模回收时，首先需要在高速搅拌机中处理，然后在挤出机上熔体过滤，滤网目数为 100 目或更细。如碎片潮湿，在挤出前需要将其干燥。

4）加密　PA66 和 PA6 碎片可以在同向旋转双螺旋杆挤出机上加密。工艺如下：将少量加密过的料粒加到料斗中，在螺杆长的 60%处用振动筛加入碎片，这样可以防止沙土在熔融段处对挤出机的破坏。挤出工艺参数如表 2-8-26 所列。

表 2-8-26　不同渔网在双螺杆挤出机中的挤出工艺参数

网料	T_1(加料段)/℃	T_2/℃	T_3/℃	T_4/℃	T_5/℃	T_6(机头处)/℃
HDPE HDPE-*g*-MAH HDPE+GF	100	150	180	190	190	210
PA6 PA6+冲击改性剂	210	235	235	235	240	240
PA66 PA66+冲击改性剂 PA66+GF	220	270	275	275	275	275
TPU TPU+PA6 TPU+PA66	120	125	140	160	170	180

高密度聚乙烯渔网可以用一直径 152mm 的单螺杆挤出机加密。螺杆长径比为 30∶1，机筒温度为 180～205℃，经过 60 目的筛网过滤后造粒。

回收的 PA6、PA66 和高密度聚乙烯料还需要进行改性，常用的改性剂有丙烯酸芯/壳增韧剂(IM-1)、马来酸酐接枝的三元乙丙橡胶(IM-2)和马来酸酐接枝的 SBS(IM-3)。利用聚酰胺中的活性基团通过界面反应在聚酰胺基体和自由分散的改性剂间形成一更强的黏着力。大批量生产中一般用 IM-2 作改性剂。另外，在加密后，HDPE 用马来酸酐接枝后，与 PA66、PA6 原料级和回收料在双螺杆挤出机上共混。马来酸酐的引入提高了非极性高密度聚乙烯与极性较大的 PA 和玻璃纤维的黏着力，提高了混合物的性能(见图 2-8-37和图 2-8-38)。

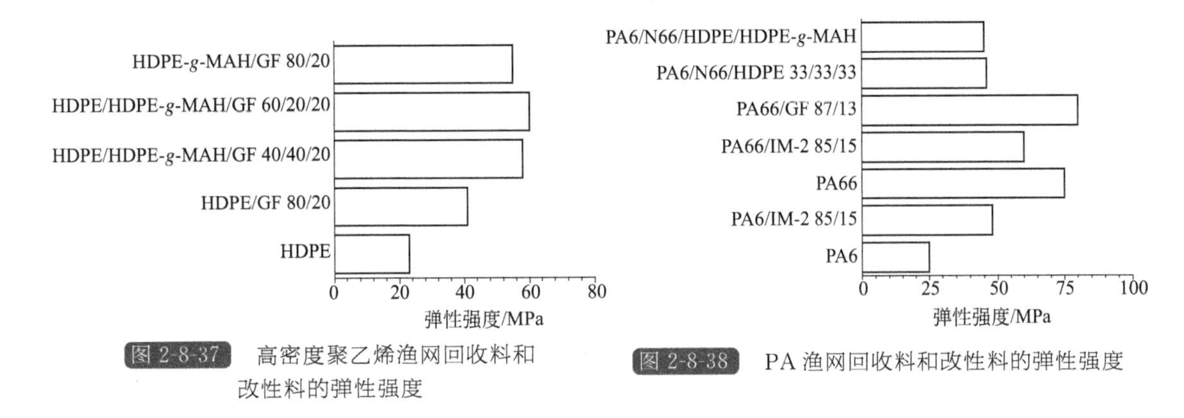

图 2-8-37 高密度聚乙烯渔网回收料和改性料的弹性强度

图 2-8-38 PA 渔网回收料和改性料的弹性强度

从图 2-8-39 和图 2-8-40 中可以看出，经冲击改性剂 IM-2 改性后，PA66 回收料的脆性大大降低，而且制品表面光泽和光滑度提高了，PA6 的弹性模量也提高了，这可能是发生了一些反应和链增长。IM-2 的加入也提高了 PA 混合物的冲击强度，而未改性的回收料的缺口相当敏感。改性后回收料的力学性能可与原料级共混物相比。

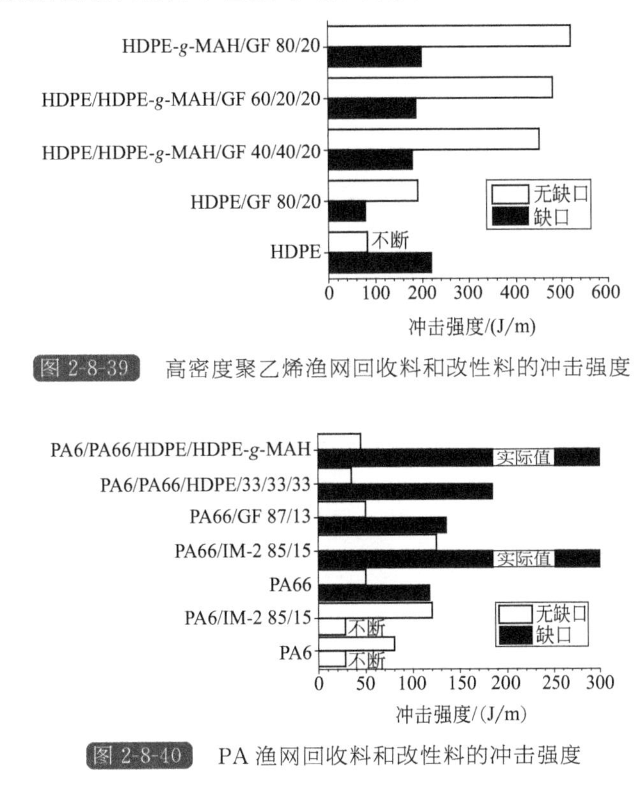

图 2-8-39 高密度聚乙烯渔网回收料和改性料的冲击强度

图 2-8-40 PA 渔网回收料和改性料的冲击强度

渔网的另一种回收利用途径是用渔网作熔点低于 PA 的塑料的增强材料，提高塑料的刚度和强度。例如，将 PA6 和 PA66 纤维切成 50mm 长的小段后，将其加入具有高应变、低应力功能的同向旋转的啮合型三段式双螺杆挤出机中，增强热塑性聚氨酯(TPU)。这种结构的螺杆挤出机可以保证纤维均匀分布于基体材料中而发生熔融。PA6 和 PA66 的熔点分别为 220℃和 265℃，因此加工温度控制在 200℃以下。加工工艺如下：将经过预干燥的 TPU 颗粒加入挤出机的第一段，在第二段处将切碎的干燥 PA 人工计量加入，在第三段熔体脱气，机筒温度为 160～180℃，PA6 和 PA66 纤维的加入量分别为 11%和 10%，得到的复合材料的性能如表 2-8-27 所列。

混合物的电镜照片表明，基材中没有空隙，没有纤维束，这说明纤维和机体材料间的黏着力良好，纤维分散均匀。增强后的 TPU 的模量和耐磨性也大幅度提高。

表 2-8-27　渔网纤维增强的 TPU 的性能

性能	TPU	TPU+11%PA6	TPU+10%PA66
拉伸模量/MPa	6.1	22.3	29.3
断裂伸长率/%	1850	390	390
弹性模量/MPa	24.5	106.9	72.5
耐磨性/(m·s/kg)	9.5×10^{-5}	6.6×10^{-5}	8.3×10^{-5}

8.6.2　化学回收

聚酰胺的合成反应是可逆的，即在一定条件下解聚成其合成单体。用 PA6 废料常压连续解聚生产己内酰胺单体已经实现工业化。

与 PET 的化学回收一样，PA 的化学回收也是利用机械法回收料，解聚需要一定的反应釜，投资大，成本高，推广应用受到一定的限制。但化学回收后合成的 PA 的性能与原树脂一样，可作为原料级树脂使用。

8.7　废旧聚对苯二甲酸丁二酯、聚苯醚及其他废旧工程塑料的回收和利用

8.7.1　聚对苯二甲酸丁二酯

聚对苯二甲酸丁二酯(PBT) 是由二甲基对苯二甲酸与 1,4-丁二醇合成的，广泛用于汽车和电子行业，如作分流器盖、计算机键盘灯。PBT 废料有的是单一组分的 PBT，有的是合金。目前还没有商业性回收 PBT 的行动。实验室中已成功地对 PBT 进行了甲醇醇解，回收的对苯二甲酸可用于 PBT 合成中。

8.7.2　聚苯醚

聚苯醚是 2,6-二甲基苯酚的聚合物，改性聚苯醚一般是由聚苯醚用苯乙烯系树脂共混或接枝共聚而成的。

改性聚苯醚的力学性能可与聚碳酸酯媲美，广泛用于汽车工业(作内、外部件，如轴承、仪表板等)、机械电子工业(作机器罩、键盘等)、通信业和商业机械等。

8.7.3　其他工程塑料

聚芳酯、聚四氟乙烯、聚亚苯基硫醚、聚砜等工程塑料，大部分零件体积小、质量轻、应用分散，常见于汽车、电子和航空工业，难以收集、分类。另外，这些塑料的加工温度极高，目前还未对其进行大规模的回收。但这类工程塑料的热/水解稳定性极高，可以再熔融多次而力学性能不发生明显的变化，其模塑废料如浇道料等可以在模塑中直接利用，目前仅限于边角料的回收。

8.8 废旧混合工程塑料和聚合物合金的回收和利用

8.8.1 混合工程塑料

工程塑料一般用于永久性消费品上，因此城市固体垃圾中消费后的工程塑料较少。混合工程塑料常见于汽车残留物中。

汽车残留物处理方法有四种。

第一种方法是选择一种可与各种组分相容的增容剂，将近似相容的混合塑料共混。

第二种方法是用其生产塑料木材，即用木粉填充聚乙烯、聚丙烯、聚氯乙烯、PA、ABS等的复合材料，用挤出、压制和注塑等方法生产各种木塑制品。这种木塑制品质感接近木材，力学性能提高，加工方便，还可进行二次加工，可代替木材作护栏、支架、活动房屋用材等。

第三种方法是焚烧处理。由于与燃料油(热值为48846kJ/kg)相比，汽车残留物的热值相对很高(23260～41868kJ/kg)，因此在欧洲，人们称其为“白色的煤”。日本废汽车塑料的65%是焚烧处理，用于发电。

第四种方法是填埋。但是，随着环境保护要求越来越严格和可供填埋的土地越来越少，填埋将受到更多的限制。

8.8.2 聚合物合金

聚合物合金是指两种或两种以上的聚合物通过机械或化学方法混合形成的共混物。聚合物合金的经济可行的回收方法是将其机械熔融。因为聚合物合金大多是完全相容型聚合物合金和微相分离型聚合物合金，合金成分间存在着相当强的亲和力，形成热力学稳定系统，因此机械分离法实际上是不可行的。而机械熔融是不分离聚合物合金各组分，直接加工成粒料使用，如PC/ABS、PA/PE、PA/ABS、PA/PP、PET/ABS等合金。采用这种方法回收，再生制品附加值高，且经济可行。例如，PA6/ABS合金的再生制品价格比ABS树脂约高20%，而比PC/ABS合金低20%左右。另一个例子是车门内衬组合构件的芯材使用的PET/ABS合金，与PET织物有相容性，其混合物再生制品可重新用作芯材，回收制品的性能与原材料级性能几乎相同(见表2-8-28)，因此机械熔融法是聚合物合金回收的有效途径。

表 2-8-28 PET/ABS合金再生制品性能

性能	原料级 PET/ABS	PET/ABS 再生制品(含10%PET织物)
维卡软化点/℃	95	97
挠性模量/MPa	2000	2030
冲击实验(−40℃)	不破坏	不破坏

8.9 废旧家电塑料的回收和利用

家电塑料的再生利用技术与一般塑料再生利用技术并无本质上的区别，其特点在于回收家电塑料需要进行拆卸、分类等前处理。因此，家电塑料回收技术是家电再生利用技术的重要组成部分。家电塑料再生技术主要包括分离与分类技术、识别技术、材料再生技术、化学再生和热分解还原单体技术、冷却介质和隔热材料的回收技术等。从资源有效利用、低成本经营角度考虑，最好建立起包含所有这些技术的家电再生与利用中心，其中最主要的技术可分为以下几个方面。

8.9.1 分离与分类

塑料材料分离与分类技术可分为两类：一是将含有塑料材料的制品或部件进行拆卸或肢解，然后通过磁性或密度上的区别进行分离或分类；二是先将其进行粉碎，然后通过磁性或密度上的区别进行分离或分类。

废旧塑料材料再生时，不应掺杂其他塑料，更不应混入其他种类的物质。塑料部件表面贴的商标或涂料在很多场合属于杂质，一些金属嵌入的塑料制品需要先除去金属部件，并在分类前将塑料通过金属检测器检测，确保再生利用的塑料中不含金属杂质。在进行塑料分类时，对单一材质的大型部件应先分拣后粉碎。例如冰箱中的抽屉和隔板、洗衣机内的洗衣桶等，应先拆卸、后粉碎回收。

8.9.2 识别技术

为拆卸和分类方便，应积极推广使用能识别塑料种类的材质标识，不少发达国家的塑料产品都有明确的材质标识。对没有标识的塑料材料，过去识别其种类最简单的方法是观其色(火焰的颜色和烟雾的颜色，外观)、听其声(敲击声)、嗅其味(燃烧过程中发生的味)，需要丰富的经验。这些方法很难适应工业化生产的需要。国外已经开发出很多塑料识别设备，为塑料再生利用的机械化和自动化提供了良好的基础。

8.9.3 已分类塑料的材料再生

已分类的同种塑料还应进行清洗、除杂、除阻燃剂以及改性和造粒，然后才可作为再生材料使用。清洗和分类也可同时进行。对难以通过粉碎、分类回收的塑料产品或部件，可采取化学热分解或热能利用的处理方法。通过热和压力的作用，使废旧塑料还原为石油制品或化学原料，也可作为高炉还原剂或高燃烧效率的固体燃料使用。

塑料瓶和发泡聚苯乙烯可多次进行材料再生利用，但多次塑化再生会使塑料性能降低，因此应着重开发高纯度塑料再生技术。燃料化或能量再生利用是指废旧塑料以固体燃料形式回收，不用分离，直接燃烧，利用其燃烧的热量或将其作为还原剂，废渣需填埋，并应特别注重燃烧时的有毒气体释放问题。

第 9 章 废旧热固性塑料的高值利用

一般我们所说的塑料回收均是指热塑性塑料，而热固性塑料由于固化成型后形成交联结构，不能再次融化成型，所以回收比较困难，实际回收应用也较小。但是现在热固性塑料的用量约占全部塑料的 15%，绝对数量很大，因此对其的回收利用也显得越来越重要和紧迫。

热固性塑料是指在加工过程中分子之间发生反应而形成交联结构，制品是具有不溶不熔的特点的一类塑料。常用的热固性塑料种类并不多，主要有聚氨酯、酚醛树脂、环氧树脂、不饱和聚酯、蜜胺和脲醛树脂等。其中又以聚氨酯、酚醛树脂用量最多，各占热固性塑料总量的 1/3 左右。消费后热固性塑料在城市固体废物中数量很少，而主要在工业和商业中。

由于热固性塑料在加工过程中，大分子之间发生化学反应而形成交联结构，不能再次熔化成型，所以回收较困难，实际回收应用也较少。长期以来，人们一直认为废旧热固性塑料不能回收利用，因而将其当作垃圾处理，不仅造成环境污染，又耗费大量人力。近年来，随着热固性塑料的用量越来越大，对其回收利用也显得越来越重要和紧迫，废热固性塑料的回收量日益增多，因此开展了大量的研究工作，目前已取得了一些成果。热固性塑料的回收利用主要有化学回收、物理回收、能量回收和再生回收法等。

物理回收法只改变材料的形态，工艺简单，但应用面有限；化学回收法成本高，工艺复杂，适用性差，存在各种缺陷，难以推广，无法形成产业化；能量回收法通过焚烧获取能量，会产生有害的污染物质，造成环境的二次污染；再生回收法绿色环保、成本低，真正实现了资源高效、循环利用，同时产生较高的经济效益，是回收方法中的首选。

9.1 废旧热固性塑料的回收

热固性塑料的回收技术有机械回收(如将其粉碎后作热塑性塑料或热固性塑料的填充剂)、化学回收(如水解/醇解回收原材料)、能量回收等。不管采用哪一种回收方法，固化的热固性复合材料必须首先切碎成可用的块状，以后是否需进一步切小取决于其最终的用途。采用化学回收法，即高温分解法时，通常块体尺寸约取为 5cm×10cm。采用重新碾磨颗粒回收时需进一步切小块体尺寸[53]。

9.1.1 机械回收

本节介绍采用机械重新加工 SMC 而不改变 SMC 化学性能的回收方法。如果 SMC 来源确定且不含杂质，重新碾磨可能是最为合适的回收方法。

9.1.1.1 聚氨酯

(1) PU 软质泡沫

用软质聚氨酯泡沫生产垫子时产生大量的废料(8%～10%)，废料的多少取决于泡沫料的形状和切制品的复杂程度。模塑的座垫也产生一些边角料。其机械回收有以下几种方法：

1) 黏合剂涂覆、后模塑技术 将纯净的泡沫切成适宜尺寸的碎片，用黏合剂涂覆。黏合剂是一种异氰酸酯预聚物，由二异氰酸甲苯酯与聚醚多元醇制得。黏合剂用量为泡沫质量的 10%～20%。经过催化作用和充分混合，将泡沫黏合剂混合物放入一模具中压塑。在热和蒸汽作用下，泡沫在压缩中固化，密度可达 $40\sim100kg/m^3$。

2) 用作填充剂 软质泡沫塑料的另一种回收技术是将其粉碎，在泡沫生产中作填充剂。混合的多元醇/泡沫粉料糊可以在常用的泡沫加工设备中处理。为了得到最佳的性能，需调整催化剂和异氰酸酯的比例。实验表明，含回收料的软质泡沫的性能与不含填料的泡沫性能接近，且可以降低成本。

(2) 反应注射成型的聚氨酯(RIM-PU)

1) 作为填料

① 用于 RIM-PU 制品。用于生产 RIM-PU 制品，首先要对回收的材料进行粉碎，通常有两种方法：一是用粉碎机将其粉碎，料屑的尺寸为 6～9mm；二是在精密磨盘上研磨成 180μm 的微粒。然后采用一种“三股流” 工艺回收，如图 2-9-1 所示，回收料的加入量为 10%，多元醇、异氰酸酯和 RIM-PU 制品回收料分三股流入混合头中，混合后形成制品。从制品性能看，回收料对弹性体的性能影响很小，性能基本上与不含填料的制品性能相同，而且涂漆后制品表面光滑，可与不含填料的制品相媲美，且成本降低 5%。

② 用于热塑性弹性体。RIM-PU 回收料与 PP 的混合料注塑结果表明(表 2-9-1)，回收料的加入降低了 PP 的物理性能，但使回收料在 PP 中均匀分散，可提高制品表面性能。为提高混合物的性能，填料在加入前需进行改性，主要方法有以下几种。

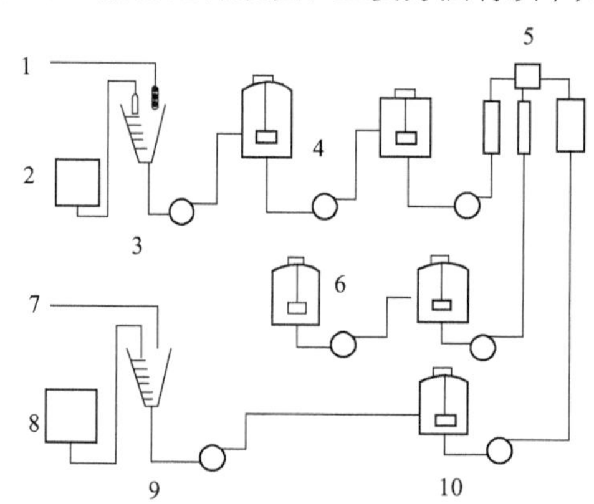

图 2-9-1 RIM-PU 回收料的“三股流” 再利用工艺流程

1，7—多元醇；2—玻璃纤维；3，9—预混站；4，10—多元醇料箱；5—三股流混合头；6—异氰酸酯；8—RIM 回收料；

Ⅰ. 活性处理：将热固性塑料用氨基硅烷等偶联剂进行表面活性处理。

Ⅱ. 加增容剂：用马来酸酐接枝聚烯烃和丙烯酸接枝聚烯烃等增容剂可促进回收料与PP的相容。

Ⅲ. 加无机填料：在混合物中加入10%～20%的硅烷处理的超细(1.8μm)滑石粉，可促进回收料与PP的相容性。

表2-9-1 含RIM-PU回收料的PP的性能(混合比例为1∶1)

性能	PP	RIM-PU/PP混合物
密度/(g/cm³)	0.91	0.89～1.0
拉伸强度/MPa	25	9.4～13.8
断裂伸长率/%	250	25～35
弯曲弹性模量/MPa	850	750～858

RIM-PU回收料作为热塑性弹性体的填料不仅仅可降低制品成本，重要的是可改善其性能，如改善耐热性和阻燃性、提高耐磨性和制品尺寸稳定性及耐蠕变性等。RIM-PU(玻璃纤维增强)的热变形温度可高达300℃以上，因此当其加入通用热塑性塑料后可改善其耐热性。RIM-PU的耐磨性好，摩擦系数低(0.01～0.03左右)，加入到非耐磨塑料中可提高其耐磨性，如加入到PVC鞋底料中可生产耐磨性鞋底。RIM-PU回收料属阻燃性填料，可改善热塑性塑料的阻热性能。

③ 用于热固性塑料和弹性体。在聚酯模塑复合材料如BMC或热固性聚酯复合材料中加入低密度的RIM-PU回收料后可扩大其应用领域。一方面玻璃纤维含量高的RIM-PU回收料对上述材料具有增强作用，另一方面加入10%的RIM-PU回收料后，复合材料的密度下降了3%，而收缩率、弯曲强度和冲击性能未受到影响，但加入RIM-PU后，聚酯复合材料的耐热性能下降，如改性的RIM-PU回收料填充的不饱和聚酯的最高使用温度仅在100℃。

2) 压缩模塑　压缩模塑是回收RIM-PU废料的另一个途径。在压缩模塑过程中不使用任何添加的黏结剂，而直接将研磨过的RIM-PU料压缩模塑成需要的形状。工艺流程如下：

在一定的温度、压力如185～195℃(持续7min)、30～80MPa(持续1.5min)和高剪切力作用下，RIM-PU粉料发生流动，颗粒间聚结在一起。压力越高，模塑件的性能越好。与热塑性塑料的注塑模塑(冷模)相比，这种压缩模塑技术可以在热状态下充模和脱模，温度保持在恒定温度(190±5)℃，不需要使用脱模剂。制品性能低于原制品，但可将其用作气流转向器、挡泥板等，价格上可与聚烯烃、SMC等竞争。

3) 用捏合机回收　捏和机回收PU的原理是通过热力学作用把分子链变成中等长度链，在这一反应过程中硬质的弹性PU材料被转化为软质的塑性状态，但并不是熔融态。实现这一状态转变的关键是将捏合机温度升高到150℃、对其中的PU物料施以大量的摩擦热，这样温度才能达到200℃，实现热裂解。工艺流程如下：

捏合机中热裂解(150℃，18min)→冷却至室温→在低温捏合机中粉碎→在捏合机中与异氰酸酯混合(50～700℃，5min)→充模→压缩模塑(20MPa，150℃，10min)→脱模。

9.1.1.2　酚醛树脂

废旧酚醛树脂主要是用作填充剂。填料的多少和填料颗粒大小对酚醛树脂性能的影响如

表 2-9-2 所列。酚醛树脂中加入回收料后，混合物整体性能下降。下降最大的是无缺口冲击强度(为 35%)，即使回收料含量仅为 5% 时也是如此，但用粒径小的回收料后性能有少许提高。令人感兴趣的是，含有回收料时，材料的缺口冲击强度反而有所提高，弯曲强度不受回收料量和颗粒尺寸的影响。另一方面拉伸强度值较低，即使在回收料含量较低时也是如此，在回收粒径较大时尤为严重。介电强度、吸水率和热变形温度基本上不受回收料含量和颗粒大小的影响。使用时应慎重，掌握混合物性能的变化。

表 2-9-2 酚醛树脂回收料对酚醛树脂性能的影响

材料组成	弯曲强度/MPa	拉伸强度/MPa	缺口冲击强度/(J/m^2)	无缺口冲击强度/(J/m^2)	热变形温度/℃
酚醛树脂	85.8	46.7	752	3154	115
酚醛树脂+5%大粒径回收料	74.0	23.1	904	1955	110
酚醛树脂+5%中粒径回收料	81.2	40.6	1135	2039	107
酚醛树脂+5%小粒径回收料	79.1	37	967	2376	109
酚醛树脂+10%中粒径回收料	80.5	—	736	2039	107
酚醛树脂+15%中粒径回收料	78.8	—	820	2018	111
酚醛树脂+20%中粒径回收料	77.0	—	749	1998	109

9.1.1.3 环氧树脂

将环氧树脂回收料加到环氧树脂配方中后，混合物的黏度增加，加工难度增大，强度和冲击性能下降，如表 2-9-3 所列。对于多胺固化试样，加入干回收料后弯曲强度只有少许下降，体积电阻增加。在酸酐固化配方中，加入浸泡过的回收料后环氧树脂与铝的黏结力大大增加。

表 2-9-3 回收料对环氧树脂性能的影响

材料	硬度(RCL)	挠曲模量/MPa	弯曲模量/MPa	落锤冲击能/J	热变形温度/℃	体积电阻/$10^{15}\Omega\cdot cm$
多胺固化材料	120	3272	111	1.13	103	1.700
含 20%的干回收料	129	2315	39	<1.13	90	1.340
含 20%浸泡的回收料	128	2239	46	2.23	108	0.024
聚酰胺固化材料	118	2638	84	3.39	60	0.690
含 20%的干回收料	121	2507	82	<1.13	54	2.300
含 20%浸泡的回收料	113	1626	40	1.13	46	0.870
酸酐固化材料	121	2467	83	2.26	70	12.100
含 20%的干回收料	122	2535	47	1.13	71	7.190
含 20%浸泡的回收料	126	1681	50	<1.13	65	8.010

注：回收料粒径的 70%~80%为 200~500μm，其余的小于 200μm，混合比例为：环氧树脂∶回收料=8∶20。

9.1.1.4 不饱和聚酯

不饱和聚酯片状模塑料(SMC)的回收利用主要是作填充剂。如将 SMC 粉碎，作预制整体模塑料(BMC)的填料。实验结果表明，含大粒径的 SMC 回收料 BMC 的拉伸强度、模量和冲击强度等性能下降，而含小粒径的性能下降不大。

SMC 的一个用途是将其磨碎至 200 目，代替碳酸钙作 SMC 的填充剂；SMC 还可以回收其中的纤维。

9.1.2 化学回收

热固性塑料的化学回收方法有水解、醇解和热裂解，只有含有羧基官能团的聚合物水解或醇解，才可得到其合成单体。而热裂解可回收各种材料。化学回收工艺是高温分解，高温分解是在无氧的环境下通过加热(不燃烧)的方法将一种材料化学分解为一种或多种可再生的物质。

高温分解是将塑料降解为可以重新利用的有机产品[54]，而焚烧是在有氧的环境下燃烧，释放出所有的热量，但留下的废渣必须填埋。因此，不要将高温分解与焚烧相混淆。

9.1.2.1 聚氨酯水解/醇解

聚氨酯的水解与 PET 的水解不同，不是其聚合的逆反应，水解得到的是其合成组分之一——二异氰酸酯与水的反应产物——二胺和多元醇，同时还得到二氧化碳。

$$-R-NH-\overset{\overset{O}{\|}}{C}-O-R^1- + H_2O \longrightarrow -R-NH_2 + HO-R^1- + CO_2$$

二胺可以转化成二异氰酸酯。聚氨酯水解之所以得到二胺，是因为其中含有的官能团，如软质泡沫塑料中的脲官能团、硬质泡沫塑料中的异氰酸酯官能团，水解成二胺和二氧化碳。如下式表示：

$$-R-NH-\overset{\overset{O}{\|}}{C}-NH-R- + H_2O \longrightarrow 2-R-NH_2 + CO_2$$

$$\text{(三个 N-R 取代的异氰脲酸酯环)} + 3H_2O \longrightarrow 3-RNH_2 + 3CO_2$$

聚氨酯水解，尤其是含有氨基甲酯和/或脲或异氰酸酯键的聚氨酯水解的诱人之处是可以将其中的所有材料都转化为二胺或多胺和多元醇。聚氨酯水解的主要缺点是二胺和多元醇在再利用之前需分离。

聚氨酯醇解可以将其中所有材料都转化为聚羟基化合物，使用前不必分离。如下式所示：

$$-R-NH-\overset{\overset{O}{\|}}{C}-O-R^1- + HO-R^2-OH \longrightarrow$$

$$-R-NH-\overset{\overset{O}{\|}}{C}-O-R^2-OH + HO-R^1$$

(1) 蒸汽水解

软质聚氨酯泡沫塑料在高压蒸汽作用下，可以水解为二元醇和二氧化碳。水解PU软质泡沫塑料可在立式反应器中连续进行，也可在双螺杆挤出机中进行。用乙二醇作溶剂可降低蒸汽水解PU的温度，达到合理的水解速率的温度为190～220℃。此外，少量的氢氧化锂(乙二醇质量的0.2%)可加速水解，在170～190℃时仅需几分钟即水解完全。上述两种情况均得到甲苯二胺，但用乙二醇作溶剂增加了产品与混合物的分离难度。用正十六烷萃取多元醇，正十六烷汽化后可得到高质量多元醇，这种多元醇可代替软质泡沫塑料配方中50%的多元醇。

(2) 醇解

醇解法的基本原理是利用烷基二醇为分解剂，在150～250℃温度范围内，使聚氨酯废料中的氨基甲酸酯基断裂，即氨基甲酸酯基团与烷基二醇进行酯交换反应，氨基甲酸酯基团被短的醇链取代，释放出长链多元醇[55]。与此同时，由于聚氨酯结构的复杂性，参与反应的基团比较多，还会发生很多副反应，主要的副反应是在醇解剂的作用下，脲基断裂生成胺和多元醇。

能使聚氨酯发生醇解反应的试剂称为醇解剂。常用的醇解剂包括二甘醇、乙二醇、二乙二醇、丙二醇、二丙二醇、丁二醇、聚乙二醇等。此外，还可使用助醇解剂，如醇胺、叔胺、碱金属和碱土金属的钛酸盐等，优点是反应温度较低，分解时间短，分解效率也比较高。使用碱金属的氢氧化物及盐类作助醇解剂时，多元醇对碱土金属离子比较敏感，要求碱金属离子含量少于10mg/kg，否则可能产生凝胶；用乙二醇或二甘醇作醇解剂，降解产物分层明显，产物颜色较浅，体系黏度较小，降解效果比丙二醇和丁二醇好。但乙二醇沸点较低，体系温度最高只能升至190℃左右，且由于接近沸点，有大量回流。因此，使用二甘醇比乙二醇对醇解反应更有利。

主要的醇解工艺：目前对废旧聚氨酯回收多元醇的方法中，以醇解法最为多见，并已取得了较好的经济效益和环保效益，是当今重点推广的回收方法。醇解工艺通常是在有回流冷凝条件下进行的醇解反应。投料之前充入氮气以排尽容器中的空气，并在整个反应实施过程保持氮封。

同时，由于聚氨酯本身的化学结构和醇解剂的影响，醇解过程中会生成有毒副产物芳香胺。根据美国OSHA的规定，当多元醇中的4,4′-MDA的质量分数高于0.1%时，就被认为是一种危险化学品；而且当多元醇中含有大量的—NH_2基团时，多元醇的反应性能会大大提高，这会使得反应过程难以控制。因此，降低降解产物中芳香胺的含量成为醇解法降解聚氨酯的主要研究内容之一[56]。

总之，选择合适的降解剂和降解条件可以获得高质量的多元醇，解决聚氨酯回收问题。这种方法可以用来回收硬泡沫(热绝缘性材料)、微孔弹性体(鞋底)和结构泡沫、柔性弹性体等，并且在回收硬的鞋底废料和聚氨酯泡沫中已得到了工业化的应用，Bayer公司、BASF公司和ICI公司在这方面都取得了一定的进展，江苏油田和胜利油田用复合降解剂对废PU泡沫降解也进行了试生产。

醇解产物的分离：醇解的目的就是回收多元醇。因此，如何将目标产物从复杂的降解产物中分离出来是研究的一个重点问题。醇解结束后，静置一段时间，产物分为两层，上层产物主要是高分子量多元醇及过量降解剂(如小分子二元醇)；下层产物主要含有脲、氨基甲酸酯等。

降解回收的多元醇的纯度一般根据后续制品的要求而确定，对于一些纯度要求不太高的制品，醇解产物甚至都不需要特别处理。

9.1.2.2 不饱和聚酯水解/醇解

不饱和聚酯大量地用于生产片状模塑料。SMC 是将切断的玻璃粗纱(长 25～50mm)分散在不饱和聚酯和乙烯基单体(如苯乙烯)的混合物中，添加交联剂、催化剂、增厚剂(如碳酸钙、氧化镁)等制得的。

固化的不饱和聚酯在 225℃ 下水解 2～12h 后，过滤得到间苯二甲酸(理论上可得到 60%)、苯乙烯与酸的共聚物及未水解的反应材料等。

SMC 醇解可以得到油，产率最高可达 18.3%，有的油的热值为 45～53MJ/kg，可作燃料油使用。于 400℃下，SMC 在空气中醇解得到的油可作环氧树脂的增韧剂。随着醇解油含量的增加，环氧树脂的拉伸强度和压缩强度下降，伸长率和压缩变形率增加，而基体的黏度下降。这种醇油与环氧树脂的相容性很好，固化过程中和固化后都没有出现相分离和油析出，即使在室温下加压也不会产生上述现象。

SMC 醇解得到的玻璃纤维-碳酸钙残留物中玻璃纤维长 5～10mm，直径约 18μm，可用作环氧树脂的填充剂。实验表明，在环氧树脂加入 30%的玻璃纤维-碳酸钙残留物不影响环氧树脂的性能。

9.1.3 裂解

裂解是将聚合物的大分子链断裂，生成小分子物质。裂解有热裂解、催化裂解及加氢裂解等。

9.1.3.1 热裂解

(1) 聚氨酯

聚氨酯的热解温度为 250～1200℃。丙二醇和二异氰酸甲苯酯生产的聚氨酯在空气气氛下，于 200～250℃下热解使聚氨酯键自由断裂成异氰酸酯和羟基。温度升高，醚键断裂，产生一系列的氧化产品。在类似的条件下，软质泡沫塑料在 300℃时失去其中的大部分氮，同时失重约 1/3。对于硬质泡沫塑料而言，温度(200～500℃)越高，失氮和失重越多。在 200～300℃时，硬质聚氨酯泡沫塑料产生异氰酸酯和多元醇，比例相同。二异氰酸甲苯酯生产的软质泡沫塑料可分解为聚脲，二苯基甲烷-4,4′-二异氰酸酯生产的硬质泡沫塑料热分解得到聚碳二酰亚胺。当温度高于 600℃时，聚脲和聚碳二酰亚胺可进一步分解为腈、烃和芳香族复合物。

(2) 不饱和聚酯片状模塑料

不饱和聚酯片状模塑料热裂解产生的燃料气体足够维持热分解反应。热解的固体副产物如碳、碳酸钙和玻璃纤维排出反应器，冷却，分离。实验表明，20%的固体副产物可代替碳酸钙用于 SMC 中而不损害产品的性能和表面质量。

(3) 酚醛树脂

酚醛塑料热解后可产生活性炭。工艺如下：将温度升至 600℃(升温速度为 10～30℃/min)，保持 30min，酚醛树脂即可被炭化形成碳化物。用盐酸溶液将碳化物中的灰分溶解掉，增大活性炭产量，产率为 12%，产品的比表面积达 1900m^2/g。这种活性炭的吸附能力较强，对十二烷基苯磺酸钠的吸附能力为通用活性炭的 3～4 倍。

(4) 氨基塑料

蜜胺塑料和脲醛塑料也可以热裂解，生产活性炭。在炭化温度600℃、炭化时间30min、活化用水蒸气温度为1000℃条件下，脲醛塑料的活性炭产率为2.6%，产品比表面积为$750m^2/g$。

9.1.3.2 加氢裂解

加氢裂解是使大分子中的C═C键被氢化，抑制高温下炭析出，防止炭化发生。同时需使用催化剂，常用的催化剂为分解和加氢两组分双功能型催化剂，如铂/二氧化硅、钒/沸石、镍/二氧化硅等。

酚醛塑料在440～500℃下加氢裂解时，如不使用催化剂，得到30%的小分子液体；以铂/活性炭作催化剂，则可得到80%的小分子液体，其中含有40%～50%的苯酚单体，其余为甲酚、二甲酚、环己醇、烃类气体和水等小分子物质。催化剂提高氢化产率的原因在于酚醛骨架结构中的羟基或醚键的氧及游离羟甲基被吸附在铂的活性表面上，促进加氢作用的发生。

蜜胺塑料在氧化镍作用下也会发生加氢裂解。在200℃时分解反应就开始发生；持续升温至300℃时分解速率加快；升至400℃时，蜜胺会全部加氢裂解。其裂解产物为气体，裂解气化率达68%，其中37%是氨气，31%是甲烷。

9.1.4 能量回收

一般来说，含有有机物或完全是有机物的废弃物都能焚烧。有些物质如PP、尼龙和聚氨酯能量含量极高，其热值等于或高于煤，但SMC的有机物含量很低并且灰渣含量很高，不利于用焚烧法处理SMC。但焚烧处理SMC对环境没有污染，也不释放出有毒物质。

热固性塑料的焚烧既安全又经济，且得到环境部门的认可，同时还可以回收热量。聚氨酯泡沫塑料、含有聚氨酯和聚氯乙烯的混合塑料、汽车塑料残留物等的焚烧排放物含量均在环境部门认可的范围内。

热固性塑料的能量回收现仅限于研究阶段。现有的技术已经可以做到安全经济地焚烧这些材料而对环境无害。既可焚烧像聚氨酯泡沫、聚氯乙烯、汽车塑料件的混合物，也可以控制其排出的有害气体浓度在允许的范围内。

硬质聚氨酯泡沫废料在700℃燃烧时，焚烧彻底，聚氨酯完全分解，体积减少在85%以上，排出的有害气体为：NO_x 80mg/kg，氯化氢0.25mg/kg。另有少量的三氯氟甲烷，不含一氧化碳、异氰酸酯、氢氰酸、酚、甲醛及光气等物质。

9.2 废旧热固性塑料的利用[57]

9.2.1 废旧热固性塑料用作填料

废热固性塑料成本十分低，又易粉碎成粉末状，因此可用作填料。

由于热固填料本身具有聚合物结构，因此同塑料的相容性好于无机填料。实质上是不同聚合物之间的共混改性。如果将热固填料加入同类塑料中(如PF填料加入PF树脂中)，则这种填料可不必经过处理而直接加入，相容性很好，但如果将热固填料加入其他各类塑料中，则其相容性往往不够理想。因此，填料在加入前往往要进行改性处理，处理方法有以下几种。

(1) 活性处理

将热固填料用偶联剂进行表面活性处理。可选用的偶联剂有氨基硅烷等。

(2) 加增容剂

增容剂可促进聚合物类填料同聚合物的相容，可选用的增容剂有马来酸酐改性聚烯烃和丙烯酸改性聚烯烃。

(3) 加无机填料

超细(1.8μm)滑石粉，用硅烷处理，可促进热固填料同塑料的相容性，加入量为10%～30%。

废热固填料不仅起降低成本的作用，更主要的是改善其性能。

(1) 改善耐热性

废热固填料的耐热性都很好，其热变形温度在150～260℃范围内，填充玻璃纤维的还要高，可达300℃以上。因此，这种填料加入通用热塑性塑料中，可改善其耐热性。

(2) 提高耐磨性

废热固填料的耐磨性都很好，其PV值高，摩擦系数低(0.01～0.03左右)。这些填料加入到非耐磨塑料中，可提高其耐磨性。如加入PVC鞋底中，可制成耐磨鞋底。

(3) 改善阻燃性

热固填料大都属于自熄性难燃填料，如脲醛、三聚氰胺甲醛、有机硅、聚氨酯及聚酰亚胺等。酚醛塑料填料属于慢性填料。因此，这种填料加入后，可提高塑料的阻燃性能。

(4) 提高尺寸稳定性和耐蠕变性

不管加入何种塑料中，热固填料在改善其性能的同时也降低了其流动性。因此，在这种填料中，要加入适量润滑剂，主要有聚四氟乙烯蜡(可用于PF)、羟甲基酰胺(可用于氨基塑料、PF)等。这种填料除可用于所有塑料外，还可用于水泥、陶瓷、沥青等建材中。

9.2.2 废旧热固性塑料生产塑料制品

废热固性塑料不能通过重新软化使之流动而重新制成塑料制品，但可将其粉碎后，混入黏合剂而使其互相黏合为塑料制品，此制品仍然具有很好的使用性能。

废塑料的粒度影响产品质量。粒度太大，产品表面粗糙；粒度太小，产品表面无光泽且强度太小，并需消耗大量黏合剂，增加成本。要求粒度大小适中，一般为20～100μm；粒度还应呈正态分布，不应完全均匀。

黏合剂可以选用环氧树脂类、酚醛树脂类、聚氨酯和异氰酸酯类等。

9.2.3 废旧热固性塑料生产活性炭

活性炭是一种重要的化工产品，可广泛用于吸附、离子交换剂。用废热固性塑料生产活性炭成本低、性能好。

用废塑料生产活性炭的研究从1940年就已开始，其技术关键在于高温处理形成的炭化物，使具有乱层结构并难以石墨化的炭化物形成具有牢固键能的主体结构，需要采取的措施有：

a. 注意炭化时的升温速度不能太快，一般以10～30℃/min为宜；

b. 应引入交联结构；

c. 加入适当添加剂。

形成立体结构的炭化物还要进行活化处理，以增大其表面积，提高吸附能力。在炭化温度600℃、炭化时间30min、活化用水蒸气于1000℃时，酚醛塑料的活性炭产率为12%，产品表面积1900m^2/g；脲醛塑料的活性炭产率为5.2%，产品表面积为1300m^2/g；蜜胺塑料的活性炭产率为2.6%，产品表面积为750m^2/g。

9.2.4 废旧热固性塑料裂解小分子产物

废塑料的裂解方法有热裂解、催化裂解及加氢裂解等，其共同机理为分子链断裂，生成小分子产物，如单体等。

废热固性塑料一般采用加氢裂解的方法，使其中C═C键被氢化，抑制高温下炭析出，防止炭化现象产生。在加氢裂解时，也需采用催化剂。常用的催化剂为分解和加氢两组分双功能型，如铂-二氧化硅、钒-沸石、镍-二氧化硅等。

9.2.5 废旧热固性塑料降解生产低聚物

废热固性塑料具有的交联主体结构，不能重新加热塑化成型。如果采取适当方法使其交联结构破坏，降低交联度或成为线型聚合物，则又可重新模塑成新的制品。

降解的方法主要有热降解、机械降解、辐射降解和氧化降解。这方面的报道很少。

热固性聚酰亚胺膜是一种新型的功能膜。其回收方法为：先将PI膜进行碱化处理，再进行酸化处理；酸碱处理后，再用水洗并干燥；最后，将此膜溶于溶剂中，即制成PT溶液。此溶液可用于制漆，如生产包线漆、浸渍漆或重新用作PI膜生产原料。上述方法回收率可达95%。

9.2.6 废旧热固性塑料生产改性高分子

废热固性塑料中含有苯环、氨基等可反应基团。利用这些可反应基团进行高分子反应可生成新的高分子材料。例如，将废PF塑料用浓硫酸进行磺化反应，得到的新聚合物可用作阳离子交换剂。将其先氯甲基化后，再进行胺化，可得到阴离子交换剂[58]。

9.2.7 废旧热固性塑料生产轻质混凝土建筑材料

Phaiboon等[59]通过在砂石中混入一定粒径大小的热固性塑料粉末做成非结构型的轻质混凝土建筑材料，以期望为废旧热固性塑料带来最有效的经济效益，他们通过改变不同的配比，发现回收型热固性塑料的添入不仅降低产品的密度和质量，同时也降低产品的拉伸强度，但产品的最终性能仍能满足标准制件的要求。通过不断地改变试验配方，发现最好的试验配比为水泥∶沙∶煤粉灰∶塑料＝1.0∶0.8∶0.3∶0.9，产品的拉伸强度和干燥密度为4.14N/mm^2、1395kg/m^3，该制件的性能参数满足ASTM、C129Ⅱ型中非结构型轻质混凝土的标准。

9.2.8 废旧热固性塑料生产水泥混合物

牟鹏等[60]也利用废旧线路板中的热固性塑料，并以改变不同的配比进行试验，从而得出最优配比方案来获取制件较好的弯曲强度和压缩强度。从混合的试样中也可以发现废旧粉末对产品的弯曲强度及压缩强度的改变幅度并不是很大，从表2-9-4中可以发现R3用品的弯曲强度最好，R4 样品的压缩强度最好。

表 2-9-4 不同配比条件下水泥混合物的弯曲强度和压缩强度值

样品代号	普通水泥/g	沙/g	线路板中的非金属成分/g	水/mL	弯曲强度/MPa	压缩强度/MPa
R1	540	1351	0	238	8.30	0.43
R2	505	1199	63	222	8.18	0.43
R3	474	1066	118	208	8.76	0.44
R4	446	949	167	196	8.65	0.46
R5	422	844	211	186	8.03	0.35
R6	400	750	250	176	7.42	0.31

9.2.9 废旧热固性塑料生产沥青添加剂

同期也有人把废旧热固性塑料用于铺路材料[61~63]。

当中，由于大量使用沥青改性剂来改善铺路沥青的性能，造成了经济成本的压力，因此可利用废旧热固性回收料代替新原料添加到沥青铺路材料中来减少浪费和提高道路表面性能[64,65]，这些废旧型的材料可有效减缓沥青的降解，提高热膨胀性、低温环境下的耐疲劳性能，降低黏流性，并且有效提高在高温条件下的剪切模量。

第10章 泡沫塑料的高值利用

泡沫塑料也叫多孔塑料，是大量气体微孔分散于固体塑料中而形成的一类高分子材料。质轻、绝热、吸声、防震、耐腐蚀，且介电性能优于基体树脂，用途很广。广泛用作绝热、隔声、包装材料及制车船壳体等[66]。用机械法(在进行机械搅拌的同时通入空气或二氧化碳使其发泡)或化学法(加入发泡剂)制得，分闭孔型和开孔型两类。闭孔型中的气孔互相隔离，有漂浮性；开孔型中的气孔互相连通，无漂浮性。可用聚苯乙烯、聚氯乙烯、聚氨基甲酸酯等树脂制成。几乎各种塑料均可做成泡沫塑料，发泡成型已成为塑料加工中一个重要领域。20世纪60年代发展起来的结构泡沫塑料，以芯层发泡、皮层不发泡为特征，外硬内韧，比强度(以单位质量计的强度)高，耗料省，日益广泛地代替木材用于建筑和家具工业中。聚烯烃的化学或辐射交联发泡技术取得成功，使泡沫塑料的产量大幅度增加。经共混、填充、增强等改性塑料制得的泡沫塑料，具有更优良的综合性能，能满足各种特殊用途的需要。例如用反应注射成型制得的玻璃纤维增强聚氨酯泡沫塑料，已用作飞机、汽车、计算机等的结构部件；而用空心玻璃微珠填充聚苯并咪唑制得的泡沫塑料，质轻而耐高温，已用于航天器中。

微孔间互相连通的称为开孔型泡沫塑料，互相封闭的称为闭孔型泡沫塑料。泡沫塑料有硬质、软质两种。泡沫塑料与纯塑料相比，密度低，质轻，比强度高，强度随密度增加而增大，有吸收冲击载荷的能力，有优良的缓冲减振性能、隔声吸声性能，热导率低，隔热性能好，有优良的电绝缘性能，具有耐腐蚀、耐霉菌性能。软质泡沫塑料具有弹性优良等优点[67]。

10.1 泡沫塑料回收和利用概况

泡沫塑料主要用作包装材料，在废弃物数量中占垃圾总量的比例是有限的，仅为家庭垃圾的0.2%，包装材料的1%，废塑料中的3%。但是，塑料在发泡成型后体积扩大50～80倍，表面容积可达75～120L/kg，非常之大。所以，家庭主妇们批评这是超量包装，并且这也是造成垃圾处理场能力下降的原因之一。再者，在焚烧处理时因发热量大(10500kcal/kg)(1kcal≈4185.85J，下同)，往往毁坏焚烧炉，并由于冒出黑烟，一般认为这是造成环境污染的根源，是所谓塑料公害的典型代表。简而言之，泡沫塑料种类也很多，其代表性的品种是泡沫PS、泡沫PE和泡沫氨基甲酸乙酯[68]。

目前虽然没有完全掌握这些泡沫塑料废弃物的总体处理或处置的现状，但对于排放比较集中的全国中央批发市场的泡沫 PS 鱼箱的有关报道，最高的是场内焚烧，占 42%，其次是委托处置，占 35%，场内熔融固化合计占 22%。据此认为，今后将向熔融固化后的再生利用这一方向发展。

在废泡沫塑料的处理上，最大问题仍是回收成本。即如果原封不动地收集和装运，就如同是在“运送空气”，所以最好能适当集中，在排出现场进行脱泡处理。

由于处理能力的限制，我国的很多大城市包括杭州和北京，已禁用聚苯乙烯泡沫快餐盒，而采用价格较贵、强度较差的纸质快餐盒。仅从废弃后对环境的影响程度来说，易于腐烂的纸制品无疑比聚苯乙烯泡沫要小得多，但考虑得再深一点，制造纸快餐盒的优质纸浆需要消耗大量的树木，而且造纸厂对环境的污染也远比塑料厂要大。

所以说回收泡沫塑料还有着极为重要的社会意义。泡沫塑料回收与再生的方法概括起来有以下几种：a. 脱泡熔融挤出回收聚苯乙烯粒料；b. 复合再利用；c. 热分(裂)解回收苯乙烯和油类；d. 利用废聚苯乙烯泡沫制成涂料、黏合剂类产品；e. 直接再利用废聚苯乙烯泡沫。

对普通聚苯乙烯和高抗冲型聚苯乙烯废料回收，清洗后可直接破碎熔融挤出造粒，如果是不含杂质的干净边角料，可直接加入新料中使用，但回收的废聚苯乙烯制品往往含有不同程度的杂质，使再生制品不透明或有杂色。通常用于生产非食品接触性制品，其使用效果依然很好。

废聚苯乙烯泡沫的回收则比较麻烦。如果回收的泡沫较干净，也可以获得较干净的粒料，可直接掺混于聚苯乙烯新料中使用，但大量的聚苯乙烯泡沫垫块、各种快餐饭盒和饮料杯都较肮脏，表面沾满了尘土及原来内容物的残渣渍液，还有相当多的容器表面复合有纸、铝箔等其他物质，如不清洗与分离是无法回收利用的。

10.1.1 混合废塑料的分离

废聚苯乙烯制品主要是各种快餐盒、盘、饮料杯、罐及食品托盘，还有各种家用电器的泡沫包装垫块等，这其中有些是纯聚苯乙烯板、片制造的，有发泡与不发泡的，还有的是与其他材料复合的。废聚苯乙烯塑料的回收利用与其他废塑料的回收利用既有相同之处也有不同的一面，主要是聚苯乙烯发泡制品废弃物的回收较其他废塑料要相对困难一些。

10.1.2 直接回收利用

10.1.2.1 填充改性其他材料

将一般 PS 泡沫废塑料或一次性废弃餐盒粉碎成小块，填充于水泥或添加黏结剂中，可制作水泥隔板、轻质屋顶隔热板、轻质混凝土等各种轻质建筑材料。例如，德国在黏土中添加 6%～20%的 PS 再生颗粒生产出轻质保温砖。这种多孔的保温砖要比普通保温砖的保温性能提高 1 倍以上。日本用 2～3cm 大小的 PS 再生颗粒代替土建中的石子。芬兰公路研究中心通过粉碎、加热等途径，将 30%的 PS 为主的废塑料添加到沥青中用于筑路，这种路富有弹性，与车轮摩擦时产生的噪声极小。此外，可在墙壁或夹板之间填充 PS 泡沫塑料小颗粒，作隔声材料。

10.1.2.2 模塑制备聚苯乙烯泡沫塑料

原化工部成都有机硅中心也对废聚苯乙烯泡沫进行了研究，他们将废聚苯乙烯泡沫再生成可挥发性聚苯乙烯(EPS)，然后模塑制成聚苯乙烯泡沫塑料。工艺方法是：将废聚苯乙烯泡沫在100℃加压，使其软化收缩，再投入可挥发性凝胶液中(凝胶液由发泡剂石油醚和溶剂组成)，废聚苯乙烯泡沫收缩成凝胶料团，再对料团进行捏合、挤出、造粒，在常温下风干，即成可发性聚苯乙烯产品。这种工艺采用的溶剂属易燃易爆品，用量也大，必须回收。

10.1.2.3 溶剂法回收利用

在合成革生产中会产生相当数量的块状废聚苯乙烯，由于其中含有大量的甲苯、十八醇、山梨醇等无法分离与回收利用。山东烟台化工研究所研究出有机溶剂萃取回收聚苯乙烯的方法。该方法是以 C_4～C_8脂肪醇作为萃取剂，在密闭的容器内加入废聚苯乙烯塑料和萃取剂，在一定的温度下回流，萃取废聚苯乙烯，然后分离萃取混合液和聚苯乙烯，即得到聚苯乙烯和其他化工原料。分离后的聚苯乙烯烘干造粒即是聚苯乙烯粒料，性能指标基本上符合部颁聚苯乙烯标准。另外，回收的甲苯、十八醇、山梨醇均是有用的化工原料，萃取液可重复使用。这种方法如能工业化生产，则可以解决多年来困扰合成革厂处理废聚苯乙烯的这一难题。

10.2 泡沫塑料的裂解利用

10.2.1 裂解制油、气方法

可以认为废塑料热分解油化就是以石油为原料的石油化学工业制造塑料制品的逆过程。通常，将废塑料热分解油化有以下3种方法。

① 在无氧、近650～800℃的高温下单独热分解的方法。这种情况下获得的液状产物量低于50%。

② 先在200℃左右的催化罐里催化热分解，再对经热分解生成的重油在400℃左右进一步热分解，可生成轻质油，液状产物量高达80%。

③ 在9.8～39.2MPa的高压氢中，在300～500℃温度下可使用多种原料的加水法。

10.2.2 油化的工业方法

在废塑料制备液体燃料油的实际应用过程中，各研究单位将上述裂解方法细化，形成了各自的研究特色，其中德国的Veba法、英国的BP法和日本的富士回收法等规模较大，并且已进入了商业化阶段。另外其他方法也在研究和应用过程中，下面将分别叙述[69]。

(1) 德国的Veba法

德国的Veba法利用了Botrop炼油厂的一套煤液化装置进行试验，反应进料为减压渣油、褐煤和废塑料的混合物，反应条件与原油的加氢裂化相似，产物包括石油化工原料的 C_1～C_4气态烃，C_5以上的烷烃、环烷烃和芳烃。含聚氯乙烯废塑料裂解的关键问题是氯化氢的脱除，对氯化氢的去除包括裂解前聚氯乙烯分解收集、裂解反应中添加纯碱和石灰，用于中和废塑料裂解过程中释放的氯化氢。

Veba法与其他方法的不同之处在于它是加氢裂化技术，以解决废塑料裂解过程中氢不足的问题，使裂解产物如烯烃、炔烃烷构化，同时氢气可对裂解中的废塑料起到搅拌作用。

(2) 日本的富士回收法

日本的富士回收法是富士回收公司、日挥北开试公司和Mobil公司拥有的三种技术的合成。日挥北开试公司的技术提供了废塑料熔融减容和聚氯乙烯分解脱去氯化氢这两个重要的前处理过程，富士回收公司提供了废塑料裂解反应装置技术。Mobil 公司提供了裂解产物的催化改质技术。不用搅拌装置是富士回收法与其他熔融裂解方法的不同之处。富士回收法利用工业废料炼油的 5000t/a 装置于 1992 年 6 月开始运转生产。

（3）英国的 BP 法

英国的 BP 法采用沙子流化裂解反应器，其裂解温度为 400～600℃，废塑料经熔融后进入流化床中裂解，裂解生成的气相产物经冷凝后分离出液体产物，部分气态烃返回流化床。BP 法允许废塑料中含 2%聚氯乙烯，其产品中氯含量低于 5mg/kg。裂解生成的氯化氢被反应床中的碱性氧化物吸收，金属杂质沉积在沙子上，最终作为固体废物除去。BP 法的产品中烯烃分布类似于裂解石油得到的烯烃分布，该方法已于 1997 年实现工业化。

该方法最大的特点在于它使用的裂解反应器为沙子流化床，以前的裂解反应器为床裂解釜。沙子流化床的优点在于颗粒均匀的沙子在反应器内的温度分布均匀，通过螺旋裂解反应器，有较好的流动性。一方面，由于废塑料的导热性差，物料温度难以达到均匀，使达到热分解的时间较长；另一方面，废塑料受热后产生高黏度熔化物，难以流动且炭残渣黏附于反应器壁上，不利于其连续排出。当使用沙子流化床裂解反应器时，温度分布均匀的、较好流动性的沙子可以解决上述废裂解过程中出现的问题。使废塑料裂解温度均匀，熔化物较易流动，炭残渣不再黏附于反应器壁，使废塑料裂解反应连续化、工业化。

（4）BASF 法

大致来说，BASF 法的过程与富士回收法相近，同样利用聚氯乙烯分解温度比其他塑料初始分解温度低的特点，在废塑料裂解前首先脱去氯化氢，同时在 250～380℃将废塑料熔融液化，达到减容和均匀化的目的。反应中脱氯化氢的主要方法是利用较廉价的碱性固体物质来进行吸收，如氧化钙、碳酸钠或其他碱性溶液。在第二阶段主要进行热裂解，裂解温度控制在 400～500℃。该方法的特点在于使用熔融槽，进料温度为 300～400℃，这样有利于废塑料的裂解。该方法适用的废塑料范围比较广：聚乙烯、聚丙烯、聚苯乙烯和少量的聚氯乙烯。

（5）Kurata 法

日本理化学研究所开发了 Kurata 法。该方法在催化剂及反应工艺等方面有独到之处。该方法在流程中设置了氯化氢中和装置，因而对废塑料中聚氯乙烯含量没有明确限制，当聚氯乙烯占 20%（质量分数）时，氯化氢脱除率仍可达 99.91%，生成的油品中氯含量在 100mg/kg 以下。

该方法的突出特点是其生成油品主要是煤油，这与其他方法的产物组成明显不同。与富士回收法相比可以发现，在聚苯乙烯裂解生成油品中，富士回收法的烷烃含量为 4.8%（体积分数，下同）、烯烃 3.7%、芳烃 91.5%，而 Kurata 法则分别为 82.3%、0 和 17.7%。如此大的差异曾引起部分人的怀疑，但是该法的发明者仓田认为，这是裂解反应机理不同所致：在裂解反应中，反应物发生了电子重排，使苯环断裂，这与催化剂有关。最近 Kurata 法专利中精制温度提高到了 360～450℃。

（6）USS 法

大多数废塑料裂解过程都采用两个槽：第一个槽用于废塑料的熔融减容和均匀化；第二个槽温度较高，用于废塑料的裂解反应。USS 采用的则是带搅拌装置的单槽裂解器，其上部为裂解产物的催化反应塔，热分解炉和催化反应塔二者合为一体，其结构虽然比较复杂，但是该方法缩短了废塑料裂解流程，减少了一些设备。该方法适合的原料为聚乙烯、聚丙烯、聚苯乙烯等，不适合于聚氯乙烯的裂解。

10.3 PVC 泡沫塑料裂解利用

与其他塑料不同，PVC 废塑料中含有约 59%的氯，裂解时，氯乙烯支链先于主链发生断裂，产生大量 HCl 气体，对设备造成腐蚀，并使催化剂中毒，影响裂解产品的质量。因此在裂解 PVC 时首先应作 HCl 脱除处理。

常用的 HCl 脱除方法有以下 3 种。

1）裂解前脱除 HCl　在 350℃以下时，脱 HCl 活化能为 54～67kJ/mol，PVC 降解的主要反应是脱 HCl 反应，且脱出的 HCl 对脱 HCl 反应有催化作用，使脱除速度加快，生成的挥发物中 96%～99.5%为 HCl。350℃以上脱 HCl 的活化能为 12～21kJ/mol，但此时主要是碳碳键的断裂。因此可以在较低温度下(如 250～350℃)先脱去大部分的 HCl，然后再升高温度进行裂解。

2）裂解反应中除去 HCl　这种方法是在裂解物料中加入碱性物质，如 Na_2CO_3、CaO、$Ca(OH)_2$或加入 Pb，使裂解出的 HCl 立即与上述碱性物质发生反应，生产卤化物，以减少 HCl 的危害。在碱中脱 HCl 速度顺序是 NaOH>KOH>$Ca(OH)_2$。

3）裂解反应后除去 HCl　这种方法是在 PVC 裂解后，收集产生的 HCl 气体，以碱液喷淋或鼓泡吸收的方式加以中和。

为解决裂解中的结焦问题，在从热分解槽到原料混合槽的循环管路中装有离心沉降器，将熔融物料进行循环并加热，同时形成槽内熔融物的搅动，使炭和其他固体残渣沉积下来，然后定期清除。用热分解物料循环而不用搅拌装置，是富士分解法的独到之处。

1）加氢催化裂解　PVC 加氢催化裂解是将粉碎并除去金属及其他杂质的废旧 PVC 碎料与油或类似物质混合形成糊状，然后在氢化裂解反应器中于 500℃、400MPa 高压氢气气氛下进行热裂解，脱除 HCl。裂解产物在洗涤器中除去无机盐，液体产物经分馏得到化工原料、汽油及其他产品，挥发性的烃类化合物作为裂解供热用的气体燃料。与一般裂解方法相比，气体和油的收率更高。

2）其他裂解方法　超临界水废塑料油化法是一种新型的裂解方法，与现有的热裂解法相比，这种方法可以加速塑料分解，减小设备尺寸，且不需任何催化剂和反应药品，成本低廉。

使用超临界水作反应溶剂将废塑料转化成汽油或润滑脂的过程相当容易，只需控制处理时间与温度及水的添加量，反应时间很短，油化率极高。如 400～500℃、压力 25～30MPa 下只需几分钟，80%以上的废塑料都可以回收，产品主要是轻油，几乎不产生焦炭及其他副产物。作反应性溶剂使用的水可以重复使用，油化产生的油和瓦斯可作油化反应器的热源，对环境无不利影响。目前这种方法还处于试验阶段，形成工业生产规模还需时日。

10.4 PE 泡沫塑料裂解回收

现在 PE 泡沫塑料可分为交联和无交联两种，交联泡沫塑料约占 PE 泡沫塑料市场的 50%，并以每年 25%的速度增长。交联发泡 PE 塑料广泛应用于以下领域。

① 包装行业，由于其良好的缓冲性，能防震、防碎，常用于包装精密仪器和易碎器皿。

② 工业上常用于一些管道的隔热保温、包裹腐蚀环境中的管道、潮湿环境下对金属的保护等。

③ 建筑工程领域用作冷藏库屋面的保温材料，广泛用于工厂、仓库、体育馆等建筑物的屋顶上。

④ 体育用品上常用作防护设备、运动鞋的内衬、文娱玩具、救生游泳用品、游泳场的蒙皮等。

⑤ 通运输领域用于各种汽车、火车、轮船、飞机的装饰保温材料等。

由于以上广泛的运用，其产生的这种废塑料也比较多，有必要探究其回收利用问题[70]。

废聚乙烯裂解再生分为产气、产油和产蜡技术，是将聚乙烯经热分解或催化裂解，制成小分子化合物。通过这个途径将聚乙烯经过化学处理成能源、化工原料等。

(1) 废旧 PE 塑料裂解制取燃料油的工艺方法

1) 热裂解法油化工艺　热裂解法即通过提供热能，克服废塑料聚合物裂解所需活化能使之分解为小分子的烃类化合物，伴随有不饱和化合物的产生和聚合物交联乃至结焦。该方法反应温度高、时间长，所得到的液体燃料是沸点范围较宽的烃类物质，其中汽油和柴油馏分含量不高。由于该方法难以得到有经济价值的油品，目前已较少应用。

2) 催化裂解油化工艺　由于热裂解反应温度高，反应时间长，塑料的导热性能又差，因此造成反应设备利用率低，反应物易析炭、结焦。为了降低裂解反应温度，将催化剂与废塑料混合在一起进行加热，使热裂解与催化裂解同时进行，这就是催化裂解法。另外，催化剂的择形作用还可以改善产品分布。使用催化剂进行催化裂解反应，所生成的油料品质比热分解的有所提高。催化裂解的产品碳数分布较窄，液相产品中含有大量异构烷烃和芳香烃，它们是汽油中的理想组分。

该工艺优点是温度低，全部裂解所用时间短，液体收率高，设备投资少。缺点是所生产的油品质量不稳定，难以满足高使用性能要求，使该法受到限制。

3) 热解-催化改质法及催化裂解-催化改质法油化工艺　由于在高温下的催化裂解所产生的油品质量不稳定，难以满足高使用性能要求，因此必须对热解产物进行催化改质，得到油品，以进一步改善油品质量，所以又称二步法。该工艺在废塑料处理行业应用最多，如日本的富士公司回收法、KU-RATA 法、德国 BASF 公司回收法。为了缩短裂解时间、降低裂解温度，可在二步法的热解阶段加入少量催化剂，使之成为催化裂解-催化改质工艺。

(2) 聚乙烯催化裂解机理

对于聚乙烯的裂解已经做了大量研究，其裂解机理主要是发生自由基无规则降解，及断链反应在聚合物链的任意部位随机发生，生成分子大小不一的裂解产物。裂解反应中既有催化裂解反应又有热裂解反应，是碳正离子和自由基共同作用的结果。目前普遍认为固体酸作用下的聚乙烯的裂解属于碳正离子机理。按碳正离子机理所进行的催化裂解反应，需要催化剂有强的酸性，提供碳正离子产生的质子，才能表现较高的活性。

1) 链引发　在聚合物链上的“弱键”上引发裂解反应。聚合物链上的烯键受酸催化剂上的质子攻击发生加成反应，形成碳正离子。

2) 链断裂　在固体酸催化剂活性中心及其他碳正离子的攻击下，聚合物分子链断裂，分子量降低，生成多聚物大约为 C_{30}～C_{80}，多聚物进一步裂解，生成分子量更小的液体或气体，大约为 C_{10}～C_{25}。

3）异构化　在裂解产物中可以发现有烯烃和环烷烃生成，这是因为在裂解过程中聚乙烯发生了异构化，在反应过程中，碳正离子能够发生重排反应，出现烯烃的双键异构以及芳环化，从而产生烯烃及环烷烃。

（3）裂解反应的影响因素

催化剂是影响裂解反应中产品分布的重要因素。裂解催化剂应具有高活性和选择性，既要保证裂解过程中生成较多的低碳烯烃，又要使氢气、甲烷以及液体产物尽可能低，还要求催化剂具有高的热稳定性、机械强度和低成本。所以制备和选择高性能的催化剂成了废聚乙烯裂解的关键。目前所采用的裂解催化剂主要是分子筛催化剂，例如 Cax、USY、HASM-5、REY、MCM-41、KFS-16、H-gallosilicate 等。虽然它们在裂解过程中都表现出较强的活性，但由于强酸位数过多反而会降低裂解率。太强的酸位可能会使催化剂在短时间内就失活。并且分子筛的孔径过大容易结焦，过小不利于充分利用表面。二氧化锆是一种同时具有酸碱性和氧化还原性的高熔点、高沸点材料，既可用作催化剂，也可用作催化剂载体。它是具有酸位和碱位协同作用的双功能催化剂，而且具有较大的比表面积，分裂 C—H 键的活性，较更强酸性的 SiO_2-Al_2O_3 高，也较更强碱性的 MgO 高。在断裂 C—H 键以后形成碳正离子后容易在 α 位断裂 C—C 键，因此 ZrO_2 对于聚烯烃的裂解反应是很有利的。但在用 ZrO_2 作催化剂时要选择最佳条件，其最高可使聚乙烯的裂解率达到 46.73%。

10.5　泡沫塑料再生后的利用

① 泡沫塑料再生后可重新发泡制造成非直接与食品接触的包装外壳如蛋盒、汉堡盒和托盘等食品容器，可采用添加再生料的泡沫塑料制造。

② 泡沫塑料再生后用来制造建筑材料。制造高层楼顶的隔热 PS 材料或隔热板；制造人造塑胶精致木材；利用 PS 添加于绝缘石膏中除可以更新旧建筑物外，也有防热的功用；将 PS 发泡塑料回收粉碎成棉絮状，可作水泥预拌混凝土材料，既可以防震又可以隔热；PS 还可以和甲苯等溶剂混合成防水油漆，可用于沿海住房的防潮涂料。

③ PS 发泡塑料再生后，可在道路工程上用作隔热路基；再生粒子可制造汽车内部零件或添加其他塑胶制成汽车保险杠；也可做成透水性强的玻璃砖，被人称为“透水砖”，适合在停车场或便道上铺设使用。

④ PS 发泡塑料再生后，可用来制造录影带、录音带的黑色塑胶壳、录音带的整理盒；还可以制成塑胶枪、积木等玩具。可以加工成板凳或小桌椅；也可加工成公园动物栏杆，运动场的弹性草皮；还可以加工成人造纤维和电缆的打捆辊筒等。

⑤ 利用 PS 发泡塑料可研磨成土壤的改良剂，经加工可制成实验室使用的实验柱子；可加工制成废水处理过程中的悬浮填料，作为水质过滤物质，以改善处理水质[71]。

第 11 章

透明塑料的高值利用

这里的透明塑料是指制品在较厚情况下透明的塑料品种，如 PS、PMMA、AS 等，而不包括制品在很薄时透明的薄膜类的塑料品种，如 PE、PP 等塑料在制成薄膜类制品时呈现透明性能，而制成较厚的制品时就不透明了。

透明塑料的品种是单一的，也就是说如果这种透明塑料是 PS，那就是单一的 PS，不可能有其他透明塑料共混而制成。因为两种透明塑料共混后，制品的透明性要下降。所以，透明塑料回收料的改性相对就容易得多。

11.1 用 SBS 对 PS 回料改性及其应用

11.1.1 热塑性弹性体的概念

热塑性弹性体 TPE/TPR，又称人造橡胶或合成橡胶。其产品既具备传统交联硫化橡胶的高弹性、耐老化、耐油性各项优异性能，同时又具备普通塑料加工方便、加工方式广的特点。可采用注塑、挤出、吹塑等加工方式生产，水口料、边角料粉碎后 100% 直接二次使用。既简化加工过程，又降低加工成本，因此热塑性弹性体 TPE/TPR 材料已成为取代传统橡胶的最新材料，其环保、无毒、手感舒适、外观精美，使产品更具创意。因此也是一支更具人性化、高品位的新型合成材料，也是世界化标准型环保材料。

现在，TPE 的种类日趋增多，根据其化学组成，通常分为 4 大类。

1) 热塑性聚氨酯弹性体(TPU)　按其合成时所用的二元醇聚合物不同又可分为聚醚型和聚酯型两种。

2) 苯乙烯嵌段类热塑性弹体(TPS)　典型品种为热塑性 SBS 弹性体(苯乙烯-丁二烯-苯乙烯嵌段共聚物)和热塑性 SIS 弹性体(苯乙烯-异戊二烯-苯乙烯嵌段共聚物)。此外，还有苯乙烯-丁二烯的星形嵌段共聚物。

3) 热塑性聚氨酯弹性体(TPEE)　该类弹性体通常是由二元羧酸及其衍生物(如对苯二甲酸二甲酯)、聚醚二元醇(分子量 600～6000)及低分子二元醇的混合物通过熔融酯交换反应而得到的均聚无规嵌段共聚物。

4) 热塑性聚烯烃弹性体(TPO)　该类弹性体通常是通过共混法来制备。如应用特级的 EP(D)M(即具有部分结晶 EPM 或 EPDM)与热塑性树脂(PE、PP 等)共混，或在共混的同时采用动态硫化法使橡胶部分得到交联甚至在橡胶分子链上接枝 PE 或 PP。另外，还有丁基橡胶接枝 PE 而得到的 TPO。

除了上述四大类热塑性弹性体外，人们还在探索热塑性弹性体的新品种。如聚硅氧烷类 TPE、共混型或接枝型热塑性天然橡胶、离子键共聚物、热塑性氟橡胶以及 PVC 类 TPE。

11.1.2 热塑性弹性体的结构特征和性能

2010 年我国热塑性工程塑料的多数研究都是在原技术基础上做出的微小调整或补充，主要的研究重点是纳米填料改性、生物塑料以及材料加工工艺。将现有的聚合物或单体经过特种催化剂改变结构，通过合金化、共混、改性等技术制成新材料，尤其是降解材料，可满足市场的不同需求。热塑性弹性体的结构特征包括以下几点[72]。

① 良好的抗冲击和抗疲劳性能。

② 高冲击强度和良好的低温柔韧性。

③ 温度上升时保持良好的性能。

④ 对化学物质、油品、溶剂和天气有良好的抵抗能力。

⑤ 高抗撕裂强度及高耐摩擦性能。

⑥ 易加工且具有经济性。

⑦ 良好的可回收性。

目前，热塑性弹性体 TPE/TPR 工业已发展到相当高水平，特别是双物料的应用、粘接等，商业地位也日益重要，已具有广泛的市场潜力和无限的发展空间。其主要的特征体现在以下方面。

① 环保、无毒、无污染(有欧洲无毒标准证书)。

② 不用硫化，简化生产加工过程。

③ 具有优良的耐低温、耐高温性。

④ 触感柔软、表面质量优异。

⑤ 宽广的硬度范围：0A～100A。

⑥ 水口料、边角料可循环使用。

⑦ 可依客户要求调整为最适合需求的材料。

⑧ 加工过程无毒性，更不会产生令人不愉快的气味。

⑨ 对环境及设备无伤害。

然而，热塑性弹性体在实际应用中也有不足，它属于新技术，普通橡胶加工厂对它不熟悉；热塑性弹性体所需的加工设备热固性橡胶加工厂不熟悉；一些热塑性弹性体需要在加工前进行干燥；低硬度热塑性弹性体能够买到的不多；热塑性弹性体在温度升高时会熔化，使之不能应用于短暂的高温条件下；只有大批量生产才能使热塑性弹性体具有经济性。

11.1.3 SBS 在 PS 回收料中的改性效果

SBS 即苯乙烯-丁二烯-苯乙烯三嵌段共聚物。通用高分子材料和工程高分子材料的高性能是高分子材料研究与开发的主要方向之一，核心技术是高分子材料的同时增强、增韧。聚苯乙烯的生产工艺简单，原料来源丰富，因而用途十分广泛。它具有熔融时热稳定性和流动性好、易成型加工、成型收缩率小、成型品尺寸稳定性好等优点。但是纯 PS 脆性大、冲击强度低、耐热性较差等缺点限制了其使用，因而科学家做了大量的工作对其进行改性。橡胶增韧脆性塑料总是以牺牲材料的刚度、强度、热变形温度等重要性能为代价。对于无机刚性粒子增韧，面临的最大困难是如何改善无机粒子和有机高分子的界面相容性，进而在材料的韧性与填料的填充量之间取得平衡，得到超强韧的聚合物复合材料。目前改善相容性的方法主要是从两方面着手：通过接枝性极性单体提高聚合物极性；通过表面包裹或接枝改性降低无机粒子表面极性[73]。

11.2 用SBS对AS回料改性及其应用

11.2.1 AS的基本特性

AS是丙烯腈与苯乙烯的共聚物，亦称SAN，耐气候性中等，不受高湿度环境影响，耐一般性油脂、去污剂及轻度酒精，耐疲劳性较差，不易因内应力而开裂，透明度颇高，流动性好于ABS。比聚苯乙烯有更高的冲击强度，有优良的耐热性、耐油性、耐化学腐蚀性。不易产生内应力开裂，透明度很高，其软化温度和抗冲击强度比PS高。SAN(AS)中加入玻璃纤维添加剂可以增加强度和抗热变形能力，减小热膨胀系数。

11.2.2 SBS在AS回料中的改性效果

AS是以苯乙烯、丙烯腈为原料，用热引发连续本体聚合方法制得的颗粒状热塑性树脂，AS具有优良的透明性、良好的力学强度及耐应力开裂性。在较宽的温度范围内，AS塑料的冲击强度变化不大，也不受高温环境的影响，能耐无机酸碱、油脂及去污剂，耐汽油与煤油性能突出，但AS塑料的脆性大、对缺口敏感、耐动态疲劳性及热稳定性差、熔体黏度大、吸水率高、易降解变色[74]。

由此可见，AS新料的成型加工有一定难度，AS回料的成型加工就更为困难。由于AS在成型加工中易变色，若用回料生产透明制品，对透明性有严重影响；又因AS的脆性较大，因此，AS回料必须增韧改性才能在某些非透明制品中作为韧性材料应用。

AS塑料的增韧改性方法较多，有人用氯化聚乙烯(CPE)对AS改性，以形成共混物，再加入适量的助溶剂，可使共混物的缺口冲击强度和热变形温度得到大幅度提高。此法的缺点是CEP的热稳定性较差，因此共混物的变型加工温度不能高(约为150～160℃)；而在此温度下，AS组分的熔体黏度又较大，故此法应用时宜谨慎。也有人用HIPS或ABS对AS加以增韧改性，再加上其他助剂的配合，制品能完好脱模，不会变色，取得了较好的改性效果，并且共混物的成型加工温度也比较高。该法的不足之处是HIPS的添加量要很高时(AS比例约1∶1)才能得到满意的改性效果。也有资料报道，利用丙烯酸酯橡胶改性得到的丙烯腈-苯乙烯-丙烯酸酯共聚物也收到良好的效果。对AS还有其他改性途径。

SBS热塑性弹性体是苯乙烯-丁二烯-苯乙烯三嵌段共聚物，与AS有同一种结构单元——苯乙烯；根据结构相似相容的原理判断；SBS与AS应具有较好的相容性。SBS这种热塑性弹体(也称为热塑性橡胶)在成型加工时不需要专门的硫化工程。

用SBS对AS进行增韧改性，可以使材料的韧性得到显著提高，当SBS含量一定时就具有一定的实用性，但共混物冲击强度的缺口敏感性仍较强。再者，AS/SBS共混物的拉伸强度随SBS用量的增大而下降。该材料适用于拉伸强度较低的场合。其次，在一定温度下，AS/SBS共混物中组分的均匀性与开炼时间有关。因此。在对AS回料增韧改性时，共混工艺对共混物性能的影响较大。用SBS增韧改性AS后，共混物的热性能有所下降，略低于ABS和HIPS，而加工流动性则优于ABS和HIPS。最后，AS/SBS共混物中，某些性能规律性不是很强，还有待进一步研究。

11.3 聚碳酸酯塑料回料的改性

聚碳酸酯(PC)是一种非晶的热塑性工程塑料，学名2,2-双(4-烃基苯基)丙烷聚碳酸酯，最常用的是双酚A型聚碳酸酯。它与ABS、PA、POM、PBT及改性PPO一起被称为六大通用工程塑料。PC由于具有优异的综合性能，尤其以抗冲击强度高而被誉为塑料之“冠”。PC树脂的可见光透过率在90%以上，并且具有优异的电绝缘性、延伸性、尺寸稳定性及耐化学腐蚀性，还有自熄性、易增强阻燃性、无毒、卫生、易着色等优良性能。PC广泛应用于机械、汽车、航空航天、电子、电器、建筑、信息储存、体育、包装、光学仪器、通信、医疗、照相器材、办公用品、安全用品、家庭用品、农业、交通运输等各个领域[75]。

聚碳酸酯通过共聚、共混、增强等途径发展了很多改性品种。其抗冲击韧性为一般热塑性材料之冠，尺寸稳定性很好，耐热性较好，可以在－60～120℃下长期使用，热变温度为130～140℃，玻璃化温度149℃，热分解大于310℃。聚碳酸酯极性小，玻璃温度高，吸水率低，收缩率小，尺寸精度高，对光稳定，耐候性好，熔融黏度和注射温度降低，因而易于加工成型。

11.3.1 聚碳酸酯PC塑料的基本特性

聚碳酸酯是一种强韧的热塑性树脂，其名称来源于内部的—CO_3—基团。可由双酚A和氧氯化碳($COCl_2$)合成。现较多使用的方法为熔融酯交换法(双酚A和碳酸二苯酯通过酯交换和缩聚反应合成)。

PC是几乎无色的玻璃态的无定形聚合物，有很好的光学性。PC高分子量树脂有很高的韧性，悬臂梁缺口冲击强度为600～900J/m，未填充牌号的热变形温度大约为130℃，玻璃纤维增强后可使这个数值增加10℃。PC的弯曲模量可达2400MPa以上，树脂可加工制成大的刚性制品。低于100℃时，在负载下的蠕变率很低。PC耐水解性差，不能用于重复经受高压蒸汽的制品。

PC主要的性能缺陷是耐水解稳定性不够高，对缺口敏感，耐有机化学品性、耐刮痕性较差，长期暴露于紫外线中会发黄。和其他树脂一样，PC容易受某些有机溶剂的浸蚀。具有阻燃性、耐磨性及抗氧化性。

11.3.2 聚碳酸酯PC塑料的增强改性

聚碳酸酯塑料回料的改性方法较多，有增强改性、共混改性等。聚碳酸酯塑料典型用途有制作净水桶、车灯等。聚碳酸酯塑料经过加工后，分子量降低得较多，因此回料的力学强度较差。

增强聚碳酸酯塑料制备方法：采用双螺杆挤出机经过熔融挤出、造粒而得。短纤维增强，可将聚碳酸酯塑料回料和短纤维直接加入到挤出机中；长纤维增强，可借助于螺杆的转动将纤维从挤出机中部纤维入口处引入挤出机，玻璃纤维被螺杆切断后和聚碳酸酯熔体混合挤出。

玻璃纤维增强聚碳酸酯塑料的控制因素如下。

① 玻璃纤维性质的影响有 3 个方面的因素：含碱量、玻璃纤维粗细、玻璃纤维长短。

② 玻璃纤维表面处理方法的影响，有两种方法：脱蜡处理、偶联处理。

③ 其他因素，如分子量。

11.3.3 聚碳酸酯塑料回料的共混改性

聚碳酸酯树脂通过共聚、共混、增强等途径发展了很多改性品种[76]。聚碳酸酯树脂与聚烯烃共混后，具有更高的冲击韧性、耐沸水性和耐老化性能，熔融黏度和注射温度降低，因而易于加工成型。聚碳酸酯与 20%～40%的 ABS 树脂共混后，具有优良的综合性能，它既有聚碳酸酯树脂的高机械强度和耐热性，又具有 ABS 的流动性好、便于加工的特点，各项性能指标大都介于聚碳酸酯和 ABS 之间。

聚碳酸酯(PC)是一种应用日益广泛的工程塑料，它具有综合稳定的力学性能、热性能及电性能。但 PC 的价格较贵，加工温度高，残余应力大，流动性差，在很大程度上限制了 PC 的应用。相对于 PC 而言，丙烯腈-丁二烯-苯乙烯共聚物(ABS)价格低廉、性能优良，具有光泽性，易于成型加工，但耐热性较差。将 PC 和 ABS 共混，可得到综合性能好、性价比较高的合金。PC 的溶解度参数为 $19.5(J/cm^3)^{1/2}$，ABS 的溶解度参数为 $19.6 \sim 20.5(J/cm^3)^{1/2}$，二者较为接近，所以 PC 与 ABS 有较好的相容性，易获得性能良好的改性材料。现在 PC/ABS 合金已广泛应用于许多领域，如电子电器、机械设备、医疗器材、照相器材和汽车零部件等。

PC 的合金化是 PC 高功能化的主要途径。PC/ABS 合金既具有 PC 的耐热性、力学强度和尺寸稳定性，又能降低 PC 的熔体黏度，改善加工性能，降低对厚壁和低温的敏感性，提高韧性，降低材料成本。PS 的熔体黏度小，加工性能好，将少量的 PS 与 PC 共混可明显改善 PC 的加工流动性，从而提高 PC 的成型性，也可减小 PC 的双折射率；PS 还可以起到刚性有机填料的作用，提高 PC 的硬度；PS 的加入还可降低成本。因此可以说 PC/PS 合金是一种高性能而又经济的高分子材料。解决 PC、PS 不相容的问题是制备 PC/PS 合金的关键技术。在 PC 中加入 PE 可改善 PC 的厚壁冲击韧性；PC 与 PP 共混制得的 PC/PP 合金的冲击强度高于 PC 的冲击强度。将 PC 与 PBT 或 PET 共混可以取长补短，既能改善 PC 的耐应力开裂性和耐溶剂性，降低 PC 的成本，又可提高 PBT 或 PET 的耐热性和韧性，因而具有优良的综合性能。PC/PBT 合金和 PC/PET 合金已成为工程塑料中一类重要的品种，具有较高的工业应用价值，广泛应用于电子电气部件、机械、汽车部件等领域。在 PC 中加入 PA 可以改善 PC 的耐油性、耐化学药品性、耐应力开裂性及加工性能，降低 PC 的成本，并能保持 PC 较高的抗冲击性和耐热性。但 PC 与 PA 的溶解度参数相差较大，二者为热力学不相容体系，若直接共混，会有明显的分层现象，并产生气泡，难以得到具有实用价值的稳定的合金。通过加入增容剂和改性剂，可改善和控制 PC/PA 合金的相容性，获得高性能的 PC/PA 合金。苯乙烯、丙烯腈和 MAH 的三元共聚物(SAN/MAH)就是 PC/PA 合金的良好增容剂，PC/PA 体系未加入此种增容剂时会出现相分离行为，加入该增容剂后则出现“海岛”结构，并且在熔点以上退火，微区尺寸不变，说明其具有抑制相畴变大和稳定形态的作用。用环氧树脂作为 PC/PA 合金的增容剂，当增容剂的质量分数为 0.5%时，两相界面变得模糊不清，合金的性能得到改善。

11.4 聚甲基丙烯酸甲酯回料的改性

11.4.1 PMMA的基本特性

通常所说的"有机玻璃"是聚甲基丙烯酸甲酯(PMMA)板材，由甲基丙烯酸甲酯单体(MMA)聚合而成。甲基丙烯酸甲酯(MMA)聚合或共聚合的产物，一般都是热塑性塑料。甲基丙烯酸甲酯可通过本体聚合、乳液聚合、悬浮聚合、溶液聚合等聚合方法得到不同性能和用途的产物。有机玻璃具有许多优良的性能：聚甲基丙烯酸甲酯是高透明无定形的热塑性塑料，在塑料中透光性最佳，透射率高达92%～93%，可透过99%可见光、73%紫外线。相对密度为1.188～1.22，仅为硅玻璃的1/2；抗碎裂性能好，为硅玻璃的7～18倍；机械强度和韧性大于硅玻璃10倍以上。它具有突出的耐候性和耐老化性，在低温和较高温度下，冲击强度不变，有良好的电绝缘性能，可耐电弧，尚有生物相容性，属于医用功能高分子材料。有良好的热塑加工性能，易于加工成型，化学性能稳定，能耐一般化学腐蚀，对低浓度的酸、碱作用较小，其边角废料经热裂解为甲基丙烯酸甲酯单体，可回收再用于聚合。

11.4.2 PMMA的物理回收

物理回收方法即将PMMA粉碎到一定尺寸后重新利用。这种方法工艺简单，成本低，但目前主要适用于生产、加工时产生的废品、废料。如挤出片材时产生的不合格品可以粉碎后少量混入新料中，不会影响产品性能；浇铸片材的废品也可以重新粉碎，但不能加到其新料中，因为浇铸产品要求很高的透明度和表面质量。这些回收料可以加到其他光学性能要求不高的产品中。

(1) 干漆剥离粉

PMMA废料重新粉碎后可以制成干漆剥离粉，用于去除金属或非金属材料表面的油漆和其他有机涂料，这种干漆剥离粉不会损伤材料，而细砂子或其他无机料易损伤材料表面。先将废旧PMMA磨成20～50目的细粒，混入65%的三氧化二铝或硫酸钡即制成干漆剥离粉。

(2) 消费后PMMA的回收

现阶段PMMA的回收主要是合成和加工时产生的次品、废料，而消费后的PMMA的回收比较少，主要是一些汽车制造公司开发从废汽车配件中回收PMMA。废旧汽车配件经磁性分离后去除了金属物而留下较轻的组分，该组分包含有各种塑料和其他材料(如玻璃、橡胶硫化胶、小块金属等)。塑料主要有PMMA、聚氨酯、聚烯烃以及热固性塑料等，据报道，只要PMMA在非金属中占有30%就有足够的回收价值。用烷烃(包括戊烷、己烷、庚烷、辛烷或其混合物)萃取轻组分，萃取物通过16目过滤网，轻而大的不能通过过滤网的组分包含PMMA，然后再用丙酮作萃取剂再次萃取。可溶部分包含PMMA，经蒸发、热解，用过热蒸汽冷凝，回收的冷凝物含有约95.5%的MMA单体(甲基丙烯酸甲酯)，用这种单体合成的PMMA产品有很好的表面质量和综合性能。

11.4.3 PMMA的综合回收

根据聚甲基丙烯酸甲酯的特点，通常利用其废料制作有机玻璃黏合剂：将5份聚甲基丙烯酸甲酯废料溶于 95 份三氯甲烷(氯仿)即可得到一种黏稠液体，这就是有机玻璃黏合剂。为防止放置过程中产生光气等有毒物，通常在其中加 1%～2%的乙醇。再者就是利用热分解制甲基丙烯酸甲酯单体：聚甲基丙烯酸甲酯在 500℃左右热分解时可使原料的 90%变成单体。但实际上已废弃的聚甲基丙烯酸甲酯在 450～500℃下热分解时，单体的收率可达 60%，比纯品低 30%，这主要是因为聚甲基丙烯酸甲酯多以含玻璃纤维的形态被利用或废弃。为解决此问题，一般使用双轴螺杆式热分解装置，设转速在 3r/min 以下，延长炉内停留时间，用混有玻璃纤维的聚甲基丙烯酸甲酯也可以获得与纯聚甲基丙烯酸甲酯同样高收率的单体。利用废弃的聚甲基丙烯酸甲酯可制得各种水处理用絮凝剂，用于工业和生活污水处理。这类产品主要有以下几种。

(1) 聚甲基丙烯酸钠

$$-CH_2-\underset{COOCH_3}{\overset{CH_3}{\underset{|}{\overset{|}{C}}}}- \xrightarrow{NaOH} -CH_2-\underset{COONa}{\overset{CH_3}{\underset{|}{\overset{|}{C}}}}-$$

废弃聚甲基丙烯酸甲酯在碱性条件下水解产物为聚甲基丙烯酸钠。这种水解方式比较简单，费用较低。具体方法是将废弃聚甲基丙烯酸甲酯粉碎后加入耐碱反应釜中，注入 20% NaOH 溶液，加热回流至水解完全。这种絮凝剂可直接用于污水处理，尤其适合于处理高酸度废水。

(2) 聚甲基丙烯酰肼

$$-H_2C-\underset{COOCH_3}{\overset{CH_3}{\underset{|}{\overset{|}{C}}}}- + NH_2NH_2 \cdot H_2O \longrightarrow -H_2C-\underset{CONHNH_2 \cdot xH_2O}{\overset{CH_3}{\underset{|}{\overset{|}{C}}}}-$$

废弃聚甲基丙烯酸甲酯与水合肼在 120～175℃下反应生成聚甲基丙烯酰肼(PMH)，既可用作水处理用絮凝剂，又能用作汞离子选择吸附剂。将废弃聚甲基丙烯酸甲酯 1kg 碎料加到已注 20L 水合联氨的耐压反应釜中，常温条件下放置浸渍 12h，在 150～175℃下反应 7h，得水溶性聚甲基丙烯酰肼。

高岭土浑浊试验表明，若 PMH 的添加量为悬浊液中高岭土量的 0.04%、pH 值为 3、4.3 和 5 时，其沉降速度分别为 5.0cm/min、4.0cm/min 和 5.0cm/min，其沉降体积分别为 4.0mL、8mL 和 4.3mL。

在 pH 值为 7 的情况下，当溶液中的酰基肼达 Hg^{2+} 的 3～4 倍时，从 10mg/L 的 Hg^{2+} 溶液中可捕集 98.5%以上的 Hg^{2+}，而且如果有其他金属存在，对 Hg^{2+} 也可进行选择性吸附。

(3) 聚甲基丙烯酰多胺

$$-H_2C-\underset{COOCH_3}{\overset{CH_3}{\underset{|}{\overset{|}{C}}}}- + NH_2CH_2CH_2NHCH_2CH_2NH_2$$

$$
\longrightarrow -H_2C-\overset{\displaystyle CH_3}{\overset{|}{C}}- \atop \qquad\qquad\quad \underset{\displaystyle CONHCH_2CH_2NHCH_2CH_2NH_2 \cdot xH_2O}{|}
$$

聚甲基丙烯酸甲酯与多乙烯多胺反应可生成水溶性高聚物即聚甲基丙烯酸多胺。废弃聚甲基丙烯酸甲酯粉碎后加入耐压反应釜中，注入二甲基甲酸胺溶剂，溶解后加入 5～7 倍的多乙烯多胺，在 170～180℃下反应 5～7h 即可。常用的多乙烯多胺有二乙烯三胺、三乙烯四胺、四乙烯五胺等。

高岭土浑浊试验表明，在浓度为 500mg/L 的悬浊液中最适加入量为 0.1～1mg/kg；烧杯试验表明，2 min 后悬浊质浓度可降到 40mg/L 以下。其最佳使用 pH 值范围是 pH＝2.5～8.5。当添加量为 0.04%时，其沉降速度为 5.25cm/min。

参考文献

[1] 赵良启．白色污染防治与可降解塑料的开发．太原：山西科学技术出版社，2002.

[2] 钱伯章．国外废旧塑料回收利用概况．橡塑资源利用，2009，4：27-32.

[3] 万洪富．我国区域农业环境问题及其综合治理．北京：中国环境科学出版社，2005.

[4] 张淑谦，陈德全，童忠东．废弃物再循环利用技术与实例．北京：化学工业出版社，2011.

[5] 赵胜利，黄宁生，朱照宇．解决白色污染的技术研究进展．广州化学，2008，33(4)：1-13.

[6] 陶治．废塑料制品的能源价值回收工程研究．北京：北京工业大学，2006.

[7] 刘寿华，边柿立．废旧塑料回收与再生入门．杭州：浙江科学技术出版社，2002.

[8] 陈占勋．废旧高分子材料资源及综合利用．北京：化学工业出版社，2007.

[9] 耿孝正，张沛．塑料混合及设备．北京：轻工业出版社，1992.

[10] 孔萍，刘青山．废旧塑料回收造粒工艺及节能途径．资源再生，2008(11)：40-42.

[11] 周殿明．塑料挤出机的使用与维护．北京：机械工业出版社，2011.

[12] 李跃文．塑料挤出成型技术研发动态．塑料科技，2010，38(11)：83-86.

[13] 王璐．建筑用塑料制品与加工．北京：科技文献出版社，2003.

[14] 张维合．注塑模具设计实用教程．北京：化学工业出版社，2011.

[15] 齐贵亮．注射成型新技术．北京：机械工业出版社，2011.

[16] 江水青，李海玲．塑料成型加工技术．北京：化学工业出版社，2009.

[17] 魏寿彭，丁巨元．石油化工概论．北京：化学工业出版社，2011.

[18] 付晓婷，何周坤，丁明明，等．废旧塑料的回收和增值利用．塑料工业，2007(09)：22-27.

[19] 罗延龄，赵振兴．高分子辐射交联技术及研究进展橡塑资源利用．高分子通报，1999，4：88-100.

[20] 张海峰，苏晓丽．乙烯塑料在连续超临界水反应器中的油化研究．燃料化学学报，2007(4)：26-32.

[21] 孙永泰．加速发展废塑料油化产业．资源再生，2011(12)：55-61.

[22] 刘丹，王静，刘俊龙．废旧塑料回收再利用研究进展．橡塑技术与装备，2006，32(7)：15-22.

[23] 张玉龙，邢德林．环境友好塑料制备与应用技术．北京：中国石化出版社，2008.

[24] 李博知．高炉喷吹废塑料的现状及前景．湖南冶金，2002(3)：7-11.

[25] 曹玉亭，张锦赓．废旧塑料的再生利用．当代化工，2011，40(2)：190-193.

[26] 王玮，陈明清，刘晓亚，等．塑料配方设计与实例解析．北京：中国纺织出版社，2009.

[27] 刘成莲．残膜回收技术的研究与分析．农业技术与装备，2009(12)：20-21.

[28] 黄发荣，陆涛，沈学宁．高分子材料的循环利用．北京：化学工业出版社，2000.

[29] 马莉，陈德珍，周恭明．废旧农用塑料膜回收造粒的工艺与设备．中国资源综合利用，2005(1)：13-17.

[30] Bockhorn H，Hentschel J，Hornung A，et al. Environmental engineering：stepwise pyrolysis of plastic wastes. Chemical Engineering Science，1999，54(15-16)：3043-3051.

[31] Miranda R，Yang J，Roy C，et al. Vacuum pyrolysis of commingled plastics containing PVCⅠ：kinetic study. Polymer

Degradation and Stability，200，72(3)：469-491.
[32] Bockhorn H，Hentschel J，Hornung A，et al. Environmental engineering：stepwise pyrolysis of plastic wastes. Chemical Engineering Science，1999，54(15-16)：3043-3051.
[33] Sakata Y，Uddin M A，Koizumi K，et al. Thermal and catalytic degradation of municipal waste plastics into fuel oil. Polymer Recycling，1996，2(4)：309-315.
[34] Zhou Qian，Tang Chao，Wang Yuzhong，et al. Catalytic degradation and dechlorination of PVC-containing mixed plastics via Al-Mg composite oxide catalysts. Fuel，2004，83(13)：1727-1732.
[35] Bockhorn H，Hornung A，Horung U. Stepwise pyrolysis for material recovery from plstic waste. Journal of Analytical and Applied Pyrolysis，1998，46(1)：1-13.
[36] Ballice L，Yuksel M，Saglam M，et al. Classification of volatile products evolved during temperature-programmed co-pyrolysis of turkish oil shales with low density polyethylene. Fuel，1998，77(13)：1431-1441.
[37] 齐贵亮．废旧塑料回收利用实用技术．北京：机械工业出版社，2011：103-105，107-111.
[38] 王春云．日本超临界水废塑料油化试验装置投入运行．中国资源综合利用，2001(4)：43.
[39] 颜新．废塑料作为高炉辅助喷吹燃料的综合利用．钢铁技术，2006(5)：9-10.
[40] Thomson D A. Polystyrene recycling：An overview of the industry in North America. ACS Symposium Series，1995，609：89-96.
[41] 李爱民，李东风，徐晓霞．城市垃圾预处理改善焚烧特性的探讨．环境工程学报，2008(6)：830-834.
[42] 王振华，李莹，万青，等．废旧聚苯乙烯利用技术探讨泡沫塑料回收，塑料制造，2008(2)：22-27.
[43] 李亚六．一种卧式废旧塑料高速清洗剂．CN 200720127136.4.2008-07-02.
[44] 魏京华．聚烯烃塑料废弃物的回收再生利用．塑料工业，2005，33：40-43.
[45] 吴自强，唐四丁，胡海．废旧聚丙烯回收利用技术的现状及发展趋势．再生资源研究，2002(1)：25-28.
[46] 朱庆．聚对苯二甲酸乙二醇酯材料的化学回收和利用初探．知识经济，2011(1)：109.
[47] 江涛，杨光，武丽梅．聚酯废料化学解聚新工艺．重庆大学学报：自然科学版，2000(5)：11-17.
[48] 龚国华，朱瀛波．聚对苯二甲酸乙二醇酯废料的回收方法．化工环保，2004，03：65-70.
[49] 尹华，张师军，张薇，等．热塑性聚酯工程塑料的进展．合成树脂及塑料，2002(5)：41-44.
[50] 伊藤真由美，晨洋，雨田．废塑料选别技术的最新进展．国外金属矿选矿，2006(12)：4-11.
[51] 李燕．废旧电脑中 ABS 塑料的回收再利用技术研究．哈尔滨：哈尔滨工业大学，2008.
[52] 赵亮，刘春颖，王海京．电子废弃物资源化的研究与进展．再生资源研究，2007(3)：25-30.
[53] 王继辉，邓京兰．热固性复合材料的回收与利用．玻璃钢/复合材料，1997(5)：37-40.
[54] 田立娜．纤维增强聚合物基复合材料的回收与再利用．应用科学，2009(3)：107-109.
[55] 胡朝辉，王小妹，许玉良．醇解废旧聚氨酯回收多元醇研究进展．聚氨酯工业，2008(4)：9-11.
[56] 王静荣，陈大俊．聚氨酯废弃物回收利用的物理化学方法．弹性体，2003(6)：61-65.
[57] 王文广，李军．废旧热固性塑料的回收利用．塑料科技，1993(5)：50-52.
[58] 李仲谨．包装废弃物的综合利用．陕西：陕西科学技术出版社，1998.
[59] Phaiboon Panyakapo，Mallika Panyakapo. Reuse of thermosetting plastic waste for lightweight concrete. Waste Management，2008，28：1581-1588.
[60] Mou Peng，Xiang Dong，Duan Guanghong. Products made from nonmetallic materials reclaimed from waste printed circuit boards. Tsinghua Science and Technology，2007，12(3)：276-283.
[61] Huang Y，Bird R N，Heidrich O. A review of the use of recycled solid waste materials in asphalt pavements. Resources Conservation and Recycling，2007，52(1)：58-73.
[62] Sengoz B，Topal A. Use of asphalt roofing shingle waste in HMA. Construction and Building Materials，2005，19(5)：337-346.
[63] Xue Y，Hou H，Zhu S，et al. Utilization of municipal solid waste incineration ash in stone mastic asphalt mixture：pavement performance and environmental impact. Construction and Building Materials，2009，23(9)：89-96.
[64] Pérez-Lepe A，Martińez-Boza F J，Gallegos C，et al. Influence of the processing conditions on the rheological behavior of polymer-modified bitumen. Fuel，2003，82(11)：1339-1348.
[65] Gonzalez O，Pena J，Munoz M. Rheological techniques as a tool to analyze polymer-bitumen interactions：bitumen

modified with polyethylene and polyethylene-based blends. Energy Fuel，2002，16：1256-1263.
[66] 何长顺，等．突发性环境污染事故应急处置手册．北京：中国环境科学出版社，2011.
[67] 曲晓红．塑料成型知识问答．北京：国防工业出版社，1996.
[68]（日）骞田吉英，等．塑料废弃物的有效利用．北京：烃加工出版社，1987.
[69] 袁兴中，等．废塑料裂解制取液体燃料的新研究及设计实例．北京：科学出版社，2004.
[70] 王加龙，等．废旧塑料回收利用实用技术．北京：化学工业出版社，2010.
[71] 张锡民．浅谈泡沫塑料的回收再生及利用途径．河北环境科学，2001，9(1)：47-48.
[72] 张锐，徐秋红，等．2010年我国热塑性工程塑料研究进展．工程塑料应用，2010(3)：90-97.
[73] 龚兴厚，等．接枝改性SBS对PS/SBS/$CaCO_3$复合材料形态和力学性能的影响．塑料，2009(6)：94-96.
[74] 王加龙，等．用SBS对AS回料改性的研究．现代塑料加工应用，1993(6)：30-33.
[75] 汪多仁，等．电子化学品清洁生产工艺．北京：化学工业出版社，2005.
[76] 李仙会，陈正南，陈瑞珠．聚酯共混改性聚碳酸酯研究进展．工程塑料应用，2003(2)：62-65.

第三篇
废旧橡胶的高值利用

第 1 章

废旧橡胶高值利用概述

1.1 废旧橡胶概述

废旧橡胶是固体废物的一种，其来源主要是废橡胶制品，此外还有一部分来自橡胶制品厂生产过程中产生的边角余料和废品[1]。

废旧橡胶制品种类繁多，按橡胶制品的来源分类主要有轮胎、胶带、胶管、胶鞋和工业橡胶制品等[2]。随着高分子材料的发展，橡胶材料也发生了很大变化，橡塑共混合金材料、热塑性弹性体已渗透应用于各种橡胶制品。许多橡胶制品厂为提高产品性能、改善生产工艺，降低生产成本，已采用了橡胶材料或热塑件弹性体来制造橡胶制品。这些新型材料的应用，给废旧橡胶的分类、处理和利用带来了一些新的困难。但就目前回收利用的主要橡胶制品轮胎而言，仍主要由橡胶材料制造，并以天然橡胶、丁苯橡胶和顺丁橡胶为主。

一般认为，橡胶制品的生产量约为生胶消耗量的 2 倍。世界目前生胶消耗中，天然橡胶约占 37%，合成橡胶约占 63%。据统计资料表明，废旧橡胶的产生量一般约占当年橡胶制品产量的 40%～45%[3,4]。2016 年，全世界生胶年消耗量已达 1700 万吨。以此推算橡胶制品的生产量约为 3400 万吨，那么这些橡胶制品使用一段时间后将产生约 1600 万吨报废品。

中国 2010 年已成为世界第一大橡胶消耗国，2006 年生胶年消耗量为 480 万吨，到 2010 年达到约 660 万吨，其中合成橡胶、天然橡胶的比例分别为 55%和 45%。中国橡胶制品的生产量约为生胶消耗量的 2 倍。因此，中国废旧橡胶目前年产量约为 528 万吨(中国废旧橡胶的产量约为橡胶制品生产量的 40%)，其中主要为废旧轮胎，年报废量在 1.2 亿条，若以每条 15kg 计，产量为 160 万吨。中国废旧橡胶利用目前主要以生产再生橡胶为主，能耗高、工艺复杂、环境污染严重，与工业发达国家利用相反。再生橡胶生产在工业发达国家已逐渐淘汰，改为以生产胶粉为主。目前中国是世界再生橡胶生产大国，年生产量、年产销量均居世界第一，胶粉生产量 25 万吨，2010 年轮胎翻新 1400 万条。

橡胶工业的原料，很大程度上依赖于石油。特别是在天然橡胶资源少、大量使用合成橡胶以及合成纤维的国家，70%以上的原材料是以石油为基础原料制造的。在美国每生产 1 条乘用车轮胎要消耗 26L(7gal)石油，每生产 1 条载重车轮胎要消耗 106L(28gal)石油。另外废旧橡胶本身就是一种高热值的燃料，其发热量一般为 31397kJ/kg(7499kcal/kg)，在产业废弃物中是发热量较高的物质，与煤的发热量几乎相同，废轮胎的发热量更高，为 33494kJ/kg(8000kcal/kg)。

全世界废弃轮胎为900万吨/年，就等于损失理论值为3×10^{14}kJ(7.2×10^{13}kcal)的热量。所以，可以说不管通过什么形式利用废旧橡胶，其最终结果都是提高了石油的使用价值[5]。

橡胶是我国的四大战略物资之一，我国是世界上最大的橡胶消费国，橡胶消费量已连续7年居世界第一位；我国也是橡胶资源十分匮乏的国家，75%以上的天然橡胶依赖进口；我国还是世界上最大的废旧橡胶产生国之一，废旧橡胶制品污染问题不容忽视。在20世纪90年代初，废旧橡胶的处理工艺主要是掩埋或堆放。随着经济的不断发展，废旧橡胶的数量不断增加，公众的环境保护意识亦逐渐增强，废旧橡胶的利用日益受到重视。如何将废旧橡胶资源化、减量化、无害化，不仅关系到环境保护这个重要的社会问题，而且关系到持续发展这一全球性的战略问题。因此做好国内废旧橡胶综合利用工作意义重大。

1.2 废旧橡胶综合利用途径概述

废旧橡胶的综合利用途径主要有翻新、原形改制、热能利用、再生胶、制造胶粉、热分解等。

1.2.1 翻新

翻新是利用废旧轮胎的主要方式。轮胎翻新最早起始于1907年的英国，1993年后传入中国。传统的翻新工艺是热硫化法，该法目前仍是我国翻新业的主导工艺，但在美国、法国、日本等发达国家已逐渐淘汰。最先进的翻新工艺是环状胎面预硫化法，由意大利马朗贡尼(Marangoni)集团于20世纪70年代研发，并于1973年投放市场。近年来崛起的后起之秀米其林轮胎翻新技术公司拥有两项专利技术，即预硫化翻新(recamic)技术和热硫化翻新(remix)技术。

在美国，30%以上的废旧载重轮胎得到翻新；2000年欧盟规定废旧轮胎翻新率必须达到25%。而我国与发达国家之间存在较大的差距，目前得到翻新的废旧轮胎还不到10%[6]。

1.2.2 原形改制

原形改制是通过捆绑、裁剪、冲切等方式，将废旧橡胶改造成有利用价值的物品。最常见的是用作码头和船舶的护舷、沉入海底充当人工鱼礁、用作航标灯的漂浮灯塔等。

美国每年产生废轮胎2.54亿条，通过原形改制可使其中的500万～600万条变废为宝。日本有人发明了用废旧轮胎固坡的技术。法国技术人员用废旧轮胎建筑“绿色消声墙”，吸声效果极佳。与其他综合利用途径相比，原形改制是一种非常有价值的回收利用方法，在耗费能源和人工较少的情况下，可使废旧橡胶物尽其用，而且给人们提供了充分发挥想象力的空间以及大胆实践的机会。但该方法消耗的废旧橡胶量较少，且在利用时影响环境美化，所以只能当作一种辅助途径[7]。

1.2.3 热能利用

废旧橡胶是高热值材料，其单位质量发热量比木材高69%，比烟煤高10%，比焦炭高4%。热能利用就是指废旧橡胶代替燃料使用，主要有两种方法：一种方法是将废旧橡胶破碎直接燃烧，此法虽然简单，但会造成大气污染，不宜提倡。另一种方法是将废旧橡胶破碎，然后按一定比例与各种可燃废旧物混合，配制成固体垃圾燃料（RDF），供高炉喷吹代替煤、油和焦炭，供水泥回转窑代替煤以及火力发电。同时，该法有副产品——炭黑生成，经活化后可作为补强剂再次用于橡胶生产。

如今在美国、日本以及欧洲许多国家，有不少水泥厂、发电厂、造纸厂、钢铁厂和冶炼厂都在用废旧橡胶作燃料，效果很好，不仅降低了生产成本，而且从根本上解决了废旧橡胶引起的环境问题。相对于其他综合利用途径，热能利用的设备投资最少。因此，近年来热能利用已逐渐引起各国政府和环保组织的重视，被认为是处理废旧橡胶的最好办法，从而被确定为综合利用废旧橡胶的重点发展方向。

1.2.4 再生胶

废橡胶的再生，可以节约大量的橡胶资源，减少对环境的污染。从总体而言，橡胶再生方法大体上可以分为物理再生、化学再生和生物再生三类[8,9]。

（1）物理再生

物理再生是利用外加能量，如力、微波、超声、电子束等，使交联橡胶的三维网络被破碎为低分子的碎片。除微波和超声能造成真正的橡胶再生外，其余的方法只能是一种粉碎技术，即制作胶粉。这些胶粉被用回橡胶行业时，只能作为非补强性填料来应用。利用微波、超声等物理再生方法能够达到满意的橡胶再生效果，但设备要求高，能量消耗大。

（2）化学再生

化学再生是利用化学助剂，如有机二硫化物、硫醇、碱金属等，在升温条件下，借助于机械力作用，使橡胶交联键被破坏，达到再生目的。目前，化学再生橡胶采用的再生剂主要有二硫化物、硫醇、烷基酚硫化物、无机化合物、铁基催化剂、铜基催化剂等。此外，还有De-link 再生剂、RRM 再生剂和力化学再生等废旧橡胶再生技术。

再生胶的主要用途是在橡胶制品生产中，按一定比例掺入胶料，一来取代一小部分生胶，以降低产品成本；二来改善胶料加工性能。掺有再生胶的胶料可制造多种橡胶制品。再生胶在轮胎中的用量一般为5%，在工业制品中的用量一般为10%～20%，在鞋跟、鞋底等低档制品中用量一般能达到40%左右。

近些年来，随着全球环保意识的增强，再生胶工业的诸多劣势，譬如工艺复杂、耗费能源多、生产过程污染环境、造成二次公害等愈加引起公众关注。另外，与橡胶相比，再生胶由于性能欠佳，应用范围受到限制。基于上述原因，发达国家早已逐年削减再生胶产量，有计划地关闭再生胶厂，用生产胶粉来逐渐取代制造再生胶。

（3）生物再生

将废旧橡胶粉碎到一定粒度后，将其放入含有噬硫细菌的溶液中，通入空气使其进行生化反应，在噬硫细菌的作用下，橡胶粒子表面的硫键断裂，硫黄从表层游离出来或者经反应生成硫酸，但胶粒内部仍是交联橡胶状态，分解出的硫黄可以回收再利用，橡胶中的氧化锌和其他金属氧化物与硫黄一样，也可以从橡胶中分离出来。废旧橡胶中的其他添加剂如炭黑、硬脂酸等仍留在再生胶中，这种脱硫再生方法的费用很低，不使用化学药品，且可以迅速反应。该技术距大规模工业化生产还有一段距离，但发展动向及其深远意义值得进一步关注[10]。

1.2.5 制造胶粉

胶粉就是通过机械方式将废旧橡胶粉碎后得到的粉末状物质。目前国内外制造胶粉主要有常温粉碎、冷冻粉碎、湿法粉碎、臭氧粉碎 4 种方法[11]。

(1) 常温粉碎

这是最原始也是最常用、最普及的一种方法，所采用的设备是辊筒式粉碎机。与其他方法相比，具有投资少、工艺流程短、能耗低的优点，因此正如国外专家所评价，机械粉碎法有着不可替代的作用和效能。在美国，每年胶粉总量的 63％是靠常温粉碎生产的[12]。

(2) 冷冻粉碎

该法于 20 世纪 70 年代初在国外就迅速发展起来。其技术上借鉴于航空、制冷工业，并由此派生出许多不同种类的粉碎装置，先后提出了液氮喷淋、液态浸渍的低温锤击、低温研磨等工艺。

(3) 湿法粉碎

是将废旧橡胶先浸渍于碱溶液中，使废胶表面龟裂变硬后进行高冲击能量粉碎，然后将胶粉放置于酸溶液中进行中和、滤水、干燥而得到粒径分布较宽乃至微细的胶粉。美国用此方法生产的胶粉量占其胶粉总量的 13％。

(4) 臭氧粉碎

是将废胎整体置于一个充有超高浓度臭氧的密封装置内约 60min，然后启动密封装置的电动装置，使轮胎骨架材料与硫化橡胶分离，并进行粉碎。

此外，胶粉的制造还有高压爆破粉碎法、细菌法、水冲击法等多种新方式。与再生胶相比，胶粉无需脱硫，所以在生产过程中耗费能源少、工艺较再生胶简单得多，不排放废水、废气，而且胶粉性能优异，用途极其广泛[13]。通过生产胶粉来回收废旧橡胶是集环保与资源再利用于一体的很有前途的方式，这也是发达国家摒弃再生胶生产，将废旧轮胎利用重点由再生胶转向胶粉的根源。有专家预言，制造胶粉有望成为排在翻新、热能利用之后的废旧橡胶的第三种主要途径[14]。

胶粉的应用概括起来可分为两大领域：一是直接成型或与新橡胶并用，这属于橡胶工业范畴；二是在非橡胶工业领域中应用[15]。

1.2.6 热分解

热分解就是用高温加热废旧橡胶，促进其分解成油、可燃气体、炭粉。热分解所得到的油与商业燃油特性相近，可用于直接燃烧或与石油提取的燃油混合后使用，也可以用作橡胶加工软化剂。热分解所得的可燃气体主要由氢气和甲烷等组成，可作燃料用，也可就地供热分解过程燃烧用。热分解所得的炭粉可代替炭黑使用，或经处理后制成特种吸附剂。这种吸附剂对水中污物，尤其是水银等有毒金属具有极强的滤清作用[16]。

1.3 废旧橡胶高值利用展望

中国是一个橡胶应用大国，2008 年消耗生胶近 600 万吨，居世界第一，同时也是一个橡胶资源短缺的国家，几乎每年橡胶消费的 45％左右需要进口，而且短时期内这种状况很难改变。因此，处理好废旧橡胶，对充分利用再生资源、摆脱自然资源匮乏、减少环境污染、改善我们的生存环境具有重要意义。在国内废旧橡胶高值利用的主要方向是胶粉、再生橡胶、热裂解、燃烧热和改制利用。

1.3.1 胶粉生产及应用展望

胶粉的生产经历了由粗到细，从普通胶粉、精细胶粉、微细超细胶粉到改性胶粉的发展过程。一定粒度的胶粉在一定性能要求下，其在高分子基材中的掺用量受到较大限制(尤其是橡胶基材中的应用)。提高胶粉的掺用量以发挥其应用价值，就要对胶粉改性。胶粉经过改性，不仅可大幅度提高掺用量，改善与基质材料的相容性，而且配合胶料的拉伸性能、疲劳生热、抗撕裂性、耐磨性都有所提高，扩展了胶粉代替橡胶的应用范围，改善了胶料的加工性能，降低了产品生产成本。另外，改性的胶粉与塑料或沥青等材料掺混，可获得性能良好的复合材料，进一步扩展了塑料、沥青材料的应用范围。胶粉的改性方法主要有机械力化学方法、脱硫再生法、接枝法、聚合物涂层法、核-壳改性法、互穿聚合物网络法、辐射法和气体表面改性法等。对于橡胶制品中应用的改性胶粉，机械力化学法是较佳的，并且改性过程可在胶粉生产的最后一道工序进行，实现改性胶粉的连续化生产，工业化实用性强。而其他的一些改性方法，应针对专门的用途，采取与之相应的改性方法。如聚合物涂层法、接枝法胶粉，可根据实际应用的塑料材料，选择相应的聚合物或接枝单体进行改性，以获得与塑料材料相容性良好的改性胶粉。

胶粉的应用主要有两大领域：一为橡胶工业；另一为非橡胶工业。在橡胶工业中，世界各国均采用胶粉替代生胶材料使用，其不仅有益于环境保护和资源再生，而且降低橡胶产品的生产成本，并提高产品的性能。在各种橡胶制品中，轮胎是胶粉应用的主要对象。精细胶粉是子午线轮胎生产的原料之一，如果按子午线轮胎年生产 2000 万套计，需精细胶粉就达 7 万吨，加上其他橡胶制品等应用估计全国市场需求在 20 万吨以上。在非橡胶工业应用范围将更为广泛。在塑料工业中掺用胶粉，用量将更大。目前塑料制品的产量大约是橡胶制品产量的 3 倍。胶粉掺入塑料，可以提高塑料的弹性、耐屈挠、抗冲击、抗老化和抗滑等性能。中国胶粉在塑料中的应用处于起步阶段：在聚乙烯(聚丙烯或聚苯乙烯)中掺用胶粉制成低压输水胶管、渗灌管，将胶粉改性聚氯乙烯作鞋类材料、地板和防水材料等；在发泡聚氨酯树脂中掺用胶粉制软、硬发泡材料；在聚丙烯中掺用胶粉制汽车保险杆；等等。在所有这些方面的应用均显示胶粉蕴藏巨大的市场和良好的经济效益。另外，胶粉与塑料共混制成热塑性弹性体，实现了橡胶的热塑性循环加工利用，有利于环境保护。胶粉废塑料基热塑性弹性体的开发，将在技术、经济、环境、资源方面显示巨大的优越性，并具有广阔的市场。

胶粉的生产与应用，不仅是废旧橡胶回收利用的发展方向，也为橡胶工业、非橡胶工业提供了更为广阔的原料市场。随着中国环保要求的日益提高，再生橡胶生产将逐渐减少，最终而被胶粉生产替代。胶粉工业的发展趋势将是生产量快速增加，应用领域不断扩展，各种高新技术也将渗透应用于胶粉工业。胶粉的生产经历了从粗到细，从普通胶粉、精细胶粉、超细胶粉到改性胶粉的发展过程。胶粉的应用亦将向粗、精、细全面进行研究、开发与应用发展。可以预见，胶粉产业将发展成为中国橡胶再生资源的又一个朝阳产业，并不断发展壮大，成为高分子材料家族中一个必不可少的成员，作为一种新型弹性体材料而广泛使用。

1.3.2 再生橡胶生产与应用展望

我国是世界上最大的再生橡胶生产国，再生橡胶的生产量约占世界的85%，企业数达千家。尽管再生橡胶生产与应用存在一些问题，但就目前国情而言，中国废旧橡胶的再生利用是以再生橡胶为主、胶粉为辅渐进发展扩大应用为主线[17]。

今后再生橡胶行业应进一步转变观念，把再生橡胶生产与环境、再生橡胶与应用深加工结合起来，开展多方面多领域的深加工应用，扩大废旧橡胶资源的回收利用范围，与胶粉应用结合，扩大在橡胶、塑料、沥青改性、热塑性弹性体和涂料等新领域中的应用，以促进再生橡胶工业的发展。

1.3.3 热分解利用

将废橡胶热分解，利用其产物煤气、油料及炭黑等，在美国等发达国家已是可行的，但在一些国家可能存在技术上的问题[5]。热分解废轮胎，一般都要经过破碎、热分解、油回收、气体处理、二次公害的防治等工序，设备费、操作费比较高，如果废橡胶是有偿使用，即使回收的产品能卖出去也很难盈利。另外，目前回收炭黑是作为与原炭黑不同的补强剂应用于一般橡胶制品，如果销售不出去会形成积压、污染，造成二次公害。今后如能提高回收炭黑的质量或扩大其用途，将有助于废橡胶热分解利用的发展。

1.3.4 燃烧热利用

如前所述，用废轮胎作燃料焙烧水泥是一种成功的利用方式，在日本已广泛采用。由于这种利用方式无二次公害，不影响水泥质量，而且不需要有热分解方式那样多的设备，所以可以充分利用水泥制造厂的原有设备。另外，水泥厂分布广，有利于废橡胶的就地回收、就地利用。在今后能源紧张、水泥工业不断发展的情况下，这种利用方式将会更加受到重视。

1.3.5 原形及改制利用

废橡胶的原形及改制利用，历来受到人们的重视，特别是轮胎翻修，公认为是最经济、最有效的利用方式，它可以节约能源，提高总的行驶里程，减少环境污染，是一种一举三得的好方式。轮胎还将更多地采用高强度合成纤维、钢丝以及子午线结构，其翻修价值将会变得更高。其他废旧橡胶制品的原形利用也有一定的价值。

第 2 章

胶粉

2.1 胶粉概述

2.1.1 胶粉的概念

这里所说的胶粉是指硫化橡胶通过机械方式粉碎后变成的粉末状物质。从历史上看，这是一种最初加工利用废旧橡胶的方式之一，机械粉碎作为制造再生橡胶所必需的最初工序，至今仍被采用，这就是通常所说的常温粉碎法。

2.1.2 胶粉的分类

胶粉按生产方法可分为常温粉碎、低温粉碎和超微细粉碎（RAPRA）3 大类。不同的粉碎方法，其胶粉的形状、粒径和表面形态不同[18]。

按胶粉的粒径分类，可分为胶屑、胶粒和胶粉 3 大类。通常，粒径＞2mm 的称胶屑，粒径为 1～2mm 的称胶粒，粒径＜1mm 的称胶粉。这种胶粉又细分为碎胶粉、粗胶粉、细胶粉、精细胶粉、微细胶粉和超微细胶粉等多种，详见表 3-2-1。

表 3-2-1 胶粉的种类及主要用途

分类		粒度		粉碎方法	主要用途
		细度/mm	目数		
胶屑		10～2	10～18	切削、打磨、辊筒	跑道、道砟垫层
胶粒		2～1			铺路弹性层、垫板、草坪、地板砖
胶粉	碎胶粉	1.0～0.5	12～30	辊筒、磨盘	铺路材料、手套防滑、再生胶
	粗胶粉	0.5～0.3	30～47		再生胶、活化胶粉
	细胶粉	0.3～0.25	47～60		塑料改性、橡胶掺用
	精细胶粉	$(250\sim175)\times10^{-3}$	60～80	冷冻、湿体、研磨	橡胶掺用、改性沥青
	微细胶粉	$(175\sim74)\times10^{-3}$	80～200		橡胶掺用、翻胎
	超微细胶粉	$(74\sim45)\times10^{-3}$	200～325		代替橡胶、再生制品

胶粉的细度决定着胶粉的性能和用途。粒度越小、胶粉的性能越会得到改善与提高，但

成本价格也随之增长。目前，以粒子细度 30～40 目左右的粗胶粉最为经济，使用面也最广，既可作为再生胶的原料，又能直接使用，此外还可经过活化、改性，制成活化胶粉和改性胶粉。

2.1.3 胶粉的基本性能

胶粉的形状和表面形态根据粉碎方式的不同而有差异，这主要是由于粉碎废橡胶时作用于废橡胶的力的形式不同而造成的。像辊轧粉碎、CTC 粉碎等常温粉碎方式，主要是剪切力的作用，而冷冻粉碎方式，主要是冲击力的作用。各种粉碎方式粉碎出的胶粉其形状和表面形态是不同的。

根据所规定的筛目，可以将常温粉碎胶粉和冷冻粉碎胶粉进行粒度划分，其粒度分布状况因粉碎机、筛分设备的种类以及工艺不同而不同，而且具有一定的粒度分布幅度。作为再生橡胶或胶粉使用时，粒度幅度越窄越好，所以设计筛分设备时必须尽量保证胶粉的粒度分布幅度窄。

(1) 形态

用常温粉碎法制得的胶粉，由于是利用剪切力进行的粉碎，所以在粒子表面有无数的凹凸，呈毛刺状态(有利于与其他材料结合)；用低温粉碎法制得的胶粉，表面比较平滑。

(2) 性能

胶粉的性能随原材料、制造方法的不同而不同。现在市售的胶粉，有用载重汽车、大型乘用汽车轮胎和小型乘用汽车轮胎制造的。由于轮胎材料的构成不同，故胶粉的性能也不同。另外，胶粉的制法不同，粒径不同，胶粉的性能也不同。此外，常温粉碎的胶粉表面呈毛刺状，而冷冻粉碎的胶粉表面呈圆滑状，因此拉伸强度和断裂伸长率前者均大于后者[19]。

2.2 胶粉的表面改性

2.2.1 胶粉表面改性概述

胶粉表面改性是指用物理、化学、机械和生物等方法对胶粉表面进行处理，根据应用的需要有目的的改变胶粉表面的物理化学性质，如表面结构和官能团、表面能、表面润湿性、电性、表面吸附和反应特性等，以满足现代新材料、新工艺和新技术发展的需要。胶粉表面改性为提高胶粉使用价值，改变其性能，开拓新的应用领域提供了新的技术手段，对相关应用领域的发展具有重要的实际意义[20]。

一般未改性的胶粉表面惰性强，与基质相容性差，因而难以在基质中均匀分散，直接或过多地填充往往容易导致材料的力学性能(尤其是拉伸强度)下降。因此，胶粉除了粒径和粒径分布有要求外，还必须对胶粉表面进行改性，以改善其表面的物理化学特性，增强其与基质材料的相容性，提高其在有机基质中的分散性，以提高材料的物理机械性能。表 3-2-2 为胶粉改性的主要类型、方法和应用范围。胶粉表面改性因应用领域的不同而异，不同的应用领域需采用不同的表面改性方法，但总的目的是改善或提高胶粉材料的应用性能以满足新材料、新技术发展或新产品开发的需要[21]。

表 3-2-2 胶粉改性的主要类型、方法和应用范围

改性类型	改性方法	应用范围
机械力化学改性	用机械化学反应处理胶粉	作为胶料的活性填充剂
聚合物涂层改性	用聚合物及其他配合剂处理胶粉	改进掺用胶料或塑料的物理性能
再生脱硫改性	用再生活化剂和微生物等处理胶粉	与生胶、再生橡胶配合
接枝或互穿聚合物网络改性	用苯乙烯、乙烯基聚合物等接枝胶粉，用聚氨酯、苯乙烯引发剂等使胶粉互穿聚合物网络	改性聚苯乙烯物性，增加胶粉与塑料或橡胶的相容性
气体改性	活性气体(F_2、Cl_2、O_2、Br_2及 SO_2)等处理胶粉	改善与橡胶(如丁腈橡胶)和塑料(如聚氨酯)的黏着性、相容性
核壳改性	用特殊核壳改性剂处理胶粉	改善与胶料和塑料的相容性
物理辐射改性	用微波、γ 射线等处理胶粉	改善与胶料和塑料的相容性
磺化与氯化反应改性	用磺化和氯化反应进行改性	作离子交换剂或橡胶配合使用

2.2.2 胶粉改性的原因

由于胶粉与主体材料橡胶或塑料表面性质不同，它们之间相容性较差，直接掺用于橡胶或塑料中，难以形成较好的粘接界面。因此，采用一定的方法对胶粉表面改性，可以提高胶粉与高分子材料的界面结合。

胶粉在高分子复合材料中可起增量、增强或赋予新功能等作用。近年来，随着高分子复合材料的发展和胶粉生产技术的进步，胶粉尤其是改性胶粉在高分子复合材料中的应用发展很快。据介绍，胶粉(精细胶粉)在胶料中的掺用量一般均在 10%以下，而经过改性处理，掺用量可提高到 25%～50%，在塑料中的掺用量则更大，可达 100%。如果以此推算，那么中国每年的废旧橡胶即使全部粉碎制成胶粉，也远远满足不了中国高分子材料加工业的需要。因此，有关胶粉表面改性的研究与开发工作就显得尤其重要。

2.3 胶粉的生产方法

胶粉的生产一般有 3 种方法，即常温粉碎法、低温粉碎法和湿法或溶液法，各种方法有其自身的特点。在胶粉工业化生产中，常温粉碎法占据主导地位。

2.3.1 常温粉碎法

常温粉碎法是指在常温下，对废旧橡胶用辊筒或其他设备的剪切作用进行粉碎的一种方法，常温粉碎法具有比其他粉碎方法投资少、工艺流程短、能耗低等优点，有着其他方法不可替代的作用和效能。它是目前国际上采用的最为经济实用的主要方法，如美国其每年胶粉产量 63%是由常温粉碎法生产的。在欧洲许多国家都主要采用常温粉碎法生产胶粉，如英国的 Gates 橡胶公司、GRI 公司、Duralay 公司，北爱尔兰的 Maalindustrie 橡胶公司、Limbnrg 橡胶公司、Vredestein-Radium 公司，德国的 Gummiwerk Kraiburg 公司、GF MMI-Mever 公司，法国的 GIMP 公司等。

常温粉碎一般分三个阶段：第一是将大块轮胎废橡胶破碎成 50mm 大小的胶块；第二

是在粗碎机上将上述胶块再粉碎成 20mm 的胶粒，然后将粗胶粒送入金属分离机中分离出钢丝杂质，再送入分选机中除去废纤维；第三是用细碎机将上述胶粒进一步磨碎后，经筛选分级，最后得到粒径为 40～200μm 的胶粉。这种方法可生产出占废旧轮胎质量 75%～80%的胶粉、15%～20%的废钢丝、5%的废纤维。

常温粉碎法的生产工序主要为粗碎与细碎。粗碎工序用一台或两台粗碎辊筒粉碎机，并配有辅助装置和振动装置。对废旧橡胶制品进行粗碎，粗碎后的胶粉再按要求进行筛选，对不符合粒度要求的要重新返回粗碎机，再进行粗碎，直至符合要求。粗碎后胶粉还要进行磁选以除去其中的钢丝类金属杂质。

粗碎机的前后辊筒平行排列，两辊筒呈 U 形，辊筒上有沟槽，沟槽深 5～10mm，宽 15～30mm，呈 10°～15°角排列，两辊筒花纹沟呈交叉方向。这种辊筒粉碎机对处理过的废旧轮胎具有足够的剪切力和很好的粗碎性能。粗碎时辊筒速比一般为 1∶(2～3)，辊筒转速为 30～40r/min，粗碎后的粒径为 20mm 左右。粗碎辊筒粉碎机的粉碎能力与粉碎机辊筒直径成正比，辊筒直径越大，生产能力也越高。辊筒直径规格有 24in、28in、32in 和 36in(1in＝0.0254m，下同)四种，生产能力分别为 2000kg/h、2600kg/h、3500kg/h、4700kg/h。

细碎工艺是对粗碎后的胶粉再处理，进一步清除废旧橡胶中的金属和纤维等杂质。细碎工序是用细碎机对粗碎后的胶粉进一步粉碎加工。细碎机的辊筒有两种：一种是表面平滑的辊筒；另一种是表面带沟槽的辊筒。其粉碎原理与粗碎工序基本相同，也是依靠剪切力进行压碎、切断而将废旧橡胶制成胶粉。细碎机的辊筒剪切力很大，辊筒速比一般为 1∶(3～10)；后辊筒速度一般为 40～50r/min；辊筒直径一般为 20～40in，也有直径为 30～36in 的；电机一般使用 145～295kW 功率的电机；细碎机的生产能力为 300～600kg/h(以生产粒径在 710μm 以下的胶粉计)。

通过细碎机细碎的胶粉，放在输送带上通过磁选机磁选，以进一步清除胶粉中的铁杂质，然后送往筛选机筛选，筛选机筛网孔径为 0.5～1.5mm。过筛后的胶粉要根据密度的不同，对胶粉离子与金属、纤维等杂质再次分离。制成的胶粉经包装后用输送带送往仓库储存。筛余物则重新返回细碎机进行第二次细碎，以此循环。典型常温辊筒粉碎法的工艺流程见图 3-2-1。

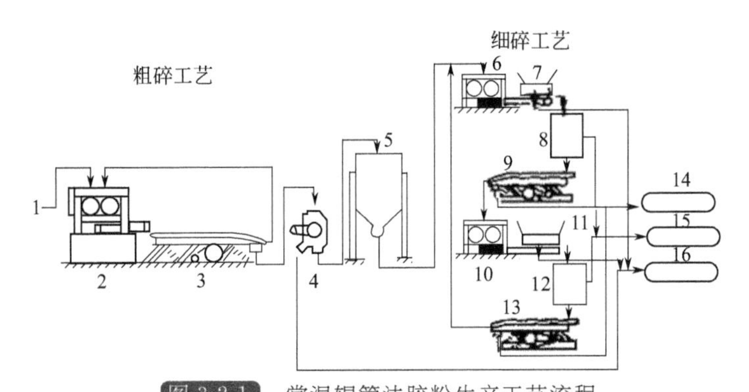

图 3-2-1 常温辊筒法胶粉生产工艺流程

1—轮胎碎块；2—粗碎机；3，9，13—筛选机；4，7，11—磁选机；5—储存器；
6，10—细碎机；8，12—纤维分离机；14—胶粉；15—纤维；16—金属

近年来，常温辊筒法胶粉出现了一种常温高速粉碎法，即在粉碎时辊筒的线速度高达 50m/s。这种方法以强大的剪切力可以同时粉碎橡胶和帘线材料，粉碎后胶粉平均粒径可达 70～80μm，帘线平均长度为 1.5～2.0mm。其他如日本、德国使用一种齿盘粉碎机生产胶

粉代替辊筒法。这种设备由上下两带齿圆盘组成，由上部供料口供料，也可用作细碎。粉碎时上下盘距离可以改变，以调节磨碎和剪切作用，下磨盘通过水冷却以降低摩擦生热。这种设备粉碎比较容易清洗，对小批量生产和有色物的粉碎，方便灵活。

随着胶粉生产技术的进步，国内外又相继开发了一系列的常温粉碎工艺与设备，使胶粉生产进入了一个新发展时期。最早的是日本神户制钢所开发的轮胎连续粉碎法，随后俄罗斯、德国、美国、中国等国家都相继开发了一系列常温粉碎法新技术。

2.3.2 低温粉碎法

低温粉碎法是废橡胶在经低温作用脆化后而采用机械进行粉碎的一种方法。该方法可比常温粉碎法制得粒径更小的胶粉。

低温粉碎技术最早实现工业化是在 1948 年，美国的 LNP 公司开发了液氯冷冻粉碎聚乙烯的商业化工业技术。1957 年日本开发了液氯冷冻粉碎装置，主要用于粉碎聚氯乙烯。1960 年美国提出了更为详细实用的液氮冷冻粉碎塑料和橡胶的装置，见图 3-2-2。方法是首先将被粉碎的塑料或橡胶用液氮预冷，然后用螺旋输送器将其送入粉碎机中进行粉碎。这种装置目前仍被采用。大约在 1973 年，各国相继发表了大量液氮粉碎橡胶的专利，并随之逐渐进入工业化生产。我国在 20 世纪 90 年代，也根据冷冻粉碎原理，自主开发了一种有别于液氮冷冻粉碎的新型低温粉碎法，即空气膨胀制冷低温粉碎法。从事该项开发的单位有中科院低温实验中心、609 研究所、北京航空航天大学和西安交通大学等，并在国内建成工业生产线。中国青岛绿叶橡胶有限公司也开发成功了以液氮冷冻粉碎生产胶粉的低温粉碎新技术，并在青岛建成生产线。

2.3.2.1 低温粉碎原理

废旧橡胶是一种高弹性材料，由于其种类繁多，性质也不相同，既有黏性不同的橡胶，又有一些热塑性弹性体或橡塑并用材料，在粉碎加工时，会呈现各种塑性、黏性和弹性行为。另外，各种橡胶对热的反应也各不相同。采用传统的常温粉碎法，很难达到理想的粉碎效果。一般在常温粉碎时，只有不到 1%的机械功消耗在粉碎上，几乎大部分机械功消耗变成了热能，这就使粉碎机中产生的热量大大超过物料的耐热限度，对物料的加工性能、产品质量和生产效率都有很大影响。橡胶在粉碎过程中的典型材料特性，如杨氏模量、切变模量以及物理机械性能，在很大程度上取决于温度、承受压力时间和应变速度。利用制冷剂影响温度参数、改善粉碎状态，从而取得常温粉碎不能获得的效果。

低温粉碎的基本原理就是利用冷冻使橡胶分子链段不能运动而脆化，而易于粉碎。如轮胎在−80℃时，像土豆片一样脆，在锤磨机中，轮胎的各部分很容易分离。各种橡胶玻璃化温度和脆性温度如表 3-2-3所列。

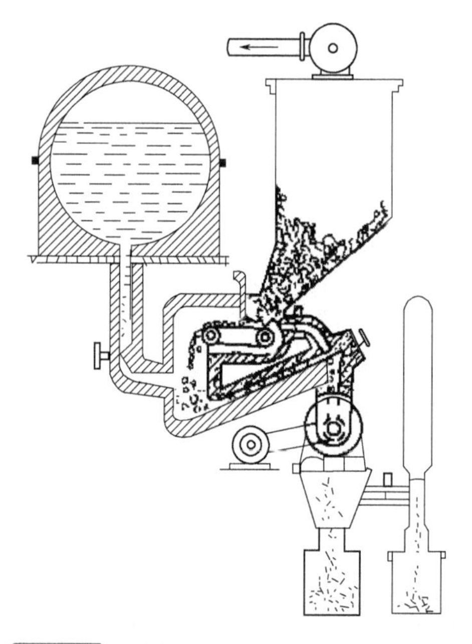

图 3-2-2 液氮预冷粉碎塑料或橡胶的装置

表 3-2-3　各种橡胶的玻璃化温度和脆性温度

胶种	玻璃化温度/℃	脆性温度/℃	胶种	玻璃化温度/℃	脆性温度/℃
天然橡胶	−72	−50	顺丁橡胶	−105	−75
异戊橡胶	−61	−46	硅橡胶	−123	−90
丁苯橡胶	−57	−45	丁基橡胶	−61	−46

2.3.2.2　低温粉碎法的主要工艺

低温粉碎法主要分为两种工艺：一种是低温粉碎工艺；另一种是低温和常温并用的粉碎工艺。

(1) 低温粉碎工艺

低温粉碎是利用液氮冷冻，使废旧橡胶制品冷至玻璃化温度以下，然后用锤式粉碎机或辊筒粉碎机粉碎。低温粉碎又分为以下两种方法。

1) 直接冷冻低温粉碎法　这种粉碎法的生产过程是：在轮胎解剖机上将轮胎的胎圈部位切下，同时将胎面分割成 2～3 小块，置于冷冻(液氮)装置内，然后用锤式或辊筒式粉碎机粉碎，从而得到胶粉。

2) 在冷冻条件下先粗碎再细碎的低温粉碎法　这种粉碎方法的生产过程是：按①法将废旧轮胎切割后，置于冷冻装置内，在锤式或辊筒粉碎机内先粗碎，粗碎后再次冷冻，再细碎，从而得到胶粉。这种生产方法因需要经过两次液氮冷冻，故生产成本较高。但用该法处理钢丝子午线轮胎时，钢丝易和橡胶分离，同时可相应减少动力消耗。

(2) 常温、低温并用粉碎法

这种生产方法是先在常温下，将废旧橡胶制品粉碎到一定的粒径，然后将其运送到如图 3-2-3 所示的低温粉碎机中，再进行低温粉碎。

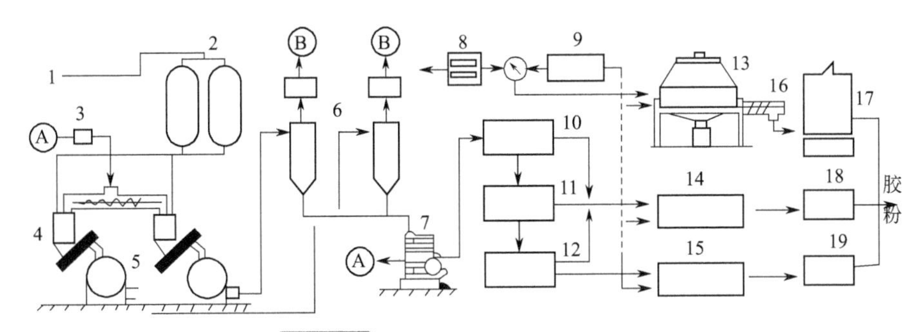

图 3-2-3　低温粉碎工艺流程及装置

1—装载液氮的载重汽车；2—液氮储存器；3，8—磁选机；4—通气装置；5—低温粉碎机；6—旋风分离器；7—振动筛；9—常温分级机；10～12—分级机；13～15—漏斗；16—螺旋输送器；17—装袋机；18，19—计量器

空气膨胀制冷低温粉碎工艺与液氮低温粉碎工艺的基本粉碎工艺相同，主要采用常温、低温并用粉碎法，但在制冷介质上不同，其所用介质是空气，靠空气膨胀制冷。一般过程是废旧轮胎经预处理后，常温粉碎至一定粒度，然后经空气膨胀制冷后采用低温粉碎机粉碎成胶粉。

2.3.2.3　低温粉碎的优点

低温粉碎工艺具有以下优点：a. 最适用于粉碎常温下不易粉碎的物质，如橡胶、热塑性塑料等；b. 内装的分级机可以得到明显的粒径分布粉体材料；c. 可得到更细、流动性更好的胶粉，粉碎后的粉体成型性好，堆密度大；d. 可避免粉碎爆炸、臭气污染与噪声；

e. 破碎所需的动力很低，可以提高粉碎机产量；f. 粉碎热敏性物质不会受到氧化作用与热而变质；g. 利用各种物质低温脆性之差异，可对复杂物作选择性粉碎，如含橡胶、金属和纤维的轮胎。

高分子材料橡胶作为常温下的高弹性材料，通过降低温度，使其呈脆性物质，并在保持低温的粉碎机内粉碎，可得到理想的粉碎效果，这是其他粉碎方法所不能取代的，其制成的胶粉粒径小，表面规整。

2.3.2.4 液氮低温粉碎法

美国 UCC 公司是世界上最早开发低温粉碎法工艺的先驱之一。由其开发的低温粉碎工艺过程主要由两条技术路线组成，是一种综合处理工艺。一条技术路线为废旧橡胶无预处理工程，另一条为有预处理过程。由其粉碎方法可获得 325 目(0.043mm)以下细度的胶粉。

无预处理时，全部粉碎过程在冷冻状态下进行。首先将废旧橡胶送入液氮冷冻装置中，冷冻到－40℃以下，接着送入冲击破碎机中破碎，然后用分离装置筛除金属和纤维，将废胶块送入粗碎装置，在冷冻下进行粉碎，再进入流体型粉碎机，在冷冻下细碎。从粗碎机出来的胶粉通过低温筛分装置，筛出的粗粒返回粗碎机继续粉碎。有预处理时，粉碎工艺的一部分在常温下进行，首先将去除胎圈的废轮胎送入破碎机中粗碎，经磁选器除去金属后，送入冷却装置或直接送入细碎机，进行冷冻粉碎，再经过磁选器和筛分装置，分离出金属和纤维，最后送入旋风分离器分出纤维。其工艺流程见图 3-2-4。废旧橡胶和其他物料冷冻粉碎时，液氮的消耗量如表 3-2-4 所列。

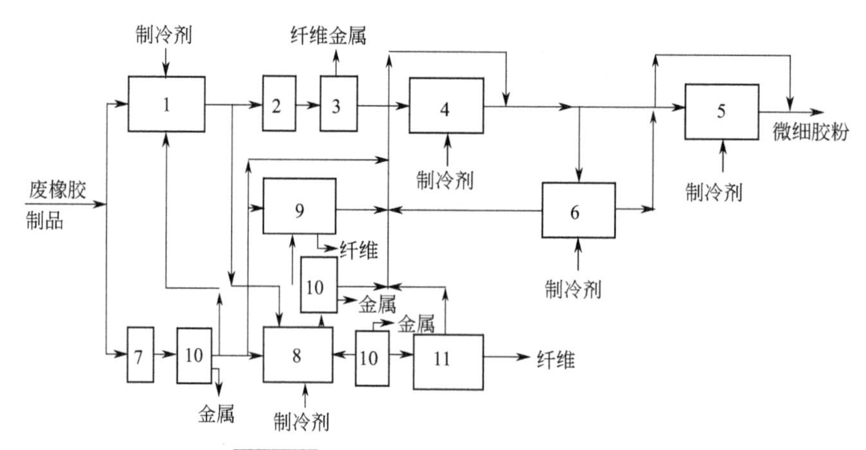

图 3-2-4　美国 UCC 公司低温粉碎流程

1—冷冻器；2—冲击装置；3—分离装置；4—粉碎装置；5—流体能型粉碎机；6—低温分级装置；7—常温破碎机；8—机械粉碎装置；9—旋风分离器；10—磁选器；11—筛分装置

表 3-2-4　各种物质冷冻粉碎时的液氮消耗

物质	液氮消耗量/(kg/kg 物质)	物质	液氮消耗量/(kg/kg 物质)
废旧橡胶	0.2～1.0	香料	0.2～2.3
热塑性树脂	0.1～0.7	过氧化物	0.1～0.5
热固性树脂	0.5～5.0	石蜡	0.2～1.2

美国 UCC 公司开发成功废旧橡胶液氮冷冻粉碎方法后，曾进行过成本核算，参见表3-2-5。

表 3-2-5 UCC公司所生产的胶粉生产成本

项目	粗胶粉	细胶粉	精细胶粉	超细胶粉
粒度	4 目-100% 10 目-95% 20 目-80%	30 目-100% 100 目-45% 200 目-13%	100 目-100% 200 目-40%	200 目-100%
投资费/(美元/t)	6.67	11.3	17.8	26.7
运转费/(美元/t)	49.00	71.33	102.0	151.0
人工费/(美元/t)	8.90	11.1	13.3	20.0
专利费/(美元/t)	13.3	17.8	26.7	40.0
合计/(美元/t)	77.87	111.53	159.8	237.7

由表 3-2-5 可知，生产成本比较高，这主要是由于液氮消耗高，而且工厂距液氮制造厂远，以及电耗大造成的。但如果采用预处理方式，即在常温下，预先将废轮胎切除胎圈并切割，且胶粉粒度主要是 0.208mm(70 目)的话，其液氮耗量将大大降低，生产成本也就没有上述那么高，从而使胶粉生产具有较好的技术经济性。

另外，美国联合轮胎公司的低温粉碎过程则是将废轮胎胎面切割成长条或胶片，再轧碎成 6.5mm 的胶粉，经由低温输送器输送到粉碎机，经冷冻粉碎为粒径 0.42mm 的胶粉。在胶粉整个生产过程中，液氮直接喷在低温输送器上并送入粉碎机中以保证橡胶冷冻温度低于玻璃化温度。其工艺流程见图 3-2-5。

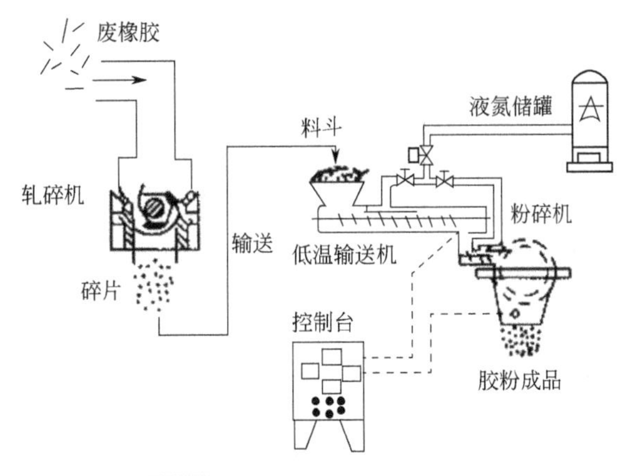

图 3-2-5 美国联合轮胎公司流程

日本关西环境开发株式会社得到净化日本中心的赞助，在大阪投资 6 亿日元，建成了轮胎循环中心，这是一个实验工厂，主要通过运行考核其技术性和经济性。该实验工厂生产能力每年为 7000t，其中，常温粉碎能力最高，为 1500kg/h(承用胎)，冷冻粉碎能力 980kg/h。该粉碎方法的特点是常温粉碎和冷冻粉碎并用，常温粉碎采用连续法，从而降低了生产成本。

整套设计自动化和机械化程度很高，采用了最新技术，对噪声、振动、粉碎、臭气采取了充分的防治方法。常温粉碎采用辊式粉碎机。冷冻粉碎采用高速冲击式锤磨机，转速为 2000～7000r/min，处理废轮胎能力为500kg/h×2台。

该公司以废旧轮胎为对象，制造胶粉的基本过程如下：由供料场将废旧轮胎运来，将废旧轮胎投入破碎机，破碎到 50mm 以下，接着送入破碎机，破碎到 25mm 以下，再送入粉碎机；粉碎机具有特殊形状的圆筒内壁椭圆形断面的转子，能将废胶粉碎到 5mm 以下，然后送入胶粉分级设备。在这期间通过 3 台磁选机除去铁杂质；由分级设备分级的胶粉送入密度分离机，除去纤维成分，便成为常温粉碎胶粉；由密度分离机分出的胶粉，由冷冻粉碎机进行细碎；通过振动筛除去纤维等成分，由 3 台分级设备将胶粉分级。

该方法可以制造两种胶粉，即常温粉碎胶粉和冷冻粉碎胶粉。

（1）常温粉碎胶粉规格

A 3～5 mm；B 1～3 mm；C 1mm 以下；D 1.5mm 以下；E 1.5～3mm；F 2mm 以下；G 2～3mm。

（2）低温粉碎胶粉规格

R_1 1mm 以下，0.297mm 以下占 70%；R_2 1mm 以下，0.297mm 以下占 19%；R_3 1mm 以下，0.297mm 以下占 11%。

由低温粉碎生产的胶粉粒度细，流动性好；因有分级设备，所以可生产任意粒度的胶粉；胶粉不含有铁、纤维等；无热变质和氧化变质现象。

2.3.2.5 空气膨胀制冷低温粉碎法

空气膨胀制冷技术是一项航空技术，现在中国已有多家研究开发单位就此技术用于胶粉的低温法生产工艺中。中国 609 研究所经过多年努力，利用空气循环低温粉碎法已研制成功年产万吨级精细胶粉生产装置，并在南京建厂，具有产量大、生产成本较低、无污染、操作自动化等特点。其粉碎法的技术核心是空气涡轮膨胀制冷技术在橡胶工业中废旧橡胶低温粉碎的应用。图 3-2-6 为其低温粉碎系统。基本原理是空气在空压机中被压缩到具有一定压力，经分离、干燥后，进入膨胀机同轴压气机二次压缩，随后通入热交换设备进行冷热交换，降低温度，经涡轮膨胀机膨胀制冷，温度达到－120℃以下；与此同时，废旧轮胎经粗碎、细碎，并通过磁选、风选、筛分，除去钢丝和纤维，得到 2～4mm 粒径的胶粒。这种胶粒在冷冻流化床中与冷空气进行动态冷冻，使其温度达到玻璃化温度以下，经过低温粉碎机粉碎后分离，胶粉进仓分级包装；空气返回空压机再循环。该系统的最大特点是充分利用冷量和干空气，功耗低，能连续运行且可实现自动化生产。

空气循环低温粉碎系统由常温粉碎系统、气源净化系统、制冷制粉系统、包装系统和测控系统等组成。常温粉碎系统采用辊轧机或新型爪型切割机粉碎，经多级磁选、分选、分级，将废旧轮胎逐次破碎成 2～4mm 胶粉。

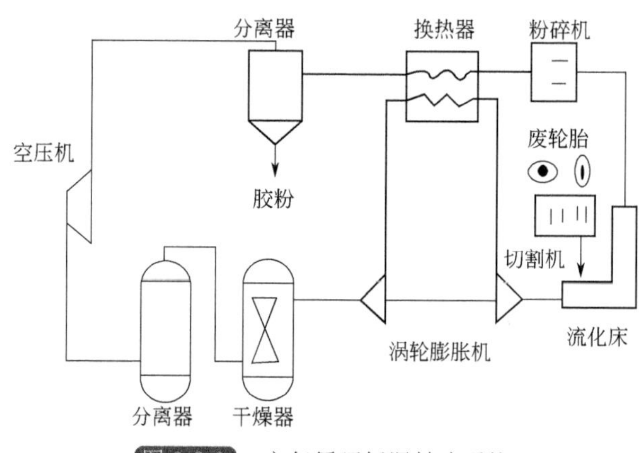

图 3-2-6　空气循环低温粉碎系统

气源净化系统的主要功能是提供一定压力的气源，并对空气进行分离、干燥，使其露点温度达－120℃以下，保证冷冻过程中无结冰发生。该系统需采用空气压缩机、油水分离器、干燥器以及再生、冷却水循环等辅助设备。

制冷制粉系统是该技术的核心部分，主要设备为涡轮膨胀机。涡轮膨胀机是提供冷源的关键设备，由涡轮、轴承、压气机和供油系统组成。其工作原理是一定压力的气流经过高速旋转的轮进行等熵膨胀。将压力能和内能转化为机械功输出给同轴压气机，内能的降低使得气流温度下降。温降的计算可由下式得到：

$$\Delta T = T_i \eta_t \left(1 - \frac{1}{{\pi_t}^{k-\frac{1}{k}}}\right)$$

式中　T_i——涡轮进气温度；

π_t——膨胀比；

η_t——涡轮绝热效率；

k——空气绝热指数。

以 $\pi_t = 6$、$\eta_t = 0.8$、$T_i = -60$℃为例，涡轮温降可达68℃，即涡轮出口温度为－128℃。热交换器主要作用是充分利用冷量，降低系统温度。采用高效板翅式换热器，热交换效率达95%以上。冷冻流化床主要功能是利用传热传质原理，将固体物料与冷气流进行动态混合，使胶粒达到玻璃化温度(－80～－70℃)以下。低温粉碎机是制粉的关键设备，它在低温下工作，不仅要求粉碎效率高，还要求最低的粉碎热，使胶粒在粉碎过程中始终处于玻璃化温度以下，传统的磨机已不能胜任。为此采用了一种高效低温粉碎机，其特点是处理量大，粒度小，粉碎热低。测控系统主要完成工艺参数的测量、控制、报警、紧急停车等功能，全部采用计算机进行测控，并可根据运行情况优化参数。

某公司年产万吨冷冻胶料示范厂建筑面积4000m^2，编制85人，分为常温粉碎工段、气源净化段、制冷制粉工段和包装工段。整个流程为自动化生产线，从1996年2月调试成功以来，已进入试生产运行阶段。目前主要工艺参数如下：

日产量25t；日耗电量2.7kW·h；日耗电量10t；供气量5500m^3/h；最低温度点－130℃。

胶粉粒度分布如图3-2-7所列。

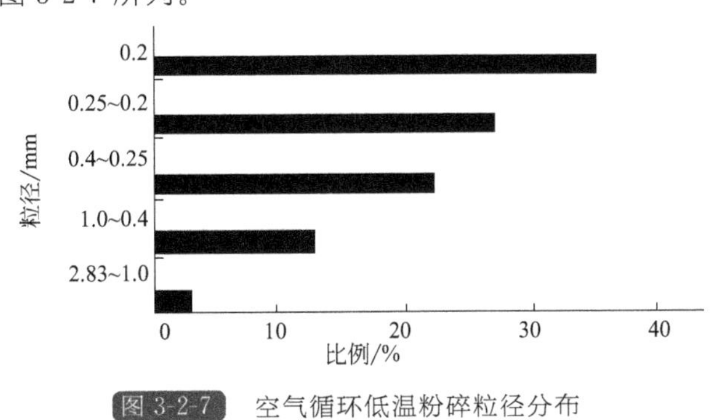

图3-2-7　空气循环低温粉碎粒径分布

工业试运行表明，空气循环低温粉碎法生产胶粉是可行的。生产稳定，操作简单，除上料和包装需部分人工外，其余全部实现自动化生产，无废水、废气排出。这套装置可同时处理纤维帘布轮胎和钢丝子午线轮胎，拓宽了制取胶粉的原料范围。随着试生产的不断深入，该公司将改进、完善系统，努力使日产量提高到 30t，粒径 0.2mm 以下的精细胶粉比例提高到 50%以上，进一步降低能耗。空气循环低温粉碎与液氮低温粉碎的能耗及粒度分布比较如表 3-2-6 所列。

表 3-2-6　空气循环低温粉碎与液氮低温粉碎的能耗及粒度分布对比

项目	空气循环低温粉碎法	液氮低温粉碎法
能耗/(元/t)	660	3000
0.4nm 以下粒度分布/%	84	40
0.2nm 以下粒度分布/%	35	—

注：电费按 0.6 元/(kW·h) 计算，液氮价格按 3000 元/t 计算。

空气循环低温粉碎法仅需消耗电力，产量高，具有规模效益；而液氮低温粉碎法却要有液氮的生产、储运等一系列过程，产量受到限制。从表 3-2-6 可以看出，空气循环低温粉碎法制取的胶粉中细胶粉量比液氮低温粉碎的高出 1 倍多，这说明空气循环低温粉碎法是一种较液氮低温粉碎更符合我国国情的低温粉碎方法。

中国科学院低温技术实验中心也进行了此技术研究。其制冷原理相同，生产胶粉工艺流程见图 3-2-8。

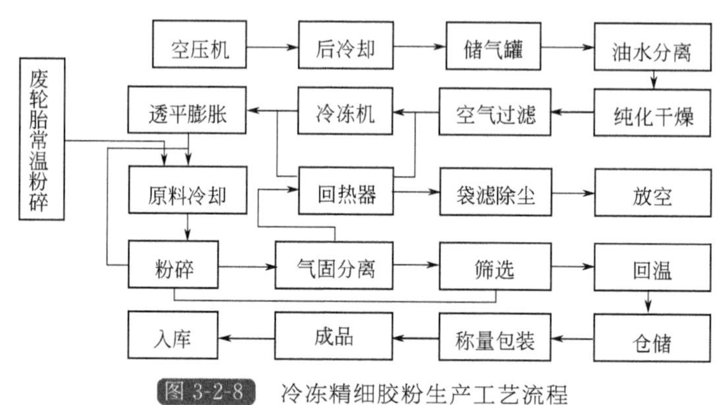

图 3-2-8　冷冻精细胶粉生产工艺流程

该生产流程年产胶粉 3000t；产品全部通过 60 目，并分级为 60 目和 100 目胶粉；每千克胶粉耗电量为 0.75kW·h；耗水量为 $50m^3/h$(循环冷却水)；开机预冷时间为 2h；采用计算机控制；生产过程连续自动化；每班操作工人 5 名。其关键设备为离心式粉碎机和人字形槽动静压混合式气体轴承透平膨胀机。离心式粉碎机就像一台离心泵一样，物料从粉碎叶轮的中心进入时，通过高速旋转，可以将物料摔打到外圈齿板上而粉碎。其生产效率高，粉碎过程生热少，而且吞吐量大，容易大规模工业化生产。而人字形槽动静压混合式气体轴承透平膨胀机，其轴承具有稳定性好、省气、可靠性高等优点。这种轴承用于透平膨胀机上生产胶粉，具有生产效率高、操作容易、使用方便、可长期连续运转、不需维护等特点。

由于低温粉碎存在动力消耗大、冷源成本高的不足，近年来提出了一种新的利用天然气管网压力能制冷粉碎橡胶的新思路。该方法不仅使高压管网的压力能得到有效回收利用，而且能降低废旧橡胶粉碎的生产成本，提高胶粉低温粉碎方法的市场竞争力。

2.3.3　湿法或溶液粉碎法

一般来说，常温粉碎法生产的胶粉胶粒粒度在 50 目以下；低温粉碎法生产的胶粉粒度在50～200目；湿法或溶液法生产胶粉粒度在200目以上。湿法或溶液粉碎法生产胶粉最具代表性的是英国橡胶与塑料研究协会(RAPRA)开发的称为RAPRA法的生产胶粉新工艺。该法分三步进行：第一步是废旧橡胶粗碎；第二步是使用化学药品或水对粗胶粉进行前预处理；第三步是将预处理胶粉投入圆盘胶体磨粉碎成超细胶粉。

2.3.4 固相剪切粉碎新技术

固相剪切粉碎技术是国外近年发展起来的一种连续化的聚合物粉碎加工技术。该技术是利用压力场和剪切力场的共同作用使聚合物材料在其熔点或玻璃化温度以上发生弹性变形粉碎，能将未经分类的混合废聚合物材料加工成能再利用的均匀粉末。该技术的特点如下：

① 该技术可以将塑料工业废料及生活塑料废品与彩色原料相混合，生产出从粗大颗粒到超细粒径的均匀有色粉末，并能将各种颜色的废塑料混合物粉碎转化为色泽均一的产品。

② 该技术可实现不同聚合物之间的高度混合。

③ 该技术能迅速、有效地实现相容性差的聚合物体系的共混复合。

④ 该技术能够实现对废旧橡胶进行精细粉碎，产出的胶粉可用于轮胎制造，橡胶改性沥青，聚合物/胶粉复合材料，热塑性弹性体，防水卷材，体育场馆的跑道、保护层、场地铺设，隔声板，绝缘垫，运动鞋以及橡胶软管的原料和铺料。

固相剪切粉碎的一个优点，是它直接适用于使用粉末给料加工工艺而不需要微粒化操作。此外，混合废聚合材料、原始聚合材料和混合物通过一次粉碎加工就能达到不同聚合物的初始兼容性而不需要有兼容媒质。如果需要的话，粉碎的颗粒可以和填料、增强剂、阻燃剂、抗氧化剂和其他活性剂混合用于塑料工业。

2.3.4.1 固相剪切粉碎机理

固相剪切粉碎与基于冲击、碰撞作用的传统粉碎方法有着不同的粉碎机理，一般认为它同弹性变形碾磨的粉碎机理有相似之处。在固相剪切粉碎过程中聚合物的粉碎是一种"流变爆炸"式，聚合物在高压状态下发生弹性形变，存储的弹性势能在剪切变形作用下爆发式地释放而引起聚合物材料内部微裂纹的迅速扩展、贯通，并最终转化为新生裂纹表面的自由能。这一过程宏观上表现为聚合物物料"雪崩"式粉碎。

粉碎的过程是分子链变小的过程，生胶在未硫化前其形状为线型结构，硫化以后线型结构变成网状结构，这是C—C键之间有硫连接的结果。而固相剪切粉碎过程实质上是一个将部分硫键断裂的过程，也就是脱硫过程以及橡胶的分子键断裂的过程，固相剪切粉碎过程中发生了部分脱硫和分子链的断裂，经过这些断裂后产生了新的小分子链，从而达到了粉碎目的。

2.3.4.2 固相剪切粉碎的优点

在废旧橡胶粉碎的众多方法中很难找到一种既经济又节能，同时在粉碎过程中又不改变胶料的化学结构的方法，固相剪切粉碎法恰恰可以做到这一点，通过用固相剪切粉碎法得到胶粉生产的制品能够与原始胶料具有相同的机械性能。

1）经济节能　在对废旧橡胶进行粉碎回收再利用的诸多方法中，或是由于能量转化利用率低或是由于低温粉碎时消耗了大量的液氮等冷却气体加重了经济上的负担，使得这些方法在工业生产中的应用受到限制。而固相剪切法是在常温或接近常温的条件下将废橡胶粉碎成胶粉的。而且可以在粉碎后进行再粉碎，使胶粉的颗粒大小能够达到可控。

2）粉碎中无化学变化　经过进一步的研究还发现在高压、剪切形变等较苛刻条件下发生的一系列力化学效应在室温的条件下也能实现。利用塑料加工机械，如单螺杆或双螺杆挤出机以及其他类型的混合设备产生的作用，粉状或颗粒状材料会发生位移形变，形成聚合物粉体，由此产生的力化学效应和力化学反应对温度的依赖性很小，在室温下即可进行，从而避免聚合物在高温下的降解和交联。

3）胶粉制品具有良好的机械性能　通过对模塑后胶块与原始胶料的伸长率 λ（材料伸长后在长度与材料原始长度的比值）、正应力 δ（作用在材料上的力与材料原始截面积的比值）对比可以看出，在相同拉伸应力的作用下模塑后胶块试件伸长率要比原始材料的伸长率大，也就是说模塑后胶块原始胶料更容易变形，但是两者的差别不是很大，因此可以推断该法粉碎的胶粉经模塑后其拉伸性能得到很好的恢复。

2.3.4.3　废旧橡胶的固相剪切粉碎

20 世纪 80 年代后期，苏联开发了用单、双螺杆挤出机粉碎废旧橡胶的方法。废轮胎由轮胎粉碎装置破碎分离出胎圈和胶条，将胶条纵向切割成大约 50mm 宽的小胶条，再横向切割小胶条并进行输送；胶块进入粉碎机进行预粉碎，并将钢丝帘线分离出来；然后再由输送装置将胶粒输送进双螺杆挤出机，将胶粒加热至 80～250℃，并施加 0.2～50MPa 压力和 0.03～5N/mm^2 剪切力，然后冷却到 15～60℃，再通过振动筛将粒径为 0.05～0.1mm 的胶粒筛选出来，残留的胶粒返回至挤出机再粉碎。

国内提出了利用力化学反应器从废旧轮胎制备高表面活性胶粉的方法：将废旧橡胶颗粒、胶丝、碎胶片或粗胶粉加入磨盘形化学反应器，物料由中心进料口进入磨盘进行碾磨，同时通入循环水冷却，控制循环水温度在 5～35℃，由螺旋加压系统控制压力，磨面静压力为 12000～22000kN，转速 30～150r/min，物料经碾磨后由磨盘边沿出料，完成一次碾磨，将得到的产物再次通过加料口进入磨盘，重复碾磨粉碎后的胶粉在剪切压力、压力和摩擦力共同作用下，细胶粉团聚成细条状。通过螺旋加压系统减少压力，增加磨盘间隙，使磨面静压力保持在 4000～12000kN，转速在 20～150r/min，将上述成细条状的橡胶再次通过中心进料口进入磨盘，然后碾磨 3～10 次，循环水冷却，直至团聚形成的细条状橡胶被粉碎成胶粉，所得的胶粉的比表面积为 0.5～7.5m^2/g，粒径分布范围为 20～130μm，解团聚后胶粉的初级粒子的粒径为 0.530μm，胶粉表面含氧量比粉碎前提高了 30%～60%。

2.3.5　其他一些特殊粉碎方法

近半个世纪以来废旧轮胎的粉碎方法层出不穷，除上述主要方法外，近年还出现了一些特殊的粉碎方法。

俄罗斯罗伊工艺实验室的专家利用臭氧处理回收废旧轮胎取得了成功。用这种方法回收废旧轮胎与用液氮处理法相比，所耗能源只有后者的 1/10～1/5，成本只有后者的 1/5～1/3,而且生产出的橡胶颗粒质量更好，对环境也不会造成污染。在室温条件下，废轮胎胶中的硫分子能与臭氧分子发生作用而使橡胶分子链发生断裂。但是，通常橡胶表面存在一层氧化膜妨碍了臭氧分子与硫分子发生作用，进而减慢了臭氧分子分解橡胶的速度。该实验室的专家发明了一种机械使氧化膜破裂而将臭氧分解橡胶的速度提高数千倍。具体方法是将废旧轮胎置于一封闭装置内，通入超高浓度臭氧（为空气中的 10000 倍），工艺时间 60min，启动密封装置内配置的 10kW 动力机械，使轮胎骨架材料与橡胶分离，并进行橡胶粉碎，可以得到粒径分布较宽的胶粉。该装置每吨胶粉耗电为 60kW·h，比辊筒法粉碎节能近 85%。该方法已在1997年建成年产胶粉3000t的工业装置。

高压爆破法是将整条轮胎垒放于一高压容器中，使高压容器内增压至500个大气压，在高压条件下使橡胶和骨架材料分离，骨架材料和橡胶可进行分离回收；每吨胶粉单位能耗约60～70kW·h。该装置粉碎胶粉最细可达到0.4mm；主要产品粒径为10～16目，占32%左右，最大粒径为24目。

定向爆破法可使大型或超大型废旧轮胎破碎成规定数量和大小的碎块，且能使胎圈与胎体、含帘线部分与胎面分离，为此仅需工业用爆炸材料，用量为轮胎给料的6%左右，所得碎块再经常规粉碎加工成胶粉。

2.4 活化胶粉的生产方法及其性能

胶粉未经处理掺入到胶料中会使胶料的物理机械性能下降，限制了胶粉在橡胶中的应用，因此，必须活化处理，以提高胶粉的表面活性。

2.4.1 胶粉活化改性的方法

胶粉活化改性的方法虽然繁多，但归纳起来有下列数种：化学机械法、聚合物涂层法、气体改性法、接枝改性法及增塑剂改性法等。

所有的活化方法，都是为了解决胶粉和基质胶之间的过渡层问题，要解决过渡层的薄弱性，必须对胶粉表面塑化，使胶粉网络中有足够的分子链被破坏，同时使胶粉表面生成新的活性基团，从而在与基质胶混炼时与胶料结合良好，硫化时达到界面的交联密度与胶料中的交联密度相当，从而提高掺有活化胶粉胶料的物理机械性能、扩大胶粉在橡胶制品中的应用。

2.4.1.1 化学机械法

化学机械法是胶粉与活化剂体系通过机械加工的方法起化学反应，使胶粉表面生成新的活性基团，从而达到胶粉活化改性的目的。

（1）开炼机捏炼法

改性剂体系为硫黄2%，促进剂M 1.2%；或硫黄2%，促进剂CZ 0.7%，邻苯二甲酸酐5%(溶于乙醇)，邻苯二甲酸二辛酯或高芳烃油8%～10%。

1）改性条件　粒径为0.3～0.4mm的胶粉在开炼机上捏炼15遍，辊距0.15mm，速比1∶1.17，辊温55℃或85℃。延长捏炼时间，可加大改性剂结合量，提高胶粉表面降解程度，从而提高掺用胶料硫化胶的拉伸强度和伸长率。提高捏炼辊温，也可以加大改性剂的结合量，缩短捏炼时间，但不能高于85℃，否则伸长率下降。

化学机械改性的操作条件，最好不依赖延长处理时间或增大改性剂的起始浓度来提高改性剂的结合量，而应依靠增大引发断链反应的速度，也就是增大机械强度。

2）掺用性能　在丁苯橡胶/异戊橡胶/顺丁橡胶并用胶中掺入20%的上述活化胶粉，与不掺胶粉的硫化胶相比，300%定伸应力没有下降，耐疲劳性能优于不掺胶粉的硫化胶。300%定伸应力随改性剂结合量、胶粉在胶料中分散均匀程度的增加而提高。

（2）反应器法

改性剂为胺类化合物，包括丙烯酰胺衍生物、*N*-亚硝基芳胺衍生物等。

改性条件为使用带涡流层的 ABC-150 型反应器，0.25mm(55 目)胶粉在反应器中处理 180s。处理过程中，反应器里的铁磁性颗粒同胶粉相互碰撞，产生高温高压的局部着落点，达到机械化学改性的目的。尽管胶粉和铁磁性颗粒有着很强的吸附力，但不存在二者的分离问题。采用这种设备，在工业化生产条件下是一种技术十分复杂的操作工艺，稍有疏忽就会大幅度提高活化胶粉的生产费用。

(3) 搅拌反应法

改性剂为活性剂苯肼或促进剂 D 0.2%～0.4%，催化剂氯化亚铁 0.2%～0.3%，增塑剂二戊烯或妥尔油 8%～17%，隔离剂为陶土或滑石粉。

改性条件为搅拌罐搅拌反应 7～15min，反应温度不超过 80℃。

活性剂起塑解剂作用，要求其在起始搅拌过程溶解在胶粉中。实验证明，用促进剂 D 代替苯肼，在用量适当的情况下，能取得苯肼塑解的同样效果而不致发生危险。从价格方面考虑，促进剂 D 更可取，尤其可取的是促进剂 D 的精细粉末形态。橡胶中的大量双键，只有 2%～3%在硫化期间同硫黄反应，在本法搅拌反应过程中，促进剂 D 可以断裂百分之几的双键。

催化剂氯化亚铁在胶粉表面处理过程中可作为一个氧化还原系统，如二价铁离子被氧化成三价铁离子。为便于分散，搅拌前先用甲醇溶解。搅拌期间，大部分甲醇会蒸发掉，对活化胶粉的应用不会产生任何影响。

搅拌反应时间以促进剂 D 同胶粉反应充分为准，最长不超过 15min，一般为 10min。搅拌过程中最重要的是精确的混合。各种材料要按顺序投料，先加胶粉，再加促进剂 D，然后一起投入妥尔油和氯化亚铁。胶粉应在预加热至 20℃时投料。胶粉改性配方及物理性能见表 3-2-7。

表 3-2-7 胶粉改性配方及物理性能

组成及性能项目	配方 A	配方 B	配方 C
胶粉(粒径 0.4mm)	100	100	100
促进剂 D	0.3	0.5	0.5
妥尔油	10.0	13.9	17.0
氯化亚铁	0.25	0.30	0.30
甲醇	5	5	5
$ML_{1,4}$(100℃)	36	50	57
硬度(邵尔 A)/(°)	71	64	60
拉伸强度/MPa	8.3	10.7	9.1
断裂伸长率/%	230	310	320
密度/(mg/m^3)	1.21	1.17	1.16

(4) 高速搅拌法

我国从 20 世纪 80 年代末开始研究活化胶粉的制法，已获成功，已将活化胶粉用于轮胎等橡胶制品中，效果很好，现已工业化生产。

我国多数采用高速搅拌法制取活化胶粉，其配方大致有硫黄、促进剂、活化剂(有的是用有机胺类)及软化剂，设备是高速搅拌机，转速为 800～1400r/min，搅拌 10min 左右，投料顺序是胶粉→硫黄→活化剂和促进剂→软化剂。由于胶粉摩擦生热，胶粉温度要求控制在 80～100℃，排料后胶粉必须冷却后才可装袋，否则容易自燃。

经过处理的胶粉，其表面均匀地附着一层各种助剂，从而使活化胶粉与基质胶料界面处的交联密度增加。这种胶粉应用于轮胎，使其动态性能提高(如耐屈挠、抗裂口增长、压缩生热及耐磨耗等动态性能)，使用寿命提高 10%左右。某厂液氮冷冻法生产的 60 目胶粉按行业标准配方检测，拉伸强度只有 13.3MPa(不合格)，而用编者的活化技术软件处理的活化胶粉的拉伸强度达到了 20.4MPa(见表 3-2-8)，提高了 50%以上，由此可见胶粉活化处理的必要性。

胶粉行业标准配方(质量份)：

天然橡胶(进口 1#)	100	促进剂 NOBS	0.5
胶粉	50	芳烃油	3.5
硬脂酸	1.5	硫黄	3.5
氧化锌	7.5	合计	168
促进剂 M	1.5		

表 3-2-8 活化与非活化胶粉物理机械性能对比

胶粉规格	硬度(邵尔 A)/(°)	断裂伸长率/%	拉伸强度/MPa
标准		≥500	≥15
60 目胶粉(未活化)	50	520	13.3
60 目 H-2 胶粉(活化)	50	568	20.4
80 目胶粉(未活化)	51	520	16.7
80 目 H-5 胶粉(活化)	45	625	19.8

(5) 机械薄通法

不使用任何活化、改性剂，胶粉用连续加料式开炼机常温薄通 140 次可提高胶粉本身的强伸性能及抗变形性，用此法塑化各种胶粉与轮胎再生胶的物理化学性能见表 3-2-9。

表 3-2-9 各种塑化胶粉与轮胎再生胶的物理化学性能

性能项目	载重公共汽车轮胎	轿车轮胎			轮胎再生胶
	297μm	1000μm	590μm	297μm	
黏度/MPa·s	0.15	0.16	0.07	0.71	0.05
丙酮抽出物/%(质量分数)	17.7	13.7	18.7	9.0	10.0
氯仿抽出物/%(质量分数)	3.5	1.8	1.7	3.2	8.9
100%定伸应力/MPa	3.63	4.41	4.12	3.33	2.35
拉伸强度/MPa	11.2	9.21	9.31	16.7	9.12
断裂伸长率/%	228	171	198	315	330
撕裂强度/(kN/m)	3.9	2.6	2.5	7.6	2.8
压缩疲劳温升/℃	12	15	16	21	31
断裂永久变形/%	2.1	1.9	1.9	1.6	10.3

由表 3-2-9 可知粒径为 297μm 的轿车轮胎胶粉塑化效果最佳，因其粒度小、含胶率高(黏度高且抽出物质量分数低)，故薄通塑化收效最大。薄通塑化实际上也是一种因氧化断链引发的表面降解。

2.4.1.2 聚合物涂层法

该法是将低分子液体聚合物进行喷涂，使其包覆于胶粉表层，以达到改性目的。

根据相似相容原理，用少量液体不饱和聚合物处理胶粉表面(聚合物中加硫化剂、增塑剂)，这就是所谓聚合物涂层法。这种包覆涂层在胶粉和胶料之间起着化学键的作用，硫化时使胶粉和胶料产生化学结合(交联反应)。处理后的产物为干态混合物或呈流动状态的粉末，同胶料相容性好，可加快在胶料中的分散速度。涂层法活性胶粉分两类，一类采用液体橡胶(如液体丁苯橡胶)处理胶粉，制得的胶粉为热固性活性胶粉；另一类采用液态塑料或热塑性弹性体(如聚乙烯、聚丙烯、聚氨酯)处理胶粉，所得胶粉为热塑性活性胶粉。

胶粉粒径：活性胶粉在胶料中具有很好的相容性，粒径大小对硫化胶物性影响并不明显，对保持基本物性不起关键作用。根据加工需要，对胶粉粒径则应有所选择。用于平板模压制品、传递模压制品和注压制品的胶粉粒径为 0.4mm(40 目)，用于压延压出制品的胶粉粒径为 0.2mm(65 目)。

(1) 液体 SBR 包覆涂层

将液体 SBR 与化学改性剂(硫黄、促进剂、甲基酚醛树脂、二硝基苯及过氧化物，其中硫黄与促进剂 NS 配比为 2∶1)混合制成胶浆。在 TEC 装置中对粒径为 0.4mm 的胶粉(压延、挤出制品用 0.2mm 胶粉)进行喷涂，每 100 份胶粉喷涂 5 份胶浆。

由此法制得的胶粉为热固性活性胶粉，因聚合物涂层可提高相容性及分散性，硫化时使胶粉与基质胶之间产生良好的化学结合，可提高掺用量并获得良好的静态与动态性能。胶浆中加入少量的间苯二酚与六亚甲基四胺，对保持拉伸强度、提高撕裂强度更有效。

(2) 液体聚烯烃或热塑性弹性体包覆涂层

将液体聚烯烃(可选聚乙烯、聚苯乙烯、聚丙烯及其共聚物)或液体热塑性弹性体(热塑性 EPR 或热塑性聚氨酯橡胶)与化学改性剂[同(1)]混合配成胶浆，在 TEC 装置中对粒径为 0.2mm 的胶粉喷涂。喷涂分两次进行，第 1 次采用 2～5 份可与胶粉化学结构相似的液体聚合物，第 2 次采用 2～5 份可与第 1 层聚合物产生反应(可能是共交联反应)的聚合物。

由此法制得的胶粉为热塑性活性胶粉，可提高比例掺入聚乙烯、聚丙烯等塑料制品中，预混也可用密炼机。共混材料可注压、挤出或直接装模。掺用此胶粉的塑料既可大幅度降低成本又可改善各种性能，如断裂伸长率、弹性、低温屈挠性和抗冲击性等。

(3) 低分子聚乙烯/矿质橡胶活化体系

将 100 份由汽车胶垫生产废料制得的粒径小于 10mm 的胶粒与 1～3 份低分子聚乙烯及 5～10 份矿质橡胶在开炼机上捏炼，可用于半硬质绝缘套管的制造。80 份活化胶粉与 20 份的 SBR 并用可以替代 100 份轮胎再生胶。

聚乙烯属非极性热塑性材料，绝缘性能好，分子链规整，结晶度高，常用掺和性好的低分子聚乙烯与橡胶并用，但常温下使胶料硬度增大，黏性降低，不利于加工。若加入有软化增黏作用的矿质橡胶(软化温度高达 120～150℃的石油沥青)，则便于共混加工，起到活性填料调节制品性能的作用。其他聚合物处理剂还有聚降冰片烯。

2.4.1.3 气体改性法

所谓气体改性法，就是用混合的活性气体（具体物质不详）处理胶粉表面，使胶粉颗粒最外面的分子层暴露于可对其表面化学改性的高度氧化的混合气体中，从而使胶粉改性的方法。

胶粉粒径大小，根据用途确定。经气体处理的活性胶粉表面，与聚氨酯、橡胶、环氧化物、不饱和聚酯、酚醛树脂、自由基聚合物等连续相体系都有较高的黏结力。在某些用途方面，掺用此种活化胶粉的胶料硫化胶物性优于原生胶制备的硫化胶。

气体改性胶粉的生产设备，每台年产量为 4500～5000t。美国空气产品化学公司计划在 3～10年制作 5～20 台这种设备。

2.4.1.4 接枝改性法

该法是将苯乙烯等活化剂与胶粉经化学反应接枝，达到改性目的。

（1）苯乙烯-胶粉本体接枝

接枝用胶粉必须是经异丙醇与苯的混合溶剂抽提过的低温粉碎胶粉。接枝方法：将 20 份上述胶粉加入含有 1%过氧化二苯甲酰的苯乙烯（单体）中（苯乙烯应为 100 份），在冷库中放置 12h 后，滤出剩余的苯乙烯，再在氮气中于 80℃ 下加热 12h。所得反应物用苯回流 48h，除去非接枝聚合的聚苯乙烯，然后在空气中干燥 24h。用该法接枝的改性胶粉能显著提高聚苯乙烯材料的拉伸强度和断裂伸长率。

（2）苯乙烯-胶粉的自由基接枝

将经苯乙烯膨润过的低温粉碎胶粉（已抽提）置于水中，加硫酸氢钠、硫酸铁和过硫酸铵（苯乙烯、胶粉和助剂用量及配比不详）在快速搅拌下进行氧化还原聚合，放置 12h 后过滤并在空气中干燥，再于 50℃ 下真空干燥 24h。此接枝改性胶粉可赋予聚苯乙烯材料优良的抗冲击性。

其他接枝改性剂有苯乙烯改性不饱和聚酯及乙烯基聚合物等。

2.4.1.5 增塑剂改性法

用再生软化剂对胶粉溶胀（浸泡）可改善胶粉在基质胶中的分散及相容性，使弹性与强度得到提高。以胶粉在ⅡH-6M 油中（1∶1）溶胀增塑的胶粉强度最高。若在混入基质胶前将活化胶粉预捏炼，可更有效地提高强度。ⅡH-6M 油能促使高交联区从胶粉表面移向内部，降低界面硫化程度，其他阴离子表面活性剂也有同样作用。含 10 份增塑剂的胶粉（粒径为 0.5mm）与普通胶粉的胎面胶相比，强度、硬度及耐磨性均高于后者。

其他方法也有用无机填料（滑石粉或白炭黑）及增黏剂（硅烷或乙烯基浆料）对胶粉活化，以利于胶粉分散，提高强度，在多次变形时，相界面的填料可使空穴的数量与尺寸减小；也可用氯化反应增加胶粉极性，用作 NBR 填充剂；用磺化反应提高亲水性，用作阴离子表面活性剂。

2.4.2 胶粉活化改性原理

2.4.2.1 胶粉表面降解

胶粉表面降解可导致胶粉离子与弹性母体胶的黏合作用增强，并可改善含胶粉胶料的弹性与强度性能。因此胶粉表面降解是一种常用的改性方法。

对硫化橡胶（包括胶粉）而言，“降解”与“再生”是同一个概念，同一种过程。无论是高分子断链还是交联键切断，或两者兼而有之，均能达到“塑化”(或再生)的目的。市售塑解剂多数可直接用作再生活化剂的事实已证明了硫化胶的再生与塑炼相似。再生活化剂与塑解剂的作用机理相似。

胶粉的表面降解(或再生)要注意适度。根据相似相容原理，适度的表面降解可提高胶粉与基质胶的相容性及共交联性，但必须保留已交联的弹性内核，若深度降解则与再生胶没有差异，失去了应用胶粉改善胶料动态性能的意义。原则上常用的再生活化剂与塑解剂可用作胶粉改性剂。但作为胶粉改性剂必须满足活性温和、毒性小、所需反应温度较低等条件。因此有机胺类化合物是合适的，主要是脂肪胺与变价金属盐类催化剂体系，此类改性工艺与用低温塑化法生产再生胶类似。在优化的改性体系配方及工艺条件下达到适度降解的目的，并在实际应用中验证。

不使用改性剂，利用多次薄通方法处理胶粉也能达到部分塑化的目的，此过程与生胶塑炼相同，只是加大了剪切强度，其塑化效果不及使用改性剂的处理方法。强氧化性气体处理胶粉也能达到降解的目的，并能引进表面含氧官能团，增强与橡胶(尤其是极性橡胶)的相容性与内聚能。

2.4.2.2 含胶粉胶料硫化体系的调整

由于掺用胶粉后基质胶中的硫化助剂向胶粉定向迁移，造成界面共交联薄弱、整体交联密度降低，直接影响共混硫化胶的力学性能，一般通过调整硫化体系来减少力学性能下降并提高动态性能。

任何一种填料的存在总是胶料“缺陷”形成与扩展的隐患，尤其是界面结合薄弱的非补强性填料(包括胶粉)。存在任何一种使应力相对集中而不能有效松弛的结构也是造成强伸性能低劣的主要原因。加强胶粉与基质胶的有效黏合(主要依靠共交联)及形成具有良好的应力松弛能力的结构微区。即硬段与软段、强键与弱键的合理配置，均能提高共混硫化胶的强伸性能。

研究表明，无论是在胶粉中或在基质胶中增加硫黄与促进剂的用量并不能阻止与改变硫化助剂的定向迁移，相反会激化与加速这种迁移，结果是加宽了界面附近基质胶一侧低定伸区域的厚度，这种较宽的低定伸区域的存在却创造了有效的应力松弛的条件，掩盖了两相界面共交联薄弱的负效应，使总体强伸性能得到改善。同时也提高了动态疲劳性能，如压缩疲劳生热。

陈善祥的试验结果值得一提，40 目普通胶粉用甲号配方及丙号配方(比甲号配方增加 1 份硫化助剂，其中硫黄与促进剂 NOBS 各半)进行试验，试验结果与同粒径活性胶粉(经两次活化的胶粉)相当，见表 3-2-10。10 份 40 目普通胶粉和活性胶粉在胎面胶中掺用后的性能也相当，见表 3-2-11。

表 3-2-10　两种胶粉的鉴定结果

性能项目	普通胶粉		活性胶粉
	甲	丙	甲
硫化时间(142℃)/min	15	10	10
300%定伸应力/MPa	3.9	4.9	3.8

续表

性能项目	普通胶粉		活性胶粉
	甲	丙	甲
拉伸强度/MPa	14.8	18.7	18.4
断裂伸长率/%	539	531	574

注：甲号基本配方为NR 100，氧化锌7.5，硫黄3.0，硬脂酸1.5，促进剂M 1.5，胶粉50。丙号基本配方为在甲号配方的基础上增加0.5份硫黄及0.5份促进剂NOBS，其余不变。

表3-2-11　掺用两种胶粉的胎面胶性能(NR/NB并用比为70/30)

胶粉	活性剂用量/份	300%定伸应力/MPa	拉伸强度/MPa	断裂伸长率/%	磨耗量/(cm^3/1.61km)
未加	0	11.0	26.3	579	0.21
普通	0	11.1	22.4	510	0.25
普通	0.2	11.8	22.2	490	0.22
活性	0	11.0	22.4	508	0.22

注：硫化条件为145℃×30min。

因此只需在胶料配方中每50份胶粉加1份硫化助剂，可直接使用普通胶粉。这样胶粉生产厂可免去活化改性工艺，胶粉使用厂可降低胶粉成本，一举两得。

吴友平等的研究结果与陈善祥先生的研究结果吻合，在基质胶中增加硫化助剂的效果比在胶粉中的效果好，若在两相中同时增加硫化助剂效果更好，见表3-2-12。

表3-2-12　在基质胶中和两相中都加硫化助剂胶料的性能

性能	普通胶粉10份		硫黄/促进剂CZ活化胶粉10份	
	原配方	原配方加5%的硫黄与促进剂CZ	原配方	原配方加5%的硫黄与促进剂CZ
拉伸强度/MPa	20.0	21.2	20.0	21.6
300%定伸应力/MPa	13.5	13.7	12.5	15.4
断裂伸长率/%	408	412	432	400
压缩疲劳温升/℃	31.5	29.0	29.0	27.0

注：硫化条件为145℃×30min。

对胶粉活化、改性是希望通过提高胶粉与基质胶两相界面的黏合(或交联)水平及适度造就有利于应力松弛的结构微区来改善共混胶料及制品的动态性能和使用效果。

总之，对胶粉活化、改性效果的评价重点应放在胶料的动态性能及制品的使用性能上。不应该把过多的精力用在提高静态性能上。从传统的片面追求强度指标的观念中解脱出来，才是胶粉应用技术水平不断提高的必由之路。

2.4.3　RD-F机械化学法制活化胶粉及其性能

RD-F机械化学法是通过高速搅拌器使胶粉表面涂覆上活化剂，利用开炼机的机械剪切作用使胶粉活化的一种方法。处理过程所用主要设备为GHS-2/6高速混合试验机(由热和冷两台混合机组成)。试验采用该设备的热混合机，转速为2000r/min，加热方式为自摩擦生热，生热温度为60～100℃。

2.4.3.1 胶料配方(质量份)

(1) SBR 胶料

SBR	100	HAF	50
氧化锌	5.0	硫黄	2.0
硬脂酸	1.0	促进剂 CZ	1.0
促进剂 TMTD	0.2	古马隆树脂	5.0
防老剂 RD	1.0	胶粉	15

(2) NR 胶料

NR	100	氧化锌	5
硫黄	3.5	硬脂酸	1.0
促进剂 CZ	0.8	胶粉	50

(3) 胎面胶胶料

NR	50	防老剂 RD	1.5
BR	40	防老剂 4010	1.5
SBR	10	HAF	55
氧化锌	4	石蜡	1
硬脂酸	3	古马隆树脂	3.5
硫黄	1.4	机油	5
促进剂 CZ	1.3	胶粉	15
促进剂 DM	0.1		

注：以上 3 个配方的胶粉均为 40 目胎面胶粉。

2.4.3.2 机械剪切作用

机械剪切作用主要是高速搅拌机和开炼机的作用。

(1) 高速搅拌机的作用

表 3-2-13 展示出了高速搅拌机在胶粉活化中的作用。以 SBR 配方做对比试验，活化剂为 0.5 份硫黄。

表 3-2-13 胶粉搅拌处理对 SBR 胶料性能的影响

编号	处理方式	拉伸强度/MPa	断裂伸长率/%	300%定伸应力/MPa	撕裂强度/(kN/m)	备注
1	加 0.5 份硫黄高速搅拌	22.12	484	13.42	44.98	5 个试样的平均值
2	加 0.5 份硫黄手工搅拌	21.06	495	12.96	45.12	5 个试样的平均值
3	不加硫化不搅拌	20.6	550	10.6	50.0	
4	不加硫化高速搅拌	20.4	552	10.9	52.0	

注：硫化条件为 150℃×90min。

从表 3-2-13 可看出，4 号与 3 号比较，各项性能基本相同，可见高速搅拌器并不能对胶粉起明显的剪切作用；1 号与 2 号比较，虽然各项性能十分接近，但拉伸强度 1 号略高于 2 号，原因是手工搅拌不可能将硫黄均匀涂覆在胶粉表面。虽然高速搅拌对胶粉产生的剪切细化作用较小，但由于能有效地分散活化剂，使之在胶粉表面涂覆均匀，因而在胶粉活化中起到十分重要的作用。

(2) 开炼机的作用

表 3-2-14 展示出了开炼机在胶粉活化改性中的作用。5 号和 6 号表示未用开炼机薄通的非活化胶粉和涂覆 0.5 份硫黄的活化胶粉，7 号和 8 号为用开炼机薄通 10 次的非活化胶粉和涂覆 0.5 份硫黄的活化胶粉，分别按 SBR 胶料配方制得的硫化胶。

表 3-2-14　胶粉薄通处理对 SBR 胶料性能的影响

编号	拉伸强度/MPa	断裂伸长率/%	300%定伸应力/MPa	撕裂强度/(kN/m)
5	20.2	488	14.3	42.0
6	21.8	524	13.8	44.0
7	22.5	524	14.2	47.0
8	23.8	542	14.0	48.0

由表 3-2-14 看出，7 号与 5 号、8 号与 6 号比较，拉伸强度显著提高，断裂伸长率有一定提高，可见开炼机对胶粉有显著的剪切细化作用，8 号与 5 号比较，说明加 0.5 份硫黄的活化胶粉，再用开炼机薄通 10 次，其胶料的物理机械性能有大幅度提高。说明开炼机的剪切作用，可提高胶粉与活化剂、胶粉与基质胶结合。

胶粉薄通次数对 NR 胶料性能的影响见图 3-2-9。由图 3-2-9 看出，胶粉薄通次数越多，胶料的拉伸强度和断裂伸长率越高，动态压缩疲劳温升越低，而 300%定伸应力增长不明显。这是因为薄通次数越多，对胶粉的细化及表面破坏作用越强，越能增强胶粉与基质胶间的结合，而 300%定伸应力只与硫化体系及胶粉的用量有关。但是胶粉薄通次数越多，一方面能耗过大，另一方面也增加了工人的劳动强度；而且由图 3-2-9 可以看出，胶粉薄通次数少于 10 次时，随着薄通次数的增加，胶料的拉伸强度和断裂伸长率提高幅度较大，超过 10 次后，上升趋势逐渐平缓。因此从胶粉性能及经济效益考虑，胶粉的薄通次数以 10 次为宜。

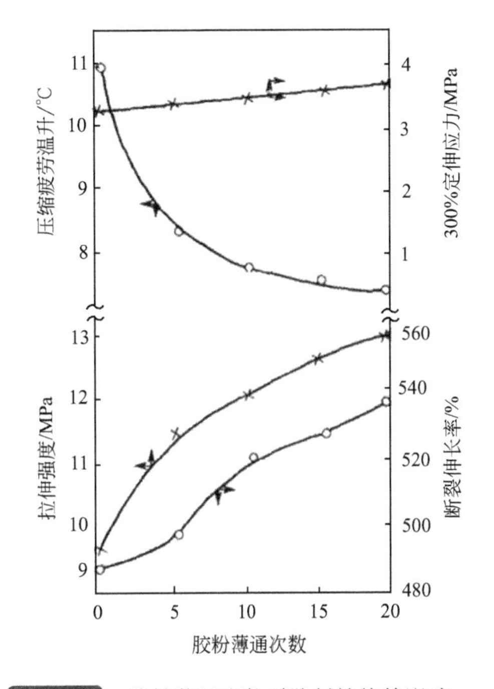

图 3-2-9　胶粉薄通次数对胶料性能的影响
硫化条件为 143℃×90min；胶粉未加任何活化剂

胶粉薄通时辊筒温度对 SBR 胶料性能的影响见图 3-2-10。由图 3-2-10 看出，胶料拉伸强度随胶粉薄通辊温增高呈 U 形变化，这与 NR 塑炼时辊筒温度对其塑炼效果的影响极其相似，即低温时，温度越低，胶粉所受剪切作用越大，橡胶分子链断裂效应越高，塑炼效果越好；高温塑炼时，主要是氧化裂解使分子链断裂，故温度越高，氧化裂解反应越强烈，塑炼效果越好。胶粉塑炼越好，其表面破坏程度越大，硫化时与基质胶结合越好，胶料强度就越高。但由于胶粉是三维网络结构，故不能像 NR 生胶一样，随着薄通次数的增多，分子量急剧下降。

2.4.3.3　活化剂的作用

胶粉活化剂包括硫化剂、促进剂、塑解剂、防老剂和可以改善活化胶粉-基质胶相界面黏合性能的酚醛树脂交联剂。硫化剂、促进剂活化的胶粉可显著改善胶料的性能，关于它们对胶料性能的影响，前面已详述。下面讨论塑解剂、老化剂和酚醛树脂交联剂在胶粉活化改性中的作用。

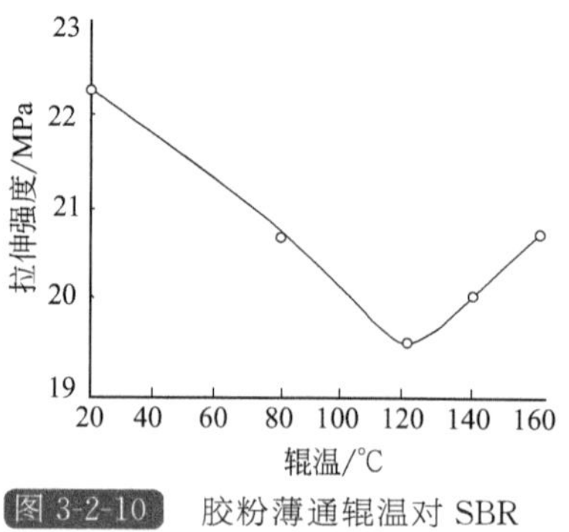

图 3-2-10 胶粉薄通辊温对 SBR 胶料性能的影响

（1）塑解剂的作用

由薄通胶粉的开炼机辊温对胶料性能的影响可知，胶粉的薄通实际上是一个塑炼过程，所以一定量的塑解剂能对胶粉的塑炼起到促进作用。表 3-2-15 示出了塑解剂对 SBR 胶粉的活化改性作用。9 号为非活化胶粉，10 号、11 号、12 号和 13 号分别表示在高速搅拌机中加入 1 份促进剂 M、促进剂 DM、五氯硫酚和 420# 油，再薄通 10 次制备的活化胶粉，分别按 SBR 胶料配方制得的硫化胶。

表 3-2-15 胶粉中加入塑解剂对 SBR 胶料性能的影响

编号	拉伸强度/MPa	断裂伸长率/%	300%定伸应力/MPa	撕裂强度/(kN/m)
9	20.3	492	13.5	51.0
10	21.4	516	12.4	50.0
11	20.8	500	13.8	51.0
12	20.4	496	13.0	51.0
13	21.6	524	13.4	53.0

由表 3-2-15 看出，10 号、11 号、12 号和 13 号同 9 号比较，拉伸强度和断裂伸长率均有提高，表明塑解剂能塑化胶粉。其中，促进剂 M 和 420# 油对胶料性能的提高作用更为明显。这是因为促进剂 M 兼有塑解剂和促进剂的双重作用；而 420# 油含有硫酚化合物（含 10%～15%的结合硫），在高温时会析出硫化，起交联剂作用。

（2）防老剂的作用

表 3-2-16 示出了防老剂对胶粉的作用。14 号表示非活化胶粉，15 号、16 号、17 号和 18 号分别表示在高速搅拌机中加入 1 份防老剂 4010、4010NA、RD 和 H，薄通 10 次制备的活化胶粉分别按 SBR 胶料配方制得的硫化胶。19 号为不加胶粉的胎面胶，20 号和 21 号分别表示非活化胶粉和在高速搅拌机中加入 1 份防老剂 RD、薄通 10 次制备的活化胶粉分别按胎面胶胶料配方制得的硫化胶。

表 3-2-16 胶粉中加入防老剂对胶料性能的影响

性能项目	编号							
	14	15	16	17	18	19	20	21
拉伸强度/MPa	20.8	22.4	23.2	22.5	23.0	22.5	16.4	19.5
断裂伸长率/%	444	468	444	464	424	506	388	472
300%定伸应力/MPa	12.7	13.5	15.5	14.1	15.6	11.6	12.1	12.1
撕裂强度/(kN/m)	51.0	48.0	42.0	48.0	45.0	56.0	72.0	80.0

续表

性能项目	编号							
	14	15	16	17	18	19	20	21
疲劳温升/℃	28.2	27.0	26.0	27.2	27.0	25.0	28.0	26.0
磨耗量/(cm^3/1.61km)	—	—	—	—	—	0.1869	0.1908	0.1498

注：14～19号的硫化条件为150℃×90min；20号和21号的硫化条件为143℃×90min。

由表3-2-16看出，15号、16号、17号和18号与15号比较，压缩疲劳温升降低，拉伸强度也有一定提高，这是由于塑炼过程中防老剂对胶粉起到了一定的塑解作用。此外，21号的拉伸强度较20号提高较大，压缩疲劳温升与19号基本相同，而磨耗量较低，可见用防老剂RD活化的胶粉能明显降低胎面胶胶料磨耗，这对胎面胶而言十分重要，甚至比提高胶料强度意义更大。

(3) 酚醛树脂交联剂的作用

为保证胶料的使用价值，要求加入胶粉后的胶料强度下降不得超过10%。胶粉表面涂覆硫黄和促进剂可有效地促进胶粉与基质胶交联，即提高相界面交联密度，从而提高胶料强度。但硫黄或促进剂用量过高，易使胶料硫化时焦烧，为此可加入一定量的酚醛树脂交联剂(配用促进剂H)。表3-2-17列出了酚醛树脂交联剂对NR胶料的作用。22号和23号分别表示表面涂覆2层防老剂RD及其他活化剂的活化胶粉和表面涂覆1份防老剂RD、1份酚醛树脂(SP-105)、0.4份促进剂H及其他活化剂(同22号)的活化胶粉，24号表示非活化胶粉，分别按NR胶料配方制得的硫化胶。

表3-2-17　胶粉中加入酚醛树脂对NR胶料性能的影响

性能项目	编号		
	22	23	24
拉伸强度/MPa	15.9	16.9	11.3
断裂伸长率/%	560	542	536
300%定伸应力/MPa	2.6	3.4	2.8
撕裂强度/(kN/m)	28.0	30.0	27.0
疲劳温升/℃	9	10	12

从表3-2-17可知，23号同22号比较，拉伸强度、300%定伸应力有一定提高，但断裂伸长率降低，压缩疲劳温升提高；23号同24号比较，各项性能均显著提高。可见，胶粉表面涂覆酚醛树脂后可进一步提高胶料的强度。初步认为，这是酚醛树脂对胶粉与胶料中的橡胶烃键起"偶联"的作用。但由于酚醛树脂的交联键刚性比C—C键和S—S键大，使胶粉-基质胶相界面硬化，因而对动态性能产生不良影响，所以酚醛树脂用量也存在一个适当值。

综上所述，硫化剂可提高胶粉-基质胶相界面的交联密度，塑解剂可对胶粉表面塑化起促进作用，防老剂可提高胶料动态性能，而酚醛树脂可进一步增强胶粉-基质胶相界面"黏合"。因此，综合上述各活化剂功能，通过正交配方设计试验结果和经济效益考虑，得出活化胶粉的最佳活化体系，即RD-F活化剂体系(质量份)为：

防老剂 RD	1	硫黄	0.5
酚醛树脂	1	促进剂 CZ	0.5
420#油	1.5	乙烯焦油	8
促进剂 H	0.4		

2.4.3.4 RD-F 活化剂体系活化的胶粉同其他胶粉的比较

掺用 RD-F 活化剂体系活化的胶粉和其他胶粉的胎面胶胶料性能对比见表 3-2-18。25 号、27 号和 28 号分别为 RD-F 活化剂体系活化的胶粉、非活化胶粉和某厂生产的活化胶粉按胎面胶配方制得的硫化胶，26 号为不掺胶粉的胎面胶硫化胶。

表 3-2-18 掺用 RD-F 活化剂体系活化胶粉和其他胶粉的胎面胶胶料性能对比

性能项目	编号			
	25	26	27	28
拉伸强度/MPa	19.8	21.5	17.9	18.5
断裂伸长率/%	568	600	540	464
300%定伸应力/MPa	7.8	7.4	8.2	10.3
撕裂强度/(kN/m)	70.0	66.0	71.0	66.0
硬度(邵尔 A)/(°)	59	59	58	58
疲劳温升/℃	26.0	25.0	28.0	27.5
磨耗量/(cm^3/1.61km)	0.1370	0.1652	0.1483	0.1413

从表 3-2-18 可知，27 号和 26 号比较，拉伸强度和断裂伸长率大幅度下降，压缩疲劳温升提高，300%定伸应力变化不大，25 号同 26 号相比，拉伸强度保持 92%，断裂伸长率略有下降，压缩疲劳温升和撕裂强度略有提高，最为显著的是磨耗量降低较多；25 号同 28 号相比，拉伸强度、断裂伸长率、撕裂强度、耐磨耗和压缩疲劳温升都较优。因此，在胎面胶中掺用 15 份经 RD-F 活化剂体系活化的胶粉，可在保持胎面胶绝大部分静态性能的情况下，提高动态性能，特别是耐磨性能。

2.4.4 酚醛活化胶粉的性能

用酚醛活化处理的胶粉添加到胶料中，胶料的物理机械性能显著提高[22]，见图 3-2-11 和图 3-2-12。

基本配方(质量份)如下：

天然胶	100	氧化锌	5.0
硫黄	1.6	硬脂酸	0.5
促进剂 TT	0.2	防老剂 4010	1.0
促进剂 M	1.0	30 目胶粉	变量

图 3-2-11 和图 3-2-12 是配合不同用量胶粉的胶料的拉伸性能。可以看出，在不同配合量下，未经处理的胶粉-基质胶体系物理机械性能较低，随胶粉用量的增加，拉伸强度、断裂伸长率急剧下降，与此相比，用酚醛处理过的胶粉-酚醛-基质胶体系物理机械性能明显提高。这是由于胶粉用酚醛处理后，酚醛既能与基质胶产生化学反应，又有可能掺入胶粉中，与胶粉产生很好的结合。

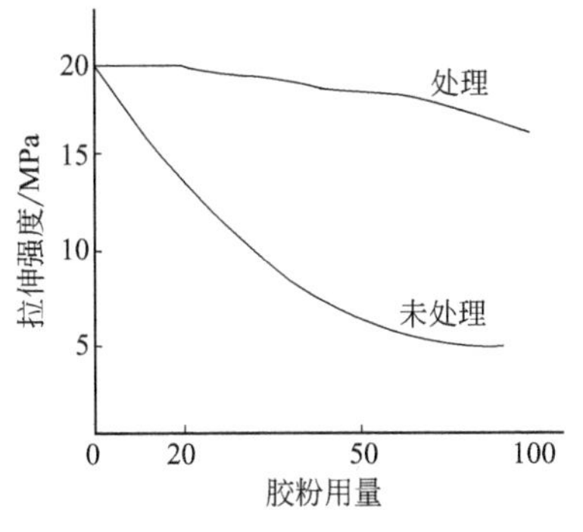

图 3-2-11 酚醛处理胶粉对胶料拉伸强度的影响

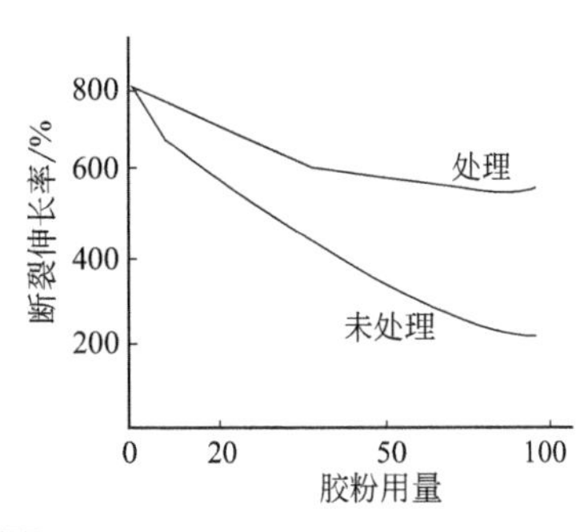

图 3-2-12 酚醛处理胶粉对胶料断裂伸长率的影响

图 3-2-13 反映了胶粉用酚醛处理后，胶料的硬度随胶粉用量增加而增大，未用酚醛处理的胶粉用量增加，胶料的硬度稍有降低。可能是酚醛的固化或参与体系的交联反应，使体系交联密度增加之故，而未经酚醛处理的胶粉，与基质胶的结合力差，胶料中存在较多的空隙，因而随用量增加，胶料的硬度则出现下降趋势。

酚醛改善了胶粉-基质胶体系的界面层的结合强度，因而改善了胶料的物理机械性能，但酚醛用量不同，体系的性能也有很大的差别。酚醛用量与胶料性能关系曲线如图 3-2-14 所示(以 100 份基质胶中，配合 50 份处理的胶粉做试验)，可见，随着酚醛用量的增加，拉伸强度和断裂伸长率也提高，当用量为 5 份时，性能达最高值，超过 5 份，性能稍有下降，表明过量的酚醛会降低胶料的性能，这可能是，酚醛在基质胶与胶粉之间起偶联作用，改善了界面性能，因此强度和伸长率提高。但酚醛用量超过一定值，处理的硫化胶粒度明显增大，也会影响胶粉在基质胶中的分散均匀性，从而使体系性能下降。

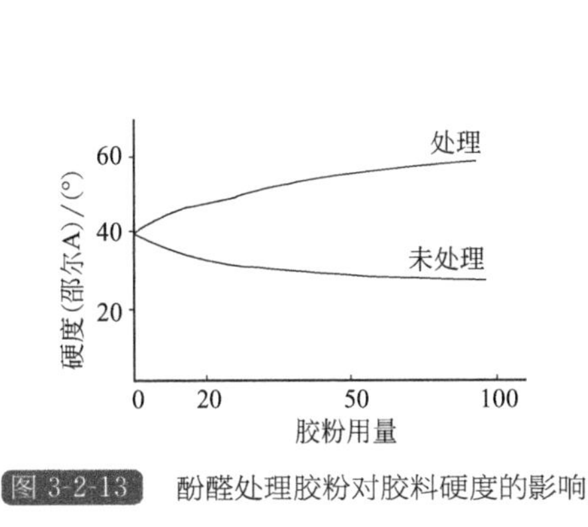

图 3-2-13 酚醛处理胶粉对胶料硬度的影响

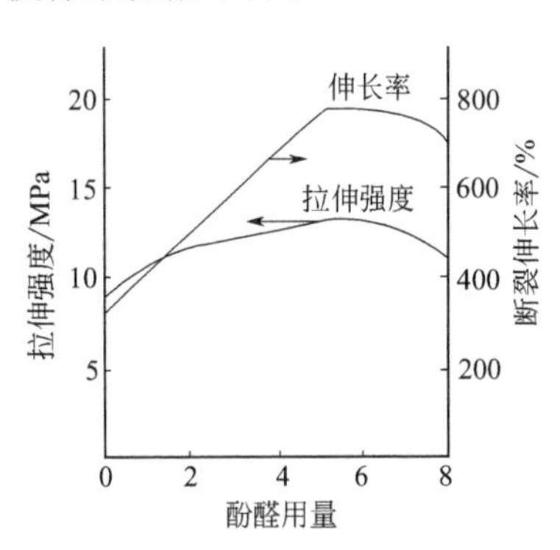

图 3-2-14 酚醛用量与胶料性能的关系

2.5 胶粉的应用

2.5.1 概述

胶粉应用最早的方式是生产再生胶，其后随着胶粉生产技术的发展，各种不同方法生产的细胶粉、精细胶粉、超细胶粉以及各种特殊用途改性胶粉的出现，大大扩宽了胶粉的应用范围。到目前为止，胶粉已广泛应用于橡胶、塑料、建筑材料、公路建设等许多领域，并且还在不断扩大应用范围。可以预见，今后胶粉将作为一种特殊的弹性粉体材料逐渐被广泛应用。

胶粉的应用主要在两个方面：一个方面是橡胶工业。因为胶粉原料来源于报废橡胶制品——主要为轮胎，所以胶粉直接成型或与新胶料并用以制成橡胶制品是胶粉的一大应用领域；另一个方面为非橡胶工业，主要为掺入塑料、沥青等材料中改性应用，以改善其性能之不足。胶粉一般可以应用于公路工程、铁道系统、建筑工业、公用工程、农业以及其他聚合物材料共混改性等领域。

胶粉除上述一般用途之外，新近又开发了许多新用途，如制作微孔过滤器，与热塑性弹性体混合，作生胶或混炼胶隔离剂、废水处理材料和轻质工程填料等。

胶粉在各个领域中的应用比例多少，不同的国家有不同的侧重方面。在美国胶粉的应用领域使用及比例见表 3-2-19。

表 3-2-19　在美国胶粉应用领域及市场需求　　单位：kt

项目	1996 年	1998 年
轮胎	22	64
橡胶/塑料复合制品	76.3	91
沥青产品	61	72.6
体育和娱乐用品	11	22.7
模具和挤出制品	8.2	11
摩擦材料	3.6	3.9
总量	182.1	265.2

不同粒度的胶粉应用范围不同。按国外标准 8～20 目的胶粉称为胶粒，主要应用在跑道、道路垫层、垫板、草坪、铺路弹性层、运动场地铺装等；30～40 目的称为粗胶粉，主要应用于生产再生胶、改性胶粉、铺路、生产胶板等；40～60 目的称为细胶粉，应用于橡胶制品填充用、塑料改性等；60～80 目的称为精细胶粉，主要应用在汽车轮胎、橡胶制品、建筑材料等；80～200 目的称为微细胶粉，主要应用在橡胶制品、军工产品；200～500 目的称为超微细胶粉，主要应用于 SBS 材料改性、汽车保险杆、电视机外壳、军工产品等。如果对胶粉进行有针对用途的改性，不仅可大大提高掺混量，而且还可在一定程度上提高复合材料的综合性能，扩展胶粉的应用范围。

2.5.2　在橡胶工业中的应用

2.5.2.1　直接加工成型各类橡胶制品

胶粉是一种含交联结构的粉末材料，由于橡胶的不饱和性，除一部分不饱和键在硫化反应过程中交联外，还含有一定的未反应不饱和键，因此可以像普通橡胶一样采用硫黄-促进剂硫化，也可采用过氧化物硫化或采用硫黄-促进剂与过氧化物并用硫化。一般直接加工成型过程是在胶粉中直接加入硫黄-促进剂或其他硫化剂等，然后进行混合，混合料再用平板硫化机加压硫化成型。如果混合时加入适量的软化增塑剂或阻燃剂，那么硫化产品弹性会有所提高或使产品具有阻燃性能。胶粉直接硫化成型所得到制品物理机械性能一般较低，常用于制成机械垫片、路基垫、缓冲垫、挡泥板和吸声材料等。如采用30～40目的胶粉100份，硫黄1份，促进剂CZ 1份，以转速1500r/min的搅拌机混合搅拌3min后，将混合料放入模具中，以5MPa的平板压力、160℃的硫化温度硫化30min，可制得拉伸强度为5.3MPa、断裂伸长率165%、硬度(邵尔A)60°的各种模压橡胶制品。如胶粉经染色处理，则可制成彩色制品。

在胶粉直接模压成型生产各种产品过程中，为了制成各种色彩的制品，可以采用双层复合工艺，在制品上复合模压或层压一层较薄的着色橡胶膜片，以掩饰其黑色，制成装饰用板材；可以采用特殊处理，使其表面粗糙，防止打滑，用于铺地材料。

胶粉直接成型的优点是配合剂少，工艺简单，生产成本低。不足之处是生产效率低，且仅用于一些低档制品。今后，随着胶粉改性与成型加工技术的发展以及胶粉的超细化，采用粉末橡胶加工技术高效率生产高性能制品将成为可能。

硫黄-促进剂直接模压硫化成型制品的配方、工艺及性能见表3-2-20。硫黄-促进剂与过氧化物并用、直接硫化成型的配方与性能见表3-2-21。由于采用过氧化物，故硫化温度应在165～173℃，过氧化物DCP的分解半衰期在171℃时为60s，硫化平板压力控制在3～5MPa，过高容易使模压制品破裂，过低则影响制品的性能。

表3-2-20 胶粉直接硫化成型的配方、工艺及性能

项目		指标值/质量份	
配方	胶粉0.5～2.0mm	70	20
	胶粉0.1～0.5mm	20	60
	胶粉<0.1mm	10	20
	硫黄	2.5	2.5
	促进剂DM	1.0	1.0
工艺	硫化温度/℃	168	168
	硫化压力/MPa	2.9	2.9
	硫化时间/min	10	10
性能	拉伸强度/MPa	4.5	4.9
	断裂伸长率/%	130	140
	硬度(邵尔A)/(°)	65	70
	撕裂强度/(kN/m)	32	45

表3-2-21 胶粉直接模压成型的配方与性能

原料及性能	指标值/质量份	原料及性能	指标值/质量份
原料配方			
胶粉	100	过氧化二异丙苯(DCP)	0.6～0.8
硫黄	2～2.5	高芳烃油	2～4
促进剂DM	0.8～1.2		

续表

原料及性能	指标值/质量份	原料及性能	指标值/质量份
性能			
拉伸强度/MPa	4～6	硬度(邵尔 A)/(°)	66～76
断裂伸长率/%	100～160	撕裂强度/(kN/m)	30～50

1～2mm 直径大小的胶粉可用于生产橡胶复合板。经粗碎或研磨的胶粉在开炼机或橡胶密炼机内与由不同种类轮胎再生橡胶或等外生胶组成的等外混合物混合，胶粉含量 45%～60%。得到的橡胶混合物经压延机压成 1.5～2.0mm 厚，再夹于两层材料之间卷起，得到橡胶复合板。其配方如表 3-2-22 所列。

表 3-2-22 橡胶复合板配方

成分	2130mm 开炼机上一次投料量/kg	含量		
		质量份	质量分数/%	体积分数/%
橡胶-织物碎料	60	10000	51.73	47.56
硫黄	2	3000	1.71	1.57
橡胶化合物 K_3-626 或 3912	30	5000	25.86	31.95
白垩	12	2000	10.35	9.51
mbrax	12	2000	10.35	9.51

叠压橡胶复合板是将 12 层橡胶复合板在下述条件下硫化压制而成的：

硫化温度/℃	160～180
硫化时间/min	15
每层叠板含胶合板数量/层	2

在压制前，在每层橡胶复合板叠板之间放入 1mm 厚的硬铝衬垫，防止复合板之间粘胶。压制后的产品进行修边，并进行外观质量检查。这种橡胶复合板可用于建造花园等地段的棚屋和其他辅助设施。

如果以履胶的等外织物替代橡胶混合物层，得到的复合板适于制造折叠箱。这种复合板有两层厚约 0.65～1.0mm 的废胶履胶的织物或帘布，中间是 6.0～6.3mm 厚的未粉碎的、配比为(43.75～52.5)：40：(6.25～7.5)的废橡胶/木材/硫黄的混合物层。

2.5.2.2 在各类橡胶制品中的应用

(1) 轮胎

轮胎胎面胶中添加 5 份粒径为 0.85mm 的胶粉以制造载重汽车轮胎和乘用汽车轮胎，其配方与性能见表 3-2-23。从表 3-2-23 可以看出，添加胶粉的轮胎比未加胶粉的轮胎载重汽车轮胎行驶里程提高了 24%，乘用汽车轮胎行驶里程则提高了 8.3%。

表 3-2-23 胶粉对胎面胶的性能及行驶里程的影响

项目	载重汽车轮胎		乘用汽车轮胎	
	未加胶粉	添加胶粉	未加胶粉	添加胶粉
丁苯橡胶(APKM-15)	66	66	40	40

续表

项目	载重汽车轮胎		乘用汽车轮胎	
	未加胶粉	添加胶粉	未加胶粉	添加胶粉
顺丁橡胶	34	34	40	40
天然橡胶	—	—	20	20
炭黑(Ⅱ M-75)	65	65	—	—
炭黑(Ⅱ M-100)	—	—	64	64
油(Ⅱ H-$6_{Ⅲ}$)	17	17	8	8
胶粉	0	5	0	5
300%定伸应力/MPa	8.04	8.04	11.08	10.79
拉伸强度/MPa	18.34	17.16	18.83	17.65
断裂伸长率/%	540	585	475	465
撕裂强度/(kN/m)	63.74	61.78	86.30	84.34
抗裂口增长/千次	86	92	20	22
磨耗量/[cm^3/(kW·h)]	250	263	196	204
收缩率/%	8	6	10.5	7.0
轮胎规格	260～508	260～508	7.35～14	7.35～14
试验数量/条	14	14	102	105
行驶里程/10^3km	91.0	112.8	49.5	53.6
比率/%	100	124	100	108.3
终止原因	胎面花纹磨光		胎面花纹磨光	

精细胶粉用于高速乘用子午线轮胎胎面胶中，掺用 60 份或 90 份均能达到英国 903Part A10 的乘用车胎面胶标准，动态性能优良，屈挠龟裂次数有所减少。在工艺方面，胎面胶的压出性能好、半成品尺寸稳定、挺性好，其配方与性能见表 3-2-24。

表 3-2-24　掺用精细胶粉的胎面胶配方及硫化胶性能

原料及性能	指标值/质量份		原料及性能	指标值/质量份	
	配方 A	配方 B		配方 A	配方 B
原料配方					
精细胶粉(0.05～0.1mm)	60	60	防老剂 124	1	1
SBR1712	137.5	137.5	氧化锌	4	4.4
高耐磨炭黑	75	75	硬脂酸	2.6	2.9
芳烃操作油	10	10	促进剂 CBS	1.3	1.45
石蜡	1	1	促进剂 C	0.325	0.363
防老剂 DMBPPD	1.5	1.5	硫黄	2.28	2.54
硫化胶性能					
拉伸强度/MPa	19.1	18.6	硬度(IRIID)/(°)	57	59

续表

原料及性能	指标值/质量份		原料及性能	指标值/质量份	
	配方 A	配方 B		配方 A	配方 B
断裂伸长率/%	520	500	压缩变形/%	17.5	20.1
100%定伸强度/MPa	1.4	1.3	回弹值/%	36	36
300%定伸强度/MPa	8.4	8.3	屈挠龟裂(德墨西亚)/次	>150	>100
撕裂强度/(kN/m)	118	107			

广州市宝力轮胎股份有限公司采用深圳东部橡塑实业有限公司生产的 80 目常温粉碎精细胶粉用于子午线轮胎胎面胶中试验，配方和性能见表 3-2-25。结果表明，胎面胶中加入 10 份胶粉后，胎面胶综合物理性能与未加胶粉的胶料很接近；胶料的混炼与挤出工艺性能得到改善；胎面胶含胶率和原料成本降低，可节约生产成本；制作的成品轮胎经高速性能试验，轮胎行驶至第 6 级时结束，耐久性能试验轮胎累计行驶时间为 77.9h，均超过国家标准要求。制成轮胎成品经在广东阳春试验点进行实际里程试验，试验轮胎规格为 6.5R 16 子午线轮胎，在试验结束时平均单耗为 12595km/mm，总里程为 67500km，剩余花纹为 3mm。

表 3-2-25 国产精细胶粉在子午线轮胎胎面胶中的配方和性能

原料及性能		指标值/质量份	原料及性能	指标值/质量份
原料配方				
天然橡胶		30	硬脂酸	1.5
顺丁橡胶		30	氧化锌	4.0
丁苯橡胶		40	操作油	12
硫黄		1.7	中超耐磨炭黑	65
促进剂		1.0	精细胶粉	10
防老剂		3.0		
硫化胶性能				
门尼焦烧时间		44min27s	300%定伸应力/MPa	10.4
硫化特性(145℃)	T_{S2}	8min58s	断裂永久变形/%	16
	T_{90}	15min48s	撕裂强度/(kN/m)	119
硬度(邵尔 A)/(°)		70	磨耗量/(cm^3/1.6km)	0.14
拉伸强度/MPa		18.5	回弹/%	31
断裂伸长率/%		468	硫化条件	143℃×40min

胶粉经改性后用于载重或乘用车轮胎胎面胶中的配方和性能见表 3-2-26。如果将改性胶粉用于载重轮胎的胎冠胶、胎侧胶和胎体内层胶，其配方与性能见表 3-2-27。

改性胶粉掺用于摩托车胎面胶中的配方与性能见表 3-2-28。

表 3-2-26　掺用改性淀粉的胎面胶配方及硫化胶物性

原料及性能	指标值/质量份		原料及性能	指标值/质量份	
	A	B		A	B
原料配方					
改性淀粉(40 目)	10	25	防老剂	1	1
顺丁橡胶	50	50	促进剂 CZ	1.0	1.0
天然橡胶	50	50	硫黄	2.0	2.0
硬脂酸	2	2	炭黑 N330	40	40
氧化锌	5	5			
硫化胶物性(硫化条件 143℃×25min)					
拉伸强度/MPa	23.1	19.5	300%定伸应力/MPa	6.9	7.6
断裂伸长率/%	678	578	硬度(邵尔 A)/(°)	60	60
断裂永久变形/%	28.0	26.0	磨耗量/(cm^3/1.6km)	0.16	0.20

表 3-2-27　掺用改性胶粉的载重胎胶料配方与性能

原料及性能	指标值/质量份			原料及性能	指标值/质量份		
	A	B	C		A	B	C
天然橡胶	70	60	80	硫黄	—	—	2.20
顺丁橡胶	30	40	—	氧化锌	4.0	3.0	5.0
SBR1500	—	—	10	硬脂酸	3.0	3.0	2.5
SBR1712	—	—	13.8	三线油	6.0	5.0	—
炭黑	50	50	38.0	松焦油	—	—	10
防老剂	3	3.5	2.5	石蜡	1.0	—	—
促进剂	0.55	0.7	1.03	RP-3 防护蜡	1.0	1.0	4.0
硫化剂	1.5	1.20	—	改性淀粉	10	10	10

改性胶粉配方的各项性能

性能	上层	中层	下层	胎侧
拉伸强度/MPa	23	23.2	20.6	16.9
断裂伸长率/%	515	540	520	525
300%定伸应力/MPa	9.8	9.7	8.9	7.9
断裂永久变形/%	—	12	—	10
硬度(邵尔 A)/(°)	56	56	55	—
磨耗量/(cm^3/1.6km)	0.056	0.04	—	—
黏附强度/kN·m	2～3 层 6.86 6～7 层 7.54	3～4 层 7.55 7～8 层 10.30	4～5 层 6.50 层布-胎侧 9.03	2～6 层 7.35 缓冲层-胎面不开

表 3-2-28 掺用改性胶粉的摩托车胎面胶配方与性能

原料及性能	指标值/质量份	原料及性能	指标值/质量份
原料配方			
天然橡胶	60	氧化锌	4.0
顺丁橡胶	20	防老剂 RD	100
丁苯橡胶-1500	20	防老剂 4010	0.5
改性胶粉	30	中超耐磨炭黑	35
硫黄	1.3	高耐磨炭黑	18
促进剂 DM	0.2	石蜡	0.8
促进剂 CZ	0.5	30# 机油	7
硬脂酸	2.0		
硫化胶性能			
硬度(邵尔 A)/(°)	63	撕裂强度/(kN/m)	98
拉伸强度/MPa	20.4	屈挠(6 型)/万次	30
断裂伸长率/%	576	磨耗量/(cm³/1.6km)	0.26
300%定伸应力/MPa	10.2	回弹值/%	45
断裂永久变形/%	16	热空气老化性能变化率(100℃×48h)/%	−27

改性胶粉在自行车胎面胶应用中的配方和性能见表 3-2-29。

表 3-2-29 掺用改性胶粉的自行车胎面胶配方及性能

原料及性能	指标值/质量份		原料及性能	指标值/质量份	
原料配方					
生胶(含合成橡胶)	100		防老剂 4010	0.5	
改性胶粉	10		防老剂 RD	1	
再生橡胶	15		高耐磨炭黑	25	
硫黄	2		中超耐磨炭黑	15	
促进剂	1.3		软化剂	12	
氧化锌	5		硬脂酸	3	
防老剂 D	0.5		填充剂	16	
DFC-34	0.9				
性能					
性能指标	胎冠	胎侧	性能指标	胎冠	胎侧
硬度(邵尔 A)/(°)	57	57	黏附强度/(kN/m)	10.47	—
拉伸强度/MPa	16.1	16.9	磨耗量/(cm³/1.6km)	0.45	—
300%定伸应力/MPa	5.1	5.7	密度/(mg/m³)	0.19	—
断裂永久变形/%	20	20			

（2）胶带

输送带覆盖胶中掺用低温粉碎法的50目的胶粉，其配方与性能见表3-2-30。

表3-2-30　输送带覆盖胶配方及硫化胶物理性能

原料及性能	指标值/质量份	原料及性能	指标值/质量份
原料配方			
充油丁苯橡胶	123.75	硫黄	2.0
胶粉	20	石蜡	2.0
硬脂酸	2	防老剂TMDO	1.0
氧化锌	5	防老剂IPPD	1.5
促进剂CBS	1.0	高耐磨炭黑	60
促进剂D	0.7		
硫化胶物理性能(硫化条件:147℃×20min)			
拉伸强度/MPa	17.4	热空气老化(70℃×96h)	
断裂伸长率/%	520	拉伸强度/MPa	12.0
300%定伸应力/MPa	8.7	断裂伸长率%	440
硬度(邵尔A)/(°)	60	300%定伸应力/MPa	8.2
撕裂强度/(kN/m)	48	硬度(邵尔A)/(°)	64
磨耗/mm^3	112		

普通织物芯输送带采用NR/SBR/胶粉为20/50/30主材。经配方设计，生产的产品性能完全达到标准GB/T 7984—2013的要求，其性能指标见表3-2-31。

表3-2-31　掺用80目精细胶粉输送带覆盖胶性能

性能		标准	含胶粉覆盖胶
硬度(邵尔A)/(°)		—	71
拉伸强度/MPa		≥14.0	14.5
断裂伸长率/%		≥350	420
300%定伸应力/MPa		—	6.5
断裂永久变形/%		—	15
磨耗量/(cm^3/1.6km)		≤0.8	0.49
撕裂强度/(kN/m)		—	71
热空气老化后(70℃×168h)	拉伸强度变化率/%	−25～+25	−4.5
	断裂伸长率变化率/%	−25～+25	−20.5

注：硫化条件142℃×25min。

如果将30份粒径小于0.6mm的改性胶粉直接加入输送带覆盖胶生产配方中应用，结果是生产的输送带成品性能符合国家标准，性能保持在85%以上，混炼工艺性能好，胶料压延出片时变形小，增加了胶料的挺性，并可以降低生产成本。试验结果见表3-2-32。

表 3-2-32　改性胶粉在输送带中的应用结果

性能	添加 30 份改性胶粉胶料	性能	添加 30 份改性胶粉胶料
硬度(邵尔 A)/(°)	62	断裂伸长率/%	470
拉伸强度/MPa	1.8	断裂永久变形/%	20

(3) 胶管

胶管生产中如果添加 90%过 100 目筛的胶粉于埋线吸引胶管的中层胶与内层胶，其配方与物理机械性能见表 3-2-33。从在配方 1～4 中的应用看，配方 1(中层胶)添加胶粉量较大，几乎占胶料总质量的 1/3，但各项物理机械性能较好；与配方 2 相比，老化前强度较高，老化后性能亦好。配方 3(内层胶)与配方 4 可比性较大，在胶种及其他配合剂大致相同的情况下，配方 3 以 90 份胶粉代替配方 4 中的 80 份陶土，无论老化前、老化后，配方 3 的物理机械性能均优于配方 4。

表 3-2-33　埋线吸引胶管的中层胶和内层胶配方和物理机械性能

原材料名称及性能	1	2	3	4
天然橡胶	100	40	100	100
丁苯橡胶(SBR1707)	—	60	—	—
再生胶	250	220	220	220
硫化剂	3.6	2.9	3.6	3.6
促进剂	1.7	1.9	1.7	1.7
氧化锌	5	5	5	5
硬脂酸	2.5	2.5	2.5	2.5
防老剂	1.5	1.5	1.5	1.5
炭黑	40	55	40	40
轻质碳酸钙	—	100	85	80
陶土	—	—	—	80
胶粉	200	—	90	—
软化剂	29	11	18	16
合计	633.3	499.8	567.3	550.3
含胶率/%	15.8	20	17.6	18.2
拉伸强度/MPa	7.2	6.5	7.4	6.9
断裂伸长率/%	409	465	442	452
硬度(邵尔 A)/(°)	72	70	74	74
老化后拉伸强度变化率/%	+3.3	−1.8	+2.7	−2.8
老化后断裂伸长率变化率/%	−5.6	−19.7	−3.1	−15.8

注：硫化条件为 140℃×20min，老化条件 70℃×72h。

配方 3 和配方 1 经成品试验，各项物理机械性能均达到了国家标准，见表 3-2-34。成品解剖后证明，钢丝与中层胶、内层胶与织物的黏着性很好。

表 3-2-34　成品物理机械性能

性能	内层胶	中层胶	物质	剥离强度/(KN/m)
拉伸强度/MPa	6.2	7.0	内层胶与织物	2.04
断裂伸长率/%	492	499	外层胶与织物	1.66
200%定伸应力/MPa	2.4	2.2	中层胶与织物	2.35
断裂永久变形/%	24	24	胶布与胶布	1.75
硬度(邵尔 A)/(°)	57	56		

埋线吸引胶管中层胶、内层胶掺用胶粉，在保证物理机械性能的前提下，降低了含胶率，节约了生胶。

采用常温法精细胶粉应用于耐热夹布胶管中的内胶与外胶中，性能见表 3-2-35。内胶主体材料为 SBR/胶粉(60 目)，配比为100∶50，外胶采用 SBR/CR/胶粉(60 目)，配比为70∶30∶50。

表 3-2-35　掺用精细胶粉的耐热夹布胶管性能

性能	标准	内胶	外胶
拉伸强度/MPa	≥5.0	6.8	7.1
断断伸长率/%	≥230	320	335
剥离强度/(kN/m)	≥2.0	2.45	2.80
耐热系数	≥0.6	0.82	0.87

注：胶管规格：ϕ25mm×5P×20m；硫化条件：151℃×45min。

(4) 胶鞋

低档胶鞋鞋底中掺用胶粉的配方与性能见表 3-2-36。

表 3-2-36　掺用胶粉的低档鞋底配方及硫化胶性能

原料及性能	指标值/质量份	原料及性能	指标值/质量份
原料配方			
天然橡胶	16	促进剂 F	1.7
胎面再生橡胶	140	陶土	60
胎面胶粉	30	石蜡	0.8
硬脂酸	2	矿物油	20.7
氧化锌	5	硫黄	2.7
防老剂 PA	2	矿质橡胶	10
炭黑	20		
硫化胶性能(硫化条件 151℃×7min)			
拉伸强度/MPa	6.2	硬度(邵尔 A)/(°)	71
断裂伸长率/%	285		

在布面胶鞋中掺用 80 目胎面胶粉的配方与性能见表 3-2-37。

表 3-2-37 布面胶鞋鞋底配方及硫化胶性能

原料及性能	指标值/质量份	原料及性能	指标值/质量份
原料配方			
天然橡胶	20	重油	8
顺丁橡胶	40	防老剂 A	1.0
胎面再生胶	80	防老剂 D	1.0
胎面胶粉(80 目)	50	高耐磨炭黑	40
硬脂酸	3	硫黄	2.2
氧化锌	5	促进剂 CZ	1.5
石蜡	1.5		
硫化胶性能			
拉伸强度/MPa	12.0	断裂永久变形/%	11
断裂伸长率/%	397	磨耗量/(cm^3/1.61km)	0.37
硬度(邵尔 A)/(°)	64	屈挠次数/万次	8
300%定伸应力/MPa	9.8		

胶粉应用于胶鞋中底、大底系再生胶生产过程中，被空气分离器分离出来的废胶粉，其中含有少量的纤维(约为 4%)，95%的胶粉可通过 100 目筛网，掺用这种胶粉生产的中底和大底情况如下：这种胶粉掺用于胶鞋中底，掺用量从 30 份、50 份、100 份，直到 189 份，通过实际使用结果证明，只要配方设计合理，这是完全可行的。在配方设计中，除促进剂用量和软化剂品种、用量稍作调整外，其余成分基本不变，可以得到预期的物理机械性能，性能见表3-2-38，而且工艺性能良好，胶料收缩率从 8%下降为 3%。同时，每千克胶料成本降低 0.10 元。

表 3-2-38 胶粉应用于胶鞋中底、大底的配方及其物理机械性能

原料及指标	指标值/质量份		原料及指标	指标值/质量份	
	中底胶	大底胶		中底胶	大底胶
原料配方					
天然橡胶(SMR20)	50	40	氧化锌	3	5
丁苯橡胶(1500)	—	15	硬脂酸	6	3.5
顺丁橡胶	—	45	防老剂 D	3	1
鞋底再生胶	700	50	高耐磨炭黑(HAF)	—	75
胶粉	189	10	古马隆	10	15
硫黄	10	2	机油	12	13
促进剂 M	5	1.5	工业脂	松香 5	8
促进剂 D	3	1.1	合计	1000	286.5
促进剂 DM	4	1.4			

续表

原料及指标	指标值/质量份		原料及指标	指标值/质量份	
	中底胶	大底胶		中底胶	大底胶
硫化胶性能(硫化条件:137℃×20min)					
硬度(邵尔A)/(°)	73	69	300%定伸应力/MPa	3.2	4.1
断裂伸长率/%	348	517	断裂永久变形/%	30	21
拉伸强度/MPa	4.9	13.3	磨耗量/(cm^3/1.61km)	—	0.34

在胶鞋大底配方中掺用10份胶粉，使大底的含胶率从40%降低到35%，而且物理机械性能完全达到设计要求。此外，还用10份胶粉代替10份陶土进行配方对比试验，结果发现填充胶粉的胶料，各项物理机械性能均有所提高(约提高10%)。特别是磨耗量从0.44cm^3/1.61km降至0.34cm^3/1.61km，成本也有所降低。

(5) 其他橡胶制品

胶粉还可用于多种橡胶制品中，如在汽车挡泥板、自行车脚踏板胶套中，应用配方与性能见表3-2-39、表3-2-40。

表3-2-39 汽车挡泥板配方与性能

原料及性能	指标值/质量份	原料及性能	指标值/质量份
原料配方			
全胎再生胶	160	促进剂D	0.25
天然橡胶	20	矿物油	20
胶粉(840μm)	50	快压出炭黑	20
硬脂酸	1.0	重质碳酸钙	300
氧化锌	3.0	矿质胶	25
促进剂CZ	0.5	硫黄	3.0
硫化胶物理性能			
硬度(邵尔A)/(°)	72	拉伸强度/MPa	161
断裂伸长率/%	2.0		

表3-2-40 自行车脚踏板胶套配方及硫化胶性能

原料及性能	指标值/质量份	原料及性能	指标值/质量份
原料配方			
天然橡胶	45	促进剂D	0.5
胎面再生胶(80目)	110	石蜡	1.0
胎面胶粉	60	重油	15
硬脂酸	3	高耐磨炭黑	30
氧化锌	5	碳酸钙	30
硫黄	3	防老剂D	1.0
促进剂M	1.2		

续表

原料及性能	指标值/质量份	原料及性能	指标值/质量份
硫化胶性能			
拉伸强度/MPa	10.2	断裂永久变形/%	22
断裂伸长率/%	374	磨耗/(cm^3/1.61km)	0.49
硬度(邵尔 A)/(°)	69	屈挠试验/万次	1.25

胶粉在橡胶工业中除制作各类橡胶制品外，还可作为生胶或混炼胶造粒用隔离剂。橡胶材料加工为了达到自动计量、气动输送、松散储存、散装供料(如供橡胶注压机用)等目的，一般大型橡胶加工企业，其塑炼胶或混炼胶的造粒工序，通常采用炭黑、滑石粉或金属脂肪酸皂等为隔离剂，常会出现粘连、硫化胶耐疲劳和耐热氧老化性差等特点。如果采用废胶粉作为隔离剂则可改进上述之不足。如以粒径为 40～250μm 的胶粉，可用于粒径为 0.5～5mm 混炼胶的造粒隔离剂。其用量为混炼胶的 1～10 质量份，即 100 份混炼胶，可配 1～10 份胶粉，所用的隔离处理机械造粒机或胶粉外包覆用桨叶式搅拌机等，其技术关键是胶粉仅包覆胶粒表面，而不进入其内部。

2.5.3 在塑料工业中的应用

2.5.3.1 聚乙烯

胶粉可以和各种塑料，如聚乙烯、聚氯乙烯、聚丙烯、聚苯乙烯和热塑性弹性体共混，经共混后制成的新型材料通过模压、层压、压延、注塑和挤出等成型加工方法制成各种制品。其中聚乙烯是塑料材料中消耗量最大的品种。

聚乙烯与胶粉共混一般有非硫化型共混和硫化型共混两大类。

1) 非硫化型共混　非硫化型共混是指胶粉与聚乙烯直接采用共混设备进行共混。

2) 硫化型共混　硫化型共混又可分为静态硫化和动态硫化两种。

① 静态硫化。是指胶粉、聚乙烯与硫化剂等在一定温度下先共混为混合料，然后再通过高温下硫化。

② 动态硫化。是胶粉、塑料和硫化剂等在一定的温度下边共混边硫化的过程。

表 3-2-41 为用 3 种不同密度的 PE 与胶粉共混(胶粉∶PE 为 60∶40)后的性能比较。表 3-2-42 为胶粉与 HDPE 以不同配比制得的非硫化型共混物的性能比较。由表 3-2-41、表 3-2-42 可见，随胶粉含量的增加，非硫化共混物性能下降。这时因为非硫化型橡塑共混物内几乎无交联键，分散相胶粉含量的增加减少了连续相对树脂分子间的作用力，从而使力学性能下降。而静态硫化因无剪切作用，结果使共混物中交联键得以大量保留，力学性能又要好于动态硫化体系。

表 3-2-41　不同密度的 PE 与胶粉共混物经不同硫化方式后的性能比较

性能	非硫化			动态硫化			静态硫化
	LDPE	LLDPE	HDPE	LDPE	LLDPE	HDPE	LLDPE
拉伸强度/MPa	2.4	4.5	7.0	6.8	7.6	12.3	8.8
断裂伸长率/%	—	82	—	180	235	185	300
断裂永久变形/%	—	20	—	45	70	75	36

续表

性能	非硫化			动态硫化			静态硫化
	LDPE	LLDPE	HDPE	LDPE	LLDPE	HDPE	LLDPE
硬度(邵尔 A)/(°)	92	90	91	93	91	94	90
阿克隆磨耗/(cm^3/1.61km)	—	0.72	—	—	0.43	—	0.36
撕裂强度/(kN/m)	—	11.3	—	—	26.1	—	45.6

表 3-2-42　HDPE 与不同含量胶粉的非硫化共混物性能

胶粉：HDPE	70：30	65：35	60：40	55：45	50：50
拉伸强度/MPa	5.8	6.5	7.0	7.7	10.5
硬度(邵尔 A)/(°)	89	90	91	93	95

此外，不同类型的胶粉与树脂共混，所得共混物的性能也有所不同，如表 3-2-43 所列。其中湿法生产胶粉比常温法、低温法生产胶粉制得共混物性能要好；电子束射线表面处理的胶粉共混物性能最佳。

表 3-2-43　LLDPE 与不同类型改性胶粉共混物的冲击能对比

处理方法	类型 1	类型 2	类型 3	处理方法		类型 1	类型 2	类型 3
未处理	9.7	10.7	12.0	电子束射线处理	注量 1kGy	12.9	13.1	13.6
等离子处理	10.2	10.5	—		注量 25kGy	13.1	13.4	13.9
电晕处理	9.9	10.9	—					

在聚乙烯-丙烯酸共聚物与三元乙丙橡胶共混物中，添加胶粉通过反应共混可制成热塑性弹性体，其配方与性能见表 3-2-44、表 3-2-45。

表 3-2-44　含胶粉热塑性弹性体的配方

共混物组成	共混物代号				
	B_1	B_2	B_3	B_4	B_5
三元乙丙橡胶	60	60	50	40	30
胶粉	0	0	23	45	68
胶粉中总橡胶量	(0)	(0)	(10)	(20)	(30)
聚乙烯-丙烯酸共聚物	40	40	40	40	40
过氧化二异丙苯	0	1	1	1	1

注：胶粉为 GRT-C 级，内含橡胶 44%，所用过氧化二异丙苯的配合量是总橡胶量(三元乙丙橡胶加胶粉中橡胶)的百分数。

表 3-2-45　含胶粉热塑性弹性体的物理性能

物理性能	共混物代号				
	B_1	B_2	B_3	B_4	B_5
拉伸强度/MPa	3.5	8.5	6.5	7.2	7.1
断裂伸长率/%	200	388	260	247	203

续表

物理性能	共混物代号				
	B_1	B_2	B_3	B_4	B_5
100%定伸应力/MPa	3.3	6.0	5.8	6.1	6.4
撕裂强度/(kN/m)	44.5	72.4	63.8	64.3	60.8
100%伸长永久变形/%	42	20	22	24	26
硬度(邵尔 A)/(°)	69	80	80	81	83

聚乙烯与胶粉并用为胶粉的应用开辟了新的途径。胶粉与聚乙烯的并用比例可按实际产品性能要求任意调整。由聚乙烯与胶粉并用的共混材料可用于制作各种制品。其成型加工方法则可按聚乙烯的加工方法进行，该共混材料大大扩展了聚乙烯的应用范围。可用于制作普通低压农用输水胶管、渗灌农用胶管、各种铺装材料、屋顶材料、地毯的背胶、窗帘、铁路垫层等各类橡胶制品。

橡塑渗灌胶管就是一种采用聚乙烯与胶粉并用，并添加一些特殊助剂而制成的特殊用途胶管，其形状为圆形，整体结构为三维连通管网。这种渗灌胶管既可埋于作物根系活动层，也可以代替滴灌安装在地表面，在一定的压力作用下，水通过胶管的毛细管渗透到作物根系，达到渗水灌溉目的。其主要用于蔬菜、花卉大棚、果园、棉花保护地等的节水灌溉。

橡塑渗灌管的应用，实现了资源再生、环保工程和节水工程三者的有机结合，是名副其实的绿色生产、绿色产品和绿色用途。聚乙烯与胶粉并用在低压农用输水胶管上，也显示出良好的应用前景，由此材料制成的胶管生产工艺简单、成本低、性能好。

其他如用 25%～30%的粒径为 3～4mm 的胶粉与 75%～70%的废弃塑料混合，由其制成的共混材料可用于制造地面材料、气窗、房檐、屋顶覆层、方砖以及包装箱等。而采用 10%～30%的 30～100 目胶粉与废聚乙烯(3～5mm 粒料)在 135℃下注射成型而制成的橡塑板，表面呈木材样，可作为木板应用于建筑行业的表面粘贴材料。

2.5.3.2 聚氯乙烯

聚氯乙烯(PVC)是应用量仅次于聚乙烯的第二大塑料品种。聚氯乙烯材料的性能不足之处是高温下热稳定性不甚理想、耐冲击性能较差。为制备高抗冲击的制品必须对聚氯乙烯进行改性。因此，通过与胶粉共混是改善其性能不足的手段之一。一般普通的轮胎胶粉由于主要为天然橡胶、丁苯橡胶和顺丁橡胶制造，故为非极性材料组分，与极性的聚氯乙烯相容性较差。因此，应采用增容技术以提高普通轮胎胶粉与聚氯乙烯的相容性，以获得良好的综合性能。

聚氯乙烯与丁腈胶粉的共混材料，由于丁腈胶粉的加入，使其抗冲击性能明显提高。表 3-2-46 为丁腈胶粉与聚氯乙烯并用的改性性能情况。

表 3-2-46 聚氯乙烯与丁腈胶粉并用材料的性能

配方/质量份		硬度(邵尔 A)/(°)	拉伸强度/MPa	断裂伸长率/%	冲击能/(J/cm)	耐屈挠龟裂/次	平衡扭矩/N·m
PVC	胶粉						
100	—	91	55	25	0.40	1	8.5
90	10	90	39	90	1.50	1	8.4

续表

配方/质量份		硬度(邵尔 A)/(°)	拉伸强度/MPa	断裂伸长率/%	冲击能/(J/cm)	耐屈挠龟裂/次	平衡扭矩/N·m
PVC	胶粉						
80	20	89	23.8	180	1.75	56	7.3
70	30	88	19.5	200	2.00	3000	6.5
60	40	84	16.2	270	9.00	10×10^4	5.8
50	50	79	14.2	320	14.00	$>10\times10^4$	5.5
40	60	67	10.7	360	PASS	$>10\times10^4$	4.5
30	70	61	7.7	450	PASS	$>10\times10^4$	3.5
20	80	47	4.1	525	PASS	$>10\times10^4$	1.5
10	90	42	2.2	530	PASS	$>10\times10^4$	0.2

注：PVC 组成为 PVC 100，DBP 5，钡镉稳定剂 5，ZnO 1.0；先干混、再热混制成 PVC，然后与胶粉混合。PASS 表示无断裂通过。耐屈挠龟裂为龟裂增长需要的屈挠次数。

在聚氯乙烯与轮胎胶粉并用材料中，通过加入氯化聚乙烯增容改性可获良好的性能。该共混材料选用废油渣为增塑剂，通过不同量胶粉的应用，即使填充 150 份，共混材料仍具有良好的使用价值，其力学性能、耐热氧老化性和耐酸碱性优良。通过改变共混比，可制成适用于不同要求的铺地胶板产品或其他产品，其最大特点是具有良好的性价比，市场竞争力强。这种共混材料的基本组成为 PVC：CPE（20～40）：(80～60)；废胶粉 150；废渣油 45；三碱式硫酸铅 6；硬脂酸 1.0；硬脂酸锌 1.5；硬脂酸钡 1.5；ZnO 3.0；MgO 5。该共混材料可采用压延工艺或挤出工艺生产各种用途片材，加工过程中所产生的边角余料可回收循环使用。

聚氯乙烯/再生橡胶/胶粉动态硫化制成的共混型热塑性弹性体，可用于制造胶板。其生产工艺简单、成本低、共混物性能达到胶板技术要求，可替代普通低档工业胶板应用。这种共混材料制备采用二阶一段动态硫化方法。增容剂以采用 NBR-18 或 ENR 效果较好，其硫化为硫黄硫化(添加了促进剂)，增塑剂为芳烃油与 DOP。该热塑性弹性体可采用挤出机直接加工成型制品。材料性能拉伸强度为 8.2MPa，断裂伸长率为 290%，硬度(邵尔 A)为(70±5)°，撕裂强度为 43kN/m。

聚氯乙烯与胶粉共混，为改善其相容性，可以对胶粉进行表面改性以获得良好的混容性。采用不同改性方法处理 40 目胶粉与聚氯乙烯共混物性能见表 3-2-47。

表 3-2-47　不同改性胶粉对共混物性能的影响

性能	胶粉改性方法					
	未改性	HRH 处理	环化处理	氯化处理	热处理	VAC 处理
拉伸强度/MPa	34.1	34.8	35.1	35.9	36	38.1
冲击强度/(kJ/m²)	8.4	9.0	4.5	11.0	6.5	11.8

从表 3-2-47 中可见，经过改性处理的胶粉对共混性能改善均有一定作用。其中利用乙酸乙烯酯的处理效果最好。

聚氯乙烯/胶粉共混材料，以其优良的综合性能，可用于聚氯乙烯应用的许多领域。如屋面防水卷材、塑料地板、鞋料、管材等产品。胶粉改性聚氯乙烯不仅扩大了聚氯乙烯的应用范围，而且合理利用了资源，对废旧橡胶的再资源化具有现实意义。

2.5.3.3 聚丙烯

聚丙烯是仅次于聚乙烯、聚氯乙烯用量的第 3 大塑料品种。聚丙烯中加入胶粉可以改善聚丙烯材料的韧性，提高其抗冲击强度。聚丙烯与胶粉直接共混性能不甚理想。先对胶粉用增容剂改性处理，然后再与聚丙烯共混性能有一定改善，表 3-2-48 为增容改性胶粉共混物的性能。

表 3-2-48 聚丙烯/胶粉共混物性能

性能	PP	PP/胶粉	PP/改性胶粉	PP/改性胶粉 DCP	PP/苯乙烯、重油改性胶粉
拉伸强度/MPa	23.3	14.6	12.4	18.5	18.1
冲击强度/(kJ/m^2)	9.8	5.3	12.0	14.1	19.8

注：PP∶胶粉共混比为 100∶20，改性胶粉的改性剂为 ENR 和 PP-MAH，DCP 的用量为 0.4 份，苯乙烯∶重油摩尔比为 1∶1，胶粉粒度为 80 目。

如果采用橡胶脱硫剂或增容剂以及脱硫剂/增容剂对聚丙烯/胶粉(40 目)共混物进行反应共混改性，共混物的性能也有很大提高，见表 3-2-49。

表 3-2-49 脱硫剂与相容剂对 PP/胶粉共混材料性能的影响

性能	拉伸强度/MPa	冲击强度/(kJ/m^2)	性能	拉伸强度/MPa	冲击强度/(kJ/m^2)
PP	18.2	7.4	PP/胶粉/CA	15.5	15.8
PP/胶粉	12.1	6.6	PP/胶粉/De-Link/CA	15.8	22.6
PP/胶粉/De-Link	15.9	16.0	PP/胶粉/GR-100/CA	15.2	21.8
PP/胶粉/GR-100	14.0	11.5	PP/胶粉/De-Link/GMA	13.1	20.8
PP/胶粉/CMA	15.2	14.4	PP/胶粉/GR-100/GMA	11.9	10.0

注：GR-100 为脱硫剂二芳基二硫化物，GMA 为增容剂甲基丙烯酸缩水甘油酯，CA 为增容剂马来酸酐接枝聚乙烯，De-Link 为脱硫剂。

采用聚丙烯、胶粉、交联剂、增容剂和填料等通过反应共混制备热塑性弹性体。这种弹性材料与其他材料性能对比见图 3-2-15，制备工艺见图 3-2-16。

这种热塑性弹性体与橡胶相比，相对密度较小，可通过热加工循环使用，广泛用于各种工业制品，尤其是休闲和体育用品。还可取代某些场合应用的高硬度热塑性弹性体，且价格相对较低。

另外，将聚丙烯、胶粉和木粉在一定条件下可混合造粒或模压注射成型，生产板材、管材、包装材料、框架、周转箱等。这种产品硬度高、韧性优良、耐摩擦、耐水、耐天候老化。聚丙烯与胶粉共混，可制成抗拉、有弹性、便于加工的新材料，应用于汽车和铁路行业制作罩壳和减振器等。还可将此共混材料注射成踏板等应用，其耐水性、耐候性好，质量轻，硬度高，韧性好。

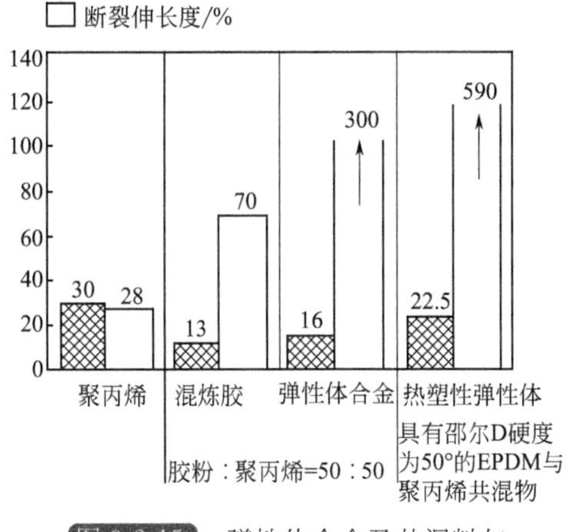

图 3-2-15 弹性体合金及共混料与聚丙烯和热塑性弹性体的性能比较

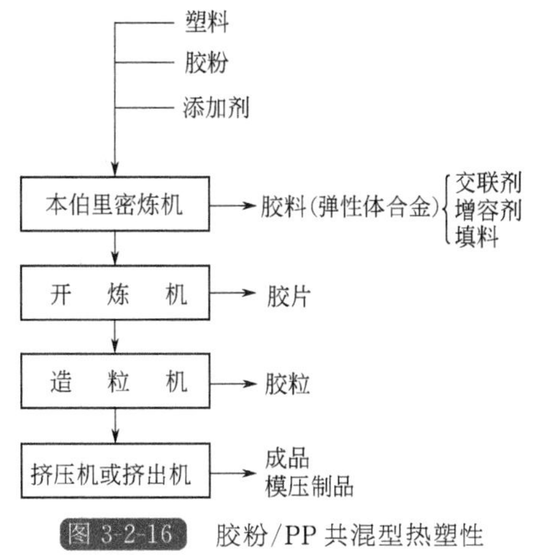

图 3-2-16 胶粉/PP 共混型热塑性弹性体制备工艺

2.5.3.4 聚苯乙烯

聚苯乙烯(PS)由于价廉易得、透明、加工性能好、绝缘性优、易印刷与着色等优点，广泛应用于建筑、机电、包装等行业。

由于聚苯乙烯本身分子结构的特点，抗冲击性差是其缺点之一。橡胶是韧性优良的材料，为克服其脆性大的不足，可以通过与橡胶共混来提高其韧性。胶粉是一种比较适宜的聚苯乙烯抗冲击改性剂，将不同目数的胶粉直接与聚苯乙烯共混，其对聚苯乙烯的性能影响见表 3-2-50。

表 3-2-50 胶粉/PS 共混物(直接共混)的性能

组成		胶粉配合质量份/%	拉伸模量/MPa	拉伸强度/MPa	断裂伸长率/%	抗冲击力/(J/m)	弯曲模量/MPa
聚苯乙烯	胶粉						
聚苯乙烯	—	0	1700	35.0	2.2	3.6	—
聚苯乙烯	20～30 目胶粉	20	1310	31.0	3.13	6	2060
聚苯乙烯	60 目胶粉	50	766	12.4	3.44	4	972

从表 3-2-50 可见胶粉与聚苯乙烯直接共混由于两相相容性差，故性能改善不大。为改善胶粉与聚苯乙烯的相容性，可以用苯乙烯对胶粉进行接枝改性，采用苯乙烯接枝后，聚苯乙烯与胶粉共混物的性能得到极大改善，见表 3-2-51。

表 3-2-51 胶粉/PS 共混物(采用苯乙烯接枝)的性能

材料	胶粉接枝度	拉伸强度/MPa	断裂伸长率/%	断裂能量/(kJ/m³)
HIPS	—	23.1	6.48	1258
PS	—	33.9	1.85	263
PS/胶粉	0	21.8	1.69	207
PS/接枝胶粉	61	26.4	2.20	351
PS/接枝胶粉	145	18.8	3.82	568

注：HIPS 为抗冲击聚苯乙烯。

聚苯乙烯与胶粉共混物还可以采用增强反应法制备。由胶粉先采用单体和引发剂处理，然后与聚苯乙烯进行共混。这种共混材料的冲击强度随胶粉用量的增加而迅速增大，当胶粉含量为 31％左右时，冲击强度可比纯聚苯乙烯提高 2 倍多，而弹性模量、拉伸强度、抗弯强度和硬度只下降 30％左右；当胶粉含量为 42％左右时，冲击强度和断裂伸长率可以提高十多倍，而弹性模量、拉伸强度、抗弯强度保持率达 50％左右。其性能改善的原因是该共混物呈部分相容的两相结构，分散相的胶粉与基质聚苯乙烯之间黏合良好，在受冲击作用时，胶粉在周围基质中引发大量银纹，并最终导致胶粉内部产生不均匀破裂，从而具有较高的冲击性能。

2.5.3.5 聚氨酯

聚氨酯(PU)是一种新型的具有独特性能和多方面用途的高分子材料。由其制成的产品有泡沫塑料、橡胶、涂料、黏合剂、纤维、合成皮革等品种，广泛应用于各个行业之中。聚氨酯是一种高性能材料，价格较高，将胶粉与聚氨酯并用，大大提高了胶粉的附加值，受到了胶粉应用研究人员的广泛关注。

与聚氨酯并用的胶粉必须经过改性处理才可获得良好的使用性能。与聚氨酯并用改性胶粉可由气体改性法生产。生产过程是胶粉在沸腾床上通入反应活性气体，反应活性气体引发胶粉表面的自由基反应，再与气体中的氧气进行反应，使胶粉表面产生羧基、羟基或其他极性基团。这些基团的存在使胶粉与聚氨酯的相容性大大改善。

由改性胶粉与聚氨酯共混形成的共混物，其物理性能常接近甚至优于未填充的聚氨酯。例如，由 15％的改性胶粉与 85％的聚氨酯组成的共混物其物理性能很接近于纯聚氨酯，见表 3-2-52。20％的改性胶粉与聚氨酯共混物其动态力学分析曲线与未填充的聚氨酯基本相同。如果橡胶/聚氨酯各 50％，其工程性能非常类似于未填充的聚氨酯。因此，改性胶粉在一定程度上可作为聚氨酯的替代材料，从而提高了胶粉应用的附加值。由于胶粉的加入还可提高聚氨酯材料的湿摩擦系数，防滑性能较好，这对轮胎、鞋材等尤为有利。

表 3-2-52 改性胶粉对 PU 性能的影响

性能	纯 PU	含 15％胶粉 PU	性能		纯 PU	含 15％胶粉 PU
拉伸强度/MPa	28.3	24.1	撕裂强度/(kN/m)	C 形样	4.08	3.60
断裂伸长率/％	278	275		裤形样	0.78	0.72
回弹值/％	49	48	湿摩擦系数	静态	0.57	0.58
硬度(邵尔 A)/(°)	50	50		动态	0.55	0.59

在聚氨酯泡沫材料中添加胶粉可制成橡胶补强泡沫，大大扩宽了聚氨酯泡沫的应用范围。因为目前聚氨酯泡沫的生产成本较高，通过添加胶粉可降低成本。如在其中添加 20％的胶粉，既可提高泡沫产品的回弹性和均匀性，又降低了成本，并可采用现有的生产设备加工。这种应用值得关注，因为泡沫聚氨酯是聚氨酯最大的市场之一。胶粉改性聚氨酯泡沫材料的应用，预示着该产品未来具有良好的市场前景。

2.5.3.6 不饱和聚酯

不饱和聚酯是增强塑料中大量使用且最为普遍的一种热固性树脂，主要用于制造玻璃钢、团状模塑料、片状模塑料等。抗冲击性差是其应用时存在的主要缺点之一，将胶粉填充于不饱和聚酯中可改善其抗冲击性能。

胶粉改性不饱和聚酯，胶粉是否预处理、胶粉粒径、胶粉种类等均对共混物性能有较大影响。采用苯乙烯预处理胶粉与不饱和聚酯混合，显示出良好的增韧性能。胶粉的粒径在0.28～0.42mm 范围内，共混物冲击强度最大，因此，不饱和聚酯用胶粉应选适宜的粒径范围。不同种类的胶粉及用量对不饱和聚酯性能的影响见表 3-2-53。

表 3-2-53　胶粉对不饱和聚酯性能的影响

胶粉种类	胶粉含量/份	冲击强度/(kJ/m²)	拉伸强度/MPa	断裂伸长率/%	硬度(布氏)/(°)	热变形温度/℃	模压收缩率/%
轮胎胶粉	0	5.2	24.0	50.0	78	300	0.5
	5	6.8	24.2	50.0	77	300	0.5
	10	9.0	24.5	49.4	73	300	0.3
	15	10.6	24.3	48.8	69	300	0.1
	20	11.4	24.0	48.0	67	300	0.1
胶囊胶粉	0	5.2	24	50.0	78	300	0.5
	5	6.0	23.7	49.3	75.0	300	0.4
	10	7.9	22.4	47.2	73	300	0.3
	15	9.1	21.5	46.5	66	300	0.3
	20	9.6	20.8	44.1	63	300	0.2

胶粉用于不饱和聚酯可提高不饱和聚酯材料的弹性和抗冲击性，可应用于建筑工业的板材制造。

胶粉除用于上述塑料外，还可以在其他塑料中应用。在 EVA/PE 发泡材料中，使用 20 份改性胶粉，其物理性能如表 3-2-54 所列。

表 3-2-54　改性胶粉对 EVA/PE 泡沫材料性能的影响

性能	EVA/PE	EVA/PE/改性胶粉
密度/(mg/m³)	0.34	0.25
硬度(邵尔 A)/(°)	60	49
NBS 磨耗量/mm³	30	42

胶粉添加于尼龙、酚醛树脂中可用于制造摩擦材料。它们的特点是具有高耐磨性、高抗冲击性和耐高温性能等，适合生产汽车、机械等摩擦制品。如采用胶粉与酚醛树脂及其他材料混合加工成粒料，然后用这些粒料加工成型为刹车片。这种刹车片质量轻、造价低，使用效果好。胶粉还应用于各种塑料制品中，可以改善塑料制品的抗冲击性能，如氟塑料、环氧树脂、ABS 树脂制品等。

2.5.4　在建筑材料工业中的应用

2.5.4.1　防水卷材

建筑防水材料主要分为防水卷材、防水涂料和防水密封材料三大类。防水卷材用量多、范围广，其次为防水涂料。以胶粉、沥青、树脂共混制成的防水材料，由于其原料来源方便、价格低，又能满足某些建筑防水的要求，所以在建筑防水材料中占据重要地位。其在建筑防水材料中产量大，应用范围也很广泛。

胶粉在防水卷材中的应用主要是与沥青、树脂混合改性，制备具有优良综合性能的防水卷材。如将沥青胶粉和树脂在高温下熔融混合后，于150℃下在聚酯纤维无纺布两面浸渍该沥青混合料，每面厚度为300μm，制成1mm厚的防水卷材，再用二氧化硅砂(石英砂)进行防粘处理，采用非模型硫化法可制得成品。其配方与物理性能见表3-2-55。该防水卷材各项性能均符合防水卷材的质量要求。

表3-2-55 屋顶防水卷材配方及物理性能

原料及性能	指标值/质量份	
	配方1	配方2
氧化沥青(软化点20～30℃)	13	15
直馏沥青(软化点80～100℃)	70	72
塑化胶粉	5	乳胶3
合成树脂	12	10
胶化沥青软化点/℃	91.5	90
纵向拉伸强度/(N/10mm)	100.1	80.0
横向拉伸强度/(N/10mm)	51.0	43.0
纵向最大负荷时伸长率/%	50	40
横向最大负荷时伸长率/%	40	30
针入度/0.1mm	30	33

将60%～70%的石油沥青、10%～20%的无规聚丙烯、15%～20%的胶粉和一定量的古马隆树脂以及石棉纤维等混合可以制成性能良好的胶粉树脂改性沥青材料。其制造方法是把沥青加热到150～160℃，将无规聚丙烯、胶粉以及古马隆和石棉纤维放入熔化在搅拌器中的沥青中，把温度升高到185～190℃，保持足够的时间，以便使胶粉和石棉外的所有成分熔化。如把此混合物降温到170～175℃，用玻璃纤维或玻璃纤布增强可制得防水卷材。该混合材料的物理性能见表3-2-56。其耐老化性能优良，经250h加速老化后，性能变化不大，并且具有良好的力学性能、冷柔性和光稳定性，价格也相对较低。

表3-2-56 胶粉/聚丙烯沥青材料的物理性能

项目	性能	项目	性能
环球法软化点/℃	149	开始流淌的温度/℃	120
冷柔性(−8℃)	没有任何裂纹		

如果将聚乙烯、胶粉一起配合对沥青改性，配方见表3-2-57。经胶粉树脂改性的沥青与纯胶粉沥青相比，所需加热温度较低，搅拌次数以及所需时间都少得多，这是由于聚乙烯与胶粉的相容性比较好。聚乙烯和胶粉沥青混合时，聚乙烯用量不能超过一定限度，否则将妨碍其混合性。在混合料中添加一种或多种矿物填充剂，如白垩粉、无烟煤粉，可以提高胶

粉、聚乙烯在沥青材料中的分散速度。该混合材料也可制防水卷材。

表 3-2-57　胶粉/聚乙烯改性沥青的配方

原料配方	配比/质量份	原料配方	配比/质量份
胶粉	20～60	白垩粉	0～12
聚乙烯	20～35	无烟煤粉	0～15
沥青(高软化点,低针入度)	5～15		

此外，将胶粉与氯化聚乙烯、聚氯乙烯及其他配合剂混合，可制成多种配方与工艺的不同档次防水卷材。其突出特点是易于粘接(与屋顶基面、卷材间搭接处)、使铺设层形成不漏水的整体，防水效果好；在寒冷气候下不脆裂，在炎热气候中不变形；加工过程产生的废料可回收利用，价格低，具有一定的市场竞争力。

如以聚氯乙烯 20～40 份、氯化聚乙烯 80～60 份、废油渣 45 份、胶粉 150 份及其他助剂若干，经高速混合机中均匀混合，再经开炼机上于 130～150℃下混炼后，可由压延机压延成防水卷材。其物理性能为：拉伸强度 6.5～7.5MPa，断裂伸长率 150%～250%，断裂永久变形 30%～50%，硬度(邵尔 A)85°，耐热氧老化性、耐酸碱性优良。

2.5.4.2　防水涂料

由胶粉、沥青、乳化剂和水等在一定温度下进行高速搅拌乳化，可制成水乳型防水涂料。这种防水涂料可采用机械喷涂工艺施工，不仅施工效率高，而且涂层物均匀，并增加了涂层与基面材料的黏结性，其使用安全可靠，成本低，且在高温下变形小，低温下仍有一定的柔性。这种防水涂料的制备配方与工艺见表 3-2-58。

表 3-2-58　胶粉沥青水乳型防水涂料配方与工艺

原料配方	质量份	工艺	数值
石油沥青[针入度(90±10)/0.1mm]	100	搅拌速度(r/min)	400～500
胶粉(20～50 目)	10～20	加热时间/h	~3
高效乳化剂	适量	加热温度/℃	190
软水	以涂料黏度为准		

胶粉沥青与溶剂混合还可制成溶剂型防水涂料。这种防水涂料为厚质防水涂料，由于其固体含量多，因此涂刷较少的次数，就可以达到施工所要求的厚度，而且节约了大量的稀释剂，配制容易，施工方便，价格低，其配方见表 3-2-59。

表 3-2-59　胶粉沥青厚质防水涂料配方

原料配方	1	2	3	原料配方	1	2	3
60 号石油沥青	15	—	—	渣油	—	14.4	—
30 号石油沥青	—	—	36	胶粉	24	24	24
10 号石油沥青	21	21.6	—	汽油	40	40	40

该防水涂料的制备过程是将沥青熔化脱水，除去杂质后，即可缓慢加入胶粉，边加边搅拌，并继续升温，加工完成后恒温一段时间。若采用细胶粉，加热温度则为 180～200℃。

时间约 1h。若采用破碎机粉碎胶粉，由于粒度大，所以熬制温度应在 240℃，时间约 2h，最后形成均一的稀糊状，并能拉出均匀的细丝，然后降温至 100℃左右冷却，加入一定数量的汽油进行稀释，搅拌均匀即为防水涂料。这种涂料具有良好的耐热性、耐裂性、低温柔性和不透水性，其加工简单、施工方便、原材料来源充足、价格低廉、节省稀释剂等，应用范围很广。由其配制的防水涂料技术指标见表 3-2-60。

表 3-2-60 胶粉沥青防水涂料技术指标

项目	配方 1	配方 2	配方 3
耐热性[(80±2)℃×5h]	合格	合格	合格
耐裂性/mm	0.57	0.54	0.47
黏结性/MPa	0.20	0.20	0.21
低温柔性(－10℃)	合格	合格	合格
不透水性(静水压 150mm 水柱高,7d)	合格	合格	合格
耐碱性(15d)	合格	合格	合格

注：涂层厚均为 0.3mm。

将废轮胎粉碎成粉末，并加入黏合剂，配制成涂料，可以重现橡胶的本性，制成一种档次很高的橡胶防腐涂料。用废轮胎胶粉制防腐涂料的具体做法是：采用常规粉碎设备，把废旧轮胎粉碎，筛出粒径在 3mm 以下的橡胶粉末备用。注意不要将粒径超过 3mm 的粉末粒子也混入其中，否则就会使涂布面变厚，黏合剂的干燥时间就会延长。其次，作为黏合剂成分，是采用聚乙烯醇水溶液、双酚 A 系环氧树脂乳液及异丁烯-马来酸酐共聚物水溶液，将它们调制成乳液聚合物组分。一旦将这种组成物按一定比例混合到上述的橡胶粉末之中，即构成所需要的涂料。另外，在上述黏合剂成分中，在该组成物的基础上，若能将沥青乳液一并使用，组成混合型黏合剂，由此所得到的涂料，一旦在基体材料上涂布，则对于建筑结构或钢铁制品的基体来说，就可以得到异常出色的防潮湿及防腐蚀性能。将黏合剂调制成乳液聚合型，把质量分数为 15%的 3mm 以下橡胶粉末添加到黏合剂中，将它们充分混合，从而调制成涂料。然后，在常温下，用泥刀在胶合板上涂抹。涂膜厚度要求在 3mm 以下。性能测试结果表明，由此得到的涂膜好、与胶合板之间的附着性及耐久性都很好，而且防水防潮性也很出色，吸水率仅为 2%。

如果废弃轮胎的粉末粒径为 1.2～1.5mm 以下，把质量分数为 15%的上述黏合剂混合组成物添加到预先制备的橡胶粉末之中，并充分混合，从而调制成涂料。将此种涂料在直径为 1in 的低碳钢线表面进行喷涂，膜厚要求控制在 3mm 以下。据试验，所形成的涂膜可保持钢材不发生锈蚀。

这种胶粉涂料，用于浴室、厨房或厕所之类用水场所，以及混凝土建筑物的室内部分装饰，一旦涂布，则可以有明显的防潮效果。其次，对于含二氧化硫、氯气、盐分等环境中的管道、水箱之类钢制结构物，也可有明显的防腐蚀效果。此外，还特别适用于冷风管、冷却水管及寒冷地带的自来水管等容易冻结管道的表面涂布。

2.5.4.3 防水密封材料

(1) 胶粉沥青嵌缝油膏

在沥青油膏中加入胶粉改性，可以提高沥青油膏的软化点，增加低温下的延伸性。胶粉在沥青油膏中的用量一般在15%～30%，如果用量过大，则会在一定程度上降低油膏的黏结性能。此外，胶粉的粒度大小、混合工艺对油膏的性能也有一定的影响。在胶粉沥青油膏中，还掺混有硫化剂、促进剂及成膜催干剂等组分，以使油膏获得良好的使用性能。表3-2-61为常用的三种胶粉沥青嵌缝油膏的配方与性能。

表3-2-61　三种胶粉沥青嵌缝油膏配方与性能指标

原料及性能	质量份			原料及性能	质量份		
	配方1	配方2	配方3		配方1	配方2	配方3
60号石油沥青	48	15～20	25	10号机械油	200	—	—
10号石油沥青	52	—	—	30号机械油	—	—	10.2
脂肪酸沥青	10	—	—	轮胎胶粉	15	15～20	—
松焦油	10	—	3.1	鞋类胶粉	—	—	3.9
重松节油	—	—	9.2	石棉绒(5级)	45	5～10	18
生桐油	5	—	—	滑石粉	35	20～35	30
桐油渣	—	35～40	—	油料/填料	160/140	1.05/1.25	—
硫黄	—	—	0.195				

性能					
配方1		配方2		配方3	
指标名称	指标值	指标名称	指标值	指标名称	指标值
黏结性(20～30℃,15d以后)	400	耐热性/℃	90	耐热性/℃	80
耐热性(76℃±3℃,5h,1/3坡度)	合格	下垂度/mm	≤2	下垂度/mm	≤1～4
下垂度/mm 20℃±3℃,24h以后	0	黏结性/mm	≥40	黏结性/mm	≥30
下垂度/mm 50℃±3℃,24h以后	0	挥发性/%	≤0.097	挥发性/%	≤0.36～0.44
保油性 渗油幅度/mm	0	保油性 渗油幅度/mm	≤0	保油性 渗油幅度/mm	≤0～0.5
保油性 渗油张数/张	1	保油性 渗油张数/张	≤2	保油性 渗油张数/张	≤2
收缩率(45℃±3℃,15d以后)/%	3	施工度/mm	≥17.4	施工度/mm	≥25
耐寒性(−15～−17℃,4h,ϕ5mm)	合格	低温柔性/℃	−20	低温柔性/℃	−20
耐水性(浸水15d以后)	合格	黏结状况/mm	37	黏结状况/mm	合格
延伸度(室温下,13d以后)	>2.5倍	浸水后黏结性/mm	37	浸水后黏结性/mm	≥20
耐碱性[$Ca(OH)_2$饱和液,15d以后]	合格				
龟裂(室温,15d以后)	合格				

注：配方1为胶粉脂肪酸沥青油膏配方；配方2为胶粉沥青桐油油膏配方；配方3为胶粉沥青油膏配方。

(2) 橡胶防水胶

胶粉用于防水胶的橡塑配方见表 3-2-62。将煤焦油先加热到 145～155℃，搅拌脱水，再分批加入废 PVC，加快搅拌。在开始投放 PVC 时，将废机油、煤油一次性投入。40min 后 PVC 全部熔化，一次投入胶粉，搅拌 5～10min，随后将其余材料加入，在 145～150℃熬炼 5～10min，然后经 2h 冷却，得到高弹性橡胶状固体。该防水胶抗高温性能好，110℃不流淌；耐低温，－50℃不起鼓、不裂纹，－35℃仍有橡胶的柔软性；弹性大，常温下弹性 400%，－25℃弹性仍达 180%；防水性能好，30～70kPa 压力下经过 14d 不透水；粘绳索力强，基层黏结力达 440kPa；耐酸碱性能好，经浓强酸、强碱浸泡 21d 无变化；抗老化 25～30 年。可用于各种建筑物防水、防潮、漏渗水维修等。

表 3-2-62 橡塑防水胶配方

原料配方	配比/%	原料配方	配比/%
煤焦油	55	醋酸铝	1
废 PVC	15	领苯二甲酸二辛酯	2
胶粉	5	滑石粉	14
废机油	5	煤油	3

(3) 胶粉沥青胶黏剂

由胶粉、沥青、纤维填料和增塑剂制成的胶黏剂称为胶粉沥青胶黏剂。这种胶黏剂的特点是弹性温度范围大，适宜于防水卷材(如油毡等)的粘贴，其黏结性和耐久性良好，可以冷施工，是一种应用范围广的屋面防水胶黏剂。表 3-2-63 为屋面用的胶粉沥青胶黏剂和冷黏胶粉沥青胶黏剂配方。配方 1 为屋面胶粉沥青胶黏剂配方，配方 2 为冷黏胶粉沥青胶黏剂配方。

表 3-2-63 屋面用的胶粉沥青胶黏剂和冷黏胶粉沥青胶黏剂配方

原料配方	配比/质量份		原料配方	配比/质量份	
	配方 1	配方 2		配方 1	配方 2
石油沥青	54～56	40～48	增塑剂(溶剂)	1～1.5	溶剂 30～40
胶粉	15～22	5～10	水泥	—	5～10
石棉	13～16	5～9	植物纤维	—	0.2～2
香豆酮树脂	2～4	—	氟硅酸钠	—	1.0～1.5
松香	2～4	—			

由胶粉沥青和再生橡胶等组成的防水密封膏，其一般不含成膜剂，多用于变形比较小的建筑结构部位，如预制结构接头用的密封膏，其配方见表 3-2-64。

表 3-2-64 胶粉(再生橡胶)沥青密封膏配方

原料配方	配比/质量份	原料配方	配比/质量份
氧化沥青	10	再生橡胶	15
胶粉(18 目)	30	石油软化剂	45

除此之外，胶粉经改性后，可用于聚氨酯、聚硫橡胶、环氧树脂等材料中，可获良好性价比的建筑用密封材料与胶黏剂。

2.5.5 在热塑性弹性体中的应用

热塑性弹性体是一种在常温下具有橡胶弹性，在高温下能按塑料加工方式加工成型的新型材料。这种材料发展迅速，已广泛应用于汽车及其他行业中。

采用改性胶粉添加于热塑性弹性体中，将大大降低热塑性弹性体的生产成本，也为胶粉重复循环使用开辟了新的方向。某种用于热塑性弹性体改性的胶粉性能标准如表 3-2-65 所列。

表 3-2-65 改性胶粉的标准性能

性能	指标	性能	指标	性能	指标
胶粉色泽	黑或白	拉伸强度/MPa	13.8	抗撕裂性能	良
外形特征	粉末	脆性温度/℃	−62.2	抗氧化性能	良
硬度(邵尔 A)/(°)	50～55	耐热老化性(212℃)	可	隔声性能	优
密度/(mg/m^3)	1.1～0.05	耐磨性能	优	耐酸性能	良
比热容/[J/(kg·℃)]	40～45	抗冲击性能	优	耐碱性能	良

改性胶粉添加后与热塑性弹性体赋予共混物耐磨性、良好的温度稳定性、高的炭黑含量和抗冲击性能等。在经济上可大大节约材料成本。因此，将改性胶粉添加于热塑性弹性体中，或者胶粉与塑料共混成热塑性弹性体，为工业实际应用低成本热塑性弹性体提供了一种新的材料。

2.5.6 在铺装材料工业中的应用

2.5.6.1 道路铺装材料

胶粉改性沥青路面，由于胶粉中含有抗氧化剂，从而可明显减缓沥青路面的老化，使路面具有弹性，减少噪声，尤其是价格低，可大面积推广使用。从实际铺装效果看，胶粉沥青与少量的骨料黏结力强，路面耐磨性、抗水剥落性大为提高。路面基本不发生砂石飞散现象，耐磨耗寿命为普通路面的 2～3 倍，降低了路面的维护费用。同时可缩短车辆约 25%的刹车距离，提高了车辆行驶安全性。在冬季的低温下胶粉改性沥青路面能防止路面冻结，有较好的抗撕裂性，在夏季高温下路面则不会被晒软，有较好的抗融变性能。

胶粉改性沥青的制备主要有干法和湿法两种工艺。干法是直接把胶粉作为集料与其他沥青混合料一起加入沥青中使用，而进行铺路；湿法则是把胶粉先与沥青混合，使橡胶粉在高温下脱硫塑化为橡胶沥青，再进行铺路。干法工艺用胶粉粒径比湿法工艺大，在应用中以湿法工艺为主，其性能也相对较好。胶粉改性沥青材料的性能，受胶粉种类、粒径及其分布、是否经预处理、混合温度、机械搅拌时间及其他因素的影响。不同的地区使用的胶粉改性沥青路面要求不同。表 3-2-66 为国外胶粉改性沥青路面的质量标准。

胶粉改性沥青同铺设公路一样，用胶粉改性沥青的飞机跑道增加了飞机跑道的弹性和地面摩擦性，从而使飞机起落平稳，安全可靠性提高，缩短飞机跑道的起降距离，延长了机场的使用寿命。

表 3-2-66　公路用胶粉改性沥青标准

项目		热区	温区	寒区
等级		ARB-1	ARB-2	ARB-3
最高月平均温度/℃		＞38	26～38	＜26
最低月平均温度/℃		＞0	－12～0	＞－12
175℃视黏度/(Pa·s)		100～400	100～400	100～400
针入度	(25℃,100g,5s)/0.1mm	25～75	50～100	75～150
	(4℃,200g,60s)/0.1mm	＞15	＞25	＞40
软化点/℃		＞54	＞49	＞43
回弹变形/%		＞20	＞10	＞0
延度(40℃,1cm/min)/cm		＞5	＞10	＞20
TFOT后	针入度比(4℃)/%	＞75	＞75	＞75
	延度比(4℃,1cm/min)/%	＞50	＞50	＞50

国内也进行了铺设试验。将沥青按传统方法加热脱水，胶粉、矿粉混合均匀，储存于储仓，矿料按传统方法加热至170～180℃，利用混凝土搅拌机按比例将胶粉、矿料预混5～10s，再按比例混入140～160℃热沥青，搅拌20～40s即可用于铺设。胶粉用量为沥青混合料的1%～5%。与茂名70号优质沥青路面比较，高温稳定性提高32%，内聚黏结力提高47%，0～－40℃下小梁回弹模量下降47%，0～－20℃收缩系数降低8%，20℃时55%应力水平下的疲劳寿命延长3.9倍，摩擦系数大4～7个摆式值，造价降低25.5%，经8000辆/d车流量使用5年，无泛白发软、推挤拥包和开裂现象。

沈阳橡胶集团采用湿法工艺生产的胶粉改性沥青材料，已在铁岭高速和沈阳主干线上进行实际铺设。生产工艺为胶粉经脱硫罐在高温下与沥青、脱硫剂等混合反应脱硫而制成胶粉改性沥青，使用的胶粉为25目粗胶粉。或采用40目的胶粉，经活化改性后，掺入沥青中混合制成胶粉改性沥青。这种胶粉改性沥青的性能见表3-2-67。

表 3-2-67　胶粉改性沥青试验结果

技术指标		基质沥青	改性沥青1#	改性沥青2#	改性沥青3#	改性沥青4#	壳牌90#
针入度(100g,5s)/0.1m	5℃	14	12	13	13	14	10
	15℃	26	27	30	32	29	31
	25℃	90	64	70	81	75	93
延度(5cm/min)/cm	5℃	1.4	6.4	7.4	11	10.7	1.6
	15℃	＞150	11.2	16.9	23.6	18.3	128.3
	25℃	＞150	18.6	21.1	26.1	24.2	＞150
针入度指数 PI		－0.29	0.099	0.077	0.007	0.099	－0.167
软化点 $T_{R\text{-}B}$/℃		43.3	53.7	52.6	51.0	52.0	45.5

续表

技术指标			基质沥青	改性沥青1#	改性沥青2#	改性沥青3#	改性沥青4#	壳牌90#
旋转薄膜烘箱加热后	质量损失/%		0.4	0.5	0.7	0.44	0.50	0.30
	针入度(100g,5s)/0.1m	5℃	14	6.1	12	12	13	13
		15℃	24	26	25	35	32	29
		25℃	64	55	55	71	68	73.8
	延度(5cm/min)/cm	5℃	1.3	5.3	6.6	7.3	8.3	1.4
		15℃	15.9	7.6	14.5	22.4	17.5	20.3
		25℃	128	14.7	18.0	22.3	23.9	135.5
软化点 $T_{R\text{-}B}$/℃			48.4	55.0	56.2	49.7	53.8	50.9
针入度比(25℃)/%			71.1	85.9	78.6	87.7	90.7	79.4

从胶粉改性沥青性能看，其改性了沥青低温延度和软化点这两个重要性能，从而表明沥青低温性能得到充分的改善，高温性能也得到了提高，基本符合我国JTG F 40—2004中改性沥青SBS、SBR改性指标要求，高于EVA、PE改性中Ⅲ-A的要求。如图3-2-17所示，在铁路铁轨石碴路基与混凝土路盘之间垫上由废胎胎面胶制成的或由细胶粉与少量槽法炭黑混合硫化制成的缓冲垫，可有效减振、减少噪声，效果见表3-2-68。

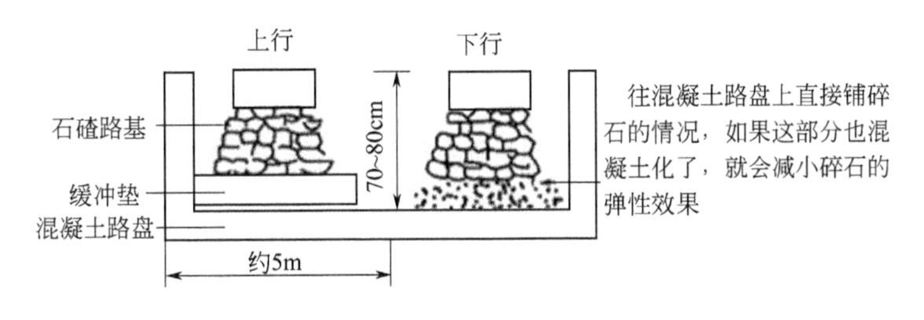

图3-2-17 废胎胶粉用作轨道缓冲垫

表3-2-68 轨道缓冲垫铺设效果

振动状态	振动速度/mm⁻¹						噪声/dB	
	水平振动(轨道直角)		水平振动(轨道平行)		垂直振动			
	上行线	下行线	上行线	下行线	上行线	下行线	上行线	下行线
铺设前	2.7～3.4	3.5～3.9	1.8～2.3	1.4～1.7	3.8～4.2	9.7～10.1	80～88	82～90
铺设后	1.0～1.2	3.2～3.8	0.7	1.3～1.6	1.4～1.5	9.6～11.2	70～76	80～88

将胶粉、砂石和水泥混合制成铁路枕木而用于铁路轨道铺装。这种枕木具有质量轻、抗冲击和耐腐蚀等优点，并能减轻火车行驶噪声和振动。在铁路平交道口还可用胶粉制作的铺面板代替传统混凝土铺面。这种胶粉铺面板提高了道口铺面的寿命，减少了维修，提高了道口的安全性，极大地降低了重载车辆对铁道路面的冲击作用，并能减振降噪。胶粉铺面板还是一种良好的绝缘材料。

在日本的铁路新干线上，采用胶粉再添加少量的橡胶、硫化剂、促进剂、软化剂和炭黑等加工成型为铁路道床衬垫。这种道床衬垫经实际应用试验后，达到了使轮重变动率降低到原先值的60%的预期效果，并能长期维持必要的弹簧常数，道床保养所需劳动力也较以前节省了50%，高架桥的振动速度降低了45%。用胶粉铺设轨道床基，不仅施工的劳动强度可大大地降低，而且可以减振、降噪。铺设轨道床机的胶粉，可采用乘用车轮胎的胶粉，其粒径分布为：0.210～0.297mm的占35%，0.149～0.210mm的占32%，0.149mm以下的占33%。将90%以上的上述胶粉和少量橡胶(天然橡胶、丁苯橡胶)并用，并加入炭黑、硫化促进剂和增塑剂等配合剂，混炼均匀，然后用模具硫化，硫化后即为成品。成品规格视道基需要而定，一般为240cm×100cm×2.5cm。硫化条件一般为(140～160℃)×(25～45min)。道床衬垫的标准要求见表3-2-69。

表3-2-69 道床衬垫标准

项目	标准要求	项目		标准要求
弹簧常数/(kg/cm)	4500±1000	老化后	拉伸强度变化率/%	-10～+25
压缩永久变形/%	<25		断裂伸长率变化率/%	-20～0
拉伸强度/MPa	>25		撕裂强度变化率/%	-10～+25
断裂伸长率/%	>100	吸水率/%		<1.5
撕裂强度/(kN/m)	>10	疲劳强度/mm		<1.5

在铁路道床上还采用轨板衬垫，这种轨板衬垫也由胶粉和橡胶混合加工制成。由于其弹簧常数为道床衬垫的1/2，故其配合材料中的橡胶量要适当增多，并且对胶粉的粒度分布一定要予以严密控制。

对于直接扣固式轨道，钢轨的支撑弹簧常数降低，为此需用弹性枕木。这种枕木除上面部分外，其余部分表面用弹性材料包覆，直接扣固在高架轨板上。所用弹性材料由液体聚氨酯与胶粉并用制成。采用的胶粉粒径比道床衬垫和轨板衬垫应稍大一些，最大可达1mm左右。

胶粉添加到水泥中，可改变水泥的刚性并减轻其重量。由添加胶粉水泥材料制成的复合材料可用于高速铁路、公路、桥面和人行道地面铺装材料，隔声材料或公路分流故障等。胶粉添加到水泥沥青材料中，制成的公路路面具有使用寿命长的优点。

在混凝土中掺用胶粉后，其抗折强度、抗压强度变化见表3-2-70。

表3-2-70 胶粉对混凝土强度性能的影响

胶粉用量	0%C	1%C	3%C	5%C	7%C	10%C
抗压强度/MPa	49.64	48.43	45.51	46.58	48.51	43.6
抗折强度/MPa	6.25	6.04	6.39	6.55	6.91	5.74

注：C为水泥质量。

从表3-2-70可见胶粉掺用量在7%C以下时，混凝土的抗压强度损失不大，抗折强度先减后增，在7%C时效果较好。不同的胶粉掺入砂浆中，其强度性能变化见表3-2-71。

表3-2-71 胶粉对砂浆强度性能的影响

胶粉用量	0%C	1%C	3%C	5%C	7%C	10%C
抗压强度/MPa	25.49	24.85	24.89	22.8	22.8	17.01
抗折强度/MPa	8.29	8.05	8.63	8.63	7.63	8.38

注：C为水泥质量。

综上所述，砂浆的情况同混凝土一样，但由于骨料级配不同，因此，胶粉在砂浆中的掺用量约为 3%C 时较佳。

由于胶粉填充于混凝土中，其与混凝土基质的界面的结合较弱，故可以加入黏结剂以改善其结合性能，进一步提高抗冲击性能。

另外，胶粉在隔声制品上应用也较好。隔声壁是为了降低噪声，在住宅区沿公路、机场、建筑工地等噪声发生地所设置的隔声装置。以前的隔声壁是由石子和混凝土构造，通过反射达到隔声效果。这种隔声壁的缺点是，单位面积质量大，建设费用高，由于运输、组装、解体要付出较多的劳力和费用，所以大型隔声壁不能采取预制方式。最近又开发了玻璃纤维石棉或开孔型轻质海绵制造的隔声壁，这种隔声壁主要是通过吸收噪声以达到隔声的目的，也叫吸声壁。其低频率的噪声吸收不完全，而且制造困难，造价高。利用废轮胎胶粉制造的复合隔声壁克服了以上两种隔声壁的缺点，具有良好的噪声反射性和吸引性，而且对风化和应力具有高的抵抗性，单位面积质量轻，运输、组装、解体容易。

隔声壁的制造方法是，将废轮胎胶粉由黏合剂黏合成壁体，采用支撑物固定而成。所用的轮胎胶粉可以带有钢丝或纤维碎屑，这种隔声效果更好。黏合剂为水硬化型的聚氨酯类黏合剂，与水反应生成二氧化碳气体，形成具有闭孔的弹性材料，一般用量 5～15 份。作为隔声材料，在一侧可复合密闭层以反射噪声，反射回的噪声通过复合材料时被吸收，该复合材料具强吸声能力。

2.5.6.2 运动场地铺装材料

运动场、操场、娱乐场所、室内地面的聚氨酯塑料铺面材料具有走着舒适、耐磨、防滑、防水等优点，经塑料铺面的室外运动场所可不受下雨的影响，提高运动员的成绩，减少挫伤机会。铺面材料由全塑料型(主要由聚氨酯制成，不含胶粉)、混合型、双层型、折叠型等几类，而以混合型居多。混合型为含废旧橡胶粉的聚氨酯橡胶层，厚度 10mm 左右。表面也有橡胶粉作为防滑摩擦层。双层型的上层为聚氨酯胶层，下层为胶粉的聚氨酯层；折叠型是一种便于携带的橡胶板，该种橡胶板是由废轮胎橡胶 1 份、聚四氢呋喃型聚氨酯预聚体 1 份、MOCA0.1 份混合后浇注于模具内固化而成。在这些铺面材料中，含 NCO 的聚氨酯预聚体或其与交联剂组成的双组分液态体系是废旧橡胶粉的黏合剂。聚氨酯预聚体一般由聚氧化丙烯二醇或己三醇与过量 TDI 或 MDI 等原料制成，NCO 含量约 10%。黏合剂以聚氨酯黏合剂为主要成分，黏合剂用量为胶粉的 1/4～4 倍。目前国内体育场塑胶铺面材料中黏合剂用量约为废旧橡胶粉的 4 倍，而黏合剂用量少的铺面材料，可用于幼儿园走廊地面、游乐场所，在软质的塑胶地面行走，不易摔伤。另外，浙江绿环橡胶粉体工程有限公司采用废胶粉为主体材料，通过高温高压反应成型生产预制的塑胶跑道，其生产成本低，性能符合要求，为胶粉的应用开辟了一条新途径。

胶粉可与聚氨酯材料等并用而用于制造运动场地。胶粉聚氨酯弹性运动场有两种：用于网球场、田径场跑道等室外运动设施的透水型运动场和用于体育馆等室内设施的非透水型运动场。

运动场的铺设分成四层：第一层为碎石地基，第二层为透水沥青，第三和第四层为胶粉层和含胶粉的聚氨酯橡胶屑。其剖面结构见图 3-2-18。

例如，由 80 份分子量为 3500 的聚酯三元醇和 20 份 TDI 制得的 NCO 基团含量为 9.5% 的预聚体 25 份(质量份)，与 75 份(质量份)尺寸≤300μm 的胶粉，在 Z 形搅拌器中搅拌

5min，然后喷水，再搅拌 10min，控制混合物温度≤50℃，得到的制品可用于运动场地铺设。一个网球场约耗费废轮胎 500 条，田径场地要消耗数千条废轮胎。

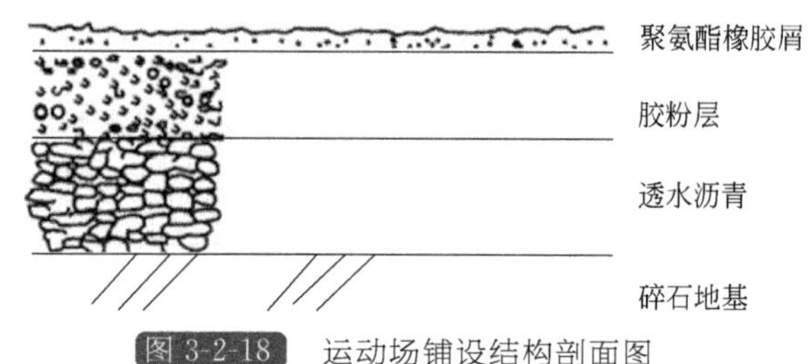

图 3-2-18 运动场铺设结构剖面图

Bayer 公司则是由 PPG（M_w 2000）2000g、2,4-TDI 696g 先制备 NCO 含量约 3.6%的聚氨酯预聚体，该预聚体 2348g 中加入 2,4′-MDI/4,4′-MDI(60/40)637g，制得游离 NCO 含量为 10%、黏度 1800MPa・s 的黏合剂。将磨碎的轮胎粉(粒径 1～4mm)640 份、上述黏合剂 160 份及辛酸锌 0.32 份混合均匀，摊铺成 11～12mm 厚的橡胶层，室温固化数天，所得橡胶层的拉伸强度为 0.6～0.8MPa，断裂伸长率为 50%～70%，20%压缩强度为 0.5～0.7MPa。该材料用于体育场地面铺设。

胶粉聚氨酯运动场地胶面层的配方都是采用双组分，一组分是预聚体，另一组分为色浆。从结构上看，有用醇交联与用胺交联两种。聚醚都是采用丙二醇与聚丙三醇，异氰酸酯大多采用 80∶20 甲苯二异氰酸酯。也可采用二苯基-4,4′-甲烷二异氰酸酯，其成本较高，但施工时公害少，胶面层的物理性能也较好。

采用聚醚型聚氨酯浇注胶，这种浇注胶由聚醚色浆(A 组分)与异氰酸酯预聚体(B 组分)组成。A 组分：分子量为 2025 的聚丙二醇 51 份，白炭黑 0.5 份，一氧化铅 0.1 份，乙二醇-*N*-丁基醚 1 份。B 组分：异构比为 80∶20 的甲苯二异氰酸酯 86.7 份，三羟甲基丙烷-环氧丙烷加聚物(分子量 440)60 份，三羟甲基丙烷 7.3 份。

使用时，按 A∶B＝92∶8 的比例(异氰酸酯基∶羟基＝1∶1) 配制。A 与 B 组分内均加有适量的废胶粉(一般为聚氨酯胶的 34%～45%)。二者混合均匀后送入特制的铺设机械内，就能在基层上连续铺设。

配方中的醋酸苯汞既是催化剂，又是防霉剂，采用醋酸苯汞与 2-乙基己酸铅复合作催化剂最为理想。白炭黑可帮助黏土填料分散。2-乙基乙酸钙是稀释剂，它使含有黏土比例很高的聚丙二醇也能保持流动性。在配方中有时也添加氧化钙，其作用是防止催化剂储存时变质。从配方组成上看，制成的胶面层属于有部分三官能团醇交联的热塑性弹性体。

采用端羟基聚丁二烯与 MDI 制成一步法聚氨酯浇注胶，色浆组分内添加大量增量油，以降低成本、改善胶面的性能。由 410 份端羟基聚丁二烯(分子量为 2500～2800)、50 份 *N*,*N*-双(2-羟丙基苯胺)、0.82 份二月桂酸二丁基锡、1230 份增量油［黏度为 2100SSU (38℃)，苯胺点 38℃］、125 份炭黑、325 份煅烧陶土、100 份氧化钙充分混合均匀组成，再添加 480 份废轮胎粉(通过 3 号标准筛子，胶粉粒径最长 13mm)，组成浆料。将 333 份上述浆料加入 15 份 MDI，搅拌均匀后立即进行铺设，胶面层于室温下需固化 2h，铺设厚度为 50mm。所铺跑道胶面层用模拟跑鞋长钉反复冲刺 5000 次，未发现胶面层质量有损失，如增大废轮胎胶粉的比例可制成多孔性胶面层。

聚氨酯运动场地使用寿命的长短直接影响场地铺设的成本与推广使用，为此除应做一般物理性能测定外，还应做人工气候老化及耐臭氧等试验，以作使用寿命的考核依据。胶面层人工老化试验一般为紫外灯老化 1000h(相当于 5 年)或 2000h(相当于 10 年)。此外还用模拟运动员钉鞋结构装置进行性能试验及耐油、耐化学腐蚀等性能的试验。目前用聚氨酯树脂铺设的运动场地一般都可使用10年。

由胶粉与聚氨酯材料混合制成的铺地片材和联锁型地砖也可用于运动场地铺装。铺地片才的配方及性能见表3-2-72。联锁型地砖的配方与性能见表3-2-73。

表3-2-72 胶粉聚氨酯铺地片材配方及性能

原料	质量份	性能	指标值	
			1	2
胶粉	100	拉伸强度/MPa	0.48	0.78
聚氨酯预聚体	30	伸长率/%	47	65
促进剂(固化聚氨酯预聚体用)	0.5～1.5	硬度(邵尔A)/(°)	60	63
颜料	5～15	撕裂强度/(kN/m)	3.5	0.7
		冲击弹性/%	46	44

表3-2-73 胶粉聚氨酯联锁型橡胶地砖配方及性能

原料及性能	指标值/质量份	原料及性能	指标值/质量份
原料配方			
胶粉	100	促进剂(固化聚氨酯预聚体用)	0.01
聚氨酯预聚体	15	颜料	6～10
性能			
相对密度	1.2	撕裂强度/(kN/m)	24
拉伸强度/MPa	3.9	冲击弹性/%	45
伸长率/%	120	压缩永久变形/%	28
硬度(邵尔A)/(°)	66		

这种铺地片材的预制件常用于铺设公园、运动场的便道，大厅地面，建筑物内走廊、过道、阳台等。现场铺设施工可用于露天大型运动场、小型运动场、网球场、自行车赛道、人行道、人行天桥、散步道、慢速道、游乐场和公园池塘岸边的铺设等。

胶粉聚氨酯联锁型地砖，则可用于铺设游乐场、运动场、网球场、人行道、人行天桥、巴士站、散步道和池塘岸边等。

与土质运动场相比，胶粉聚氨酯运动场不会积水，且外观色彩鲜艳，耐冲击性好，使用寿命长。由于地面弹性得到提高，有助于减少剧烈运动时地面对脊柱、膝盖、肌腱的反弹冲击力，减轻疲劳，对运动员起保护作用。国际田径比赛场地均采用胶粉聚氨酯跑道。目前国内田径场地和训练场地已有大部分采用胶粉聚氨酯材料铺装。

2.5.7 在阻尼材料中的应用

2.5.7.1 概述

阻尼材料可分为黏弹性阻尼减振材料、复合阻尼减振材料、高阻尼合金材料、陶瓷类耐高温阻尼减振材料、复合阻尼减振材料和智能型压电复合阻尼减振材料等。黏弹性阻尼材料兼有黏性液体在一定运动状态下损耗能量的特性和弹性固体储存能量的特性，一般都是高分子材料，包括塑料和橡胶两大类。黏弹性高聚物阻尼材料，当受交变力时，其形变随时间以非线性变化，产生力学松弛，形成滞后和力学损耗。这种滞后和力学损耗可以产生能量损失，将振动产生的能量转化为热能散发掉。

2.5.7.2 在公路工程中的应用

改性沥青铺设公路，具有减振降噪效果。由于胶粉本身的弹性性能，沥青混合料中掺入胶粉后，混合料的弹性明显增加，表现为回弹变形增大，模量减小，改善了沥青混合料应力扩散和应力吸收性能，而且胶粉沥青混凝土具有良好的降噪效果。这是因为胶粉颗粒和其他混合料通过改性被熔融的沥青黏结为一体，在交变力作用下沥青基中缠绕的分子链段运动滞后于应力的变化而产生内耗，将吸收的机械能和声能部分地转变为热能，同时混料中的无机料之间的相互摩擦以及和高分子间的摩擦作用，也能限制大分子运动，增加应力应变之间的相位滞后，加强了材料损耗能量的能力。

废胶粉作为水泥浆和砂浆添加剂，能够使构筑物具有抗冲击、降噪减振功能，还能减轻构筑物自身重量。将废胶粉作为一种质轻的基料掺入到水泥浆、砂浆中，由于胶粉本身所具有的高弹性，能够提高水泥浆和砂浆的韧性，有效改善其抗冲击性。但是从现有的研究结果发现，胶粉表面表现为疏水性，因为废旧橡胶在粉碎过程中经受强烈的剪切作用和氧化作用，胶粉表面会生成酸性基团，即胶粉表面带有一定的酸性，当它和水泥浆、砂浆混合后不易形成化学吸附，分子间的作用力只有范德华力的物理吸附，而且是可逆的，因这种物理吸附产生的黏附力要比化学吸附弱得多。正是由于水泥和砂浆中界面间不能形成有效的润滑，使砂浆的流动性下降；其次，疏水性胶粉颗粒分布在亲水性的无机浆料中形成了不连续的相，导致砂浆强度下降。因此，通过胶粉表面改性来提高它和无机浆料的结合力度就显得尤为重要。

废旧轮胎橡胶用于声屏障时，其声屏降噪原理是通过声屏材料对声波进行吸收、反射、透射和衍射等一系列物理效应来实现的，采用声屏障材料来消减道路噪声是应用比较广泛的降噪措施之一。该方法节约土地，降噪效果明显，但是由于声屏障要根据实际情况选用特定的材料，所以有的声屏障造价比较昂贵。利用废旧轮胎与水泥混凝土加压穿孔板两种主体材料，研发出一种新型的复合吸声屏障，并通过试验证明该种声屏障在中、低频段吸声良好，平均吸声系数达 0.62，不但可以满足公路交通降噪需要，而且还可以大大降低成本。

2.5.7.3 在机械装备上的应用

废胶粉与某些废塑料共混不仅可以制得抗冲击的复合材料，而且可以制成热塑性弹性体以循环利用，这些产品体系综合力学性能好，抗冲击，可以用于缓冲机械碰撞，消减机器工作所产生的振动。目前的研究有废胶粉/聚氯乙烯热塑性弹性体、热塑性丁苯橡胶/废胶粉弹性体合金、超细全硫化胶粉/PA66 共混体系、高密度聚乙烯/废胶粉共混体系、废旧橡胶胶粉/HDPE/POE 热塑性弹性体等。

废胶粉阻尼材料都是以树脂为基体，橡胶颗粒分散在树脂材料中，通过橡胶颗粒与树脂和填料之间良好的黏结性、延伸性和回弹性，提高材料阻尼性能。胶粉颗粒在这种材料中提供足够的弹性。当受到交变力作用时，树脂基中缠绕的分子链段运动滞后于应力的变化而产生内耗，将吸收的机械能和声能部分地转变为热能，从材料的宏观上看，起到了降噪减振的作用。

采用树脂型胶黏剂黏结胶粉制作微孔吸声材料，是利用微孔中的黏滞阻力消耗入射声能，在较宽的频带范围内具有较高的吸声能力。经过研究发现，通过控制制作过程的预载力、胶粉粒径、吸声板的厚度，可以达到最大的吸声量；酚醛树脂型胶粉阻尼材料是酚醛树脂和硫化胶粉形成的 IPN，这两种网络因为界面互穿而强迫相容，其双相连续有利于材料的阻尼能力。废胶粉和间苯二酚、甲醛、胶乳在开炼机上混炼，间苯二酚和甲醛能够在特定的条件下发生化学反应，生成酚醛树脂，加入硫化剂后在平板硫化机中硫化，制得具有良好阻尼性能的阻尼材料。该材料在很宽的温度范围内能够保持较强的阻尼能力，并且所制材料的高阻尼区位于阻尼材料通常使用的温度范围内。

阻尼板材是一类特种制品，起减振降噪和隔热作用，广泛用于汽车、轮船、家用电器等制造行业中，其主要功能成分通常是价格较贵的合成橡胶或合成树脂。如果胶粉能够部分或全部取代合成橡胶、合成树脂用于阻尼板材的生产，不但可以拓宽胶粉的应用领域，而且还可以降低阻尼板材的生产成本，提高产品的竞争力。

阻尼板材的基本配方(质量份)：沥青 30～35；胶粉 5～15；填料 40～50；树脂 3；软化剂 2。胶粉为 40 目活化胶粉，沥青为 10 号和 60 号道路沥青。

根据配方，将胶粉、树脂加入到熔融的石油沥青中，进行加热改性，然后放入捏合机中加入碳酸钙、云母粉等填料，经混合均匀后排出。物料冷却后置于开放式炼胶机中塑炼，再经压延出片制成阻尼板材。

在阻尼板材中胶粉以微小的颗粒均匀分散在材料中，通过胶粉粒子与沥青和填料之间良好的黏结性、延伸性和回弹性，提高材料的阻尼性能。因此，内含胶粉的阻尼板材具有黏弹性。受交变应力时，缠绕的分子链段运动滞后于应力的变化而产生内耗，将吸收的机械能和声能部分地转变为热能散失掉，起到阻尼作用。阻尼性能的好坏通常由材料的阻尼因子表示。阻尼因子大，减振降噪功能就强。在一定温度下，胶粉与沥青的相容性很好，可以迅速混合均匀，形成三维网络结构，制出的阻尼材料其阻尼因子随胶粉用量的增加而增加，当胶粉用量为 11 份时阻尼因子最大，然后缓慢下降。胶粉的含胶率通常为 45%左右，当胶粉用量增大时，材料的橡胶成分增加，其交联密度也随之提高，而适当的交联可以增加材料的摩擦力，增大阻尼效果。如果胶粉用量进一步加大，分子交联就会过高，分子链活动能力降低，材料的硬度提高，黏弹性下降，阻尼性能也随之降低。

2.5.7.4 在 IPN 材料中的应用

20 世纪 60 年代，IPN 研究领域代表性人物 H. L. Frish 就利用简化的理论模型，揭示了 IPN 永久缠结表现出惊人的非线性弹性回复力，这与理想的橡胶弹性理论计算出的化学交联所产生的回复力不相同，正是这种非线性弹性回复力使材料具有高阻尼性能。IPN 是制备宽温宽频阻尼材料的最有效方法，由于 IPN 网络的互穿限制了相分离，造成强迫互容，提高了组分的相容性，可以得到高性能宽温宽频阻尼材料。越来越多的科研工作者投入到 IPN 阻尼材料和弹性体的研究中，在研究利用废胶粉制造 IPN 阻尼材料方面也取得了一些进展，如合成聚酯型聚氨酯/聚苯乙烯/胶粉共轭三组分 IPN 材料、顺丁橡胶/公共网络混合物/废胶粉共轭三组分 IPN 弹性体等。

运用 IPN 和半凝胶法，合成聚酯型聚氨酯(PU)/聚苯乙烯(PS)/胶粉共轭三组分 IPN 材料，通过实验证明 NCO 与 OH 的质量比为 2∶8，PU 与 PS 的质量比为 60∶40，其共轭三组分 IPN 材料性能最佳。顺丁橡胶、废胶粉与用作公共网络的单体混合物经硫化制备出了顺丁橡胶/公共网络混合物/废胶粉共轭三组 IPN 弹性体，通过实验得出，当顺丁橡胶 100

份、公共网络混合物 9 份、炭黑 45 份、废旧橡胶 40 份时，弹性体的力学性能最佳。

2.5.8 其他应用

2.5.8.1 制离子交换剂

粒子大小在 0.5～3mm 的胶粉可用于制备强酸阳离子交换剂和强碱阴离子交换剂。胶粉与氯磺酸以 1∶3(质量比)配比反应得到的阳离子交换剂的最大交换能力为平均4.2mg/g。阴离子交换剂的合成方法有 2 种。

① 以 $AlCl_3$、$SnCl_4$为催化剂，用一氯二甲基醚氯化，再用三甲基胺胺化。得到的阴离子交换剂交换能力最大为平均 0.87mg/g。增加催化剂用量对提高交换能力没有帮助。

② 用磺化氯化物氯化，再用三甲基胺或三乙基胺胺化。这种方法因氯化过程中基团取代反应得到的第二、第三卤代物不易与胺反应，而且第二卤代物与胺反应易脱去氯化氢生成烯烃结构，得到的阴离子交换剂交换能力比上一种方法小，平均为 0.54mg/g。

与离子交换树脂的交换能力相比，由胶粉制得的离子交换剂的交换能力要低 10%～20%，但很适合于净化含有 Cu^{2+}、Cd^{2+}等重金属阳离子和苯酚、氯代苯酚、硝基苯酚及十六烷基吡啶溴化物等有机化合物的废水。

2.5.8.2 土壤改良

在砂土、黏土等土壤中掺入胶粉，可以改善砂土的保水性和黏土的透水性，起到改良劣质土壤作用，而橡胶中的氧化锌和防老剂对土壤的生产能力和作物的质量都无影响。Goodyear 公司在澳大利亚的实验结果表明，在土壤中掺用胶粉，再通过与化学肥料的反应，能促进作物的生长，使作物产量提高。橡胶中的硫化促进剂具有杀虫剂的作用，能防止虫害。在受重金属污染的地带，将胶粉掺入土壤中尤其有效，胶粉表面的硫能与渗入土壤中的重金属汞发生反应生成硫化汞而吸附在胶粉表面。

2.5.8.3 废水处理

一般的胶粉可用作废水过滤材料。经过磷化物处理的含磷胶粉，因能与汞形成络合物，故可在废水中除去 99%的汞离子。原子能发电厂排出的废水所造成的重金属污染，可用胶粉处理。因为废水中的汞会与胶粉中的硫作用而生成硫化汞，吸附在胶粉上以防止原子能发电厂废水对环境的重金属污染。如果将胶粉烧结制成微孔过滤器，能在净化污水、分离石油乳浊液等分离工艺中应用。采用不同胶粉可以烧结尺寸和孔型一定的多孔胶粉，由烧结胶粉制成的微孔过滤器还可在甘油生产中有效地除去甘油水中的脂肪和脂肪酸残留物。

2.5.8.4 高吸水性树脂

高吸水性树脂(SAR)又称高吸水性聚合物(SAP)，是一种含有羧基、羟基等强亲水性基团并具有一定交联度的水溶胀型高分子聚合物。它不溶于水，也不溶于有机溶剂，与海绵、棉花、纤维素、硅胶相比，其吸水量可达自身质量的数十倍，并且保水性强，即使在受热、加压条件下也不易失水，对光、热、酸、碱的稳定性好，具有良好的生物降解性能[23]。

目前，生产高吸水性树脂所采用的原料都是正规的工业产品，成本较高。用废轮胎胶粉来生产 SAR 还不多见。例如李利等[24]利用混合溶剂使 80 目橡胶粉溶胀，加入分散剂，搅拌，再加入活化剂和乳化剂；将丙烯酸用碱溶液部分中和；将以上两体系混合，剪切；加入引发剂、分散剂、交联剂，剪切乳化；保护气浮至成为均一固体；烘干成高吸水性树脂。该产品吸水率为 100～468g/g。

2.5.8.5 生产活性炭

胶粉在一定条件下经加热处理后可生产活性炭材料。方法是先隔绝空气，在 90～400℃ 条件下加热胶粉，并对胶粉产生的气体再加热，然后用水管式换热器进行热交换，使气体降温并引导气体进入电除尘器中，进而得到活性炭[25]。

2.5.8.6 其他应用

胶粉应用的领域还有很多。脱硫再生生产再生橡胶、液体再生橡胶或脱硫胶粉是胶粉最早的应用方法；胶粉在隔绝空气的条件下加热，然后利用产生的气体可以生产活性炭材料(90～110 目)；通过裂解反应处理可由胶粉生产燃料油、气和化学品；胶粉在超临界水的作用下，可用于生产各种油品作为橡胶的软化增塑剂使用；通过臭氧则可打断交联键以及裂解等方法也可生产油、气和化工原料；胶粉还可直接作燃料使用，如用于发电、水泥窑燃料等。此外，将胶粉作为工程建设中的轻质回填料应用已在发达国家广泛使用[26]。

第3章

再生橡胶生产及其应用

3.1 再生橡胶的概述

3.1.1 再生橡胶的概念

再生橡胶，简称再生胶，是指废旧橡胶经过粉碎、加热、机械处理等物理化学过程，使其从弹性状态变成具有塑性和黏性的能够再硫化的橡胶。

再生橡胶是黑色或其他颜色的块状固体(也有液体和颗粒状再生橡胶)。它具有一定的塑性和补强作用，易与生胶和配合剂混合，加工性能好，能代替部分生胶掺入橡胶制品中，降低成本和改善胶料的工艺性能。再生橡胶除与其他橡胶并用于轮胎、力车胎、胶鞋、胶管、胶板等橡胶制品外，亦可单独制作橡胶制品，并在涂料、油毡、冷贴卷材、电缆防护层、铺路等方面得到应用。

再生胶在橡胶工业的生产中占有重要的地位。一方面它可以变废为宝，另一方面使用再生胶还可以收到一系列技术效果和经济效果。使用再生胶的主要优点有：

① 价格便宜。最好的轮胎胎面再生胶的价格，一般不到天然橡胶的1/3或丁苯橡胶的1/2。好的胎面再生胶的橡胶烃含量约50%，并含有大量有价值的软化剂、氧化锌、防老剂和炭黑。再生后其强度约为原胶的65%，伸长率则为原胶的50%。

② 掺用再生胶时填充剂易于分散。混炼时间短于纯生胶胶料，动力消耗也比较少。

③ 混炼、热炼、压出、压延等生热比纯生胶胶料低，这对炭黑含量高的胶料十分重要，可避免因胶温过高而产生焦烧。

④ 掺用再生胶的胶料，流动性较好。因此压出或压延速度一般比纯生胶胶料快，半成品的外观缺陷较少。同时，压延时的收缩性和压出时的膨胀性都较小。

⑤ 掺再生胶胶料的热塑性较小，因此在成型和硫化时，比较易于保持它的形状。

⑥ 比天然橡胶和丁苯橡胶的硫化速度快，但一般并没有焦烧危险，操作比较安全。

⑦ 和天然橡胶并用时，可减少或消灭硫化返原趋向。

⑧ 有很好的耐老化性、稳定性和耐酸、碱性能。

但是，也有一些缺点限制了再生橡胶的应用。由于再生胶的分子量很小，强度低、不耐磨、不耐撕等，因此不能用于制造物理机械性能要求很高，特别是要求耐磨、耐撕裂的制品。

以废旧轮胎为主的橡胶制品资源化利用的主要途径之一就是生产再生橡胶，再生橡胶可替代部分生胶生产各种橡胶制品。我国目前废旧橡胶资源化利用的方式仍以生产再生橡胶为主，并主要以废旧轮胎再生橡胶为主。

3.1.2　再生橡胶的种类

再生橡胶的分类方法有两种：一种是按照再生橡胶的制造方法分类；另一种是按照废橡胶的种类分类。前者分类方法不容易识别废橡胶种类，一般不采用这种分类方法，后者分类方法不仅能容易识别废橡胶的种类，而且还能推测出其再生橡胶的质量，便于进行配方设计。因此，目前国内外一般都采用按废橡胶的种类分类的方法。但也有按照生产方法和用途分类的。

我国的再生橡胶基本上是按生产方法和废橡胶种类来划分产品品种，见表 3-3-1。

表 3-3-1　再生橡胶品种

<table>
<tr><th colspan="3">品种</th><th>代号</th><th>所用材料</th></tr>
<tr><td rowspan="8">通用型再生橡胶</td><td rowspan="5">轮胎再生橡胶</td><td rowspan="2">特级</td><td>TA1</td><td rowspan="2">废载重子午线轮胎胎面部分</td></tr>
<tr><td>TA2</td></tr>
<tr><td>优级</td><td>A1</td><td>废载重子午线轮胎胎体橡胶部分</td></tr>
<tr><td>一级</td><td>A2</td><td>废载重轮胎胎体橡胶部分为主，添加非矿物系软化剂</td></tr>
<tr><td>合格</td><td>A3</td><td>不同规格的废胎橡胶部分</td></tr>
<tr><td colspan="2">胶鞋再生橡胶</td><td>C</td><td>废旧胶面鞋、布面鞋橡胶部分</td></tr>
<tr><td colspan="2">复胶再生橡胶</td><td>D</td><td>通用型橡胶等为主体的橡胶制品混合废旧橡胶</td></tr>
<tr><td colspan="2">浅色再生橡胶</td><td>E</td><td>非赤色原料</td></tr>
<tr><td colspan="3">丁基再生橡胶</td><td>B</td><td>废丁基为主要原料</td></tr>
<tr><td colspan="3">丁腈再生橡胶</td><td>F</td><td>废丁腈橡胶为主要原料</td></tr>
<tr><td colspan="3">乙丙再生橡胶</td><td>G</td><td>废乙丙橡胶为主要材料</td></tr>
</table>

美国、英国、日本等国家是按废旧橡胶种类划分品种。美国、日本再生橡胶品种及所用废旧橡胶原料见表 3-3-2、表 3-3-3。

表 3-3-2　美国再生橡胶品种

品种名称	所用废旧橡胶原料
全轮胎再生橡胶	除掉钢丝圈的全轮胎胶
改性轮胎再生橡胶	除掉钢丝圈的全轮胎胶，加适量填充剂
低污染全轮胎再生橡胶	不详
剥离轮胎再生橡胶	轮胎、净胎面胶
胎体再生橡胶	胎体帘布层胶（分黑、灰两种颜色）
内胎再生橡胶	天然橡胶、丁基橡胶内胎胶（分黑、红两种颜色）

续表

品种名称	所用废旧橡胶原料
工业制品再生橡胶	废工业制品胶(分黑、浅两色)
混合再生橡胶	硫化废胶边及废品胶(分黑、浅两色)
纯胶再生橡胶	含胶量高的纯废旧橡胶
鞋底再生橡胶	鞋底及鞋底胶边胶
含纤胶再生橡胶	帘布层胶(分黑、灰两色)
废杂胶再生橡胶	废胶等
氯丁橡胶再生橡胶	废氯丁橡胶制品胶
丁腈橡胶再生橡胶	废丁腈胶制品胶

表 3-3-3　日本再生橡胶品种

种类	品种	所用废旧橡胶原料
内胎再生橡胶	天然橡胶(黑) 天然橡胶(赤) 丁基橡胶	天然橡胶或含合成橡胶的汽车内胎胶 天然橡胶或含合成橡胶汽车内胎胶(红色) 丁基橡胶汽车内胎胶
轮胎再生橡胶	一级品 二级品	汽车轮胎胶 汽车轮胎胶
杂胶再生橡胶	一级品 二级品	自行车内胎和胶面胶鞋胶或与其相当的废旧橡胶 胶鞋底和工业制品废旧橡胶或与其相当的废旧橡胶

近年来，国外生产出一种预混合再生橡胶。其制法是：将再生橡胶的半成品混入一些配合剂(硫化剂除外)，这些配合剂在提炼时加入，然后再经滤胶、精炼制成产品。这种再生橡胶的优点是：使用方便，易混合加工，缩短了混炼操作时间，硫化胶的物理机械性能比普通方法混合胶料有大幅度提高。其配合剂的参考用量(质量份)如下：

再生橡胶	194	脂肪酸	5
碳酸钙	50	沥青软化剂	5
快压出炉黑	20	石蜡	5
氧化锌	5		

3.1.3　再生橡胶的生产概况

21 世纪初我国开发成功密闭式捏炼机脱硫法，生产丁基再生橡胶和三元乙丙再生橡胶，该法的特点是高温、高压、高剪切及高摩擦，靠摩擦生热可达 250℃以上，能耗低、生产效率高，如果用此法生产轮胎再生橡胶开发成功，将有取代现有动态脱硫罐之趋势，俗称以机代罐。另外挤出法生产再生橡胶也已开发成功并推广应用。微波脱硫法生产再生橡胶我国正在研发之中，其能耗更低、质量优越、生产效率更高。

我国再生橡胶的品种与结构上现已发展了各种性能的再生橡胶品种，如高强度再生橡胶、无味再生橡胶、环保型再生橡胶，在结构上除普通再生橡胶外，各种特种再生橡胶也相继问世，为再生橡胶的发展奠定了良好基础。尤其近年更推进了再生橡胶的节能减排工作。在生产设备上开发了节能的粉碎机、精炼机和脱硫罐，在环保方面，已开发了生物化学法和物理法尾气处理装置，并已应用于再生橡胶的生产过程。

3.2 再生橡胶的再生机理与再生方法

3.2.1 废旧橡胶的再生反应机理

橡胶是线型直链高分子聚合物塑性体，其分子量为 10 万～100 万。它通过硫黄等物质在一定条件下进行化学反应，形成网状三维结构形态的无规高分子弹性体。因此，要想用再生方法使硫化橡胶再回到线型具有塑性结构的高分子材料，首先必须设法切断已形成的以硫键为主的交联网点，即再生橡胶生产过程中所必不可少的“脱硫” 工艺。从脱硫的具体历程来看，硫黄并没有从橡胶中脱掉，只不过是硫键交联网点的断裂。

实验证明，橡胶在硫化之后已经在交联网点处形成了一硫化物、二硫化物和多硫化物三种硫键形态。由于橡胶主要是无规聚合物，分子量分布参差不齐；同时在微观化学结构上除顺式1,4-位之外，还有反式1,4-位、1,2-位、3,4-位等多种形式，且其比例又视胶种不同而异，不饱和双键变化无常，所以硫化橡胶的硫键交联网点都是无序的。一般来讲，对橡胶性能改善最大的一硫化物、二硫化物大约各占 20%，其余 60% 则为多硫化物。此外，还有相当数量的未结合的剩余硫黄游离于橡胶之中。

橡胶再生的目的就是把硫化橡胶通过物理和化学手段，将橡胶中的多硫化物转化为二硫化物，二硫化物再进而转化为一硫化物，而后再将一硫化物切断，促其成为具有塑性的再生橡胶。硫化橡胶的脱硫程度，主要是由化学和物理两个方面的因素确定的。在化学反应方面，可以通过高温、高压来促使交联点发生变化。并且通过添加化学再生剂进一步加快交联网点断裂的速度。在物理机械方面，主要是通过高挤压、高剪切造成交联网点切断，而添加油料则可加速橡胶膨润、脱硫塑化的过程。因此，对橡胶再生而言，粉碎设备的选型、胶粉粒径的选定，脱硫器具及其再生温度、压力、时间的选取，以及油料、再生剂种类和数量的选择，还有物料的静动形态等，都是使硫化橡胶达到最佳脱硫条件的关键所在。

对内胎再生胶的三氯甲烷抽提试验表明，抽出的橡胶量是总量的 43.5%。对抽出的橡胶进行分析，其中硫黄含量仅占总结合硫量的 7%。这个现象表明，经过再生处理后，硫化胶的大分子产生了解聚作用，裂解出一部分几乎不含有结合硫黄的橡胶烃。这从再生后的再生胶游离硫黄量降低而结合硫黄增高、不饱和度较原硫化胶有所下降的事实可以得到验证。据此，硫化橡胶再生过程中结合结构的变化可以认为是：

$$(C_5H_8)_6S(C_5H_8)_6 \longrightarrow (C_5H_8)_3S(C_5H_8)_3+(C_5H_8)_3+(C_5H_8)_3 \longrightarrow (C_5H_8)_3S(C_5H_8)_3+(C_5H_8)_6$$

按上式，橡胶再生后，可分离为含有结合硫黄的橡胶分子［即 $(C_5H_8)_3S(C_5H_8)_3$］和不含硫黄的橡胶分子［即可溶于三氯甲烷的溶胶部分，$(C_5H_8)_n$］。有的试验法指出，前者含量为 51.65%，后者含量为 48.35%。因此三氯甲烷的溶胶量是再生胶质量的重要指标之一。

由于橡胶的溶胶部分和凝胶部分的硫黄含量不同，二者的硫化速度产生差异。溶胶部分的硫化系数较低，即结合硫黄量非常少，而且容易受破坏。凝胶部分不易经再生处理破坏。由此可知，再生橡胶的三氯甲烷不溶部分(即凝胶)较溶胶部分含结合硫黄量高，这已被试验所证明。

现在，用硫黄硫化的橡胶结构已公认为网状空间结构，以网状结构为基础来证明橡胶再生结构如图 3-3-1 所示。“再生”可以认为是硫化橡胶网状结构的被破坏，这可从图 3-3-1 所示的 3 个方面来考虑。

图 3-3-1(a)、(b)全是假定不存在的，图 3-3-1(c)则是再生过程中所引起的网状结构的断裂。这种无规则的断裂导致产生可溶性的橡胶分子链(即溶胶部分)和不溶性的小凝胶体，这种断裂作用是由机械的和化学的作用引起的[27]。

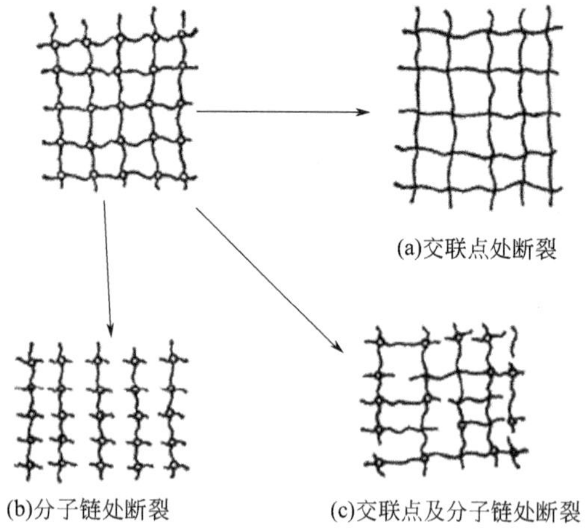

(a)交联点处断裂

(b)分子链处断裂

(c)交联点及分子链处断裂

图 3-3-1 再生过程中硫化胶结构的解聚作用

3.2.2 废旧橡胶的再生方法

所谓“脱硫”，就是把废旧橡胶经过化学的与物理的方法加工处理后，使弹性硫化胶部分解聚，分子的网状结构受到破坏，不具有弹性而恢复其可塑性和黏性，并可重新获得硫化的混炼胶，而不是把硫化橡胶中所结合的硫原子与橡胶分子完全脱离开来，也不可能使硫化胶还原到生胶的结构状态。

废旧橡胶的再生方法很多，归纳为五大类。各种再生方法介绍如下。

3.2.2.1 蒸汽法

1）油法　将胶粉与再生剂混合均匀，放入铁盘中，送进卧式脱硫罐内，用直接蒸汽加热。蒸汽压力为 0.5～0.7MPa(5～7kgf/cm^2)，脱硫时间为 10h 左右。此法工艺设备简单。

2）过热蒸汽法　将胶粉与再生剂混合均匀，放入带有电热器的脱硫罐中，通直接蒸汽，用电热器将温度提高到 220～250℃，使胶粉中的纤维得到破坏，蒸汽压力为 0.4MPa (4kgf/cm^2)。

3）高压法　将胶粉与再生剂混合均匀，放进密闭的高压容器内，通入 4.9～6.9MPa (50～70kgf/cm^2)直接蒸汽进行脱硫再生。此法设备要求高，投资较大。

4）酸法　首先用稀硫酸浸泡胶粉，破坏其中的纤维物质，然后用碱将酸中和进行清洗，再通入直接蒸汽进行脱硫再生。此法需要耐腐蚀设备，耗用酸碱量大，工艺及设备复杂，成本高，产品易老化。

3.2.2.2 蒸煮法

1）水油法　此法脱硫设备为一立式带搅拌的脱硫罐，在夹套中通过 0.9～0.98MPa (9～10kgf/cm^2)的蒸汽，罐中注入温水(80℃)作为传热介质。脱硫时将已用机械除去纤维的胶粉和再生剂加入罐中，搅拌时间约 3h。此法虽然设备较多，但机械化程度高，产品质量优良且稳定。

2）中性法　中性法与水油法基本相似，区别在于中性法不提前除去纤维，而是脱硫过程中加入氯化锌溶液以除去纤维。效果不如水油法好。

3）碱法　用氢氧化钠(5%～10%)来破坏胶粉中的纤维，然后用酸中和并清洗，再以直接蒸汽加热进行脱硫再生。此法设备易腐蚀，产品质量低劣，方法落后。

3.2.2.3 机械法

1）密炼机法　所采用的密炼机为超强度结构，转子表面镀硬铬或堆焊耐磨合金。转速为 60～80r/min，上顶栓压力为 1.24MPa(12.6kgf/cm²)，操作温度控制在 230～280℃，时间 7～15min。此法生产周期短，效率高。

2）螺杆挤出法　主机为螺杆挤出机(与橡胶挤出机相似)，螺杆直径有 6in、8in、12in 三种。机壳内有夹套，用蒸汽或油控制温度(200℃左右)。操作时将胶粉与再生剂提前混合均匀送入该机，胶料在螺杆的剪切挤压作用下，经过 3～6min 即可从出料口排出。此法连续性生产，周期短，效率高，产品质量优良，但由于螺杆与内套磨损较大，对设备的材质要求较高。

3）快速脱硫法　主机为一特殊结构的搅拌机(与塑化机相似)，罐内有一挡料装置。搅拌速度可调节，由直流电机带动。转速分为两挡，低速控制在 720r/min，高速为 1440r/min，搅拌 10min 后，隔绝空气逐渐冷却，冷却是在冷却器中进行的。此法生产周期短，搅拌速度快，工艺不易控制，产品质量不够稳定，比较适宜废合成橡胶再生。

4）动态脱硫　将胶粉与再生剂混合均匀后，放入能旋转的脱硫罐中，使胶粉在动态下均匀受热，达到再生目的。此法产品质量稳定。

5）连续法。将胶粉与再生剂混合均匀后，放入带有一对空心螺杆的设备中，利用油浴加热，温度控制在 240～260℃，进行连续性脱硫，胶料经过 15min 即可达到脱硫再生目的。

3.2.2.4 化学法

1）溶解法　将胶粉和软化剂放入一个电加热的搅拌罐中，加入 40%～50%的软化剂(以胶粉为 100%)，一般采用重油或残渣油等。温度控制在 200～220℃，搅拌 2～3h。反应后的产物为半液体状的黏稠物。产品可直接用于橡胶制品，代替部分软化剂，也可应用于建筑行业作防水、防腐材料。

2）接枝法　在脱硫过程中，加入一些特殊性能的单体(如苯乙烯、丙烯酸酯等)，在 20～23℃的高温作用下，使单体与胶料反应，再经机械处理后，得到具有该单体聚合物性能的再生橡胶(如耐磨、耐油等)。此法反应过程较难控制。

3）分散法　在开炼机上加入胶粉和乳化剂、软化剂、活化剂等，进行拌和压炼，然后缓缓加入稀碱溶液，使胶粉成为糊状，再加水稀释，从炼胶机上刮下，加入 1%的乙酸，使其凝固，最后经干燥压片，即为成品。此法设备简单，但工艺操作不易控制，为间歇式生产。

4）低温塑化法　将胶粉与有机胺类或低分子聚酰胺、环烷酸金属盐类、脂肪族酸类和软化剂、活化剂等混合均匀，放置在 80～100℃温度下塑化一定时间，即可通过氧化一还原达到再生目的。此法节省能量，设备简单，但产品可塑性低。

3.2.2.5 物理法

1）高温连续脱硫法　将胶粉与再生剂按要求混合均匀，然后送入一个卧式多层的螺杆输送器中，该输送器有夹套和远红外线加热装置，胶料在输送过程中受到远红外线的均匀加热，达到再生目的。此法为连续性生产，周期较短，质量较好，设备不复杂，是正在探索的一种新方法。

2）微波法　将极性废硫化胶粉碎至 9.5mm 大小的胶粒，加入一定量的分散剂，输送到用玻璃或陶瓷制作的管道中，使胶料按一定速度前进，接受微波发生器发出的能量。调节微波发生器的能量，致使胶粉分子中的C—S和S—S键断链，达到再生目的。

3）超声波脱硫　该方法是利用声空化作用将能量集中于分子键的局部位置，这种局部能量会破坏硫化胶中键能较低的C—S键和S—S键，从而有选择地破坏橡胶的三维网络结构，而不使C—C大分子键断裂[28]。

4）电子束辐射再生法　该方法主要是利用丁基橡胶（IIR）独有的射线敏感性，借助电子加速器的高能电子束，对其产生化学解聚效应。该技术正是利用IIR这一特有的辐射化学性质，借助电子射线使之发生化学键断裂，产生降解反应，从而获得再生[28]。

5）远红外脱硫再生法　红外、远红外都属于电磁波，其特点是集直进、集束和穿透于一体，并且有强烈的选择性，使加热达到高度集中。橡胶的吸收光谱和红外波的波长（0.76～1000.00μm）处于同一级别，与远红外波长更为接近，产生的热效应也特别强烈。利用这种对光波的吸收、反射和由此产生的热效应，特别适合废橡胶的脱硫。原理是利用远红外线穿透力直接加热废旧橡胶，使其内外层同时升温，在温差、热滞消失后发生氧化断链，从而使废旧橡胶脱硫再生[29]。

3.2.3　影响废旧橡胶再生的主要因素

废旧橡胶再生实质上是废旧橡胶在热、氧、机械力和化学再生剂的综合作用下发生降解反应，破坏硫化胶的交联网状结构，从而使废旧橡胶的可塑性得到一定的恢复而达到再生的目的。影响硫化胶再生的主要因素有机械力、热氧、软化剂和活化剂4个方面。

3.2.3.1　机械力的作用

机械力可使硫化胶的网状结构破坏，发生于C—C键或C—S键上，而机械作用的研磨又能使橡胶分子在其与炭黑粒子表面的缔合处分开。所有这些断裂大多数是在比较低的温度下发生的，断裂程度与温度密切相关。

3.2.3.2　热氧的作用

热能促使分子运动加剧，导致分子链的断裂，在大约80℃时热裂解明显；到150℃左右热裂解速度加快；然后每升高10℃热裂解速度大约加快1倍。裂解后的游离基停留在裂解分子的末端，呈现不稳定状态。如果这样的分子相遇在其末端具有再结合的能力，若没有其他物质存在，随着游离基浓度增加，裂解速度会逐渐减慢。氧的存在可使游离端基与氧作用，生成氢过氧化物等。而氢过氧化物本身也能加剧橡胶网状结构破坏，大大加快了再生速度。

3.2.3.3　软化剂的作用

软化剂是低分子物质，容易进入硫化胶网状中去，起溶胀作用，使网状结构松弛，从而增加了氧化渗透作用，有利于网状结构的氧化断裂，并能降低重新结构化的可能性，加快了再生过程。由于这类物质能溶于橡胶中并且本身具有一定的黏性，因此能提高再生橡胶的塑性与黏性。软化剂用量一般为10～20份，常用的品种有煤焦油、松焦油、松香、妥尔油、双戊烯等。

3.2.3.4　再生活化剂的作用

再生活化剂简称活化剂，在再生脱硫过程中能分解出自由基。该自由基可加速热氧化进度或起游离基接受体的作用，来稳定热氧化生成的橡胶自由基，阻止它们再度结合。同时再生活化剂还能引发双硫键和多硫键的降解，提高硫化胶再生时交联的破坏程度，从而达到尽快再生的目的。少量(1～2.5份)再生活化剂即能显示出明显的再生效果。常用的再生活化剂有芳香族硫醇二硫化物［如活化剂420(多烷基苯酚二硫化物)、活化剂901(多烷基芳烃二硫化物)、活化剂463(4,6-二叔丁基-3-甲基苯酚二硫化物)、活化剂6810(间二甲苯二硫化物)］、苯肼、胺及金属氧化物等。

3.2.4 再生橡胶生产基本工艺流程

我国再生橡胶生产主要有油法、水油法和高温高压动态脱硫法，其中以高温高压动态脱硫法为主，生产工艺流程基本相同，都分为粉碎、再生(脱硫)、精选三个工段，不同主要在于脱硫工段的工艺和设备上。

粉碎过程是通过切碎、洗涤、粉碎、空气分离等工序将废旧橡胶制品变成直径约1mm的细胶粉并清除夹杂在其中的泥沙、纤维、金属等各种杂质。再生过程又叫脱硫，就是设法将硫化的废旧橡胶的交联结构破坏或部分破坏，并将硫化剂和其他添加剂去除或部分去除，以恢复或部分恢复到生橡胶硫化前的状态和性能。因此，这是再生橡胶生产的中心环节。再生的方法有碱法、油法和水油法3种。碱法生产工艺落后，产品质量低劣，现已基本淘汰。油法生产设备简单，工艺简便，适用于中小企业。水油法生产设备先进，产品质量好、产量大，适用于较大的企业。水油法再生是将废旧硫化橡胶用油类软化剂、活化剂和水在高温下蒸煮破坏交联结构。废旧橡胶的种类不同、要求制造的压敏胶制品不同，所采用的软化剂和活化剂的配方以及再生的工艺条件也不尽相同。

再生时所用软化剂和活化剂的配方以及再生和精炼的工艺条件，对再生橡胶的性能有很大影响。在制造专门用于压敏胶黏剂的再生橡胶时，需要根据压敏胶制品的具体要求来确定软化剂和活化剂的配方以及生产工艺条件。例如，若需要制备浅色制品，必须选用松焦油、松香等非污染性软化剂，而不能选用煤焦油、裂化渣油等污染性较大的软化剂；若需要制造黏合性能较大而持黏力并不太重要的压敏胶制品，则可以用较多量的软化剂和活化剂，或者采用较为苛刻的再生和精炼工艺条件，使所得的再生胶具有较大的可塑度。

废旧橡胶制品生产再生橡胶的基本工艺流程见图3-3-2。

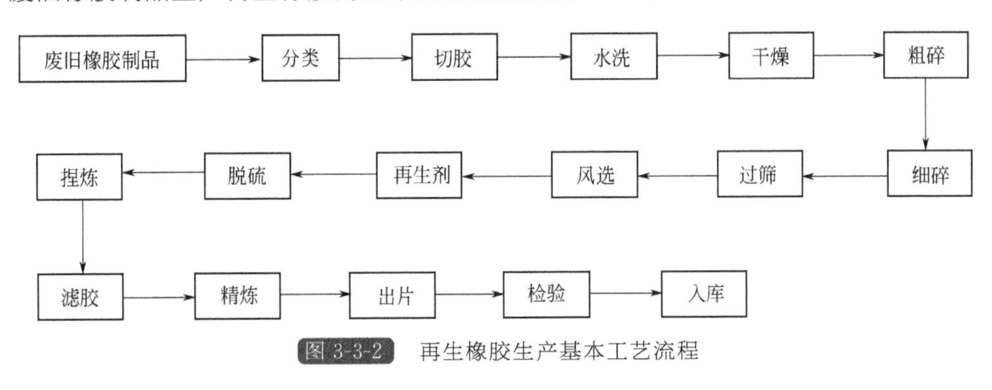

图3-3-2 再生橡胶生产基本工艺流程

3.3 废旧橡胶再生的配合剂与再生配方

废旧橡胶的再生，单靠加热和机械处理很难达到再生目的，必须加入软化剂、活化剂、增黏剂、抗氧剂等才能生产出高质量的再生橡胶，这些废旧橡胶再生配合剂简称再生剂。胶粉和再生剂在脱硫中的实际投料比例及数量就是再生配方。

3.3.1 软化剂

橡胶型胶黏剂和密封剂的基料是橡胶，为了改善橡胶的加工性能和使用性能而加入的增加柔软性的助剂称为软化剂(softening agent)。软化剂可以增大胶料的塑性，降低胶料黏度和混炼时的温度，改善分散性与混合性，提高胶黏剂的初黏性、拉伸强度、伸长率和耐磨性。软化剂与增塑剂的作用大体相似，只是增塑剂产品是经化学合成制得的，主要用于树脂和橡胶型胶黏剂，而软化剂大多来源于天然物质再加工而得，几乎全部应用于橡胶型胶黏剂和密封剂。软化剂对于橡胶型密封剂、热熔胶、热熔压敏胶黏剂都是不可缺少的，对性能的改善起着很大的作用[30]。

3.3.1.1 软化剂作用机理

橡胶软化的机理有润滑理论、凝胶理论和自由体积理论等。润滑理论认为，软化剂在橡胶中像油在两个移动物体间的润滑剂，能促进在加工时橡胶大分子之间相互移动。凝胶理论认为软化剂的作用是把橡胶分子链间连接点隔断，同时削弱了橡胶分子间的作用力(分子间力、氢键、结晶或主价力)，促使橡胶分子相互移动，增加分子的柔顺性。自由体积理论是由结晶、玻璃态和液体性质发展起来的，要用大量数据推算证实其可靠性，用自由体积概念为基础的自由体积理论解释橡胶的软化过程是一个复杂的数学处理过程。

3.3.1.2 软化剂的分类

按软化剂的作用方式可将软化剂分为物理软化剂和化学软化剂。化学软化剂能参与自由基引发的链氧化过程，能加速断链，从而使橡胶的塑性增加，是一种弱的塑解剂。大多数化学软化剂都用在天然橡胶方面，但在特定条件下，有些化学软化剂对合成橡胶也有一定的软化效果。例如，促进剂 M、促进剂 D、芳硫醇等除用于天然橡胶外，还可用于丁苯橡胶中，物理软化剂在橡胶分子间仅起润滑剂的作用，主要是削弱链间引力。

工业上常用的物理软化剂，又分为溶剂型和非溶剂型两类。溶剂型软化剂与聚合物相容性良好，在聚合物内分散均匀，软化效果好。非溶剂型软化剂与聚合物相容性差，在聚合物中分散在胶体的粒子之间，能起瞬时热弹性和应力缓冲作用，可得到回弹性较大的硫化胶。物理软化剂种类很多，常按其来源分成石油系软化剂(如加工油、机械油、合成锭子油等)、石油树脂(如脂肪族石油树脂、芳香族石油树脂等)、煤焦油系软化剂(如煤焦油、古马隆-茚树脂等)、松油系软化剂(如松焦油、妥尔油、松香等)、脂肪油系软化剂(如植物油、脂肪酸及硫化油膏等)、酯类软化剂(如磷酸酯、脂肪族二元酸酯等)六类。

(1) 石油系软化剂

石油系软化剂来源于石油的分离过程，简称油，它是软化剂的主体。由于石油系软化剂品种多、适用范围广，因此人们在讨论橡胶软化剂时，通常以石油系软化剂为代表，通常称加入软化剂为“充油”。

一个理想的石油系软化剂应具备以下条件：与橡胶良好相容；不影响硫化胶的物理性能，尤其是电绝缘性能；加工性能好，效果大而用量小，软化速度快，加工操作性能良好；有较好的环境稳定性，能耐光、耐寒、耐热、耐介质、耐菌和耐燃；无污染性；价廉易得等。

(2) 石油树脂

石油树脂为黄色至棕色树脂状固体，是由石油裂解副产的不饱和烃在三氯化铝或三氟化硼乙醚催化下共聚所得到的树脂状聚合物。C_4、C_5以上的脂肪烃共聚成的石油树脂称为脂肪族石油树脂，C_9芳烃(如甲基苯乙烯、茚及其衍生物等)聚合成的石油树脂为芳香族石油树脂，以两种原料的混合物共聚成的为脂肪族-芳香族石油树脂，将芳香族石油树脂加氢可得脂环族石油树脂。

石油树脂的酸值、皂化值都低，在0～2范围，碘值10～250，软化点5～125℃，易溶于石油系溶剂，与其他树脂相容性好，耐水，耐候，电性能优良。

低软化点的石油树脂在橡胶工业中用作软化剂和增黏剂，软化点较高者，可以提高合成胶的强度，具有补强软化作用。

(3) 煤焦油系软化剂

煤焦油系软化剂主要有煤焦油和古马隆-茚树脂。

(4) 松油系软化剂

松油系软化剂包括松焦油、妥尔油、松香等。

(5) 脂肪油系软化剂

脂肪油系软化剂包括一些不饱和植物油脂及其改性物和脂肪酸，其中植物油改性产物硫化油膏(白油膏与黑油膏)为常用的品种。白油膏也称冷法油膏，为白色松散固体，是精制菜籽油与一氯化硫反应的产物。黑油膏也称热法油膏、硫化油，为棕褐色弹性固体，是不饱和植物油(菜籽油、棉籽油、亚麻油等)与硫黄反应的产物。

硫化油膏用作橡胶的软化剂，能使填充剂在胶料中很快分散，并能使胶料表面光滑、收缩率小，有助于压延、压出操作。由于油脂易皂化，因此硫化油膏不能用于耐碱和耐油的制品。白油膏由于色浅，可用于浅色胶料中，黑油膏含有游离硫，充油胶硫化时应注意减少促进剂用量，以防止出现过硫化现象。

(6) 酯类软化剂

邻苯二甲酸酯、磷酸酯等增塑剂可作橡胶软化剂使用，酯类增塑剂对极性强的丁腈橡胶、氯丁橡胶，尤其是耐油性强的丁腈橡胶的软化是有效的。

3.3.2 活化剂

3.3.2.1 活化剂作用

在脱硫过程中，能加速脱硫过程的物质称作再生橡胶活化剂。使用活化剂可大幅度缩短脱硫时间，改善再生橡胶工艺性能，减少软化剂用量，提高再生橡胶产品质量。活化剂在高温下产生的自由基能与橡胶分子的自由基相结合，阻止橡胶分子断链后的再聚合，起到加快降解的作用。

3.3.2.2 活化剂分类

活化剂种类较多，有硫酚类、硫酚锌盐类、芳烃二硫化物类、多烷基苯酚硫化物类、苯酚亚砜类、苯胺硫化物类等。从制备工艺和活性看，硫酚类活性较高，但质量不稳定，毒性大；硫酚锌盐类活性低，制备工艺复杂；芳烃二硫化物类活性较高，制备工艺简便，且毒性相对较小；多烷基苯酚硫化物和苯酚亚砜类都有较高活性，但制备工艺复杂，且价格高。国外采用硫酚类较多，我国采用芳烃二硫化物类。国产主要活化剂品种见表3-3-4。20世纪60年代以来，我国先后研制出近10个品种，其中“420”是目前大量生产的品种，另外还有最新开发的“450”和“510”。

表 3-3-4　国产主要活化剂品种

牌号	外观	化学组成
463	黄褐色半固体	4,4-二叔丁基-3-甲基苯酚二硫化物
420	深褐色黏稠液体	多烷基苯酚二硫化物
6810(22-S)	黄色油状液体	间二苯二硫化物
901	深褐色油状液体	多烷基芳香烃二硫化物
703	深褐色油状液体	二甲苯二硫化物
2624	深褐色油状液体	2,4-异丙苯基苯酚二硫化物

3.3.3　增黏剂

添加于橡胶、塑料或胶黏剂中，对被黏物具有湿润能力，通过表面扩散或内部扩散能够在一定的温度、压力、时间下产生高黏合性的物质称为增黏剂。

一般增黏剂多为热塑性树脂状物，分子量约为 200～1500，玻璃转化点和软化点均较低，软化点范围在 5～150℃。常温下呈半液态或固态，故在单独存在时或配入适当溶剂后具有流动性。增黏剂不仅是合成橡胶加工中不可缺少的助剂，而且在其他领域内的应用也日趋广泛。

3.3.3.1　增黏剂作用机理

不同的增黏剂因其结构不同而有不同的增黏机理，但主要可归纳为氢键网络结构的形成和黏弹性的改变。增黏树脂基本都含有酚羟基、羟甲基、羧基、酯键、醚键等，很容易与树脂、橡胶等形成氢键网络结构，从而获得最佳黏性。有些橡胶因其玻璃化温度低及极性小，本身就有很高的自黏性，加入到树脂或橡胶之中，改变了被增黏物的黏弹性，使黏性增大。

3.3.3.2　增黏剂的分类

目前可作增黏剂使用的树脂品种很多，可按以下几种方式进行分类。

1）按有无官能团分类　有官能团的增黏剂树脂有松香、改性松香及其酯化物、酚醛树脂、萜烯-酚醛树脂等。无官能团的增黏剂树脂有萜烯树脂（α-蒎烯聚合物及 β-蒎烯聚合物）、古马隆-茚树脂、聚苯乙烯树脂、各种石油树脂等。

2）按有无异戊二烯骨架分类　有异戊二烯骨架的增黏剂树脂有松香、改性松香及其衍生物、萜烯树脂、脂环族石油树脂、萜烯-酚醛树脂、松香改性二甲苯树脂等。无异戊二烯骨架的增黏剂树脂有烷基酚醛树脂、聚苯乙烯树脂、烷基酚改性二甲苯树脂、古马隆-茚树脂、芳香族石油树脂等。

3）按来源分类　可分为松香类、萜烯树脂类、合成树脂类和其他类。

松香类：
- 松香：松香树脂、木松香、妥儿油松香
- 改性松香：氢化松香、歧化松香、聚合松香
- 松香酯：松香酸甘油酯、氢化松香酸季戊四醇酯

萜烯树脂类：
- 聚萜烯类树脂：α-蒎烯聚合物、β-蒎烯聚合物、二萜烯聚合物
- 萜烯酚醛树脂

合成树脂类：
- 石油树脂类：脂肪类、脂环族、芳香族石油树脂、古马隆-茚树脂
- 聚苯乙烯类树脂：苯乙烯类、取代苯乙烯类
- 酚醛树脂：烷基酚醛树脂、松香改性的酚醛树脂、二甲苯树脂

其他类：
- 达马树脂
- 虫胶

3.3.4 其他助剂

近年来随着再生橡胶工业的发展，一些特殊的助剂也应用于再生橡胶配合中。

3.3.4.1 除味剂

① 再生橡胶专用除味再生剂对提高再生橡胶的拉伸强度、断裂伸长率，降低再生橡胶门尼黏度有显著作用。

② 可有效消除再生橡胶软化剂的刺激性气味，减少再生橡胶生产企业的环境污染，极大地改善了炼胶工人的工作环境。

③ 使用本品可以减少 1/3～1/2 的活化剂用量。产品为固体物质，生产过程中基本无损耗，不增加生产成本。

④ 可提高煤焦油、松焦油等软化剂的渗透性，使脱硫胶粉更加柔软，明显缩短炼胶时间，降低炼胶成本。

3.3.4.2 无味胶再生剂

无味胶再生剂具备除味再生剂的以上所有功能，同时可以消除产品剩余的刺激性气味，实现真正的产品无味化。产品无变色及迁移现象，适用于无味再生橡胶的生产。其具有不同用途的产品，分别适用于不同的胶粉品种，适合生产各种环保型再生橡胶。

3.3.4.3 无味胶辅助剂

① 可有效消除再生橡胶软化剂的刺激性气味，减少再生橡胶生产企业的环境污染，改善炼胶工人的工作环境。

② 所生产的成品胶块无气味、无变色及迁移现象，专用于无味再生橡胶生产。

该产品为固体物质，生产过程中无损耗。可提高煤焦油、松焦油等软化剂的渗透性，使脱硫胶粉更加柔软，明显缩短炼胶时间，降低炼胶成本。如果以其与少量软化剂合用全部替代煤焦油，可生产环保型再生橡胶。

3.3.4.4 无味胶活化剂

① 无味胶活化剂是一种集除味、活化于一体的新活化剂，该产品具有气味芳香、活化效果好、质量稳定等优点。对提高再生橡胶的拉伸强度、断裂伸长率，降低再生橡胶门尼黏度有显著作用。

② 可有效消除再生橡胶软化剂的刺激性气味，减少再生橡胶生产企业的环境污染，改善炼胶工人的工作环境。有效消除再生橡胶的臭味，使再生橡胶质量有明显的改善。产品无变色及迁移现象，专用于无味再生橡胶生产。

③ 使用本产品不需要再使用其他活化剂，产品为固体物质，生产过程中无损耗。

④ 可提高煤焦油、松焦油等软化剂的渗透性，使脱硫胶粉更加柔软，明显缩短炼胶时间，降低炼胶成本。

无味胶活化剂使用方法如下所述。

① 与胶粉、软化油同时加入。

② 建议使用比例：除味剂和无味胶再生剂为胶粉量的2%～3%；无味胶辅助剂为胶粉量的1%～5%；以上三种再生剂均需与0.2%～0.3%的450、420并用。无味胶活化剂为胶粉量的0.7%，且无须再使用其他活化剂。

③ 按正常生产程序脱硫。

④ 脱硫后即达到除味效果，炼胶过程及产品无气味。

3.3.4.5 无味再生软化剂

该助剂为石油系或植物油系中分离和净化的再生橡胶软化增塑剂，以其替代煤焦油生产再生橡胶，解决了目前再生橡胶生产过程的环保及产品使用的返霜现象。

3.3.5 再生橡胶的配合方法

再生橡胶的配合形式有以下几种。

① 用再生橡胶取代部分原料橡胶。

② 原料橡胶与再生橡胶混用。

③ 纯再生橡胶配合。

3.3.5.1 用再生橡胶取代部分原料橡胶

用再生橡胶取代原配方中的部分原料橡胶，其目的在于降低胶料成本，尤其是在原料橡胶价格高的情况下，一般都采取这种取代法节约原料橡胶。

再生橡胶虽可以取代部分原料橡胶，但取代量是有限的。含胶率大的配方中，如果再使用再生橡胶取代部分原料橡胶，就不能获得原料橡胶的性能。例如，使用一级轮胎再生橡胶，只有30%能相当于原料橡胶用，而其70%只能作为配合剂使用，从而使含胶率降低，物理性能达不到要求。

3.3.5.2 原料橡胶和再生橡胶混用

在设计原料橡胶与再生橡胶混用的配方时，要考虑到产品用途、所要求的物性、配合再生橡胶的目的以及产品的价格。在此基础上，首先要确定胶料配方的含胶率，然后确定用什么原料橡胶以及再生橡胶和原料橡胶的比例。

掺用再生橡胶的目的：一是降低胶料价格，根据产品用途的不同，尽量多配合再生橡胶；二是改善胶料的加工性能。

为了使输送带覆盖胶、模型制品硫化时的胶料流动性好，外观漂亮，可以使用20～30份再生橡胶，如果物理性能许可，可以更多地使用再生橡胶，其效果更好。但是，对要求拉伸强度、弹性、抗撕裂性、屈挠龟裂以及永久变形等方面优异的高级橡胶制品，再生橡胶以少量使用为好。

3.3.5.3 纯再生橡胶的配合

纯再生橡胶配合时，除了要知道再生橡胶的胶分外，还要知道它的硬度、黏着性和加工性，并且要适当调整软化剂和黏着剂的用量。另外，还要选择与其相适应的硫黄和促进剂的用量。

单独使用轮胎再生橡胶配合的胶料压出或其他加工时，收缩比较大，这时如混用杂胶再生橡胶会得到明显的改善。轮胎再生橡胶和杂胶再生橡胶的比例，可根据制品要求的性能及作用来确定。

纯再生橡胶配合时，即使多配合硫黄，也不会发生喷霜现象。另外，即使配合20%～30%的促进剂，也不会出现焦烧现象。在使用促进剂特别多时，硫黄可以少用。

3.3.5.4 再生橡胶配合的优缺点

(1) 再生橡胶配合的优点

再生橡胶配合的优点主要有以下几点。

1) 价格便宜　为了比较再生橡胶和原料橡胶在本质上哪个便宜，可以根据式(3-3-1)计算。

$$价格比=\frac{再生橡胶价格(元/kg)\times再生橡胶密度}{再生橡胶的胶分(\%)} \tag{3-3-1}$$

再生橡胶的价格，一般为1000～1700元/t，相当于原料橡胶的1/6～1/5，如果用于含胶率为10%～20%的低档橡胶制品中，完全可以代替原料橡胶使用，制品的物理机械性能满足使用要求，而且胶料成本大大降低。

另外，掺入再生橡胶时，使胶料密度变小，橡胶制品一般按体积出售，所以掺用再生橡胶对制品生产厂有利。

2) 动力消耗低　再生橡胶的可塑性好，配合剂易于分散，所以掺用了再生橡胶的胶料混炼时动力消耗少。如果混炼天然橡胶时，消耗的动力作为100，那么丁苯橡胶胶料为130，而再生橡胶胶料仅60。

3) 压延和压出作业容易　与天然橡胶以及合成橡胶相比，掺用再生橡胶的胶料在压延、压出作业上相当容易，这是因为再生橡胶起到了润滑剂的作用，改善了胶料的流动性，同时也增加了生产能力。

4) 半成品(未硫化的胶)的膨胀和收缩小　一般胶料在压出时膨胀，压延出片时收缩，这对工艺技术人员来说是个问题，如果掌握不好，将直接影响成品尺寸的准确性。掺用再生橡胶的胶料，在加工时其膨胀性和收缩性都比较小，所以容易掌握，使成品尺寸准确。

5) 可塑性稳定　这是再生橡胶最重要的质量特性，天然橡胶在可塑性和其他性质方面很不均匀，经过塑炼后可塑性急剧增加，而再生橡胶经过塑炼后，可塑性变化很小。再生橡胶的这个特性能使胶料加工容易，而且成品性能均匀，即再生橡胶的胶料即使塑炼条件有所不同，在以后的作业中工艺性能也无明显的变化。

再生橡胶如果进行一般的塑炼，其可塑性受的影响非常小，只是增加了黏着性和柔软性，如果想改善再生橡胶的可塑性，需要进行薄通。

6) 减少了热敏性　没有掺用再生橡胶的胶料，一般热敏性大，随着温度的上升软化增大，所以在加工过程中和硫化初期易出现产品下垂和变形现象。例如，一般胶料配合的胶管，在硫化过程中易形成椭圆形，但如果掺入再生橡胶，这种现象就会显著减少。

7) 加热过程中生热少　再生橡胶在混炼以及其他操作中，和原料橡胶相比生热少，所以减少了焦烧现象，这是再生橡胶在配合上的重要特性。

8) 硫化平坦性好　掺用了再生橡胶的胶料，其硫化速度稳定，同时具有显著的硫化平坦性。

9) 硫化返原少　硫化返原是过硫引起的软化现象，但掺用了再生橡胶的胶料几乎没有这种倾向。

10) 节约炭黑和氧化锌　如果掺用含大量炭黑的轮胎再生橡胶，可以减少炭黑的配合量。另外，在再生橡胶中肯定含有氧化锌，所以掺用了再生橡胶，可以减少氧化锌用量。

11）可以调节平板硫化的胶料流动性　在平板硫化模制品输送时，掺用了再生橡胶的胶料具有很好的流动性，所以产品不易出现明疤、缺胶等毛病。

12）耐老化性好　掺用了再生橡胶的硫化产品，其耐老化性比较好，这是因为再生橡胶已经预先经受了硫化、混炼、氧化等处理，橡胶烃处于稳定状态。特别是暴露在日光下，其耐天候性优良。

13）耐油性能优异　掺用了再生橡胶的硫化胶，其耐油性能优异，这是因为再生硫化胶的极性比一般硫化胶大。

14）硫黄的喷霜现象少　掺用了再生橡胶的制品难以喷霜，无论是硫黄过量，还是硫黄不足，其制品都很少发生喷霜现象。

15）不容易焦烧　掺用了再生橡胶的胶料，其焦烧现象非常少，门尼焦烧时间相当短的胶料，如果掺入再生橡胶，能减少焦烧。

（2）再生橡胶的缺点

主要有以下几点。

1）拉伸强度较低　再生硫化胶的拉伸强度比较低，胎面再生橡胶一般在6.9MPa（70kgf/cm^2）左右；胶鞋再生橡胶一般在4.9MPa（50kgf/cm^2）左右。拉伸强度较高的制品，可以掺用胎面再生橡胶，而要求较低的制品，可以掺用胶鞋再生橡胶，有的制品甚至可以完全使用再生橡胶。

2）抗撕裂性能差　再生橡胶的抗撕裂性能较差，特别是配合剂分散不均时更明显，因此掺用再生橡胶的胶料，应该选择使用分散性优良、有机酸处理的碳酸钙，并配合硬脂酸。

3）永久变形大　掺用大量再生橡胶的胶料，其永久变形大，所以，最好使用经有机酸处理过的碳酸钙、氧化锌等具有各向同性晶体结构、永久变形小的配合剂，并进行充分的硫化。

4）弹性差　再生橡胶的分子结构，决定了其弹性较差，所以弹性要求较高的制品应避免使用再生橡胶。

5）屈挠龟裂大　这也是再生橡胶的一大缺点，所以要根据用途酌量使用。

3.3.6　再生橡胶配方

再生橡胶配方是关系到再生脱硫效果好坏和后期加工难易的一个关键技术。制定配方要根据胶粉种类及细度、脱硫工艺条件、后期机械加工条件等综合因素，选择适宜的软化剂、活化剂品种和用量。再生橡胶配方由胶粉、软化剂和活化剂等组成。确定软化剂及其用量要考虑3个因素。

3.3.6.1　胶粉种类及细度

胶粉有外胎胶粉、胶鞋胶粉、杂胶胶粉三类，每类又分若干品种。由于每种胶粉的胶质、含胶量及所含的配合剂不同，在选择软化剂时要首先考虑适应性。

① 非极性软化剂（饱和烷烃或环烷烃成分）与极性橡胶分子互容性差，在渗透后只使分子溶胀，分子间距离增大，削弱分子间的作用力，使橡胶分子易于滑动变形，这类软化剂得到的再生橡胶塑性大，拉伸强度低。

② 有一定极性并含双键或活性基的软化剂，由于与极性橡胶分子中的活性基有近似结

构，互容性好，在极性作用下产生相互诱导力，使分子间的作用力加强，这类软化剂得到的再生橡胶，其物理机械性能和工艺性能较好。

③ 极性强、化学性活泼、含有双键的环状化合物作软化剂，除使极性橡胶分子溶胀外，它还吸附在橡胶分子上，其结构中的 π 电子云与橡胶分子双键中的 π 电子云相重叠而产生结合力，同时在极性作用下产生较强的取向力和诱导力。虽然由于渗透作用，在一定程度上削弱了橡胶分子间的作用力，但在极性作用下(结合力、诱导力、取向力)却使橡胶分子保持较高的相互作用力，此时再生橡胶具有较高的物理机械性能。

胶粉的细度一般要求在 26～32 目，胶粉细度越大，软化剂用量越少，否则反之。软化剂用量不足，将有一部分胶粉得不到膨胀，影响脱硫效果。用量过多，使工艺操作困难，产品质量下降。此外，软化剂用量还与胶粉所含的各种配合剂有关，如胶粉含有大量炭黑，则软化剂用量大；如胶粉含有大量软化剂、增塑剂，则软化剂用量可相对减少。

在脱硫配方中软化剂是主要成分，一般用量较大，其他再生剂如活化剂、增塑剂、抗氧剂、增黏剂等，也是不可少的，尤其在一些特殊的胶种和再生工艺中，其作用更为明显，但用量要适当。

3.3.6.2 脱硫工艺条件

脱硫工艺条件是指脱硫时的温度(或压力)和时间。脱硫温度是采用安全生产可能达到的最高限制温度，一般是固定不变的。脱硫时间可根据需要适当调整，从经济方面考虑，时间越短越好，但合理的脱硫时间应根据产品成本、质量、加工难易等方面综合考虑确定。软化剂用量与脱硫工艺条件有关，一般讲，脱硫温度高或时间长，软化剂用量少，否则相反。水油法脱硫工艺条件为 180℃、3～4h。

3.3.6.3 后期机械加工工艺条件

后期机械加工是指捏炼、滤胶、精炼等工序，它们对提高产品质量，尤其对提高物理机械性能和外观质量具有明显作用。在制定脱硫配方时，要根据后期机械加工工艺条件来考虑软化剂的用量。一般机械加工能力强，软化剂可适当少用，否则应适当多用。如果用量不足，胶料在捏炼时脱辊，既延长了操作时间，又增加了能量消耗；用量过多，胶料捏炼时粘辊难以操作。有时为了提高产品质量，也可对后期的机械加工工艺条件进行适当调整，以满足生产需要。

3.3.7 再生橡胶生产工艺

3.3.7.1 水油法、油法和动态法生产工艺

再生橡胶的生产方法虽多，但投入工业化生产的仍以机械法和蒸汽法(水油法、油法)为最多，物理法是正在发展中的方法。我国工业化生产最早的方法主要是水油法和油法，快速脱硫法也有小批量生产，其他方法像高温连续脱硫法、低温塑化法、微波法正处在研究试生产阶段。下面以水油法、油法为例介绍再生橡胶的生产工艺过程。

水油法和油法生产工艺过程基本相同，其区别在于脱硫工段。它们的生产过程部分为粉碎、脱硫、精炼三个工段。每个工段又分为若干个工序。粉碎工段分为原料的分类加工、切胶、水洗、粗碎、细碎、风选、过筛。水油法脱硫工段分为脱硫、清洗、挤水、干燥(油法没有后三个工序，另有拌油工序)。精炼工段分为捏炼、滤胶、回炼、精炼、出片。

(1) 粉碎工段

1）原料的分类加工　将进厂的废旧橡胶按照外胎、胶鞋类、杂胶类（包括胶管、胶带、内胎、皮鞋底等）进行分类，除去非橡胶杂质后，分别堆放。

2）切胶　经过分类加工的废旧橡胶，必须把大小厚薄不一的胶料进行切割，以便于水洗和粉碎，保证设备安全运行。具体要求是：外胎类宽度在 10cm，厚度在 3cm 以下的，切割长度不大于 25cm；厚度在 3cm 以上的，切割长度大于 15cm。水胎、胶管、胶带等长条胶料厚度在 2cm 以下的，切割长度不大于 30cm。胶鞋类和零星杂品胶可不切割。其他特殊胶料视具体情况确定切割的尺寸大小。切割时用的剪切机，操作要注意安全，防止发生事故。

3）水洗　由于轮胎和胶鞋等废旧橡胶在使用过程中长期接触地面，夹带许多泥沙和杂质，如不清除，在粉碎过程中将造成尘土飞扬，污染环境，影响操作人员身体健康；而且，这些泥沙、杂质若带入胶粉中，将使再生胶产品质量下降。因此，在粉碎前应尽量除去这些泥沙杂质，做到文明生产和提高产品质量。水洗时将切割好的废旧橡胶定量定时地投入到锥形圆筒转筒洗涤机中，投料要均匀，水量要充足，洗后的胶料要达到基本上无泥沙杂质，并保持清洁，晾干后堆放在车间内备用。

4）粗碎　粗碎是在粉碎机（也称破胶机）中进行的。粉碎机有三种规格：一是两个辊筒都有沟槽，称双沟辊粉碎机；二是两个辊筒没有沟槽（即光辊），称双光辊粉碎机；三是一个辊筒有沟槽，另一个辊筒无沟槽，称沟光辊粉碎机。其中双光辊粉碎机用作细碎，其他两种则用于粗碎。粗碎的目的是将大块的废旧橡胶破碎成较小的胶块，为下一步细碎打基础。操作时，将洗净的废旧橡胶经输送带投入到粗碎机中，供料要适量，补料要定时。辊筒外有一滚网筛，使合格的胶块漏下，不合格的胶块由滚网筛带回辊筒上重新进行破料。一般破胶的辊距控制在 2mm 左右。粗碎后的胶粒直径约在 6～8mm。从辊网筛落下的合格胶粒经输送器送往下道工序细碎。

5）细碎　细碎合格的胶粒，由输送器经过风选机和磁选装置除去大部分纤维和金属杂质，再送到光辊粉碎机中进行细碎。光辊粉碎机的辊距控制在 1cm 左右，粉碎后的胶粒粒径小于 1mm，细碎后的胶粉应再经风选和磁选除去纤维杂质，一般 1 台粗碎机可同时向 2～3 台细碎机供料，操作人员应巡视检查，控制胶粉流量，以取得最佳的粉碎效果。

6）风选　细碎合格的胶粉，由输送器送入旋风分离器进行分离，把纤维杂质从胶粉中进一步分出，然后由风机把胶粉送到小粉仓准备进行过筛。

7）过筛　筛的形式分多层筛和单层筛，两种筛一般由电机带动曲柄轴做往复运动，习惯称振动筛（单层筛包括圆形转动筛）。筛网要求：外胎类为 26～32 目，胶鞋类和杂胶类为 24～28 目。过筛时仍有部分纤维与胶粉分离，合格的胶粉从筛网漏下，不合格的胶粉单独收集再返回细碎机进行粉碎。合格胶粉细度要求：外胎类粒径为 0.8～1mm，胶鞋类和杂胶类粒径为 0.9～1.1mm。筛选合格的胶粉由风机送入储粉仓备用。清除出来的纤维和金属杂质分别集中储存进行处理。

如采用沟光辊粉碎机进行粉碎，可使粗、细粉碎合为一步生产（单机生产），不用双沟辊粉碎机，简化了生产程序，但粉碎质量不如前者，一般中小企业采用较多。

（2）脱硫工段

脱硫是再生橡胶生产中的一个主要环节，它关系到再生橡胶产品质量的好坏。脱硫前应选择好脱硫工艺条件和配方，一般应先进行小型模拟试验，待取得可靠数据后方可投入生产。如前所述，水油法与油法的区别主要是脱硫工段不同，所采用的设备及工艺条件和配方也不相同，而粉碎和精炼工段则基本相似。

1）水油法脱硫

① 脱硫工序。水油法脱硫是在立式带搅拌的脱硫罐中进行的。首先将80℃的温水注入罐中，开动搅拌器(14～18r/min)。按照脱硫配方的实际用料，分别将软化剂、活化剂等投入，再将称量后的胶粉加入罐中(胶粉与水的比例为1∶2)。罐由通入夹套的蒸汽进行加热，温度控制在180～190℃(或换算成蒸汽压力)。升温时，可将蒸汽同时通入罐内和夹套中，待温度(或蒸汽压)达到要求时，关闭通入罐内的直接蒸汽，由夹套蒸汽保温。保温时间的长短应根据胶粉种类和配方的不同具体确定，一般为2～4h。保温结束时，应先打开减压阀，将罐内气压降至0.2～0.3MPa，再开动排料阀将胶料排至清洗罐内。在这个过程中，操作人员应注意随时观察罐内温度(或蒸汽压力)变化，做好记录，严禁高压排料，以防发生事故。

② 清洗工序。脱硫后的胶料排入清洗罐中进行水洗。清洗罐为一立式无夹套的常压设备，规格大小与脱硫罐相同。胶料进罐后，放入温水(60～80℃)进行清洗，洗去多余的软化剂和少量纤维，然后打开罐底部的阀门，通入压缩空气，气压不超过0.3MPa，使水鼓泡，并搅拌5～10min。清洗后一些纤维等悬浮物漂浮在罐体上部，由溢水口排出罐外，废水经罐底的滤网口排入污水池，将这些废水处理达到排污标准后，再排入地下污水管道。清洗后的胶料经滤水从罐底排料口排出罐外。

③ 挤水工序。由清洗罐排出的胶料进入挤水机上部的搅拌罐，将胶团搅拌打碎，再经可调节的出料口进入立式螺杆推进器，由挤水机进行挤水(挤水机与榨油机相似)。胶料中的水分从挤水机排条缝隙中排出，胶料由出口被挤出。操作中注意胶料应适量投入，不能忽多忽少，以保证挤水效果。挤水后的胶料一般含水量应控制在15%左右。

④ 干燥工序。干燥机有立式和卧式两种，一般采用卧式较多。其结构为带夹套的圆形管道，内有螺杆推进器。长短及摆布形式可根据厂房的具体情况而定。由夹套中的蒸汽加热来调节干燥温度，蒸汽压力控制在0.4MPa以上。干燥过程中蒸发出的水蒸气由排气口排出，以保证干燥效率。干燥后的胶料含水量一般在7%左右，合格胶料堆放在车间内，保持清洁备用。

2）油法脱硫

① 拌油工序。按照脱硫配方将胶粉与再生剂放入拌和器中，开动机器使其拌和均匀。或者采用连续拌料，将再生剂预先按配比混合均匀，放在连续拌料机的上方，胶粉与再生剂按一定流量流入连续拌料机中拌和均匀。连续拌料机内有螺杆推进器，用蒸汽加热，温度控制在60～80℃。拌好的胶料堆积备用。

② 脱硫工序。将拌好再生剂的胶料装入铁盘中，铁盘的大小应视卧式脱硫罐的大小而定，然后将铁盘放在装有滑轮的铁架上，推入卧式脱硫罐中进行加热。罐底部装有滑轮导轨，便于进出料。加热用直接蒸汽，并定时排放冷凝水，以保持罐内温度(或蒸汽压)正常。油法脱硫温度一般控制在158～170℃(或0.5～0.7MPa蒸汽压力)，脱硫加热时间应视脱硫温度和配方而定，一般为10h左右。脱硫后的胶料不需要水洗、挤水、干燥等工序，可直接放在清洁的地方将胶团打碎冷却后备用。

3）高温高压动态脱硫法　主要分为配料和再生两道工序。

① 配料工序。按高温动态脱硫再生橡胶配方将胶粉和配合剂称量后，放入高位储料斗中。储料斗下有一闸板，打开闸板，胶料从排料口排出，送入脱硫工序。也可按油法拌油方式，将胶粉和配合剂按配方混合均匀后再投料。后一种方法的再生橡胶质量要好一些。

② 脱硫工序。脱硫是在动态脱硫罐中进行的。脱硫罐及脱硫工艺如图 3-3-3 和图 3-3-4 所示。

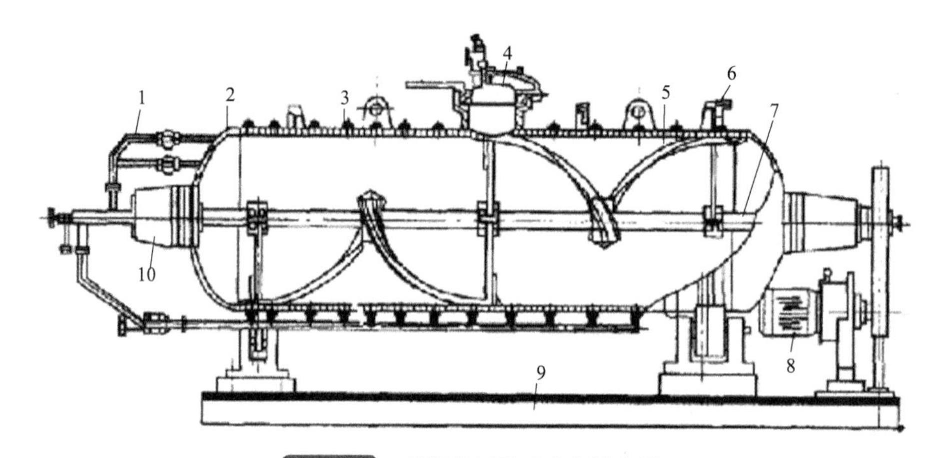

图 3-3-3 高温高压卧式动态脱硫罐

1—加热管路；2—罐体；3—加热伴管；4—加料口；5—搅拌装置；6—齿轮；7—轴；8—传动装置；9—底室；10—密封装置

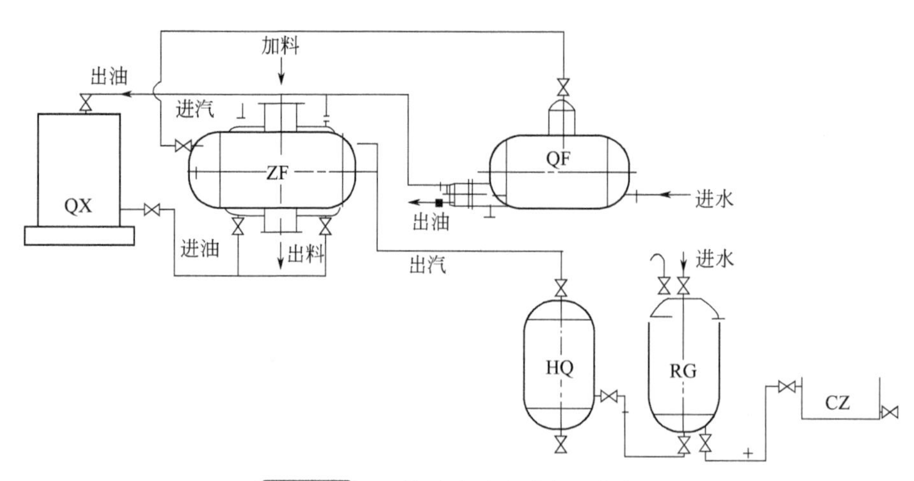

图 3-3-4 导热油式动态脱硫工艺流程

QX—导热油炉；QF—蒸汽发生器；HQ—废气缓冲罐；RG—溶气罐；CZ—废液罐；ZF—脱硫罐

脱硫罐主要性能参数如表 3-3-5 所列。根据间接加热方式不同，有夹套式、加热伴管式和电加热式(直热式)3 种类型。工作时，搅拌启动，将配好的胶料一次从加料口装入罐内，并加入一定量的温水，关闭进料口。在罐体内通入直接蒸汽(0.6～0.7MPa)加热，在夹套或加热伴管或电热系统中通入加热油或电，进行间接加热，温度逐渐升至规定温度要求。此时罐内注入的水汽化，罐内气压逐渐升高至 2.0～2.3MPa，温度升至 200～220℃。与此同时，搅拌装置对罐内的胶料不停地搅拌，废旧橡胶在高温、高压搅拌(动态)条件下充油溶胀，产生剧烈的降解反应，而被“脱硫” 再生。脱硫完毕，放完蒸汽后，停止搅拌，利用另一套传动装置，将加料口转动 180°至下方(此时加料口作卸料口用)，打开料口卸料。卸料时，开启搅拌装置，使胶料逐渐排净。也有在罐体上、下分设加料口和卸料口的脱硫罐，此时转动罐体的传动装置可取消。胶料可直接从卸料口排出，送入捏炼工序。

表 3-3-5　动态脱硫罐主要性能参数

规格	容积/m^3	设计压力/MPa	设计温度/℃	加热方式	装机容量/kW	搅拌速度/(r/min)
DTG-ϕ1400×4400	7.5	2.2	230	电加热	150+15	11
DZF-Ⅰ	6.2	2.5	300	导热油	18.5	36
DZF-Ⅱ	5.4	2.5	300	导热油	12	36
95-ZT-5D	6.0	2.1	300	电加热 导热油	18.5 132+18.5	16
ZXY-6	6.0	2.3	200～300	导热油	22	11.5

脱硫周期约需 3.5h。其中：加料与注水 15min，加热过程 60min，脱硫过程 120min，卸料过程 15min。

目前，用导热油作加热载体的高温动态脱硫法在国内普遍采用，导热油炉带动蒸汽发生器节省了锅炉，导热油循环加热节省了能源。配有废弃回收装置，减少了环境污染，且回收的油可再行使用。

(3) 精炼工段

1) 捏炼工序

① 捏炼时胶料通过第一台机器后，由刮刀从后辊刮下落在输送带上，送到第二台机器进行薄通，依次进行。可达到捏炼目的。此法连续生产，劳动强度低，生产效率高。

② 单机自动翻料捏炼。在一台开炼机上装有自动翻料装置，辊距为 1～2mm，辊温控制在 70℃以下。胶料通过辊筒后落在翻料输送带上，由翻料装置将胶料重新返回炼胶机上进行多次反复捏炼。操作时间一般在 10min 左右。

上述两种方法，捏炼后胶料可塑性达到 0.25～0.35。

2) 滤胶工序　滤胶的目的是为清除胶料中的杂质，尤其是金属杂质，以提高胶料的纯度，保证质量。滤胶机与挤出机相似，内有螺杆，外有夹套，夹套中通入蒸汽，机头温度控制在 80～100℃，机身温度为 50～60℃。操作时将已捏炼的胶料卷成小卷放入滤胶机的进料口(胶料温度要保持在 50℃以上)，在滤胶机中胶料由螺杆推向机头部位，机头装有双层滤网，外层为 8 目，内层为 24～30 目，胶料通过机头时，杂质被滤网挡住，胶料成圆条状被挤出，然后用小车送到下道工序进行回炼。滤胶前应将机器充分预热，温度达到要求后关闭加热蒸汽，温度高时要通水进行冷却，保持机头温度在 100℃左右，机身温度保持在 60℃左右。滤胶温度高或滤胶时间长都容易使胶料焦烧，影响产品质量。对滤网要定时进行清理或更换，以保证滤胶质量。

3) 回炼工序　将滤胶后的胶条送到开炼机上进行压炼。辊距在 1～1.5mm，辊温控制在 70℃以下。通过计时间(或次数)，使胶料可塑性达到 0.3～0.4，下片后经输送带送到精炼机上进行精炼。

4) 精炼工序

① 精炼机速比大，利用剪切力使胶料的分子进一步断链。

② 精炼机辊筒呈腰鼓形，在小辊距下能碾碎胶料中尚未脱完硫的硬颗粒，或将这种硬颗粒排到辊筒两端清除。

精炼机是再生橡胶专用设备，外形与开炼机一样，只是辊筒直径中间稍大，转速比较高，一般辊距控制在0.2～0.4mm，辊温在90℃以下，辊温过高或胶片过薄都易使胶料性能下降，尤其辊温对再生橡胶产品质量影响较大。为了得到质量均匀一致的胶片，应严格控制温度，不得超过90℃并保持稳定。精炼时，胶料通过精炼机的次数一般为两次，可采取两台精炼机为一机组，各通过一次；或一台精炼机通过两次，应视设备条件具体确定。精炼后的胶料，外观质量要达到平整细腻，无明显颗粒和杂质，可塑性要达到0.35以上(胶鞋类达到0.40以上)。

5）出片工序　从精炼机上下来的薄胶片，应绕卷在一个标有厂名、品种、日期等标志的转轴上，通过计次数或控制质量，由自动切割刀将胶片割开取下，即为再生橡胶成品，然后将大小一致、重量相近的成品，涂上隔离剂码放整齐存放，待化验合格后入库保存。水油法和动态脱硫法工艺流程见图3-3-5、图3-3-6。

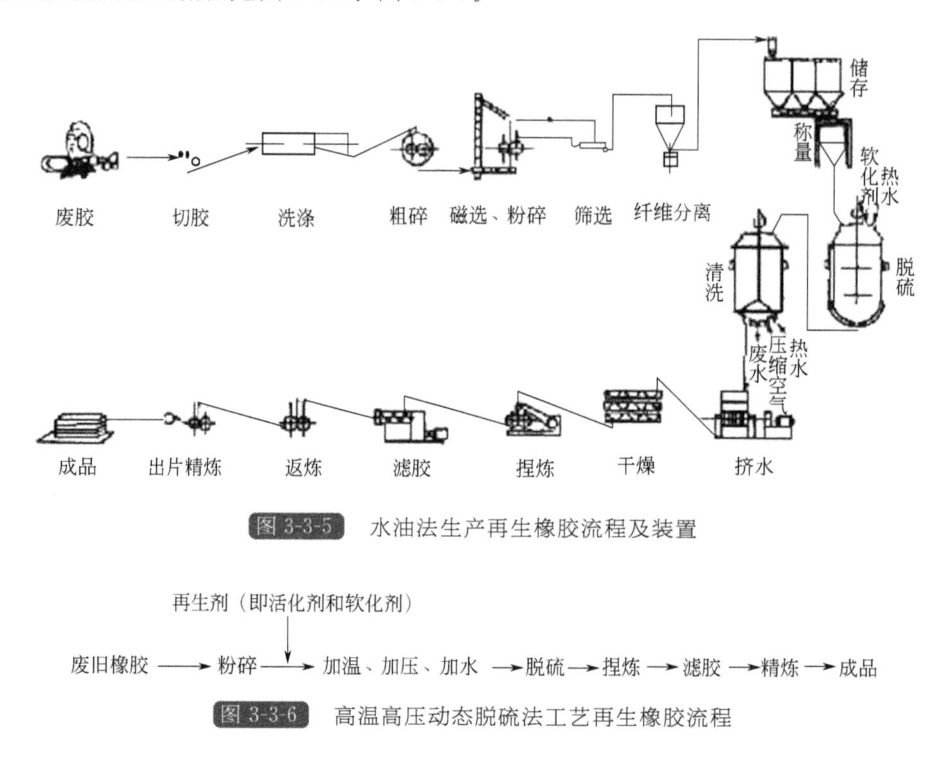

图3-3-5　水油法生产再生橡胶流程及装置

图3-3-6　高温高压动态脱硫法工艺再生橡胶流程

3.3.7.2　工业化应用高温高压动态脱硫介绍

(1) 概述

高温高压动态脱硫法是国外20世纪70年代、国内20世纪80年代末90年代初出现的一种再生新工艺，其特点是：a. 脱硫温度高，可达220℃；b. 在脱硫过程中物料始终处于运动状态。它取水油法与油法两者之长，弃两者之短，又与油法有相似之处，实质上是对油法工艺从根本上做了改进。由于该工艺温度高达220℃，既适合天然橡胶的再生，也符合合成橡胶再生的工艺要求，故高温高压动态脱硫法是再生橡胶生产工艺的发展方向，不仅已被行业所共识，而且事实证明国内的水油法及油法均已被高温高压动态脱硫法所取代。

动态脱硫法，其装备为原联邦德国 Conrad Engelka 公司制造的带搅拌器的旋转式脱硫罐。国内第一台 JSZ 型 600kg 级的旋转式动态脱硫罐于 1989 年在上海华原橡胶厂投入运行。从此，中国再生橡胶工业进入一个新的发展阶段。

高温高压动态脱硫罐呈卧式状态，罐内设有搅拌装置，罐有两种：一种罐体不动，上有加料口，下有出料口；另一种只有一个口，罐体可旋转。加热体系可分为 3 种：a. 采用高压蒸汽；b. 采用导热油加热；c. 采用电加热。

目前，国内仅有北京一家企业引进原联邦德国动态脱硫罐，其余高温高压动态脱硫罐均为国内制造。根据生产实际的需要，动态脱硫罐也在不断改进。原来罐体旋转 360°，后改进为 180°，到目前为不旋转，从实际使用中看，罐体不旋转优于旋转。罐门以液压快开门为佳，罐内搅拌装置以双螺旋搅拌装置效果最好。其罐设计压力为 2.5MPa，设计温度 300℃；工作压力为 2.3MPa，工作温度 218℃为佳。最近我国又研究成功高强度再生橡胶，对脱硫工艺又提出了新的要求，脱硫罐设计压力 3MPa，设计温度 300℃，工作压力 2.6MPa，工作温度 240℃。

随着废旧橡胶产生量的增加和废旧橡胶来源构成的变化，一般橡胶制品都掺入一定比例的合成橡胶，而水油法和油法的脱硫条件不适应合成橡胶的再生，高温高压动态脱硫的工艺条件则能满足合成橡胶再生的要求，因此该法制得的再生橡胶质量较好。由于动态脱硫是在高温高压下进行，故脱硫时间大为缩短，同时胶粉的粒度由水油法、油法的 28 目或 26 目降为 20 目左右，再者从根本上杜绝污水源的产生。高温高压动态脱硫新工艺的优点可以归纳如下。

① 一无，即无污染，杜绝污水源的产生。

② 一低，即能源消耗低，与水油法相比，1t 胶节电 150～200kW·h、节水 40～50t、节汽 0.5t 左右。

③ 一高，即生产效率提高，脱硫时间由原来的 6h 缩短为 2.5～3h。

综上所述，高温高压动态脱硫法是废旧橡胶脱硫工艺的发展方向，但尚需进一步研究完善，逐步取代水油法生产工艺。

(2) 高温高压直热式动态脱硫罐

所谓“直热式”就是用电一次加热的方式，不需要导热油和蒸汽作为传热介质，而是由罐体上的加热器通电后直接加热。所以此种加热方式节能效果显著，见图 3-3-7。

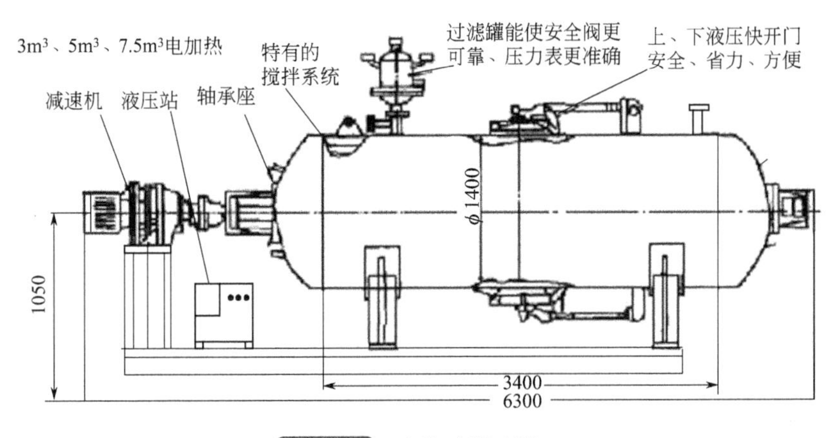

图 3-3-7　直热式脱硫罐

直热式脱硫罐由底架、罐体、控制台(自控制装置)、传动装置、搅拌装置、密封装置和加热器组成。设备的关键部分是加热器和密封装置。加热器是由耐高温、防腐蚀、不导电的新型材料制成。当罐体上的远红外加热器通电后，罐体很快升温、升压，使罐体内的胶粉在高温、高压条件下发生硫键断裂，从而达到脱硫的目的。在生产过程中需输入蒸汽，以防罐体结焦，影响脱硫质量。

直热式脱硫罐主要性能指标如下：

设计压力　2.5MPa

工作压力　2.3MPa

设计温度　3000℃

工作温度　200℃

容器类别　Ⅲ类

加热方式　电加热

传动方式　①摆线针减速机，直联式传动

　　　　　②圆柱齿轮减速机，链轮式传动

搅拌系统　独特的双螺旋搅拌器

进(出)料门　液压及手动联合作用式快开门

直热式脱硫罐的主要优点如下。

1）安全可靠　由于远红外加热器采用了耐高温、防腐蚀、不导电、有良好传热性能的材料制成，所以在操作过程中十分安全可靠。

2）易操作　直热式脱硫罐由一个罐、一个控制台组成。设备装有温控、电控自动装置。各种数据均可在控制台显示，操作十分简便。生产时只需输入少量的蒸汽后即可工作。因管道、油箱、油泵等辅助设施减少，故维修简单、保养方便。

3）节能明显　由于是直接加热方式，不存在管道线路长和夹套式结构，而且保温性能很好，使热能损耗降低到最低限度。与传统工艺相比，可节约电能约40%以上。

4）脱硫质量稳定　由于直热式脱硫罐设计合理，罐体升温快，并可将温度随时控制在所需要的数值范围内，从而保证了脱硫质量。

3.3.7.3　高温高压动态脱硫参考配方

(1) 轮胎类(胎面)配方

轮胎类(胎面)配方如表3-3-6所列。

表3-3-6　轮胎类(胎面)配方

配方1(质量份)			
轮胎类胶粉	100	双戊烯	2.5～3
固体煤焦油	9～11	420活化剂	0.5～0.8
松香	2.5～3	水	12～14
配方2(质量份)			
胎面胶粉	100	双戊烯	2～2.5
妥尔油	8～10	420活化剂	0.25～0.35
松香	2	水	12～14

续表

配方3(质量份)			
胎面胶粉	100	双戊烯	2～2.5
松焦油	10	420活化剂	0.25～0.3
松香	2～2.5	水	12～14

(2) 轮胎类(含有胎面和纤维层，称为二级轮胎废胶)配方

轮胎类(含有胎面和纤维层，称为二级轮胎废胶)配方如表3-3-7所列。

表3-3-7 轮胎类(含有胎面和纤维层,称为二级轮胎废胶)配方

配方1(质量份)			
轮胎类胶粉	100	双戊烯	3～3.5
固体煤焦油	10～13	420活化剂	0.35～0.45
松香	3～4	水	14～15
配方2(质量份)			
胶粉	100	双戊烯	2.5～3
妥尔油	9～10	420活化剂	0.5～0.8
松香	2.5～3	水	13～15
配方3(质量份)			
胶粉	100	双戊烯	2.5～3
松焦油	10	420活化剂	0.5～0.8
松香	2～2.5	水	13～15
配方4(质量份)			
胶粉	100	双戊烯	4
固体煤沥青	11～14	420活化剂	0.4～0.5
松香	4～5	水	13～15
配方5(质量份)			
胶粉	100	双戊烯	2～3
液体煤焦油	14～16	420活化剂	0.3～0.4
松香	3～3.5	水	12～14

(3) 胶鞋类配方

胶鞋类的原料指的是雨鞋和球鞋(解放鞋)，其中净底胶鞋废胶指的是没有布面和中底海绵的；大多为毛胶鞋类，指的是去除布面且包括中层和海绵，生产此类胶鞋再生橡胶一般为雨鞋和球鞋各50%投入生产，配方举例如表3-3-8所列。

表3-3-8 胶鞋类配方

配方1(质量份)			
胶鞋粉(混合)	100	双戊烯	1.5～2

续表

50型固体煤焦油	7～8	420活化剂	0.15～0.2
松香	2～3	水	10～12
配方2(质量份)			
胶鞋粉(混合)	100	双戊烯	1.5～2
松焦油	5～6	420活化剂	0.15～0.2
松香	1.0～1.5	水	10～12
配方3(质量份)			
胶鞋粉(混合)	100	双戊烯	1.5～2
液体煤焦油	10～12	420活化剂	0.15～0.2
松香	2～3	水	10～12

3.3.7.4 细粒子再生胶生产

随着再生橡胶生产技术水平的提高及用户对再生橡胶质量的要求不断提高，出现了细粒子再生橡胶，目前已形成规模生产能力，为保证产品质量，生产过程中必须严格控制原材料的质量和生产工艺规程。

(1) 胶粉质量的控制

目前，精细胎面胶采用的胶粉主要有两种：一种是40目以上的胶粉，脱硫后精炼1～2遍成型；另一种是30目以下的胶粉，实行脱硫后精加工。

生产中一般选用28～40目左右胶粉，30目以下占60%，并严格满足以下3个条件：a.98%以上胶粉能通过规定筛网；b.胶粉中无金属、砂粒、杂物等；c.胶粉纤维含量不大于0.8%。

(2) 脱硫温度的控制

脱硫温度以动态脱硫罐中的气压大小表征，有一种观点是脱硫温度越高越好，通过实验证实，并非如此。脱硫温度(气压)对再生橡胶物理性能的影响见表3-3-9。

表3-3-9 脱硫温度(气压)对再生橡胶物理性能的影响

性能项目	A	B	C	性能项目	A	B	C
气压/MPa	1.45	1.60	1.80	拉伸强度/MPa	11.0	10.1	9.7
保温时间/min	70	70	80	可塑度(威氏)	0.44	0.46	0.43
伸长率/%	440	420	380				

注：配方为轮胎掺20%工程胎100；软化油15～16；420活化剂/松香2.25；其他10。

由表3-3-9可知，罐内气压1.45MPa、保温时间70min的脱硫条件，制出的再生橡胶的物理性能最佳，说明适当的脱硫温度和时间才可获得高质量的再生橡胶。因此，生产精细胎面再生橡胶，必须严格控制脱硫温度和时间。

(3) 脱硫后的胶粉冷处理与停放

刚出罐的胶粉温度一般在200℃左右，在空气中氧的包围下，极易焦烧，影响质量，这时采取冷处理十分必要。胶粉出罐后，热堆积和采取冷却及停放两种方式测出的理化性能见

表 3-3-10。

表 3-3-10　热堆积胶和冷处理胶的物理性能

性能项目	热堆积胶	冷处理胶	性能项目	热堆积胶	冷处理胶
拉伸强度/MPa	9.6	9.7	丙酮抽出物/%	18.77	18.57
断裂伸长率/%	380	420	可塑度(威氏)	0.44	0.46

丙酮抽出物越少的再生橡胶质量越好，虽然取决于添加的再生油量的大小，但也受氧的附加反应所控制。同一罐的胶粉，由于处理方式的不同，结果却大有差别，焦烧的胶料丙酮抽提量偏大，性能指数下降达 5%左右。

冷处理后的胶粉一般需停放 3h 左右，停放的好处有以下几点：a. 恢复胶粉的疲劳；b. 有利于降低操作辊温和环境温度；c. 增加塑炼效果，提高产率；d. 有利于减轻操作环境的气味污染。

(4) 辊温控制

脱硫冷却后的胶粉需捏炼和精炼加工，辊温应分段控制，即遵循"先低后高"的原则。在捏炼、翻炼段，辊距一般在 1.0～1.5mm，辊温提高慢，易于降温，提高塑炼效果。精炼段注意冷却，防止二次氧化焦烧。出型段因外观要求，同时降温困难，可以因势利导，在(85±5)℃范围内，充分利用胶料的热松弛来提高产品的外观，增强细腻和平整感。但出片后必须及时表面冷却。

3.3.7.5　二段塑炼法生产精细再生橡胶

(1) 工艺流程

见图 3-3-8。

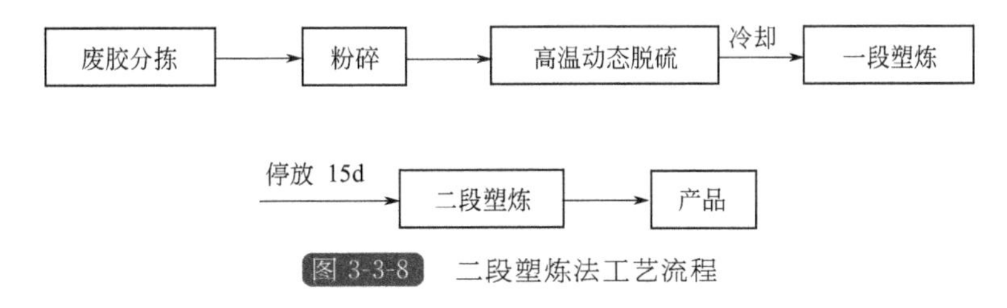

图 3-3-8　二段塑炼法工艺流程

(2) 废旧橡胶的分拣和粉碎

选用废胎面胶块，剔除帘子布，用粉碎机破碎成 28 目的胶粉。分离出纤维，清除铁屑及其他金属和杂质。

(3) 脱硫和配方

1) 脱硫　采用高温动态脱硫罐进行脱硫反应。

2) 配方　传统的脱硫配方都使用煤焦油作软化剂。煤焦油虽然对废旧橡胶的软化效果好，但它的污染很大，气味很难闻，制成的再生橡胶用于制造橡胶制品时，煤焦油极容易迁移到硫化胶表面污染纤维布面。因此不用煤焦油，而选用芳烃含量在 40%～50%的石油系橡胶软化油与松焦油并用。软化剂的总用量控制在 14 份以下。脱硫配方如下：胎面胶粉 100 份，芳烃软化油 10 份，松焦油 4 份，420 活性剂 0.5 份，双戊烯 0.5 份。

(4) 二段塑炼法在炼胶中的应用

传统的再生橡胶生产工艺在炼胶时都是将脱硫后的胶料一次连续通过粗炼机、精炼机轧炼卷片而成的，这种炼胶方法称为“一段塑炼法”。其缺点有：产品的可塑度是假的，入库后可塑度迅速下降，胶变硬，加工性能不好；外观粗糙，有明显的粗颗粒；物理机械性能不高。

根据生胶塑炼加工理论证明，生胶经轧炼后温度上升而软化，分子容易滑动，不易被机械剪切力破坏，如采用将生胶停放冷却后重新塑炼的分段塑炼法，可以显著提高塑炼效果。再生橡胶生产中的炼胶实际上就是利用机械能破坏硫化胶的网状结构，也是对脱硫后的一种补充作用。在实际生产中，由于开放式炼胶机辊筒受各种条件限制，不易达到理想的冷却效果，导致胶料温度升高，胶料变软，橡胶分子受到的剪切力减小，达不到理想的塑炼效果。将生胶的分段塑炼法引用到再生橡胶炼胶生产中，即在第一次通过精炼机薄通后，停放 15d，再进行第二次薄通精炼，这种方法称为“二段塑炼法”。

（5）性能测试

1）物理机械性能和外观质量检测　对同一批次产品在一段塑炼后和二段塑炼后各做物理机械性能测试和外观质量比较，结果见表 3-3-11。

表 3-3-11　一段塑炼和二段塑炼产品性能比较

试验项目	一段塑炼产品	二段塑炼产品
拉伸强度/MPa	9.19	9.80
断裂伸长率/%	355	420
可塑度(威氏)	0.38	0.48
外观	有明显粗颗粒	光滑、细腻、看不见粗颗粒

通过表 3-3-11 可以看出，经过二段塑炼后的产品，外观光滑、细腻、看不见粗颗粒，可塑度和伸长率大大提高，拉伸强度也有所上升。

2）污染性试验　在试样胶片上涂刷含钛白粉的涂料两次，在阳光下暴晒 15d 后观察，无变色现象。

3）加工性试验　在 100 份再生橡胶中加入沥青 20 份、陶土 50 份，用实验室炼胶机塑炼，胶片达到光滑程度所需要的时间为：一段塑炼法产品需 15min，二段塑炼法产品需 12min。证明二段塑炼法生产的产品加工性能优于一段塑炼法生产的产品。

4）两段塑炼之间停放的时间长短对物理机械性能和外观质量的影响试验　对同一批次产品两段塑炼之间停放时间的长短，做了停放 3d 后和停放 15d 再进行第二次塑炼的比较试验，其结果见表 3-3-12。

表 3-3-12　停放时间对塑炼胶料性能的影响

试验项目	一段塑炼	停放 3d 后塑炼	停放 15d 后塑炼	标准(优级)
拉伸强度/MPa	9.19	9.40	9.80	≥9.50
断裂伸长率/%	355	375	420	≥390
可塑度(威氏)	0.38	0.40	0.48	门尼≤70

续表

试验项目	一段塑炼	停放 3d 后塑炼	停放 15d 后塑炼	标准(优级)
外观	有明显粗颗粒	有少许粗颗粒	光滑、细腻、无粗颗粒	—

从表 3-3-12 中可以看出，停放 15d 后进行二段塑炼的产品的各项性能指标都优于停放 3d 后进行二段塑炼的产品。

3.3.7.6 高品质复原再生橡胶生产方法

高品质复原再生橡胶采用新型设备、再生活化剂、新配方与工艺生产的轮胎再生橡胶，其拉伸强度可达 18MPa 以上，断裂伸长率可达 500%以上，门尼黏度可达 60 以下，是再生橡胶的一次技术性变革。

(1) 高品质再生橡胶生产方法概述

1) 关于高温法生产高品质再生橡胶的工艺情况　高温法生产高品质再生橡胶的工艺，与动态法生产再生橡胶，大体一致。不同之处在于脱硫罐内部结构上，有三大变化特点。这三个结构不同点，就是高温法生产高品质再生橡胶的法宝。另一个不同是工艺上的变化，机械设备、速度、速比、辊筒的距离是降低门尼黏度的关键所在。所以后期机械加工是关系到永久可塑性的重要环节。

2) 关于生产高品质再生橡胶的经济效益问题　工艺总成本没有上升，软化剂、活化剂、增黏剂、膨胀剂、抗氧剂等成本也没有增加。

3) 再生橡胶需要改变生产的模式　再生橡胶多年来的生产都是橡胶厂代用设备，如何根据再生橡胶生产实际情况，来解决再生橡胶生产的专业设备，这是当前关系到再生橡胶发展前途的大问题。再生橡胶与橡胶生产截然不同，橡胶厂利用炼胶机是把物料混合均匀，而再生橡胶是利用薄辊距、高速比来解决再生橡胶的剪切力，由原来的弹性体变成塑性体。

表 3-3-13、表 3-3-14 列出了各种再生橡胶生产方法工艺对比及不同产品质量对比。从这两个表中我们可以得出结论，也是它们的共性。

① 每次再生橡胶方法的改进，都有一个共同的特点：压力一次比一次升高，由油法 0.6MPa 发展到动态脱硫法 2MPa，提高 1.4MPa。

表 3-3-13　各种再生橡胶生产方法工艺对比

项目＼生产方式	油法	碱法	碱油法	水油法	动态法
脱硫压力/0.1MPa	6	8	8	10	20
脱硫时间/h	12	10	10	7	4.5
软化剂	松焦油	—	煤焦油	煤焦油	煤焦油
活化剂	—	—	—	420	420
增黏剂	—	—	—	有	有
膨胀剂	—	—	—	有	有
胶粉细度/目	16	16	16	28～30	30
炼胶工艺	—	无精炼机	无精炼机	有精炼机	三台一线

表 3-3-14 不同方法的产品质量对比

项目 \ 生产方式	油法	碱法	碱油法	水油法	动态法
水分	1.2	1.5	1.5	1.2	1.2
灰分	7.5	7.5	7.5	8	8
丙酮抽出物	20	18	18	22	22
拉伸强度/MPa	5.0	6.0	6.0	9.5	9.5
断裂伸长率/%	320	350	360	400	395
可塑度(门尼)	0.38	0.35	0.35	0.38	70

② 脱硫的时间由原来的每罐次保温 12h 降到 4.5h，随着温度的升高而时间越来越少。

③ 随着多年的再生橡胶的生产、一次再生、二次再生，每次橡胶制品都要加硫黄，结合硫越来越多，胶质硬化。

④ 随着科学技术的进步和石油工业的发展，合成橡胶成分越来越多，品质越来越多样化，又出现了丁基胶、三元乙丙再生橡胶的品种，使再生橡胶生产复杂化。

4）高温法将来取代动态法势在必行，高温法以它明显的优势展示着蓬勃的生机：缩短了脱硫时间；提高了质量；降低了成本；取消了炼胶机，用新精炼机联动生产线，节省电力。

（2）生产工艺技术

1）目前已出现多种形式新工艺。例如，高温高压法(2.5～3.0MPa)、中压法(1.5～2.0MPa，即动态脱硫)、低压法(1.0～1.2MPa)、无压高速脱硫，在补充脱硫、精细粉碎优化组合下都能明显提高强度。但必须注意如下问题：a. 安全，尤其是高压高温密封保养和维修安全问题；b. 稳定，如果脱硫中含有大量水需进行滤水，胶团、胶块脱硫不匀，质量就时好时坏、不稳定。

2）脱硫时间越短越好，分段脱硫更佳，一次深度脱硫不可取，用高温、中温短时间脱硫，必然造成结团、结块，质量不稳。如用粗胶粒脱硫，精炼明显加大，再生橡胶硬度高，门尼黏度大，表面粗糙。因此，还是优化组合，分段脱硫更佳。

3）脱硫后，胶粒要迅速冷却，炼胶辊温不可太高。无论采用什么工艺，脱硫后料总是处于高温下，如果按现在动态脱硫方法放到地上自然冷却，必然明显使性能下降(在空气中高温料易引起热氧降解破坏)，当然，可加大脱硫用水量，或直接放在水中冷却，但后期炼胶工艺就困难了，中间必定有一套除水的复杂装备，用封闭夹套水冷却螺旋输送可取得较好效果。

关于炼胶辊温。由于追求炼胶成片快，提高辊温、缩短炼胶时间，得到的是假可塑性，当热分子运动冷却停止后，又恢复再生橡胶硬性，门尼黏度升高。为此，炼胶辊温低些好，能得到真可塑性。

4）高品质再生橡胶采用的脱硫罐

① 特殊的结构设计。快速排气，仪表、安全保护部分不堵塞。传统再生橡胶动态脱硫罐用于生产普通的再生橡胶，工作压力低，排气速度慢，过滤罐内虽有一层多目过滤网，但仍解决不了仪表、安全部件经常堵塞的问题，导致安全阀失灵，不能按标准设置正常开启和回复，压力表和零压力控制开关数字显示不准确。它给高品质复原橡胶生产工艺带来了 2 个隐患。

Ⅰ. 复原橡胶在高温、高压下脱硫时间很短。复原橡胶生产是在一定的温度和压力下，如何保证在反应釜内保留碳键、切断硫键的过程。由于温度和压力不能准确控制，胶粉在反应釜内不能在规定时间内将硫键切断，碳键不能完全保留，这给复原橡胶的性能指标带来很大差异。

Ⅱ. 由于胶粉经常堵塞，不能有效及时地清理，导致安全仪表部件失灵，给安全生产带来严重后果。

② 快速出料，抗氧化保护装置。复原橡胶在完成了脱硫过程后，必须快速出料，因为有了快速排气、泄压做保证，快速出料才能跟上。为了满足这个要求，增加了液压，开启门盖上的功率、缸径和压力。通过双螺旋绕带迅速将物料排出，在该过程中，由于导热油在工作中有热惯性存在，可能工作中操作工艺上有误差，导致胶粉和空气大面积接触，产生过焦现象，也直接影响到高品质复原橡胶的性能指标。此时在如何进行抗氧化保护方面，该装置凸显出了重要性。

③ 快速加温，废气净化，消声和回收利用。传统的再生橡胶脱硫罐设备，生产过程中产生的废气和废液大多是直接排放，给环境带来了很大的污染，后续治理也要投入很高的成本。复原胶脱硫罐配套使用，价格低，使用效果好，系统流程如图 3-3-9 所示。它不仅使废气得到了治理，减少了排放，同时便于回收利用。缩短了复原橡胶的加温时间，提高了劳动生产率，降低了成本，改善了生产环境。

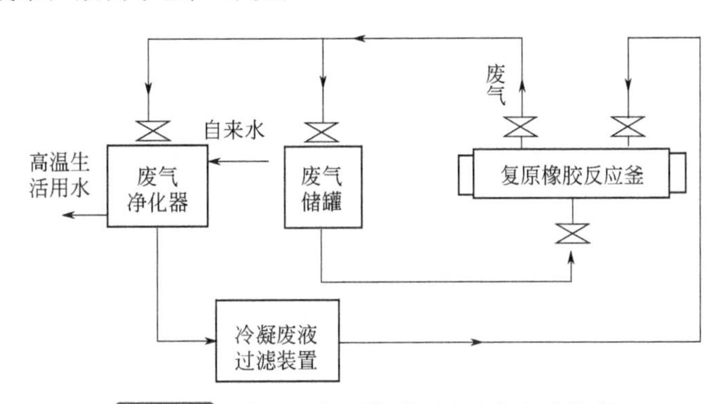

图 3-3-9 高品质复原橡胶反应废气净化流程

④ 传动轴密封严，不漏气。采用夹套冷却的设计原理，在密封填料的内部加装铜环，在密封填料的外部采用夹套结构，用循环水冷却填料及轴头，既保证了密封的可靠性和延长了密封填料的使用寿命，又降低了轴头温度，延长了轴承的使用寿命，提高了劳动生产率。

安全联锁装置设计如下。

① 当快开门达到预定关闭部位方能升压运行的联锁控制功能。

② 当罐内压力完全释放，安全联锁装置脱开后，方能打开快开门的联锁联动功能。

③ 具有与上述动作同步的报警功能。

3.4 再生橡胶生产新工艺

再生橡胶生产方法有很多，各种方法都需经过粉碎、脱硫、精炼三个工艺过程(液体再生橡胶除外)，区别在于脱硫工艺不同。20 世纪 70 年代以来，国内外报道了一些新的脱硫工艺，主要的新工艺有快速脱硫工艺、高温连续脱硫工艺、低温塑化工艺、螺杆挤出工艺、密炼机再生工艺、无油脱硫工艺、微波脱硫工艺、超声波脱硫工艺等。

3.4.1 快速脱硫工艺

快速脱硫工艺属于机械法的一种，它的特点是不需要加热，靠高速旋转的搅拌桨叶与胶粉碰撞摩擦生热，产生的热量使脱硫装置内的温度急剧上升(150～200℃)，胶粉被迅速塑化。脱硫装置由脱硫罐和冷却罐组成。脱硫罐是带高速搅拌的单臂罐体，罐内有一挡板，用以增加胶粉和罐体的摩擦。搅拌速度可调节，用直流电机可控硅控制。冷却罐有搅拌器和夹套(通冷却水)，搅拌速度较低，由交流电机经变速器带动。冷却罐罐口要密封，不得进入空气。脱硫罐和冷却罐之间用管道连接，中间由开关控制胶料通过。

这种方法脱硫周期较短，约 10～15min。操作时，首先将脱硫罐的搅拌器调至低速(720r/min)，由加料口将胶粉和再生剂加入，几分钟后，再调至高速(1440r/min)搅拌 7～8min，然后再调回低速排料。胶料进入冷却罐徐徐降温，搅拌速度控制在 16～18r/min，冷却 10～15min，排出后进行后期机械加工处理。工艺流程见图 3-3-10。

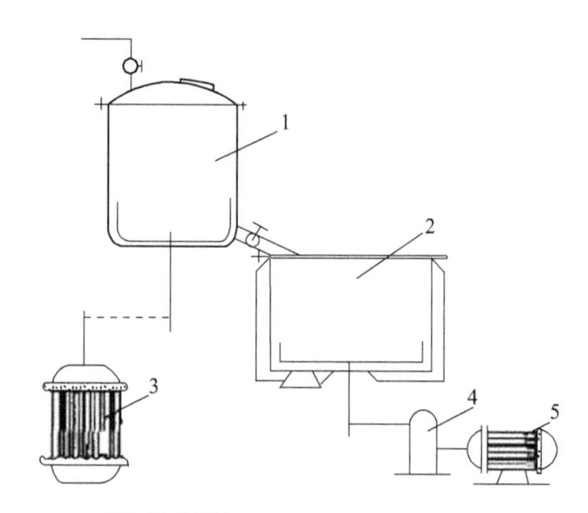

图 3-3-10 快速脱硫工艺流程

1—脱硫罐；2—冷却罐；3—直流电机；4—变速器；5—交流电机

该流程设备简单，节省能量，投资少。但由于脱硫周期短，工艺不易控制，造成质量波动，产品性能不够稳定。

3.4.2 高温连续脱硫工艺

高温连续脱硫属于干法脱硫工艺，它的特点是工艺简单，污染小，节省能量，产品质量较好，是目前正在探索中的一种新工艺。它利用波长为 5.6～1000μm(远红外线)的电磁波来加热胶料，升温快，温度高。被加热的胶料能迅速由表及里地均匀受热，加快了分子运动。实践证明，物体反射、吸收、透过射线的程度与物体本身的性质、种类、表面形状等因素有关。由于橡胶、塑料等高分子材料的分子振动波长与远红外线的波长相同，因此这些材料吸收射线的能力很强，同时由于硫化胶的颜色、颗粒及松散状态更有利于吸收远红外线，所以用波长 5.6～1000μm 的远红外线加热硫化胶进行脱硫再生是适宜的。本工艺的加热方式为间接式，射线不直接辐射胶料，避免因直接辐射使胶料在脱硫过程中产生的低沸点物和水蒸气阻碍射线基板的辐射效率，降低加热效果。

本工艺的脱硫装置是由电磁调速电机、远红外线加热螺旋、夹套水冷却螺旋、传动装置等组成。其中，远红外线加热螺旋是该套装置的核心，硫化胶胶粉的热氧解聚过程在此进行。冷却螺旋的作用是降低胶料温度，防止胶料因温度过高而遭到破坏。

高温连续脱硫工艺流程见图 3-3-11。操作时，按配方要求将各种再生剂通过计量混合均匀，送入储罐备用，温度保持在(80±5)℃。然后将胶粉和再生剂通过计量输送到混合器进行混合拌料，再由供料装置均匀地送入远红外线加热螺旋中进行脱硫。温度控制在 240～250℃，脱硫后的胶料经水冷却螺旋进行降温，温度控制在 70～80℃，温度过高，应开大冷却水阀门通水冷却，以防止因胶料温度过高而影响产品性能。冷却后的胶料再经捏炼、滤

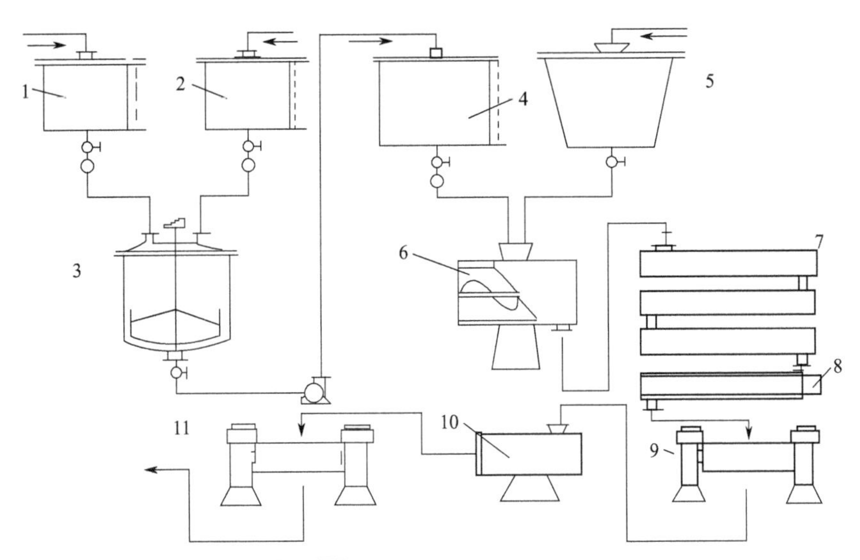

图 3-3-11 高温连续脱硫工艺流程

1—软化剂储罐；2—活化剂储罐；3—再生剂混合罐；4—再生剂储罐；5—胶粉储仓；6—胶料混合器；
7—远红外线加热螺旋；8—水冷却螺旋；9—炼胶机；10—滤胶机；11—精炼机

胶、精炼等工序进行加工处理，最后即为成品。本工艺为连续操作，脱硫温度高、时间短，能使胶料受热均匀。成品具有较好的物理机械性能。

3.4.2.1 国外的实验情况

(1) 材料

废三元乙丙胶，粉碎成 5mm 的胶粒。

(2) 设备

挤出机，螺杆直径 ϕ30mm，长 1260mm，见图 3-3-12。

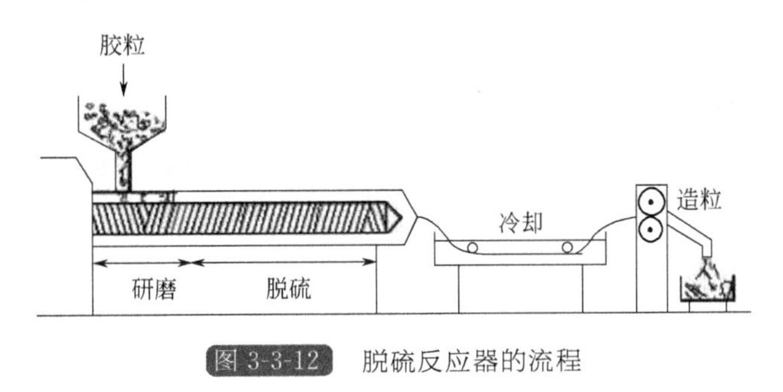

图 3-3-12 脱硫反应器的流程

(3) 脱硫工艺

粗胶粒进入第一区段，通过高速剪切将粗胶粒研磨成细胶粉，并迅速加热至反应温度。保证停留足够的时间再进入下一区段，在剪切流动下完成脱硫反应。在这个反应区段，通过捏炼板加负荷和剪切，使其塑化。反应器的脱硫温度和螺杆转速是可变的，调节这两项，可获得再生胶的最佳性能。

供料速率大约为 10kg/h。脱硫后，脱硫胶从反应器机头挤出，在冷水浴中冷却，可以连续造粒。这个过程需要的总时间约为 5min。

(4) 再生胶的性能

EPDM 再生胶按表 3-3-15 的配方制成混炼胶，再于 160℃硫化成试片，检测其物理性能。反应条件及再生胶的物理机械性能见表 3-3-16。

表 3-3-15　再生胶的配合配方

配方	质量份	配方	质量份
再生胶	100	硫	0.38
ZnO	1.25	促进剂 TMTD	0.25
硬脂酸	0.25	促进剂 M	0.13

表 3-3-16　反应条件及再生胶的物理机械性能

试验号	反应温度/℃	螺杆转速/(r/min)	门尼黏度	凝胶含量/%	交联密度/(10^{-3}mol/cm³)	硬度(JISA)	拉伸强度/MPa	断裂伸长率/%
1	270	250	80	85.1	1.17	75	10.3	360
2	300	250	67	56.4	0.48	75	10.4	410
3	300	120	71	88.7	1.43	81	11.2	340
4	300	340	69	82.5	1.15	74	11.1	370
新 EPDM	—	—	71	0	9.0	82	10.2	410

由表 3-3-16 可知，反应温度为 270～300℃，螺杆转速 120～340r/min，生成的 EPDM 再生胶的物理性能都很高，可达到原 EPDM 新硫化胶的性能水平，其中以 3# 和 4# 的反应条件获得的再生胶的拉伸强度最高，2# 反应条件获得的再生胶的断裂伸长率最高，与原新胶大致相同。以上实验说明，连续高温脱硫法生产再生胶的效果很好。

3.4.2.2　丁基橡胶高温连续再生技术简介

南通回力橡胶有限公司采用高温连续再生工艺生产丁基再生胶，其质量优良，年产过万吨，供不应求，并出口日本、韩国、意大利等国，经济效益显著。

(1) 基本原理

本技术根据丁基橡胶的固有特性而研制开发，基本原理是先将丁基橡胶粉碎成一定目数的胶粉，然后将胶粉与软化剂、再生活化剂搅拌均匀后送入高温连续脱硫装置，胶料在高温、常压、动态剪切力的作用下，其 C—C 或 C—O 键迅速发生断裂，在机腔内即完成整个降解和冷却过程(再生中所需热能一部分由电加热提供，另一部分利用胶料内摩擦、剪切力所产生的压缩热通过螺杆进行传输提供)，脱硫后的胶料经后序工序的精炼、过滤等而生成优质的丁基再生橡胶。

(2) 工艺流程

工艺流程如下：

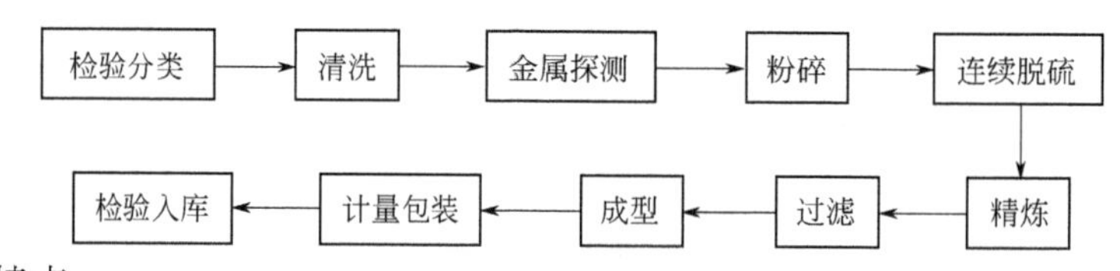

(3) 技术特点

① 连续再生、时间短、效果好、质量稳定、自动化程度高。

② 整个生产过程无废气、废水产生，不产生二次污染，符合国家环保产业要求。

③ 该工艺能耗低、员工劳动强度小。

(4) 适用范围

丁基橡胶、三元乙丙橡胶及其他合成橡胶再生。

(5) 推广应用情况

2015年，我国丁基废橡胶年产量达13.7万吨，随着我国汽车内胎丁基化程度的不断提高，这一数字将成倍增长，丁基再生橡胶的生产，能有效缓解我国丁基原胶紧缺的压力，并且利用丁基橡胶高温连续再生工艺生产的丁基再生橡胶理化指标高，产品经国内外知名轮胎企业使用证明，能较大比例替代丁基原胶使用，并可有效降低生产成本，因此该技术推广前景广阔。

3.4.3 低温塑化工艺

20世纪70年代，日本开始对废橡胶进行了室温塑化研究，并有很多报道；20世纪80年代初，瑞典发表了这方面的专利。我国也对此进行了一些试验研究，并取得了一定成绩。在1981年瑞典提出的专利中，采用苯肼-氯化亚铁或二苯胍-氯化亚铁作为再生塑化剂，但苯肼及二苯胍毒性较大，后未见有工业化生产的报道。我国在研究中改变了用料路线，采用一般化学试剂，在40～110℃温度下，形成催化氧化-还原反应系统，使胶粉分子发生断链，达到塑化目的。

这种方法能量消耗少，不产生废水、废气，工艺过程简便，投资少。它的设备比较简单，主要有混合器、加热器、开炼机和一些装胶粉容器等。混合器用于再生剂和胶粉的混合，搅拌速度为100～120r/min。加热器用于加热胶料，温度控制在100～105℃。开炼机用于捏炼胶料和提高胶料塑性。

其工艺流程是：胶粉与再生剂混合搅拌→加热处理→机械加工→出片。操作时应将各种再生剂按配方比例称量，按顺序放入混合器中，在常温下搅拌5～10min。一些黏度大的再生剂应预先加热，以保证混合均匀不结团。搅拌塑化后的胶料为粉状，可加入1%隔离剂，混合均匀包装出厂。若以片状料出厂，应在110℃温度下加热2h，提高塑化程度便于机械加工处理。加热是在卧式硫化罐中进行，捏炼用开炼机，辊距为0.5～1.0mm，辊温在50～60℃，捏炼15～20min即可成片[31]。

如前所述，这种方法的能量消耗低，据初步估算，用这种工艺生产每吨再生胶所用的电为水油法的80%，所用煤为水油法的20%，从节约能源看，是很有研究价值的一种新工艺。我国广州市回收物资综合利用研究所已于1983年研制成功废旧橡胶低温塑化再生工艺。

天然胶、合成胶或天然胶与合成胶混合体的废轮胎硫化胶的胶粉(28～32目)与少量的有机或无机酸金属盐类(这些金属盐至少含有一个位于长周期中部的元素，即在d副层有未充满电子的元素)、有机醇胺类及分子内含有易于氧化官能团比橡胶分子多或者本身就含有氧化能力的官能团的软化剂混合。在室温(20～35℃)，搅拌速度为100～120r/min的混合器中进行5～10min，化学断裂废橡胶的剩余双键和 $—C—S_n—C—$键，脱硫胶粉再送入100～105℃干燥器内，进行干燥和进一步断链塑化反应，从而达到塑化再生的目的。

3.4.3.1 废橡胶低温塑化再生机理

废橡胶化学成分很复杂，目前尚不清楚，只能从橡胶分子热氧老化机理来推断和经过大量试验数据分析，已确认废橡胶催化氧化断链是属于自由基链式反应。该系统中使用活化剂可以有选择性地加快废橡胶分子链的断裂。

试验证实再生反应很可能是一个强氧化-还原过程，低温塑化再生反应是放热反应，是不可逆反应，反应深浅度随使用活化剂量及氧含量成正比关系变化。反应产品——低温塑化再生胶，在同一工艺条件下(温度、时间)存放，其门尼黏度值几乎不变，反应对工艺条件要求不苛刻，以上几点是催化氧化反应的基本特点。

3.4.3.2 低温塑化再生法与水油法再生工艺的对比

低温塑化再生法与水油法再生工艺的比较见表 3-3-17。

表 3-3-17 低温塑化再生法与水油法再生工艺

项目		水油法	低温塑化再生法	
			片状再生胶	粉末再生胶
使用橡胶品种		废合成胶及软杂胶困难	不受限制	不受限制
工艺流程		繁杂	简单	简单
土建投资/万元		100	80	60
脱硫设备投资/万元		100	50	30
脱硫塑化温度/℃		180～200	20～105	20～35
脱硫时间/h		3～4	2～3	0.2
脱硫胶粉后加工		要	—	—
水洗		要	—	—
压水		要	—	—
干燥		要	要	—
捏炼(塑炼)		要	要	—
滤胶		要	—	—
返炼		要	—	—
精炼		要	—	—
脱硫塑化系统连续化		困难	易	易
对自然环境污染问题	大气污染	严重	无	无
	水质污染	严重	无	无
脱硫生产环境	温度	高	中	常
	压力	高	无	无
	气味	有	无	无

① 从表 3-3-17 可知，低温法比水油法工艺先进。低温法对任何硫黄交联的弹性体都有较好的再生效果(如氯丁基、丁氰基、丁苯基、丁基、顺丁基、乙丙胶等)，对任何不含纤维的软杂胶(包括乳胶制品)也都能有效再生；而水油法对废胶选择性较强，对合成胶(除合成天然胶外)、硫化胶及软杂胶(乳胶制品)再生就有困难。

② 在工艺流程方面，低温法简单，而水油法脱硫部分需建 3～4 层厂房。脱硫设备很繁杂，造成土建和设备投资大，也不易使生产连续化、自动化。

③ 在脱硫工艺上，水油法需要较高温度(180～200℃)和压力(700～800kPa 蒸汽压)及

较长脱硫处理时间(3～4h)，脱硫后的胶粉要经过一系列的机械加工过程。能耗和体力劳动强度大。低温方法不存在这些问题。

④ 在对自然环境污染方面，水油法再生过程对大气和水质都有严重污染性(水油法每生产 1t 再生胶约产生 3t 废水)，这是国外水油法再生胶厂关闭的主要原因之一。低温法对大气和水质及土质都没有污染。低温胶干燥时，从干燥器排气中，排出"废气"很少，经测定结果只占脱硫胶粉质量的 0.6%，这就是说每生产 1t 低温再生胶只产生 6kg"废气"，该"废气"经中国科学院广东测试分析研究所等单位测试，结果见表 3-3-18。

表 3-3-18 干燥器中"废气"的化学成分

组成	质量份	组成	质量份
O_2	18.5	CO_2	微量
N_2	81.5	H_2O	微量

⑤ 从脱硫工作环境来看，水油法在高温高压环境中工作，而低温法在低温条件下工作，对保护工人身体健康有好处。

低温塑化再生法与水油法能源消耗及成本比较见表 3-3-19。

表 3-3-19 低温塑化再生法与水油法能源消耗及成本比较

能源消耗及成本		水油法	低温塑化再生法	
			片状再生胶	粉末再生胶
能源消耗	煤(烟煤)/kg	800～1000	150～200	—
	电/kW·h	1000～1100	800～900	600～700
	水/m^3	100～150	50～60	30～35
再生胶成本	主要原料废胶/(元/t)	800	800	800
	再生胶成本/(元/t)	1100～1300	1000～1040	900～950

从表 3-3-19 可知，低温塑化再生方法每生产 1t 再生胶在能源消耗和成本方面均低于传统生产方法——水油法。这种差别已在中间试验得到证实。另外，水油法的能耗和成本均为按每天 24h 三班进行连续不停生产而计算得到的数据，而中间试验每天只开两班，这就要求每天锅炉生火一次，造成煤的浪费。另外，室温塑化后胶粉在 105℃条件下干燥 2～3h，中间锅炉是 0.7t/h 的蒸发量，经过能量平衡计算得知，这台锅炉在目前用汽情况下，可以同时供热给 4 台现规格(300kg/次)的干燥器使用，目前只用一台干燥器会造成蒸汽浪费。中间厂若要开足三班并将锅炉蒸汽利用好，煤耗还可降低 20%以上。

电耗方面中间厂、机器安装、机器维修耗电全算在内。

因洗胶、粉碎、筛选、低温塑化再生及塑炼出片等各工序与工序之间、设备与设备之间都未形成连续化生产，造成不必要的人力浪费。

所用主要原料之一氧化托尔油是从吉林省和黑龙江省进货的，每吨运到广州运费较高。

以上原因都能造成低温塑化再生胶成本上升，如果这些问题能解决好，低温塑化再生胶成本还可大幅度下降。

3.4.4 螺杆挤出工艺

螺杆挤出工艺是利用螺杆挤出机的挤压作用，使拌入再生剂的胶粉在热、氧的作用下短时间内获得较高塑性的一种机械方法。该法的特点是设备简单，机械化程度高，可连续生产，脱硫中不产生废水。所用的挤出机与橡胶、塑料挤出机相似，由螺杆和机套组成，机套中有夹层，通入蒸汽或用油浴加热。其工艺流程是：胶粉与再生剂混合→螺杆挤出→捏炼→滤胶→精炼→出片(成品)。操作时注意将胶粉与再生剂按比例混合均匀，以免在180～200℃下胶料受热不均，造成质量波动。胶料由供料装置均匀地送入挤出机，在螺杆的剪切挤压作用下得到塑化，从出料口排出。再经捏炼、滤胶、精炼等常规操作进行加工。由于硫化胶弹性大，在高温下易使机械磨损，造成螺杆与内套的配合间隙增大，生产效率下降。因此，一般以优质钢材制造挤出机，以延长机器的使用寿命。此法在美国应用比较普遍，据报道，美国再生胶约有1/3是用这种方法生产的。

20世纪60～70年代以来，硫化合成橡胶的再生技术，在西欧、北美多采用特制的单螺杆挤出法。生产中胶料黏结在螺杆和机筒内壁，形成“死角”，难以清除。虽然采取了一些改进措施，但未能从根本上解决结垢问题。针对单螺杆法存在的结垢、清洗困难、磨耗快、胶料质量不稳定等问题，研究人员作了特殊设计，采用双螺杆和多螺杆挤出结构，保证能在螺杆之间互相清除积料，生产流程如图3-3-13所示。

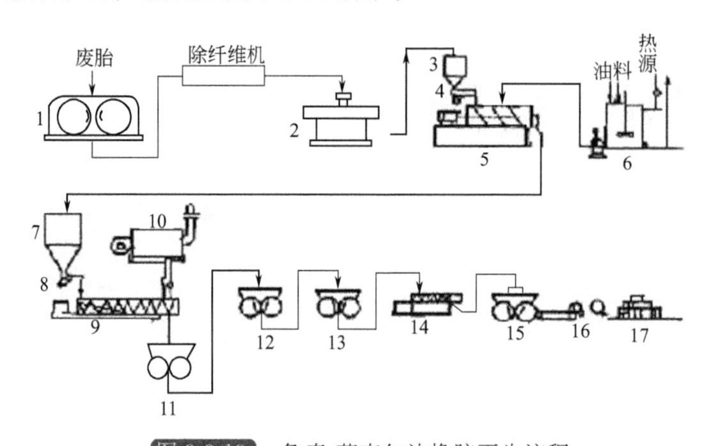

图 3-3-13 鲁奇-菲克尔法橡胶再生流程

1—辊式粗碎机；2—粉碎机；3,7—料斗；4,8—计量器；5—混合机；6—加热混合器；
9—螺旋再生机；10—高温加热器；11—捏炼机；12,13,15—精炼机；
14 一滤胶机；16—卷筒机；17—成品堆

胶块由粗碎机粗碎后，在粉碎机粉碎至1～2mm的同时，将纤维及毛绒除去，再储存到料斗。各种软化剂、活化剂分别计量，与经加热混合机、计量器的胶料进入混合搅拌器混匀，再送到中间储料斗加热，经计量器8连续供给螺杆再生机，脱硫后送至捏炼机11、精炼机12、13，滤胶机14，最后由精炼机15出片。该流程与我国再生橡胶厂的粉碎、精炼车间基本相同。

(1) 再生系统

将图3-3-13的再生系统放大，如图3-3-14所示。胶粒再生中所需热量，一部分由外部热载油介质在无压状态下循环通过机腔内的通孔与螺杆空心孔进行均匀加热，另一部分利用胶料内摩擦所产生的压缩热。由于两个以上螺杆设计时节距、导程、转速存在着差异和变化，使粒子之间产生交替挤压和拉伸而生热，因而有利于橡胶烃的解聚。加热再生机腔有较大直径的直通排料口，使胶料处于大气压力之下，机腔内存在着大量的氧，从而促进胶料热氧化，增加了热效应。

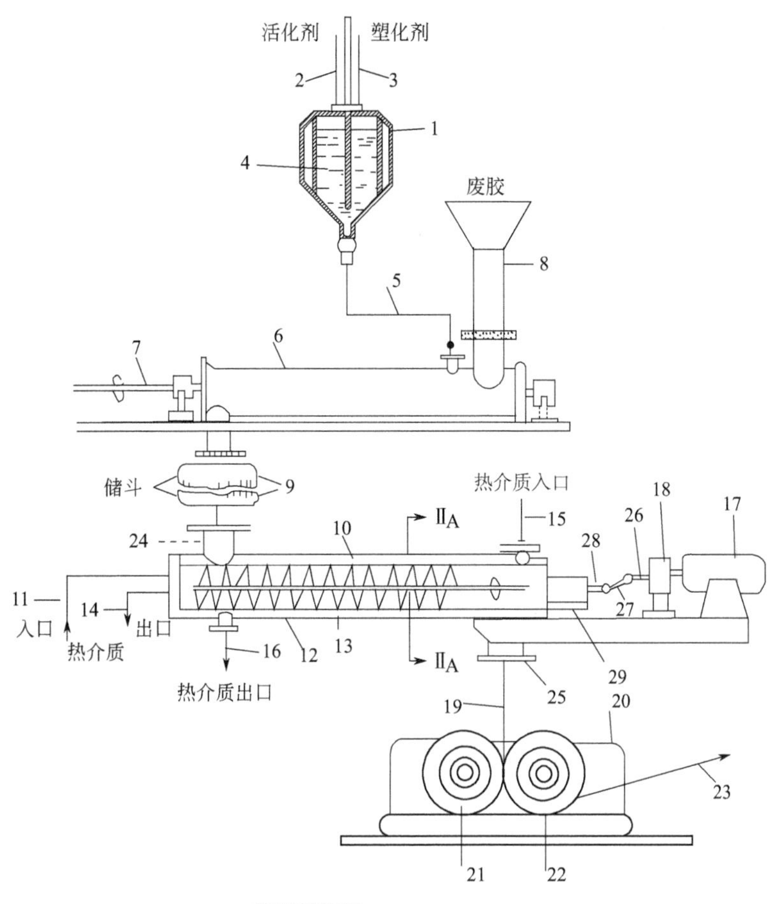

图 3-3-14　废胶再生系统

1—加热混合器；2—活化剂导管；3—塑化剂导管；4—搅拌器；5—混合物导管；6—混合室；7—搅拌叶片；8—胶粉供料；9—中间储斗；10—加热机筒；11—热介质第一组入口导管；12—送料螺杆；13—隔板；14—热介质第二组出口导管；15—热介质入口；16—热介质出口；17—主电机；18—齿轮减速箱；19—再生胶排料管；20—捏炼机；21,22—精炼辊筒；23—再生胶片；24—混合物料入口；25—胶料排出口；26—减速箱入轴；27—万向联轴节；28—差速箱入轴；29—行星齿轮差速箱

如图 3-3-14 所示，由导管 2、3 将活化剂、塑化剂定量送入加热混合器 1 后，用搅拌器 4 混匀，经导管 5 送往混合室 6，并将胶粉经过供料斗，按配比同时送入混合室，搅拌叶片将混合物料送往中间储斗，物料在储斗内加热至 60℃后，从入口处连续供给加热机腔，通过并列螺杆进行脱硫作业。螺杆用电机、齿轮减速机驱动，电机功率为 7.5kW，可变频调速，减速箱出轴由万向联轴节与行星齿轮差速箱的入轴连接、螺杆是空心的，热介质由入口处流向出口处连续导热，而胶料在机腔内沿着热介质相反的方向运动。加热机腔和壳体之间没有通孔(见图 3-3-15)。由第一组热导管进入分流管，经过第二组热导管排出，进行循环供热。脱硫后的再生胶从出料排料，由接取装置送往捏炼机的冷却辊筒。再将胶片接取送往下道工序，全部生产过程和主要工艺参数可由计算机集中控制。

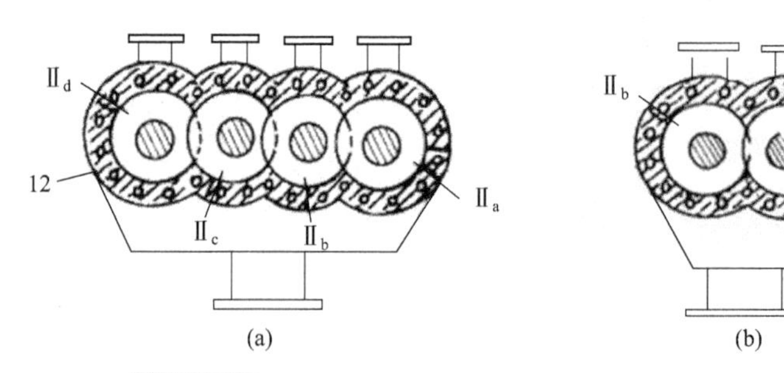

图 3-3-15　螺杆剖析视图(图 3-3-14 中 $Ⅱ_A-Ⅱ_A$ 剖面)

1）主机结构　本发明的突出特点是螺杆的相对速度可以调节，它们的螺旋线在运转中相互接触，从而可刮去螺杆表面存在的结垢。如将一个螺杆在交叉运转时加速或减速，则两个螺杆的表面都可得到清洗。一对螺杆最合理的结构是使其棱缘近于啮合状态，设第一个螺杆的螺距为常数，第二个螺杆的螺距为它的 N 倍，而第一螺杆的转速比第二螺杆快 N 倍，这样使得第一个螺杆的螺旋线，好像被几条隔板有效地隔开一样，加强了对胶料的捏合和剪切。由于螺旋角的不同，使两螺杆棱缘连续刮削，使物料在运动中的卡塞危险减至最低限度。通常 $N=2$。

图3-3-15(a)为 4 个并列螺杆，图 3-3-15(b)为 2 个并列螺杆，分别用 $Ⅱ_a$、$Ⅱ_b$、$Ⅱ_c$、$Ⅱ_d$ 表示。图 3-3-16 为双螺杆 $Ⅱ_a$、$Ⅱ_b$ 的螺旋线平面排列方法。右侧表示单螺旋线 $Ⅲ_a$，左侧表示交替的双螺旋线 $Ⅲ_b'$、$Ⅲ_b''$，其螺距 2 倍于单螺旋线 $Ⅲ_a$。设螺杆 $Ⅱ_a$ 的正常速度为 $2N$，另一螺杆 $Ⅱ_b$ 以其一半的速度 N 为转速，则每个螺杆区段保持恒定的距离。当差速齿轮改变螺杆的相对速度时，可手动调节，使螺旋线 $Ⅲ_a$ 加速或减速，直到与螺旋线 $Ⅲ_b'$、$Ⅲ_b''$ 的棱缘重叠，接近于接触为止。从而可刮去螺纹工作表面任何黏附的残渣。机腔内壁的轮廓应与螺旋线形状趋于一致(见图 3-3-16)，即缩小其间隙。这样，既有利于腔体内壁有效地传导液体介质的热量，同时又增强了胶料在运动中的摩擦、挤压力，从而补充了再生热量，并使螺杆棱缘产生刮削作用而不在内壁有滞胶黏附。

2）生产工艺　本系统适用于各种硫化胶料的再生，粒度在 3mm 以下。储斗中存放的胶料应预热至 60℃后进入再生机腔，操作温度为 200℃；对未预热的胶料操作温度为 240～280℃，通常操作温度在硫化点以上。废胶再生软化剂常用芳香族矿物油“Naftolen ZD”，其平均分子量为 320，相对密度 1.02，苯胺点 12℃，根据美国 ASTMD466 规定，其黏度/密度常数(VDK)为 0.97mp (赛波特黏度计)，活化剂选用双二甲苯基二硫化物(Renaric Ⅵ)，相对密度为 1.2±0.02。

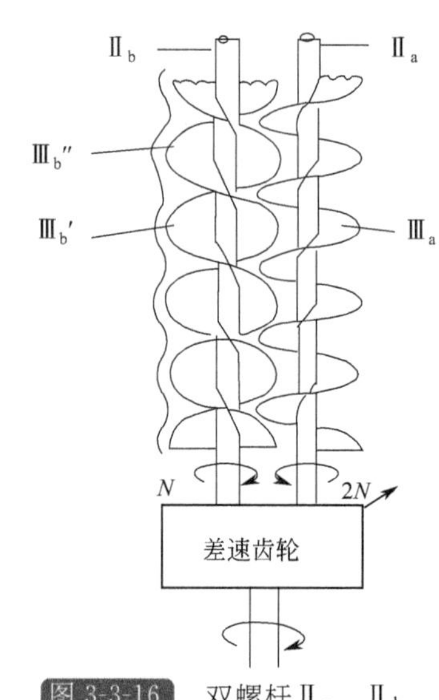

图 3-3-16　双螺杆 $Ⅱ_a$、$Ⅱ_b$ 螺旋线平面排列

(2）鲁奇-菲克尔法再生特点

1）高效　该法脱硫过程为连续法生产。它与间歇式脱硫工艺相比，简化了分批供料、升温、再生、保温、卸料等操作程序。实现了“高温、短时间脱硫”，从而提高了生产效率。

2）节能　该法再生热量，一部分来自外部循环加热，同时利用胶料内摩擦挤压热来补充，较之罐式脱硫装置可节省大量热能。

3）优质　该法再生胶成品的各项性能指标，根据美国ASTM标准检测，均优于用其他方法生产的成品。

4）多功能　该法适用于各种硫化胶料的再生，包括天然胶、各种合成胶，尤其对丁基胶再生，取得了较好的质量。

5）低成本　该法生产周期短、能耗低、运转费用经济，生产成本也随之降低。

6）自动化程度高　该法整个生产过程和主要工艺参数，采用计算机集中控制，确保产品质量，提高自控水平。

7）设备质量轻、占地省　该法主机——双螺杆再生设备自重约3t，主电机7.5kW。车间占地仅约12m^2，生产流程紧凑、布置合理。

8）无污染　生产无废水、废气污染，可实现文明生产。

由于鲁奇-菲克尔法集中了上述优点，先后为西欧、北美、前苏联等发达国家或地区所采用，并取得了较好的生产效果。

3.4.5　密炼机再生工艺

密闭式捏炼机脱硫工艺是我国近两年开发研制成功的最新脱硫工艺，已成功地应用于废丁基内胎脱硫生产丁基再生橡胶，替代了传统的高温动态脱硫工艺。高温动态脱硫，需要高温高压，脱硫时间长，能耗高，还需要添加昂贵的脱硫活化剂，在脱硫罐内胶粉不仅可能产生摩擦力和剪切力，而且易产生焦化、炭化。

密闭式捏炼机脱硫工艺的特点如下：a. 脱硫时间短，75L的密闭式捏炼机一次装料80kg，只需要12min，生产效率高；b. 能耗低，不需要加热，靠摩擦升温，可升到200℃以上；c. 废胶在密闭室内经受高温、高压、高速摩擦剪切作用下，断链效果好，再生橡胶的物理性能优良；d. 不需要添加昂贵的脱硫活化剂，生产成本低；e. 无污染，开机排料时，开动抽风机，将烟气引到喷淋罐处理。

密闭式脱硫捏炼机不仅仅是只能用于废丁基胶内胎脱硫。只要选用适宜再生剂，脱硫工艺条件恰当，可以用于废三元乙丙胶、树脂硫化的废丁基胶囊及废轮胎胶等的脱硫、生产再生橡胶。

3.4.6　无油脱硫工艺

无油再生橡胶生产新工艺由我国杨宗昌高级工程师研制成功。他突破了有百年以上历史的“油法”和“水油法”以及二者所衍生的诸工艺生产理论“软化”“活化”“脱硫”之束缚，独辟蹊径，设计发明了“无油再生胶生产新工艺”。新工艺应用的技术理论是IPN（互穿聚合网络），在此技术理论指导下，所设计的工业生产路线，不再使用任何类型的软化剂（油）、活化剂（油）等。将生产用原料和辅料有机地融于一体，形成“一条龙”的生产方式。其两大类系列产品中，都是无迁移性污染、无毒性恶臭、无油的再生橡胶。

（1）无油脱硫工艺的理化反应机理

无油脱硫再生工艺的技术路线如图3-3-17所示。

无油脱硫工艺的反应机理大致为：起初，橡胶烃最小的分子链段受热后开始滑动。随着

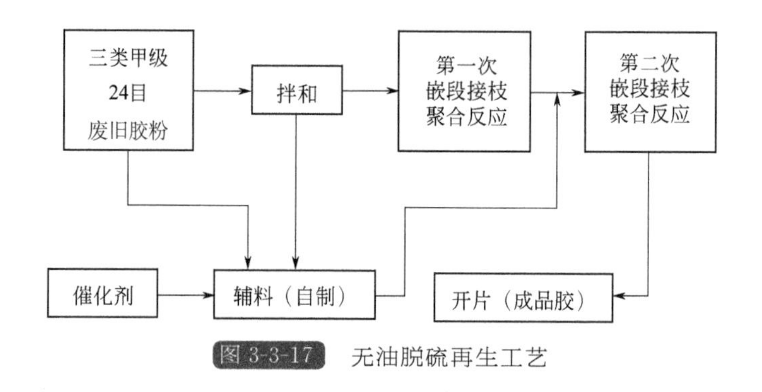

图 3-3-17　无油脱硫再生工艺

时间的推移，比小分子稍大的各级不同分子链段或小片，也相继开始活动起来。与此同时，具有紧密刚硬结构的胶粉受热压及饱和水蒸气的影响，也会变得松弛和柔软。附着在胶粉表面的橡胶烃受同类分子烃之间的“竞聚作用”和“亲和力作用”，向已开始松弛变软的胶粉内“递层穿透”。这种“递层穿透”是带有一定程度的强迫相容性，使两种不同形态的同类橡胶烃分子链互相缠结在一起，发生嵌段接枝聚合反应，嵌接成一种“互穿聚合网络”结构的弹性物。这种弹性物体内的嵌段接枝物分布并不均匀，还必须借助机械力的作用才能达到最理想的效果。

（2）无油脱硫工艺的特点

① 无油脱硫工艺比老工艺制得的产品含废胶率高 13%左右(以下均以废轮胎胶为例计算，余类推)。例如，制 1t 废轮胎胶，老工艺含废轮胎胶率约为 83%，软化和活化油类辅料约为 17%；无油脱硫工艺含废轮胎胶率约为 96%，催化剂辅料约占 4%。二者相比，明显高出 13%左右。由于在胶料内含胶率提高，各种质量指标明显变化，个别检测项目中，无油脱硫工艺产品可比老工艺产品提高近一倍。

② 无油脱硫工艺进行生产，无“三废”有毒害物质排放，彻底改变了生产环境恶劣的局面。多少年来，由于老工艺理论所设计的生产路线要求必须使用大批量的油质物料作辅料，这些油质物料(如煤焦油、松焦油、沥青、妥尔油、420 等)都有不同毒性和恶臭，并要在较高温度(80～160℃)条件下进行操作生产。因而导致生产环境被大量散发的浓厚有毒和刺鼻恶臭气体或液体所污染。对具体操作人员身体健康危害甚大。由于生产理论和设计工艺路线改变，不用一滴油性物料，没有毒性的油蒸气排放，故生产操作环境干净清洁，保障了生产操作人员身心健康。

③ 无油脱硫工艺生产的产品所制成的各种橡胶制品表面光洁，不“喷霜”，无因游离油析出而加速“老化”裂口现象，不发暗和“泛杂色油光”。质量指标超过同类同级产品，个别指标可超过近 1 倍。

3.4.7　微波脱硫工艺

废旧橡胶经脱硫生产再生胶的工艺方法主要有化学和物理方法两大类，我国目前生产再生胶的方法主要以化学法中的高温高压动态脱硫为主，该法能耗仍较大、时间长、生产效率低，仍有些污染。微波脱硫法是一种非化学、非机械的一步再生法，它是利用微波能量切断 S—S 键、S—C 键，而不切断 C—C 键，因而达到目的，因为微波能断键是有选择性的，故用这种方法生产的再生胶的性能接近原胶，微波脱硫过程中无需添加任何助剂，因此基本上无污染。另外，脱硫时所用胶粉为 6.8mm 的胶粒，而不同的脱硫方法需要 24～30 目的胶粉，因此机械损耗可大量减少，电能也可大量减少，微波脱硫时间短，一般只需要 5min，生产效率高，生产成本可大幅降低。因此微波脱硫法是生产高质量和低成本再生胶的最佳方法之一。

微波脱硫要求废橡胶必须具有极性，以使微波产生脱硫所需之能量。这种极性可以是橡胶本身固有的，例如氯丁橡胶、丁腈橡胶、三元乙丙橡胶及丁苯橡胶等都具有极性。另外，也可在胶料中添加其他材料(如炭黑等)获得极性。据文献报道，往胶粉中添加粒径为 10μm 以下的铁粉和二苯基二硫代二苯酰亚胺，可以明显地加速脱硫过程，微波能量是由微波发生器产生的，目前使用的频率为 915～2450MHz，由于橡胶品种不同，所需的能量不同，一般为 0.17～0.22kW·h/kg。炭黑的品种不同，其脱硫速度也不同，如果使用白炭黑，其粒径大小会影响脱硫速度。

3.4.8 超声波脱硫工艺

超声波可在多种介质中产生高频率伸缩反应，高振幅振荡波能引起固体破裂和液体空穴化，而这种空穴化是和大分子的断裂有关的。因此，利用声波空穴作用机理，在一定温度和压力下将一定频率的超声波能量集中于分子键的局部位置，可使较低能量密度的超声波场在破坏空穴处转为高能量密度，迅速破坏硫化胶的三维网络。

美国 Akron 大学已开发出一种将超声波场集中在挤出机中使橡胶脱硫、所用挤出机长径比(L/D)为 24 的塑料加工挤出机，而超声波脱硫反应装置由换能器、倍增器、扬声器、压力和温度测量仪及口型等部件组成，而其相对于挤出机出料段的配置有呈直角或反向同轴两种方式。故来自挤出机的经受剪切和挤压甚至加热的废橡胶进入超声波脱硫反应装置内，且与扬声器相接触，再通过可调缝隙和口型挤出成品。上述换能器是一种可把电能转换成声能的装置，倍增器则将声能扩大且通过扬声器作用于废胶粉料上使之空穴化，而达到降解再生的目的。如对废天然橡胶施以 50kHz 的超声能量，10min 可获得优良的再生胶，硫化后的物理机械性能与原胶相近。

20 世纪 80 年代日本有关超声脱硫的文献报道，超声波能量是声振动为 2×10^4～5×10^6 Hz声频率范围的能量，这类能量波由压电晶体产生，即当有电频率传递给该晶体时，它就能产生超声波。

以 100%的硫化天然胶料和 100%硫化丁苯胶料做实验，首先按表 3-3-20 的配方制成硫化胶，然后按常温和冷冻粉碎法分别制成 10 目、30 目、60 目和 80 目的胶粉，再分别作超声波脱硫制成再生胶，最后分别再硫化后测其性能，见表 3-3-21。超声波脱硫挤出机的工作原理见图 3-3-18，实验挤出工艺条件变量见表 3-3-22。

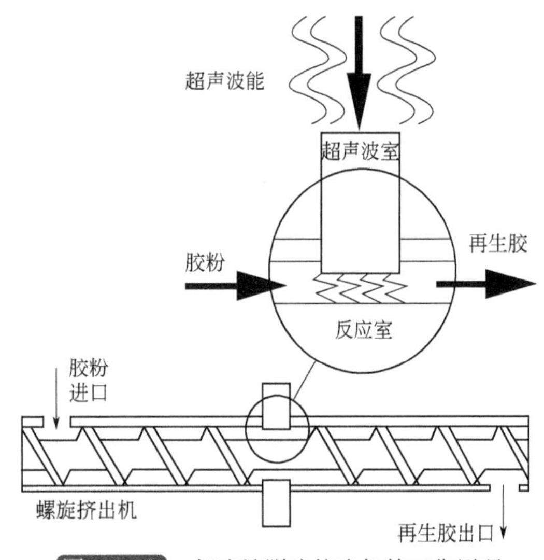

图 3-3-18 超声波脱硫挤出机的工作原理

表 3-3-20 丁苯橡胶和天然橡胶的硫化胶配方 单位：质量份

组成	丁苯胶料	天然胶料	组成	丁苯胶料	天然胶料
SBR1712	55	—	硬脂酸	1	2
SBR1502	60	—	N330	80	80
NR	—	100	芳烃油	—	15
防老剂 RD	2	2	硫黄	2	2.25
防老剂 TQ	2	2	促进剂 NORS	1.49	1.25
石蜡	2	2	防焦剂 CTP	0.12	0.31
氧化锌	3	5	合计	208.61	211.81

表 3-3-21 天然橡胶和丁苯橡胶再生胶的物理机械性能

粉碎方法		对照	常温	常温	冷冻	冷冻	冷冻	冷冻
胶粉粒径/目			10	30	10	30	60	—
天然橡胶	门尼黏度(10℃)	37	88	44.2	70.8	61.2	50.9	—
	拉伸强度/MPa	19.55	12.07	10.9	14.19	12.93	16.3	—
丁苯橡胶	门尼黏度(100℃)	37	—	—	—	—	96.5	86.7
	拉伸强度/MPa	19.18	—	—	—	—	11.22	10.74
	断裂伸长率/%	433	—	—	—	—	143	154

表 3-3-22 实验挤出工艺变量

工艺过程变量	测定范围	附注
温度/℃	120、150、200、290	主要是 200
间隙量/min	1.5、2.3	
喂料速度/(kg/h)	6.8、13.6、27.2、40.8	主要是 136 和 27.2
螺杆转速/(r/min)	30、60	
波幅/mm	0.02	固定不变
频率/kHz	20	固定不变

由表 3-3-21 知，用超声波工艺脱硫，天然橡胶比丁苯橡胶易于脱硫解聚，天然橡胶的拉伸性能优于丁苯橡胶，天然橡胶以冷冻法 60 目胶粉脱硫效果最佳，考虑到生产成本，以常温粉碎废天然橡胶 10 目即可，其拉伸强度已超过 12MPa。但对丁苯胶料来说，只有 60 目和 80 目冷冻粉碎的胶粉能对超声波的作用有积极的响应，在程度上却很小，同时粉碎到 60 目的胶粉耗能大，再脱硫生产再生胶，经济上不划算，还不如直接应用胶粉。

3.4.9 其他一些脱硫工艺

3.4.9.1 生物脱硫法

生物脱硫法是利用微生物或其中的酶专一性催化硫交联键的反应使硫释放出来的废旧橡胶脱硫方法。这种方法不需高温、高压和催化剂，在常温常压下脱硫，脱硫费用低，设备要求简单，是一种具有诱人前景的橡胶脱硫方法。美国巴特尔太平洋西北实验室对废旧橡胶进行了生物脱硫研究。脱硫采用了嗜硫微生物(如硫杆菌、硫化叶菌、红球菌)，利用这些微生物选择性地破坏硫化橡胶的硫交联键，留下完好的橡胶碳链供再硫化用。方法是将废橡胶先粉碎至粒径约 75mm，然后放入含微生物和微生物营养物的水溶液中一起混合脱硫，反应在常温、常压下进行，几天之后便可从水溶液中回收橡胶。不同微生物对胶粉的脱硫产生的表面化学性质不同，故需要根据使用者的配方要求选择使用，这种生产方法成本低于新橡胶的成本。日本、德国、瑞典和韩国等也对废旧橡胶生物脱硫方法进行了研究，均取得较好效果。

3.4.9.2 相转移催化脱硫法

相转移催化脱硫法是借助于脱硫催化剂对硫化胶的硫交联键进行催化脱硫并在两相介质中实现硫相转移的脱硫方法。方法是采用有选择性切断橡胶多硫交联键的脱硫剂——含鎓盐的有机溶液，如十二烷基二甲基苄基氯化铵溶液，先将其浸润废旧橡胶颗粒，然后再用含羟基离子水溶液浸泡混合而实现脱硫相转移。这种脱硫方法脱硫时其切断的交联键主要为占交联键总数 66%～75%的多硫交联键，其余的(多为单硫键)可用于阻止脱硫橡胶的塑性增大。这种方法最早由美国 Goodrich 公司开发并申请了专利。

3.4.9.3 常温催化脱硫法

常温催化脱硫法是我国自行开发的生产再生胶的新工艺，其方法是将 4～28 目的胶粉中加入一定量的活化剂，在常温下经 10min 左右活化，并在开炼机上与脱硫试剂进行一定时间的混炼而实现脱硫再生。此法生产的再生胶，物理性能较高，不添一滴油，拉伸强度在 15MPa 以上，生产工艺简单、能耗低、效率高、无污染，易于工业化生产，该项技术现已转让给加拿大，并在美国建立生产线。

3.4.9.4 RRM 脱硫法

RRM 是一种植物产品，其主要成分为二硫化二烯丙基化合物，其他成分有环状单硫化合物、多硫化合物、多种二硫化合物和砜类化合物，可在市场上购买。RRM 脱硫剂由印度开发，是一种可再生资源，其使用方法与 De-Link 相近，因其采用的原料是天然植物，为可再生资源，故在资源利用和环境保护上具有十分重要的意义，是一种工业应用前景良好的废橡胶脱硫生产再生胶的方法。

3.5 特种再生橡胶生产方法

3.5.1 彩色再生橡胶

在废旧橡胶中彩色废料按红色、蓝色、白色等色或其相似色彩分类，然后进行表面清洗，防止深色油污对色彩污染。软化剂选择浅色类和非污染型，例如精制妥尔油、油酸、机油、白油、松香油。双戊烯、松香、软化重油类均可选择作为再生油使用。由于彩色再生橡胶数量不是很多，脱硫容量不宜过大，为了品种更换、清扫方便，宜选用 3 种脱硫设备，即油法脱硫罐、快速脱硫机、小规格电加热动态脱硫罐。有关脱硫配方上选择浅色和非污染型软化剂，也可另加活化剂少量，软化剂用量一般为 6%～8%。彩色再生橡胶一般通过捏炼后出薄片即可，如用精炼出片必须是强度较好的再生橡胶，否则易断片、难成块。

3.5.2 香味再生橡胶

再生橡胶行业生产的轮胎不少使用煤焦油，因为它成本低、质量好，但它的不足之处是再生橡胶有刺激味，制造橡胶制品后也带有臭味。如果使用松焦油或妥尔油，气味虽然降低，但成本高、质量下降。为此，介绍几种添加剂，可改善再生橡胶的臭味而使之带有香味。

① 在脱硫配方中加入香料厂下脚料、粗制蓝油、山苍子油，用量约2%，既可作软化剂代替双戊烯，又可中和煤焦油气味。

② 在捏炼时(不在脱硫中加)，可加入茉莉花酒精香精，其质量分数为2%，加入量是0.3%，稀释剂为酒精，这样即可获得香味再生橡胶，再也没有煤焦油气味。

3.5.3 乳胶再生橡胶

乳胶再生橡胶是深受欢迎的再生橡胶，可代用生胶，含胶量较高。它的原料为乳胶厂的结皮废乳胶或报废手套、废乳胶气球、废乳胶管等。它难再产，特点是粉碎困难。过去用油法生产，也不粉碎，有的不加软化剂在蒸汽压力0.5～0.6MPa下油法脱硫4h左右，这样得到的再生橡胶品质较低。有的用喷油法，在大块废乳胶表面喷上一层软化剂，这样脱硫的再生橡胶质量不均匀。以下介绍一种新型、合理的再生方法。

1）粉碎　可采用普通双辊粗碎机或一沟一光粉碎机(也可用普通炼胶机)，先将块状废乳胶及废手套进行粗碎。

2）拌油　将上述粗碎后废乳胶送入一台Ly-20型高速脱硫机中进行高速粉碎和拌油，时间约5min(如原料中含水分较高则时间相应长些)，最后放料后进行脱硫即可。这样的乳胶再生橡胶质量较优并且均匀性好。

3.5.4 液体再生橡胶

北京市燕佳腻油加工厂、上海燕化橡胶助剂厂(现改名为上海经亚贸易有限公司)与北京燕山石油化工研究院合作，于1999年成功开发用于制作液体再生橡胶的1#强化剂、油性胶黏剂和水性乳化剂。液体再生橡胶制作配方及工艺见表3-3-23，生产流程见图3-3-19。

表3-3-23　液体再生橡胶制作配方及工艺

<table>
<tr><th>工序</th><th>组分</th><th>配比/份</th><th>时间</th><th>温度</th></tr>
<tr><td rowspan="2">强化工序</td><td>80～120目胶粉</td><td>100</td><td rowspan="2">36～48h</td><td rowspan="2">40～60℃</td></tr>
<tr><td>1#强化剂</td><td>40</td></tr>
<tr><td>压滤强化剂工序</td><td>1#强化剂压出量</td><td>38</td><td>压静</td><td></td></tr>
<tr><td rowspan="3">强化还原工序</td><td>强化过的胶粉</td><td>100</td><td rowspan="3">1～2h</td><td rowspan="3">70～80℃</td></tr>
<tr><td>油性胶黏剂</td><td>30～35</td></tr>
<tr><td>水性乳化剂</td><td>100</td></tr>
<tr><td rowspan="2">包装</td><td rowspan="2">成品</td><td colspan="3">液体油性再生橡胶</td></tr>
<tr><td colspan="3">液体水性再生橡胶</td></tr>
</table>

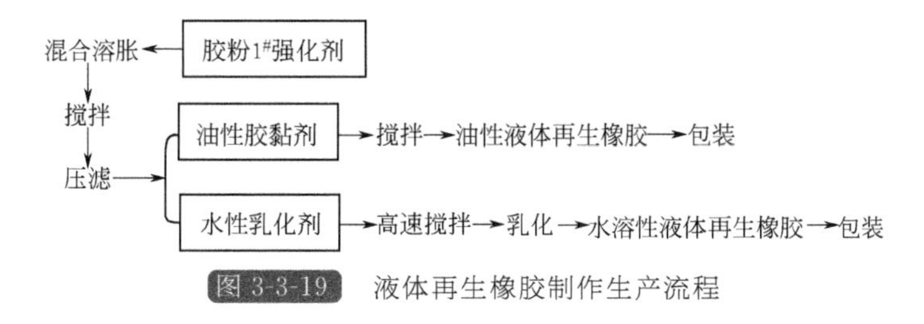

图 3-3-19 液体再生橡胶制作生产流程

液体橡胶的制法采用强溶胀氧化还原法，分两步工序进行。

① 把 80～120 目胶粉 100 份，倒入容器里，加温 40～60℃，加入胶粉总量 40%的 1# 强化剂，搅拌 1h，使其进行强化反应，然后每隔 1h 搅拌 10min，持续 3h，使其进行溶胀反应。溶质和溶剂的分子互相扩散，溶质胶粉的分子量越大，溶解度越小，时间越长。因废旧胶粉里含有天然胶、合成胶、纤维和硬质材料，它们的分子量都超过 10000，相互渗透缓慢，所以强溶胀反应要 36～48h(如若是 60～80 目的胶粉时间更长)，在 8h 里每隔 4h 检验一次看胶粉溶胀溶解是否完成。简便的方法是冷却后用拇指和食指搓，如没有颗粒即成，胶粉溶液用多层纱布包裹、过滤，把 1# 强化剂全部压出(留下以便下次使用)。

② 把溶胀的胶粉倒入容器里，加 30%～35%油性胶黏剂，搅拌 1h，停放 30min，加温 70～80℃，继续搅拌 3h 后，抽样检验，如混合物分散均匀，成膏状体，即是液体再生橡胶。

3.5.5 丁腈再生橡胶

目前有不少耐油制品，为了降低成本，非常需要丁腈再生橡胶，因为它可以提高耐油性能，比任何添加剂都好。但由于丁腈胶具有极性，非常难脱硫。下面介绍几种普通方法、特殊配方。

1） 原料选择　丁腈再生橡胶原料(废胶)，不能和其他胶种混合再生，最好按品种分类，并要了解该原料的成分及组成。例如是丁腈胶还是丁腈胶和聚氯乙烯混合物，还有配方中含有硫化胶交联结构，在制造中有树脂型硫化及非树脂型硫化，它们的脱硫效果差别较大。

2） 粉碎　丁腈胶极易粉碎，任何形式均可。

3） 脱硫　脱硫方法有轧炼法、油法、水油法和动态法四种。举例如下。

① 轧炼法：分三段轧炼，第一段 15min，第二段 6min，第三段 5min，总计 26min。

② 配方：纯丁腈胶粉 100，固体煤焦油 35，脂肪醇 10，其他适量。

3.5.6 乙丙再生橡胶

乙丙再生橡胶分为二元乙丙橡胶和三元乙丙橡胶，属于饱和或低不饱和的结构，二元乙丙橡胶一般用过氧化物硫化，三元乙丙橡胶一般用硫黄硫化。硫黄硫化的三元乙丙橡胶中，因含有极性基，所以采用微波脱硫法，能切断 S—S 键和 C—S 键，不能切断 C—C 键，能获得近似原胶料的性能。

据报道，在荷兰已基本上解决了乙丙橡胶再生的关键问题，不论该胶是经硫黄硫化的，还是经过氧化物硫化的。对于过氧化物硫化的乙丙橡胶，Vredestein 公司采用“Surcurm”胶乳处理法，该法是将胶粉在水悬浮液中经“Surcurm” 胶乳处理，再加入硫黄和促进剂而达到再生。

3.5.7 丁基再生橡胶

丁基再生橡胶的原料一般为丁基内胎和丁基水胎。区别是否为丁基内胎，只需注意在内胎上是否有一条蓝色线，如果是黄线则为三元乙丙橡胶。由于丁基胶不饱和度小，耐热性好，所以再生脱硫很困难。而且，生产丁基再生橡胶绝不能和其他胶种混合；此外，丁基胶粉碎也很困难，一般只能粗碎。

(1) 粉碎

可在再生橡胶厂中用普通双辊粗碎机或一沟一光粉碎机进行粗碎，胶粒达 2～3 目即可。

(2) 拌油

将上述粗碎后的胶粒，倒入 Ly-20 型高速脱硫机(1440r/min)，先进行 2～3min 高速搅拌粉碎，然后加入脱硫配方软化剂进行均匀拌油，总时间约 5min。

(3) 配方(质量份)

丁基废胶 100　松香 2　精油酸 6　420 活化剂 1.5

(4) 脱硫时间

1) 油法工艺　压力 0.6MPa，时间 8h。

2) 动态法工艺　压力 1.4MPa，脱硫时间 2～3h。

(5) 精炼

脱硫后胶料在捏炼时以薄通法为主，每次轧炼 15～20min，精炼一次即可。

3.5.8 硅橡胶再生橡胶

硅橡胶由于具有耐高温性能、回弹性好和生理惰性优异等特点，而被广泛用作耐高温材料和生物医学材料等。由于硅橡胶价格较高，如将不合格的硅橡胶制品以及生产边角料当作废物抛弃，则会造成较大的浪费。下面介绍硅橡胶的再生方法及应用。

(1) 废旧硅橡胶的再生方法

废旧硅橡胶的再生法常有机械法、热裂解法和化学法等。

1) 机械法　将不合格的硅橡胶制品和生产下脚料经挑选、清洗、去除杂物、干燥后剪成小块，置于开炼机上以小辊距(≤0.2mm)反复精炼破碎，最后用试样筛筛选、分类得到硅橡胶再生橡胶。

2) 热裂解法　选用机械法制得的细度为 40 目的硅橡胶胶粉置于热裂解器中在一定热裂解条件下热裂解，然后在开炼机上精炼。

3) 化学法　选用机械法制得的细度为 20 目的硅橡胶胶粉加入化学改性剂，于低于 50℃的温度下搅拌 15min，再在开炼机上精炼。

(2) 硅橡胶再生实例

① 将不合格的硅橡胶制品和生产下脚料经挑选、清洗、去除杂物、干燥后，剪成小块，置于开炼机上以小辊距(≤0.2mm)破碎，筛选、分类制成硅胶粉。

② 将 20 目左右的硅胶粉和硅橡胶再生剂 RDSiR 放在开炼机上精炼 15～20min，辊温低于 50℃，根据情况可以加增塑软化剂，薄通出片，即可得到硅橡胶再生橡胶。

③ 注意事项：硅橡胶再生还原适宜在小速比开炼机上混炼，速比越大越难成片，建议在 1∶1.1 速比的开炼机上应用。

3.5.9 氟橡胶再生橡胶

氟橡胶由于具有耐高温、耐腐蚀、耐油等特性而被广泛用于化工、航空航天等领域。由于氟橡胶价格高，将生产过程中的边角和不合格品回收再利用具有较大的经济价值。将不合格的氟橡胶制品和边角料经挑选、清洗、去除杂物、干燥后，剪成小块，置于开炼机以小辊距破碎制得粗胶粉。

（1）废旧氟橡胶的再生方法

废旧氟橡胶再生法常有机械法、化学法和机械化学法。

1）机械法　将粗胶粉直接置于开炼机上反复薄通一定次数即得氟橡胶再生橡胶。

2）化学法　粗胶粉 80g 加入到含有乙酸和高锰酸钾的 850mL 丙酮中，经 4h 溶解搅拌均匀，加入 100mL 浓碳酸钠溶液，使之沉淀。沉淀经水洗、干燥即得氟橡胶再生橡胶。

3）机械化学法　先将氯化亚铁溶于乙醇中，苯肼溶于苯中，再在开炼机上以小辊距薄通粗胶粉，同时加入氯化亚铁和苯肼进行再生。也可选用 RDFPM 氟橡胶专用再生剂。

（2）氟橡胶再生工艺举例

精炼机→投入废氟橡胶→投入 RDFPM 氟橡胶再生剂→薄通，之后即完成橡胶的工艺过程。

3.5.10 丙烯酸酯再生橡胶

ACM 橡胶是 1983 年之后才工业化生产的一种特种橡胶，其基本特性是在高温(175～200℃)下耐燃油、耐润滑油的性能极好，并且耐多种气体，但是耐水、耐寒性稍差。

ACM 橡胶主要应用于汽车工业制造各种密封垫、隔膜、油封和特种胶管等汽车配件。随着汽车工业的发展、汽车保有量的迅猛增大，ACM 橡胶消耗量也将随之增加。同时 ACM 橡胶也是价格较高的橡胶，在目前世界经济现状下，ACM 废旧橡胶的再生及其应用对降低汽车配件材料成本、提高企业的经济效益是非常有意义的工作。使用 RDS-ACM 丙烯酸酯橡胶再生剂制造 ACM 再生橡胶的工艺方法简单环保，用橡胶厂现有的设备条件均能完成。

ACM 橡胶再生工艺：

开放式炼胶机或精炼机→投入废 ACM 橡胶→RDS-ACM 丙烯酸酯橡胶再生剂→薄通数次。

3.6 再生橡胶的应用

再生橡胶具有价格低、生产加工性能好的优点，可替代部分橡胶或单独作为橡胶，应用于各种橡胶制品生产。再生橡胶在应用上具有以下优缺点。

（1）再生橡胶应用优点

① 有良好的塑性，易与生胶和配合剂混合，节省工时，降低动力消耗。

② 收缩性小，能使制品有平滑的表面和准确的尺寸。

③ 流动性好，易于制作模型制品。

④ 耐老化性好，能改善橡胶制品的耐自然老化性能。

⑤ 具有良好的耐热、耐油、耐酸碱性。

⑥ 硫化速度快，耐焦烧性好。

（2）再生橡胶应用缺点

1）弹性差　再生橡胶是由弹性硫化胶经加工处理后得到的塑性材料，其本身塑性好，弹性差，再硫化后也不能恢复到原有的弹性水平。因此，应用时要注意选择好配合量，特别是制造弹性好的产品，应尽量少用再生橡胶。

2）屈挠龟裂大　再生橡胶本身的耐屈挠龟裂性差，这是由废硫化胶再生后其分子内的结合力减弱所致。对屈挠龟裂要求较高的一些特殊制品，掺用再生橡胶要斟酌使用，并注意使用量。

3）耐撕裂性差　影响耐撕裂性的因素较多，其中配合剂分散不均，制成的橡胶制品不仅物理机械性能低，耐老化性差，而且抗撕裂性也弱。再生橡胶在脱硫工艺过程中拌料不均、再生剂分散不好，是造成再生橡胶耐撕裂性差的一个因素。在应用时应注意这点。

再生橡胶含有的橡胶烃是指废硫化胶中的弹性橡胶成分。日本工业标准 JIS K6313 对再生橡胶的橡胶烃含量做了如下推测：汽车轮胎再生橡胶橡胶烃含量为 45%～50%；汽车内胎再生橡胶橡胶烃含量为 55%；胶鞋、杂胶再生橡胶橡胶烃含量为 30%～40%。实验表明，轮胎再生橡胶的物理机械性能仅是原硫化胶性能的 50%～60%。据此推算 100 份再生橡胶中含橡胶烃约 50 份，相当于原硫化胶性能的 30%，也就是说 100 份轮胎再生橡胶只能代替 30 份生胶使用，再配合 70 份原料橡胶，其硫化胶的性能相当于 100 份原料橡胶硫化胶的性能。

再生橡胶的应用形式有两种：一种是全用再生胶；另一种是掺用。掺用的形式有：天然橡胶＋再生橡胶；合成橡胶＋再生橡胶；天然橡胶＋合成橡胶＋再生橡胶。全部使用再生橡胶的情况较少。

再生胶是橡胶工业广泛采用的低档原材料，一般对机械强度等物理机械性能要求不高的橡胶制品，均可掺用再生胶制造。除了丁基橡胶外，再生胶与各种通用橡胶都能很好互容。

基于再生橡胶的优点，再生橡胶可广泛应用于各种橡胶制品，具体应用如下。

3.6.1　轮胎中的应用

胎面胶里使用再生橡胶，只限用于断面较小的外胎，或断面虽然较大，但行驶速度慢的轮胎。乘用车轮胎帘布层胶料中掺用再生橡胶，可以提高胶料的加工性能和产品的耐老化性能，而且降低成本。胎体胶料中掺用再生橡胶后，临界压延温度范围增大，这是由于再生橡胶比生胶回弹性低，因此减少了压延机堆胶时内部生热的现象以及焦烧的危险。但胎面胶使用再生胶时，人们又不得不严肃对待再生胶对回弹性、撕裂和疲劳的影响。就回弹性看，使用再生橡胶使这一性能显著下降。回弹性越低，滞后损失越大，滞后损失是胎面行驶过程中生热的主要原因，随着温度上升，橡胶的所有性能全部受到影响，特别是造成撕裂和耐疲劳性能的下降。车辆的耗油量也因轮胎的这些能量损失而增加。

断面较大的轮胎，由于使用条件苛刻和橡胶导热性差，其行驶温度特别高，因此不能使用丝毫再生胶，否则在行驶中产生的高温易引发危险。飞机轮胎和载重胎等，由于对抗疲劳性能的要求，妨碍了再生胶的应用。此外，在小客车、摩托车车胎中使用再生胶会影响耐磨性能。因此，再生胶只限用于翻胎胎面胶中。

自行车胎只要是黑色的，通常可以掺用一定比例的再生胶。胎面和胎体胶料都可以天然胶、丁苯胶和再生胶并用来配合，掺用比例取决于所要求的质量以及加工性能。

3.6.2 胶带、胶管中的应用

胶带和胶管制造是再生橡胶应用十分广泛的领域。胶带、胶管产品的力学性能要求差距很大，可以根据不同的性能要求，选用再生橡胶的品种和掺用数量，胶带产品一般力学性能要求较高，在部分部件中可以少量掺用，胶管产品一般力学性能要求较低，大多数都是在静态下使用，所以大量掺用再生橡胶也能满足使用要求。对某些制品来说，例如园艺胶管，再生橡胶可能是橡胶烃的唯一来源，当可以满足质量要求时，采用这种方法不会出现问题。但是，通常的做法是向再生胶中添加适当新胶，提高硫化胶的强度。

3.6.3 鞋底中的应用

鞋底胶料中使用再生橡胶是传统的做法，尽管鞋底胶料中的高苯乙烯胶的应用越来越普及，但目前再生橡胶仍广泛地使用。

3.6.4 胶黏剂中的应用

胶黏剂中所用的再生橡胶大多来自天然橡胶，由于硫化后再生橡胶中导入了较多的极性基团，同时产生高度技术结构，与天然胶胶黏剂相比，对橡胶与金属结合制品的粘接强度没有不利影响，同时具有良好的耐老化性能和耐热性能。

由再生橡胶制备的胶黏剂可分为两类：一类是把再生橡胶分散在水介质中；另一类是把再生胶分散在适宜的有机溶剂中。

再生橡胶水分散体的制备是把再生橡胶与所需的增塑剂、树脂、填充剂一起，在具有Z形刀片的捏合机内捏炼，使之细分成胶体微粒子，然后加入分散剂，使粒子外表面有一层可使粒子保持悬浮的亲水保护层，当分散剂完全混入后，慢慢加入适量水，使相态发生变化后，稀释至适当浓度。目前它主要用于带背衬针织地毯及各种不同的背衬。这类胶黏剂的一个优点是能浸润油污表面，如金属表面，并与之粘接。

再生橡胶分散在适宜溶剂烃、氯化烃中，并添加树脂使之产生具有流变性能和粘接性能的溶液，这类胶黏剂的性能受到树脂种类和用量、再生胶品种、填充剂品种和用量的影响。再生胶通常用水油法再生橡胶。与天然橡胶胶黏剂相比，优点：价格低；粘接性好，耐老化；固体物含量高，具有易涂刷、易挤出特性；在垂直黏合面上不会产生流淌。缺点：耐溶剂性差；仅限于黑色。可用于粘接陶瓷瓦(砖)、吸声贴砖、小客车车身、小客车装饰物、地面瓷砖、毛毡屋顶、泡沫胶等。

3.6.5 硬质胶中的应用

使用再生橡胶制作硬质胶的代表，是生产硬质胶蓄电池外壳胶料。再生胶可以单独使用，也可与丁苯或天然橡胶并用。当要求有好的绝缘性时，需使用优质的水油法再生胶。

3.6.6 工业制品中的应用

过去，各种橡胶工业制品都大量使用再生橡胶。当时使用再生橡胶就是为了降低成本，并不考虑制品的性能，当然在性能方面也未造成问题。现在使用再生橡胶不仅是为了节约胶料成本，而且认识到其作为配合剂的真正价值，由于混炼时间缩短了，产量就可以提高，同时也降低了混炼胶的管理费用。另外，再生橡胶的热塑性低，能提高压出速度，并能保持压出制品，在无支撑硫化时无变形。用再生橡胶制造硬质胶蓄电瓶时，再生橡胶能快速与填充剂混合，尺寸稳定，不收缩，硫化速度快。丁基再生橡胶的物理机械性能比普通再生橡胶高，拉伸强度与原生胶很接近，用于制造汽车散热器胶管外层胶，性能相当好。丁基橡胶还可以保持胶料的稳定性。

3.6.7 其他领域的应用

① 再生胶防水卷材。生产工艺简单，产品成本低、质量档次为中等或中低等，能满足一般防水要求，例如纤维增强的非硫化系列防水卷材，以再生胶和石油沥青为基材，经配料、混炼、压延、切边、卷取等工艺，成品用废纤维作为增强剂，卷材具有－60℃不脆裂、120℃不起泡、耐老化性能良好等优点。

② 再生橡胶与热塑性树脂共混并用。可采用动态硫化、静态硫化、橡塑共混非硫化多种形式。用再生胶改性热塑性树脂制造发泡橡塑制品，具有弹性好和压缩变形小的特点，发泡相对密度一般可达到0.1。

③ 再生胶还可以和废纤维材料进行复合，用于注射成型挤出成型各种制品。

第4章

废旧橡胶的热裂解和燃烧热利用

4.1 废旧橡胶的热裂解利用概述

众所周知，过去废橡胶的主要利用方式是轮胎翻修和制造再生橡胶用于橡胶工业。在工业发达国家这已成为历史，似乎再生橡胶工业兴旺发达的时代不会重新到来。但是，当今世界废橡胶的污染问题已成为一个重大的社会问题，目前我国已成为世界橡胶消耗第一大国，随着废旧橡胶污染程度越来越严重，其回收处理和作为二次资源的再利用再次受到重视和关注。经过此前研究，热裂解技术被认为是当今处理废轮胎的最佳途径之一，经过热裂解后的废旧橡胶污染小，并可以回收热解丝、钢丝等化工产品。

4.1.1 废旧橡胶热裂解生成物的组分

根据 1969 年美国费尔斯通公司与美国矿山局研究的结果，废轮胎的热分解生成物中主油(即热解油)、煤气占 50%以上，碳占 40%左右。各种生成物所占比例因废轮胎种类、形状大小、分解方式及分解温度的不同而不同。

4.1.2 废旧橡胶热裂解生成物的利用形式

分解产物按形式还可分为废钢丝、热解气、热解油、纤维和炭黑。利用形式分别如下。

1) 废钢丝　作钢丝出售。

2) 热解气　其发热量为 7000～8000kcal/kg，可作为燃料使用。

3) 热解油　一般相当于重油，发热量 10000kcal/kg 左右，可作为化学制品的一种来源，如作燃料油或橡胶加工软化剂使用。

4) 纤维　结构程度受到一定损坏，但仍具有一定强度弹性，可直接用于橡胶制品、塑料制品、纤维粉和一些建筑材料的制作。

5) 炭黑　经重新粉碎、造粒后用于一般橡胶制品，如橡胶管、带、杂品、鞋底，其物理性能与通用炭黑和高耐磨炭黑相近，也可部分用于轮胎。另外，也可作活性炭使用。

4.1.3 废旧橡胶热裂解技术概况

与翻新、制造胶粉和再生橡胶、焚烧等废旧轮胎处理方法相比，热解法具有对废轮胎处理量大、效益高和环境污染小等特点，更符合废弃物处理的资源化、无害化和减量化原则。近年来，废轮胎热解处理逐渐由小型试验转向中试规模试验，废轮胎的热解研究也逐步从新工艺开发、工艺优化向热解产物的分析和利用方向侧重。

4.1.3.1 国外情况

近年来，各国在废轮胎热解方面的研究取得了一些进展，但有关实际应用与商业运行的热解工艺的报道不多。废轮胎的热解有很多方法，如催化热解、真空热解、加氢热解、自热热解、干燥热解、低温热解、过热蒸汽气提热解、煤共热解和等离子体热解等；采用的反应器形式也很多，如移动床、固定床、流化床、烧蚀床、悬浮炉和回转窑等，其中以移动床、固定床、回转窑和流化床为主。各种热解方式一般都有其特定的目的，即主要回收热解产物中的某一二种主要物质。

目前在废轮胎中试热解研究领域中，代表性的工艺包括：加拿大 Laval 大学（C. Roy 等[49]）的真空移动床工艺，德国汉堡大学（Kaminsky 等）的流化床热解工艺，比利时 ULB 大学（Cypers 和 Bettens）的两段移动床工艺，加拿大 Ener Vision 公司的连续烧蚀床工艺（CAR）和日本 Kober Steel、意大利 ENEA 研究中心的回转窑工艺等[32~42]。

Andrea Undri 利用微波辅助设备在 N_2 环境下热解废旧轮胎，认为热解产物的组成和含量与 P/M^2，即微波能与质量的平方的比值有关。微波能越高，形成的热解油黏度、密度越低。此外，还探讨了热解炭的特性及品质，认为其可以用作半补强炭黑的替代物[32,33]。

无论是在废轮胎热解特性还是在热解技术中试和工业化应用研究方面，国外学者都走在前列。随着废轮胎热解技术研究的不断深入，研究方向已从批量、小型试验逐渐进入连续式、中试阶段，部分还实现了工业化示范生产和商业化运行。国际上先后出现了诸多不同工艺的废轮胎热解商业运行工业化生产系统，根据处理要求的不同，处理规模从每天数吨到数百吨不等。

4.1.3.2 国内情况

目前，国内对废轮胎热解技术的研究大多局限于微型和小型试验台研究，采用流化床和回转窑等热解装置。浙江大学的研究人员对在回转窑和流化床内热解废轮胎进行了一系列研究。目前浙江大学的回转窑热解装置已经建立起中试试验台，处理量达到 10～40kg，出油率为 43%～45%[34,35]。

中国科学院广州能源研究所戴先文等采用循环流化床对废轮胎的热解进行了研究，认为停留时间长、热解温度低的条件有利于炭化过程[36]。该所还对废轮胎催化热解的小型试验进行了研究，热解技术已比较成熟，出油率达到 40%，但由于废轮胎的市价较高而终止了试验的放大研究。

中国科学院山西煤炭化学研究所崔洪等运用热重/差热连用仪研究了 4 种废轮胎和 3 种橡胶的热解行为。结果表明，升温速率可以明显改变废轮胎的热解历程，但对热解产物的收率影响不大，NR 的热解失重和 SR 的解聚使废轮胎的热解表现为一放热过程[37]。

清华大学肖国良等在废轮胎热解炭黑的深加工及应用方面进行了一系列的研究，探讨了超细粉碎和表面改性工艺对废轮胎热解炭黑性能的影响以及热解炭黑在 NR 中的应用，并制备出性能优良的超细改性热解炭黑。结果表明，超细改性热解炭黑填充NR的性能良好，应用前景广阔[38,39]。

浙江德清华邦化工有限公司采用固定床催化裂解工艺处理废轮胎，热解温度降低到360℃，耗用功率降至10kW，出油率达到33%～35%。该公司在2004年12月正式投产，已拥有5000t废轮胎的年处理能力。

国内对废轮胎热解特性的研究起步较晚，且局限于对热解产物收率、基本理化特性等方面，而对热解产物的具体组成、应用性能和前景等涉及较少。废轮胎热解技术的产业化应用研究水平相对于国外较低，尚未开发出技术成熟的中试规模以上的热解工艺。我国目前已有一些较小规模的废轮胎热解处理企业，但大多采用批量式热解装置，而且由于缺乏对热解技术的系统研究，无法对废轮胎热解技术的应用提供技术依据和支持，因此存在能耗较高、热解产物品质低等问题，而且热解处理过程中还会造成严重的二次污染。研究如何逐步实现减少上述问题的产生并将废轮胎热解技术实现产业化，将是今后国内该项技术发展的重点。

4.1.3.3 技术经济分析

在欧美等国家收集废轮胎者不仅不支出费用，而且要轮胎用户交污染费或回收费，所以废轮胎热分解的原材料费极低，其成本主要是水、电、汽、人工、设备等费用，只要生产规模合理(一般年处理废轮胎1万吨以上)，并且回收物能以合适的价格出售，是不会亏损的。一般在美国热分解处理1t废轮胎的回收物收入为52美元。据美国俄亥俄州一个年处理量为17150t废轮胎的工厂提供的资料，包括粉碎设备在内的资本投资210万美元，粉碎成本73.4万美元/年，回收物收入89.8万美元/年，纯成本18.52万美元/年。但也有的国家和企业，由于以上几个问题处理不当，致使废橡胶的热分解利用进展不大。

4.1.3.4 发展趋势

对于处理规模较小的废轮胎热解系统，废轮胎在进入热解装置前需进行破碎处理，碎片大小视装置的规模和设备尺寸而定。将整条轮胎破碎成碎片的能耗较大，采用整胎入料方式可以节省相当一部分能耗。相关数据显示，在各种工业化热解工艺中，采用将废轮胎整胎直接送入热解反应器的热解工艺，经济效益普遍较好。

废轮胎热解的主要产物为热解油和热解炭，将热解油直接用作燃料油虽然可行，但经济性欠佳，将热解炭直接破碎成炭黑，其产品也多为低等级品种，因此在对热解产物的特性进行详尽分析的基础上对其进行进一步加工和精制，从而制得价值更高的产品，是当前废轮胎热解工业化运行具有经济效益的关键所在。

目前存在的热解工艺往往是针对某一种或几种产物的回收利用，较少有完全资源回收的热解技术，且大多要求将废轮胎破碎成一定粒径的颗粒，增加了能耗，提高了成本。如何进一步降低成本，开发出经济性更佳、资源利用更彻底的热解工艺将是今后进行废轮胎热解技术研究的重点。

国外在废轮胎热解技术方面的研究较多，工艺已日趋成熟，但已开发的工艺大多由于经济性较差而限制了其进一步推广。国内对废轮胎热解技术的研究还处于小规模的实验室阶段，并且多局限于对热解产物收率、基本理化特性等方面的研究，产业化应用研究水平相对于国外较低。

随着废轮胎等橡胶类废弃物数量的迅速增多，对废轮胎进行回收处理，开发出符合无污染、连续化、完全资源化的回收利用废轮胎的处理技术并将其应用推广，已成为迫切需要解决的问题。

4.2 废旧橡胶热裂解的工艺方法

将洗净的废旧轮胎经切片或粉碎后进入热解反应器，在反应器内经加热后发生热分解反应。气态产物通入冷凝器，可以实现油气分离，并可冷凝出多组馏分，如汽油馏分、柴油馏分和重质油馏分等。反应器内固态产物经磁选使粗炭黑与钢丝分离，粗炭黑经进一步加工处理可制得活性炭或炭黑。热解工艺过程如图 3-4-1 所示。

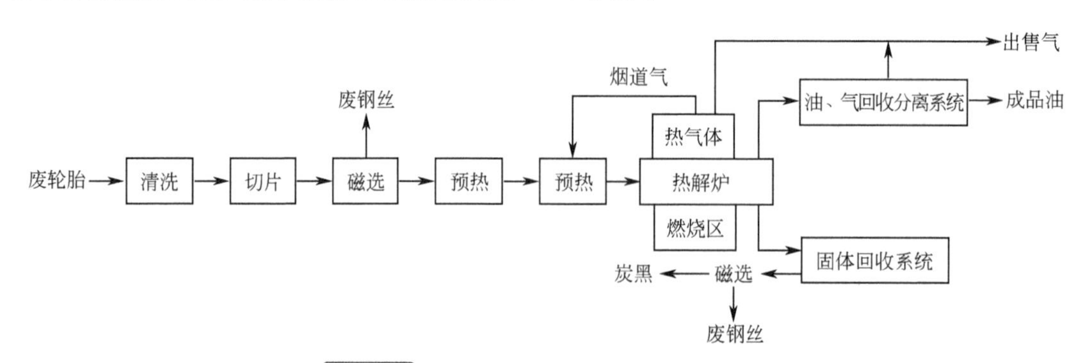

图 3-4-1 热解法处理废旧轮胎的工艺流程

4.2.1 移动床热解工艺

移动床热解工艺属于慢速热解工艺，R. Cypres 等开发的两段移动床热解系统由链条式热解一次反应器和挥发相二次反应器组成。热解产物中热解油(苯、甲苯、二甲苯和苯乙烯等含量高)的质量分数为 37%～42%、热解炭的质量分数为 42%～45%、热解气的质量分数为 16%～20%；既保证了较低热解温度下热解炭的收率和品质，又可利用高温下二次芳香化反应得到价值较高的轻质芳烃[40]。

4.2.2 流动床热解工艺

流动床热解工艺属于快速热解工艺，特点是加热速率快、反应迅速、气相停留时间短，因此热利用效率高，同时可以减少二次反应的发生，热解油产率较高。日本瑞翁公司采用流动床热解装置，热解原料为粒径 5cm 以下、去钢丝的废轮胎颗粒，产物为燃料油和炭化物。德国汉堡大学 W. Kaminsky 等开发的流化床热解工艺具有代表性，该热解系统采用间接加热方式，热解产物为炭黑、热解油和钢丝。结果表明，利用较高的热解温度(700～800℃)进行二次芳香化反应，可以回收利用苯族化合物和苯乙烯等。

为了降低流化床热解温度从而降低能耗，W. Kaminsky 等在 500℃和 600℃下利用流化床热解技术开展低温轮胎热解试验，使用氮气作为流化气。结果表明，温度从 500℃升到 600℃，气体和炭黑产量大幅度提高，且炭黑质量受温度影响不大[41]。

4.2.3 烧蚀床热解工艺

烧蚀床热解工艺是将反应物料与灼热的金属表面直接接触换热，使物料迅速升温并裂解。加拿大 Ener Vision 公司的连续烧蚀床工艺具有代表性。W. J. Black 等利用连续烧蚀床工艺中试试验装置，在氮气气氛、热解温度为 450～550℃、停留时间为 0.6～0.88s 条件下，对粒径约为 1cm 的废轮胎物料进行热解研究，并对热解炭进行活化处理，探讨了热解炭及以其为原料制得的活性炭的吸附性和炭黑的应用性能。结果表明，在 450℃时，热解油、热解炭和热解气的产率分别为 53%、39%和 8%；较高的热解油产率表明连续烧蚀床热解工艺热解产物的停留时间较短，二次反应程度较低[42]。

4.2.4 回转窑热解工艺

回转窑热解工艺有外热式(间接加热)和内热式(直接接触加热)之分，外热式热解工艺热解油产率大、热值高，炭黑品质好，燃气热值较高，污染排放物比内热式热解工艺更少。因此，国内外开发的回转窑热解工艺多为外热式。

与流动床、移动床和固定床热解工艺相比，回转窑热解工艺具有对废物料形态、形状和尺寸的适应性广的特点，几乎适用于任何固体废物料，对废轮胎给料尺寸几乎无要求，属于慢速热解工艺。

日本神户制钢公司的外热式回转窑热解产物为燃气，Onahama Smelting 公司的回转窑热解装置采用整胎进料，产物为炭黑、热解油和钢丝[42]，美国固特异轮胎橡胶公司的回转窑热解装置采用原料为 5cm×5cm 的废轮胎块状物，产物为燃料油、炭黑和钢丝。德国 Krauss-Maffel 系统、Kiener 系统、Kdrko/Kiener 系统和 GMU 系统的外热式回转窑热解装置的主要产物均为燃气。加拿大 UWC 公司的回转窑热解装置的产物为炭黑、热解油和钢丝。

4.2.5 固定床热解工艺

目前，国外废轮胎的固定床热解装置主要包括：日本 JCA 公司的热解釜装置，产物为燃料油和燃料气；日本油脂公司采用的美国 ND 热解炉(外热式)装置，热解原料为粒径 10cm、不去钢丝的废轮胎颗粒，产物为油和炭黑；美国 ECO 公司的管式炉热解装置，热解原料为粒径 2.54cm 的废轮胎颗粒，产物为炭黑和油；德国 VEBA OEL 技术中心的热解炉加气化炉热解装置，热解原料粒径小于 200mm，产物为燃料油和焦炭；英国 Leeds 大学 P. T. William 等开发的吨级批量废轮胎热解系统，固定床热解系统为批量给料，不能长期连续运行。而且热解条件不易长期保持，整胎热解导致金属丝在床内缠绕等问题也亟待解决[43]。

4.2.6 其他热解工艺

废轮胎在无催化效应的高温盐溶液中进行热解属于熔浴热解工艺，如 NIS 公司采用熔浴釜装置，主要产物为化工产品。微波热解工艺主要回收固相和液相产物，如日本大阪工业技术实验所和美国固特异公司的微波炉热解装置。过热蒸汽气提热解是一种小型热解装置工艺技术，主要回收液体产物，热解过程中加入水蒸气越多，产物的品质越差。此外，还有利用云母等作为催化剂进行催化裂解的工艺，催化裂解虽然可以降低热解温度，促进热解进行，但催化剂的加入使热解产物的品质受到影响。上述热解工艺由于工艺条件的限制都不适合长期连续运行。

4.3 废旧橡胶热裂解新技术

4.3.1 废旧橡胶低温微负压催化裂解

废轮胎(废旧橡胶)、废塑料低温微负压催化裂解技术是当今该项技术最先进的低温催化裂解工艺之一，是利用废轮胎、废旧橡胶、废塑料等进行资源再生循环利用的高新技术。

目前国际上比较常用的裂解方法有以下几种。

1）热能利用　直接燃烧，供发电厂、工业锅炉、水泥厂和钢铁厂等作热能燃料。用量也较大，但只能回收不到一半的能源，利用率较低。

2）热裂解　这是一种废轮胎普遍的处理方法。热裂解处理过程是将胶粒输送到热裂解炉进行热裂解，胶粒在高温高压状态下进行热裂解，其中气相产品进入洗涤塔冷凝冷却，冷凝下来的燃料油晶经冷却后送罐区储存，不可凝的轻组分(C_5以下的烃类气相)回收作为热裂解炉的燃气。这种方法是很普遍的一种处理方式，但因其是在高温高压下完成，在这个过程中会有有毒气体产生，对环境和人体有很大的威胁；同时，由于这种方法技术复杂，装置庞大，成本很高，也制约了其推广应用。

3）废旧轮胎土法炼油　目前，我国使用较多的利用废旧轮胎土法炼油技术，成本虽低，但设备简陋，在生产过程中会产生大量有毒有害烟尘、气体，严重污染空气，且生产过程中产生的废渣、废油也会严重污染环境，带来二次污染。另外，土法炼油生产出的油多属于多种油体的混合物，油质极差，是对资源的一种极大浪费。

而最新的低温微负压裂解技术与其他技术相比，优势在于以下几个方面。

1）能同时处理多种废料　如废旧橡胶、废旧轮胎、废旧塑料、废油、油浆、煤焦油等各种废油。经该装置深加工最终产品是国标柴油、国标汽油、精品炭黑、沥青、钢丝、液化气等。

2）绿色环保　无任何的“三废”排放(废水、废气、废渣)和二次污染。

① 无废水。本工艺过程中的用水，只用于循环冷却使用，因而没有废水产生。

② 无废气。由于本装置为低温裂解设备，故没有产生有毒气体二噁英的条件，因此无二噁英产生和排放，不产生有毒气体。而在裂解过程中产生的其他气体，是 C_4 之前的烃类化合物，为不可凝的可燃气体，可经脱硫后回燃烧机使用作为燃料，实现资源再利用。

③ 无废渣。本工艺流程中的废渣一般为钢丝和炭黑。通过采用封闭式振动筛分离，废渣出料后留于系统之内，钢丝和炭黑经振动筛分离，钢丝从钢丝出口排出，炭黑输送至深加工系统处理还原为精品炭黑，自动包装成袋。整个过程在封闭式自动控制下处理，不产生外排废渣和粉尘。

3）经济效益高

① 设备造价低廉，投资和使用成本低。

② 本技术废轮胎不需切胎(碎胎)的工序，以整个轮胎(也可切成 2 块或 4 块)进料，节省了投资切胎(碎胎)机器，也节省切胎(碎胎)过程中的人工和能耗等。

③ 采用高效快开裂解釜。其他装置进料出渣需要人工操作 2 个多小时，而本装置不需人工，2min 完成快速进料和出渣工序，节约裂解时间。

④ 远程热辐射、聚集热源，急速提升裂解温度，非直接供热，热值利用率高。

⑤ 采用开放性标准的“全集成自动化”组成，坚固耐用，稳定可靠，简便易用。减少原材料消耗，提高生产率。

⑥ 整套设备工艺简单，操作方便，省电、省能耗、省人工、省机械损耗。

4.3.2 废旧橡胶超临界流体处理技术

与脱硫略有不同，废旧轮胎橡胶的液化解聚过程一般伴有降解过程，产物油的分子量不高。Park 等用二因子设计实验分析了废旧轮胎超临界水回收油的可行性，通过 F 检验确定了影响油产率和橡胶转化率的主要参数是温度和初始的气相组成。用 MnO_2-Ce_2O_3 作催化剂的实验结果表明，催化剂的使用对于油的产率和转化率几乎没什么影响；为此推测，轮胎中的硫可能使催化剂失活。在 450℃的条件下，短的接触时间会有高的油产率，延长接触时间则会增加气体产量。在接近 400℃及氦气存在下，轮胎最大转化率和油产率分别为 89%和 68%。若用空气代替氦气，则因空气中的氧气能将油转化为气体产物，降低了油产率。若为了得到固体颗粒，如炭黑，就不必采用氦气[44]。

通过调整反应时间，用超临界水和超临界 CO_2 体系控制橡胶降解产物的分子量在一定范围内。废弃橡胶的降解产物含约 70%的有机组分和约 30%的炭黑；天然橡胶降解产物为均匀的有机液体，几乎无炭黑生成[45]。

Park 等利用间歇式和半间歇式反应器，在 300～450℃的超临界水中，研究了氧气存在下丁苯橡胶的氧化降解过程。丁苯橡胶可氧化分解为一系列低分子量的有机化合物，如苯、甲苯、乙苯、苯乙烯、苯酚、苯酮、苯甲酸、苯甲醛等，而气体产物主要为一氧化碳、二氧化碳。通过对分解效率和液体产物的半定量分析得知，丁苯橡胶在含氧的超临界水中同时发生了热裂解和氧化反应，产生低分子量的氧化产物[44]。

Lee 和 Hong 研究了顺式-聚异戊二烯橡胶在超临界四氢呋喃介质中的解聚。结果表明该橡胶经过 3h 降解成低分子聚合物，其分子量变化幅值较小，同时产生不少于 10 种有机化合物[45]。

Pan 等在温度 300～360℃、压力为 3.7～7.0MPa、反应时间为 20～90min、甲苯和试样的比例为 5.0～10.0 的条件下研究了废旧轮胎和天然橡胶在超临界甲苯中的解聚，结果表明两种胶的大部分降解产物相似，主要为烷基芳香烃和烯烃[46]。因此，用超临界流体分解轮胎的温度比常规的热分解法的温度低，而且分解率高。

Z. Fang 研究了丁苯橡胶在超临界水中的相行为和液化情况[47]。当双氧水的含量为 0、5%和 10%时，在 521～558℃充分溶解后，对应的溶解度值占样品总质量的 16.5%～28.0%、38.6%～50.7%和 47.1%～66.0%；显然溶解性随着双氧水含量的增加而增大；在此双氧水浓度系列和 395～721MPa 下，开始液化的时间分别为 1628s、663s 和 53s。在 521～558℃，一种非溶解性颗粒开始转变为红色的挥发性化合物；经过液化后，随着温度升高到 686℃，该化合物又被炭化。

国内有人分别进行了废旧橡胶的热裂解、催化裂解和超临界水裂解实验，分析比较了 3 种液化解聚途径对液相混合油品收率及反应时间的影响[48]。结果表明，废旧橡胶在超临界水中液相混合油品收率最高，可达到 59.20%，反应时间仅为 5min；催化裂解和热裂解，液相混合油品收率分别为 45.32%和 39.67%，反应时间分别为 50min 和 60min。可见，废旧橡胶在超临界水中液化解聚比热裂解和催化裂解所用时间短，而效率却比较高，同时可避免结焦等问题，是废旧橡胶液体利用的一种有效方法。

4.4 废旧橡胶热裂解材料的应用

废旧橡胶热裂解主要热解产品为热解油、炭黑、纤维、钢丝及热解气体。

4.4.1 废轮胎热解油应用

热解油(链烷烃、烯烃、芳香烃的混合物)有大约 43MJ/kg 的较高热值，可以作为燃料直接燃烧或作为炼油厂的补充给料。因为产品主要成分是苯、甲苯、二甲苯、苯乙烯、二聚戊烯及三甲基萘、四甲基萘和萘，所以它们也可作为化学制品的一种来源。这些化合物都是有用的化工原料。工业的发展需要越来越多的燃料和化工产品，然而全球固定资源有限，因此提倡循环经济，实现废弃物资源化利用是走可持续发展道路的关键。废轮胎热解只是一种废弃物处置技术，而热解产物的应用才是实现资源化利用的重点。

4.4.1.1 热解油作为燃料油

轮胎热解油热值高(>40MJ/kg)，完全可以将其整体作为燃料燃烧。Roy 将真空热解油与 CIMAK. B10 重柴油进行比较，指出热解油可以作为常规液体燃料，也可与重柴油混合使用以提高其雾化效果[49]。Cunliffe、Rodriguez 等在对废轮胎热解油热值进行分析后也都指出热解油可作为燃料使用[50,51]。同时，热解油较低的灰分、黏度和残炭值也是其作为炉用燃料油的有利因素[52]。所以将热解油代替部分石油原油作为燃料燃烧，可以在一定程度上缓解石油资源的匮乏。

虽然将轮胎热解油直接用作燃料较易实施，但能够创造的经济效益不高。由于热解油属于宽沸点油，在处理规模较大情况下，可以考虑蒸馏后按石脑油馏分、中质馏分和重质馏分分别加以利用。

(1) 生产流程

通常废轮胎热裂解工厂的生产流程主要包括 4 个部分(图 3-4-2)，包括原料预制、热裂解反应器系统、气-油回收分离系统、固体回收系统。

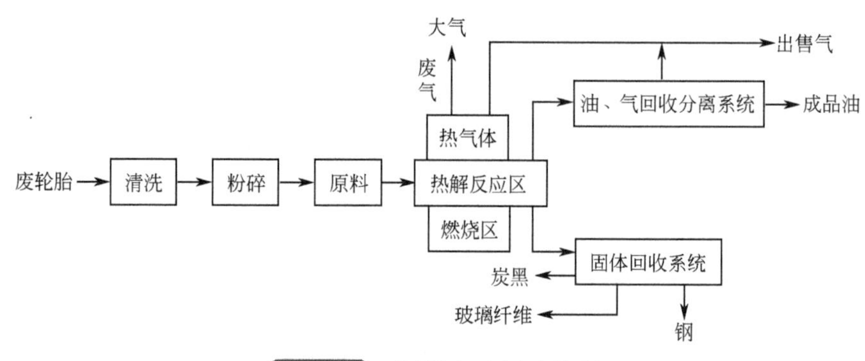

图 3-4-2 热裂解工厂生产流程

由于处理方法的不同，各种方法所得气体、液体、固体产品收率有差异，通常范围为：气体约 10%，液体约 45%，炭黑约 35%，钢及玻璃纤维约 10%。

(2) 废轮胎热裂解工业生产实例

废轮胎热裂解工业生产实例见表 3-4-1。

表 3-4-1 废轮胎热裂解工业生产实例

项目	开发者								
	英国	Kobe Steel Ltd.（日本）	Intenco（美国）	Garb oil Corp（美国）	Kleenair 产品公司（美国）	费尔斯通（美国）	Energy Conversion（美国）	韩国	中国台湾
规模	90000t/a	7000t/a	5000t/d	100t/d	24t/d	100000t/a	50t/d	100t/d	20000t/a
产品	炭黑	炭黑、油	炭黑、油	油、钢、碳	油、合成气、炭黑	炭黑、油、气	炭黑、油	油、炭黑、钢	油、炭黑、气

4.4.1.2 热解油轻(质)馏分应用

对于热解油轻(质)馏分，Benallal 等将其与石脑油进行比较[53]。发现热解油轻(质)馏分比例大于石脑油，但热解油轻(质)馏分以烯烃和芳烃为主，而石脑油则以饱和烷烃为主。因此，热解油轻(质)馏分可以充分利用其高石脑油比例以及高芳烃含量，提取化工原料。

1) 取苯、甲苯、二甲苯和苯乙烯 Roy、Kaminsky 等研究者都发现石脑油中轻质单环芳烃苯、甲苯、二甲苯(BTX)等物质含量相当高[54]。BTX 具有很高的工业应用价值，它可由较高热解温度下的二次芳香化反应生成。

2) DL-苧烯 热解石脑油中含量较高的还有 DL-苧烯，俗称柠檬烯，是一种对环境友好的溶剂和芳香剂，工业应用广泛。Cunliffe 和 William 分别在固定床 450℃、450℃热解温度下检测出 DL-苧烯质量分数为 3.1%和 2.5%。Pakdel 不但在真空热解油中检测出了总量为 3.6%(质量分数)的 DL-苧烯，而且在实验室规模尝试了从热解油中分离出 DL-苧烯的富集成分。通过有效方法分离 DL-苧烯也是石脑油的利用途径之一[55]。

4.4.1.3 热解油中质及以上馏分应用方案

Rodriguez 等曾将 150～370℃热解油与商业柴油进行对比发现，热解油中中质组分(220～320℃)含量相对偏低。而将热解油中质馏分作为柴油利用方面目前还没有更为系统的研究报道。

Roy 等将热解油中质以上馏分(>204℃)与橡胶生产中使用的操作油 Sundex 790 比较，发现添加热解油后橡胶硫化过程加快，可见热解油中质以上馏分是一种好的可塑剂。当将 240～450℃馏分油与芳香油 Dutrex R 790 对照，发现虽然两者在化学成分上存在一定差别，但热解油具有与工业芳香油相似的很好的力学性能和润滑性能，因此可以将热解油中质以上馏分中的相应组分用作橡胶操作油和工业芳香油。

4.4.1.4 重质馏分油应用方案

国际上对废轮胎热解重质馏分油的利用方案研究较少，目前仅有 Roy 研究小组在实验室试验中根据得到的结论提出了应用前景，发现废轮胎热解得到的重质馏分油可用作铺路沥青的黏合剂和改性剂，或与低针入度的石油沥青混合使用。一方面，他们将热解油>400℃馏分与石油沥青对比，发现此馏分热解油具有低芳香性，而呈现出适中渗透性、高软化点和低熟度特性，且流变特性与石油沥青相仿。若将热解油沥青加入到石油沥青中，可明显提高沥青在中高温下的热稳定性，从而不易老化。另一方面，借鉴石油工业重质油利用方案，可将其重质馏分油进行延迟焦化以制取优质焦炭和重柴油。并且 Chaala 和 Roy 等人还进行了用热解油＞350℃的重质馏分在 480～500℃的实验室规模延迟焦化试验，分析得到重质热解油满足制优质焦炭原料的所有指标[56,57]。

废轮胎热解制油技术是一种有效的热处置方式，以实现废弃物的减量化、无害化和资源化。国际上此热解技术已经发展成熟，有不少商用装置投运。但目前废轮胎热解主要目的为处置废旧轮胎以减少堆积量，而在实现其热解产物的最大资源化利用方面深入研究较少。

废轮胎热解油中质及以上成分具有很好的润滑性能，可以代替润滑油等。当然热解油的高热值特性也可以整体作为燃料燃烧。由于轮胎生产需要硫化且某些轮胎自身氮含量较高，因此热解油的硫氮含量相对较高，且多为杂环芳烃，脱硫脱氮工艺尚需进一步研究，可以借鉴石油工业技术，通过蒸馏、加氢精制、延迟焦化等处理措施以提升热解油品质。

4.4.2 废旧橡胶热解炭黑的应用

不经过处理的炭黑，可以用作低等橡胶制品的补强填料或用作墨水的色素，也可作为燃料直接使用。另外，由于碳残余物中含有难分解的硫化物、硫酸盐和橡胶加工过程加入的无机盐、金属氧化物以及处理过程中引入的机械杂质，因此可直接应用于橡胶成型的生产。而且，如果与普通耐磨炭黑按一定的比例混用，混合物的耐磨性能将大大增强。热解炭黑、酸洗炭黑表面则含有较多酯基、链烃接枝，因此具有不同于色素炭黑的特殊表面特性，回收炭黑的表面极性比色素炭黑表面极性要低。该特性增加了回收炭黑的表面亲油性能，作为一种新型炭黑应用到橡胶、油墨等材料将具有更好的分散性。

据报道，美国 CBp 炭材料工业公司采用纳米技术把热解炭黑的质量提升为炭黑补强填料的水平，有 3 种牌号分别为 CBpEX、CBpEU 和 CBpEV 的产品，可代替 N500、N600、N700 和 N900 系列的普通商品炭黑，或与其他商品炭黑并用。CBp 炭材料工业公司的废轮胎处理过程，与以柴油或天然气为原料的传统生产方法相比，每座工厂生产同等数量的炭黑，每年将减少二氧化碳排放量 4 万吨。该公司将在欧洲、北美和澳大利亚等地增设由废轮胎高温热解生产热解炭黑的工厂。

下面介绍几个应用实例。

（1）废轮胎热解制备炭黑和活性炭

1）配方　稀酸选稀硫酸、稀盐酸或稀硝酸。有机溶剂选自甲苯、石油醚、二氯甲烷或乙醇，原料之间的比例为：每 1g 的炭黑粉末加入有机溶剂 50～300mL。

2）操作步骤

① 将废轮胎热解炭黑粉末装入滤纸缝成的纸袋中，将有机溶剂放入圆底烧瓶中，索氏提取 8h，以分离废轮胎热解炭中的炭黑原料和残留油分。而后固体晾干、称重，液体通过旋转蒸馏除去有机溶剂，收集废轮胎热解炭黑残留油品。

② 将除去油分的废轮胎热解炭黑粉末和稀酸放入圆底烧瓶中，30℃搅拌 0.5h，抽滤，再重复上述步骤两次，所得炭黑固体粉末晾干备用。

③ 将除去油分和金属氧化物杂质的炭黑粉末放入石英舟中，装入管式炉的石英管中，在石英管一端连接装入蒸馏水的圆底烧瓶并加热煮沸蒸馏水，分别在 150～1000℃下用水蒸气处理 1～10h，晾干，得到炭黑或活性炭。

【例 1】取 1g 废轮胎热解炭黑粉末装入滤纸缝成的纸袋中，置于索氏提取器的回流管中，取 100mL 甲苯放入圆底烧瓶中，进行索氏提取 8h，将液体通过旋转蒸馏除去有机溶剂，收集废轮胎热解炭黑中残留的油品。取出装有样品的纸袋晾干，收集干燥的固体。取 1g 该固体和 30mL 浓度为 0.1mol/L 的稀硫酸放入圆底烧瓶中，30℃搅拌 0.5h，抽滤，再重复上述步骤两次，最终把所得固体晾干。取干燥后的该固体放入石英舟，装入管式电炉的石英管中，在石英管一端连接装入蒸馏水的圆底烧瓶并加煮沸蒸馏水，分别在 150℃下用水蒸气处理 4h，将最终得到的固体晾干，即可得到比表面积为 $97m^2/g$ 的炭黑材料。

3）特性　以有机溶剂萃取的热解炭残留油分可回收利用，溶剂可也重复利用。稀硫酸可有效地去除废轮胎热解炭中残留的无机灰分，同时避免浓酸带来的设备腐蚀问题。经过预处理的废轮胎热解炭通过简单的水蒸气处理即可得到高纯度、高比表面积的炭黑材料和活性炭，所得材料用于亚甲基蓝的吸附，得到与商业活性炭相当的吸附量。

（2）废轮胎制备废水处理用活性炭

1）技术背景　水污染是当前我国面临的主要环境问题之一，在我国，活性炭技术一般用于给水深度处理，其昂贵的制造成本限制了在废水处理中的应用。因此该技术提出利用废轮胎来开发低成本低品质的活性炭，并应用于废水处理，不仅合理处置废轮胎进行资源回收，而且以废治废，对环境保护具有重大意义。

2）工艺流程　工艺流程如图 3-4-3 所示。

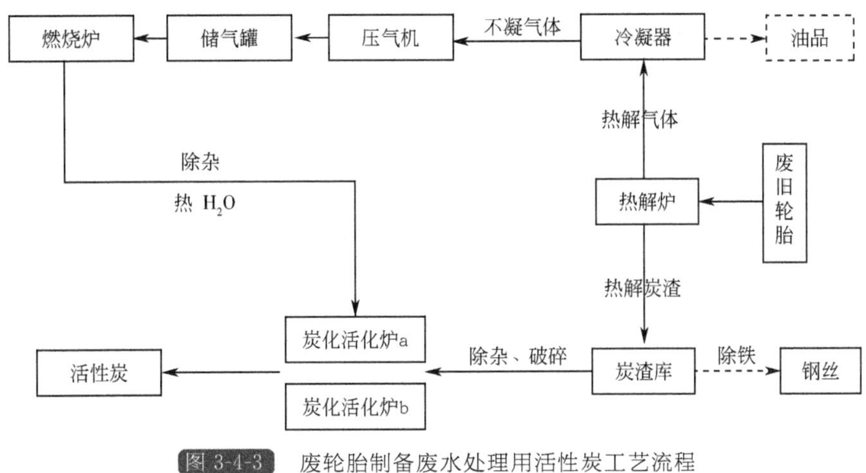

图 3-4-3　废轮胎制备废水处理用活性炭工艺流程

3）操作步骤

① 废旧轮胎(整条)经过机械方式送入到热解炉。

② 热解炉中温度为 380～550℃，进行热解反应；热解产生的下行物料——炭渣经过除铁、除杂，破碎后送入炭化活化炉，也可以加入黏结剂(树脂或沥青)经过造粒后再送入炭化活化炉 a；热解产生的上行物料——气体经过冷凝器获得油品后，采用常规方法通过压气机将不凝气体送入储气罐，再通入燃烧炉，经过烃类染料燃烧气嘴燃烧，产生高热的 CO_2 和 H_2O。

③ 热解产生的不凝气体经过燃烧的高热 CO_2 和 H_2O 气流引入炭化活化炉 a，这时反应气带入的热能可以加热炭化活化炉，不完全燃烧产生的炭黑可作为新的附加原料，炭化活化炉的反应温度维持在 700～950℃，反应时间为 1～20h；根据反应温度进行调整，活化反应后期可以补充水蒸气加强活化深度，炭化活化炉可以是回转炉，也可以是流动床反应器。

④ 活化反应结束后，将高热 CO_2 和 H_2O 气流切换到炭化活化炉 b，将炭化活化炉 a 隔绝空气降低到 100℃以下即出炉获得活性炭产品。

⑤ 炭化活化炉 a 再装料，两台炉子交替运行。

【例 2】 废旧轮胎(整条)经过机械方式送入到热解炉。热解炉中温度为 380℃，进行热解反应；热解产生的炭渣经过除铁、除杂、破碎后送入炭化活化炉 a，热解产生的气体经过冷凝器获得油品后，采用常规方法通过压气机将不凝气体送入储气罐，再通入燃烧炉，经过烃类燃料燃烧气嘴燃烧，产生高热的 CO_2 和 H_2O。热解产生的不凝气体经过燃烧的高热 CO_2 和 H_2O 气流引入炭化活化炉 a，使炭化活化炉的反应温度维持在 700℃，反应时间为 20h。活化反应结束后，切换高热 CO_2 和 H_2O 气流，隔绝空气降低到 100℃以下，可获得活性炭，获得的产品性能见表 3-4-2。

表 3-4-2 活性炭产品性能

碘吸附值/(mg/g)	亚甲基蓝吸附值/(mg/g)	比表面积/(m^2/g)	总孔容积/(cm^2/g)
270	50	150	0.37

4) 应用　可直接利用其吸附特性对废水进行深度处理，有效去除废水中各种无机和有机污染物，或者将粉状活性炭投放到生物处理池中增强生物处理效果。

5) 特性　本技术利用热解废旧轮胎回收油品产生的副产物不凝裂解气燃烧产生的高热 CO_2 和 H_2O 来活化副产物热解炭渣，得到低品质的活性炭，活化反应过程不需外部热源和活化剂。提高了废旧轮胎的综合利用效率，能耗低，获得的活性炭成本低，是用作生活污染或者工业废水处理的理想材料。

(3)废轮胎制取柠檬油精、燃油和炭黑

1) 技术背景　随着近年来石油天然气储量的逐渐减少以及环境保护的压力，利用热化学方法从废轮胎中获得液体燃料、回收炭黑等高附加值化学品的研究日益受到重视。本技术提供一种将催化剂与真空条件相结合，在较低温度下快速处理废轮胎制取柠檬油精、燃油和炭黑的方法及装置。

2) 操作步骤　将氢氧化钠与氧化锌以质量比(1～1.5)∶1 混合制成催化剂，废轮胎颗粒与催化剂按 1000g 废轮胎颗粒添加 20～50g 的催化剂加入真空催化裂解反应器中，反应温度控制在 450～500℃，真空度控制在 3500～4000Pa，废轮胎在真空催化裂解反应器中的停留时间为 20～25min，在所述条件下废轮胎颗粒发生催化裂解反应，产生的混合气体经一级冷凝器、二级冷凝器将有机蒸气和水蒸气冷凝为液体并收集，不凝性气体由真空泵抽出。一级冷凝器和二级冷凝器中收集的液体产品为柠檬油精、燃油和水的混合物，残留于真空催化裂解反应器中的固体产物为炭黑和催化剂的混合物。液体产品经简单分离提纯后制取出柠檬油精、燃油和炭黑，柠檬油精产率在 5%以上。

【例 3】 废轮胎制取柠檬油精、燃油和炭黑的装置如图 3-4-4 所示。

将氢氧化钠和氧化锌以质量比 1.2∶1 混合制成催化剂，废轮胎颗粒与催化剂按 1000g∶30g 的比例加入真空催化裂解反应器 1 中，反应温度由电加热炉 2 和温度控制器 7 控制在 480℃，真空催化裂解反应器真空度由真空继电器 5 和电磁阀 6 控制在 3800Pa，在真空压力表 8 显示，废轮胎在真空催化裂解反应器中的停留时间为 23min，在所述条件下废轮胎颗粒发生催化裂解反应，产生的混合气体经一级冷凝器 3 将有机蒸气和水蒸气冷凝

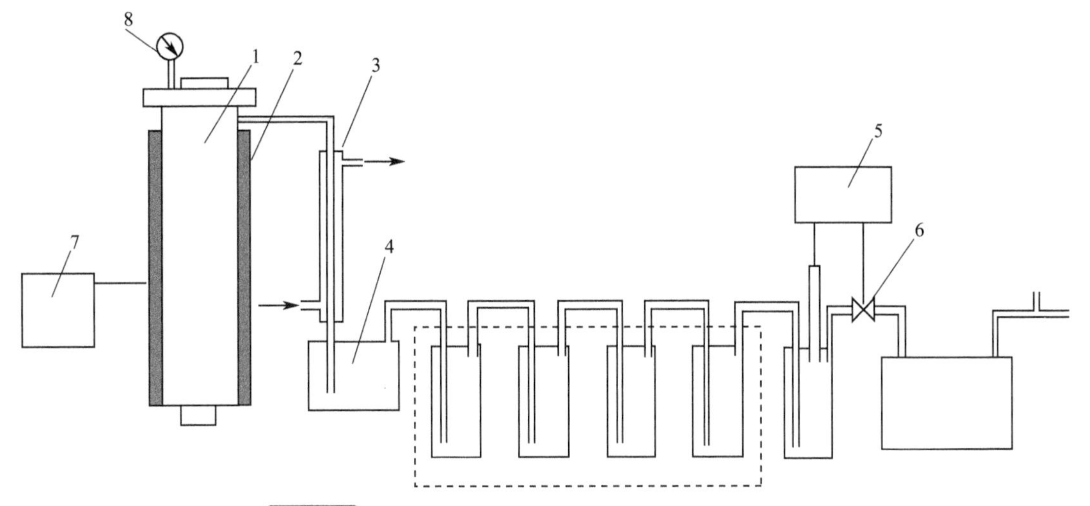

图 3-4-4 废旧轮胎制取柠檬油精、燃油和炭黑的装置

1—真空催化裂解反应器；2—电加热炉；3——一级冷凝器；4—收集器；
5—真空继电器；6—电磁阀；7—温度控制器；8—真空压力表

为液体，并收集在收集器 4 中，残余有机蒸气和水蒸气经二级冷凝器收集为液体产品柠檬油精、燃油和水的混合物，残留于真空催化裂解反应器 1 中的固体产物为炭黑和催化剂的混合物。液体产品经简单分离提纯后，柠檬油精占 5.3%，燃油占 43.8%，炭黑占 30.2%。

3）应用　本方法适用于各种型号废轮胎的处理，无废水、废气和废渣排放，无火灾和爆炸危险，对环境不构成危害。

4）特性　本技术将催化剂与真空条件相结合处理废轮胎，可显著降低裂解温度，缩短反应时间，节能降耗。

（4）废轮胎制汽柴油和炭黑

本技术的目的是提供一种连续生产操作、压力低、裂解温度低、能耗低的废轮胎制汽柴油和炭黑的方法及其装置。

1）操作步骤

① 将废轮胎粉碎成 2～10cm 的碎片，然后清洗、烘干。

② 将烘干后的物料送入热解反应器内，通载气。

③ 热裂解反应器进行加热，升温至 370～500℃，物料停留时间为 5～20min，得到液化气、汽柴油混合油和粗炭黑。

④ 液化气返回热裂解反应器作为热源，粗炭黑经磁选除铁，筛选得到成品炭黑，汽柴油混合油经吸附剂吸附除去杂质和水分，进入蒸馏塔。

⑤ 进入蒸馏塔的混合油经分馏得到汽油、轻柴油、重柴油。

【例 4】将废轮胎粉碎成 2～3cm 碎片，然后清洗，烘干待用。热裂解反应器升温至 450℃时，将待用的废轮胎加入加料口，并通入氮气作载气，废轮胎在热裂解反应器中滞留 10min，裂解得到液化气、汽柴油混合气和粗炭黑，液化气和汽柴油混合气经过气液分离器；液化气返回热裂解反应器作为热源，汽柴油混合油经活性炭吸附剂除去杂质和水分，进入蒸馏塔，经分馏得汽油、轻柴油和重柴油。粗炭黑经过磁选除铁，筛选得到成品炭黑。

上述反应生成产物收率为汽油18%，炭黑33%，轻柴油23%，液化气7.5%，重柴油18.5%。

2）特性

① 实现了反应过程的连续化。

② 操作压力为常压，反应温度低，操作时间短，耗能少。

③ 引入了载气气体，使裂解产物混合油气收率提高，炭黑质量提高。

④ 混合油品中的含硫量降低。

（5）废橡胶制备纳米级炭黑

1）技术背景　纳米炭黑粉的应用范围越来越广泛，除了已被广泛应用在水处理、空气净化和一些基本原材料外，近年来纳米级的炭黑材料作为基础材料更是得到广泛应用。

2）操作步骤

① 将废橡胶清洗、粉碎、烘干后，加入热裂解反应器，送入液化气。

② 加热升温至400～550℃，加热时间为10～20min，分离得到液化气、混合油和粗炭黑。

③ 液化气返回热裂解反应器，粗炭黑进行烘干粉碎至微米级。

④ 将微米级炭黑粉与工业酒精按1∶(4～6)的质量比混合，搅拌30～50min后，制备成微米炭黑-酒精胶体溶液。

⑤ 炭黑-酒精胶体溶液进入高速剪切粉碎机，在高转速15000～20000r/min的条件下，进行30～60min反复粉碎，形成纳米炭黑-酒精胶体溶液。

⑥ 米炭黑-酒精胶体溶液在转速15000～20000r/min的离心分离机中进行分离。

⑦ 80～95℃条件下进行振动烘干，制得纳米级炭黑。

在上述方案的基础上，将步骤6分离的混合油经吸附剂吸附杂质和水，进入蒸馏釜，进一步分离汽油和柴油，得到附属产品。

【例5】将废橡胶清洗、粉碎、烘干后，加入热裂解反应器，送入液化气。加热升温至400℃，加热时间为20min，分离得到液化气、混合油和粗炭黑。液化气返回热裂解反应器，粗炭黑进行烘干粉碎至微米级。将微米级炭黑粉与工业酒精按1∶4的质量比混合，搅拌35min后，制备成微米炭黑-酒精胶体溶液。炭黑-酒精胶体溶液进入高速剪切粉碎机，在高转速15000r/min的条件下，进行36min反复粉碎，形成纳米炭黑-酒精胶体溶液。纳米炭黑-酒精胶体溶液在转速20000r/min的离心分离机中进行分离。在85℃条件下进行振动烘干，制得纳米级炭黑。在上述方案的基础上，将分离的混合油经吸附剂吸附杂质和水，进入蒸馏釜，进一步分离汽油和柴油，得到附属产品。

3）特性　本技术原材料废橡胶属于废物利用，通过一套完整的工艺流程后，直接获得纳米级的炭黑粉和附属的油产品。整个工艺流程简单，借助现有的设备和工艺，即可一次完成。产品质量达到纳米级水平，可以替代目前的纳米炭黑粉材料在工艺中广泛使用。

（6）废橡胶制作混合燃油和炭黑

1）技术背景　目前各种专利文献、科研成果的报道中，废橡胶资源再生是采用在裂解炉外底部用火焰加热实现的。其缺点是：在裂解炉外底部用火焰加热，很难控制裂解炉内的反应温度，热效率低，反应时间长，加热设备投资大，而且工艺配方、制作方法比较复杂。

该技术的目的是针对上述的缺点，设计研制一种火管式高分子材料裂解炉，热裂解废橡胶制作混合燃油及炭黑，把加热用的火管安装在裂解炉内部，可以准确控制反应温度、加快反应速率、提高热效率。特别是该工艺配方的低温催化能力强，生产安全，成本低。

2）配方　按工艺要求投入定量的废橡胶和反应催化剂。反应催化剂的用量按废橡胶投入的质量比计算：氢氧化铝 0.2%～0.5%，硫酸铝 0.1%～0.6%，氯酸钠 0.01%～0.1%，氧化锌 0.1%～0.4%，活化膨润土 0.1%～0.3%，水 0.5%～5%，柴油 0.5%～5%。

3）操作步骤　打开入料口，按工艺要求投入定量的废橡胶和反应催化剂。然后关闭入料口，检查安全阀、温度计、压力表和出料口、汽化油出口符合要求后，启动送风系统、进油系统、喷油雾化系统，点燃喷油。火焰沿着每个弯曲的火管燃烧，加热耐火圈和火管，热量均匀送到裂解炉内部，使反应物质按工艺要求裂解。裂解炉内的温度控制在 250～350℃，反应时间控制在 5～12h。产生汽化燃油 40%～60%、炭黑 20%～40%和其他化学物质 10%～20%。汽化的燃油从裂解炉的汽化油出口排出，经过冷却成为混合燃油。裂解反应完成后，炉内的炭黑从出料口取出。在火管中加热燃烧的燃油，燃烧后产生的废气从排烟管排出，净化后排入大气中。裂解反应过程中，可以根据温度计的显示和工艺规定，随时调整喷进火管中燃油的数量，用以控制所需温度。

【例 6】废橡胶制作混合燃油及炭黑装置如图 3-4-5 所示。在钢板制造的裂解炉 1 内部，安装两条弯曲的火管 2。火管 2 的下端伸出裂解炉 1，与由喷油嘴 4、进油口 3、送风口 5 组成的燃料喷燃枪连接。火管 2 的上端伸出裂解炉 1，与排烟管 6 连接。火管 2 内腔安装耐火圈。在裂解炉 1 上部安装入料口 7，在裂解炉 1 侧部安装出料口 8。汽化油出口 12、安全阀 9、温度计 10、压力表 11 也安装在裂解炉 1 上部。在裂解炉外部，安装保温层。

该技术的工艺配方、实施操作方法如下：打开入料口7，按工艺要求投入2000kg已除

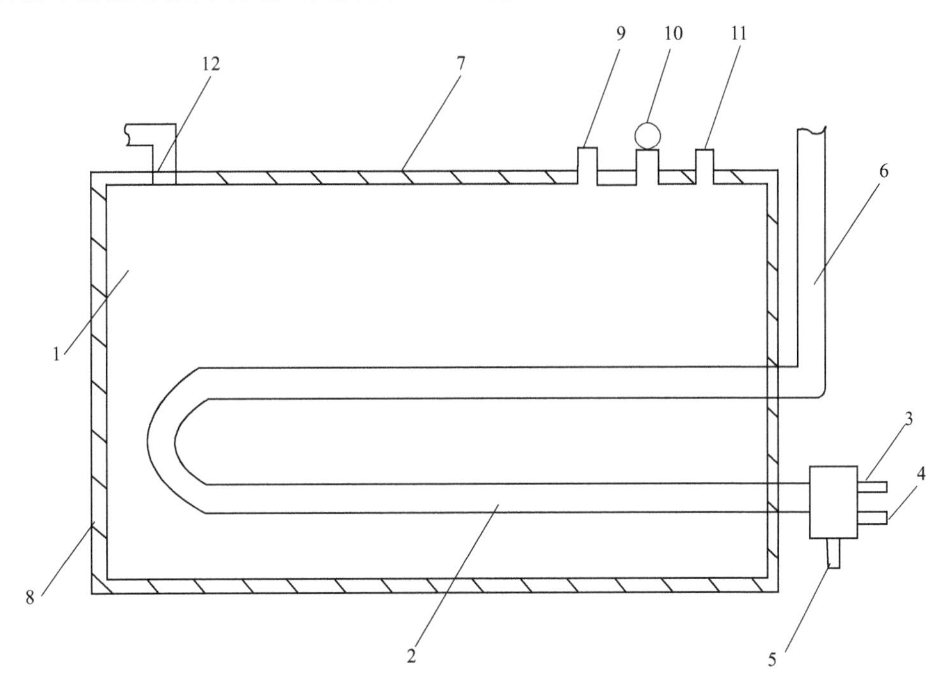

图 3-4-5　废橡胶制作混合燃油及炭黑装置

1—裂解炉；2—火管；3—进油口；4—喷油嘴；5—送风口；6—排烟管；
7—入料口；8—出料口；9—安全阀；10—温度计；11—压力表；12—汽化油出口

去铁丝和杂质的废旧轮胎。均匀投入反应催化剂，其用量如下：氢氧化铝 6kg，硫酸铝 2kg，氯酸钠 0.2kg，氧化锌 2kg，活化膨润土 2kg，水 20kg，柴油 20kg。

关闭入料口 7，检查安全阀 9、温度计 10、压力表 11 和出料口 8、汽化油出口 12 符合要求后，启动送风系统、进油系统、燃油雾化系统。点燃喷油，火焰沿着两个弯曲的火管燃烧，加热耐火圈和火管 2。热量均匀送到裂解炉 1 内部，使反应物质按工艺要求裂解，产生汽化燃油和炭黑等化学物质。汽化后的油气从裂解炉的汽化油出口 12 排出，经过冷却成为混合油。裂解反应完成后，炉内炭黑从出料口 8 取出。在火管 2 中燃烧的燃油，产生的废气从排烟管 6 排出，净化后排入大气中。裂解反应过程中，控制温度在 280℃，裂解时间控制在 10h。反应结束后，自然降至常温，可以获取 700～800kg 炭黑和 800～900kg 混合燃油。

4）特性　采用该技术的设备，使高分子材料裂解炉的结构简单，操作方便，控制温度准确、及时，裂解反应均匀，速度加快，设备过程更安全、可靠；采用该技术的工艺配方、制作方法，可以实现常压、低温、低成本、安全生产混合燃油和炭黑。

4.4.3　废旧橡胶热解气体的应用

热解气体的主要成分分别是甲烷、乙烷、乙烯、丙烷、丙烯、乙炔、丁烷、丁烯、1,3-丁二烯、戊烷、苯、甲苯、二甲苯、苯乙烯、氢气、一氧化碳、二氧化碳和硫化氢等，气体分布以乙烯为主，其次是丙烯、丁烯、异丁烯等。热解气热值与天然气热值相当，一般均可直接作为燃料使用。

4.5　废旧橡胶的燃烧热利用

4.5.1　废旧橡胶的燃烧热利用概述

轮胎使用的橡胶主要是天然橡胶、丁苯橡胶、顺丁橡胶、异戊橡胶和丁基橡胶等。这些组成成分均易燃烧、无自熄性，残渣(除含量较少的丁基橡胶外)无黏性。废轮胎的燃烧热值大约为 39000kJ/kg，分别比木材高 69%，比烟煤高 10%，比焦炭高 4%。废旧轮胎的燃烧利用是目前发达国家处理废旧轮胎最为经济合理的方法。典型废轮胎的组成和工业分析如表 3-4-3 所列，其主要由橡胶、炭黑、软化剂、硫黄、硬脂酸、氧化锌和促进剂等组成。废轮胎的挥发分比较高，具有合适的反应速率，同时含氮量很低，且数量大，是一种很好的再燃燃料。

表 3-4-3　典型废轮胎的元素分析及工业分析

元素或成分	C	H	N	S	O	水分	灰分	挥发分	固定碳	燃烧热值
质量分数/%	75.4	7.2	0.3	1.7	7.1	0.8	7.1	65.5	26.4	372727kJ/kg

从表 3-4-3 可知，典型废轮胎胶粉的燃烧热值比煤高得多，是很具有开发性的燃烧能源。废轮胎胶粉的含氮量比煤低得多。研究表明，煤燃烧时产生的 NO_x 一般比废轮胎胶粉燃烧产生的 NO_x 高 4 倍，SO_2 的产生量和废轮胎胶粉的产生量差不多，所以用废轮胎胶粉作为再燃燃料时，不增加 SO_2 的排放量；同时，在再燃区对 NO_x 产生的抑制作用比煤粉作为再燃燃料时效果要好，有利于更好地降低烟气中的 NO_x 浓度。

从燃料分级的原理可知，在再燃区的还原性气氛中最有利于 NO_x 还原的成分是烃，废轮胎胶粉的氢含量比煤的氢含量高得多，因此有助于 NO_x 的整体降低，特别在温度较低的流化床中效果更好。

废轮胎胶粉的挥发分高，研究表明，废轮胎热解时释放的挥发分气体产率达到 40%，气体成分具有很好的还原性，能在再燃区将 NO_x 还原成 N_2。

国内常温生产胶粉的技术已达到国际先进水平并投入规模化生产，粒径可加工到 80～200 目。胶粉燃烧容易，残渣无黏性，对燃烧设备的要求低，改造费用较低，具有很好的经济性。

废轮胎与新轮胎相比，已经磨耗掉 20%～30%，因此其发热量推算为 39000kJ/kg。另外废轮胎燃烧时，有相当多的未经燃烧的炭黑被排出炉外，使有效发热量进一步降低。用推算发热量计算出燃烧时需要的理论空气量为 8.5m^3/kg，但实际废轮胎燃烧必需的空气量约为理论空气量的两倍，为 17～18m^3/kg。其原因是废轮胎在炉中燃烧时的状态与煤炭等不一样，煤炭开始燃烧时立即崩裂，增加了煤炭与空气的接触面，进一步促进了燃烧，所以燃烧时所需的空气量少。而废轮胎开始燃烧时，在一段时间内呈熔融软化状态，影响了与空气的接触，为了克服这种现象，使轮胎完全燃烧，就必须增加空气用量。用具有热能的排出气体回收温水或蒸汽是最有效的利用方式。

随着环保要求的日益增高，以废旧轮胎胶粉为再燃燃料，将煤炭和废旧轮胎胶粉结合起来清洁使用，对于改善我国能源结构、加快国民经济快速发展具有重要意义。废旧轮胎氮含量低，燃烧热值高，用它作为再燃燃料可以达到利用其潜在能量、提高废旧橡胶的回收利用率、减少化石燃料的消耗、解决废轮胎的环境污染问题等效果。

但是废轮胎的燃烧热利用也有不利之处。废轮胎中燃烧性好的物质是橡胶、油等烃类化合物，燃烧性不好的物质是钢丝圈、钢丝帘线等。所以废轮胎作为燃料使用时应注意以下几点。

① 使燃烧速度不同的物质同时燃烧时，有的燃烧方式易导致发烟。

② 炭黑容易以未燃状态排出，排气装置及锅炉传热面易结垢。

③ 钢丝圈等金属物熔化后易固着在炉床上，所以要考虑空气供给量的影响和靠调节温度来控制其熔化程度。

④ 炉渣如何处理要予以考虑。

4.5.2 废旧橡胶燃烧方式

废轮胎的燃烧方式一般分以下 2 种。

1）强制燃烧（直接燃烧） 供给大量空气使其剧烈燃烧。

2）气体燃烧（间接燃烧） 在一次炉中供给少量空气，通过部分燃烧制造可燃气体，在二次炉中使其完全燃烧。

表 3-4-4 列举了中小型废轮胎燃烧炉的燃烧方式和特征。

表 3-4-4 中小型废轮胎燃烧炉的燃烧方式和特征

燃烧方式	构造	燃烧能力	热回收	特征
强制燃烧	水冷钢板制造	竖式 50～200kg/h	温水	温水回收时不用锅炉，设备费用低
		卧式 100～500kg/h	蒸汽	一般不需辅助燃料，和其他燃料可混烧，构造简单，运行安全可靠

续表

燃烧方式	构造	燃烧能力	热回收	特征
气体燃烧	水冷钢板制造	约 1000kg/d	温水	温水回收时不用锅炉
			蒸汽	无人自动运转，尘土发生量少
	筑炉（砖、铸制）	约 1000kg/d	温水	因产生高温气体，所以适合于各种热利用
			蒸汽	无人自动运转
			热风	灰尘发生量少

4.5.3 焚烧炉

与煤相比废轮胎具有更高的热值并具有水分和灰分含量低等优点，所以废轮胎可作为燃料直接燃烧回收能源。废轮胎燃烧热利用系统的核心是燃烧炉，根据废弃物焚烧炉的炉型，燃烧炉可分为机械炉排焚烧炉、回转窑焚烧炉、流化床焚烧炉[58]。

4.5.3.1 机械炉排焚烧炉

图 3-4-6 是典型的机械炉排焚烧炉，废轮胎进入燃烧室后在机械炉排往复运动的推动下逐步向下运动，先后经过干燥段、燃烧段和燃烬段，这样废轮胎经历了水分蒸发、挥发分析出并燃烧及焦炭燃尽的过程。在炉排的尾部灰渣落入灰斗。考虑到上面提到的废轮胎的特殊性，有时会采用机械炉排作第一燃烧室，其后设置后燃室的方案以保证燃烧所需的燃烧面积，以实现废轮胎的完全燃烧。

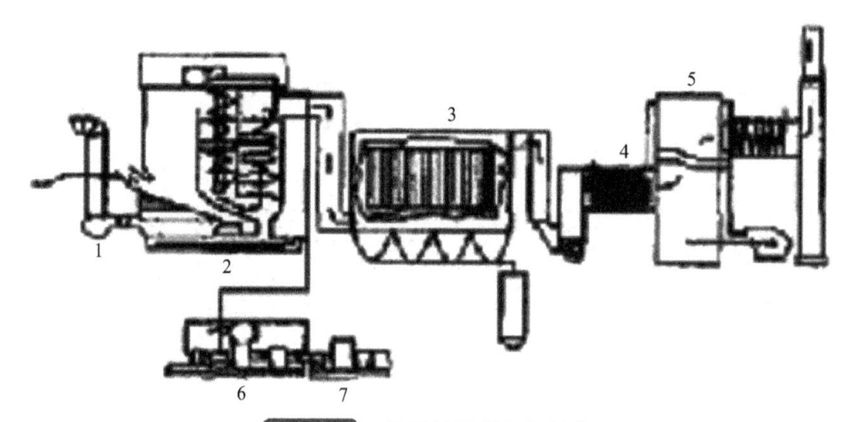

图 3-4-6 机械炉排焚烧炉结构

1—风机；2—送灰装置；3—纺织物过滤器；4—烟气热交换器；5—烟气净化装置；6—蒸汽透平；7—发电机

机械炉排焚烧炉的优缺点如下所述。

1）优点　技术成熟，便于大规模商业应用；耐火层热应力小，便于维护；控制空气供应，实现多段燃烧；操作易于实现连续化、自动化。

2）缺点　需要二燃室，设备建造投资费用高；大规模投料易结焦。

4.5.3.2 回转窑焚烧炉

图 3-4-7 是典型的回转窑焚烧系统。回转窑是一个略微倾斜内衬耐火材料的钢制空心圆筒。一般情况下其长径比为 2～10，转速 1～5r/min，安装倾角 1°～3°。废轮胎进入回转窑后，在干燥和点燃区释放出水分及挥发分。挥发分与空气混合进入二燃室进行完全燃烧。窑

体里的残留物排入灰斗。目前废轮胎焚烧炉中以水泥回转窑的应用最广泛。废轮胎可以不经破坏就投入回转窑中焚烧，在回转窑得到充足的氧气供应，维持约1500℃的燃烧温度，达到有机物的彻底破坏，同时废轮胎中的金属也是水泥生产中所需要的，这样可以减少额外的金属添加量。

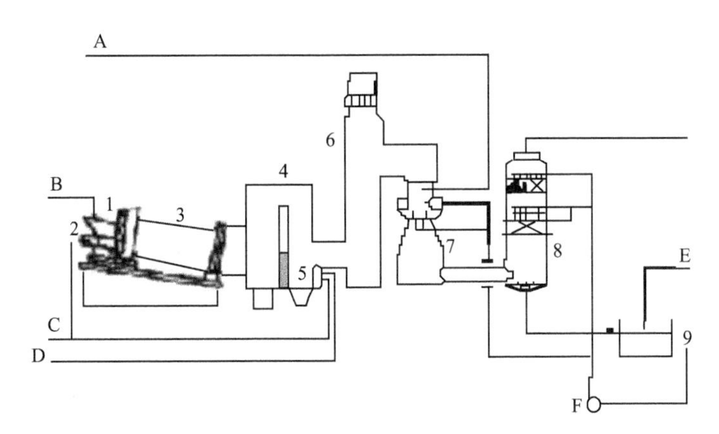

图3-4-7 回转窑焚烧炉结构

1—给料斗；2—燃烧器；3—回转窑；4—缓冲室；5—二次燃烧器；
6—二次燃烧室；7—烟气净化系统和灰分离器；8—净化塔；9—灰渣沉淀系统
A—净化溶液；B—废轮胎料；C—燃烧器用油；D—燃烧器给风；E—水；F—净化循环水

回转窑焚烧炉的优缺点如下所述。

1）优点　设备运行费用低；可接受各种大小、相态的废物，特别适合于处理危险废物；连续出灰不影响设备运行；二燃室温度可调，可使有毒物质完全破坏。

2）缺点　需要二燃室，设备建造投资费用高；过量空气系数高，系统热效率低；耐火材料维护复杂；烟道气悬浮颗粒多，除尘设备要求高。

4.5.3.3 流化床焚烧炉

图3-4-8是流化床焚烧炉系统。流化床焚烧炉内衬耐火材料，下面由布风板构成燃烧室。流化床床层中有大量的惰性物料如煤灰、河沙等，作为流化介质。预热空气由布风板进入床层，使流化介质处于流化状态。由于床料热容量很大，所以床内有优越的传热传质环境。二次风的扰动可以延长物料在床内的停留时间，保证完全燃烧。

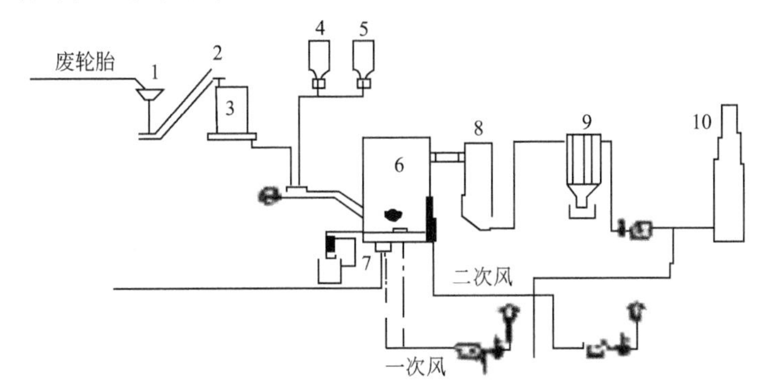

图3-4-8 流化床焚烧炉结构

1—轮胎研磨器；2—输送装置；3—轮胎储存箱；4—砂储存装置；
5—石灰石储存装置；6—流化床炉；7—点火装置；8—对流区；9—纤维过滤器；10—烟囱

流化床焚烧炉的优缺点如下所述。

1）优点　炉内温度场均匀，焚烧效率高（>98%）；燃料适应性强，可以与其他废旧高分子材料共同焚烧；可实现炉内脱硫、氮，低 NO_x 排放；通常运行温度在 800～900℃，因而重金属排放量低，此温度下，重金属还没有熔融、汽化；结构紧凑，只需一个燃烧室；操作灵活方便。

2）缺点　运行费用高；废轮胎预处理要求高、预处理设备建造投资费用高；当燃料中的熔点较低时（含碱金属）容易结焦；缺乏足够的商业运行经验。

焚烧法较其他的处理方法可以回收能源，但也存在以下问题，需要人们在实践中逐步克服：轮胎生产过程中加入的稳定剂含有镉（Cd）、铅（Pb）等重金属盐，会残留在焚烧炉底灰中，燃烧会产生有毒气体的排放，如 SO_2、HCl、PAHs（多环芳香烃）、H_2S 和 NO_x。与城市固体废物的热值相比，废轮胎的热值更高，因此燃烧时需要更大的燃烧炉内面积、火焰温度以及更充足的氧气，不恰当的燃烧会造成飞灰的排放，这就给焚烧炉的设计带来难度。

4.5.4　废旧橡胶燃烧热回收方法

现在已经开发了很多种回收废橡胶燃烧热的方法，代表性的方法如下。

1）燃烧热回收　温水回收；蒸汽回收。

2）代替燃料　锅炉燃料（与煤混烧、与木材混烧等）；水泥焙烧炉燃料；金属精炼燃料；化铝炉燃料。

3）燃料回收　热分解油和气体的回收。

4.5.5　热回收效率和热利用方法

4.5.5.1　热回收效率

废轮胎的发热量最高达 33472kJ/kg，1kg 废轮胎相当于 0.8～0.9L 重油，但废轮胎燃烧时，由于灰渣和排出气体造成的热损失比重油多，所以热回收效率比重油低。实际上 1kg 废轮胎相当于 0.55～0.85L 重油。利用废轮胎燃烧热回收温水和蒸汽的量一般为：100kg 废轮胎燃烧热回收可提供 7～10m^3 温水（从 20℃升温到 80℃），可提供蒸汽 700～1100kg。废轮胎燃烧热的回收效率见图 3-4-9。

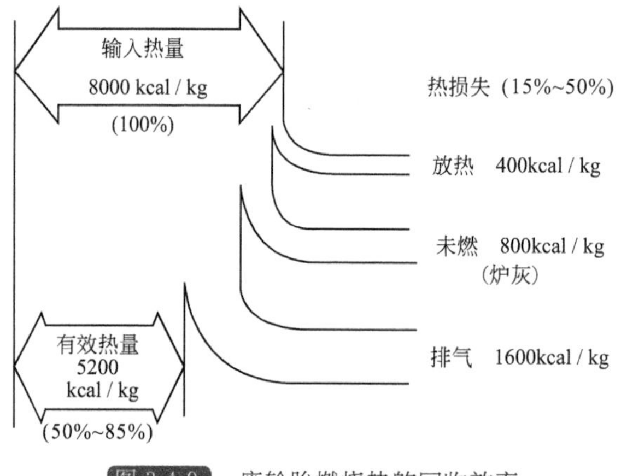

图 3-4-9　废轮胎燃烧热的回收效率

4.5.5.2 回收热的利用方法

回收热的利用方法如表 3-4-5 所列。

少量的温水回收可用于养鱼、养鸡和温室使用等，蒸汽回收的利用较少[59]。

热回收系统分单独利用轮胎热回收方式和与重油并用方式。

表 3-4-5 回收热的利用方法

热回收方法	热利用方法
水冷炉温水(80～90℃)	温水蒸气
燃烧炉→温水锅炉	锅炉给水加热 养鱼 养鸡 温室 浴场
燃烧炉→蒸汽锅炉(2～10kg/cm³)	代替蒸汽锅炉
燃烧炉 (700～1200℃)	热风 铝熔化 干燥用 暖气

4.5.5.3 回收装置

废轮胎燃烧热回收装置的代表形式有水冷构成式、燃烧炉和排气锅炉组合式和燃烧锅炉式。

4.5.5.4 热回收的经济性

如设定 1kg 废轮胎相当于 0.7L 重油，工作时间按每月 25d，每天 10h 计，重油价格为 60 美元/L，一台 200kg/h 的燃烧炉一年节约能源费用 2500 万日元。可以看出效果是显著的。如果使用设备配套好，有可能收回设备投资费和运转费(电费和人工费等)。日本有关部门推算，目前日本回收的废轮胎如果利用其燃烧热回收温水，可相当于节省 50000kL 重油。

4.5.5.5 公害的防治对策

(1) 粉尘的处理

废轮胎燃烧气体中的灰尘一般为 1g(标准)/m³。小型燃烧炉可采用旋风分离器除尘，大型燃烧炉在环境保护法规定严格的地区可采用电除尘或湿式煤气洗涤器除尘等高效除尘方式。煤气化燃烧方式粉尘量少，无需进行特别的处理。

(2) 硫氧化物的处理

轮胎中的硫约占 1.0%～2.0%，其燃烧时产生氧化物 SO_2，从烟囱中排出。由于其硫含量比重油中的硫含量低，所以一般不需处理。环境保护法特别严格的地方可考虑设置排烟脱硫装置。

(3) 氮氧化物的处理

轮胎燃烧时，产生的氮氧化物一般为 NO_2，产生量少，一般无需处理。

(4) 氯化氢的处理

轮胎几乎不含氯，氯化氢的产生可忽略不计。

(5) 臭气的处理

轮胎在低温下燃烧时，发烟的同时产生臭气，但在高温燃烧时几乎不产生臭气。为了防止臭气产生，可以设置助燃烧炉腔或加入纸、木材等提高炉温。

4.5.6 废旧橡胶燃烧热利用实例

4.5.6.1 电厂燃料

废橡胶粉碎后投入燃烧炉焚化或与煤、石油、焦炭等混合后再投入燃烧炉焚化，炉内温度高达1250℃左右，产生的热量用来加热水，产生水蒸气，水蒸气推动汽轮机组转动，产生电能。目前在美国康涅狄格州斯特灵市的轮胎火力发电厂，年消耗废胎1000万条，发电量3×10^4kW。世界第三大轮胎公司——桥石公司(Bridge Stone)研制的用废旧轮胎作燃料的发电设备，成功地解决了用废旧轮胎燃烧发电时，由于轮胎燃烧产生的高温度，轮胎内的钢丝熔化粘贴在炉壁上，常常造成燃烧炉故障的难题。目前英国至少有5座以上以废旧轮胎为燃料的电厂，每年可处理英国23%的废轮胎，并且在发电成本上可与常规燃料相竞争。

回收废橡胶产生的热，制温水或蒸汽，可用于供暖或发电。例如，日本住友橡胶工业公司1994年在日本福岛县安装的用废轮胎作燃料的锅炉，处理废旧轮胎750kg/h，发电能力为630kW，还可供蒸汽5.5t/h。

4.5.6.2 焙烧燃料

废旧橡胶轮胎经粉碎后与煤、石油混烧，可用于焙烧水泥、冶金金属等。废橡胶燃烧后，其中的配合剂变成残渣，处理起来较麻烦。如果用废橡胶焙烧水泥，则可方便地解决这一问题。在这种方法中，废橡胶可代替原用能量(煤、油）的20%，温度可高达2000℃，轮胎在极短的时间内燃烧结束，钢丝变成氧化铁，硫黄变成石膏，所有燃烧残渣都成为水泥的组成材料，不影响水泥质量，不会产生黑烟、臭气，无二次公害。用废旧轮胎制造水泥工艺流程如图3-4-10所示。

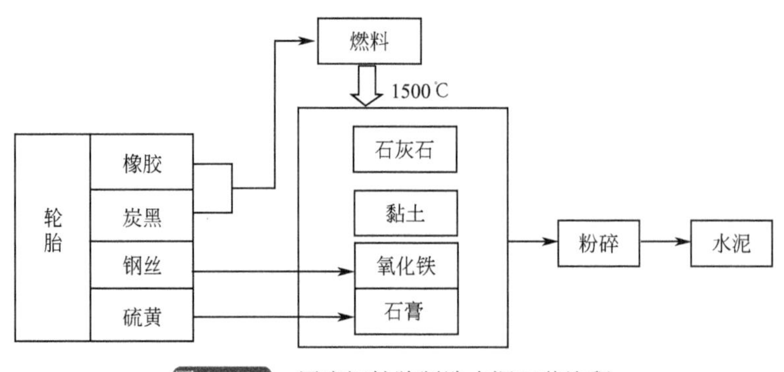

图3-4-10 用废旧轮胎制造水泥工艺流程

废橡胶焙烧水泥时热效率几乎与重油相同，1kg废轮胎相当于0.8～0.9L重油。目前日本用于回收能量的废橡胶中，有50%是用于焙烧水泥。若全部使用废轮胎作焙烧水泥的燃料，日本每年便可节约1×10^8L重油。

4.5.6.3 固化燃料

把废轮胎与其他燃料或废弃物、生活垃圾混合，有机废弃物可达45%，然后用类似于金属冶炼的工艺，用氧气在大于2000℃温度下煅烧，可极大降低废气排放量和减少热辐射。垃圾中的金属都凝聚在炉渣中，燃烧后无残余有机物质排出，有害挥发性成分如NO_x量降低。

第 5 章

废旧轮胎高值利用

随着汽车保有量的日益增加，全世界每年产生大量的废旧轮胎，为此，发达国家从 20 世纪 90 年代初就逐步开展对废旧轮胎的回收利用，目前已取得了较大的进展。

5.1 概述

5.1.1 国内外废旧轮胎回收和利用情况

5.1.1.1 世界发达国家废旧轮胎回收和利用情况

在废旧轮胎的回收上，世界上发达国家在逐步提高回收利用率。美国 2003 年废旧轮胎的利用率达到了 80.4%；欧盟 2002 年曾发布规定，要求在 2006 年以前必须回收利用报废车中 85%的材料，到 2015 年，回收利用率还要提高 10 个百分点，加拿大 2006 年废旧轮胎处理率在 70%以上[60]。

早期的废旧轮胎填埋与堆放处理方法在发达国家已经逐步被禁止，欧盟规定，从 2003 年起禁止用填埋法处理废胎，并规定 2006 年 7 月 16 日以后，禁止一切形式的填埋。美国用此法处理的废旧轮胎近年也大大减少。

轮胎翻新技术具有节能、环保的特点，符合循环发展理念，是世界上公认的首选技术，但轮胎翻新有一定限度，而且必须符合一定的安全条件。发达国家的新胎与翻新胎的比例一般为 9∶1 或 10∶1，美国矿山轮胎翻新率达 70%，美国航空轮胎的翻新率已达 90%以上，欧盟的轿车轮胎的翻新率达 18.8%，芬兰在 1998 年翻新率就已经达到 17.5%。

再生胶技术由于高能耗和一定的污染，在发达国家持续萎缩，如美国 2000 年再生胶产量不足 5 万吨，仅占当年废橡胶总量的 2%～3%。

制作胶粉对废旧轮胎仅仅是采用物理机械方法破碎，污染较低，在发达国家发展迅速，美国有相当部分的废轮胎用于改性沥青。美国早在 1991 年就通过立法推动国内废旧轮胎应用于改性沥青技术，1997 年美国参众两院立法规定，凡国家投资或资助的道路建设必须采用胶粉改性沥青铺设，并且规定胶粉的用量必须达到 20%以上。芬兰也颁布了相关规定，要求应用于沥青铺设的胶粉必须达到一定比例。

与中国煤产量非常丰富的情况相反，西方发达国家在利用废旧轮胎作为燃料方面也有相当比例。如欧洲包括英国，有相当比例应用于锅炉、水泥窑和钢铁炉的燃料替代煤。日本是一个能源非常紧张的国家，1997 年，热利用占废旧轮胎产生量的 51%，2000 年增长到 59%。虽然近几年废旧轮胎的热利用在不断创新当中，但是其热利用占废旧轮胎产生量基本维持在 50%～60%。美国也有部分废旧轮胎进入燃料系统，但废旧轮胎作为燃料带来环境污染，美国主要是发展一种清洁的废胎燃料技术(tire-derived fuel，TDF)。

5.1.1.2 我国废旧轮胎的回收和利用概况

目前我国随着轿车进入家庭和汽车保有量的增加，废旧轮胎的产生量也大量增加。如何把这些废旧轮胎回收利用、变废为宝、化害为利，是目前我国废旧轮胎回收和利用的研究关键。

我国废旧轮胎的回收和利用呈现出以下特点。

① 我国废旧轮胎产生量增加，行业发展机遇良好。近年来，我国轮胎产量大幅增长，废旧轮胎发生量也呈现快速增加趋势。比较废旧轮胎和新轮胎数据，可知我国废旧轮胎占同年份新轮胎产量的比例呈现增加趋势，由 2005 年的约 26%增至 2015 年的 33%。

② 产业结构与产品结构不合理。废旧轮胎加工利用首先需要大力提倡和发展轮胎翻新，充分实现废旧轮胎的减量化，但我国轮胎翻修行业的现状不容乐观，并没有充分发挥应有的作用。再生胶是我国废轮胎加工再利用的最大行业，在过去的 50 年里为我国弥补橡胶资源短缺起到过积极的作用，但是也给环境带来污染。目前，我国子午胎使用量已经达到 50%以上，在进一步优化再生胶技术的同时也应该发展胶粉等产业。目前我国胶粉企业由于缺乏政策支持，发展缓慢。

③ 无规范管理的废旧轮胎回收系统。在发达国家，政府和半官方的社会团体在废轮胎再利用方面发挥主导作用。而在我国，个体经营是目前废轮胎回收、集散和简单加工的主体。我国废旧轮胎回收主要由民间个体根据市场需求有选择地回收，回收的品种主要是 650～1200 规格的斜胶胎。个体经营废轮胎回收等存在的主要问题有：a. 回收渠道不畅，不能充分回收废旧轮胎；b. 资源得不到充分利用；c. 集散地生产技术设备原始，不能真正资源利用和解决废旧轮胎环境污染；d. 管理混乱，卫生安全隐患突出。因此，只有建立全国规范管理的废旧轮胎回收集散系统，才能从源头实现环境保护和资源利用。

④ 简单再加工占有很大比例，产品质量低劣，污染严重。拾荒者是目前我国废轮胎回收、集散和简单加工的主体，他们选择能够卖钱的较容易剥离的废斜交胎回收，转运到自发形成的废轮胎集散地，用最简单的工具将帘子布层剥下来，加工成低档橡胶鞋底、建筑用灰斗，或者卖给再生胶企业作为再生胶的生产原料，将轮胎分解后不易利用的部分则直接烧掉，造成环境污染。而代表近来发展趋势的钢丝子午胎由于人工无法分解和利用，他们从不回收。目前在广东、浙江、山东、山西、河北、辽宁等省已经发展成具有一定规模的废轮胎集散加工中心，那里加工出来的橡胶鞋底基本占据我国低档橡胶鞋底的大部分市场。这些废轮胎集散加工中心设备十分原始，环境污染严重，工作条件恶劣，资源浪费严重，安全隐患突出。如广东省云浮县、重庆郊区的大火灾，河北省玉田县的锅炉爆炸等恶性事故等。近年随着国内外橡胶市场价格的大幅度暴涨，一部分先富裕起来的废轮胎集散加工农民开始投资建设小型再生胶厂，有的县一下子冒出几十家小再生胶厂，在橡胶资源再利用的同时，也给当地的生态环境造成严重破坏。如何规范和管理这些无组织的小企业，同时保证资源循环利用和环境无害，是目前亟待解决的问题。

综上所述，目前我国废旧轮胎回收利用基本流程，可用图 3-5-1 表示。

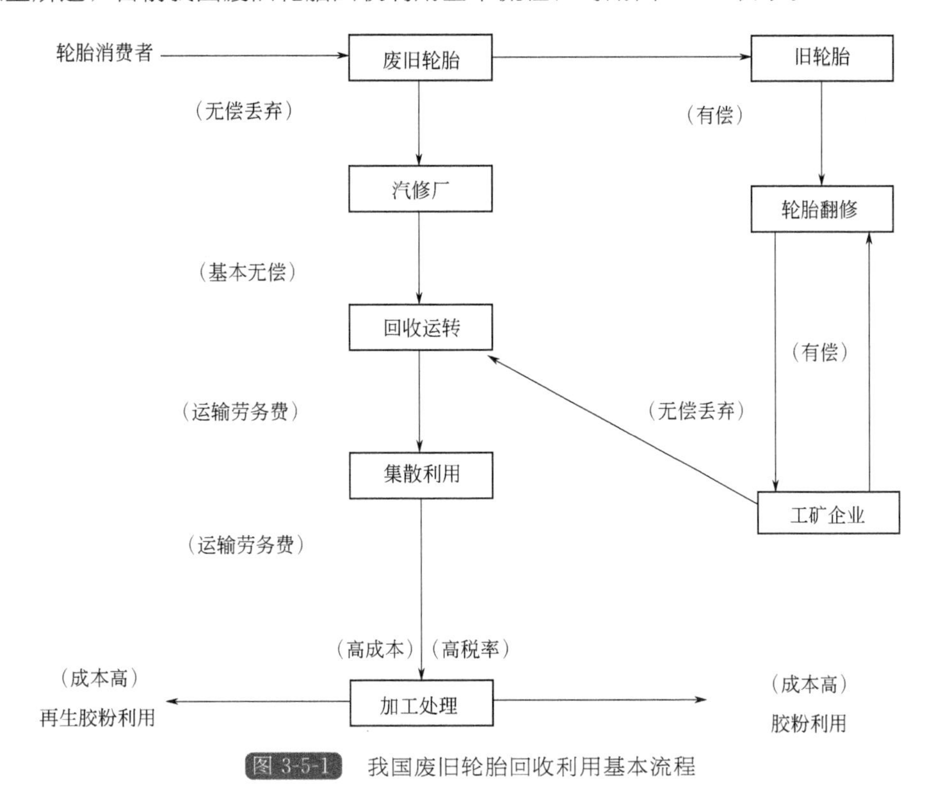

图 3-5-1 我国废旧轮胎回收利用基本流程

可以看出，加工处理企业承担了废轮胎社会环境公共服务成本，造成加工利用产品的高成本，不利于这些环保产品的市场推广利用，阻碍了废旧轮胎资源回收利用的产业发展和调整。

5.1.2 废旧轮胎回收利用途径

5.1.2.1 轮胎翻新

轮胎翻新是指轮胎经局部修补、加工、重新贴覆胎面胶，进行硫化，恢复其使用价值的一种工艺流程。传统的翻新工艺是将混炼胶粘在经磨锉的轮胎胎体上，然后放入固定尺寸的钢质模型内，经过温度高达 150℃以上硫化而成的翻新，俗称“热翻新”或热硫化法。该法目前仍是我国轮胎翻新的主导工艺，但美国、法国、日本等发达国家已逐渐将此工艺淘汰。当今最先进的翻新工艺是环状胎面预硫化法。“预硫化翻新”技术是将预先经过高温硫化而成的花纹胎面胶粘在经过磨锉的轮胎胎体上，然后安装于充气轮辋，套上具有伸缩性的耐热胶套，置入温度在 100℃以上的硫化室内进一步硫化而作翻新。

轮胎翻新保持了轮胎的原始物性以及形状，耗费的能源和人工都较少，可延长轮胎使用寿命，达到了物尽其用、使废胎减量化的目的，所以被认为是经济效益最佳、环境亲和力最好的轮胎利用方法。

随着我国高等级公路的发展、子午胎用量的增加、翻新技术的推广、人们对翻新轮胎使用价值认识的转变，我国翻新轮胎将会迎来第二次发展机遇。轮胎循环利用，翻胎的价值最高，然而目前我国旧轮胎翻新业发展速度不快，翻新状况与发达国家相比存在很大差距。

据调查，我国旧轮胎翻新无论是载重车轮胎、矿山用工程轮胎、航空用飞机轮胎，还是轿车轮胎，与发达国家相比都存在较大的差距。从整体来看，全国年翻新汽车轮胎约 700 万条，新胎与翻新胎的比例为 26∶1，而发达国家的一般为 9∶1 或 10∶1。

但是目前轮胎翻新仍然具有以下问题。

① 载重汽车的轮胎翻新率低，仅占应翻新胎总量的 40%。

② 矿山用巨型工程轮胎基本上没有进行翻新。以 77～154t 级的大型载重汽车用轮胎为例，全国露天矿约有大型载重汽车 500 辆，年需要 3600R51 或 3700R57 的巨型轮胎 4000 条，全部依靠进口，平均轮胎翻新率不足 20%，二次翻新、三次翻新几乎没有。而美国矿山轮胎翻新率高达 70%。

③ 航空用飞机轮胎翻新起步晚，我国刚刚开始进行翻新应用的，只有广西桂林蓝宇航空轮胎翻新厂，年翻新航空轮胎约 2 万条，占现有应翻新航空轮胎的 10%左右。其余约有 20 万条民用航空轮胎需要送中国香港、泰国等地去翻新。而美国航空轮胎的翻新率已达 90%以上。

④ 我国轿车轮胎基本上没有进行翻新，而欧盟的轿车轮胎的翻新率达 18.8%。

因此，当前制约我国轮胎翻新行业发展的主要因素有 3 个：a. 国产轮胎的质量普遍较低，有翻新价值的旧轮胎的数量有限；b. 多数车主缺乏轮胎保养意识，实行超载和苛刻行驶，胎面严重磨损无法再实施翻新；c. 缺乏翻前检选和翻后检验的手段和标准，加之整个社会对轮胎翻新的价值认识不足，使得翻新轮胎的市场难以拓展。

5.1.2.2 再生胶

再生胶是指废旧橡胶经过粉碎、加热、机械处理等物理化学过程，使其弹性状态变成具有塑性和黏性的、能够再硫化的橡胶。再生胶主要优点是具有良好的塑性，易与生胶和配合剂混合；节省工时，降低动力消耗；收缩性小，能使制品有平滑的表面和准确的尺寸；流动性好，易于制作模型制品；耐老化性好，能改善橡胶制品的耐自然老化性能；具有良好的耐热、耐油和耐酸碱性；硫化速度快，耐焦烧性好。再生胶的主要缺点在于吸水性和耐磨性差、耐疲劳性不好。

再生胶行业是目前我国废轮胎加工利用最大的行业。我国目前废轮胎的利用主要是生产再生胶，这主要得益于我国废橡胶轮胎中斜交胎占有相当比例，为再生胶生产提供了原料市场和产品销售市场。但随着我国轮胎子午化水平的不断提高，废轮胎以再生胶利用的比例也会相对减小。2005 年，我国再生胶为 140 万吨，是名副其实的“再生胶王国”。尤其是随着国际生胶价格的不断上涨，再生胶成为越来越重要的二次资源。我国再生胶利用率达到 95%左右，为橡胶工业提供了 48 万吨以上的原材料，相当于我国天然胶 2005 年产量的 90%，同时也减少了 2005 年近 220 万吨固体废物的堆积，有效净化了环境。2011 年，全国再生胶产量达到 300 万吨，我国再生橡胶制造行业总资产达 52.35 亿元，同比增长 29.99%。规模以上再生橡胶制造工业企业实现主营业务收入达 177.36 亿元，同比增长 32.56%；实现利润总额达 11.68 亿元，同比增长 48.16%。我国再生胶中的 30%～40%用于轮胎的生产，20%～30%用于内胎的生产，30%～40%用于鞋底或其他产品。

由于再生胶生产过程中的高耗能、高污染等，再生胶在发达国家基本淘汰，目前只有我国和印度等国有少量生产。近年来，国家从保护生态方面考虑，减少了天然橡胶产量。我国目前再生胶的产量达到全世界的 85%以上，再生胶成为我国废胎利用的独特产品，并且有

3%左右对外出口。一些地区近2～3年内已发展成为产业群，利用废橡胶生产再生胶已成为当地的主导产业，形成了废橡胶回收、加工和再生胶生产基地。如山西平遥县和汾阳市演武村，从事回收利用的人员有5000余人，生产企业有40多家，年生产再生胶18万吨，同时带动了为再生胶生产企业配套的机械加工业的发展。

再生橡胶的生产技术是建立在天然橡胶化学热氧化降解、逆向脱硫工艺技术原理基础上的废橡胶再利用行业，生产中的脱硫化学反应过程产生较严重的废水、废气(二氧化硫、硫化氢、苯和二甲苯等有害物质)，造成的环境污染治理成本高，技术复杂，发达国家早在20世纪70～80年代已淘汰和禁止生产再生胶。鉴于此，再生胶技术在我国应该在一定程度上缩小生产规模，或进行技术改造和革新，降低污染排放。

5.1.2.3 胶粉

通过机械方式将废橡胶粉碎后得到的粉末状物质就是胶粉，其生产工艺有常温粉碎法、低温冷冻粉碎法、水冲击法等。为了提高胶粉的掺用效果，一般要对废橡胶粉碎后的胶粉进行改性。胶粉经过表面活化后能与胶料产生良好的相容作用或共交联作用，可明显改善材料的动态疲劳性，提高拉伸强度，因此，活化胶粉在开拓胶粉应用方面相当重要。

与再生胶相比，胶粉生产工艺是利用纯物理的方法加工处理废轮胎技术，无需脱硫，所以生产过程耗能少，工艺简单，不排放废水、废气，不产生二次污染，而且胶粉性能优异，用途极其广泛。通过生产胶粉来回收利用废旧轮胎是集环保与资源再利用于一体的很有发展前途的一种利用方式，是世界上公认的废轮胎橡胶无害化、资源化的加工方法。无论斜交胎还是子午胎都能够加工处理，其产品应用范围广，其中的精细胶粉可作为高档产品的原辅料。胶粉有许多重要用途，如掺入胶料中可代替部分生胶，降低产品成本；活化胶粉或改性胶粉可用来制造各种橡胶制品；与沥青或水泥混合，用于公路建设和房屋建筑；与塑料并用可制作防水卷材、农用节水渗灌管、消声板和地板、水管和油管、包装材料、框架、周转箱、浴缸、水箱；制作涂料和黏合剂。胶粉与沥青共混得到改性沥青，将其用于公路建设是最近十年间世界各国的重点发展方向。

胶粉加工是一个极具发展潜力的行业，在发达国家发展迅速，美国有相当部分的废轮胎用于改性沥青，但胶粉加工在我国发展缓慢，处于起步阶段，生产企业才几十家，年产量不到5万吨，还没有形成新兴的产业。我国的胶粉始于20世纪80年代后期，是在引进的子午轮胎原料配方中要求掺用一定比例的80目精细胶粉。精细胶粉不仅能部分替代天然橡胶或合成橡胶，节省资源、降低成本，而且在耐磨性等技术指标方面还有所提高。但利用废轮胎生产精细胶粉的技术复杂，2000年以前，我国并没有自己真正工业化的生产技术，而是以40目活化胶粉替代80目胶粉。近年来，一些企业积极开发，形成自主知识产权的技术。如江苏东浩公司为公路改性沥青提供胶粉；青岛绿叶橡胶有限公司和加拿大合作，利用胶粉生产橡胶枕木；江阴市台联超细胶粉有限公司开发出常温法超细胶粉；广州市钟南橡胶再生资源开发有限公司和南京东浩胶粉有限公司等都为胶粉生产、利用开了好头。

5.1.2.4 其他利用方式

其他利用方式包括废旧轮胎原形改制、热能利用和热解等。

1）原形改制　通过捆绑、裁剪、冲切等方式，将废旧轮胎改造成有利用价值物品的技术。如船舶的缓冲器、人工礁、防波堤、公路的防护栏、水土保护栏，或者用于建筑消声隔板等，也可以用作污水和油泥堆肥过程中的桶装容器。经分解剪切后还可制成地板席、鞋底、垫圈，切削制成填充地面的底层或表层的物料等。

2）热能利用　废橡胶(轮胎)是一种高热值材料，废轮胎每千克的发热量分别比木材高69%、比烟煤高10%、比焦炭高4%。热能利用就是用废轮胎代替燃料使用：一是直接燃烧回收热能，此法虽简单，但会造成大气污染；二是将废轮胎破碎后，按一定比例与各种可燃废旧物混合，配制成固体垃圾燃料，供高炉喷吹代替煤、油和焦炭，供水泥回转窑代替煤以及火力发电用。在少数发达国家明确规定要有一定比例的废轮胎应用于热能利用。

3）热解　就是利用外部加热打开化学链，有机物分解成燃料气、富含芳香烃的油以及炭黑等有价值的化学产品。这种方式目前还处于研究和开发阶段。

5.1.2.5　利用技术总结

图3-5-2表示2013年我国废旧轮胎回收利用技术比例，由此可知：2013年我国约有35%的废旧轮胎未被回收利用；在回收利用的途径中再生胶技术占的份额最大，约处理50%的废旧轮胎，约有10%的废旧轮胎用于轮胎翻新，4%用于胶粉生产，约1%用于原形改制。

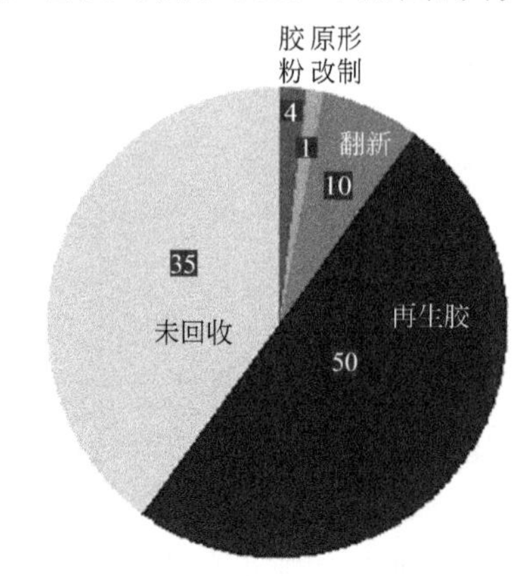

图3-5-2　2013年我国废旧轮胎回收利用技术比例(单位：%)

由前文所述，轮胎翻新在众多的回收利用的途径中是经济效益最佳、环境最友好的利用方法；胶粉生产由于污染少，将成为今后发展的一个主要方向，但是这两者在废旧轮胎的处理技术所占的比例很小，远远低于发达国家水平。其中，轮胎翻新在我国很有发展潜力，应该大力提倡。由于子午胎的发展，再生胶产业将受到一定限制，但由于我国橡胶资源相当匮乏，再生胶产业在一定时期存在是有必要的，而降低能耗、降低污染将成为再生胶技术的主要发展方向。

5.2　废旧轮胎翻新工艺

轮胎翻新系指将胎面花纹已基本磨平不宜继续使用的旧胎，经过选胎、磨胎、涂胶、贴胎面、硫化等主要工序加工后，在胎体行驶面上更换一个与原始胎面相似的新胎面，以恢复其使用价值。这种轮胎称为翻新轮胎[61,62]。

轮胎翻新是一种废旧橡胶循环利用的传统方式，是一种废旧橡胶再生资源化利用效率比较高而合理的方法。

轮胎翻新的基本形式有4种，即肩翻新、顶翻新、全翻新和花纹翻新。我国目前肩翻新轮胎的产量约占65%，但顶翻新轮胎能节约更多的橡胶，正广泛受到重视，产量也在逐步增长。全翻新轮胎因耗胶量最多，也最费工时，外观虽较美观，但成本高，售价昂贵。

轮胎翻新的基本工艺一般分为传统法与预硫化胎面法两大类。

1）传统法　系将旧胎削磨后，在胎体上贴上胎面，然后压合，或者将胶条送入冷喂压出机，把压出的热胶条直接绕贴在胎体上，制成一个胎面，最后放入整圆硫化机内硫化。胎面贴合又有冷贴与热贴之分，冷贴系指压出的热胎面经过冷却、停放，再贴到胎体上，压出与贴合是间断分开的；而热贴是将压出的热胎面，直接贴到胎体上，压出与贴合两部分组成一个联动生产线。传统法翻新轮胎的硫化均在整圆硫化机内进行。对于特殊大型轮胎(如工程机械轮胎等)的翻新，经削磨后一般均用绕贴法制成胎面，然后在胎面上刻出所需要的花纹，再放入硫化罐内硫化。

2）预硫化胎面法　翻胎工艺基本上与传统法相同，所不同的是将压出的胎面在专用的设备上硫化(这种已硫化并带有花纹的胎面称为预硫化胎面)。将预硫化胎面用黏合胶浆及胶片粘贴到胎体上，然后加上包封套，放入硫化罐或硫化机内进行第二次硫化。由于第二次硫化温度在100℃左右，故又称为低温翻胎法。用预硫化胎面翻胎法翻新出来的轮胎耐磨性能好，行驶里程高，胎面抗刺扎，又因在较低温度下硫化，能增加翻新次数，但其选胎要求较高而且严格，需要有充足的合格胎源。目前我国环状及条状的预硫化胎面均有生产，其产量正在逐步增长中。

轮胎翻修工业历来以节约能源和原材料、具有很大的社会效益和经济效益而著称。轮胎翻修工业发达的国家对于其能节约大量能源的作用均有明确的认识，这是因为制造大量新轮胎所使用的主要原材料如合成橡胶、合成纤维帘布、炭黑及各种有机助剂等都是以石油为基础原料制成的。翻新轮胎所使用的原材料，除不使用合成纤维帘布外，在合成橡胶和炭黑等的使用方面与新轮胎相类似，但翻新一条轮胎的用量却比制造一条新轮胎的用量少得多，因此能节约大量能源。根据美国资料，列表说明(表3-5-1)。

表3-5-1　每条新轮胎与翻新轮胎石油用量　L/条(U. S. gal/条)

轮胎类别	新轮胎	翻新轮胎	节约石油用量
轿车轮胎	27(7.0)	9.5(2.5)	17(4.5)
载重轮胎	106(28)	27(7.0)	79.6(21)

根据我国情况，轮胎翻新的节约数量是以生胶为基数来统计的，包括天然橡胶和合成橡胶，其中有一部分还需要进口以弥补不足。当前无论是新轮胎或是翻新轮胎，每条胎橡胶的用量与国外相比一般都偏低。这就说明还存在着较大的节约石油的潜力。除生胶外，还有以石油为基础原料制成的炭黑及各种有机助剂等。今以9.00-20PR载重轮胎为例，比较新轮胎和翻新轮胎每条所用的生胶、炭黑及各种有机助剂数量，见表3-5-2。

表3-5-2　9.00-20PR新轮胎和翻新轮胎主要原料用量对比

原材料种类	新轮胎/(kg/条)	传统法翻新轮胎		节约用量及百分数			
		肩翻/(kg/条)	顶翻/(kg/条)	肩翻		顶翻	
				质量/(kg/条)	百分数/%	质量/(kg/条)	百分数/%
生胶	20.8	6.7	5.36	14.10	67.78	15.44	74.23
炭黑	9.37	3.725	2.784	5.645	60.25	6.586	70.29
有机助剂等	3.733	1.896	0.663	2.837	75.99	3.07	80.24
合成纤维帘布	3.811	0	0	—	—	—	—
胎圈钢丝	1.926	0	0	—	—	—	—

从表 3-5-2 中可以看出，9.00-20PR 肩翻新轮胎的生胶用量仅为同规格新轮胎的 1/3；顶翻新轮胎更少，只有 1/4，节约生胶量十分显著，炭黑及有机助剂的节约也有类似的比例。在价格上，9.00-20PR 肩翻新轮胎的售价还不及同规格新轮胎的 1/5，包括修补费在内，其售价也只有新轮胎的 1/4 左右。顶翻新轮胎的售价就更低了。在轮胎行驶里程上，由于涉及路面、气候、使用与保养条件及新胎胎体质量、轮胎翻新与修补质量等多种因素，同时我国地域辽阔，使用情况复杂，因此各地区之间的轮胎行驶里程差异较大。一般说来，用传统法翻新的轮胎，平均行驶里程可达 3.5 万～7 万公里，为同地区同规格新轮胎的50％～60％；在城市中使用的翻新轮胎平均行驶里程达到 15 万公里以上，为同地区同规格新轮胎的 80％～100％。此外翻新轮胎还可起到平衡市场的作用。因此加强对轮胎早期损伤的及时补修，与节约能源、降低轮胎费用以及为今后翻新提供良好的胎体都有直接关系。

我国轮胎翻新技术还比较落后，多用“热翻新”。先进国家多使用“冷翻”，即“预硫化翻新”。目前国内就是采用冷翻的其翻胎的预硫化胎面和中垫胶一般也需要进口。另外，翻新前需要对胎体进行激光全息无损探伤检测，确认胎体完好才可翻新，而国内的小企业多是凭经验确定。

5.2.1 轮胎翻新的基本工艺流程

（1）纯翻新工艺流程

初检分类→清洗干燥→进厂检验→磨锉胎面→过程检验→胎体干燥→喷涂胶浆→贴胶成型→硫化→整修→出厂检验→成品入库。

（2）先修补后翻新工艺流程

初检分类→清洁干燥→进厂检验→初磨胎面→洞伤切割、配衬垫→局部磨锉与剪毛→胎体干燥→修补段涂胶、干燥→洞伤贴胶→局部硫化→过程检验→复磨胎面→胎面喷涂胶浆与干燥→翻新贴胶成型→翻新硫化→整修检验→成品入库。

生产中，也有不经粗磨先行修补施工，待局部硫化与检验后，再磨胎面翻新施工。

（3）翻新修补一次硫化工艺流程

初检分类→清洗干燥→进厂检验→轮胎磨锉→洞伤切割、配衬垫→局部磨锉→剪毛、除尘→过程检验→胎体干燥→喷涂胶浆与干燥→贴胶成型→翻新硫化→整修检验→成品入库。

5.2.2 轮胎翻新方法的特点和选择

轮胎翻新方法主要有 4 种，即顶翻新、肩翻新、全翻新和花纹块翻新，分别如图 3-5-3(a)～(d)所示。

（1）顶翻新

顶翻新是胎面行驶面的翻新，费用最低，工时和原材料消耗最少，其行驶里程较高，但外观稍差。对美观要求不太高的载重车胎，可采用顶翻新。为节约翻新用胶，应提倡和推广顶翻新方法。

（2）肩翻新

肩翻新是从胎肩到胎肩的翻新，翻新部分较为美观，肩部花纹与胎面花纹之间互相连

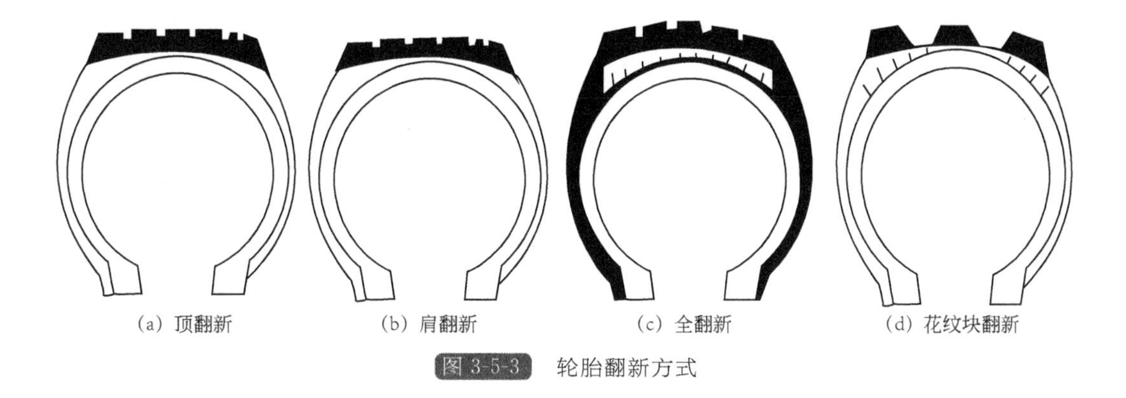

图 3-5-3　轮胎翻新方式

接，因而通风排水较好。但工时与原材料消耗较多，而且肩部新旧胶层接合处容易脱空。肩部存在严重脱空和掉胶的轮胎、对美观要求较高的乘用胎，比较适宜这种翻新方法。

(3) 全翻新

全翻新是从胎圈到胎圈的翻新，外观与新轮胎没有明显的差别，但成本高、工时和原材料消耗大，国内基本不采用。

(4) 花纹块翻新

花纹块翻新是对已磨损的花纹块用粘贴法翻新。该方法工艺简单，耗胶量少，但外观欠佳。适用于工程机械、农业用的越野型深花纹大型轮胎。

5.3　斜交轮胎的翻新

轮胎从结构设计上可分为斜交轮胎和子午线轮胎。斜交轮胎可以简单地称为尼龙胎。这个概念是相对于子午线轮胎即所谓的钢丝胎而言的。斜交轮胎的帘线按斜线交叉排列，故而得名。

斜交轮胎的结构如图 3-5-4 所示，是一种老式结构的轮胎。外胎是由胎面、帘布层(胎体)、缓冲层及胎圈组成，帘布层是外胎的骨架，用以保持外胎的形状和尺寸，通常由成双数的多层挂胶布(帘布)用橡胶贴合而成，帘布的帘线与胎面中心线约呈 35°，从一侧胎边穿过胎面到另一侧胎边。在选用尼龙、聚酯纤维或钢丝等高强度帘线材料时，可大大提高轮胎的负荷承载能力，改善轮胎的使用性能。斜交轮胎是现代汽车常用的一种轮胎。

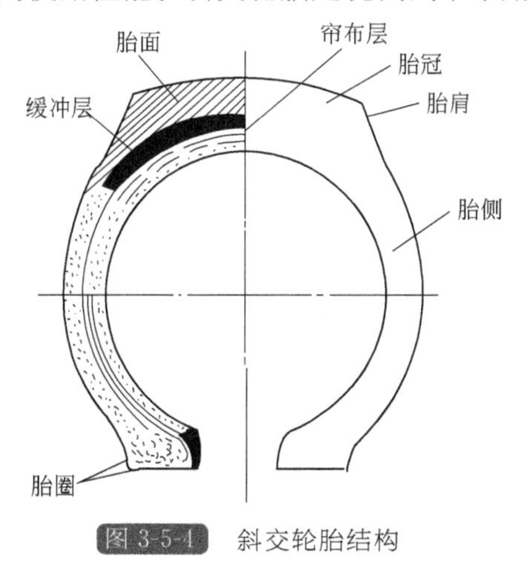

图 3-5-4　斜交轮胎结构

5.3.1　斜交轮胎翻新工艺流程

斜交轮胎翻新工艺流程见图 3-5-5。

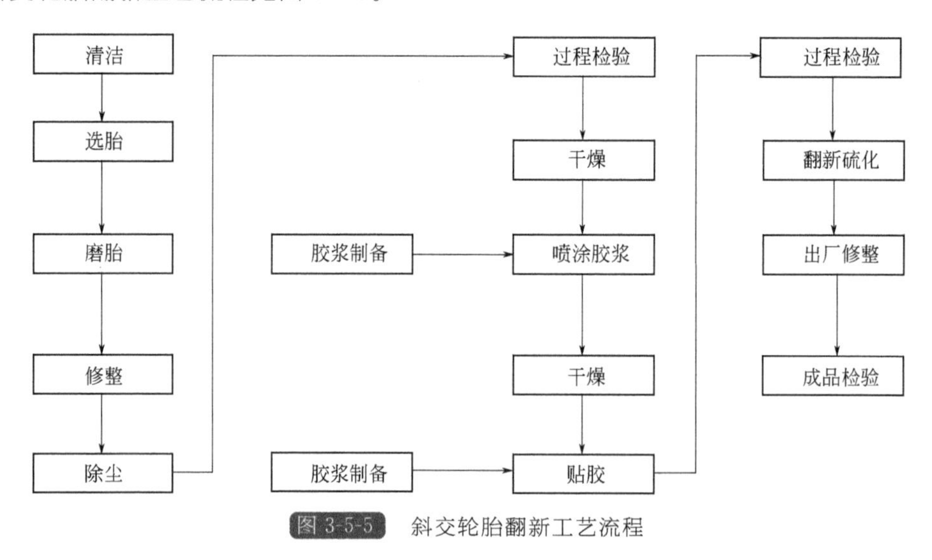

图 3-5-5　斜交轮胎翻新工艺流程

5.3.2　斜交轮胎翻新工艺过程

（1）清洁

进厂轮胎在施工前必须经过清洁处理，把轮胎内外以及嵌入花纹沟或刺入胎面的石子等杂物清除干净。其作用如下：a. 保证施工安全；b. 改善作业卫生条件；c. 防止污染加工表面，影响翻新质量。

（2）选胎

选胎标准的依据有企业技术条件、轮胎状况和用户要求。根据轮胎结构的不同，对于载重汽车、轻型载重汽车及轿车轮胎的选胎标准分斜交胎体及子午线胎体两种，此外根据轮胎的完好程度与翻新后的使用价值又分为甲、乙二级。农业、工程机械、林业、工业及畜力车轮胎则不分等级，但选胎标准必须保证技术可靠，经济合理。

（3）磨胎

磨胎是使翻新部分露出新的表面以利于翻新。其作用为：a. 除去旧表面橡胶氧化层，并使翻新轮胎具有规定的断面形状和外缘尺寸；b. 锉磨出新鲜洁净表面，使之具有良好的化学活性，提高挫磨面与未硫化胶的浸润能力；c. 使硫化后的结合面获得良好的黏合强度和抗剪切变形的能力。

（4）翻新修整

轮胎锉磨后，特别是用人工操作钉轮锉磨的表面上，常会发生锉缝不均匀或存在浮动胶丝、损伤部分露出帘线头等现象，这些都会影响黏合强度，因此要对锉磨后磨面上出现的这些缺陷进行修整。

（5）除尘

翻新轮胎锉磨后，要对表面进行除尘，以保持锉磨表面的清洁和下一工序的环境卫生，保证黏合表面的质量。通常有下面 2 种方式。

1）单胎或局部除尘　通常使用吸尘器或压缩空气（但要严格地对空气进行油水分离），吹除表面胶末灰尘，对轮胎里的胶末灰尘，也要用硬毛刷边刷边抽出，或用压缩空气配合抽风装置除尘。

2）车间内安装通风除尘系统　通常用二级除尘系统，在各操作点安装一级除尘装置，抽出的胶末粉进入二级除尘系统，经旋风分离器沉降处理。可改善整个车间生产环境的卫生条件。

（6）过程检验

过程检验是保证轮胎翻修质量的重要措施。由于轮胎翻修是流水作业，在几个主要工序后，按各工序半成品质量要求，必须对轮胎进行逐条逐项的详细检查，及时消除隐患，以阻止不合格的半成品流入下一工序。过程检验工作要注意以下几点。

① 过程检验根据需要分设在几个主要工序之前，即在磨胎修整完毕后及喷涂胶浆之前，入模或入罐硫化之前，即贴好胎面胶待入模硫化之前，必须做严格的检查。

② 喷涂胶浆之前的过程检验，要检查轮胎所有加工处的质量，有无遗漏处，轮胎是否还存在隐蔽损伤及清洁干燥情况如何等。

③ 入模或入罐硫化以前的过程检验，主要检查轮胎贴好胎面胶以后的几个主要尺寸，如轮胎外直径、断面宽、胎面宽、断面周长等，检查胎面胶及其他贴补材料是否密实，胎面胶外观是否符合半成品技术要求及轮胎外部特别是贴补胶料的表面有无污染。

④ 过程检验主要使用小型机械工具，由专职过程检验人员担任。

（7）干燥

干燥是利用加热的方法以蒸发排除轮胎胎体内所含的水分，防止轮胎在硫化过程中发生脱空现象。如果加工表面潮湿或干燥不当，会影响黏合性能及轮胎翻新质量，甚至产生次品。

（8）喷涂胶浆

在翻新轮胎锉磨的表面喷涂或刷上一层胶浆有利于施工，也有利于增强新胶与胎体间的黏合强度。喷涂胶浆还能提供成型时的黏着性，但不能改变黏合物间的化合性质，因此在不影响翻新成型操作顺利进行的条件下，也可以不喷涂胶浆而直接进行热黏合，同样能获得新旧胶的黏合强度。对胎体帘线已裸露的部分，橡胶对帘线渗透扩散比较困难，物理黏合条件差，仍需涂刷胶浆，以增加橡胶对帘线浸润渗透深度，增大有效黏合面积。

（9）贴胶

贴胶可分为贴缓冲胶片和贴胎面胶两种。

1）贴缓冲胶片　先用0.8～1.2mm厚的缓冲胶条将胎冠喷涂胶浆表面的坑凹处及露帘线处填补平整，然后再用0.8～1.2mm厚的缓冲胶片将整个轮胎复贴一层以增加胎面与涂胶浆表面的黏着性能。如果采用热贴工艺而且胎面胶又有较好的黏着性能，也可以不贴缓冲胶片。

2）贴胎面胶　整块式胎面胶尺寸包括胎面胶厚度、上宽、底宽和长度。顶翻胎胎面胶断面形状为等腰梯形，上宽与底宽相差不大，肩翻胎胎面断面底宽较大，也可以分为两层重叠黏合。用胎面胶胶条绕胎者利用微型计算机控制贴胶量。上述胎面胶尺寸的确定，系根据轮胎锉磨后的外直径、需要保持的基部胶厚度、花纹深度及花纹沟所占体积来计算。

（10）翻新硫化

翻新硫化是决定产品质量的重要工序，要求翻新轮胎受到均匀加压，使胶料在规定的温度和时间内得到最佳的物理机械性能，并在硫化过程中使未硫化胶呈黏流态而充分渗入胎面锉缝间，使二者紧密接触并牢固结合。

硫化条件指翻新硫化时所施加于胎面胶的压力、规定的硫化温度和硫化完毕所用的时间，简称压力、温度、时间三要素。

1）热源　翻新硫化热源通常使用蒸汽或过热泵。

2）胎内加压介质　胎内加压介质通常用过热泵、压缩空气或蒸汽。使用过热泵效果最好，它的压力温度均匀，容易实现冷却，而且能减少对硫化内胎的氧化，从而延长其使用寿命。也有用压缩空气和蒸汽交替使用的。

3）硫化温度　翻新轮胎的硫化温度不宜太高以保护胎体，温度过高还会使胶料产生“返原”现象，加剧尼龙帘线的热收缩，影响胎体和胶料的黏合性能。通常硫化温度以140～150℃为宜(硫化温度是指达到模型表面的温度)。

4）硫化内压　翻新轮胎硫化时所充的内压可使胶料在硫化过程中组织致密，并渗透到帘线缝隙和锉缝中，能够提高胶料的耐磨耗性能，增加各部件间的黏合强度。硫化内压的高低应考虑轮胎的结构特点、帘线种类、胎体层数和整体刚性，还要考虑介质类型和硫化结构强度。硫化子午线载重轮胎宜采用较高内压如1.5～2.0MPa，斜交载重轮胎内压不宜低于1.2 MPa。

5）硫化时间　硫化时间的确定取决于胎面材料的硫化方法，要尽可能在短时间内使各部位胶料均处于正硫化或平坦范围以内。

(11) 成品整修

整修工作包括除去翻新硫化后产生的溢胶边等，有的还在外部喷涂表面保护剂。整修既可改善翻新轮胎的外观质量，又能对翻新后轮胎表面起保护作用。喷涂表面保护剂可以用喷涂胶浆的喷枪(无空气喷涂)，也有专门用于翻新轮胎整修的设备，它可以使轮胎旋转并用刀削去溢流胶边和气孔溢胶，并能防止喷涂保护剂时雾状物的飞散。

(12) 成品检验

成品检验应严格按成品标准进行，并按规定填发翻新轮胎产品合格证。必要时可抽样做机床试验、道路试验和爆破试验。

5.3.3 翻新轮胎技术要求

翻新轮胎合格品分为一级品和二级品两种，其外观质量必须符合表3-5-3所规定的标准。翻新后的轮胎必须无漏修部分。轿车及轻型载重汽车翻新轮胎合格品的外观质量必须符合规定的一级品标准。在允许范围内的缺陷个数，一级品不得多于4个，二级品不得多于6个。超出此数者，一级品降为二级品，二级品降为等外品。

表3-5-3　翻新轮胎外观质量标准

序号	缺陷情况	一级品	二级品	备注
1	胎面花纹缺胶或圆角	深度不超过1.5mm,累积长度不大于1/4圆周	深度不超过3mm,累积长度不大于1/4圆周	
2	胎面花纹崩花	不允许	不超过花纹深度的1/2,总长度不超过1/5圆周,不得掉块或花纹基部裂开	
3	模型口错位	>1mm	≤3mm	
4	胎冠胶边	胶边基部厚度不大于1.5mm	≤3mm	
5	花纹错位	不大于花纹节距1/6	不大于花纹节距1/4	
6	胎肩蜂窝	不允许	允许轻微蜂窝深度不大于1.5mm	

续表

序号	缺陷情况	一级品	二级品	备注
7	胎里坑凹和实鼓	不允许	深度和高度分别不大于 3mm,长度不大于 1/5 圆周	雪泥花纹胎除外
8	花纹基部胶过薄	不允许	不允许露锉印	
9	花纹不完整(缺花)	不允许	不允许	
10	胎面重修	不允许	不允许	
11	重硫化造成胎侧老化	不允许	不允许	
12	胎侧模型印痕	深度≤2mm,轻型载重胎及轿车胎≤1mm	深度≤3mm	
13	胎冠胎侧杂质印痕	胎冠处深度不大于胎面胶厚度的 20%,胎侧处深度不大于胎侧胶厚度的 30%,均不多于 1 处	胎冠深度不大于胎面胶厚度的 30%,胎侧处深度不大于胎侧胶厚度的 40%,均不多于 2 处	
14	衬垫小点脱层	不允许	在洞口周边 75mm 以外,允许有直径 10mm 以内 2 个小点脱层	
15	子午线轮胎翻修后钢丝刺出和露出	不允许	不允许	
16	欠硫和严重过硫	不允许	不允许	
17	胎圈损伤及变形	不允许	不允许	

翻修轮胎的成品胎面胶物理机械性能如表 3-5-4 所列。

表 3-5-4　成品胎面胶物理机械性能

物理机械性能	载重汽车及轿车轮胎		农业、工业及畜力车胎	
	1	2	1	2
拉伸强度/MPa	≥21.6	≥18.6	≥19.6	≥16.7
断裂伸长率/%	≥450	≥470	≥430	≥450
永久变形/%	≤40	≤30	≤40	≤30
Akron 磨耗/(cm^3/161km)	≤0.5	≤0.3	≤0.5	≤0.3
硬度(邵尔 A)/(°)	≥60~70	≥55~65	≥60~70	≥55~60
300%定伸应力/MPa	≥7.8~11.8	≥8.9~10.8	≥7.8~11.8	≥6.9~10.8
胎面胶与原胎界面及缓冲层与帘布层间的黏附强度/(kN/m)	7	7	7	7
衬垫与胎体界面间的黏附强度/(kN/m)	6.4	6.4	6.4	6.4

注:表中 2 指天然橡胶 50%与合成橡胶 50%并用,并用 50%以上合成橡胶时其拉伸强度不低于 16.7MPa。

5.4　子午线轮胎的翻新

5.4.1　子午线轮胎翻新工艺的特点

子午线轮胎由于结构特点在工艺上也有特殊要求。主要应注意以下几点[63,64]。

① 重点要处理好4个关键部位，即两个由坚硬的胎面向薄而软的胎侧过渡的部位、两个胎侧向厚而坚硬的胎圈过渡的部位。这4个区域最容易产生小点脱层和钢丝锈蚀，胎里出现波浪形和胎侧裂缝等现象。翻修过程中材料重叠不平衡、用料分布不均匀及出现变形和施工失圆等均易造成应力集中，因此工艺要求严格。

② 带束层在子午线轮胎中具有特别重要的作用，对带束层的处理必须使其符合原胎的要求。因此对带束层的材料类型、密度、直径、层数和角度排列都要慎重考虑，精心设计。

③ 子午线轮胎胎圈受力很大，要加强和保持胎圈部位良好的支撑性，将变形范围缩小到水平轴上下。

④ 胎面花纹不要太深，胎肩部花纹沟不要过深、过宽，避免使用径向花纹。肩部向胎侧要均匀过渡，一般都采用凹形弧以减薄胎肩部橡胶。

⑤ 子午线轮胎损伤部位补强，要精确施工，力求减少滚动阻力，避免应力集中。

5.4.2 子午线轮胎的选胎标准

甲级翻新胎体必须符合下列条件：a. 胎面中部剩余花纹不低于2mm，局部磨损不得伤及带束层；b. 胎体和两胎肩不允许有脱空；c. 胎侧不允许有老化裂纹情况；d. 胎侧机械损伤裂口在2处以下，深度不得超过1mm；e. 胎侧胶与子午线胎体间不允许有脱空；f. 胎圈不得有机械损伤及较严重磨损，胎圈不允许有变形。

乙级翻新胎体必须符合下列条件：a. 胎面中部花纹接近磨平，带束层局部磨损允许一层；b. 两胎肩允许有局部小面积脱层，其单边宽度9.00R20及以下规格不得超过20mm，10.00R20及以上规格不得超过30mm；c. 胎侧允许有轻微老化裂纹，但不得深及帘布层；d. 胎侧机械损伤裂口不得损伤帘布层；e. 损伤部位帘线允许有轻微锈蚀(除锈后钢丝无折断)，不允许有蔓延性脱层；f. 胎侧胶与子午线胎体间允许有局部脱层，长度不超过1/8圆周；g. 胎圈包布允许有轻微机械损伤及磨损，胎圈不允许有变形；h. 子午线载重汽车及轿车轮胎允许穿洞处数及最大尺寸(mm)分别见表3-5-5和表3-5-6。

表3-5-5 子午线载重汽车轮胎允许穿洞的处数及最大尺寸

轮胎规格	损伤部位	洞口底部测量最大尺寸/mm		从胎里测量至胎趾最短距离/mm	缓冲层最大损坏/mm	损伤处数
		横过帘线	顺沿帘线			
8.25R20以下规格	胎侧及胎肩	35	75	60	—	1处
		25	105			
		15	125			
	胎冠	30	30		$\phi 30$	
9.00R20～10.00R20	胎侧及胎肩	35	95	65	—	1处
		25	125			
		15	145			
	胎冠	50	50	—	$\phi 50$	

续表

轮胎规格	损伤部位	洞口底部测量最大尺寸/mm		从胎里测量至胎趾最短距离/mm	缓冲层最大损坏/mm	损伤处数
		横过帘线	顺沿帘线			
10.00R20 以上规格	胎侧及胎肩	35	95	70	—	1 处
		25	125			
		15	145			
	胎冠	50	50	—	$\phi 50$	

表 3-5-6 子午线轿车及轻型载重汽车车轮允许穿洞的处数及最大尺寸

轮胎规格	损伤部位	洞口底部测量最大尺寸/mm		从胎里测量至胎趾最短距离/mm	缓冲层最大损坏/mm	损伤处数
		横过帘线	顺沿帘线			
6.50R16 以下规格	胎侧及胎肩	15	35	50	—	1 处
	胎冠	20	20	50	$\phi 20$	

5.4.3 子午线轮胎翻新工艺与斜交轮胎翻新工艺的不同点

翻新子午线轮胎与翻新斜交轮胎在工艺上有以下几点不同。

① 翻新钢丝子午线轮胎的橡胶与钢丝的黏合是决定质量的关键之一，要求橡胶与钢丝的黏合性能不但附着力高，而且要在剥离或抽出后的钢丝表面附着相当的附胶。附胶性能好可保护钢丝抵抗水分浸蚀，使钢丝断头不会松散。

② 子午线轮胎锉磨翻新要求使用高精度磨胎机在充气状态下施工，确保断面形状和尺寸精度。锉磨遇到钢丝帘线时要防止线头松散退火焦烧现象，防止钢丝起锈。

③ 子午线轮胎使用的补强衬垫及带束层材质、结构和操作方法与斜交胎截然不同，子午线轮胎补强衬垫有：定型钢丝十字衬垫、扇形衬垫、带束层斜条或整圈衬垫、尼龙帘线衬垫和利用旧子午线胎体剥制的衬垫 5 种。

④ 子午线轮胎裸露钢丝部分在磨锉后要立即刷上钢丝胶浆。胶浆干后黏上一层 1mm 厚钢丝黏结胶片。

⑤ 子午线轮胎翻新硫化时要求轮胎与模型定位准确，在模型中受力均匀，形状精确，在装卸时不能损坏其尺寸的精确性，不产生任何变形。

5.5 预硫化胎面的翻新

预硫化胎面翻新工艺，是先把翻新胎面胶部分单独硫化，然后再粘贴在胎体上，经过第二次硫化才成为一个整体翻新轮胎。这是翻新工艺上一大变革，同时对传统的翻新生产组织方式产生明显的影响。

预硫化胎面翻新工艺常见的有两种，即条状(Bandag 法)和环状(马郎贡尼 RTS 法)两大类。由于这种新工艺的出现，便把通常的翻新工艺称为传统法(也称热法)翻新工艺。

5.5.1 预硫化胎面翻新工艺的特点

预硫化胎面翻新工艺的优点如下。

1）预制胎面胶的硫化压力较大　传统法翻胎工艺，胎面胶贴在胎体上与轮胎同时装模硫化，其压力来源于硫化内压。由于设备条件的限制，硫化机承受压力不可能太大，而且翻新轮胎的胎体还要吸收一部分压力，因此胎面胶实际受到的压力要小于硫化表压所示，且每一条轮胎又因装模尺寸不同，胎体膨胀率不一，而使胎面胶硫化压力有较大的波动。

预硫化胎面则是同模制品一样，放在金属模具中加压硫化。其压力高出传统法使用硫化机的二三倍以上，为此它具有压力大、压力稳定、硫化条件准确的特点，所得胎面胶条硫化程度均匀，胶料质地密实，从而提高了胎面胶的物理机械性能，使胎面胶的耐磨耗、抗刺扎性能有明显改善。

2）采用较平坦的胎面弧度　预硫化翻新胎面采用较平坦的弧度，使轮胎与地面接触面积增大，降低单位着地面积的压强，从而改善了耐磨耗的性能。

3）适应轮胎直径的尺寸变化　使用预硫化胎面翻新轮胎，胎面胶条可以适应不同尺寸直径的轮胎。这一点特别有利于钢丝子午线轮胎的翻新，它摆脱了传统法翻胎受模型限制的被动局面。

4）对胎体和翻新工艺要求严格　预硫化胎面翻新工艺比较复杂，成本较高，它对翻新轮胎胎体的选择标准要求较高，同时加工工艺上也要求严格。如预硫化胎面翻新轮胎，在加工过程中必须保证轮胎的形状和尺寸精度，否则不能制造出优质翻新轮胎，而传统法翻新最后由金属模型来确定翻新轮胎外缘尺寸。

5）提高质量，减少成品的缺陷，消除了一切由于使用硫化模型而出现的缺陷，如流失胎边胶条和胎体硫化中的变形等缺陷。

6）改变了翻胎工业的生产组织形式　预硫化胎面翻新工艺的出现使翻胎工业的生产组织形式发生了重大的变化。它可以把胎面胶条的生产集中在少数几个中心厂进行，而在遍布各地的翻胎厂只进行胎体加工和胎体的二次硫化，这样使多数翻胎企业摆脱了胶料生产和硫化模具设备的大量投资，而中心厂则可以配备完善的设备以进行胶料和胎面胶条的生产。这种生产组织形式可以节省投资，提高翻胎经济效益和节约能源等综合经济效益。预硫化胎面翻新工艺摆脱了模具和胶料加工的沉重负担，也有可能实现翻胎流动服务，如流动翻胎服务车，可以到轮胎使用单位进行翻胎，随时可以流动，可谓最便利于用户的服务方式。

7）预硫化胎面翻新工艺与传统翻胎工艺对比，具有能提高行驶里程、适应钢丝子午线轮胎尺寸要求严格的优点。

预硫化胎面翻新工艺的缺点如下：a. 不能肩翻新，只可以顶翻新；b. 材料消耗高于传统法工艺，而且成本较高；c. 不适合航空轮胎的翻新。

5.5.2 预硫化胎面翻新工艺

5.5.2.1 胎面胶条预制

（1）条状胎面胶条的预制

条状胎面胶条用长条形花纹模型放在多层长条状液压平板硫化机上硫化，硫化压力为 2.5～4.4MPa，硫化温度为 150℃，用这种设备可以高速度大量生产各种胎面胶条。胎面胶条硫化程度达到正硫化点的 80%。胎面胶条硫化后在底面用磨毛机打毛，然后喷涂胶浆，并用包装材料仔细包好防止表面污染。

（2）环状预硫化胎面胶条的预制

环状预硫化胎面胶条采用环状胎面硫化机，硫化环状胎面胶条在环状硫化机内在 6.1～7.1MPa 的高压下进行硫化，设备用液压驱动，用电热或蒸汽加热，加热温度在 155℃左右。硫化时间 15min，胎面胶硫化程度约为 80%。胎环出模后也要在胎面打磨机上将底面打毛并喷涂胶浆，然后包装备用。环状胎面生产效率较低，生产成本高于条状的。预硫化胎面胶由于使用了优质材料和用高压硫化，从而改善了胎面胶的物理机械性能，但预硫化胎面胶料的价格也较普通胎面胶高。

5.5.2.2 预硫化胎面翻新基本工艺流程

预制胎面胶条和翻新胎体的加工以及把预制胎面胶条与胎体加工成翻新胎的工艺流程如图 3-5-6 所示。

5.5.2.3 预硫化胎面翻新的基本工艺

（1）清洁

轮胎清洗设备和操作与传统法工艺相同。

（2）选胎

预硫化胎面翻胎工艺所需胎体的选胎标准，要比传统法工艺要求的标准严格一些。

（3）削磨(锉磨)

预硫化胎面翻新工艺只可进行顶翻新，其锉磨工艺要用充气仿形削磨设备。由于预硫化胎面翻新全是顶翻新，而胎面弧度则是锉磨要求控制的部分，因此也有一些充气磨胎机其仿形部分不是用样板，而是利用一个划弧机使翻新胎面磨成一定半径的胎面圆弧。这是专门供预硫化胎面翻新使用的磨胎机。

（4）喷涂胶浆

与传统法喷涂胶浆工艺相同。

（5）填补疤伤

预硫化胎面翻新工艺要求填补疤伤与原来轮胎表面呈同一弧形，以免使轮胎成型后出现局部失圆。通常用电热挤胶枪来填补洞疤，使之填胶坚实并用挤胶枪头部铲平表面。

（6）贴缓冲胶

预硫化胎面翻新必须粘贴一层 1～1.2mm 厚特制的缓冲胶片，其宽度应比胎面底部增加 8～10mm。缓冲胶要粘平整，不能出现皱褶和其他影响轮胎失圆的现象，要注意液压，排净气泡。

（7）贴胎面胶

无论是环状还是条状的胎面胶条，在选用时要用规格相同、花纹类型合乎要求的胶条。条状的要按轮胎周长量取胎面胶条，条状胎面允许有接头但一般不超过 3 个。

预制好的胎面胶条应当把底面打磨好，并涂刷胶浆，用干净的包装材料贴在粘贴表面，有的把缓冲胶也贴在胎条上。

条状胎面胶条的接头处磨锉后涂刷胶浆，并粘贴一层缓冲胶，将接头对紧，然后用金属口形钉子固定。胎面贴合要正，胎面花纹对好。环状胎面应使用专用设备把胎条直径张大，然后套在轮胎上。胎面贴好以后要用压辊滚压实。

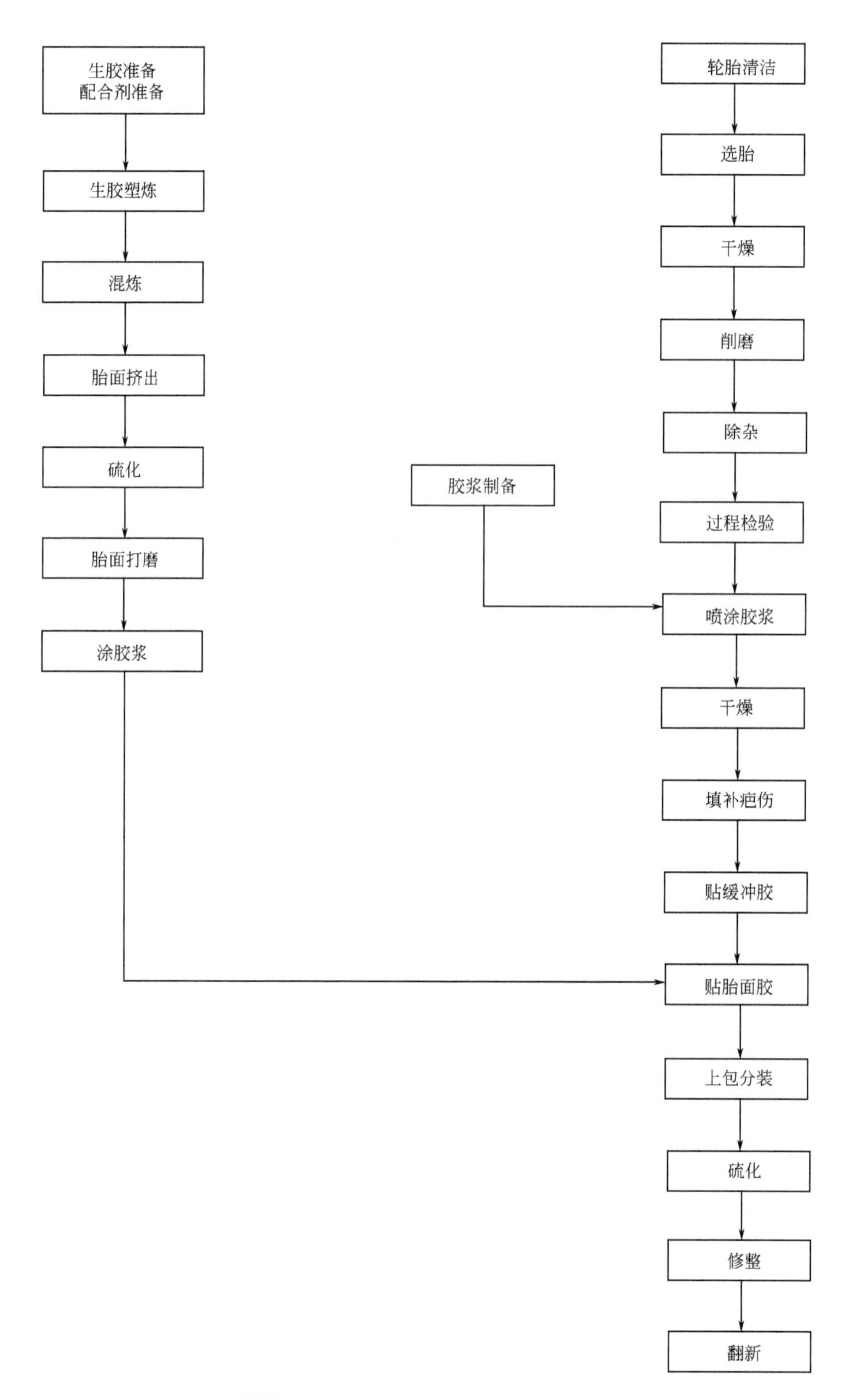

图 3-5-6 预硫化胎面翻新基本工艺流程

(8) 上包封套

上包封套是将包封套套在粘贴好胎面的轮胎上。包封套的作用是防止轮胎在二次硫化时空气或蒸汽从黏合的界面串入胎内。所以包封套和轮胎之间不应存在任何气体。有时在轮胎和包封套之间放排气网，利用包封套上的排气嘴，采取措施使轮胎与包封套之间的气体排出。

包封套可以用人工或专用设备使之套在轮胎上或取下。现在已有专门设备可以把预硫化胎面翻新的削磨、喷涂胶浆、粘贴胎面和上包封套操作在同一台机器上完成，从而大大简化了翻胎的工艺设备。

(9) 硫化

1) 硫化的设备　预硫化胎面翻新硫化是第二次硫化，是使已预制好的胎面胶条与胎体硫化成一个整体。它不像传统法工艺硫化时要使用模型并给翻新轮胎以花纹和一定的形状。预硫化胎面翻新的硫化设备多使用各种类型的硫化药和光滑模等。

2) 硫化后　应排出罐内和胎内压力，并拆去轮胎上的轮辋和包封套，条状预硫化胎面翻新胎接头上的突出钉子要逐个挑除干净。

(10) 产品检查

与传统工艺相同。

5.6　无内胎轮胎的翻新

无内胎轮胎的翻新工艺与有内胎轮胎翻新工艺相同，只是要注意不能损坏胎圈上的密封胶和胎体内壁上的气密层，以保证轮胎的气密性[65]。

(1) 胎圈

无内胎轮胎的胎圈在胎踵的外面有一层密封胶，有的在密封胶上有几道周向环形凸胶线，它与轮辋严密接着，防止胎内气体泄出而使内压下降。因此翻新无内胎轮胎时要使模型的胎圈部位完全符合轮胎胎圈的形状，避免压伤胎圈的密封胶和环状凸胶线。

(2) 胎体补衬垫

无内胎轮胎在胎体内壁上有一层气密层，它是用气密性好的胶料制成的，其作用是防止胎内充气渗入胎体而泄出，有代替内胎的作用，因此无论是胎体损伤还是气密层损坏，在翻新过程中补衬垫和修理气密层，都需要使用气密性好的胶料。

5.7　注射法轮胎翻新

针对目前生产翻新轮胎方法存在的难以得到高致密度的翻新胎面而制约了产品质量和生产效率的提高、生产工艺过程也较复杂、联动程度也受到限制等问题，青岛科技大学高分子材料加工机械研究所将一步法注射成型硫化技术应用在翻新轮胎。胎体涂上胶浆，将胎体装在内芯模和下模中，然后通过电动螺旋翻胎硫化机的螺旋，驱动上模下降并进行锁模，随后通过一步法注射机将具有高速、高温、高压、塑化均匀的料流注射入模腔，直至注满模腔空间，并达到设定的内模腔压力时，停止注射，接着进行硫化，硫化后将胎取出则为翻新轮胎。

一步法注射成型硫化翻新轮胎是一种全新概念的方法，因为它能获得高致密性的翻新胎面，以及可以根据胎体与胎面的工艺要求优化注射压力，因此可以得到高质量的翻新轮胎，进而提高翻新轮胎寿命。同时，这种方法可以采用多工位注射成型硫化技术，不但可以提高生产效率，降低劳动强度，而且使用实现机械化、联动化和自动化。这种方法的研制成功将是翻新轮胎领域的一次革命性的突破。

另外，北美市场出现一种可以替代镶钉轮胎使用的绿色翻新轮胎，这种被称为“绿色钻石牵引轮胎”(green diamond traction tires)的翻新轮胎具有如下特点：胎面胶添加了超硬碳化钙微粒；轮胎在冰雪路面上行驶时，胎面上的超硬填料微粒像无数个微齿“咬入”路面冰雪层，增大了轮胎与湿滑路面的抓着力。超硬微粒虽然具有类似钉子的作用，但是它比钉子柔韧，因此不损伤路面。再配合雪地胎面花纹设计，令花纹块带锐边，更进一步增强了绿色翻新轮胎的防滑性能。试验表明，绿色钻石牵引轮胎的综合性能比镶钉轮胎还好。

5.8 工程机械轮胎的翻新

工程机械轮胎的特点是规格型号复杂，多数直径大、质量重，使用条件苛刻；运行速度慢；价格昂贵。由此翻新工程机械轮胎具有很大的经济效益。

工程机械轮胎翻新的工艺方法如下。

(1) 传统模硫化翻新法

用传统的翻新工艺翻新工程轮胎，可使用模型硫化。由于模型设备昂贵，只适用于胎源稳定、批量大的工程轮胎。其工艺流程与翻新斜交轮胎工艺相同，但要解决工艺中轮胎的起吊和运输问题。

(2) 预硫化胎面翻新工艺

用预硫化胎面翻新工程轮胎，可采用条状和环状两种工艺，其工艺过程和翻新汽车轮胎相同。但由于大型工程胎胎面质量重，搬运和粘贴胎面均有一定的困难，通常不用于大型工程轮胎，只用于中小型工程胎的翻新。例如最大规格不超过 18.00～25.00。

(3) 无模硫化工艺

这种工艺特点是不使用硫化模型，从而减少了购置大型昂贵的硫化模型的投资。这种工艺流程如图 3-5-7 所示。

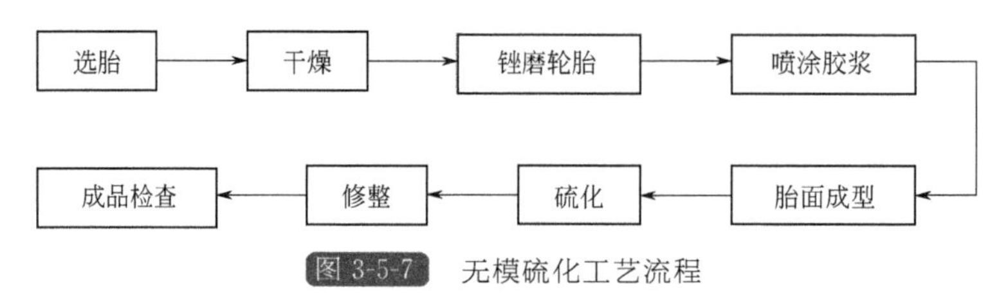

图 3-5-7 无模硫化工艺流程

无模翻新工程轮胎的工艺与汽车轮胎翻新工艺差别大的地方简述如下。

1) 选胎　工程轮胎作业条件恶劣而复杂，翻新费用和轮胎本身价格均很昂贵。因此应当按以下标准选择轮胎。

① 胎面花纹深度尚余 20%。

② 胎体帘布层无老化、松散、断裂和大面积脱层现象。

③ 胎体穿洞长度不超过断面宽度的2/3，有两个或两个以上的穿洞，其总长度不超过断面宽度。两个洞口间最小间距不小于500～700mm。

④ 胎圈钢丝圈无松散、变形或折断。

⑤ 缓冲层无大面积脱层和损伤。

⑥ 穿洞距胎踵不小于200mm。

2）干燥　工程轮胎干燥时间要比汽车轮胎延长2～3d，其他干燥条件均相同。

3）磨胎　工程轮胎多数花纹是块状越野花纹，花沟的深度通常应采取先切削后锉磨的工艺。就是先把轮胎充一定气压装在磨胎机上，仿形切削去剩余花块，然后用磨轮把表面磨成粗糙面。

4）喷涂胶浆　本工艺与翻新汽车轮胎相同，可参阅前文内容。

5）胎面成型　大型工程机械胎面成型方法的特点是在粘贴胎面胶时要做好花纹。具体方法如下。

① 贴花法。该方法是在工程轮胎上先粘贴一层基部胶，然后用挤出机挤出花纹条，再将花纹条粘在胎面基部胶上并压实。这种方法适用于斜条花块的胎面。

② 刻花法。刻花法是工程轮胎胎面成型较新的方法，它具有机械化程度高、劳动强度较小的特点。刻花法胎面成型工艺是先用大型绕贴机由冷喂料挤出机挤出胶条后，再将胶条在微型计算机控制下按预定程序绕贴成型好胎面胶，然后用与花沟断面形状相同的电热刀头按一定程序在胎面上刻出预先设计好的花纹沟。刻花刀头加热温度为90～95℃。割磨刻花和绕贴可以放在同一台设备上加工，以避免大型轮胎的搬动。

6）硫化　无模翻新工程轮胎不使用模型硫化工艺而使用大型硫化罐硫化。硫化罐的特点及操作方法如下。

① 硫化罐内有两根轴用来悬挂欲硫化的轮胎，这两根轴可带动轮胎以3～5r/min的慢速旋转，以防止胎面受热使胶料变软后向下悬垂。

② 硫化过程中罐内充以惰性气体(如氮气或二氧化碳等)，压力为0.49～0.59MPa。

③ 硫化完毕要关掉加热蒸汽放出冷气压力，并在罐内用冷却水喷淋轮胎，使轮胎迅速冷却到70℃以下后才能打开蒸罐。

用上述方法生产的工程轮胎外观质量稍差，但能满足要求。硫化罐用间接蒸汽加热，加热温度为135℃。由于工程轮胎的胎体和胎面均较厚，故采取低温长时间硫化。

5.9　农业机械轮胎的翻新

农业轮胎包括用于各种农业机械的轮胎，其特点是胎体薄，工作压力低。农业轮胎花纹与其他种类翻新轮胎不同，驱动轮为高越野花纹，导向轮则多为纵向条纹。

农业轮胎的翻新多采用传统的翻修工艺法进行，不宜采用预硫化翻胎工艺。其工艺流程和设备与翻新汽车轮胎基本相似，但又具有以下特点。

（1）胶料

农业轮胎的翻新胎面胶料可比汽车轮胎用胎面胶的物理机械性能要求稍低，这是因为农业轮胎的速度较慢。其他部位翻新胶料可以使用汽车轮胎翻新用胶料。

（2）选胎标准

根据“翻新修补轮胎”国家标准，农业、林业、工业车辆等轮胎的选胎标准如下：a. 胎面中部剩余花纹深度拖拉机前轮及马车轮胎等不低于 2mm，拖拉机后轮及工程机械轮胎等不低于 3mm；b. 缓冲层允许局部磨损至两层，胎体无脱层，胎里不允许有整圈的辗线跳线；c. 缓冲层之间、缓冲层与胎体之间允许有局部脱层，单个长度不超过同规格新胎断面宽度的 40%，总长度不超过外周长的 1/2；d. 胎侧允许有轻微老化裂纹，但不得深及帘布层；e. 胎间胎侧与帘布层间允许有局部脱层，长度不超过 1/5 圆周；f. 胎圈允许有局部机械损伤及磨损，但不伤及胎圈钢丝，胎圈不允许有变形；g. 胎体允许穿洞(包括损坏 50%胎体层数以上者)，最大尺寸如表 3-5-7 所列。

(3) 花纹要适合农业机械的特殊需要，驱动轮和导向轮要用适合作业条件的花纹。

表 3-5-7 胎体允许穿洞最大尺寸

项目轮胎类别	拖拉机、农业机械、林业机械、工业车辆工程机械及马车轮胎
“—”形洞口长度	不超过同规格新胎断面宽度的 40%
“○”形洞口长度	不超过同规格新胎断面宽度的 20%
“×”形洞口长度	不超过同规格新胎断面宽度的 30%
洞口(包括损坏 50%胎体层数以上者)总长度	不超过同规格新胎断面宽度的 100%

注：1. 洞口长度系指洞口底部尺寸。
2. 洞口底部宽度超过洞口底部长度 50%者按“○”形洞处理，“×”形洞口短缝长度不超过长度 40%者按“—”形洞口处理。
3. 两洞间距不得小于 100mm，否则按一个穿洞计算，其长度应包括两洞间的距离。
4. 洞口总长度包括上次修补洞口的长度。
5. 从胎内测量，胎趾至损坏处最短距离 14.00 以下轮胎不小于 70mm，14.00 以上轮胎不小于 100mm。

5.10 废旧轮胎热裂解处理工艺

废旧轮胎热裂解处理是将废旧轮胎在缺氧或无氧和微负压条件下加热裂解，获得热解油、热解炭、热解气和钢丝等产品，不仅可以解决废旧轮胎对环境的污染，而且可以得到高附加值的再生产品。与生产胶粉、再生胶相比，热裂解处理具有处理量大、效益高和环境污染小等优势，更符合废弃物处理的资源化、无害化和减量化原则，被认为是较有前途的处理方法。

5.10.1 废旧轮胎热裂解处理工艺流程

废旧轮胎热裂解工艺流程主要包括如下几个部分：a. 原料预制；b. 裂解反应；c. 油气分离；d. 固体回收；e. 烟气净化。

整套工艺流程在系统的控制下完成，实现了自动化生产，如图 3-5-8 所示。

该工艺流程与一般的裂解工艺相比，具有许多优点，主要表现如下：a. 裂解温度为 450～500℃，属低温裂解，降低了能源消耗；b. 裂解过程主要由裂解产生的热解油及热解气加热，降低了生产成本，提高了废旧轮胎的综合利用率，生产过程清洁环保；c. 反应炉采用动态旋转式加热方式，提高了传热均匀性，从而提高了废旧轮胎裂解的出油率；d. 整个反应过程实现了自动化控制，加强了对反应温度的控制，减少了油气发生二次反应概率。保证了热裂解产物的质量，生产更加安全可靠。

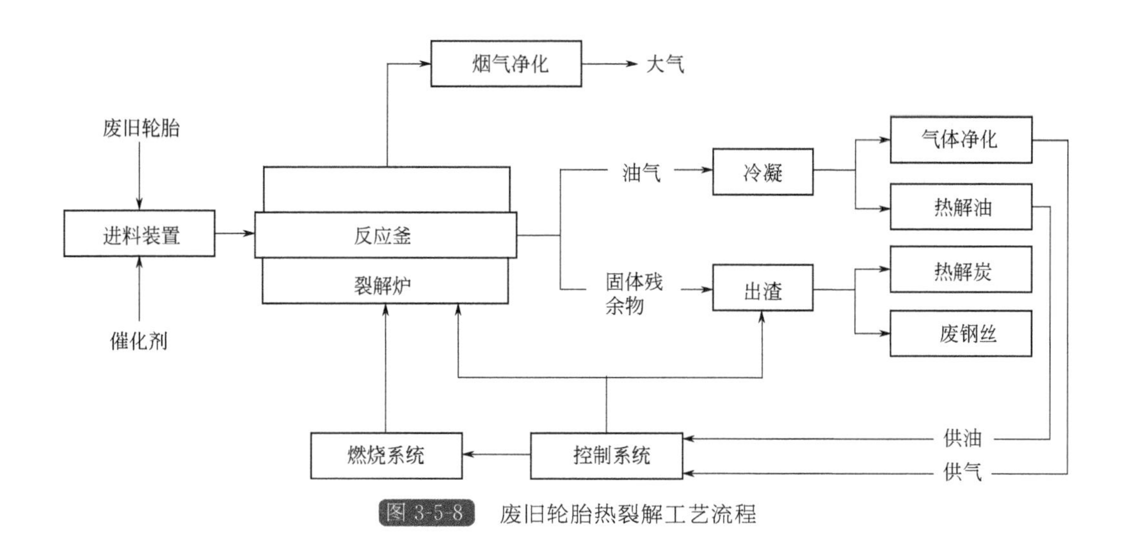

图 3-5-8　废旧轮胎热裂解工艺流程

5.10.2　废旧轮胎热裂解工作原理

根据废旧轮胎热裂解工艺流程，废旧轮胎热裂解的工作原理如图 3-5-9 所示。

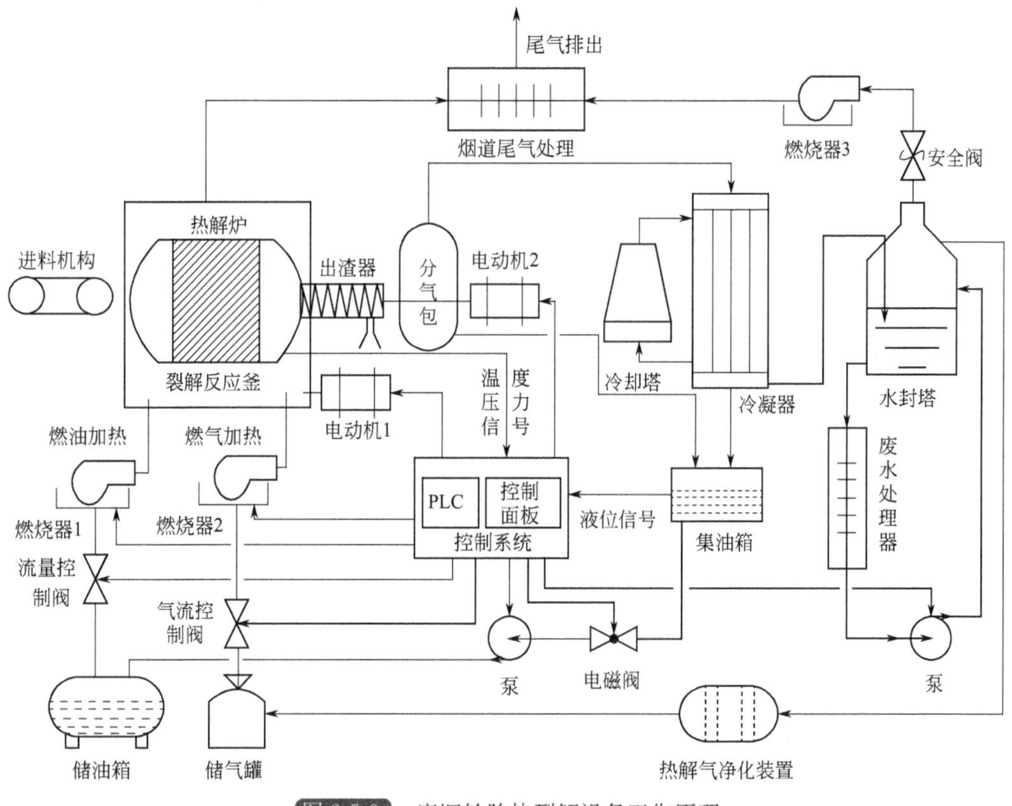

图 3-5-9　废旧轮胎热裂解设备工作原理

废旧轮胎经清洗、烘干等前处理，通过进料装置由传送带输送进旋转裂解反应釜，添加适量催化剂以降低反应终止温度与加快裂解速度；关闭进料门，控制系统控制燃烧系统点火加热，反应釜由传动系统带动旋转，使废旧轮胎由低温区向高温区进行裂解反应；控制系统通过控制燃烧油气流量来控制发生裂解反应的温度；裂解产生的油气在压力作用下从反应釜油气出口排出，进入冷凝器；经冷凝系统冷却，油气分为凝结的裂解油和不凝结的热解气；裂解油收集在集油罐中，为热解反应提供燃烧油及工业用油，热解气经净化系统后进入储气罐，为热解反应提供燃气；控制系统根据液位传感器信号控制热解油在集油罐与储油罐之间的自动存储；燃烧烟气经烟道净化系统处理以后直接排入大气，烟道中带出的热量可以用于烘干湿轮胎；裂解完成，反应釜冷却到一定温度，电机带动裂解反应釜反转，热解炭从进料端传送到油气出口端，经螺旋出渣器旋转排出反应釜，实现自动密闭出渣，钢丝由钢丝牵引机从进料口拉出，完成一次生产加工。

5.10.3 废旧轮胎热裂解工艺参数

废旧轮胎热裂解处理影响因素主要有裂解温度、催化剂种类、裂解方式、轮胎橡胶配方等，研究各因素对裂解过程的影响对热裂解工艺参数的确定至关重要。

(1) 轮胎物料组成

轮胎主要由橡胶、炭黑、钢丝、纺织物以及多种有机、无机助剂组成，含有C、H、O、N、Cl、S、Fe、Cu、Zn、Cr等多种化学元素。根据不同的使用要求，轮胎的化学组成有所不同。研究表明，轮胎的化学组成对废旧轮胎热裂解产物的回收率影响不大，但对环境污染及产物的品质影响较大。

在环境保护方面，S、N、Cl是许多有害气体的前驱元素，废旧轮胎中含有的S、N、Cl及Cu、Zn、Cr等元素，在热裂解过程中会转变为H_2S、SO_2、NO_x等有害气体及重金属化合物，对环境造成了极大危害。例如：转移至热解气中的N元素主要以NO的形式存在，S元素主要以H_2S的形式存在；转移至热解油中的S在燃烧使用时，最终会以SO_2、H_2S的形式排放至大气中；同时，轮胎中含有氧、氯、水分、碳，每种成分的含量都直接影响二噁英的生成和含量。

在产物品质方面，轮胎中含有的S、N、Cl、Cu、Zn、Cr等元素经裂解反应转移至热解产物中，对不同产物的品质影响不同。如：废旧橡胶的组分对热解油中芳香烃的含量和热解气中气体的组成有较大影响，废旧轮胎所含的无机添加剂的种类决定了热解炭黑的品质；转移至热解气中的S、N给热解气的使用增加了工序，必须经过脱S、N等处理后才能符合环保要求，降低了热解气的使用价值；转移至热解油中的S影响了热解油的使用范围；热解炭可以作为橡胶制品的补强添加剂，含S量对其使用没有影响。因此，分析轮胎产品化学组成对回收产物品质的影响，研究控制各组分向影响最小的方向流动，提高产品的经济价值。如控制S向热解炭中转移。

(2) 催化剂种类

废旧轮胎催化热裂解可以降低反应的活化能，加快反应速率，提高裂解产物的回收率及产品品质，降低能源消耗，提高热解产物的经济价值。但是，不同类型的催化剂及催化剂配比对整个裂解过程的影响不一，从经济和环境方面研究不同催化剂对废旧轮胎热裂解过程的影响具有重要意义。

目前，常用的催化剂按性质分为固体酸和固体碱两大类。

1) 固体酸催化剂　主要是ZSM-5、USY、SBA-15等分子筛类催化剂。

2) 固体碱催化剂　有很多种类，包括碱金属或碱土金属氧化物(如MgO、ZnO)、金属盐类(Na_2CO_3等)和负载碱类(如碱金属或碱土金属分散在活性炭上)催化剂等。

此外还有一些过渡金属氯化物(如 $ZnCl_2$、$NiCl_2$ 等)和碱液(NaOH 等)也被用作废旧轮胎热解的催化剂。

根据二噁英的形成机理，催化剂 $CuCl_2$、CuO、$CuSO_4$、$FeCl_3$ 等可能会成为二噁英产生的氯源及催化剂，为了从源头上减少二噁英产生的可能，在催化剂的选择时应充分注意避免产生二噁英。

(3) 裂解温度

根据废旧轮胎热裂解的反应机理，整个裂解过程分三阶段进行：第一阶段主要是各种添加剂的析出，一般在 200℃左右开始；第二阶段主要是天然橡胶的热分解，在 380℃左右达到最大值；第三阶段则主要是合成橡胶的热分解，在 450℃左右达到最大值。

温度对废旧轮胎热裂解过程的影响因素包括最终裂解温度及升温速率。当升温速率升高时，最大失重速率对应的温度略有减小，最大失重速率变大，热裂解温度范围更宽。最终热裂解温度在 450℃时热解不完全，热裂解炭产率较高，热裂解油及热裂解气产率较低；在 500～550℃时热裂解完全，热裂解油产率增加而热裂解炭产率降低；温度继续升高至 600～650℃时，由于二次反应的发生，部分热裂解油转化为低分子量的气体烃类或更高分子量的焦炭状物质，热裂解油产率降低，热裂解气产率升高，热裂解炭产率变化不大。若以收取热裂解油和热裂解炭为主要目的，则 500～550℃为产物收率最高区间。

高温环境是二噁英生成的重要条件，研究表明，300～450℃是二噁英形成的最佳温度范围。在废旧轮胎热裂解过程中，该温度正是天然橡胶剧烈热解阶段，所以合理控制热裂解温度对控制二噁英的形成非常重要。废旧轮胎中的 S 元素经裂解后转移至热裂解产物中，直接影响了热裂解产物的品质。研究表明，不同的热裂解温度对 S 元素的转移影响显著。废旧轮胎热裂解后，大部分 S 残留在热裂解炭中，随着温度升高，热裂解炭中 S 的含量变化不大；30%～43%的 S 分布于热裂解油中，随热裂解温度升高，热裂解油中 S 元素逐渐向热裂解气中转移，但热裂解气中 S 含量最多也不超过 11%。

(4) 裂解方式

废旧轮胎整体进料，减少了抽钢丝、切块、粉碎、除纤维、磁选等工序，降低了能耗，提高了钢丝品质，提高了经济效益。在无氧状态下裂解，减少了热量损失，增加了热裂解设备的安全性能。低温热裂解是在温度略高于热裂解临界温度(一般指 500℃左右)下进行热裂解反应，低温热裂解降低了能源消耗，得到质量较好的热解油；减少热裂解中间产物的二次反应，油品收率高；炭黑的品质得到提高；热裂解设备寿命长；热裂解设备安全性能得到改善；基本上不生产多环芳烃，不危害职工的身体健康。低压热裂解是在微负压环境下进行反应，降低了设备的密封性要求，减少了设备的制造成本，同时又减少热解炭上附着的含碳残留物，提高了热解炭的品质。动态受热是旋转式热裂解设备外壳在均匀旋转状态下受热，并将热量迅速均匀地传递给被热裂解物料；搅动式热裂解设备是利用螺旋转动，使物料不断地变换位置，将热量迅速均匀地传递给被裂解物料。该种受热方式可以不断改变物料受热位置，物料受热设有死角，热裂解反应完全彻底；物料受热均衡，加热温度相对较低，不凝气体减少，出油率高；加热温度低，热裂解设备壳体上的结焦少；加热温度低，裂解设备的氧化脱炭现象少，设备寿命长。热辐射加热受热均匀，温度可控，热传导速率高，可使废旧轮胎在最佳热裂解温度下热裂解，提高热裂解产物品质。

5.11 废轮胎回收利用实例

5.11.1 废轮胎、废塑料制备乙炔炭黑

5.11.1.1 技术背景

该技术以废塑料、废轮胎为原料，首先通过常规快速热解获得产率较高的液体或气体，然后将得到的产物在等离子条件下经过优化设计的反应器进行再次热解，可得到乙炔炭黑。

5.11.1.2 操作步骤

该技术利用废塑料、废轮胎制备乙炔炭黑的方法，其特征在于以各种废旧塑料、轮胎，在400～600℃、惰性气体为载气的条件下送入流化床反应器，进行第一段快速热解，气相产物在反应器内停留时间小于0.6min，而后将热解得到的气相产物通过载气直接送入直流电弧等离子发生器，再经过优化设计的第二段石墨反应器进行热解，收集热解得到的固体材料为乙炔炭黑。其工艺参数为：工作电流110～190A，电压240～340V，氩气的流量0.5～2.0m^3/h，主氢流量0.5～2.0m^3/h，副氢流量0.2～2.0m^3/h，进料速度0.6～4kg/h，反应器内径40～70mm，长度1500～1800mm。

【例1】 以内径为50mm、高度为1200mm、床料为石英砂的流化床为例。

将流化床以30℃/min的升温速率加热至500℃，通入流量为3.0L/min的氮气，然后将废轮胎以1.8kg/h的速度送入流化床，其热解产物直接送入等离子发生器。其工艺参数为：工作电流140A，电压305V，氩气流量2.0m^3/h，主氢流量0.9m^3/h，副氢流量0.2 m^3/h；反应器内径45mm，长度1500mm，通过旋风分离装置即可得到产品乙炔炭黑。

5.11.1.3 特性

将乙炔的产生与分解同步进行，缩短了传统的工艺路线，技术方案先进独特，原料是大量的废轮胎、废塑料等废弃物，来源丰富，收购成本低廉，属于环境保护领域鼓励和资助项目，因而该技术具有广阔的市场应用前景。

5.11.2 废轮胎催化裂解制燃料油

5.11.2.1 技术背景

本技术提供一种可进一步降低反应温度、缩短反应时间和提高反应速率的废旧轮胎催化裂解制燃料油的方法。

5.11.2.2 工艺流程

工艺流程如图3-5-10所示。

5.11.2.3 配方

使用的裂解催化剂为钡钛矿复合氧化物，由颗粒状的二价钡盐与钛的氧化物以(2～4)：1的质量比机械混合而成。

所述的钡钛矿复合氧化物颗粒度为100～200mm。

5.11.2.4 操作步骤

① 将废旧轮胎分离出钢丝并粉碎成5～30mm的废橡胶颗粒。

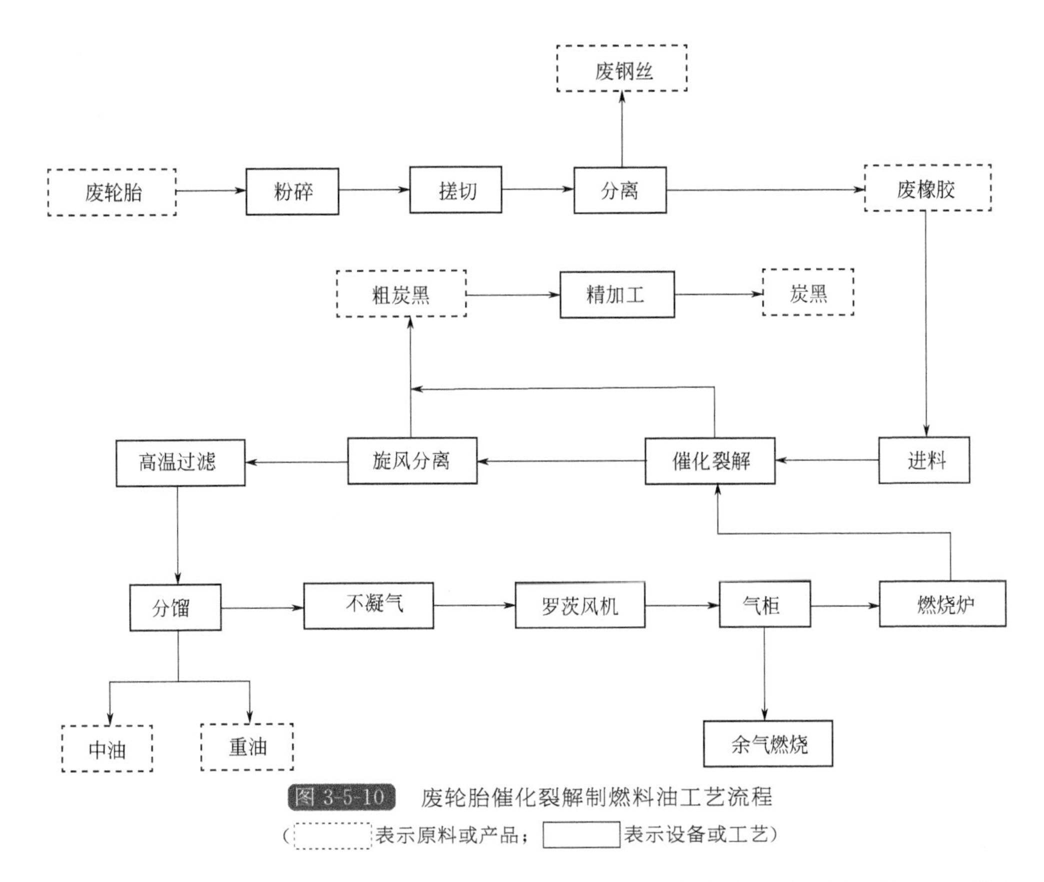

图 3-5-10 废轮胎催化裂解制燃料油工艺流程

（虚线框表示原料或产品；实线框表示设备或工艺）

② 将废旧橡胶颗粒和裂解催化剂加入“废橡胶裂解制燃料油用裂解炉”的U形槽内，随螺旋叶片推进器从200～300℃的低温区向450～550℃高温区移动，在压力为0～－2.95kPa下经30～50min进行裂解，所述的裂解催化剂为钡钛矿复合氧化物，加入量为废橡胶颗粒质量的2%～4%。

③ 橡胶反应产生的高温油气和细炭混合气体，从废橡胶裂解制燃油用裂解炉出油气口经真空泵抽空，进入高温气固分离器，分离出高温油气和细炭黑。

④ 高温油气经冷凝器冷凝成燃料油。

⑤ 裂解粗渣炭黑，从废橡胶裂解制燃油用裂解炉的排渣口排出，经精制粉碎成炭黑产品。

⑥ 不凝油气，经抽风机吸送到燃料炉内燃烧。

【例2】 将废旧轮胎分离出钢丝后连同纤维帘绒布一起粉碎成5～30mm颗粒，加入2%的钡钛矿复合氧化物与之混合，然后投入废橡胶裂解制燃油用裂解炉的U形槽内，随螺旋叶片推进器从低温区向高温区移动，低温区温度为200℃，高温区温度为450℃，在无压力下经30min的催化裂解反应，裂解成炭黑从排渣口排出，裂解得到的高温油从油气口排出，经高温气固分离和高温过滤后，高温油气再经冷凝器冷凝成燃料油，过滤后的炭黑与排渣口排出的炭黑经精制粉碎后成炭黑产品。冷凝后的不凝气回燃烧室燃烧。裂解反应生成物的回收率为燃料油45%，燃料气13%，炭黑42%。

5.11.2.5 特性

① 由于加入了高效活性裂解助剂，加快了反应速率，降低了反应温度，使燃气质

量分数降低至10%～15%，而燃油质量分数提高至45%～50%，从而显著地提高了经济效益。

② 该技术方案采用0～－2.95kPa的压力，使连续稳定产生的大量高温油气，快速引入冷凝器冷凝，既保证了裂解炉反应的连续快速进行，又消除了设备运行的安全隐患。

③ 该方法可以将橡胶纤维帘绒布一并油化，从而大大提高废物的利用率。

④ 该工艺利用裂解的尾气作为自身的裂解热，不需补充热源，既降低了能耗，又解决了尾气对环境的污染。此外，该工艺冷凝器冷却为循环用水，不外排，而裂解后的裂解渣又制成炭黑产品，因此该方法基本上没有二次污染。

⑤ 可连续生产。

5.11.3 废轮胎降解制油

5.11.3.1 操作步骤

按反应器体积计水的填充率10%～40%、水与废轮胎的质量比(7～15)∶1的比例将水与废轮胎加入反应器中，在氮气氛下，以10～15℃/min的升温速率使反应温度达到380～500℃，反应压力达到23～45MPa后，反应10～60min，冷却至室温，气液产物进行分离；液相油水乳浊液用四氢呋喃萃取进行油水分离，分离出还有可溶物的四氢呋喃中加入无水Na_2SO_4除去其中的微量水，再经过常压，60～70℃条件下蒸发和20.3kPa、30～50℃条件下真空干燥后，获得油品，分离出的水可循环使用。

【例3】 2.1040g粒径60目废轮胎颗粒与32g水混合均匀后加入反应器中，密封后重置于加热炉中。打开反应器高压控制阀和关闭气液分离器入口阀，打开普氮钢瓶阀将反应系统充至10MPa，平衡后关闭普氮钢瓶阀进行反应系统试漏，12h内平均压力将达0.007MPa/h后，试漏合格。然后用高纯氮气置换反应器中的普氮，直到含氧量≤0.01%为止。关闭全部阀后，在常压氮气氛围下，以15℃/min的升温速率使反应中心温度达到设定的反应温度420℃。反应温度达到420℃后开始计时反应，此时反应压力在22.6 MPa。反应30min后，停止加热，移出反应器，强制空气冷却至室温。然后采用饱和食盐水排水取气法由气液分离器气体出口阀处取气计量并进行永久性气体和烃类气体色谱分析。接着打开反应器，反应釜中的油水乳浊液加入适量NaCl后，用四氢呋喃萃取进行油水分离。分离出含可溶物的四氢呋喃加入适量无水Na_2SO_4除去其中的微量水。另外，反应器和管线中的油与蜡用四氢呋喃清洗，清洗物过滤后，溶剂四氢呋喃与油蜡混合液再进行索氏抽提。萃取油和抽提油在常压、75℃经旋转蒸发获得液态产物，定义为油品，进行烃类碳数分布的色谱分析。油品中芳香烃21%，脂肪烃76%。脂肪烃中汽油馏分(C_5～C_{11})16.62%，柴油馏分(C_{12}～C_{18})34.97%，C_{19}以上48.41%。抽提得到的THF不溶物残渣干燥后计量，定义为残渣，用来评估反应过程中的炭黑生成情况。

5.11.3.2 特性

① 使用水为反应介质的超临界废轮胎降解反应。

② 提供油品和炭黑而无废水、无有害气体排放的环境友好工艺。

③ 反应速率快，停留时间短。

④ 有利于工业化连续生产工艺实现。

5.11.4 废轮胎和废橡胶制造印刷油墨

5.11.4.1 技术背景

随着人民生活水平的不断提高，机动车辆、家庭轿车大幅度增加，被废弃的橡胶轮胎越来越多。传统的废旧橡胶处理方法，对原料要求严格，工艺复杂，生产成本高，而且由于没有有效的脱硫、脱氮，致使产品燃油中含硫量高，使用过程不仅会产生大量的 SO_2 和 H_2S，造成二次环境污染，还会导致设备严重腐蚀，缩短设备的使用寿命。

该技术提供一种利用废旧轮胎和废旧橡胶制造印刷油墨的方法，对催化裂解产生的混合气体经中和、脱硫、脱氮等工序处理，不会对环境造成污染，用提取物添加相关原料制成印刷油墨，生产成本低，有利于环境保护。

5.11.4.2 配方

油墨连接所用原料的配置优选方案是：轻油 25 份、植物油 10 份、树脂 30 份、重油 8 份、凝胶剂 5 份。

制造黑色印刷油墨时，轧制油墨工艺中加入原料及质量份配置：助色剂 3～5 份，颜料(炭黑)18～22 份。

制造黄色印刷油墨时，所用颜料及质量份配置：黄色颜料 14～18 份。

制造蓝色印刷油墨时，所用颜料及质量份配置：蓝色颜料 12～16 份。

制造红色印刷油墨时，所用颜料及质量份配置：红色颜料 11～15 份。

5.11.4.3 操作步骤

(1) 将废旧轮胎和橡胶催化裂解，提取物精制

将洗净的橡胶块加入裂解釜中，加温至 300～500℃，时间 8～12h；气化脱硫、脱氮，冷凝为溶剂油，釜低排出物为炭黑；然后分别对溶剂油及炭黑精制，制备出轻油 A、重油 B、炭黑 C。

(2) 制备油墨连接料

1) 配料　按以下原料和质量份配置：轻油 20～55 份，重油 5～10 份，植物油 8～12 份，树脂 23～28 份，凝胶剂 3～7 份。

2) 制备　将轻油、重油与植物油混合成溶剂 D，将溶剂 D 加入反应釜中，开始搅拌，升温至 160～180℃，搅拌加入树脂，而后升温至 240～260℃，保温 3h，降温至 160℃，加入凝胶剂。

将用上述方法稀释均匀后的凝胶剂升温至 180℃，反应 1h，过滤后制成连接料装入储存罐待用。

(3) 轧制油墨

1) 配料　按以下原料和质量份配置：连接料 60～70 份，聚乙烯蜡 3～5 份，颜料 13～22 份，混合均匀。

2) 轧制　在球磨机中研磨分散，制成浆状分散体。

【例 4】黑色油墨

(1) 将废旧轮胎和橡胶催化裂解，提取物精制

将洗净的橡胶块加入裂解釜中，加温至 300～500℃，时间 8～12h；气化脱硫、脱氮，冷凝为溶剂油，釜低排出物为炭黑；然后分别对溶剂油及炭黑精制，制备出轻油 A、重油

B、炭黑 C。

（2）制备油墨连接料

1）配料　按以下原料和质量份配置：轻油 40 份，重油 10 份，植物油 8 份，石油树脂 20 份，酚醛树脂 5 份，有机铝凝胶剂 K-4F 4 份。

2）制备　将溶剂与植物油混合成溶剂 D，将溶剂 D 加入反应釜中，开始搅拌，升温至 160～180℃，搅拌加入石油树脂和酚醛树脂，而后升温至 240～260℃，保温 3h，降温至 160℃，加入凝胶剂。

将用上述方法稀释均匀后的凝胶剂升温至 180℃，反应 1h，过滤后制成连接料装入储存罐待用。

（3）轧制油墨

1）配料　按以下原料和质量份配置：连接料 68 份，聚乙烯蜡 3 份，助色剂 3～5 份，颜料(炭黑)18～22 份，混合均匀。

2）轧制　在球磨机中研磨分散，制成浆状分散体。

【例 5】黄色油墨

（1）将废旧轮胎和橡胶催化裂解，提取物精制

将洗净的橡胶块加入裂解釜中，升温至 300～500℃，时间 8～12h；气化脱硫、脱氮，冷凝为溶剂油，釜低排出物为炭黑；然后分别对溶剂油及炭黑精制，制备出轻油 A、重油 B、炭黑 C。

（2）制备油墨连接料

1）配料　按以下原料和质量份配置：轻油 55 份，重油 8 份，植物油 10 份，石油树脂 18 份，酚醛树脂 6 份，有机铝凝胶剂 K-4F 4 份。

2）制备　将轻油、重油与植物油混合成溶剂 D，将溶剂 D 加入反应釜中，开始搅拌，升温至 160～180℃，搅拌加入石油树脂和酚醛树脂，而后升温至 240～260℃，保温 3h，降温至 160℃，加入凝胶剂。

将用上述方法稀释均匀后的凝胶剂升温至 180℃，反应 1h，过滤后制成连接料装入储存罐待用。

（3）轧制油墨

1）配料　按以下原料和质量份配置：连接料 68 份，聚乙烯蜡 3 份，黄颜料 20 份，混合均匀。

2）轧制　在球磨机中研磨分散，制成浆状分散体。

【例 6】蓝色油墨

（1）将废旧轮胎和橡胶催化裂解，提取物精制

将洗净的橡胶块加入裂解釜中，升温至 300～500℃，时间 8～12h；气化脱硫、脱氮，冷凝为溶剂油，釜低排出物为炭黑；然后分别对溶剂油及炭黑精制，制备出轻油 A、重油 B、炭黑 C。

（2）制备油墨连接料

1）配料　按以下原料和质量份配置：轻油 20～30 份，重油 5～10 份，植物油 8～12 份，树脂 28～32 份，凝胶剂 3～7 份。

2）制备　将溶剂油与植物油混合成溶剂 D，将溶剂 D 加入反应釜中，开始搅拌，升温

至160～180℃，搅拌加入石油树脂和酚醛树脂，而后升温至240～260℃，保温3h，降温至160℃，加入凝胶剂。

将由溶剂D稀释均匀的有机铝凝胶剂K-4F升温至180℃，反应1h，过滤后制成连接料装入储存罐待用。

（3）轧制油墨

1）配料　按以下原料和质量份配置：连接料60～70份，聚乙烯蜡3～5份，蓝颜料16份，混合均匀。

2）轧制　在球磨机中研磨分散，制成浆状分散体。

【例7】红色油墨

（1）将废旧轮胎和橡胶催化裂解，提取物精制

将洗净的橡胶块加入裂解釜中，升温至300～500℃，时间8～12h；气化脱硫、脱氮，冷凝为溶剂油，釜低排出物为炭黑；然后分别对溶剂油及炭黑精制，制备出轻油A、重油B、炭黑C。

（2）制备油墨连接料

1）配料　按以下原料和质量份配置：轻油20～30份，重油5～10份，植物油8～12份，树脂28～32份，凝胶剂3～7份。

2）制备　将溶剂油与植物油混合成溶剂D，将溶剂D加入反应釜中，开始搅拌，升温至160～180℃，搅拌加入石油树脂和酚醛树脂，而后升温至240～260℃，保温3h，降温至160℃，加入凝胶剂。

将由溶剂D稀释均匀的有机铝凝胶剂K-4F升温至180℃，反应1h，过滤后制成连接料装入储存罐待用。

（3）轧制油墨

1）配料　按以下原料和质量份配置：连接料60～70份，聚乙烯蜡3～5份，红颜料13份，混合均匀。

2）轧制　在球磨机中研磨分散，制成浆状分散体。

5.11.4.4　应用

该品用于制作印刷用油墨。

5.11.4.5　特性

与现有印刷用油墨相比，该技术有效利用了废弃的橡胶和轮胎，节省了能源；在生产工艺中采取有效的脱硫、脱氮，不会对环境造成污染，有利于保护环境。该技术制备的油墨性能稳定，质量好，生产成本低廉，经济效益好。

5.11.5　废轮胎回收利用生产防水材料

5.11.5.1　技术背景

一般的废轮胎只不过是其面层的沟纹磨损或破损，但轮胎的橡胶性能还相当优良，若将其丢弃相当可惜。

该技术的目的是提供一种废轮胎回收利用生产防水材料的制造方法，不仅解决了以上问题，而且又增加了防水材料的新品种，其性能优于其他防水材料，且为纯机械加工处理。

5.11.5.2 工艺流程

工艺流程如图 3-5-11 所示。

5.11.5.3 操作步骤

1）预热　将废轮胎置于专用加热设备内，在严格控制温度的情况下进行软化，利于提高刨削效果。

2）刨皮　把预热后的轮胎送上刨皮设备进行胎面刨削，厚度可定为 1～5mm。

3）定型　定型与刨削连续进行，刨削后直接进行热定型，使其达到平整的效果。

4）裁剪　将定型后片材进行规格修边定长分切，宽度视轮胎宽度而定，一般为 20～40cm，长度 4～20m。

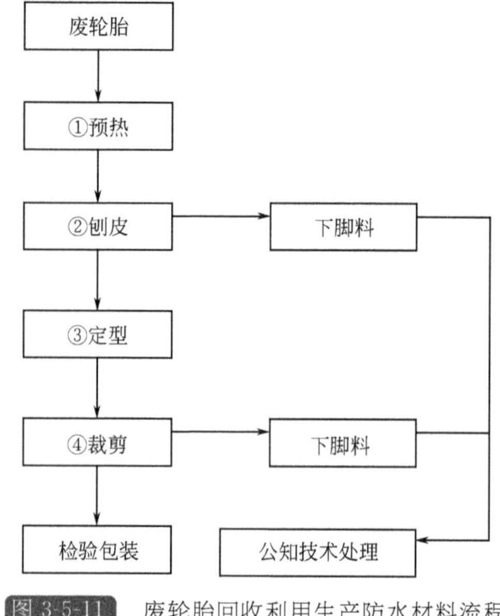

图 3-5-11　废轮胎回收利用生产防水材料流程

5.11.5.4 特性

① 该制造方法不存在燃烧废轮胎时产生的废气，不污染空气。

② 使之转化为防水材料，是废轮胎再利用的一项重大突破。

③ 操作简易。

④ 可充分利用废轮胎，减少堆置空间。

⑤ 采用机械设备，减轻人力劳动。

⑥ 杜绝堆放废轮胎所造成的因氧化而产生的多种对人类和大自然有毒的气体。

5.11.6 废轮胎加工生产塑化橡胶粉

5.11.6.1 技术背景

该技术目的是要打破国外的技术垄断，研究开发一种新的利用废轮胎加工生产的橡胶共混材料(塑化橡胶粉)，以取代国外在这一高端技术领域中的同类产品。其中，主要是要解决尼龙与橡胶两相的相容性问题和成型加工问题，以利于充分发挥两者的优点，扩大其应用领域。

5.11.6.2 工艺流程

废轮胎加工生产塑化橡胶粉的工艺流程如图 3-5-12 所示。

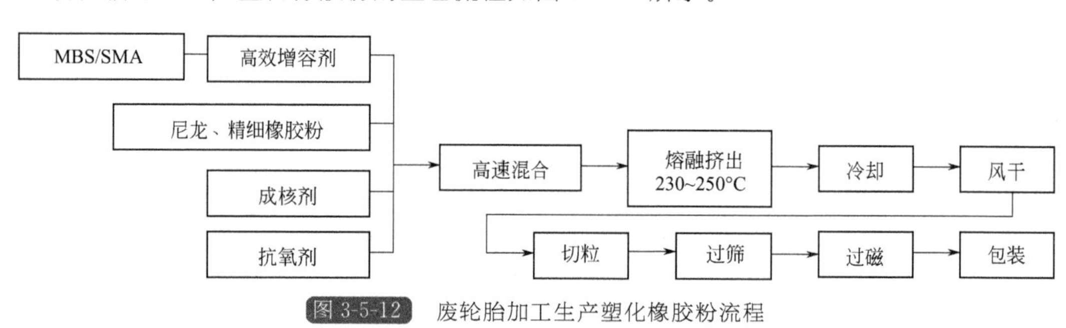

图 3-5-12　废轮胎加工生产塑化橡胶粉流程

5.11.6.3 配方

1）主料　废轮胎橡胶粉(60～200 目)55～65 份，废轮胎回收尼龙 25～35 份。根据不同的需要，废轮胎回收尼龙也可以用其他类的高分子材料如聚丙烯、聚乙烯、聚氯乙烯等代替，可以生产出更多类型的橡塑共混材料。

2）辅料　增容剂，MBS 合成树脂 4～6 份，SMA H 3～5 份；抗氧剂，抗氧剂 1010 0.2 份，抗氧剂 168 0.2 份；成核剂，纳米碳酸钙 1～2 份。

5.11.6.4 操作步骤

1）准备助剂　将纳米碳酸钙用其 1%量的 KH-550 偶联剂在 1000r/min 以上的高速搅拌下，进行表面活性处理，表面活性处理品干燥后备用。

2）主辅料混合　将干燥的主料与增容剂、抗氧剂、成核剂进行混合搅拌，使各组分充分分散均匀。

3）熔融挤出　将混合好的物料加入双螺杆挤出机中熔融挤出，熔融挤出温度在 230～250℃范围。

4）造粒及后处理　对挤出的物料造粒及后处理得成品。

【例 8】

1）主料　废轮胎橡胶粉(60～200 目)55～65 份，废轮胎回收尼龙 25～35 份。

2）辅料　增容剂，MBS 合成树脂 4～6 份，SMA H 3～5 份；抗氧剂，抗氧剂 1010 0.2 份，抗氧剂 168 0.2 份；成核剂，纳米碳酸钙 1～2 份。

该实例主要考虑增容剂含量对尼龙/橡胶共混材料力学性能的影响。尼龙∶橡胶粉最佳比例为 2∶1。以下尼龙/橡胶的最佳比例条件下，改变增容剂含量并用 3 个例子加以说明，具体见表 3-5-8。

表 3-5-8　增容剂含量对尼龙/橡胶共混材料力学性能的影响

配方	增容剂/份	拉伸强度/MPa	拉伸率/%	弯曲强度/MPa	弯曲模量/MPa	缺口冲击强度/(J/m)
1	7	58	110	100	2730	483
2	9	50	105	91	2550	452
3	11	48	98	87	2930	425
国外产品	—	50	100	86	2380	427

注：表中增容剂份数 7 表示 MBS∶SMA H 的比例 4∶3。增容剂份数 9 表示 MBS∶SMA H 的比例 5∶4。增容剂份数 11 表示 MBS∶SMA H 的比例 6∶5。

从表 3-5-8 可以看出，增容剂比例比较理想的状态是 MBS∶SMA H 的比例 5∶4，而 MBS 在 4～6 质量份范围和 SMA H 在 3～5 质量份范围中变化，产品综合性能指标仍能达到进口产品指标。至于主料、抗氧剂和成核剂按照以上总配方不变，可制造出不同性能的产品。以满足不同客户、不同产品的要求。

5.11.6.5 应用

这种材料广泛应用在汽车、铁路减振、家用电器、矿山输送带、体育用品等领域中，作为制造零部件所使用的材料。

5.11.6.6 特性

① 具有良好的加工性能，熔融指数达到 10g/10min，流动性好，成型周期短。

② 力学性能优异，冲击强度高，可作多种电器、汽车的结构件。

③ 低温条件下力学性能保留值高，适合制备温度使用范围宽的部件。

④ 产品价格比国内外同类产品低 50%以上，具有很强的市场竞争力。

5.11.7 废轮胎胶粉直接反应成型加工橡胶制品

5.11.7.1 技术背景

专利 CN1153100A 介绍了一种一步法用胶粉生产橡胶板块的工艺方法，尽管降低了成本，但产品性能不甚理想，拉伸强度和断裂伸长率较低，影响了其应用范围。

5.11.7.2 工艺流程

工艺流程如图 3-5-13 所示。

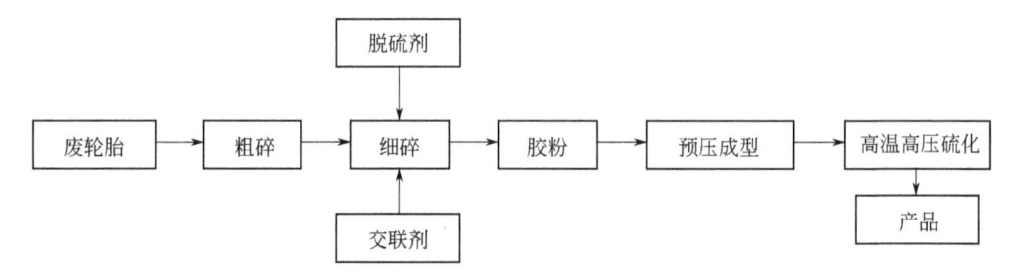

图 3-5-13 废轮胎胶粉直接反应成型加工橡胶制品工艺流程

5.11.7.3 操作步骤

按模具大小称量胶粉后，预压成型装入模具内，在 180～220℃范围内，压力在 5～35MPa 内进行硫化，硫化时间根据制品厚度控制在 10～45min 内，其中硫化温度在 210℃较佳，压力根据产品厚度调整，3mm 厚制品压力在 10MPa 为佳，时间为 25min。

【例 9】 将 100 份废轮胎粉碎为 5～10 目胶粉，并和脱硫剂 4 份、交联剂 5 份混合均匀后，投入精细胶粉粉碎机中粉碎成 100 目胶粉，然后预压成型装入模具，在 20MPa、210℃下硫化，以厚度为 10mm 胶片为例，硫化 35min 后，即制成所需的橡胶地板。具体配方为：胶粉(100 目)100 份，脱硫剂 420 份，再生剂 1.5 份，促进剂 DM 2.5 份，交联剂(双马来酰胺)2.0 份，氧化锌 3.0 份。硫化成型后测试物理性能如下：拉伸强度 10MPa，伸长率 300%，硬度(邵尔 A)71°。

5.11.7.4 应用

用于生产各种橡胶制品，如地板、胶板、鞋底和胶垫等。

5.11.7.5 特性

由于上述技术方案直接采用废轮胎胶粉反应成型方法生产各种橡胶制品，可有效解决橡胶材料生产各种橡胶制品成本高，以及由再生橡胶制品生产流程长、成本高、性能不理想的不足，而综合回收利用废轮胎生产橡胶制品，以降低橡胶品生产成本，合理利用再生橡胶资源。

5.11.8 废轮胎无公害处理利用方法

5.11.8.1 工艺流程

废轮胎无公害处理工艺流程如图 3-5-14 所示。

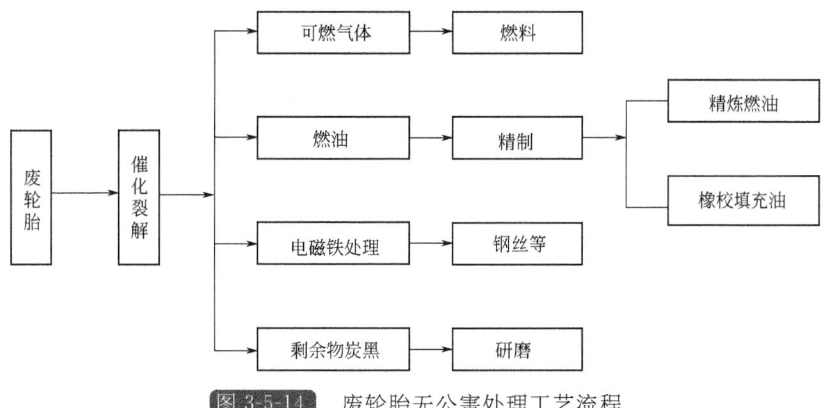

图 3-5-14 废轮胎无公害处理工艺流程

5.11.8.2 操作步骤

1）催化裂化　将废旧轮胎置入反应釜，加入 0.05～0.1 份的分子筛与 $AlCl_3$ 作为催化剂，分子筛与 $AlCl_3$ 之比为 1∶(1～3)，在 200～500℃，压力低于 0.03MPa 条件下进行裂解，将裂解产生的油、气分离出来，并予以收集。

2）干、重物质处理　将分离了油、气之后的剩余干、重物质中的钢丝等用电磁铁吸取分离出来，将剩余物质置入 500～700℃、压力低于 0.03MPa 条件下进行干馏得到炭黑，得到的炭黑可根据使用要求置入球磨机中研磨至需要的颗粒度。

【例 10】 将其他杂物清理出去的废旧轮胎直接置入反应釜，计入 0.1 份的分子筛与 $AlCl_3$ 作为催化剂，分子筛与 $AlCl_3$ 之比为 1∶2，在 450℃、压力低于 0.03MPa 条件下进行裂解，将裂解产生的油、气分离出来，并予以收集；气体直接作为燃料，分离出来的油再置入 350℃、0.03MPa 以下的负压环境中二次裂化，得到精制燃油，残留物可作为橡胶填充油。将分离了油、气后的剩余干、重物质中的钢丝等用电磁铁吸取分离出来，将剩余物质置入 500℃、压力低于 0.02MPa 条件下进行干馏得到炭黑，得到的炭黑可根据使用要求置入球磨机中研磨至颗粒度小于 1μm。

5.11.8.3 特性

该技术将废旧轮胎进行无公害处理利用，消除了废旧轮胎随意丢弃所造成的环境污染和资源的浪费，变废为宝。

5.11.9 废轮胎橡胶、塑料制取锅炉燃料

5.11.9.1 技术背景

就目前公开的专利文献看，现有的用废轮胎橡胶、塑料生产汽油、柴油的方法主要是对废轮胎橡胶、塑料用复杂的催化裂化技术和复杂设备。然后用火直接加热，裂化汽油后冷凝得到成品油。但上述方法存在诸多不足之处。

5.11.9.2 操作步骤

将废轮胎用切片机切成 100mm×100mm 碎片。先加入 70kg 锌和 30kg 锡到铸铁铸造的裂解釜里，然后将碎橡胶或塑料加入裂解釜内密封连接冷凝管后即加热裂解。裂解温度 350～400℃，裂化后的气体经冷却后即为锅炉燃料。裂解完毕，用水射泵真空抽取釜底炭黑到沉淀池。冷凝管末端，接收油槽口上端装一部抽气机，将不能冷却的微量废气引至炉灶底

下燃烧，这样就彻底解决了粉尘和废臭气对环境的污染。

【例 11】 先加入 70kg 锌和 30kg 锡到铸铁铸造的裂解釜(最好是铅，但其蒸气有毒)内作为垫底层传热介质，即金属浴载热体。然后投入废轮胎橡胶碎片 700kg 和废塑料 300kg 掺加料共 1000kg。密封后加热至 350～400℃。此时金属锌和锡先开始熔化，形成一金属浴载热体，即熔融状态的金属浴载热体垫底层，能自动控制温度在 350℃左右，这是废轮胎橡胶和塑料最佳裂化温度。其蒸气是废橡胶良好的催化剂。在 10min 内开始裂化，产生气体，经冷凝器后成液体，引至接收槽即为成品锅炉燃料。

在裂化和冷却过程中，在接收槽口有少量的废气未能冷凝成液体。这种不能冷却回收的废气用抽风机引到裂解釜炉灶燃烧，彻底解决了废臭气对环境的污染。裂解完毕，用水射泵真空抽取釜底炭黑到水池沉淀，彻底消除了粉尘对环境的污染。

裂解 1000kg 废轮胎橡胶掺加塑料，可分离回收 600kg 液体锅炉燃料、250kg 炭黑。

5.11.9.3 特性

该技术生产的锅炉燃料工艺方法及设备简单，容易操作，快速安全，成本较低。以废轮胎橡胶计算可提取锅炉燃料 55%以上，炭黑 25%。利用废弃轮胎橡胶或工业废弃塑料产生锅炉燃料，可以废物利用，资源再生，减少对环境的污染，利国利民。该方法没有废气、废水、废渣排放。彻底解决了白色污染的技术难题。

5.11.10 废轮胎制造防水卷材

5.11.10.1 技术背景

橡胶防水卷材和再生胶油毡，对胶种的要求和选择复杂，受到数量和范围的限制，给大量推广应用带来困难。

5.11.10.2 配方

67%的 40 目橡胶轮胎粉碎物、2%的邻苯二甲酸二(2-乙基)己酯、3%的废机械油、1.1%的 2,6-二叔丁基-4-甲基苯酚、0.7%的邻苯二甲酸二甲酯、26%的 325 目滑石粉和 0.2%的 2,5-二甲基-2,5(叔丁基过氧基)乙烷。

【例 12】 40 目橡胶轮胎粉碎物 68%，邻苯二甲酸二(2-乙基)己酯 2%，废机械油 3%，2,6-二叔丁基-4-甲基苯酚 1.1%，邻苯二甲酸二甲酯 0.7%，325 目滑石粉 26%，2,5-二甲基-2,5(叔丁基过氧基)乙烷 0.2%，将废旧轮胎中的铁丝或钢丝取出，放入橡胶粉碎机内进行粉碎，使其达到细度 40 目，然后与邻苯二甲酸二(2-乙基)己酯、废机油混合拌匀，装到金属制成的 25kg 容器内，不加盖放入密封的软化仓内升温到 40℃，保持 8h，取出放入炼胶机进行混炼，在混炼时，辊距调至 1.5～2mm，依次加入滑石粉、邻苯二甲酸二甲酯、2,6-二叔丁基-4-甲基苯酚，经过反复混炼后渐成片，然后把辊距调至 6～8mm，进行密炼，密炼时加入 2,5-二甲基-2,5(叔丁基过氧基)乙烷一起密炼，经 10min 密炼后，进入三辊压延机，压延成型。

5.11.10.3 特性

该品高温不发黏，不流淌，不起泡，抗老化。

5.11.11 废轮胎制作双层彩色橡胶地垫

5.11.11.1 技术背景

一般幼儿园、运动场所等防止碰撞的橡胶地胶，是用合成橡胶压制的；缺点是成本高、弹性差、资源消耗大。

该技术采用废旧轮胎，经过处理作底层，用多种化学原料与合成橡胶炼制的合成材料作表层，不仅降低成本，提高产品的弹性，更重要的是解决了废旧轮胎资源再利用的环保问题。

5.11.11.2 操作步骤

1）制备黑胶粒作底层材料　把废旧轮胎筛选后，按0.5～6mm的规格切成黑胶粒，作底层材料。

2）制备彩色合成橡胶颗粒作表层材料　选用按质量分数计算(下同)。20%～50%的橡胶(如丁苯橡胶、顺丁橡胶、天然橡胶、氯丁橡胶、丁基橡胶、三元乙丙橡胶等)，加入0.1%～0.2%的促进剂M、0.1%～5%的促进剂TMTS、0.1%～1%的促进剂DM、0.1%～2%的促进剂CZ、0.5%～3%的硫黄、0.2%～5%的硬脂酸、40%～60%的填料(如滑石粉、碳酸钙)、2%～10%的软化剂(如机油、凡士林油、芳烃油、环烷油等)、1%～5%的颜料(如氧化铁、酞菁绿、耐晒黄、酞菁蓝、钛白粉等)、0.05%～0.5%的防老剂A、0.05%～0.5%的防霉剂(如八羟基喹啉酮等)、0.05%～0.5%的紫外线吸收剂(如UV531等)、1%～6%的芳烃油。把上述化学原料混炼、硫化后，切成0.5～6mm的彩色、耐磨、耐老化、弹性好的合成橡胶颗粒，作为表层材料。

3）黏合剂　选用无毒的三元乙丙黏合剂或氯丁胶黏合剂。

5.11.11.3 应用

用于生产防碰撞橡胶地板。

5.11.11.4 特性

由于该技术充分利用废旧橡胶轮胎资源作底层，采用特定工艺配方制作的合成材料作表层，生产防碰撞橡胶地垫，不仅降低成本，提高产品的弹性，而且有利于环保。

5.11.12 废轮胎胶粉改良膨胀土

5.11.12.1 技术背景

现有的改良膨胀土的方法主要可归结为结构性改造和改性两大类，效果稳定可靠，具有很好的研究前景。但施工量高，施工时需要反复搅拌均匀，周期长、耗工时，且不易把握，容易出现质量隐患。同时该法也存在污染环境、不利于绿化等问题。为寻求经济、有效、环保的膨胀土填料的改良新途径，国内外学者从不同途径提出了不同添加剂的方法，其中高分子材料作为添加剂已成为热点。但是，目前国内的添加方案试验效果并不理想，而且可推广性较差。

5.11.12.2 配方

20%细胶粉、60%膨胀土、20%水。

5.11.12.3 操作步骤

采用干法常温粉碎法对废轮胎材料进行粗碎，制得5～10目的粗胶粉；然后采用空气涡轮膨胀制冷粉碎法对制得的粗胶粉进行细碎，制得20目的细胶粉；将制得的细胶粉与膨胀土、水混合，充分搅拌均匀，制得胶粉-膨胀土土料，所述胶粉-膨胀土土料中细胶粉和水的质量分数分别为细胶粉10%～30%、水20%、膨胀土70%～50%，在混合胶粉与膨胀土的过程中加入水，使胶粉-膨胀土充分湿润；将制得的胶粉-膨胀土土料平铺在需要固化的土壤表面，形成厚度为20～80cm的表面改良层，并喷洒水分使其充分浸润，待表面干燥后进行第二次喷洒水分，喷洒和干燥共重复2～3次，使胶粉-膨胀土重复黏聚，达到增加强度、减少变形的目的。

5.11.12.4 应用

用该技术的废弃轮胎胶粉改良后的膨胀土可广泛应用于水利、建筑、地铁、隧道、堤坝、垃圾填埋场等土木工程、水利工程和环境工程领域。

5.11.12.5 特性

用该技术的废弃轮胎胶粉改良后的膨胀土具有强度高、胀缩变形小、质轻、耐用、弹性好、透水性好等特点，可减少路面变形和改善排水条件，有利于路基的稳定，且施工速度较快，建筑造价及路面造价和维护费用低。

5.11.13 废旧子午线轮胎钢丝回收制备高纯氧化铁

5.11.13.1 技术背景

废旧轮胎是污染环境的固体废物中最难处理的品种之一，子午线轮胎是轮胎工业的主流产品。从废旧子午线轮胎中分离出来的橡胶和尼龙通过深加工可以制成再生胶、胶粉和塑料制品，但钢丝中因为夹杂有含硫橡胶，因此不能重新回炉制备高品质钢，目前大多作为废钢材廉价出售。

高纯氧化铁是生产软磁铁氧体磁性材料的主要原料，目前高纯氧化铁的生产主要以优质铁皮或钢铁行业的酸洗废液为原料，其中以优质铁皮为原料存在原料供应困难及成本高的问题，而以酸洗废液为原料存在提纯工艺复杂、产品性能不稳定的缺点。

5.11.13.2 操作步骤

1）选材　将废旧轮胎破损，选择平均长度为50mm的子午线钢丝为原料。

2）黄铜镀层退镀　退镀子午线钢丝表面的黄铜镀层，所述黄铜镀层采用的是电化学方法，参数如下：35g/L亚硝酸钠，pH＝5～7，室温，阳极电流相对密度1A/dm^2。化学方法退镀黄铜镀层的介质是氨水＋过氧化氢溶液。

3）酸溶解　在经退镀后的原料中加入过量的酸性介质(可以是下列之一或组合：硫酸、盐酸、硝酸)，溶解制备亚铁盐溶液，同时加入蒸馏水，使溶液中亚铁离子含量为20～90g/L。

4）过滤除炭　过滤除去原来夹杂在纤维状子午线钢丝中的橡胶粒以及上述酸溶解过程中产生的黑色悬浮物。

5）除杂氧化

① 将过滤除炭后获得的滤液升温至30～60℃，搅拌的同时滴加20%～30%的氨水，使溶液的pH值为2～6，然后加入聚丙烯酰胺絮凝剂，除去溶液中硅杂质、絮凝物。

② 将上述除硅后的滤液温度升至70～95℃，搅拌的同时滴加20%～30%的氨水，控制溶液终点的pH值为5～6，同时通入流量为30～100L/min的空气进行氧化，过滤、洗涤获得滤饼。

6）烘干煅烧　把过滤、洗涤后的滤饼采用喷雾流化床干燥器烘干，控制温度90～120℃，将烘干后的沉淀物煅烧，控制温度600～700℃(优选650℃)。

5.11.13.3 特性

实现了废旧子午线轮胎钢丝回收的更高价值，获得高纯氧化铁；通过将过滤、清洗后的含铵溶液与石灰反应，以制备碳酸氢铵，实现二次废液的回收利用；制备氧化铁的方法简单可靠，能耗小，生产过程没有二次污染，产品成本低、品质高。

参考文献

[1] 程时捷．废橡胶的回收利用．湖北化工，1995 (4)：43-45.

[2] 徐惠忠．固体废弃物资源化技术．北京：化学工业出版社，2004.

[3] 刘玉强，马瑞刚，殷晓玲．废旧橡胶材料及其再资源化利用．北京：中国石化出版社，2010.

[4] 范仁德．废橡胶的综合利用技术．北京：化学工业出版社，1989.

[5] 王丽华，徐颖．固体废物处理与资源化技术．沈阳：辽宁大学出版社，2005.

[6] 丁忠浩，翁达．固体和气体废弃物再生与利用．北京：国防工业出版社，2006.

[7] 李作聚．回收物流实务．北京：清华大学出版社，2011.

[8] 刘安华．废橡胶再生技术与再生剂的现状和发展．中国橡胶，2002(17)：23-25.

[9] 刘安华，刘军．橡胶再生和再生剂的研究现状．橡胶工业，2003(7)：441-444.

[10] 胡涛，李爱平，徐海青，等．废旧橡胶的再生与利用．橡胶科技市场，2007(11)．

[11] 张一敏．二次资源利用．长沙：中南大学出版社，2010.

[12] 汪群慧．固体废物处理及资源化．北京：化学工业出版社，2004.

[13] 中国硅酸盐学会房屋建筑材料分会．房建材料与绿色建筑．北京：中国建筑工业出版社，2009.

[14] 邓海燕．废旧轮胎的几种综合利用途径．中国资源利用，2002(6)：30-33.

[15] 韩秀山．我国废旧橡胶利用现状及发展趋势．四川化工与腐蚀控制，2001(2)：57-59.

[16] 王琪．工业固体废弃物处理及回收利用．北京：中国环境科学出版社，2006.

[17] 李为民．废弃物的循环利用．北京：化学工业出版社，2011.

[18] 于清溪．橡胶原材料手册．北京：化学工业出版社，2007.

[19] 吕百龄，刘登祥．实用橡胶手册．北京：化学工业出版社，2001.

[20] 赵由才，宋玉．生活垃圾处理与资源化技术手册．北京：冶金工业出版社，2007.

[21] 董诚春．废橡胶资源综合利用．北京：化学工业出版社，2003.

[22] 董诚春．废轮胎回收加工利用．北京：化学工业出版社，2008.

[23] 刘超锋，杨振如．用废旧轮胎生产胶粉的新工艺及胶粉利用的新技术．世界橡胶工业，2008，35(4)：44-48.

[24] 李利，秦玉芳，沈健，等．利用橡胶粉合成高吸水性树脂的方法：中国，CN200510038833.8.2005-10-26.

[25] 邓本诚，等．橡胶工艺原理．北京：化学工业出版社，1984.

[26] 黄璐，穆江峰．废旧橡胶再生循环利用技术研究进展．世界橡胶工业，2015(11)：1-8.

[27] 白好胜．废橡胶的新脱硫技术．世界橡胶工业，2002，29(3)：35-38.

[28] 李子东，李广宇，宋颖韬，等．胶黏剂助剂．北京：化学工业出版社，2009.

[29] 徐帮学．橡胶工业用原材料设计加工与性能检验技术标准实用手册：第一卷．长春：银声音像出版社，2004.

[30] 张玉龙，孙敏．橡胶品种与性能手册．北京：化学工业出版社，2007.

[31] 赵旭涛，刘大华．合成橡胶工业手册．北京：化学工业出版社，2006.

[32] Undri A，Rosi L，Frediani M，et al. Upgraded fuel from microwave assisted pyrolysis of waste tire. Fuel，2014，115：600-608.

[33] Undri A，Sacchi B，Cantisani E，et al. Carbon from microwave assisted pyrolysis of waste tires. Journal of Analytical and Applied Pyrolysis，2013，104：396-404.

[34] 黄景涛，李晓东，严建华．废轮胎回转窑热解工艺中试试验研究．杭州：浙江大学，2002.

[35] 张志霄，池涌，阎大海，等．废轮胎回转窑中试热解产物特性．浙江大学学报，2005，39(5)：715-721.

[36] 戴先文，赵增立，吴创之，等．循环流化床内废轮胎的热解油化．燃料化学学报，2000，28(1)：71-75.

[37] 崔洪，杨建丽，刘振宇．废旧轮胎热解行为的 TG/DTA 研究．化工学报，1999，50(6)：826-833.

[38] 肖国良，彭小芹，盖国胜，等．深加工对轮胎裂解炭黑表面性能的影响．材料科学与工程学报，2004，22(2)：276-279.
[39] 彭小芹，肖国良，方修春，等．废轮胎裂解炭黑的深加工及应用研究．合成材料老化与应用，2004，33(3)：21-24.
[40] Cypres R，Bettens B. Production of benzoles and active carbon from waste rubber and plastic materials by means of pyrolysis with simultaneous post-cracking. Pyrolysis and Gasification. London：Elsevier Science Publ Co Inc，1989：209-216.
[41] Karminsky W，Mennerich D. Pyrolysis of synthetic tire rubber in a fluidized-bed reactor to yield 1，3-butadiene，styrene and carbon black. Journal of Analytical and Applied Pyrolysis，2001，58-59(3)：803-811.
[42] Fortuna F，Cornacchia G，Mincarini M，et al. Pilot-scale experimental pyrolysis plant：mechanical and operational aspects. Journal of Analytical and Applied Pyrolysis，1997，40-41(112)：403-417.
[43] Chen D T，et al. Depolymerization of tire and natural rubber using supercritical fluids. Journal of Hazardous Materials，1995，44：53-60.
[44] Park Y，et al. Depolymerization of styrene-butadiene copolymer in near-critical and superitical water. Industrial & Engineering Chemistry Research，2001，40：756-767.
[45] Lee S B，Hong I K. Depolymerfization behavior for cis-polyisoprene rubber in supercritical tetrahydrofuran. Journal of Industrial and Engineering Chemistry，1998，4(1)：26-30.
[46] Pan Z，et al. Depolymerization of scrap tire and natural rubber in supercritical toluene. ACS Meeting，2006，3：39.
[47] Fang Z，et al. A study of rubber liquefaction in superitical water using DAC-stereomicroscopy and FTIR spectrometry. Fuel，2002，81：935-945.
[48] 张兆红，杜爱华．废橡胶热裂解的应用研究进展．中国资源综合利用，2011，29(3)：36-38.
[49] Roy C，Chaala A，Darmstadt H，et al. The vaccum pyrolysis of used tires：end－uses for oil and carbon black products. Joural of Analytical and Applied pyrolysis，1999，52(112)：201-221.
[50] Cunliffe A M，Williams P T. Composition of oils derived from the batch pyrolysis of tyres. Journal of Analytical and Applied Pyrolysis，1998，44：131-152.
[51] Rodriguez I D M，Laresgoiti M F，Cabrero M A，et al. Pyrolysis of scrap tyres. Fuel Processing Technology，2001，72 (1)：9-22.
[52] 高雅丽．回转窑废轮胎热解油的特性和用途分析及热解模型研究．杭州：浙江大学，2003.
[53] Benallal B，Roy C. Characterization of pyrolytic light naphtha from vacuum pyrolysis of used tyres comparison with petroleum naphtha. Fuel，1995，74(1)：1589-1594.
[54] Roy C，Darmstadt H，Benallal B，et al. Characterization of naphtha and carbon black obtained by vacuum pyrolysis of polyisoprene rubber Fuel Processing Technology，1997，50(1)：87-103.
[55] Pakdel H，Pantea D M，Roy C. Production of dl-limonene by vacuum pyrolysis of used tires. Journal of Analytical and Applied Pyrolysis，2001，57：91-107.
[56] Chaala A，Ciochina O G，Roy C. Vacuum pyrolysis of automobile shredder residues：use of the pyrolytic oil as a modifier for road bitumen. Resources，Conservation and Recycling，1999，26(314)：155-172.
[57] Chaala A，Roy C. Production of coke from scrap tire vacuum pyrolysis oil. Fuel Processing Technology，1996，46 (3)：227-239.
[58] 周立祥．固体废物处理处置与资源化．北京：中国农业出版社，2007.
[59] 周宏春．变废为宝：中国资源再生产业政策研究．北京：科学出版社，2008.
[60] 陈云信．国内外废旧轮胎的回收利用现状．轮胎工业，2006，26(12)：715-717.
[61] 林礼贵，林剑莲．轮胎翻修生产工艺学．北京：化学工业出版社，1994.
[62] 林礼贵，等．轮胎翻修技术问答．北京：化学工业出版社，2009.
[63] 卢程．载重无内胎轮胎的使用与翻新．产业与技术，2007，8：50-54.
[64] 李德治．轮胎生产与资源循环利用的全生命周期过程研究．广州：广东工业大学，2013.
[65] 唐兰，黄海涛，等，废轮胎等离子体热解固体产物性质研究．四川环境，2014，33(3)：24-29.

第四篇
废旧纤维资源高值利用

第 1 章

废旧纤维概述

纤维(fiber)一般是指细而长的材料。纤维具有弹性模量大、塑性形变小、强度高等特点，有很高的结晶能力，分子量小，一般为几万。纤维的种类比较多，按照来源可以分为天然纤维和化学纤维[1]。天然纤维是指从自然界生长或者人工培植的植物、养殖的动物或开采的矿物中获取的纤维材料。天然纤维包括植物纤维、动物纤维和矿物纤维。化学纤维是以天然的高分子物质或合成的高分子化合物为原料，通过化学制造和机械加工而成的纤维材料。化学纤维包括人造纤维、合成纤维和无机纤维。

我国是纤维生产和使用大国，每年不仅自己生产数量可观的各种纤维，同时还需要进口大量的纤维，其中聚酯纤维的产量最多而且仍处在持续增长中。从纤维的来源可以看到纺织纤维的稀缺性，因而使用适当的方法对废弃纺织纤维进行再加工不仅能够解决废料处理的问题、降低环境污染，而且具有环保意义。

1.1 废旧纤维的来源

废旧纤维的数量虽不及废旧塑料和废旧橡胶，但也不容忽视，废旧纤维一般有两大来源。

① 橡胶制品的主要增强材料(如汽车轮胎的帘子线，输送带、三角带等制品中的加强线)的边角料，用量大，这些废橡胶制品制取再生胶前需将其磨碎筛选，同时产生大量的短废纤维。橡胶制品中纤维用量占生胶的 10%～60%。

② 纤维生产厂和纺织厂在生产过程中出现的各类规格的废纤维。

废旧橡胶制品中的纤维主要是合成纤维(如维纶、尼龙 6、尼龙 66、涤纶)和人造纤维(人造丝)。人造纤维是指天然纤维经过一系列处理得到的纤维。

在制造产品时采取橡胶与纤维黏合的技术，二者结合甚牢，因此从废旧橡胶制品中实际回收获得的纤维是短纤维。这类纤维也具有广泛的用途，可以作为增强材料填充于混炼胶中制备橡胶类产品，如各类垫带、低档胶管、童车胎、三角带底胶、防水油毡、防水涂料等；也可以与混凝土一起制备具有较高冲击性的混凝土制品。废旧橡胶制品中回收的纤维及合成纤维厂、纺织厂报废的纤维，都可以采取短纤维增强新工艺添加到橡塑制品中，除单纯橡胶制品外，它们可以用于橡塑并用的制品及热塑性塑料制品中。这类短纤维增强复合材料有较高的模量和尺寸稳定性，可以做成档次较高的制品[2]。

纺织纤维主要有纺织厂与纺纱厂的废纤维、化纤厂的边角料及废品纤维、再生胶厂产生粘有橡胶的废短纤维、废品收购的废旧纤维制品等四方面。据统计，纺织品及纺织纤维的废弃物占总废弃物的3.5%～4%。目前，世界纤维使用量每年达5.6×10^7t以上，若衣服的平均周期以3～4年计，而纺织品的废弃物以70%左右计，则纤维的废弃物每年约达4×10^7t以上，这些废弃物通常作为垃圾处理，往往会造成环境污染，若综合利用得当，会使这些废弃物获得意想不到的效果。

1.2 纤维的性能

表4-1-1为常见合成纤维的性能一览表[3]。

表4-1-1 常见合成纤维的性能一览表

品种	英文缩写	缩写代号	力学性能	吸湿性	热学性能	化学性能	耐旋光性
聚对苯二甲酸乙二醇酯(涤纶)	PET	T	强度高，是锦纶的4倍、黏胶的20倍，耐磨，挺括，弹性足	差，标准回潮率为0.4%，易产生静电，不易染色	导热性差，耐热性好，良好的热定型性，熨烫温度为140～150℃	较为稳定，耐酸，不耐浓碱，利用碱减量处理可得仿真丝风格	好，仅次于腈纶
聚酰胺(锦纶)	PA	N	耐磨性居各种纤维前列，弹性好，刚性小，与涤纶相比，保形性差，很小的拉伸力下织物就变形	标准回潮率为4%，易起静电，舒适性差	不如涤纶，熨烫温度为120～130℃	耐碱，不耐酸	差，阳光下易泛黄
聚丙烯腈(腈纶)	PAN	A	强度比涤纶、锦纶低，断裂伸长率和它们相似，弹性低于涤纶、锦纶，尺寸稳定性差，是合成纤维中耐用性较差的一种	标准回潮率为1.5%～2.0%	熨烫温度为130～140℃	稳定性较好，但不耐浓酸、浓碱	所有纤维中最好
聚乙烯醇(维纶)	PVA	A	强度和弹性高于棉，其耐磨性是棉的5倍	居所有合成纤维之首，标准回潮率为4.5%～5%	耐干热较强，接近涤纶，熨烫温度为120～140℃，耐湿热性较差	耐碱优良，但不耐强酸	较好
聚丙烯(丙纶)	PP	O	强伸性、弹性、耐磨性较好，与涤纶接近	不吸湿，回潮率为0，但具有较强的芯吸作用，不仅能传递水分，而且能保持皮肤干燥	差，熨烫温度为90～100℃	酸碱抵抗力强	所有纤维中最差
聚氨酯(氨纶)	PU	SP(美国) EL(西欧) OP(日本)	强度较低，但具有高弹性和回复性	较差，标准回潮率为0.4%～1.3%	差，熨烫温度为90～110℃	较好，但氯化物和强碱会造成损伤	较好

1.3 废旧纤维的分类与辨识

1.3.1 废旧纤维的分类

废纤维的含义较广，一般指适纺性或适用性达不到规定标准的各种纤维，以及回收、再生的纺织品中的纤维[4]。纤维主要分为天然纤维和化学纤维两大类。具体分类如表 4-1-2 所列。

表 4-1-2 纤维分类

大类	亚类	种类	举例
天然纤维	植物纤维	种子纤维	棉花、木棉
		韧皮纤维	苎麻、亚麻、大麻、黄麻
	动物纤维	毛发纤维	绵羊毛、山羊毛、马海毛、兔毛、骆驼毛
		泌腺纤维	桑蚕丝、柞蚕丝、蓖麻蚕丝
化学纤维	再生纤维	再生纤维素纤维	黏胶、铜氨、醋酯
		再生蛋白质纤维	酪素、大豆、花生
	合成纤维	聚酰胺纤维	锦纶
		聚酯纤维	涤纶
		聚丙烯腈纤维	腈纶
		聚乙烯醇纤维	维纶
		聚氯乙烯纤维	氯纶
		聚丙烯纤维	丙纶
		聚乙烯纤维	乙纶
		聚氨酯纤维	氨纶

再生纤维也称人造纤维，是指以天然高分子化合物为原料，经过化学处理和机械加工而再生制成的纤维。

1.3.1.1 再生纤维素纤维[5]

再生纤维素纤维是以自然界中广泛存在的纤维素物质(如棉短绒、木材、竹、芦苇、麻秆芯、甘蔗渣等)提取纤维素制成浆粕为原料，通过适当的化学处理和机械加工而制成的。该类纤维由于原料来源广泛、成本低廉，因此在纺织纤维中占有相当重要的位置。

(1) 黏胶纤维

黏胶纤维属于再生纤维素纤维，它以天然纤维素为原料，经碱化、老化、磺化等工序制成可溶性纤维素黄原酸酯，再溶于稀碱液制成黏胶，经湿法纺丝而制成。所谓湿法纺丝，是指将上述黏胶液从喷丝头的喷丝孔中压出，呈细流状，在液体凝固剂中固化成丝。

普通型黏胶纤维又分棉型、毛型和长丝型，俗称人造棉、人造毛和人造丝。

黏胶纤维具有良好的吸湿性，染色色谱全，染色性能好，可纺性优良，穿着舒适，是一种应用较广泛的化学纤维。其缺点是耐磨性较差，耐碱性、耐酸性也较棉纤维差。

（2）铜氨纤维

铜氨纤维也是再生纤维素纤维。它是将棉短绒等天然纤维素原料溶解在铜氨溶液中，配成纺丝液，在水或稀碱溶液的凝固浴中纺丝成型，再在20%～30%硫酸溶液的第二浴内使铜氨纤维素分子分解再生出纤维素，生成的水合纤维素经加工即得到铜氨纤维。

铜氨纤维的吸湿性与黏胶纤维相近，在相同的染色条件下，对染料的亲和力较黏胶纤维大，上色较深。

浓硫酸和热稀酸能溶解铜氨纤维，稀碱对其有轻微损伤，强碱则可使铜氨纤维膨胀直至溶解。铜氨纤维不溶于一般有机溶剂，而溶于铜氨溶液。

由于纤维细软、光泽适宜，铜氨纤维常用来制作高档丝织物或针织物。

1.3.1.2 再生蛋白质纤维

再生蛋白质纤维是指从天然存在蛋白质大分子的动物或植物物质(如动物毛发、天然蛋白质纤维的下脚料、牛奶、花生、玉米、大豆等)中把蛋白质大分子提炼出来，再用各种方法制成溶液进行纺丝而成的纤维。

（1）牛奶蛋白纤维

牛奶蛋白纤维是以牛乳作为基本原料，经过脱水、脱油、脱脂、分离、提纯，使之成为一种具有线型大分子结构的乳酪蛋白；再与聚丙烯腈采用高科技手段进行共混、交联、接枝，制备成纺丝原液；最后通过湿法纺丝成纤、固化、牵伸、干燥、卷曲、定形、短纤维切断(长丝卷绕）而成。

（2）大豆蛋白纤维

大豆蛋白纤维是由我国纺织科技工作者自主开发，并在国际上率先实现了工业化生产的高新技术，也是迄今为止我国获得的唯一拥有完全知识产权的纤维发明。

大豆蛋白纤维是以榨过油的大豆豆粕为原料，提取出豆粕中的蛋白质，通过助剂与氰基、羟基高聚物接枝、共聚或共混，制成一定浓度的蛋白质纺丝溶液，经湿法纺丝制成。我国生产的大豆蛋白纤维是一种由蛋白/聚乙烯醇共混的双组分化学纤维，其成分比例为20∶80，结晶度在40%左右。

大豆蛋白纤维截面呈哑铃形、扁平形或腰圆形，纤维纵向表面不光滑，呈现不规则的长方形凹槽和海绵状的凹凸，使大豆蛋白纤维光泽柔和、透气性和吸湿导湿性好；大豆蛋白纤维单丝细度较细，密度小，强伸度高，其织物质地轻盈、悬垂性好，具有羊绒般的手感、蚕丝般的柔和光泽、棉纤维的吸湿性、麻纤维的导湿性及穿着舒适性和羊毛的保暖性；摩擦系数较小，因而纤维及其织物光滑、手感好；纤维具有一定的抑菌性，对黄色葡萄球菌的抑制效果通过了日本和韩国的检验标准；纤维带有天然光亮的米黄色，高贵雅致，因此被称为“人造羊绒”“21世纪的健康舒适型纤维”等。

大豆蛋白纤维也有不足之处，如纤维的耐湿热性较差。在95℃以上的热水中处理时，会发生严重的回缩、泛黄、断裂强度降低、手感硬化，纱线中的纤维会强烈地粘连在一起。另外，大豆蛋白纤维对强碱的稳定性较差。

1.3.2 废旧纤维的辨识

不同种类的纤维，在外观及物理、化学性质上存在一定的差异，借此可以进行辨识。常用的鉴别方法有感官鉴别法、燃烧鉴别法、显微镜观察法、化学试剂溶解法、熔点法和红外吸收光谱法。除上述方法外，还可以根据纤维的熔点鉴别可熔纤维；也可以根据纤维的双折射率、密度鉴别纤维；还可以利用现代测试手段，记录各种纤维的核磁共振光谱和 X 射线衍射图，依次鉴别纤维。

实际鉴别时，不能仅用单一方法，需用几种方法结合进行，综合分析鉴别结果，方能得出可靠结论。

1.4 废旧纤维的前期处理

1.4.1 废旧纤维的分选

当对废旧纤维进行回收利用时，为了确保对后续设备的保护，防止硬杂物进入压机、损坏钢带，不但要将金属剔除，而且胶块、纤维粗杆等硬物也必须剔除。因而对于进入铺装机的纤维必须再进行一次分选[6]。一般纤维分选器分为 2 种基本方式：预分选和自然分选[7]。

（1）预分选

预分选是指采用专门的设备把混合纤维先分成粗细两类，然后分别进行铺装，多适用于多层结构板。预分选的基本原理为：借助分选器，根据粗细纤维的重量不同，使纤维在一定的涡流气流中产生不同的运动状态而达到互相分离的目的。干燥后的纤维通过一定的设备分成粗、细 2 类，成型后按事先的设计定量分层铺装。这种方式的优点是表芯层粗细纤维比例稳定，产品质量有保证。缺点是要增加专用分级设备和料仓的数量，工艺流程复杂，从而增加了投资。适用于表面质量要求高以及规模较大的生产线。

预分选设备可分为一级分选器和二级分选器 2 种。

① 一级纤维分选器是将干燥的纤维通过分选器分为粗、细两种纤维。

② 二级纤维分选器是将干燥的纤维先通过一级分选器，除去重物、胶团和粗大的纤维束；再通过二级分选器，将合格的纤维分成粗、细两种。

（2）自然分选

自然分选是在铺装成型的同时完成的。这种方式主要利用粗、细纤维自身的重量不同，再借助机械或风压对不同重量的纤维产生的离心力不同或浮力不同进行分选。因此，采用不同的铺装头，其自然分选的作用不同，一般可分为 3 类：机械铺装的自然分选、气流铺装的自然分选和机械-气流混合铺装的自然分选。总之，这种分选是在成型过程中自然成型的。它使板坯由中层到表层产生由粗到细的渐变结构。其优点是省去了专用的分选设备，工艺流程简化，动力消耗降低；缺点是产品不及预分选那样能自由进行表芯层纤维粗细度及配比的操作控制。

1.4.2 废旧纤维的储存

干燥后的纤维经风机送至料仓储存，并连续自动测量其含水率。

纤维储存的作用如下。

① 为干燥和成型工段之间的纤维平衡，提供一定的储存量，以保证生产的连续性；

② 干燥后的纤维在料仓里有一个短暂的停留与混合时间，使干纤维的含水率更趋于平衡，确保产品的质量。

③ 为板坯的刮平、齐边及废板坯等回收纤维储存。

干纤维堆积密度很低，储存 1t 干纤维就需要 $40m^3$ 以上的容积。如果大量的储存还会出现纤维结团、“搭桥”等影响纤维流动的不利因素，以致造成料仓出料不均或忽多忽少等现象，严重时，使板坯成型的质量受到影响。所以料仓不易过大，备用生产所需 10～20min 纤维用量即可。根据所使用的胶黏剂的技术特性及环境的温度不同，应该特别注意干纤维储存时间，通常在气温比较高的夏季储存时间不宜超过 1h，而气温较低的冬天，储存时间可适当延长，但不能超过 8h。

第 2 章

废涤纶的高值利用

2.1 废涤纶概述

涤纶(terylene)是合成纤维中的一个重要品种，是我国聚酯纤维的商品名称。它是以精对苯二甲酸(PTA)或对苯二甲酸二甲酯(DMT)和乙二醇(EG)为原料经酯化或酯交换和缩聚反应而制得的成纤高聚物——聚对苯二甲酸乙二醇酯(PET，简称聚酯)，经纺丝和后处理制成的纤维。大量用于衣料、床上用品、各种装饰布料、国防军工特殊织物等纺织品以及其他工业用纤维制品，如过滤材料、绝缘材料、轮胎帘子线、传送带等。涤纶是世界产量最大、应用最广泛的合成纤维品种，2013 年中国聚酯产量达 1219.25 万吨，2014 年中国聚酯产量略微下降，约 1210.85 万吨。若按在聚酯生产及加工过程中产生 3%～5%的废料计，每年产生废料可达 36.3 万～61.0 万吨，涤纶占世界合成纤维产量的 60%以上[8]。

近年来，随着国内经济持续快速增长和国内居民消费能力的不断提高，中国涤纶系列产品产能以惊人的速度增长着，废涤纶的产量也在迅速增长，对其回收再生利用迫在眉睫。涤纶纤维废料可用于制纤维、不饱和聚酯树脂、增塑剂、对苯二甲酸及其酯或解聚后再制聚对苯二甲酸乙二醇酯等，具体过程及工艺参见有关章节。聚对苯二甲酸乙二醇酯(PET)纤维可用来增强热塑性塑料如 PVC，据报道，用涤纶短纤维增强 PVC 树脂，拉伸强度可提高 10MPa，同时弯曲强度也有所提高。又如用涤纶短纤维增强 BR/LDPE 共混物发泡体，其性能有所改善。由表 4-2-1 可见，加入少量短纤维可提高发泡体的拉伸强度和压缩恢复性能，且随其含量提高性能也提高。但纤维含量不能太高，否则在发泡成型时会出现质量问题，如破泡，同时黏度也升高，不易爆炸。此外对于发泡倍率高的制品，不宜用纤维增强。

表 4-2-1　涤纶短纤维增强 BR/LDPE 发泡体的性能

短纤维含量(质量分数)	5%	7.5%	10%
密度/(g/cm^3)	0.14	0.17	0.19
硬度(邵氏 A)/(°)	43.3	52.6	49.8
冲击弹性/%	26.1	25.5	24.2
拉伸强度/MPa	1.64	1.9	2.11
断裂伸长率/%	104	103	94
压缩 50%恢复率/%	83	93	98

2.1.1 来源

聚酯的来源主要有以下两部分。

第一部分是生产和加工过程中产生的废料、边角料，如表 4-2-2 所列[9]。这部分废料较清洁，可直接加以再利用，作为原料继续生产，如低聚物可用于缩聚、增黏；薄膜、块、丝可再造粒，循环利用。

表 4-2-2 聚酯废料种类和比例

过程	废料种类	比例/%
缩聚、切粒	低聚物，废聚酯块、条、粉末等	2
纺丝	废滚丝、拉伸和半拉伸废丝	3～5
拉膜	废聚酯块、膜、粉末和边角料	25～30
制瓶	废聚酯块、瓶坯和废瓶	5～6

第二部分是废的 PET 包装材料，如聚酯瓶、聚酯薄膜。这部分废料往往带有油渍和其他塑料，或含其他无机杂质等污染物，必须经纯化、分离除去污染物和外加物才能回收利用。

2.1.2 涤纶的回收和利用

废涤纶的回收利用是高分子回收利用中十分成功又广为应用的典型代表。根据处理方法，废涤纶的再生利用技术可分为两大类：一类是直接回收利用的物理再生利用技术，通过熔融、提纯或改性制备再生料；另一类是降解后再利用的化学再生利用技术。

在回收利用涤纶之前，必须根据废 PET 的来源、种类、性能及需要对废料进行预处理、造粒、增黏等处理。

（1）物理再生利用技术

物理再生利用技术是将废料加热熔融，提纯后通过螺杆挤压机挤出成型，一般过程是：分类→破碎→清洗→脱水→干燥→造粒(纺丝)。

（2）化学再生利用技术

化学再生利用技术是通过化学反应将废涤纶解聚成低分子化合物如对苯二甲酸(TPA)、对苯二甲酸二甲酯(DMT)、对苯二甲酸乙二醇酯(BHET)、对苯二甲酸二异辛酯(DOTP)、乙二醇(EG)等，醇解产物经纯化后可重新作为聚酯原料，或制成其他产品。化学再生利用技术还包括化学改进，通常采用增链改性、交联改性、氯化改性等来改变其链长、结构，从而提高其某些特性。使用增链剂可使分子链加长，提高平均分子量和特性黏数，从而改善其理化性能。化学改性还可通过固态聚合的方法来实现。

2.1.2.1 物理高值利用技术及应用

废涤纶典型的物理再生工艺流程如下所述。

（1）造粒前的预处理

由于废 PET 来自不同的途径，其污染程度不同，在造粒前必须经过粉碎、清洗、干燥、分离、去杂质等工艺处理，具体过程因不同情况而异。

1）废旧 PET 瓶　废旧 PET 瓶主要来源于民用饮料瓶，瓶上含有附加物，如铝盖、基座、标签、胶黏剂及残留饮料和其他污染物，主要成分见表 4-2-3[10]。

表 4-2-3　废旧 PET 瓶主要成分

成分	含量/%(质量分数)
PET 瓶身	75.08
HDPE 基座	19.68
塑纸	2.72
金属瓶盖	1.10
胶黏剂	0.82
EVA 盖衬	0.55
其他污染物	0.05%

分离杂质回收纯 PET 的方法主要有静电分离、溶液分离和 X 射线分离 3 种[11~14]。

① X 射线分离法。主要用于分离废 PET 瓶中混杂的废 PVC 瓶。PVC 与 PET 瓶肉眼难以区分，且二者密度相近，无法用浮选法分离，PVC 混入 PET 中会破坏后者的模塑力学性能。美国塑料回收研究中心(CPRR)研制出 X 射线分离 PVC 与 PET 的方法：混杂废料由皮带输送，经过设置在皮带旁的 γ 辐射(X 射线)源和检测器时，由 γ 辐射源射出的辐射束照在废瓶上；若为 PVC 瓶，PVC 中氯原子会反射部分辐射，被检测器检出，随即通过控制电路，用一股强劲空气流将 PVC 瓶吹离传送带。检测器每秒可检测 400 次，即每个瓶子在通过检测器时被检测 200～300 次，任何 PVC 附件(标签、瓶盖)都会被检出。

② 静电分离法。该法是使经破碎的 PET 瓶碎屑带上静电荷，吸附在绝缘传输带上，用高频加热碎屑。由于材料的介电常数及损耗因子因材料类型而异，因而不同材料在高频加热中的电荷损失也不相同，与传输带的吸附作用也不同，从而导致不同材料按其介电特性相继落下，使 PET 与其他材料分离。

美国 Rutger 大学塑料回收研究中心的废 PET 瓶净化分离流程如图 4-2-1 所示。将粉碎后的碎料用 71℃ 水溶洗涤剂旋转搅拌 8min，清除纸、胶和废液后，利用 PET、铝以及 HDPE 三者的密度差异，用水浮法分离出 HDPE，烘干后再用静电分离器将 PET 与铝粉分离。其回收的 PET 使用价值可与纯 PET 相媲美。

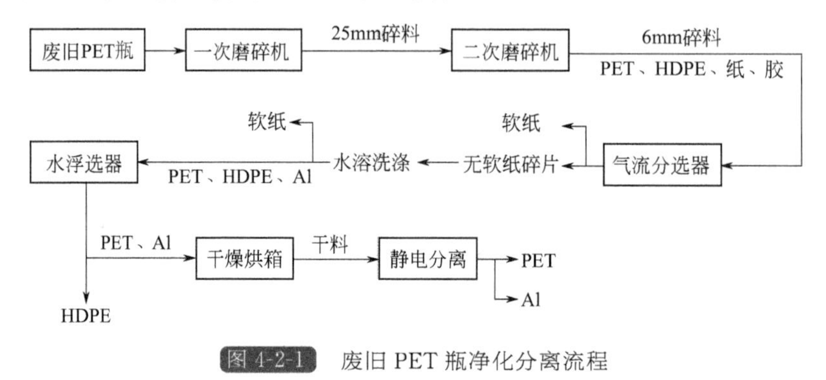

图 4-2-1　废旧 PET 瓶净化分离流程

③ 溶液分离法。由美国 Dow 化学公司和 Donta 国际包装材料公司联合开发，可以制得更为纯净的 PET。通常在回收分离得到的 PET 料中仍含有少量胶黏剂、碎标签和瓶基，它们黏附在 PET 碎片上，降低了回收料的纯度和价值。如果在清洗时使用 1,1,1-三氯乙烷，可彻底分离出 PET 碎片中的上述残余物。最后使用以氯气处理过的不同的溶液(相对密度介于 PET 和铝之间)将 PET 浮选出来，除去少量铝片。这样得到的 PET 比静电分离法得到的

PET 纯度更高。

2）废纤维　纤维状聚酯废料经切断机切成短丝（丝长 50～150mm），然后用 60℃左右的水洗涤。在此过程中根据短丝上污染物为溶剂型还是乳化型，决定加或不加中性洗涤剂。清洗完后，脱水至 3%以下干燥。

（2）造粒

为了减少聚合物的黏度降，经预处理后的废丝，必须采用物理方法，重新进行造粒。典型的造粒方法有冷相造粒法、摩擦造粒法和熔融造粒法[15,16]。

1）冷相造粒法　所谓冷相造粒是将聚酯废料在低于聚酯熔融温度（258～260℃）条件下，重新获得聚酯粒子。具体操作为：将 PET 废丝洗净切断，经干燥后投入冷相造粒机内，在低于熔点（260℃）的条件下，利用机内离心作用，使废料与废料之间以及废丝与设备直接摩擦产生热量，进而使废丝表面接近软化点，注入水降温，废丝即变成粒状。重复操作，再经脱水筛选后可得到 2～11mm 不规则粒料。冷相造粒机的下部有四把固定刀片，在高速旋转（859r/min）的中心轴上装有两把动刀。定刀与动刀之间的剪切力将物料剪碎。在此过程中，物料之间、物料与设备之间的摩擦使料温不断上升。但表面温度达 180～200℃时，通过注水计量装置注水降温；物料成粒；温度再次上升后，第二次注水。造粒完成后出料，用振动筛分级筛选，2～11mm 粒子风送进料仓。每批造粒时间约 8～15min。冷相造粒是近几年出现的新技术，应用范围极广，它不仅可回收聚酯废料，还可用于废塑料的回收。

2）摩擦造粒法　废 PET 碎料经摩擦造粒机的计量推进器送入设备固定盘和一个高速旋转的动盘之间，摩擦使物料温度不断上升，在 PET 软化点烧结塑化成条料，成条 PET 经风冷却硬化后，在粉碎机内粉碎，用筛网孔眼大小调节粒径，使粒子成品为 2～6mm 粒料，风送小于 2mm 的粒子和粉末重新摩擦造粒。

此工艺为连续工艺，摩擦造粒的工艺流程：纤维喂入→皮带输送→检验→剪切→皮带输送→检验→纤维粉碎→计量推进→摩擦造条→风送冷却→剪切成粒→旋风分离→筛选→料仓。本工艺的特点是流程短、三废少、黏度降低少、产品粒度均匀、质量较好。

3）熔融造粒法　熔融造粒又称挤出造粒，即 PET 碎屑在挤出机内加热熔融，挤出后再切粒。熔融造粒分为 3 个过程：原料准备；熔融塑化；切粒包装。熔融造粒法工艺流程如图 4-2-2所示。

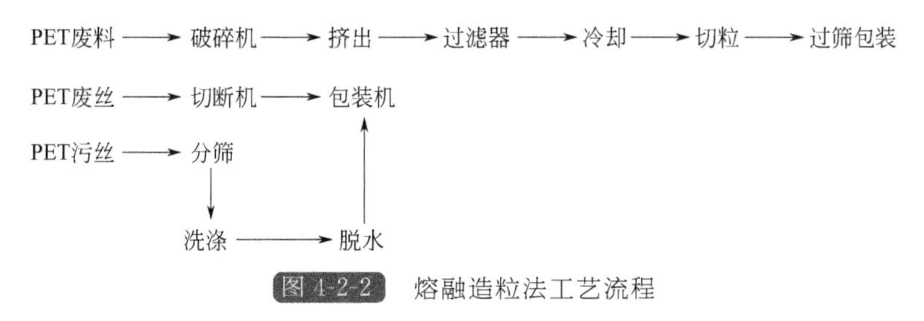

图 4-2-2　熔融造粒法工艺流程

将 PET 废料投入粉碎机粉碎成粒径<8mm、表观密度>0.04g/cm^{3}的碎料，然后风送至料仓储存，再由螺旋加料器定量送入双级排气式异向旋转双螺杆挤出机（直径 77mm，长径比为 30，机筒温度 240～280℃），控制熔体温度 280℃，排气孔绝对压力 133Pa（最大不超过 5332Pa）以下，经 1min 左右停留时间快速（250r/min）挤出，熔体经双切换聚酯过滤器（200 目）过滤后从孔状机头（机头温度 260～270℃）成型挤出，水冷切粒后得再生切片（R 切片）。

造粒过程中，废 PET 所含水分及其在熔融挤出过程中降解产生的低分子物由两个排气孔抽空排出，R 切片的黏度降低 3.1%～4.7%。

由于 PET 在高温下易发生热水解，使 PET 分子量大幅度下降，甚至失去使用价值，因此在熔融造粒过程中，PET 碎料的含水量、熔体温度、系统真空度和物料停留时间成为影响 PET 降解的主要因素[17]。

① 含水量。PET 含水量对降解的影响见表 4-2-4。如要使 R 切片能再成膜，则其最小分子量应为 13000，即[η]≥0.55dL/g。考虑到废 PET 干燥不充分，易引起降解、水解，[η]比新树脂低，要保证再生 PET 的性能，PET 碎屑中水分含量应≤0.01%，甚至达 0.005%。

表 4-2-4　PET 含水量对降解的影响

含水量/%	M_t	[η]/(dL/g)	含水量/%	M_t	[η]/(dL/g)
0	21182	0.692	0.05	13366	0.50
0.01	18974	0.64	0.10	8894	0.38

除去 PET 碎屑中的水分有很多种方法。上述工艺过程是通过使用长径比为 30 的长螺杆和安装脱气装置清除成型过程中产生的水分，防止水解发生。此外也有许多效果良好的干燥器，使除水易于实现。如美国 Owens-Illinois 公司的增黏处理干燥装置采用 50～75℃脱湿型 N_2 沸腾干燥 8～10h，既可以使水分降解到 2.00%以下，又可以使 PET 的［η］由 0.5dL/g 转化为 0.7dL/g。

如果非 PET 碎屑在料仓内储存时间太长，空气中微量水会因结露而积聚，导致碎屑水分含量偏高。因此 PET 碎屑在粮仓中的储存时间不宜太久[18～20]。

② 温度。熔融温度超过 280℃时，即使有 N_2 的保护，PET 也会发生降解，使物料颜色加深，黏度大大降低。至 285℃时，黏度降低百分率达 10.9%。但如果熔体温度降低，物料的流动性差，难以通过熔体过滤器。研究表明，最佳温度为 280℃。

③ 系统真空度。系统真空度大，对促进挤压和排气有利，可防 PET 降解。当余压>5.3kPa时，降解急剧增大。排气孔绝压控制在 133Pa 为最佳条件，最大不能超过 5332Pa。

④ 物料停留时间。PET 在熔融状态下为非牛顿流体，熔体有剪切变稀现象，因此螺杆转速加快有利于提高挤出量，缩短物料停留时间，从而减少降解。但也不能太快，否则剪切热也会使物料降解。通常控制转速约为 250r/min，PET 通过挤出机的时间约为 1min。

⑤ 碎料特性黏数[η]。要使再生切片具有使用价值，除通过上述控制熔融造粒工艺条件的方法外，还可以通过提高废 PET 碎屑黏度的途径实现增黏。相同条件下，PET 碎屑[η]高，所制得的 R 切片[η]也高。

提高碎屑[η]的方法有以下几种：

Ⅰ. 固相缩聚增黏。将 PET 碎屑加热到 200～235℃，并抽真空进行一定时间的固相缩聚，可使[η]增加到 0.7～1.2dL/g 左右。

Ⅱ. 提高 PET 结晶度增黏。PET 在 100℃开始结晶，170～180℃时结晶速度最快，可在(160±10)℃、500r/min 搅拌速度下经 15～30min 高温快速干燥，提高 PET 结晶度来实现增黏。在此过程中可加入亚磷酸酯类抗氧剂 168 和抗氧剂 1010(二者总量在 0.25%～0.5%)，以防止[η]的降低和保持合格色度。也可加入少量含环氧基团的化合物及镁化合物，使 PET 羧酸端基封端，进一步提高 PET 黏度。此外还可将不同[η]的 PET 废料按一定比例混合粉碎，提高碎屑的[η]，从而提高 R 切片的[η]。

沈俊才等[21]采用熔融共混法将废弃涤纶织物与回收的均聚聚丙烯(PP)碎片和0.5%的β成核剂混合，经双螺杆挤出机进行造粒，制得β成核改性回收PP/废弃涤纶织物复合材料。结果表明，所用的负载型β成核剂能有效诱导回收聚丙烯形成大量β晶型；废弃涤纶织物与聚丙烯复核后，能有效地分解并保持纤维形态。从图4-2-3中可以看出，加入废弃涤纶后均可观察到细碎的晶体和半透明的纤维，表明废弃涤纶对PP也有一定的异相成核作用；从图4-2-4中可以看出，复合材料均出现了单根分散的纤维，表明双螺杆挤出制备过程可以使编织态下的纤维分散成单根的纤维，从而实现织物纤维分散解离的目的。

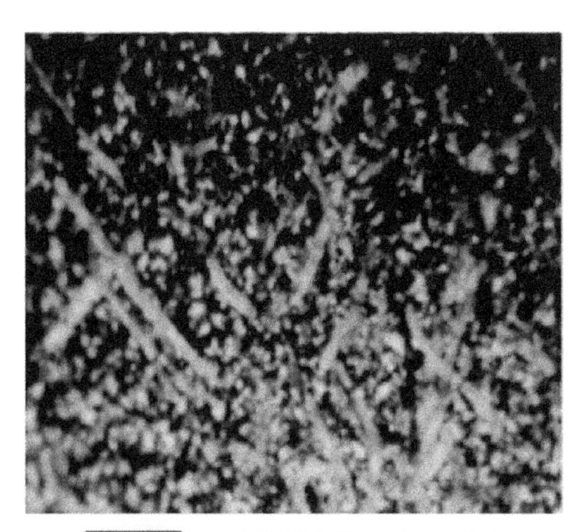

图4-2-3 β成核剂改性PP/10%废弃涤纶复合材料偏光显微镜照片

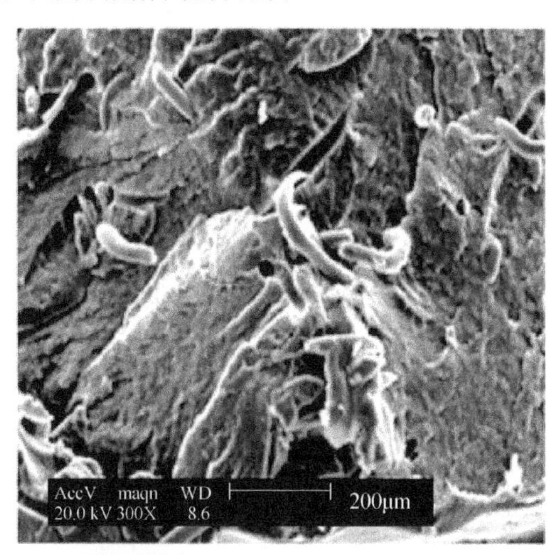

图4-2-4 β成核剂改性PP/10%废弃涤纶复合材料扫描电镜照片

国内已用于生产的GB600冷相造粒机、CV-50摩擦造粒机和SJP-90/25熔融造粒机的性能见表4-2-5。

表4-2-5 冷相、摩擦和熔融造粒方法产品质量与能耗比较

设备型号	GB600	CV-50	SJP-90/25
操作方式	间歇	连续	连续
产量/(kg/h)	160	350	65
耗电/(kW·h)	688	517	1323
粒子尺寸/mm	2～11	2～6	ϕ3×3
外观	毛糙,不规则	坚硬,较光洁	光洁,规则
粒子含水量/%	≤1.0	≤0.5	≤1.5
粒子表观密度/(kg/m^3)	0.4～0.5	≥0.5	≥0.7
造粒黏度	<0.025	约0	约0.05

由表4-2-5可见，摩擦造粒的切粒质地坚硬、光洁，大小比较均匀，生产过程黏度减小，节能，适合于连续生产，自动化程度较高，成本低，优于冷相造粒。熔融造粒的切片黏度降较大，投资较少，生产效率高，操作简单，切片光洁、规则，但能耗较大(约为摩擦造粒的2倍)，较适于小型生产。

(3) 混料

根据物料性能，将粉碎、造粒及等外切片按一定比例定量地送至干燥设备进行纺丝工

序。再生工艺过程将混合料送至结晶罐进行预结晶，当达到结晶温度时，流入干燥器，经充分干燥后送至加色装置，以保证纺丝时对有色丝的色差要求。然后再进入螺杆挤压机，经卷绕、牵伸、水洗、卷曲、定型，最后切断，包装出厂。其工艺流程如图 4-2-5 所示。

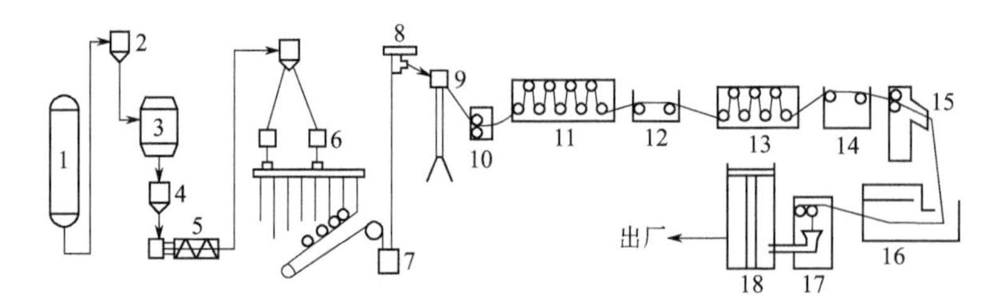

图 4-2-5　涤纶再生工艺流程

1—混合料仓；2—结晶罐；3—干燥罐；4—加色装置；5—螺杆挤压机；6—纺丝机；7—盛丝桶；8—集水架；9—导丝架；10—卷绕装置；11—无辊牵伸装置；12—水洗槽；13—七辊牵伸装置；14—水洗槽；15—卷曲装置；16—定型机；17—切断机；18—打包机

此外，日本有一专利介绍了将废涤纶通过螺杆挤压机回收，制备可纺性良好的涤纶切片。具体实验过程是：将 500kg/m^3 状态的聚酯废料送入双螺杆挤压机中熔融，待水等杂质挥发后，在 280～285℃、2～5mmHg 下进行综合反应，同时进一步分解杂质，当其特性黏数达到要求时，即可造粒。该专利使用双螺杆挤压机挤压物料，可避免单螺杆机在挤压推进进程中可能会产生死角的不足，并且双螺杆挤压机可提高反应效率和反应效果，另外反应时采用负压，可减少聚酯的热降解。

王建坤等[22]采用涤纶工业丝和相应的废弃涤纶工业丝作混凝土的增强纤维，对增强混凝土的抗裂性能、抗压性能、劈裂抗拉性能和弹性模量进行测试分析，结果表明纤维增强混凝土的上述力学性能均有所改善，试样受力破坏后不碎裂；并且随着纤维长度和掺量的增加，抗压强度和劈裂抗拉强度提高。这给废弃涤纶的回收再生利用和节约资源、保护环境提供了途径。

由于涤纶的分子量和特性黏数较低，因此经物理再生制备的产品品质不高，例如，只有特性黏数超过 0.7dL/g 的废弃聚酯才能用物理回收法制作用于服装业细纤维(3 旦)，而涤纶经物理方法回收后只能生产作为填充材料的粗纤维，用于御寒夹克、睡袋、枕头及床等方面。物理方法回收涤纶具有很大的局限性。

2.1.2.2　化学综合利用技术及应用

化学再生利用是涤纶(聚酯纤维)用甲醇、乙二醇或水解聚成为低分子物，如对苯二甲酸、乙二醇、二甲酯和聚酯单体，这些解聚产物经纯化后可重新用作聚酯生产的原料，也可以制成热熔胶和不饱和聚酯树脂等。

(1) 聚酯的化学解聚方法

根据聚酯的降解机理，聚酯的化学解聚方法主要可分为乙二醇醇解法、甲醇醇解法、水解法和超临界流体降解法。

1) 乙二醇醇解法　乙二醇醇解法是由美国 DuPont 公司推出的。它是把聚酯废料、过量乙二醇(摩尔比为 1∶4)与催化剂(如乙酸钴、锰、锌盐，钛酸四丁酯等)在常压下加热到 170～190℃反应 2.5～3h，聚酯即解聚为 BHET，用 90℃的热水溶解 BHET，再过滤除去不溶物和低聚物，滤液用活性炭脱色精制，冷却析出白色针状结晶产品即为 BHET。乙二醇醇解法的反应机理为：

$$\text{OHCH}_2\text{CH}_2\text{+OOC}-\langle\bigcirc\rangle-\text{COOCH}_2\text{CH}_2\text{+}_n\text{OH}+(n-1)\ \begin{matrix}\text{CH}_2\text{OH}\\ |\\ \text{CH}_2\text{OH}\end{matrix} \xrightarrow[\text{加热}]{\text{催化剂}} n\ \begin{matrix}\text{COOCH}_2\text{CH}_2\text{OH}\\ |\\ \langle\bigcirc\rangle\\ |\\ \text{COOCH}_2\text{CH}_2\text{OH}\end{matrix}$$

乙二醇醇解不能分离出染色剂或着色剂，得到的产物是 BHET 和少量的低聚物，很难用传统的技术如结晶或蒸馏提纯，通常采用一定压力下过滤液体的方法除去 BHET 中的杂质，然后再用活性炭吸收除去引起着色的不纯物及引起氧化降解的物质。这也大大增加了乙二醇醇解法的成本。

2）甲醇醇解法　甲醇醇解作用在 200℃左右和高压下进行，形成定量的对苯二甲酸二甲酯(DMT)和乙二醇(EG)，DMT 通过结晶和蒸馏纯化。

1980 年美国 Eastman 公司成功探索了甲醇醇解法回收聚酯的途径，并于 1987 年建立了工业化回收装置。产品用于生产饮料、药品和普通食品的包装材料，形成一个良性循环。

甲醇醇解法得到的醇解产物 DMT 较易纯化，因此可醇解质量较低的聚酯原料，甲醇也很容易回收和重新循环利用。但是由于 DMT 不能直接用在基于 TPA 的 PET 制造工艺中，只有转化成 TPA 才能成为后续应用中的有用材料。并且醇解的产物含有较多的乙二醇、乙醇和邻苯二甲酸的衍生物，这些物质分类和纯化需要的分离系列设备费用较高，使得甲醇法的醇解工艺投资成本很大，限制了甲醇法的发展。

3）水解法　制备对苯二甲酸(TPA)和乙二醇(EG)。早在 1962 年，美国 Eastman 公司就取得了 PET 水解过程的专利权，水解使 PET 在高温高压条件下降解成对苯二甲酸和乙二醇。聚酯在高于 100℃的温度，温度升高，水解速度迅速增加。但聚酯要深度水解得到 TPA 和 EG，则必须在高温高压或在酸、碱、中性 pH 脆化下进行，反应如下：

$$\text{OHCH}_2\text{CH}_2\text{+OOC}-\langle\bigcirc\rangle-\text{COOCH}_2\text{CH}_2\text{+}_n\text{OH}+2n\text{H}_2\text{O} \longrightarrow n\ \begin{matrix}\text{COOH}\\ |\\ \langle\bigcirc\rangle\\ |\\ \text{COOH}\end{matrix} +(n+1)\ \begin{matrix}\text{CH}_2\text{OH}\\ |\\ \text{CH}_2\text{OH}\end{matrix}$$

水解法可用于降解带有 40%(质量分数)杂质的 PET。但相比乙二醇醇解法和甲醇醇解法，水解法过程很慢，TPA 的纯化和杂质的去除非常困难。酸性水解获得的产物质量差，并且对设备要求很高。中性水解要求在高温高压下长时间反应，这样会增加成本。碱性水解反应时间短，并且在低温低压下就能达到工业上要求的反应速率，但产物是对苯二甲酸盐，必须转化成 TPA 才能使用。由此可见，水解是一种资本密集型工艺，要求生产规模大以补偿成本，因此商业上水解没有被广泛地用于回收 PET。

4）超临界流体降解法　SCF(超临界流体)是处在 T_c(临界温度)和 p_c(临界压力)以上状态的流体，SCF 具有独特的物理化学性质，现有的 SCF 在回收 PET 方面应用较多的是超临界水和超临界甲醇。相比之下，超临界水降解反应温度较高，压力大，PET 分解不完全。而超临界甲醇降解反应速率快，反应条件适中，几乎得不到气体及其他副产物。超临界甲醇非常适合作为回收 PET 的溶剂。Sako Takesh 等报道了 PET 可在 300℃、8MPa 下，在超临界甲醇(T_c=239.4℃，p_c=8.09MPa)中，30min 内完全分解，产物为 DMT 单体和 EG 单体以及低聚物。该低聚物可作单体使用，单体回收率几乎 100%。此方法不需要任何催化剂，而且反应时间较短。但是超临界流体降解法对设备要求很高，醇解成本太高，目前还停留在试验阶段。

随着科学技术的发展，涤纶废料的化学再生利用新技术也层出不穷，除了前面所述的回收技术外，国内外已报道了许多其他有关化学方法处理和利用涤纶废料的方法和技术，如通过氨解、氯代和霍夫曼重排制备对苯二胺；用 KOH 碱解制备对苯二甲酸氢钾；加入四氢呋喃，在采用特定的催化剂下发生共聚反应，得到的共聚体由高分子软硬链段组成，是一种性能很好的工程塑料。

（2）废旧聚酯的再生应用

化学回收方法除了用于生产常规再生聚酯产品以外，还在非纤维聚酯领域有着广泛的应用，显示出了巨大的发展前景。

1）制取增塑剂　在塑料工业上常用 DOP(对苯二甲酸二辛酯)增塑体系，使体系更易流动，产品增加低温柔顺性等等。用废聚酯生产 DOTP(对苯二甲酸二异辛酯)，其增塑效果与号称全能增塑剂的 DOP 相同，且电性能、低温柔顺性方面更优越，尤其是解决了与涤纶纤维工业争夺原料(对苯二甲酸二甲酯)的矛盾，变废为宝。

用涤纶废丝制取 DOTP 主要有两种方法，即直接制法和间接制法。

① 直接制法。该方法工艺简单，反应分为醇解(解聚）和酯交换两个过程。若这两个过程用不同的醇则称为双醇法或两步法，如用同一种醇则称为单醇法或一步法。制得的 DOTP 是微黄色或淡黄色油状液体，且有耐热、耐寒、难挥发、抗抽出、电绝缘性能优良等特点，是一种性能较全面的增塑剂，特别适用于大功率、耐较高温度的电缆料。而且此 DOTP 放在日立 260-30 型红外分光光度仪所得的光谱与 DOTP 化学纯样品相比差别甚微。经渗入 PVC 树脂做应用试验，效果良好，其某些性能还优于 DOP。

② 间接制法。该方法是将涤纶废丝(PET)先经碱解和酸化，使之转化为对苯二甲酸(TPA)，然后与异辛醇进行酯化反应，则制得 DOTP。其中，酯化过程是分两步进行的，第一步生成单酯，第二步生成双酯。生成单酯的过程是二级反应，反应容易且速度很快；生成双酯的过程是一级反应，反应速率很慢，所需时间较长，约要 4～6h，活化能为 75.4kJ/mol，必须由催化剂来降低反应的势能。

用废涤纶制取 DOTP，经过几种方法并反复进行多次试验，实践证明，采用直接法在适当温度和催化剂作用下，以单醇方式进行醇解和酯交换过程，可制得合格的、较高收率的产品。

2）合成不饱和聚酯　不饱和聚酯是高分子家族中的一大类，是由饱和的二元酸或酸酐及不饱和的二元酸或酸酐与二元醇缩聚制得。由于该大分子主链上存在着许多不饱和双键，故可与乙烯基单体共聚、交联固化成具有多种优良特性的体型结构。可根据不同的应用目的制得不同的改性树脂。

国内外用废聚酯合成不饱和聚酯的技术路线多是采用废料经丙二醇醇解，醇解产物与不饱和酸(酐)缩聚成产品。例如利用废聚酯丝和反丁烯二酸合成不饱和聚酯，代替苯酐以缓解苯酐市场紧俏趋势；用聚酯块和顺丁烯二酸酐为原料缩聚制备不饱和聚酯，考察醇解聚合工艺的影响因素，为工业化生产提供依据；聚酯碎片制备的不饱和聚酯与无机填料混合而成聚合物混凝土，用于修补路面、桥梁以及预制件等可与水泥混凝土竞争。朱晶心等[23]利用涤纶废料成功合成了不饱和聚酯树脂。其工艺路线是先用乙二醇将废 PET 醇解为小分子或低分子化合物，之后醇解产物与丙二醇、顺酐等酯化缩聚合成不饱和聚酯树脂。其工艺流程如图 4-2-6 所示。这种方法为涤纶废料回收利用开辟了道路，同时降低了不饱和聚酯的生产成本，每吨可获利 600 元，具有明显的经济效益和社会效益。

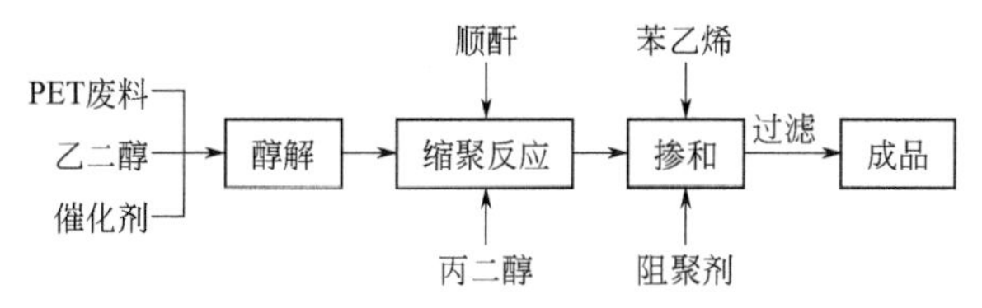

图 4-2-6 涤纶废料合成不饱和聚酯树脂工艺流程

3）合成黏合剂　据报道，用聚酯废料制备瓷器涂料黏合剂，黏合效果好，附着力强，放在水中浸泡 24h 不脱落，无毒，无光泽。

用乙酸锌为催化剂，在乙二醇存在下，使聚酯废料降解为单体；单体与对苯二甲酸酯化，再用癸二酸进一步酯化；酯化物在 Sb_2O_3 和三苯基磷酸酯存在下缩聚制得热熔胶。它对于许多柔性材料均有较好的黏合性。

4）在涂料方面的应用　聚酯树脂本身具有良好的附着力、耐候性、耐磨性、绝缘性，其废料用作涂料工业的原料以提高涂层性能。

① 醇酸树脂。干性油和多元醇先在碱式催化剂存在下进行酯交换反应，达到稳定的单甘油酯含量后加入聚酯废料，在高温下使其溶解并在该体系中醇解，最后加入苯酐进行缩聚反应。其产品与全用苯酐生产的涂层相比，耐磨及耐候性均有改善，仅干性稍差。

为简化制备工艺，常采用一步法混合醇解。即用聚酯废料、植物油、顺酐及松香在 PbO 存在下高温酸解，然后加入多元醇酯化，使酸值逐步降低，树脂逐步趋向透明，进一步缩聚成合格的改性树脂漆。该法生产工艺简单，生产周期短，非常适合乡镇企业生产。

② 饱和聚酯漆。聚酯废料改性的饱和聚酯漆除作为罩光漆外，以它的优良绝缘特性而常用作绝缘涂料。

聚酯废料在乙酸锌催化下与多元醇、多元酸高温酯化即可得到聚酯废料改性的聚酯绝缘涂料，如 1730 聚酯绝缘漆。

③ 聚酯粉末涂料。将废聚酯破碎为一定大小的物料后加入反应釜中加热熔融，按比例滴加三元醇在高温下反应。反应后得一定熔点的室温下为固体的树脂，再加入规定量的邻苯二甲酸酐及催化剂，进一步在低温下熔融混合均匀，以便引入羧基，使之在将来制粉时可与环氧树脂或其他树脂发生交联作用。用酸值来控制反应程度，用软化点控制聚合度。反应达到要求后，终止反应，出料，冷却。该产品为块状，经粉碎成聚酯粉末涂料。聚酯粉末涂料原材料易得，整个产品重要成分来源于聚酯废料，经济效益显著。该产品耐候性好、强度高、耐冲击、无污染，是汽车、家电方面的高档涂料。我国粉末涂料起步晚，该方法给废聚酯综合利用开创了一条新途径。

④ 环氧酯底漆。以往制造常温干燥环氧酯底漆中的环氧酯使用棕榈油酸、亚油酸，由于棕榈油酸、亚油酸等干性油酸价格高，为降低成本，使用半干性油酸制环氧酯底漆漆膜（常温干燥）耐硝基漆性差。而涤纶具有良好的附着力、耐候性、强韧性。它在乙酸乙酯、丁酮、二甲苯中，在室温或近似它们沸点的温度下不受侵蚀。通过将脱漆剂涂在涤纶制的调和漆、氨基烘漆、酚醛调和漆的漆膜上，观察漆膜的耐脱漆性能，结果表明涤纶制得的调和漆的耐脱漆性能好于或近似氨基烘漆，酚醛调和漆最不耐脱漆剂侵蚀。因此将涤纶树脂引入环氧酯中，提高环氧酯的耐硝基漆性能。

⑤ 其他涂料方面的应用。用聚酯废料生产地面涂料，可得弹性好、耐磨、耐水、耐碱性优良的涂层。除此之外，还可用废聚酯醇解后的低聚物与二官能度的异氰酸酯反应，生产

双组分的聚氯酯涂料。该涂料具有良好的耐热性和耐碱性。

5）涤纶阻燃剂　随着工业技术发展的不断进步，国内外对阻燃剂工业的需要和要求已经越来越高，发达国家对阻燃剂工业相当重视。如美国 Monanto 公司的产品磷酸芳基烷酯(Santicizer 2148）是一种低烟增塑剂，可以用于涤纶阻燃剂。跟普通的方向性增塑剂(如TPP)相比，Santicizer 2148 是一种更有效的消烟阻燃剂，并且它还有着比以往产品如烷基、芳基化合物更高的热稳定性。德国 Hoechst Celanese 公司的 Trevira CS 是目前国际市场上阻燃涤纶的主导产品，阻燃剂为 3-苯基磷酸丙羧酸或其环状化合物，纤维中磷含量为 0.6％时就可以满足各种装饰纺织品的阻燃要求，物理性能优良。相比之下，我国的阻燃剂工业虽然已经具备一定规模，但大部分都停留在仿制国外产品的阶段，在开发新产品方面有待于进一步提高。随着加工设备的改进以及研究力量的日益增强，今后涤纶阻燃剂的发展大致应有以下集中趋势：a. 在磷系共混共聚涤纶阻燃剂开发基础上，使用无机硅类、纳米级分子筛等添加剂，进一步改善炭化阻燃作用；b. 开发具有协同作用的阻燃剂，如磷(P)、氮(N)在分子或分子间的结合；c. 向低毒、低烟、去卤化、高效、安全、环保方向发展；d. 具有不同应用范围的系列阻燃剂的开发，如可同时应用于化纤、塑料盒橡胶等高分子材料的阻燃剂；e. 使用阻燃剂后所纺制成的涤纶纤维，比其他化纤用于服装加工面料应具有良好的吸湿性、柔软性、染色性、抗静电性，且阻燃性能可永久保持。

6）其他方面的应用　用多元醇解聚废聚酯得到共聚酯多元醇，用以生产聚氨酯泡沫塑料。废聚酯醇解后加入聚醚可制备聚酯型热塑弹性体，也可作保温、隔声、密封材料和汽车车体夹层填充料。用 PET 废瓶制造木材状聚合物混合料，以降低成本。制品美观耐用，用于制造镜框、窗台板等。而聚酯模塑碎屑可以用于制造装填滑雪夹克和睡袋的人造棉絮等等。

化学再生利用方法的产业化投资巨大，技术含量要求很高，这是化学再生利用方法工业化最大的问题。但由于化学方法可以回收任何品质的聚酯，生产的再生产品与用石油生产的产品品质完全相同，因此应用领域丝毫不受限制，越来越受到大型聚酯企业的重视[24,25]。

相对于其他化学再生利用方法，乙二醇醇解工艺有最低的投资成本和相对完善的技术，醇解得到的高纯度 BHET 可直接用于合成聚酯，或再转化为 DMT、TPA 及其他化工产品。因此在化学方法再生利用聚酯中工业化的前景很好。

2.2　废聚酯的直接应用

废 PET 再生料可用于制包装材料、服装用纤维、填絮纤维、捆包用无纺布、捆带、地毯背衬、毛毯、浴槽、栅栏、墙壁粉刷料、汽车内装饰材料等。高纯的再生料可用来直接生产饮料、酱油等的食品级包装瓶。

2.2.1　制饮料瓶

由废旧 PET 生产再生饮料瓶的方法有 PET 解聚再聚合法、制多层瓶法以及制单层瓶法。

废 PET 经粉碎、清洗、再熔融、制瓶等工序后，可制成新的再生饮料瓶。对生产单层再生饮料瓶而言，使用一般洗涤剂或碱性物质清洗不能满足食品包装的要求，必须进行“深度”清洗或超级清洗。这种“深度”清洗剂要能扩散到树脂中去，如使用 CO_2 的超临界流体或其他无毒的萃取剂，也可使用对 PET 树脂有高渗透能力的溶剂(如丙二醇)进行清洗。对 PET

瓶中的残余饮料及其他挥发性杂质可在160℃做挤出处理，挥发性杂质可于3min内除去。此外还可以在回收PET树脂层与饮料之间用一层功能性阻隔物，阻止树脂中残余杂质向饮料中扩散，使饮料受污染水平低于有关食品卫生法规规定的下限。这种功能性阻隔物可以是由同种聚合物或完全不同的聚合物制得的箔。制单层再生瓶的费用与生产新瓶费用相当。

与制单层再生瓶相比，多层瓶将回收PET树脂置于两层新PET树脂层之间，新树脂层起阻隔作用，并具备了相应的力学性能，因此回收料不需做固相增黏处理即可应用。制单层瓶时，PET料要在真空或惰性气氛中于220℃处理30h，费用昂贵。虽然制多层瓶的设备费用比制单层瓶高，但总费用低，有较好的经济前景。

2.2.2 制纤维

对于涤纶生产过程中产生的4%～7%废丝，因其较洁净，且具有足够大的分子量，可经开松等工艺处理后，制成针刺毯[26]。回收流程大致如图4-2-7所示(纤度太大的重新开松梳理)。

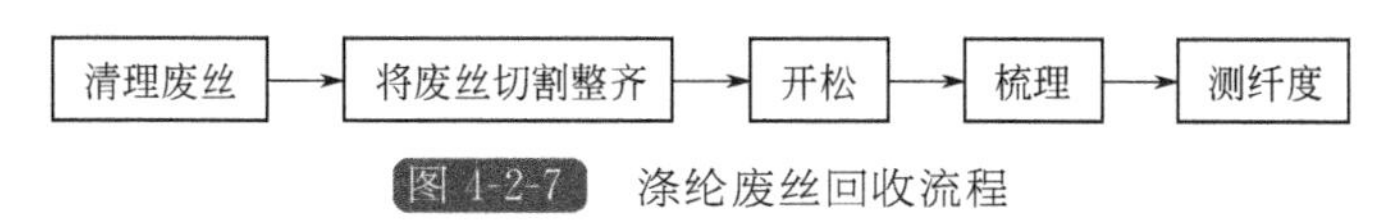

图4-2-7 涤纶废丝回收流程

经前述回收造粒所得到的PET再生切片，也可用来纺丝、制模。

2.2.2.1 纺短丝

由于PET再生切片的特性黏数有所下降，因此多用于纺制粗特短丝(6.7～22.2dtex)，生产地毯、填絮棉、无纺布等产品，其性能与产品丝制得的产品相近。

纺丝生产工艺及产品质量的稳定性主要受废旧PET种类及混合配比的影响。通常以再生切片为主(60%～80%)，再混以一定量的等外切片和具有一定黏度的废丝块。这样的混合料可以保持纺丝生产工艺和产品质量的稳定。此外，在生产过程中可以根据需要按配比投入一定量的色母粒生产有色纤维。

纺丝工艺有两步法和一步法之分。具体方法如下所述。

(1) 两步法纺丝[27]

两步法纺丝即常规纺丝，它将纺丝工艺分成原料预处理、纺丝和后处理三个工序，其工艺流程如图4-2-8所示。废PET原料与色母粒按配比计量、混合后进入干燥器(内通150～170℃热风)，停留3h，使原料含水量<0.01%(可达0.003%～0.005%)；再送入纺丝螺杆

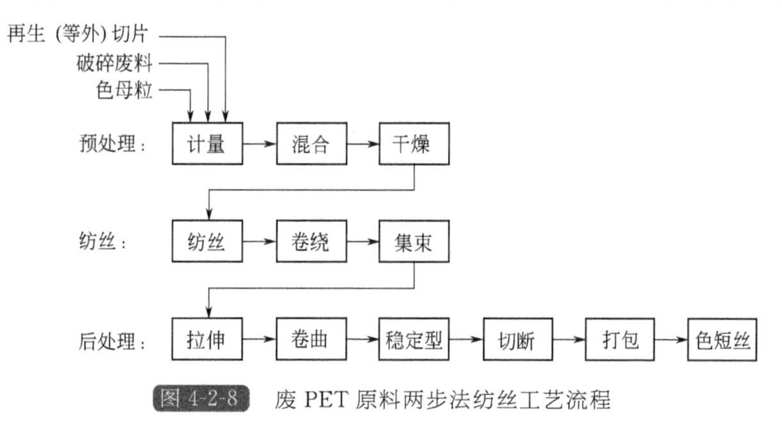

图4-2-8 废PET原料两步法纺丝工艺流程

挤压机，加热至245～275℃，熔体进入285℃纺丝箱，经喷丝板喷出熔体丝束，吹冷风冷却成型，至卷绕机(纺速200～600m/min)上油给丝后落筒；再经集束架集束浸油，在30～120m/min速度下经水浴、油浴两段拉伸至2.5～4.5倍，在张力架上调成100mm宽(约55×10^5dtex)丝带，以100m/min速度卷曲。将卷曲丝排在松弛热定型机上，在130～140℃干燥热定型(含水率在0.4%左右)。经打结后喂入速度为100m/min的切断机，切断丝风送至打包机，包装出厂。

(2) 一步法纺丝[28]

一步法纺丝又称短程纺丝，它把两步法纺丝工艺的前后两段连成一步，省去了落筒、集束等工序，缩短了纺丝通道，大大降低装置高度，是一种紧凑型的连续生产工艺。一步法纺丝便于调换品种，生产灵活性较大，适用于纺制异形和着色纤维。工艺流程如图4-2-9所示。由图可见，一步法纺丝的螺杆挤压机、熔体过滤器和纺丝箱组装在同一框架上，可从顶部更换纺丝组件，其寿命可达2周。不同质量的PET切片储存在不同料仓中，在混料仓中进行混合后，被真空系统送入结晶器，通过搅拌保证碎片加热均匀，避免烧结。结晶料经旋转阀送入冷却塔冷却到50～60℃，然后送入干燥漏斗，用去湿热空气自下而上干燥，干燥后的物料进入螺杆挤出机纺丝。喷丝板多采用大型矩形多孔喷丝板，短侧吹风机的进风口与抽风口正对，利用丝束进行导向控制和侧吹风调节，吹风冷却后立即上油，丝束形状和位置均可由导丝辊调节。一般有6～32个纺丝位，生产能力为0.5～2.7t/h，废品率不超过3%，丝质量与标准相同。表4-2-6为一步法纤维的质量测试结果。

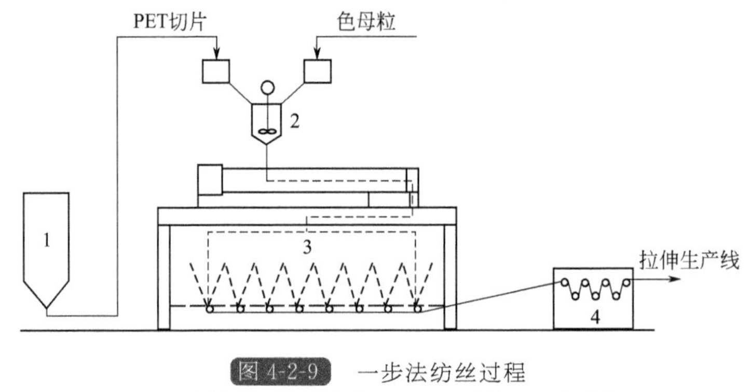

图4-2-9 一步法纺丝过程

1—切片料仓；2—混合罐；3—纺丝箱体；4—拉伸机

表4-2-6 一步法不同纤度产品纤维的测试结果

项目	测试结果					
纤度/dtex	1.7	3.3	4.4	6.7	17	44
强度/(cN/dtex)	54	50	36	36	36	32
断裂伸长率/%	35	50	60	60	65	75

2.2.2.2 制中空粗旦短纤

聚酯瓶片料、聚酯泡泡料，经螺杆挤压纺丝、圆中空C形喷丝板喷丝，冷却、拉伸、卷曲、涂硅、切断、定型可制成中空粗旦短纤维[29]。生产工艺流程如图4-2-10所示。主要工艺参数见表4-2-7。

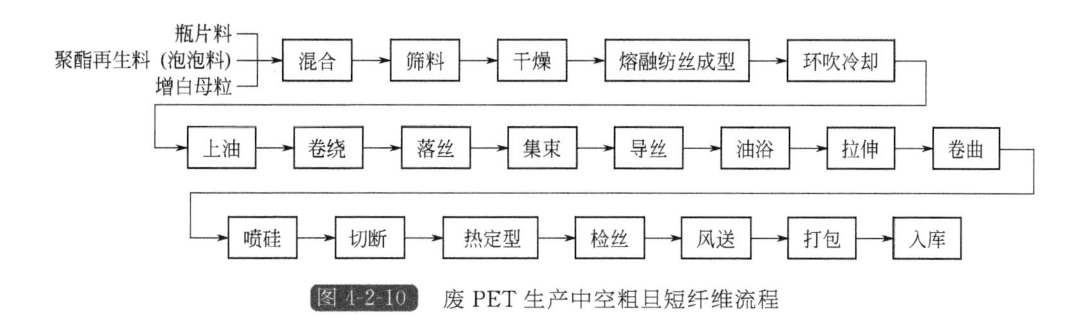

图 4-2-10　废 PET 生产中空粗旦短纤维流程

表 4-2-7　13.2dtex 中空粗旦短纤维生产主要工艺参数

项目	单位	工艺参数
混合料干燥度	mg/kg	110
喷丝板型号	代号孔-形状×ϕ(mm)	PRA160-150-C×1.2
纺丝温度	℃	270～280
熔体压力	MPa	7～8
计量泵转速	r/min	33
泵供应量	g/min	394
纺丝速度	m/min	580
前纺上油浓度及转速	%,r/min	3,35
卷重	g/25m	17±0.1
环吹风中心速度	m/s	4～5
吹风高度	mm	45
集束总旦数	万旦	55
总拉伸倍数	倍	4.0+0.1
一级拉伸分配比	%	100
后纺上油浓度及温度	%,℃	2.5,80±2
环吹风温度	℃	20±2
过热蒸汽温度	℃	100±2
卷曲机主压力	MPa	0.26
拉伸速度	m/min	150
喷硅浓度	%	5
热定型温度	℃	130～160
热定型时间	min	20

聚酯瓶片料是经预处理得到的聚酯废瓶片料。聚酯泡泡料由涤纶厂废丝和下脚料加工而成，熔点>255℃，特性黏数>0.56dL/g，色泽要白，杂质含量低，最好是一次再生料。因上述混合料颜色发黄，黄中透红，因此混合料中加入 2.5%的增白母粒，以提高纤维白度。

生产过程中纺丝速度过高或过低都容易产生疵点，并使中空度下降，影响产品蓬松和回弹性能。

卷曲机主压力控制在 0.25MPa。过小则导致卷曲数少、卷曲率小，影响回弹性；过大则容易产生疵点，影响产品质量。

生产中空粗旦短纤维采用喷雾法上硅油，拉伸速度控制在 150m/min 左右。如果拉伸速度太快，会造成上油不足，影响纤维滑爽效果；速度太慢，上油过多，会使纤维不易烘干，也易使纤维发硬，影响手感。硅油浓度过高，易造成喷雾不均，丝发硬，影响产品滑爽性，一般控制在3%～5%。

热定型时间宜控制在15min左右。热定型温度一定，如果定型时间太长，则丝易发脆、变黄，手感差；时间太短，一方面造成纤维烘不干，影响回潮率指标，纤维不滑爽，另一方面会造成硅油反应时间不足，达不到上油目的。

中空粗短纤维的物理性能指标如表4-2-8所列。由于该粗旦短纤维是中空的，且表面经有机硅处理，因此手感光滑、柔软、蓬松、有韧性，有很好的蓬松性、回弹性和保温性。用它填充的高档玩具，充实饱满，压缩挺性好，成型完好，形象逼真；也可用作衣服衬芯、睡袋等内胆材料，或作喷胶棉生产云丝被，保暖性能好，具有轻型、卫生、无有害物质滞留和扩散、耐洗涤、不招虫蛀和耐霉变等特性。

表4-2-8 中空粗旦短纤维的物理性能指标

项目	指标	项目	指标
物理指标			
纤度/dtex	12.67	比电阻/($\times10^9\Omega\cdot$cm)	7.58
强度/(cN/dtex)	3.05	回潮率/%	0.35
伸长率/%	46.5	含油率/%	0.38
强度不匀率/%	25.6	长度差异率/%	−3.8
强伸不匀率/%	23.4	名义长度/mm	32
倍长纤维含量/(mg/100g)	49.6	平均长度/mm	32.1
异状/(mg/100g)	821.6	卷曲数/(个/cm)	2.5
性能指标			
卷曲率/%	16.48	压缩回复率/%	77.1
卷曲回复率/%	14.28	压缩弹性率/%	87.2
卷曲弹性率/%	89.87	中控度/%	14.6
压缩率/%	79.4	线密度/dtex	12.7

2.2.2.3 制拉链用单丝

100%再生PET切片([η]为0.61dL/g) 经预结晶、干燥后进入单螺杆挤出机(处理能力为1.0～1.5t/d)，在270～290℃熔融挤出，水冷后成为尚未定型的单丝，在80～200℃下经两次拉伸后，于190～220℃下热定型，成为拉链用单丝，性能见表4-2-9。

表4-2-9 再生PET切片制成拉链用单丝性能

项目	性能	项目	性能
拉链型号	5#	断裂强度/N	143
单丝规格/mm	0.68	断裂伸长率/%	28.8
细度公差/mm	−0.013～+0.006	热收缩率(150℃,15min)/%	3.1

2.3 废聚酯的降解利用

废旧PET再生制品，尤其是再生切片加工过程中产生的二次废料，因其特性黏数过低，已不适宜再直接利用。对这些废料可通过化学回收的方法，将其解聚成低分子物，如对苯二甲酸(TPA)、对苯二甲酸二甲酯(DMT)、对苯二甲酸乙二醇酯(BHET)、乙二醇(EG)、对苯二甲酸二辛酯(DOTP)、对苯二胺(PPD)、对苯二甲酸氢钠(PHT)等，经纯化可重新作为聚酯原料或制成其他产品，如不饱和聚酯、胶黏剂、醇酸漆、绝缘漆、粉末涂料以及制造聚氨酯等。

2.3.1 制不饱和聚酯树脂

传统的不饱和聚酯树脂制法是用饱和二元酸或酐(如邻苯二甲酸酐)和不饱和二元酸或酐(如顺丁烯二酸酐)与二元醇(如乙二醇、丙二醇等)缩聚而成。这种邻位型不饱和聚酯其线型分子主链上存在许多不饱和键，可与乙烯基单体(如苯乙烯、丙烯酸酯)在引发剂、促进剂作用下共聚，交联固化成具有良好力学、电气性能和耐腐蚀性的热固性塑料。

通过废 PET 制取不饱和聚酯，通常以二元醇醇解 PET，解聚产物作为不饱和聚酯树脂的原料，再加顺丁烯二酸酐缩聚成对位型不饱和聚酯，其性能优于邻位型通用不饱和聚酯。该方法利用废旧 PET，设备简单，原料价廉，有利于综合利用，具有较好的经济效益和社会效益。

2.3.1.1 原理及工艺流程

PET 是由饱和二元酸(对苯二甲酸)和二元醇(乙二醇)酯化、缩聚而成，可以在催化剂和二元醇作用下进行逆向反应，醇解得到的单体或低分子聚合物都可以作为不饱和聚酯的生产原料，再加入饱和或不饱和二元酸以及二元醇，经酯化缩聚得不饱和聚酯树脂。其简单工艺流程如图 4-2-11 所示[30]。生产采用不饱和聚酯生产装置，在 CO_2 或 N_2 保护下，按配方投入废 PET 洁净料、二元醇、催化剂，加热至二元醇沸点左右回流醇解。醇解完全后降温加入二元酸，再逐步升温脱水酯化，至酸值合格后，降温，加稳定剂和苯乙烯掺和，充分搅拌使聚酯与苯乙烯混溶后，冷却、过滤得产品。

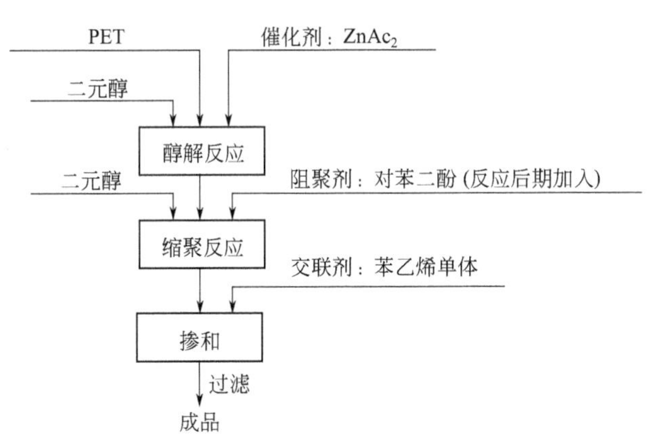

图 4-2-11 废 PET 合成不饱和聚酯树脂工艺流程

2.3.1.2 工艺条件

影响产品质量的因素主要有醇、酸的种类与用量，废 PET 质量、粒度与配比，反应温度，催化剂种类与用量，搅拌功率，反应时间与终点控制，烯类单体及阻聚剂的使用。

(1) 醇的影响[31~33]

用于废 PET 生产不饱和聚酯的醇，较常用的有乙二醇、丙二醇、一缩二乙二醇、1,4-丁二醇、二缩三乙二醇等。其中乙二醇价格低，但生成聚酯与苯乙烯相容性较差。丙二醇合成的树脂与苯乙烯相容性好，但醇解困难。表 4-2-10 为应用不同的醇醇解 PET 时间及产品与苯乙烯的混溶性。从中可见混合二元醇醇解比较容易，生成的聚酯与苯乙烯混溶性好，久置不分层。

表 4-2-10　醇的种类对醇解时间及产品与苯乙烯混溶性的影响

二元醇名称	醇解时间/h	聚酯与苯乙烯混溶性	
		顺丁烯二酸酐	反丁烯二酸酐
乙二醇	5.0	分层	不分层
丙二醇	困难	—	—
乙二醇+丙二醇	4.3	不分层	不分层
乙二醇+三甲基戊二醇	4.0	不分层	不分层

选用乙二醇、丙二醇并用体系，混合醇配比对不饱和聚酯混溶性的影响见表 4-2-11。在混合醇中添加 5%～6%(相对乙二醇用量) 的环己醇作改性剂，可得到混溶性好、储存期长的不饱和树脂，克服了乙二醇混溶性差的缺陷。

表 4-2-11　二元醇对不饱和 PET 树脂混溶性的影响

乙二醇/mol	丙二醇/mol	不饱和树脂混溶性
1.00	0	淡黄色，不透明，分层严重
0.85	0.15	淡黄色，不透明，分层
0.70	0.30	淡黄色，不透明，分层
0.60	0.40	淡黄色，透明，不分层
0.50	0.50	淡黄色，透明，不分层
0.40	0.60	淡黄色，透明，稳定不分层
0.20	0.80	淡黄色，透明，稳定不分层

注：PET 选用不含 TiO_2 的胶片。

(2) 酸的影响

适合于用废 PET 制取不饱和聚酯的常用二元酸有顺丁烯二酸酐、反丁烯二酸酐、邻苯二甲酸酐、己二酸、癸二酸等。单用顺丁烯二酸酐生产的树脂固化后硬度较高，耐温性好，但抗冲击性能差，性脆。如果混用一定的饱和二元酸，如苯酐、己二酸等，则可降低交联度，增强韧性，而且苯酐还可以增加树脂在苯乙烯中的溶解性。顺丁烯二酸酐(MAA) 用量对不饱和树脂性能的影响见表 4-2-12。

表 4-2-12　顺丁烯二酸酐用量对不饱和树脂性能的影响

顺酐用量(占总酸)/%(摩尔分数)	稳定性	固化速度	固化后性能
60	稳定不分层	快	硬度大
55	稳定不分层	快	硬度大、韧性好
50	稳定不分层	快	硬度大、韧性好
45	稳定不分层	快	硬度大、韧性好
100	稍有分层	快	硬度大、韧性好

(3) 废 PET 质量、粒度和配比的影响

如果废 PET 原料选用含消光剂 TiO_2 的废丝块，则制得成品的透明性较差。如果 PET 中含有对苯二甲酸成分，则可增加产品的柔韧性。

废 PET 粒度越细，越有利于在二元醇中的溶解，1～3mm 粒径的粒料在丙二醇中醇解约需 6～7h。但若 PET 粉末过细则会在醇解中会发生“粘团”现象，使黏度剧增，搅拌困难，反而费时费力。废料粒度对醇解时间的影响见表 4-2-13。

表 4-2-13　废 PET 粒度对醇解时间的影响

粒度/mm	醇解时间/min	配方
0.2×0.1×0.1(棒体)	370	废 PET　40.0g
0.4×0.4×0.2(块)	405	催化剂　0.18g
0.5(丝)	240	丙二醇　42.0mL

废 PET 与二元醇、二元酸的配比是影响树脂性能的重要因素。PET 用量越大，越有利于降低成本，一般 PET 废料占二元醇的 30%～60%(摩尔分数)，可根据产品用途决定 PET 用量。增加二元醇用量虽然有利于醇解初期的溶解与搅拌，但也会使树脂黏度下降，力学性能变差。表 4-2-14 为 PET∶MAA 为 1∶2 时，丙二醇(PG)和 PET 配比的变化对树脂相对黏度的影响。

表 4-2-14　原料配比与成品黏度的关系

PG∶PET∶MAA(摩尔比)	相对黏度	PG∶PET∶MAA(摩尔比)	相对黏度
2.0∶1∶2	1.532	2.3∶1∶2	1.302
2.1∶1∶2	1.443	2.4∶1∶2	1.405
2.2∶1∶2	1.355	2.5∶1∶2	1.233

(4) 温度的影响

PET 醇解反应是吸热反应，提高反应温度有利于促进反应的进行，缩短反应时间。在醇解初期，反应体系中存在大量的二元醇，温度过高会使部分二元醇馏出而加长溶解和反应时间，因此反应温度宜在二元醇沸点附近，醇解约 2h 后可逐渐升温。研究表明，用丙二醇醇解时，在 185～215℃范围内，温度每升高 10℃，醇解时间缩短 2h。但温度过高会使产物颜色变黄，因此醇解后期温度控制在 195～205℃为宜。温度对醇解反应的影响见表 4-2-15。

表 4-2-15　温度对聚酯醇解反应的影响

醇解温度/℃	185～195	195～205	205～215	配方			
醇解时间/min	550	415	310	丙二醇	42.0mL	顺酐	41.0g
体系状态	白色，浑浊	白色，浑浊	深色，不透明	废聚酯	40.0g	$MnAc_2 \cdot 4H_2O$	0.120g

酯化反应初期，温度升高有利于小分子的脱除，但体系中存在大量挥发度高的顺酐，过高的反应温度会使顺酐随生成的水带出，而且高温会使反应剧烈，难以控制。因此在酯化反应初期宜按馏出水量控制反应温度。反应 1～2h 后，温度可逐步上升至顺酐沸点(202.2℃)，并控制分馏柱顶温度在(105±5)℃，使馏出水分符合工艺要求。

缩聚反应温度高虽有利于主反应的进行，但也会使诸如氧化裂解、脱羧反应、醚化反应等副反应增多，使树脂颜色加深。表 4-2-16 为树脂颜色随反应温度的变化，反应温度应控制在 190～210℃。

表 4-2-16　树脂颜色随反应温度的变化

反应温度/℃	树脂颜色
190～200	浅黄色
200～210	黄色
210～220	棕黄色
220～240	棕色

注：反应时间为 1h。

(5) 催化剂的影响

常温催化剂为锌盐[如 $Zn(Ac)_2$]、锰盐[如$Mn(OAc)_3 \cdot 2H_2O$]、钴盐或铁盐。实验表明，在一定范围内催化剂用量的增加有利于缩短醇解时间，超过此范围后，醇解时间不再受影响，并且体系颜色加深。表 4-2-17 为催化剂 $Mn(OAc)_3 \cdot 2H_2O$ 用量与醇解时间、体系颜色的关系。图 4-2-12 为催化剂用量(以相对于 PET 的质量比例表示) 与产品酸值的关系。可见，比较合适的催化剂用量为 PET 质量的 0.3%～0.5%。用 $Zn(Ac)_2$ 作催化剂时，因其活性最强，用量为 PET 质量的 0.05%～0.1%。

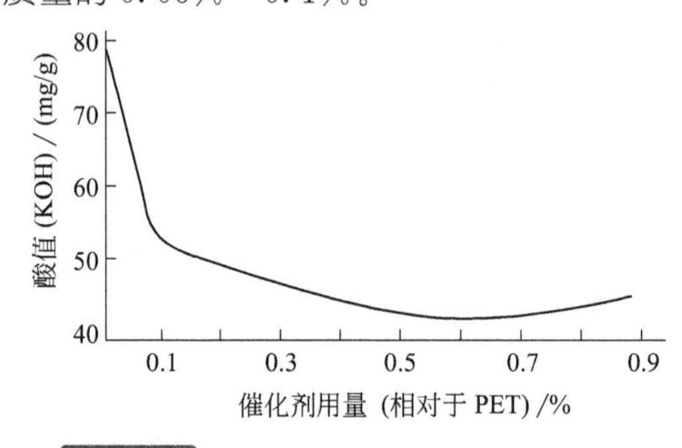

图 4-2-12　催化剂用量与产品酸值的关系

表 4-2-17　催化剂用量与醇解时间、体系颜色的关系

$Mn(OAc)_3 \cdot 2H_2O$/g	醇解时间/min	体系颜色	$Mn(OAc)_3 \cdot 2H_2O$/g	醇解时间/min	体系颜色
0.073	500	白	0.306	370	白
0.127	440	白	0.466	320	—
0.234	405	白	0.611	300	变黄

注：投料废 PET 为 40g，PG 为 42mL，反应温度 195～200℃。

(6) 反应终点的控制

在实际生产中，如果醇解不完全，残留 PET 料与不饱和聚酯不相容，会影响产品的质量。在醇解后期取样冷至室温，加等体积 200 号汽油和二甲苯混合液后无悬浮物，即可作为醇解反应的终点。

酯化反应的终点通常由馏出水量及产品酸值来控制。当馏出水量达理论值的 2/3 时，取样测酸值(KOH 含量)，稳定在(45±3)mg/g 范围，即达到反应终点。

(7) 烯类单体的使用

苯乙烯、甲基丙烯酸酯、乙烯基甲苯、邻苯二甲酸二丙烯酯、丙烯腈等可作为不饱和聚酯的交联剂。综合考虑成本和对树脂强度与硬度的影响，一般使用苯乙烯作为交联剂，用量为树脂量的30%～35%。用量过高或过低都会使产品质脆，强度降低，且过量的苯乙烯还会导致出现分层。

（8）阻聚剂

不饱和聚酯与交联剂在室温下会缓慢聚合而使树脂失去应有性能。加入阻聚剂可防止产生预聚物或发生交联和其他副反应，从而阻止凝胶、树脂变色等现象的发生。在低温时，阻聚剂起阻聚作用，但在一定的成型温度下可促进快速固化。在加入苯乙烯的同时加入0.01%～0.05%阻聚剂(如对苯二酚）可使树脂储存期达3～6个月。

2.3.2 制增塑剂

1975年美国Eastman化学公司开发的对苯二甲酸二异辛酯(DOTP）是一种性能优良的增塑剂，用于PVC及其他热塑性塑料的生产。DOTP与PVC的相容性及耐热性好，可使PVC电缆料耐温等级达国际电工委员会(IEC）规定的E级(70℃，调节DOTP用量甚至可达90℃)。

DOTP与同为增塑剂的邻苯二甲酸二辛酯(DOP）相比，其挥发度、耐抽出性、低温柔曲性、电绝缘性等性能都优于DOP，迁移性比DOP小；消雾性优良，可用作低雾性增塑剂。DOTP耐寒性优良，可替代邻苯二甲酸二异癸酯(DIDP）作耐寒性增塑剂；还可用作高级润滑油及润滑油添加剂等。

工业上生产DOTP有以下3种方法。

1）对苯二甲酸直接酯化法　产品色浅质优，但原料成本高，经济效益不好。

2）对苯二甲酸酯酯交换法　工艺流程长，副产品多，成本高，色泽不及直接酯化法。

3）废聚酯降解酯交换法　原料丰富，成本低，但产生的乙二醇较难分离，产品色泽深。国内还未找到提高酯交换率与改善色泽的有效方法。

2.3.2.1 制对苯二甲酸二异辛酯（DOTP)

用废PET生产DOTP有间接法与直接法之分。

（1）间接法

废PET经碱解和酸化中和，解聚为对苯二甲酸(TPA)，再与异辛醇(2-乙基己醇）酯化，制得DOTP。工艺流程如图4-2-13所示。

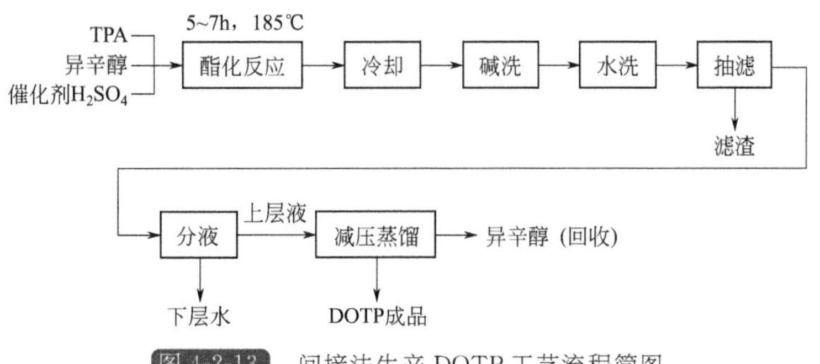

图4-2-13　间接法生产DOTP工艺流程简图

1）碱解(皂化-酸化中和）　废PET与烧碱(10%溶液）按1∶(2.0～2.5)(质量比）投入反应釜，搅拌加热至150℃，在0.2～0.33MPa下回流2h，然后过滤，滤液用30%稀H_2SO_4中和，再经过滤、水洗滤渣、烘干得产品对苯二甲酸(TPA）白色固体，含量≥98.5%(达企标C.P.)，收率≥99%(相对PET的质量)。

2）酯化　酯化过程分两步进行。

① 生成单酯。等物质的量的异辛醇与 TPA 在催化剂作用下脱水生成单酯——对苯二甲酸一辛酯，反应速率很快，从出水至反应终止约 0.5～1h。

② 生成双酯。单酯对位上的—COOH 进一步与异辛醇反应，制得双酯——对苯二甲酸二辛酯，此反应时间约 4～6h。如果加入催化剂 H_2SO_4，可有效地降低反应活化能，加快反应速率，降低反应温度。

不同配方制 DOTP 的实验结果如表 4-2-18 所列，最高产率可达 95%。

表 4-2-18　间接法制取 DOTP 数据

配料比（TPA∶异辛醇）	催化剂/%	反应温度/℃	反应时间/h	转化率/%	产率/%	密度/(g/mL)	折射率(30℃)/%	异辛醇回收率/%
1∶3.982	0.85	183	4.5	100	62.90	0.93	1.4831	20.00
1∶3.185	1.15	183	4.5	100	94.39	0.915	1.4845	15.33
1∶3.062	1.193	183	5	100	85.03	0.93	1.4864	15.61
1∶2.92	1.306	1.83	4.7	100	93.75	0.919	1.4774	18.55
1∶2.92	1.306	1.83	4.0	100	95.34	0.934	1.4811	15.45
1∶2.708	1.320	1.83	5	100	93.30	0.921	1.486	17.75
1∶2.490	1.089	1.82	6	100	89.80	0.939	1.485	18.64

（2）直接法

间接法工艺制取 DOTP 需经过生成 TPA 的中间步骤，工艺路线长，产品回收率亦不高，经济效益不好。直接法工艺缩短反应过程，可降低生产成本。

直接法制取 DOTP 由醇解和酯交换两部分组成。根据所用醇的不同又可分为双醇法或两步法(醇解、酯化采用两种醇）与单醇法或一步法(用同一种醇连续进行)。

1）双醇法　双醇法工艺流程如图 4-2-14 所示。将 10.28kg 乙二醇、无水乙酸锌(催化剂）30g 投入反应釜，搅拌，加热到 180～250℃，加入 PET 废料，在 200～210℃回流 1h，得透明醇解液。然后加入 34kg 异辛醇，阶梯升温反应 2h，用水分离馏出乙二醇与异辛醇，不溶于水的异辛醇返回反应釜继续酯交换反应。反应结束后，在 200～230℃蒸出多余醇，得到收率为 88.1%的 DOTP 粗产品。经减压蒸馏去除残留辛醇，再加乙酸乙酯微热溶解，滤去少量不溶的对苯二甲酸乙二醇酯(BHET)，蒸出乙酸乙酯即得精制 DOTP。

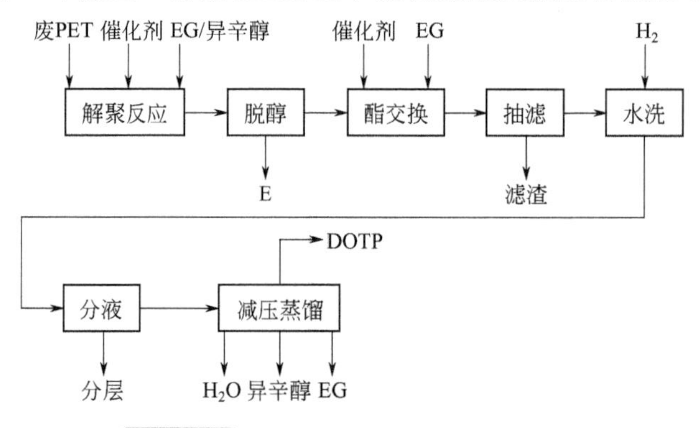

图 4-2-14　双醇法制备 DOTP 工艺流程

2）单醇法　单醇法工艺流程见图 4-2-15。按配方将废 PET、异辛醇、催化剂投入酯化反应釜，185℃以上回流 1h，然后匀速滴加带醇剂(能与聚酯形成共沸物的物质，如二甲苯)。在 185～220℃回流反应至终点，停止加热和滴加带醇剂；然后将物料转移至蒸馏釜，在 8kPa、温度<180℃下减压蒸馏除去多余异辛醇，异辛醇回收作原料。当馏分很小时，通入适量过热水蒸气提至闪点合格。继续升温至 220℃，在 6kPa 下用过热水蒸气减压蒸馏，取 260℃以下馏分，去水得粗 DOTP。再将其转移至水洗釜，根据酸值加入 3%～5%的 Na_2CO_3，于 80～90℃搅拌 30min，静置分层，除去水相。重复至酸值合格，加入 80～85℃热水，碱洗至水层为中性，再减压蒸馏脱水，得 DOTP 产品。

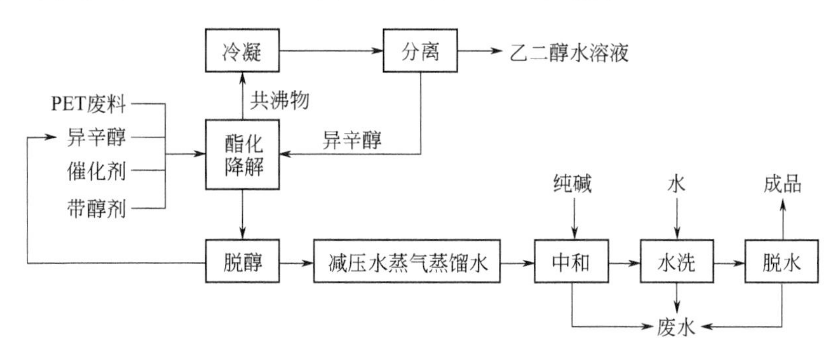

图 4-2-15　单醇法制备 DOTP 工艺流程

单醇法的生产工艺条件及影响因素如下。

① 物料来源、形态的影响　废 PET 种类较多，比表面积各不相同。比表面积越大，反应速率越快。一般而言，废丝的比表面积比废片大。

② 物料配比的影响　反应生成的乙二醇会减慢反应速率，可使用过量异辛醇及时除去乙二醇。但异辛醇用量过大，会影响反应温度和反应负荷，增大后续脱醇量。研究表明，最佳配料比为 PET∶ROH=1∶(2.8～3.0)(摩尔比)。

③ 催化剂的影响　酯交换反应可用多种催化剂，其中钛酸四丁酯、乙酸锌及其等组分组合物催化效果较好，用量为 0.5%(相对于 PET 质量）时，收率可达 95%。此外也有用钛酸四丁酯、$SnCl_2$ 和 $Zn(Ac)_2$ 三组分组合催化剂来催化酯交换反应。

④ 反应温度的影响　反应温度是直接影响反应速率、转化率与产品质量的主要因素。为使异辛醇回流带走产生的 EG，使反应顺利进行，体系温度应高于 185℃(异辛醇沸点)。当反应温度超过 230℃时，会使催化剂分解而失去活性。适宜反应温度在 185～220℃。

⑤ 带醇剂的选择与用量　使用二甲苯作酯交换反应的带醇剂，与异辛醇分离困难。用水作为带醇剂，与异辛醇不互溶，分离容易，而且反应温度低，时间短，酯交换率高，产品色泽好，降解酯化可在常压下一步完成，对反应设备的要求也不严格，是一种较为理想的带醇剂。带醇剂用量大，有利于带走产生的 EG，提高反应速率和酯交换率。但用量过大，会使反应温度提不高，反应速率下降，从而增大体系能耗。每小时的适宜用量范围在 PET 处理量的 4%～6%。

⑥ 反应终点的控制　当酯交换率达 85%以上(DOTP 含量达 90%以上）时，可认为反应达到终点。

⑦ 减压脱醇　要使产品的闪点达到要求，异辛醇的含量应<0.3%。在减压蒸馏后期可在 180℃、8kPa 下进行减压水蒸气蒸馏。蒸汽通入量为需气提的 EG 量的 0.5～1.0 倍。

⑧ 过热水蒸气减压蒸馏脱色　若废 PET 制得的产品色泽较深，可在反应中添加活性炭脱色。也可以用过热水蒸气减压蒸馏的方法脱色，工艺参数如表 4-2-19 所示。

表 4-2-19　过热水蒸汽减压蒸馏脱色工艺参数

通蒸汽时釜内温度	截流温度	体系压力	蒸汽通入量
220～230℃	≤260℃	6kPa	蒸出的 DOTP 质量的 0.6～1.0 倍

与减压蒸馏相比，过热水蒸气减压蒸馏大大降低了蒸馏温度，同时使产品色泽得到很好的改善。

⑨ Na_2CO_3加入量　酯交换得到的产品中含有一定量的单脂肪酸，会影响产品的使用寿命和耐老化性能，可用 3%～5%Na_2CO_3水溶液碱洗、中和除去。Na_2CO_3水溶液加入量为蒸馏后 DOTP 质量与其酸值乘积的 0.3%。碱洗温度控制在 80～90℃，搅拌速度在 30～60r/min。

不同工艺配方应用直接法制取 DOTP 的对比见表 4-2-20。

表 4-2-20　不同配方应用直接法制取 DOTP 的对比

PET∶EG∶辛醇	1∶1.2∶2.5	1∶0∶2.9	PET∶EG∶辛醇	1∶1.2∶2.5	1∶0∶2.9
催化剂/%	ZnO0.25 $Zn(Ab)_2$0.15	$Zn(Ac)_2$0.25	折射率	1.485	1.481
反应温度/℃	180～190	190～200	密度/(g/mL)	0.985	0.987
反应时间/h	2.5～3.0	3.0～3.5	EG 回收率/%	96.5	
转化率/%	100	97～99	异辛醇回收率/%	97.8	96.9
产率/%	97.84	95.75			

（3）DOTP 性能及应用

废 PET 制得的 DOTP 性能指标及应用结果如表 4-2-21 所列。制得的 DOTP 在 70℃混入 PVC 电缆料中，其物理性能与电性能完全符合标准。

表 4-2-21　废 PET 制得的 DOTP 性能指标及在 PVC 电缆料中的应用

项目	指标	项目	指标
色度(Pt-Co 比色)	15	闪点/℃	226
酸值①/(mg/g)	0.11	体积电阻/(Ω·cm)	1.46×10^{12}
沸点/℃	283	密度(20℃)/(g/cm^3)	0.982
凝固点/℃	−48	酯含量/%	99.98
黏度(20℃)/(Pa·s)	0.63	灰分/%	0.0044

项目	标准要求	测试结果	项目	标准要求	测试结果
拉伸强度/MPa	≥15.0	20.4	老化后质量损失②/(g/cm^2)	<20	16.3
断裂伸长率/%	>150	289	热变形/%	<40	35.4
老化后断裂强度/MPa	>15.0	23.8	体积电阻率(20℃)/(Ω·cm)	>1.0×10^{12}	6.8×10^{12}
老化后断裂伸长率/%	>150	265	体积电阻率(70℃)/(Ω·cm)	>1.0×0^{9}	4.5×10^{9}
拉伸强度最大变化率/%	±20	−11.7	介电强度/(MV/m)	>20	26.4
断裂伸长率最大变化率/%	±20	−12.6	200℃热稳定时间/min	>60	76

① 指中和 1g DOTP 中的酸性成分时的 KOH 用量。
② 热空气老化条件为 100℃条件下老化 168h。

2.3.2.2　**制对苯二甲酸二丁酯**

对苯二甲酸二丁酯作为一种新型增塑剂，也可用废 PET 直接醇解法制得，工艺流程如图 4-2-16 所示。将 PET 废丝、正丁醇(PET∶正丁醇＝1∶3）及催化剂(乙酸锌、氧化锌，用量为总投料量的 1.0%）投入高压反应釜，加热 1h 后搅拌，在 170～190℃下反应 3～4h 后，冷却，滤去残渣和催化剂，在 97kPa 真空度下减压蒸馏出水、正丁醇、乙二醇和副产物，冷却后得乳白色对苯二甲酸二丁酯固体成品，酯含量＞99.0%。

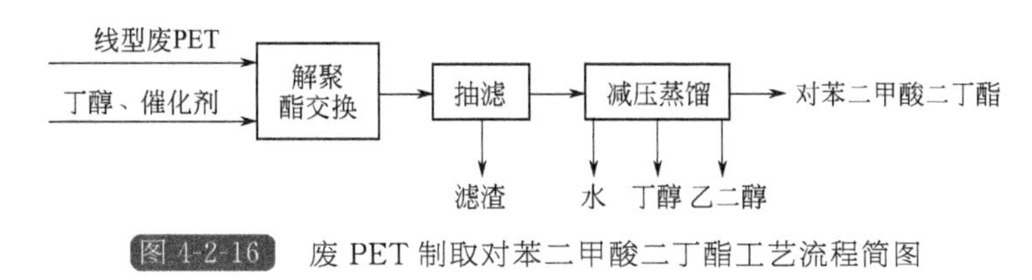

图 4-2-16　废 PET 制取对苯二甲酸二丁酯工艺流程简图

2.3.3　制单体及原料

PET 废料通过解聚，可用来制取生产 PET 所用的原料和单体，进而可再行聚合或制取其他有机化合物。解聚方法分为醇解、酸解、碱解、水解、氨解等方法，分别可制取不同的原料。

2.3.3.1　**醇解**

根据所用醇的不同，可分为乙二醇醇解和甲醇醇解两类，前者主要制得单体对苯二甲酸乙二醇酯(BHET)和乙二醇(EG)，后者得到对苯二甲酸二甲酯(DMT)和 EG。

(1) 乙二醇醇解回收对苯二甲酸乙二醇酯(BHET)

乙二醇醇解法是由杜邦公司推出的。PET 废料、过量 EG(摩尔比为 1∶4）与催化剂(如乙酸盐、钛酸四丁酯）在 170～190℃下常压反应 2.5～3h，解聚为 BHET 和 EG；降温至 100℃过滤杂质，再加入阻聚剂，减压蒸馏出 EG；以热水(90℃）溶解 BHET，过滤除去不溶物与低聚物，滤液加活性炭脱色精制，冷却结晶，过滤得白色针状 BHET 晶体。

各种反应条件对收率的影响见图 4-2-17。由图可见，乙二醇过量，BHET 收率高，但会因此增加生产成本。采用高沸点惰性溶剂，加入比理论量稍多的乙二醇，可得到纤维级 BHET。

解聚后的产品常带有一定量的二甘醇，使再聚合生产的聚酯熔点降低、色泽变差，耐热、耐光、水解稳定性和穿着性能降低。如果在解聚釜中连续加入一定量的水，或选择锂盐作催化剂，则可减少二甘醇含量。

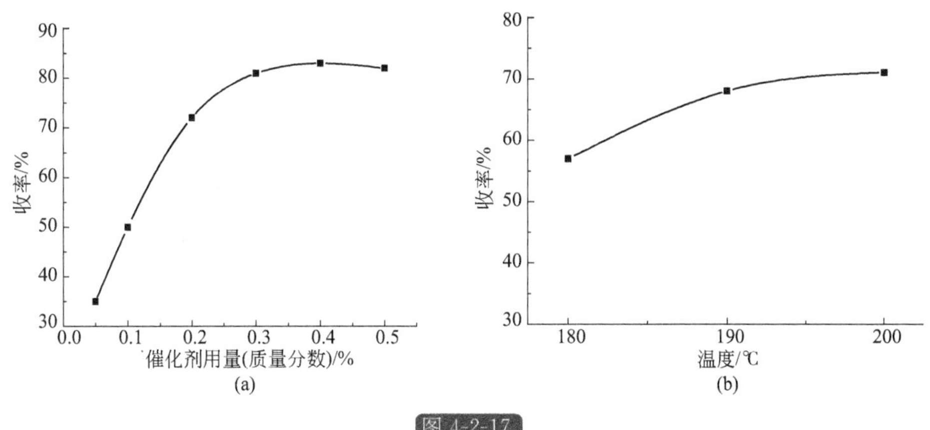

图 4-2-17

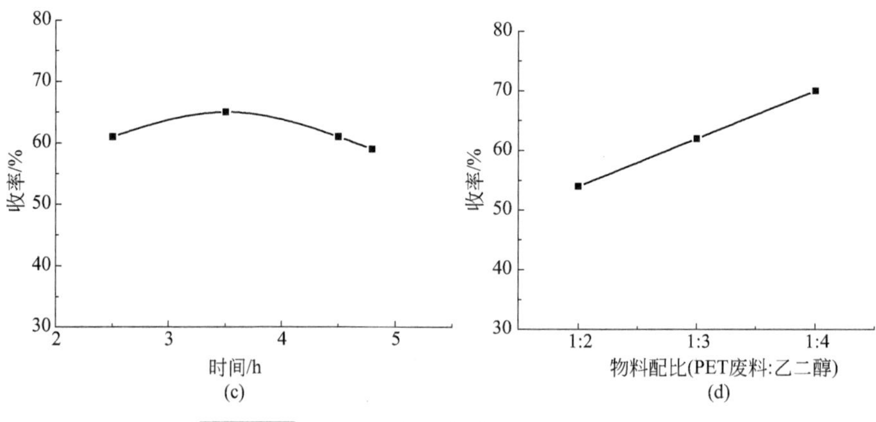

图 4-2-17 各种反应条件对 BHET 收率的影响

解聚得到的高纯度 BHET 可直接用于生产纤维级聚酯。一般的聚酯生产厂在原有设备基础上再添加一套乙二醇解聚装置，将解聚得到的产品按比例与新鲜单体混合，聚合后即可得到纤维级聚酯，流程简图见图 4-2-18。聚酯的性能比较见表 4-2-22。可见回收得到的 PET 性能与新 PET 料的性能无明显区别。

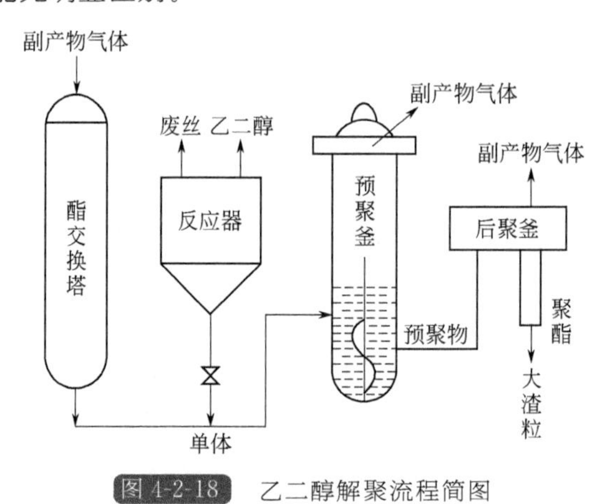

图 4-2-18 乙二醇解聚流程简图

如果用 $Mn(OAc)_2$ 作催化剂，在 280℃进行乙二醇醇解，得到高产率的二聚体，可直接用于聚酯的制造。

(2) 甲醇醇解回收对苯二甲酸二甲酯(DMT) 和乙二醇(EG)

甲醇醇解聚酯可根据反应条件分成常压法和加压法两种。

1) 常压法　常压法又有直接法和间接法两种工艺。

表 4-2-22　常规与回收聚酯性能比较

纤维性能	常规制得的 PET	醇解再聚合制得的 PET
强度/(cN/dtex)	3.4	3.3
伸长率/%	40.5	40.6
膨松度/cm	1.8	1.7
色相 b	−0.29	−0.33
色相 L	82.8	82.0

① 直接法。直接法是在常压高温下以 PET 与甲醇蒸气进行气固反应生成 DMT 与 EG，工艺流程如图 4-2-19 所示。PET 废料和循环低聚物在熔融釜中用过热水蒸气加热熔融，冷却固化后经输送器送到旋风研磨机磨成平均粒径约 0.01mm 的粉料，用 N_2 吹送到反应管，通入预热的甲醇蒸气，将 PET 粉末雾化成气雾，以湍流形式通过 250～300℃的反应管，发生醇解反应。由反应管流出的产物冷却后在分离器中分离，液体循环进熔融釜，气体进蒸馏塔蒸馏。塔顶蒸出 DMT、EG 与甲醇蒸气，经冷凝器冷凝后进结晶器，可得粗 DMT；再进离心机分离，用甲醇洗涤得精制 DMT。含 EG 的洗涤液在蒸馏釜中蒸出甲醇(可循环使用)，EG 精制作副产品。N_2 放空，精制后循环使用。蒸馏塔底低聚物送熔融釜循环利用。回收的 DMT 与 EG 达纤维级标准。

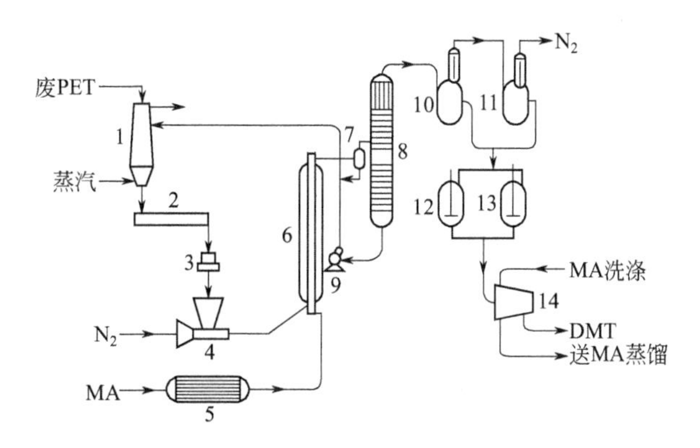

图 4-2-19　PET 废料常压甲醇醇解工艺流程

1—PET 废料熔融釜；2—螺旋输送器；3—旋风研磨机；4—鼓风机；5—甲醇预热器；6—反应管；7—分离器；8—蒸馏塔；9—低聚物循环泵；10，11—冷凝管；12，13—结晶管；14—离心机

美国 Eastman 公司利用甲醇(MA) 醇解 PET 废瓶，制得的 DMT 与 EG 进一步反应生成 PET，全部用于生产饮料、药品和普通食品的包装瓶(袋)，形成一个良性循环。1991 年改进生产工艺(见图 4-2-20)，采用过热甲醇为原料，大幅度降低了生产成本，同时提高了产品质量。

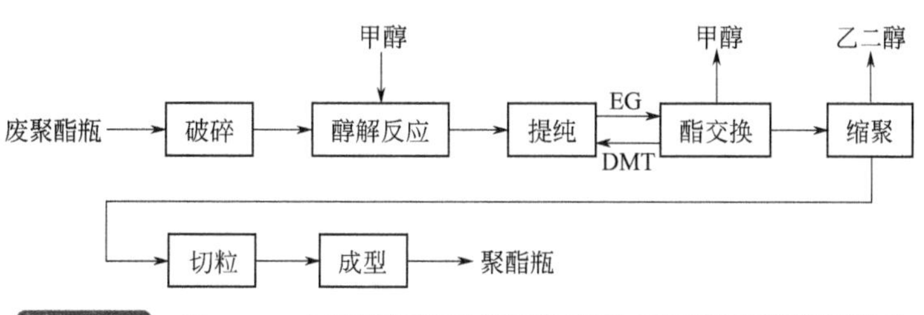

图 4-2-20　Eastman 公司甲醇醇解法回收再制 PET 瓶工艺流程简图

② 间接法。间接甲醇醇解法又可称为乙二醇、甲醇联合醇解法。它是利用乙二醇醇解产物 BHET 与甲醇在常压下进行酯交换反应生成 DMT 和 EG，避免了乙二醇醇解产品 BHET 的精制问题。日本旭化成公司采用了这一方法，回收工序由预处理、解聚及酯交换反应、后处理、DMT 蒸馏及甲醇、EG 蒸馏 5 个工段组成。

Ⅰ. 预处理　主要将各种 PET 废料破碎成粉，带油丝不须经脱油和切丝处理，可直接投入反应釜。

Ⅱ. 解聚与酯交换反应　由解聚釜和酯交换釜组成，立式带夹套的不锈钢解聚釜，内设搅拌器和蛇管，夹套蒸汽压力1.5MPa，蛇管蒸汽压力4.5MPa；投料时先加入EG，再按EG∶PET＝1.5∶1(质量比）的比例投入聚酯废料，加入催化剂，通N_2保护，加热反应，首先除去水，再经减压蒸馏蒸出多余EG，使反应进行；解聚完成后，利用压差将产物(BHET、EG等）导入预先加入甲醇的酯交换釜(立式带夹套不锈钢釜)，甲醇用量为PET废料质量的1.5倍；加入催化剂，加热，短时间内完成酯交换反应，然后冷却，使DMT结晶沉降，最终N_2将DMT结晶料送储槽。解聚与酯交换反应周期为6h。

Ⅲ.后处理　储槽中结晶料送密闭式离心分离机过滤，滤液为甲醇，送另一储槽；滤饼为DMT结晶，用精制甲醇洗滤两次，得到粗DMT，再送干燥机(用0.4MPa蒸汽加热，温度达甲醇沸点）干燥，蒸出的甲醇在密闭系统中收集。

Ⅳ.DMT蒸馏　DMT蒸馏釜高径比为1.7∶1，内设搅拌器，用联苯加热；蒸馏塔为高径比为15∶1的填料塔，用蒸汽(1.5MPa）喷射泵减压，用高压热水加热控制各部分温度，防止塔内堵塞，得到的DMT为透明熔体。

Ⅴ.甲醇、EG蒸馏　蒸馏釜下部用夹套加热，蒸馏塔是高径比为17∶1的泡罩塔；在常压下先蒸出甲醇，再减压蒸馏出乙二醇，前者可循环用于酯交换反应，后者可直接用于解聚反应，多余的乙二醇精制后可用于生产聚酯。

回收的DMT与EG物理指标如表4-2-23所列。

表4-2-23　常压间接法醇解废PET回收的DMT及EG物理指标

项目	DMT指标	EG指标	项目	DMT指标	EG指标
外观	熔融，透明		铁含量/$\times10^{-6}$	<0.1	
EG含量/%(质量分数)		>99.2	灰分/$\times10^{-6}$	<1	
色度(HAZEN值)/度	<20	<150	酸值/(mg/g)	<0.02	
水分/%(质量分数)	<0.01	>0.2	凝固点/℃	>140.63	
油脂含量/%(质量分数)		<0.1			

2）加压法　常压法工艺中，甲醇以蒸气形式进行气固反应；而加压法工艺则是通过加压，提高甲醇沸点，在液相中进行反应。

用苯磺酸和乙酸锌作催化剂，在180℃、2.03～3.04MPa下，使PET废料与过量甲醇进行醇解和酯交换反应，产物在180～270℃下呈均相。结晶分离DMT，滤液精馏分离回收甲醇和乙二醇。

制得的产物中常含对苯二甲酸甲基羟乙基酯，若在解聚产物中加入Na_2CO_3再反应2h，可使对苯二甲酸甲基羟乙基酯含量降至0.4%，DMT纯度达99%。

从解聚液中分离DMT、乙醇与甲醇的工艺较为烦琐。若在解聚液中加入磷酸或磷酸三甲酯，则可有效地阻止精馏时发生酯交换和预聚反应，可直接精馏产品，简化了工艺。

2.3.3.2　水解回收对苯二甲酸（TPA）和乙二醇（EG)

在温度>100℃时PET会发生水解，水解速率随温度上升而加快。但要深度水解得到TPA与EG，则必须在酸碱催化或高温高压条件下进行。

(1）加压水解法

根据操作方式可分为间歇法与连续法。

1）间歇法　PET废料与水以1∶2的比例投入反应釜，在2.93MPa、230℃下水解2h，冷却出料，经过滤、水洗(洗液并入 EG 水溶液)，烘干滤饼后得含量约 92%～96%的白色砂粒状 TPA 晶体。滤液经常压或减压脱水，再于 2.67kPa、105℃下减压精馏得 EG，含量>99%。水解工艺流程如图 4-2-21 所示。

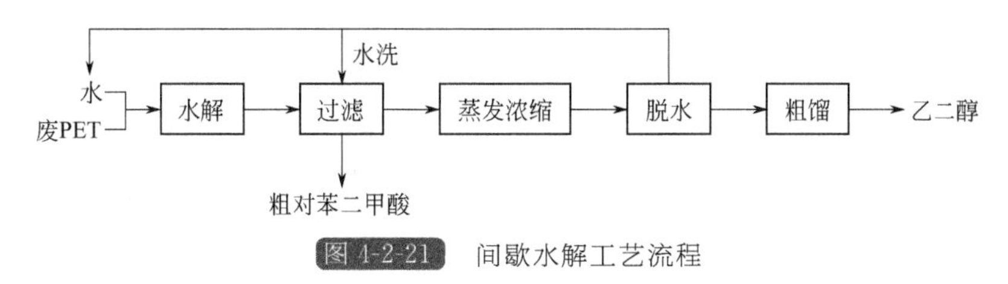

图 4-2-21 间歇水解工艺流程

粗 TPA 晶体再与水以 1∶11(质量比) 混合，加入等当量的 35%的 NaOH 溶液加热溶解，滤去不溶杂质，冷却后用 35%HCl 调节 pH≤1，得到白色粉末结晶，冷却、静止后过滤、水洗，除去 Cl^-。滤饼烘干、粉碎得含量为 99.5%的白色粉状 TPA 结晶。TPA 精制流程如图 4-2-22 所示。用此方法得到的 TPA 与 EG 的收率分别为 92%和 82%(以废 PET 计)。

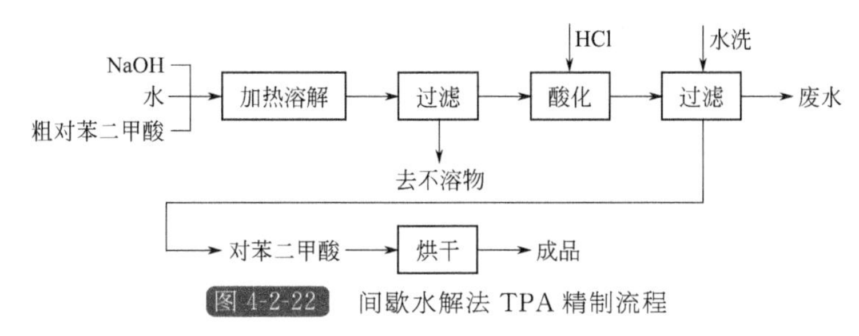

图 4-2-22 间歇水解法 TPA 精制流程

2) 连续法　经螺旋挤压机加热熔融的 PET 熔体连续加入水解反应器(立式圆筒形，由垂直挡板分成两部分，一侧喷入 PET 熔体，另一侧为筒式过滤器)，按 PET 质量的 12 倍通入水蒸气，添加 10%(相对于 PET 质量) 活性炭脱色，于 4.1MPa、248℃下水解，水解产物(含 TPA、EG、H_2O) 进入结晶器冷却结晶。结晶悬浮液经连续离心分离和干燥后得 TPA，滤液经蒸馏，得到 EG 副产品。

与间歇法相比，连续法具有生产流程短、成本低的特点。

(2) 过热水蒸气催化水解法

PET 废料和 0.1%～5%的水解催化剂(磷酸或乙酸锰) 投入间歇水解反应器，在 300～400℃熔融，然后向熔体吹入过热水蒸气(用量为 TPA 产物质量的 5～20 倍)。水解产物(含 TPA、EG 及低聚物) 蒸发出反应器，经冷凝结晶分离后，加酸类有机溶剂洗涤，得到收率约 70%的 TPA 产品。EG 经精馏回收。

(3) 氢氧化铵水解法

氢氧化铵水解法工艺流程简图如图 4-2-23 所示。PET 粉碎后与 TPA 过滤器的滤液混成浆料，进入水解反应器，加入 NH_4OH，通过热蒸汽加热至 204℃，搅拌水解，得到 TPA 铵盐和 EG 水溶液。产物冷却后用真空转鼓过滤器过滤，滤液在酸化器中用硫酸酸析得 TPA，再经过滤、水洗、干燥得 TPA 成品。过滤得到的滤液循环与 PET 配浆料，多余滤液在氨气气提器中进行$(NH_4)_2SO_4$ 和 $Ca(OH)_2$ 的复分解反应，产物经石膏过滤器过滤，回收石膏，滤液经蒸馏得副产品 EG。

氢氧化铵水解法的优点是能用各种形态的废 PET 制品，并且不会与废料中的金属、非

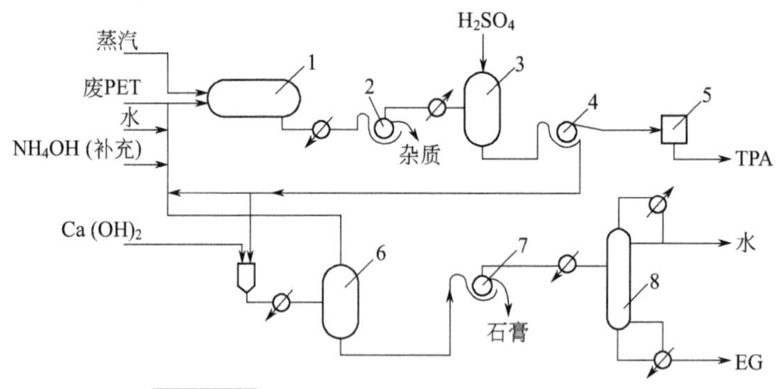

图 4-2-23 氢氧化铵水解废 PET 工艺流程

1—水解反应釜；2—真空转鼓过滤器；3—酸化釜；4—过滤器；
5—干燥器；6—氨气气提器；7—石膏过滤器；8—蒸馏塔

金属杂质发生反应，能利用常规过滤方法去除水解液中的各种杂质。缺陷是需要配套原料氨和硫酸，还需解决石膏的利用问题。

2.3.3.3 酸解

将 PET 碎片与硫酸水溶液［H_2O：H_2SO_4(体积比)＝2：(8.5～13)，PET：H_2SO_4(质量比)＝1：1］在常温常压下经 30min 左右酸解，产物经过滤、水洗，再用 NH_4OH、KOH、NaOH 等碱洗至 pH 为 6～13，过滤除杂质，滤液经酸析得 TPA，再经分离、水洗除酸、除盐，干燥后得纯度＞99％的 TPA。

此方法对设备的防腐要求高，污染也大。

2.3.3.4 对羟基苯甲酸解聚

废 PET 纤维与对羟基苯甲酸在 200～250℃下解聚，得到 TPA、EG 和对羟乙氧基苯甲酸。用甲醇或 90℃以上热水溶解 EG、对羟基苯甲酸和对羟乙氧基苯甲酸，可得到粗 TPA。此工艺路线设备简单、副反应少，产物的分离、纯化较易进行。

2.3.4 降解后再聚合

废聚酯降解后得到的原料和单体，可以再次聚合成聚酯，或添加其他组分后聚合，作其他用途。

2.3.4.1 制聚酯热熔胶

聚酯类热熔胶通常由对(间）苯二甲酸、脂肪族二羧酸和二醇缩聚而成。用废 PET 醇解产物为原料，与脂肪二元羧酸(如 AA）反应也可生产聚酯类热熔胶。工艺流程见图 4-2-24。

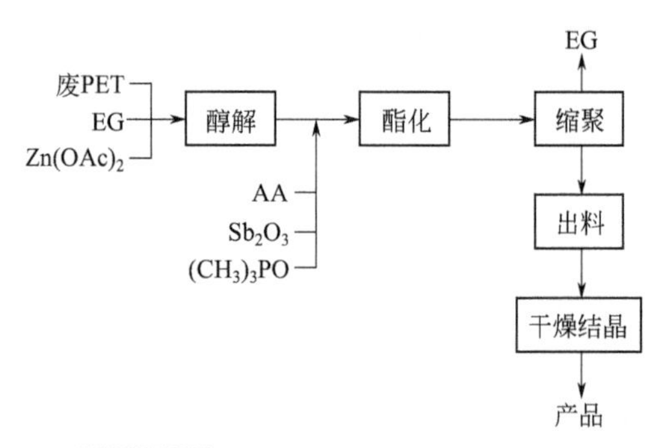

图 4-2-24 废 PET 制热熔胶工艺流程

原料与配比如表 4-2-24 所示。

表 4-2-24　废 PET 制热熔胶的原料与配比

n(PET)：n(AA)	缩聚反应催化剂	n(EG)：n(PET+AA)	w(催化剂)：w(PET)	酯化反应催化剂	缩聚稳定剂
1～3	Sb_2O_3	2	0.0005～0.001	$Zn(OAc)_2 \cdot 2H_2O$	$(CH_3)_3PO$

工艺条件如表 4-2-25 所示。

表 4-2-25　废 PET 制热熔胶的工艺条件

醇解温度	酯化温度	缩聚温度	缩聚压力	
			低真空阶段	高真空阶段
180～210℃	190～220℃	250～270℃	1333Pa	133Pa

2.3.4.2　制备聚酯多元醇及聚氨酯泡沫塑料

聚酯废料用二甘醇解聚后再与苯酐或乙二酸等进行缩聚反应得到聚酯多元醇。其过程如下：PET 碎料、苯酐与二甘醇(PET：苯酐：DEG＝1：0.77：1.48）投入反应器，搅拌加热至 210℃，反应 1h，在 210～220℃反应 6h，蒸出馏出物(馏出温度为 87～100℃和 172～220℃)，冷却出料即得聚酯多元醇，回收率为 98.5%。产物羟值 311mg/g(KOH 用量)，酸值 2.44mg/g(KOH 用量)，皂化值 364.56mg/g(KOH 用量)，含水率 0.09%，黏度(25℃）为 4.954×10^{-6} m^2/s。

多元醇的结构、羟值、黏度可根据不同原料配比和反应条件变化。例如用 PET(4.48 份）与 1,4-丁二醇(2.7 份）解聚，再加入己二酸(0.96 份）和邻苯二甲酸(0.55 份）酯化缩聚，得到的产物熔点为 133℃，可作为热熔胶用于粘接纤维、皮革与鞋底，具有粘接力强，耐水洗、干洗及成本低廉的优点。

再如用甘油解聚 PET，得到的产物与苯酐酯化缩聚，产品溶于苯酐和石油脑中，可制得一种绝缘漆(含固量 32%～35%)，涂于 18 号铜丝上，断裂伸长率为 36%，26℃、180℃击穿电压分别为 8.65kV 和 7.08kV，硬度(铅笔硬度）为 H，且柔韧性与抗磨性能很好。

PET 废料经多元醇解聚后得到的聚酯多元醇也可用于制备聚氨酯泡沫塑料，其过程如下：将二甘醇、三元醇和复合催化剂投入反应器，搅拌加热到 130℃，加入线型 PET 废料，再加热到 170℃保持 0.5h 使 PET 融化，然后升温到 200～230℃反应 3h，再降温到 130℃抽真空 2h，降温到 60℃出料，得到低聚酯多元醇，性能和原料配方见表 4-2-26。将低聚酯多元醇、催化剂、发泡剂、匀泡剂按配方混合均匀，再加入定量异氰酸酯，搅拌 6～10s，倒入模具即可制得一定形状的聚氨酯泡沫塑料。

表 4-2-26　制备低聚酯多元醇的配方及性能

原料名称	配比(摩尔比)		
	Ⅰ	Ⅱ	Ⅲ
线型聚酯	1	1	1
二甘醇	2	2.8	3.0
三元醇	1	0.4	0.4
复合催化剂	0.11	0.11	0.11

续表

性能	配比(摩尔比)		
	Ⅰ	Ⅱ	Ⅲ
羟值/(mg/g)	456	475	779
酸值/(mg/g)	1.1	0.85	0.80
黏度(25℃)/Pa·s	3.428	2.750	0.435
二甘醇/%	8.2	12	19
得率/%	97.2	96.8	96.0

注:羟值、酸值均指相对于每克低聚酯多元醇的KOH用量。

这种方法制备的聚氨酯泡沫塑料具有良好的力学性能(见表4-2-27),随着低聚酯多元醇平均官能度的增加,力学性能随之提高,并且因低聚酯多元醇中芳香族基团含量高,泡沫塑料的阻燃性能显著高于普通聚氨酯泡沫塑料。

表4-2-27 聚氨酯硬质泡沫塑料配方与性能

项目		配方(质量份)		
		Ⅰ	Ⅱ	Ⅲ
配料	低聚酯多元醇	100	100	100
	匀泡剂	1.2	1.2	1.2
	三乙烯二胺(催化剂)	0.2		
	三乙醇胺(催化剂)	4.5		
	二甲基环己烷(催化剂)		1.0	1.0
	三(β-氯乙基)磷酸酯(阻燃剂)	10	10	
	F-11(发泡剂)	30	20	30
	水(发泡剂)	0.6		
	多亚甲基多苯基多异氰酸酯(PAPI)	142	134	134
性能	密度/(kg/m³)	35	39	37
	压缩强度/kPa	200	220	220
	热导率/[W/(m·K)]	0.0208	0.0267	0.0267
	氧指数/%	20	24.3	24.8

2.4 废聚酯的改性利用

与新树脂一样，聚酯废料也可以用其他材料改性，提高再生制品的性能。

(1) 与聚烯烃共混改性

聚酯废料中加入聚烯烃可有效地改善制品的冲击性能、抗弯性能和尺寸稳定性。可使用的聚烯烃有聚乙烯、聚丙烯、聚丁烯、聚环氧丁烷等。例如，在聚酯废料中加入16%的聚乙烯，挤出后进行双向拉伸，制得的薄膜在抗裂纹形成的稳定性方面比未加聚烯烃改性的聚酯薄膜高100倍；聚乙烯添加量在0.5%～50%时，可改善冲击性能，若再加入少量聚丙烯或聚 4-甲基-1-戊烯，能在不降低冲击性能的同时改进制品的稳定性。

为改善聚烯烃与聚酯的相容性，可引入酸酐、环氧等官能团与聚酯发生反应，或加入增容剂提高相容性。表 4-2-28 为在 LDPE/PET、LLDPE/PET 体系中加入增容剂 EVA 前后共混物性能的比较。可见加入增容剂后制品的屈服强度和伸长率得到了改善。

表 4-2-28　PET 废料共混改性配方及性能

序号	配方(质量份)				屈服强度/MPa	伸长率/%
	PET 废料	LLDPE	LDPE	EVA		
1	100	5		10	31.88	20.44
2	100	7		10	30.92	17.23
3	100	10		10	30.54	17
4	100	15		10	29.44	13.3
5	100		15	10	20.55	11.5
6	100		15	10	22.25	15.5
7	100		15	15	33.78	21.6
8	100	15			29.55	18.8

(2) 与其他聚合物共混改性

在 PET 废料中加入尼龙和聚酯酰胺共混可提高聚酯的柔性，而对聚酯的软化点没有影响。加入尼龙和聚酯酰胺的总量小于 25%，每种聚合物用量小于 20%。

用于共混的聚酯酰胺可通过下列方法制得：100 份己内酰胺、7.7 份对苯二甲酸、0.3 份水于 255℃反应 6h，然后加入 14.4 份乙二醇、5.3 份癸二酸双(乙羟乙基) 酯和 0.02 份 Sb_2O_3，在 200℃加热 40min 除水，再在 245℃、133.3Pa 下聚合 2.5h，即得到软化点为 193℃、特性粘数 [η] 为 0.98dL/g(在钾氯苯酚中测定) 的聚酯酰胺。

制得的聚酯酰胺与聚酯废料(软化点 260.3℃、特性黏数 0.65dL/g) 和尼龙 6(软化点 205℃、特性黏数 0.81dL/g) 按表 4-2-29 配比，于挤出机中在 280℃下共混 5min，进行熔融纺丝，得到的纤维特性黏数为 0.55～0.58dL/g，软化点为 260.3～261.1℃。由表 4-2-29 可见，单独使用尼龙起不到改善柔性的作用，起决定作用的是聚酯酰胺。

表 4-2-29　聚酯共混物配方及性能

聚酯：聚酯酰胺：尼龙 6	韧性/(g/d)	伸长率/%	杨氏模量/(g/d)
100：0：0	3.9	29	100
92.5：0：7.5	4.88	27	124
85：5：10	3.1	27	72
82.5：2.5：15	3.9	29	81

(3) 玻纤增强

日本帝人公司用玻纤增强聚酯废料，得到的制品热变形温度为 240℃，耐热性与热固性塑料相当；弯曲弹性模量大于 9500MPa，抗弯强度为 214MPa，抗弯强度可与玻纤增强尼龙相比；冲击强度 15kJ/m^2，力学性能与轻合金相当。

第3章

废腈纶的高值利用

3.1 腈纶废丝概述

随着社会经济的飞速发展，合成纤维工业中的腈纶产业不断发展壮大并趋于成熟[34]。20世纪50年代，腈纶首先在美国、德国和日本实现了工业化生产；60～70年代，腈纶产业得以快速发展。

在我国，腈纶产业发展迅猛，产能呈现跳跃式扩张。2005年，我国腈纶产量达到72.8万吨/年，年产量已跃居世界首位；2007年达到82.2万吨/年；受金融危机的影响，2008年我国腈纶产量为60.37万吨/年；2010年1～9月，我国腈纶产量已达52.2万吨，比上年同期增长24.45%，生产呈现复苏迹象；2014年1～5月的腈纶进口量为6.9104万吨，比2013同期进口量87.56万吨大幅下降21.08%，出口量0.731万吨，较2013年同期0.3527万吨大幅增加107.26%。

然而，腈纶产量日益增加的同时，腈纶废料的产生量也随之增加。据有关研究数据表明，腈纶生产过程中将产生的腈纶废料总量约为腈纶产量的1%～2%。此外，腈纶产业链的其他环节，如人造毛皮厂、毛线厂、毛纺厂、地毯厂等后续纺织厂和制品加工厂，在其生产过程中也会产生大量的腈纶废料。由此可见，我国每年的腈纶废丝产生量相当大，虽然部分废丝经牵伸后可得以重新利用，但仍有相当大的部分需另谋出路。此外，再加上腈纶废丝给环境及资源的可持续发展所带来的严重困扰，对腈纶废丝的回收及资源化利用已得到广大学者的关注，并逐渐成为国内外专家学者研究的重点。

腈纶废丝的主要成分是聚丙烯腈(PAN，含量≥98%)，其余是纺丝添加剂、染料和微量的水分等。腈纶废丝包括喷头废胶、水洗废丝、纺丝头尾丝、牵伸废丝及烘干废丝等，主要来源于腈纶纤维生产和加工过程当中所产生的一些废丝或不适于喷丝的腈纶下脚料，分子量小于10000，主要表现为柔软性、拉伸性、勾结性、弹性及卷曲度等不合格。

3.2 腈纶废丝的处理方法

对于腈纶废丝的处置，我国最早采用的是深埋法，但这种方法不仅会带来废腈纶和填埋过程中大量土地资源的浪费，而且也可能给土壤环境造成污染。随着研究的深入，一些新的再生利用技术逐渐出现，其中目前最常用的两种方法为化学处理技术和物理处理技术。

3.2.1 化学处理技术及应用

3.2.1.1 化学处理技术

目前，腈纶废丝的化学处理主要可分为酸性水解、碱性水解和高压水解三种。在无机酸、碱、加热或加压等条件下，腈纶废丝聚合物链中的侧基——氰基(—CN) 可以发生水解，使之转变为极性较强的羧基(—COOH) 和酰胺基($—CONH_2$) 等亲水基团，形成丙烯酰胺和丙烯酸的无规共聚物。腈纶废丝的水解，除了能提高其流动性和对材料的黏着性之外，更重要的是，由于新形成的基团还能与其他的一些基团发生化合或配位，从而赋予了产物新的性质，进一步拓宽了其应用范围。腈纶废丝水解产物可用作絮凝剂、土壤改良剂、黏合剂、堵水剂、印染助剂、高效吸水性树脂等，而近年来研究发现其又可应用于膜材料表面性能改性、制备离子纤维及新型功能纤维材料等。在这几种水解条件中，酸性水解所用的硫酸太浓，影响生产成本和环境；加热和加压水解效果好，产物固含量很高，但设备要求高，水解物色泽相对较深；碱性水解一般是在常压下在质量分数≤10%的 NaOH 水溶液中进行，水解较彻底，反应条件温和，操作简便。因此，在实际应用和试验研究中常使用碱性水解。

（1）酸性水解[35]

在硫酸、盐酸等强酸和适当的温度条件下，腈纶废丝可发生水解。水解的实质是腈纶中的氰基在酸的作用下，首先水解为酰胺基，然后进一步水解为羧基。随着水解反应进行，羧基(—COOH)参与亲核进攻形成酸酐结构，发生自催化反应，导致反应速率加快，而后产生更多的羧基。酸性水解反应如下：

$$\left[CH_2-\underset{\displaystyle CN}{\underset{|}{CH}}\right]_n \xrightarrow[\triangle]{H_2SO_4} \left[CH_2-\underset{\displaystyle COOH}{\underset{|}{CH}}\right]_x\left[CH_2-\underset{\displaystyle CONH_2}{\underset{|}{CH}}\right]_y\left[CH_2-\underset{\displaystyle CONH-S(=O)(=O)H}{\underset{|}{CH}}\right]_z\left[CH_2-\underset{\displaystyle CHNO_2}{\underset{|}{CH}}-CH_2-\underset{\displaystyle CHNO_2}{\underset{|}{CH}}\right]_q$$

（式中最后一个链节的两个 $CHNO_2$ 分别连接 O=C 和 C=O，二者经 N—H 相连成环）

酸性水解的产物主要与酸的浓度、水解温度等因素有关，目前工业上一般选用浓 H_2SO_4 进行水解。周国伟等用 75%～95%冷浓 H_2SO_4 水解 4h，得到腈纶废丝的主要水解产物为聚丙烯酰胺 $\left[CH_2-\underset{\displaystyle CONH_2}{\underset{|}{CH}}\right]$；而用 50% H_2SO_4 加热到 120～140℃，水解 10h，则主要产物是聚丙烯酸，其水解工艺如图 4-3-1 所示。余舜荣用 65%～95%的热 H_2SO_4，水解产物主要是 $—\underset{\displaystyle O=C—NH—C=O}{CH_2—CH—CH_2—CH}—$。

（即两个 CH 分别连接 O=C 和 C=O，二者经 NH 相连成环。）

酸性水解虽然设备简单，使用耐酸的搪瓷反应釜即可，但对设备的气密性及回流冷凝器

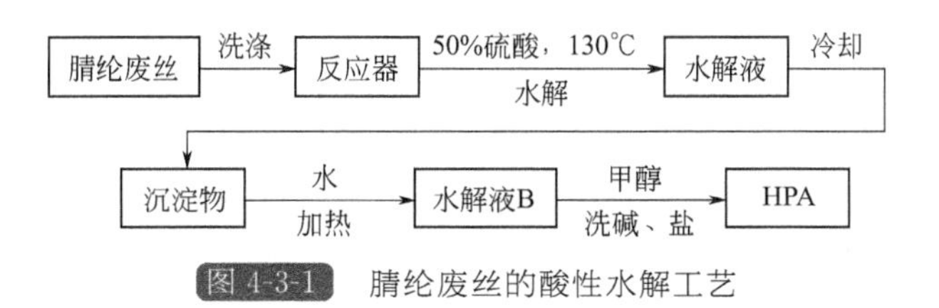

图 4-3-1 腈纶废丝的酸性水解工艺

热的交换效率要求较高；此外，虽然酸性水解工艺能使腈纶废丝的氰基完全转变为羧基，但此法所用 H_2SO_4 太浓，中和用的碱也较多，成本较高，且不利于实际操作、环境保护以及工业化的推广和应用，故一般很少使用。

（2）碱性水解

在浓度为 2%～10%NaOH 水溶液中，腈纶废料可以在 95～100℃下进行常压水解数小时。其水解反应如下所示：

$$-\!\!\left[CH_2-\underset{\displaystyle CN}{\underset{|}{CH}}\right]_n \xrightarrow[\triangle]{NaOH} -\!\!\left[CH_2-\underset{\displaystyle CN}{\underset{|}{CH}}\right]_x\left[CH_2-\underset{\displaystyle \underset{NH_2}{\underset{|}{O=C}}}{\underset{|}{CH}}-CH_2\right]_y\left[\underset{O=C}{\underset{|}{CH}}-CH_2-\underset{C=O}{\underset{|}{CH}}\right]_{y'} \ (\text{两个 C=O 经 }\underset{\displaystyle H}{\underset{|}{N}}\text{ 相连})$$

$$-\!\!\left[CH_2-\underset{\displaystyle COONa}{\underset{|}{CH}}\right]_z\left[CH_2-\underset{\displaystyle COONH_4}{\underset{|}{CH}}\right]_{z'}$$

反应温度、反应时间、NaOH 的浓度是影响腈纶水解程度的主要因素。此法条件温和，对设备无特殊要求，安全可靠，是目前水解腈纶废丝最常用的方法。

余舜荣研究表明，在反应温度为 100～110℃、皂化指数(NaOH 固体量与腈纶废丝固体量之比）为 0.45～0.5、浴比为 1∶9、反应釜内压为 98kPa、反应时间为 6～8h 的条件下进行皂化水解，碱性水解反应式中的 x、y、z 及 y'、z' 的关系如下：$x=0.056$，$y+y'=0.123$，$z+z'=0.821$，$x:(y+y'):(z+z')=1:2:15$。

碱性水解中常用的碱性物质有 NaOH、KOH、Na_3PO_4、K_3PO_4、Na_2S、$Ca(OH)_2$、水玻璃、氨水等，这些物质又称为水解皂化剂，因此碱性水解又可称为皂化水解。碱性水解的反应机理已被很多学者所研究，其中，Arkady 较为完整地阐述了腈纶废丝碱法水解的机理。碱性水解的实质是聚丙烯腈和碱的反应，在碱性条件下，聚丙烯腈中一定数量的 $-C\equiv N$ 被皂化水解形成酰胺基，随着酰胺基浓度的逐渐增大，酰胺基进一步水解成羧基，而氰基浓度越来越小，最后形成聚丙烯酰胺或聚丙烯酸盐类聚合物，在一定条件下，还可生成多元嵌段聚合物。

水解过程中，腈纶废丝由白色转变为黄色，进而转变为橙红色(或棕红色)，同时伴有氨气不断逸出，随着反应时间的延长，黏度变大，水解更完全，水解产物颜色变浅，氨味变小，最后纤维状消失，得到浅黄色或乳白色黏稠液体。皂化剂可单独使用，也可复合使用，其中，最常用 NaOH 作水解皂化剂，以其为皂化剂进行皂化水解，可形成亲水的水解 PAN 或丙烯腈类多元嵌段共聚物，其水解工艺流程如图 4-3-2 所示。

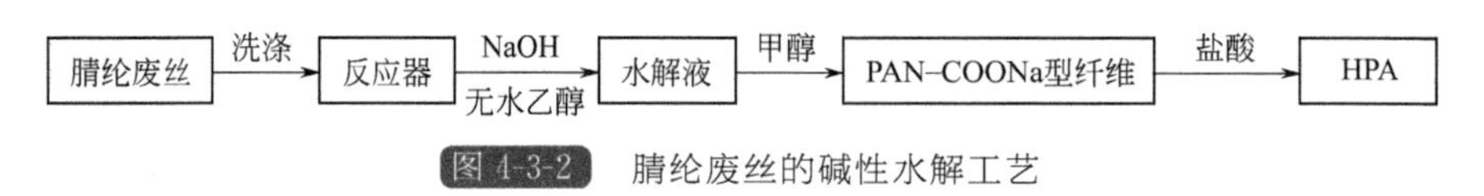

图 4-3-2 腈纶废丝的碱性水解工艺

水解前腈纶废丝的红外光谱与产物的红外光谱如图 4-3-3 和图 4-3-4。

由图 4-3-3 和图 4-3-4 可见，腈纶废丝水解后 $2244.7cm^{-1}$ 处的氰基(—CN）特征吸收峰几乎消失，腈纶中少量共聚的丙烯酸酯单体在 $1734.5cm^{-1}$ 处的羰基（$-\overset{\displaystyle O}{\overset{\|}{C}}-$）的特征吸收峰也几乎消失，而在 $1666.4cm^{-1}$ 处出现酰胺（$-CONH_2$）的羰基（$-\overset{\displaystyle O}{\overset{\|}{C}}-$）特征吸收峰，

在 1562.6cm^{-1}处出现羧基(—COOH) 中羰基($-\overset{O}{\overset{\|}{C}}-$) 的特征吸收峰，说明腈纶中的氰基(—CN) 水解较完全。

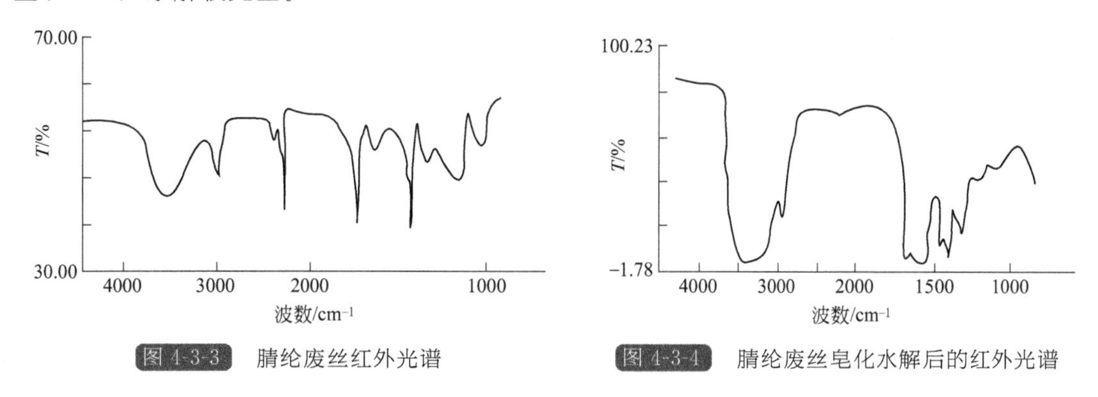

图 4-3-3 腈纶废丝红外光谱

图 4-3-4 腈纶废丝皂化水解后的红外光谱

影响水解程度的主要因素有时间、温度、碱丝比、水丝比等。周国伟等研究表明，在腈纶废丝与质量分数为 30%的 NaOH 溶液的质量比为 1∶4、反应温度为 90～95℃、反应时间为 4～5h 的条件下，得到的水解产物为含固量为 12.0%、羧基含量为 58%、黏度为 0.097Pa·s 的均匀浅黄色透明液体。陆颖舟在常压皂化水解过程中引入一种新型沉析剂处理水解产物，使得水解速率快，水解完全，产物收率可达 82.8%，且反应温度适中，既避免了温度过高造成水解产物分子链降解严重进而降低产物收率的情况，又避免了温度过低而使腈纶废丝水解困难、反应时间延长的情况。所制得的水解产物 HPAN 呈淡黄色或黄色固体，极易溶于水，其水溶液 pH 值为 9～10，不溶于大部分有机溶剂。该法的工艺条件如表 4-3-1 所列。李留忠等研究表明，在碱性水解中，通过延长反应时间、提高反应温度及选择适宜的碱与 PAN 和水与 PAN 的质量比，均有利于碱性水解反应的进行和水解产物黏度的提高。

表 4-3-1 常压皂化水解腈纶废丝工艺条件

项目	腈纶废丝∶NaOH∶水(质量比)	温度/℃	反应时间/h
指标	1∶0.6∶8	90	3

工艺流程如图 4-3-5 所示。

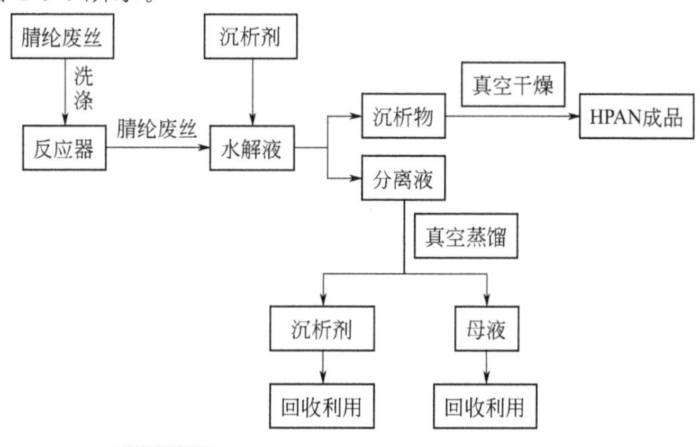

图 4-3-5 常压皂化水解腈纶废丝工艺流程

实验室制法具体工艺如下：将洗干净的腈纶废丝切碎后与 NaOH 及水按质量比 1∶0.6∶8加入到带回流冷凝器、搅拌器、温度计的三口烧瓶中，在 90℃下反应 3h，控制转速为 60～100r/min。在反应过程中，溶液由乳白色变为淡黄色，然后很快变成血红色，纤维变模糊。随着反应不断进行，血红色逐渐褪去，纤维最终溶解于溶液中。反应体系由最初的透明溶液逐渐变为浑浊溶液，反应停止时成为黄色或深黄色半透明溶液，之后冷却至室温，真空抽滤，除去溶液中不溶性的杂质，倒入等体积的沉析剂，用玻璃棒轻轻搅拌，得淡黄色或白色黏稠状膏体沉析物，取出沉析物至塑料盒中，任多余的沉析剂挥发，再将沉析物放入真空干燥箱内，在 40～50℃、真空度 86.6kPa 的情况下真空干燥 6～7h，脱出沉析物中参与的沉析剂和水分，干燥后的淡黄色固体即为目的产物——水解腈纶废丝。沉析分离所剩余的分离液通过蒸馏回收，其中的沉析剂重复使用，水解反应中剩余的碱富集于母液中，在溶液中再加入一定量的碱又可以投入腈纶废丝进行水解反应。

红外光谱测定表明，腈纶废丝经上述水解后，—CN 几乎消失，取而代之的主要是—$CONH_2$，由此而导致水解产物在沉析剂中的沉聚。

碱性水解反应温和，设备简单，后续处理容易，成本低，而且安全可靠，便于操作，对环境污染较少，是目前水解腈纶废丝最常用的一种方法。但由于高分子链上邻位的静电排斥效应，碱性水解中氰基转化率达不到 100%，反应条件不同，产物中羧基的含量也不同。所以，在实际应用中应注意控制反应条件，以提高氰基转化率。

3.2.1.2 废腈纶化学再生产品的应用

腈纶水解产物实质是丙烯酰胺、丙烯腈、丙烯酸的三元无规共聚物，且随着水解程度的不同而不同。如果要得到干燥的水解产物，可把水解产物加入到甲醇或乙醇溶液中，经静置沉降得到黏稠状聚合物，然后取出后于 80℃下干燥，得到的水解产物易溶解于水，不会有不溶物产生，可应用于多个领域中。

(1) 制备高分子絮凝剂[36]

腈纶废丝是分子量小于 10000 的聚合物，其柔软性、卷曲度、拉伸性、弹性等不合格，不能用在纺织品生产上。虽然一部分废丝牵伸后得到重新利用，但仍有相当部分的废丝需另找出路。由于腈纶废丝不能解聚，不能热压成型，燃烧时会散发出有害气体。因此，若能将腈纶废丝水解产物制成高分子絮凝剂，不仅可以解决废丝的处理问题，而且可以使高分子絮凝剂的成本大大降低，这不失为一个一举两得的好方法。

PAN 废丝的利用国外已有报道(见表 4-3-2)，如前苏联将 PAN 废丝经浓碱皂化水解，得到的水解产物代替纺织工业用的淀粉浆料。日本也将同类型产品作为土质稳定剂等。

表 4-3-2　一些国家腈纶废丝综合利用的情况

国家	水解工艺	主要产物	主要应用
前苏联	碱法水解	聚丙烯酸盐	纺织上浆，土质稳定剂
日本	碱法水解	聚丙烯酸盐	水质稳定剂
美国	碱法水解	聚丙烯酰胺	絮凝剂，水质稳定剂
美国	酸法水解	聚丙烯酰胺	水质稳定剂
美国	加压水解	聚丙烯酰胺 聚丙烯酸盐	涂料，胶黏剂

一般而言，腈纶废丝在碱性条件下进行水解所得到的水解产物可以看成是聚丙烯酸衍生物的多元共聚物，因此，PAN 废丝的综合利用在一定程度上可以说是相对应的聚丙烯酸衍生物的应用。

废水处理中高分子絮凝剂的絮凝能力往往比传统的无机盐类高几倍到几十倍。腈纶废丝的碱性水解产物经干燥后用于选煤废水的絮凝沉淀处理，效果良好。利用废腈纶水解产物可制备高分子絮凝剂，且使用方便，可用于造纸、电镀、冶金、印染等多种工业废水及城市污水的处理。此外，此絮凝剂也比目前国内由水溶性单体经聚合而制得的高分子絮凝剂价格低。

刘宇、褚庆辉[37]使腈纶废丝与双氰双胺（DCD）在 N,N-二甲基甲酰胺（DMF）的溶液中充分混合，在碱性条件下，升温到 100℃，剧烈搅拌，反应 4h 后用盐酸中和，水洗，于 50℃恒温下干燥过夜，制得絮凝剂 PAN-DCD，产品为黄色粉末，产率为 89.7%，特性黏数为 10.65mL/g（二甲基亚砜溶液，20℃）。该絮凝剂既可用于分散性染料废水的处理，也可用于阳离子染料废水的处理。图 4-3-6 即为 PAN-DCD 与聚丙烯酰胺（PAM）及 I-DA 有机高分子絮凝剂对分散性染料脱色率的对照实验的除色率曲线。

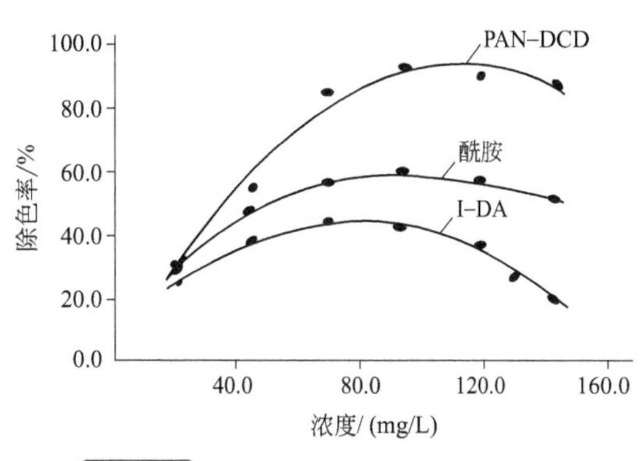

图 4-3-6　三种絮凝剂用量对分散性染料废水脱色效果的比较

由图 4-3-6 可见，最佳除色率 PAN-DCD 为 94.5%，酰胺为 61.8%，I-DA 为 46.6%，各自对应的 COD 去除率为 84.1%、49.2%和 21.4%，PAN-DCD 的处理效果最佳。研究表明，PAN-DCD 使分散染料颗粒从水中脱除的主要原因是大分子（PAN-DCD）与染料颗粒之间的吸附、架桥作用，而电中和作用只是一个微弱的协同作用而已。用 PAN-DCD、聚丙烯酰胺（PAM）和聚合氯化铝（PAC）分别处理同种阳离子染料废水，结果见表 4-3-3。

表 4-3-3　三种絮凝剂处理阳离子染料废水的结果对照

絮凝剂	最佳 pH 值	最佳投加量	除色率/%	COD 去除率/%	絮凝剂外观
PAN-DCD	4～6	75	68.2	56.6	颗粒细致紧密
PAM	4～6	100	46.7	32.4	颗粒细致紧密
PAC	6～8	150	31.2	30.7	颗粒细致紧密

从表 4-3-3 结果可以看出，对于阳离子染料这类水溶性的染料，废水的除色率、COD 去除率依次为 PAN-DCD>PAM>PAC。PAN-DCD 处理阳离子染料废水的效果不如处理分散性染料废水的原因，是因为阳离子染料水溶性较好，在处理的水中不存在大量的悬浮颗粒，因此，PAN-DCD 与染料之间不可能发生吸附、架桥作用，脱色原因很可能是 PAN-DCD 在弱酸性溶液中带正电的氨基与染料分子之间形成化学键，导致产物不溶于水彼此聚集发生沉降，从而使染料分子从水中脱除。在弱酸性条件下，PAN-DCD 处理阳离子染料废水的效果不如处理分散性染料废水的原因，主要是 PAN-DCD 基团是以非离子和阳离子的形式存在，静电斥力削弱了—COOH 中的—OH 与阳离子染料的配位反应。显然，在碱性溶液中，腈

纶水解液对阳离子污染物去除率高，其去除效果主要取决于—COO—的含量；在酸性溶液，腈纶水解液对阴离子污染物去除率高，其去除效果主要取决于水解液中—$CONH_2$的含量。—$CONH_2$含量高，去除阴离子污染物的效果好，原因在—NH_2中N具有未成对的孤对电子，能与阳离子中带正电荷的中心原子通过形成配位键而使之絮凝。由此可知，腈纶废丝皂化水解物不仅可用作染料废水的絮凝剂，还可用作造纸废液、电镀废液、食品加工废液、冶金工业废液、城市污水的絮凝剂，其絮凝能力比传统的无机盐类絮凝剂高几倍到几十倍。

作为絮凝剂的腈纶废丝的水解物，其分子链中含丙烯酰胺单元70%～80%时，对带负电荷的悬浮粒子显示最佳的絮凝效果。水解程度高于或低于此值，絮凝效果均下降。这是其高分子链伸展状态不同所造成的。在水解物中，—$CONH_2$低于70%～80%时，腈纶废丝水解物分子处于电中性状态，聚合物分子呈螺旋形，不易吸附悬浮粒子，高于70%～80%时，水解物有强阴离子性，聚合物分子呈充分延伸的直链状。与带负电荷的悬浮粒子强烈相斥，絮凝性不好。对于带正电荷的悬浮粒子，水解程度越大，产物中所含的—COOH越多，絮凝效果就越好。腈纶废丝按PAN∶NaOH∶水＝1.0∶0.5∶10投料比投料，在95～100℃下反应10h，对煤厂的废水具有良好的絮凝效果。其最佳条件pH＝7，在煤厂废水中污泥含量为1221 mg/L时，用量为120mg/L，此时污泥的沉降速度为32s，透光率为95%。

（2）制备印染助剂

基于腈纶废丝碱性水解产物（HPAN）的各种成分符合匀染剂的要求，已有研究表明，其可用作纺织上浆剂和防泳移剂。腈纶水解产物中非离子型极性基团－$CONH_2$具有强的吸附燃料颗粒能力，离子型亲水性基团—COO—能结合自由水分子，使自由水含量降低，导致染料泳移发生困难。在腈纶水解产物中再加入某无机盐电解质，该电解质能破坏染料颗粒分散保护，使染料颗粒产生轻度松散自聚。各种织物在织造时，为了减少断头，消除布面上的疵点，常使用上浆剂。天然浆料和半合成浆料的各项性能均低于合成浆料，并且对疏水性合成纤维的黏着力也低于合成浆料，但合成浆料价格高，主要用在合成纤维上。试验表明，PAN废丝的碱性水解产物可作为棉、涤棉和丙纶等纤维上浆剂，性能与德国BASF公司的Size CB产品（主要成分是聚丙烯酸酯）类似。腈纶废丝的碱性水解产物用在染色防泳移上，测试结果表明，其防泳移性能与同类产品Amk和Am103相同，泳移率＜10，并且有一定的颜色增色作用。当其用于涤纶、涤棉、涤粘织物的热熔染色，抗迁移效果好，且加工后织物匀染和增深效果得以明显提高，在一定程度上节约了分散染料、还原染料及硫化燃料；当将HPAN进行交联处理，可得与活性染料反应性小的变性腈纶胶，除少数染料外，其给色量均比海藻酸钠高10%～15%。因此，不仅可代替海藻酸钠使用，而且可以大大提高经济效益和社会效益。

腈纶废丝经烧碱水解，其中氰基水解成酰胺基及羧基，形成高分子电解质，再经部分交联，使含固量降低，可用作活性染料的印花原糊。吴凡[38]利用此种方法证明变性腈纶胶完全可以取代海藻酸钠糊作为活性染料的理想印花原糊。具体性质如下。

原糊调制：腈纶胶需制成20%含固量的黏稠液，使用时只需加入水搅拌使之成为16%含固量，即可加入到印花色浆中去，变性腈纶胶是用20%含固量稀释后用交联剂交联而成，其含固量一般在5.5%～6%，产品有湿料及干料两种，如果是黏稠液体，只需先加水搅拌成含固量5%，即可制成印花原糊，十分方便。为了减少运输麻烦，往往设法制成粉状。配制时，只需在桶中放入水，而后启动搅拌器于搅拌下撒入粉末，使之成为5%的印花原糊。因其假塑性及印花黏度指数PVI值小，透网性优于海藻酸钠糊，特别适用于高目数的圆网印花。印花给色量高，花纹精细度高，特别适用于精细花纹的印花。花纹的色泽鲜艳度、耐洗牢度均可与海藻酸钠媲美。由于其水溶性好，易洗涤性也很好，织物手感也与海藻酸钠处理过的织物相同。腈纶胶使用中，如以树脂台板粘贴印花织物，在热台板上取下干燥的印花织物时发现有些粘搭，可加入乳化糊拼用。拼用后色泽鲜艳度比海藻酸钠或腈纶胶单独使用更鲜艳。腈纶胶及变性腈纶胶的储存稳定性好，不受细菌侵蚀，可以久储不败。它们的耐碱稳定性也特别好。不受印浆中化学药品及电解质的影响，为合成增稠剂无法比拟。它还可适用于防拔染的色防印花色浆。由于腈纶胶与变性腈纶胶的易洗涤性好，手感柔软。因其流变性大，故而花纹均匀。

沈艳琴[39]以腈纶废丝为原料，采用碱法水解制备聚丙烯酸类纺织浆料的过程，测试了制备的聚丙烯酸浆料的性能，结果表明，该浆料具有良好的黏度、热稳定性，且对涤棉混纺纱具有较好地黏附性，浆纱耐磨性好，毛羽贴伏。聚丙烯浆料的制备过程具体如下：在碱性条件下，使聚丙烯腈大分子上的氰基先水解成酰胺基，之后会再进一步水解生成羧基，从而产生可溶于水的水解聚丙烯腈。将腈纶废丝进行浸泡和清洗，以去除其中的杂质，并进行干燥、切碎之后保存待用。将腈纶废丝和氢氧化钠及水按一定比例称量，在四颈瓶中先加入水，放入电热套中，并放置冷凝管及搅拌器，设定好温度，打开电热套开始加热。随后将称量好的氢氧化钠加入四颈瓶中，并不断搅拌，使得氢氧化钠溶解。温度上升到约50℃时，开始向四颈瓶内加入称量好的腈纶废丝。当反应进行到3h时，搅拌器进行低速搅拌或间歇性搅拌。反应结束后将其中少量的未反应物过滤掉，用硫酸将产物中剩余的碱进行中和，使其中pH值处于8～9，该产物即为聚丙烯酸浆料。腈纶废丝制备的聚丙烯酸浆料红外光谱如图4-3-7所示。

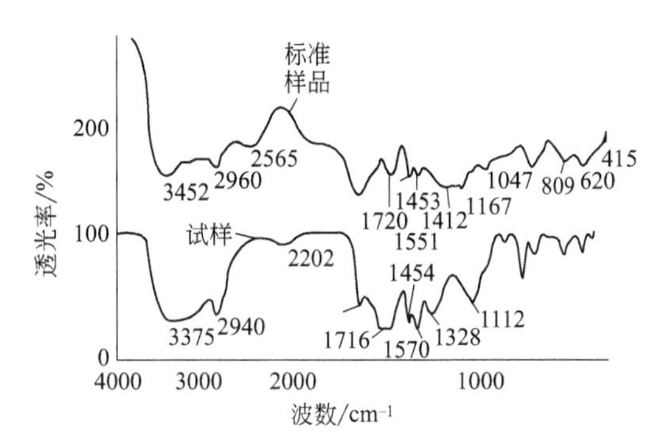

图4-3-7 腈纶废丝制备的聚丙烯酸浆料红外光谱

从图4-3-7中可看出，在2250cm^{-1}处—CN特征吸收峰已明显收缩，表明大部分—CN已被水解。而在1600cm^{-1}及1400cm^{-1}附近出现了典型的酰胺基团及羧酸基团的吸收峰，这符合聚丙烯酸浆料的结构特征，红外光谱表明该水解产物即为聚丙烯酸浆料。

该产物外观为淡黄色黏稠液体，无味，含固率25.5%，pH 8.0(6%浓度，25℃)，50℃完全溶于水中。黏度热稳定性为93.37%，高于85%，有利于轻纱上浆。浆膜厚度0.073mm，断裂强度476.8cN，断裂伸长率4.46%。说明其浆膜具有一定的强韧性，有利于提高轻纱织造性能。该产品与市售的聚丙烯酸浆料相比，制备的聚丙烯酸类浆料用于涤棉纱上浆可达到更好的上浆效果。

(3) 高吸水性树脂

高吸水性树脂是指能吸水超过自重几百倍乃至几千倍的新型高分子材料，高吸水树脂因其优越的性能而在工业、农业和医药卫生等多个领域显示出广阔的应用前景，但同时其较高的生产成本也在很大程度上限制了其推广应用[40]。目前性能较好的合成类吸水性树脂生产成本较高，影响了其推广应用。而利用腈纶废丝制备高吸水性树脂可以一举两得，不仅可以有效地降低生产成本，还能合理利用废腈纶。通常做法是将腈纶废丝在碱性条件下水解，然后在水解产物中加入一定量诸如Al^{3+}或甘油环氧树脂等交联剂，将所得交联聚合物经析出、烘干、粉碎、过筛，制得高吸水性树脂。因高分子中氰基转变成的羧酸基、酰胺基是亲水性基团，故此吸水树脂具有较高的吸水能力。其吸水率见表 4-3-4。

表 4-3-4　高吸水性树脂的吸水率

水质情况	去离子水	自来水	生理盐水
吸水率/(g/g)	470～870	140～610	55～95

丁伦汉、马垣贵、乔之宏首先将腈纶废丝在 NaOH 作用下水解，然后充分洗去未反应的碱，再加入 $AlCl_3$ 交联，制备了吸水率高达 800g/g 的高吸水性树脂。其工艺如下。

① 制备干燥的腈纶废丝皂化水解物　在装有搅拌器、温度计、回流冷凝管的 250mL 三口瓶中加入 20g 腈纶废丝、12g NaOH 和 100mL 水，在 100℃下加热反应，直至废丝全部溶解为止，反应时间为 7h，反应物用 C_2H_5OH 沉淀，并用 C_2H_5OH-H_2O 混合溶剂反复洗涤，除去未反应的 NaOH，至水解物 pH 值为 7 左右，80℃烘干备用。水解产物的结构可表示如下：

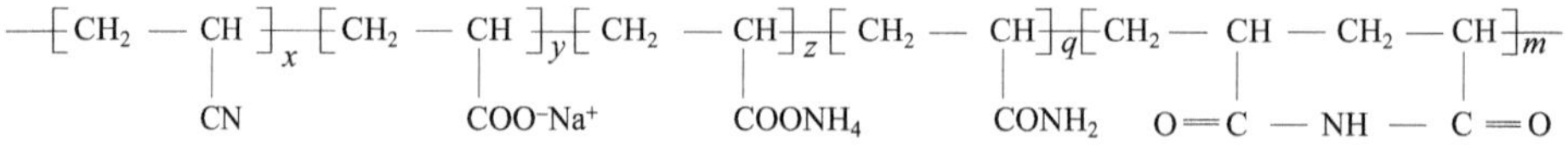

$$-\!\!\left[CH_2-\underset{\displaystyle CN}{\underset{|}{CH}}\right]_x\!\!\left[CH_2-\underset{\displaystyle COO^-Na^+}{\underset{|}{CH}}\right]_y\!\!\left[CH_2-\underset{\displaystyle COONH_4}{\underset{|}{CH}}\right]_z\!\!\left[CH_2-\underset{\displaystyle CONH_2}{\underset{|}{CH}}\right]_q\!\!\left[CH_2-\underset{\displaystyle O=C}{\underset{|}{CH}}-CH_2-\underset{\displaystyle -NH-C=O}{\underset{|}{CH}}\right]_m$$

产物中的—COOH 转化成了带负电荷的电离基团—COO^-，使产物水溶性提高，且可和过渡性金属元素的离子配位交联，而表现为具有三维空间网络结构的凝胶。

② 制备高吸水性树脂　准确称取 1g 的干燥水解物于 100mL 烧杯中，加入 10mL 水溶解。待完全溶解后，边搅拌边缓慢滴加 10% $AlCl_3$ 水溶液，最后得冻状凝胶物。将冻状凝胶物用 C_2H_5OH-H_2O 混合溶剂洗涤三次，最后用 CH_3COCH_3 浸泡数小时，取出置于真空烘箱中，控制温度在 50℃以下烘干，即得白色疏松状吸水树脂。腈纶废浆的水解物，经 Al^{3+} 等多价金属离子可溶性的盐交联后，其分子由线型状态转变成了体型状态，或者变成了网状的多核聚合物，其分子结构可表示如下：

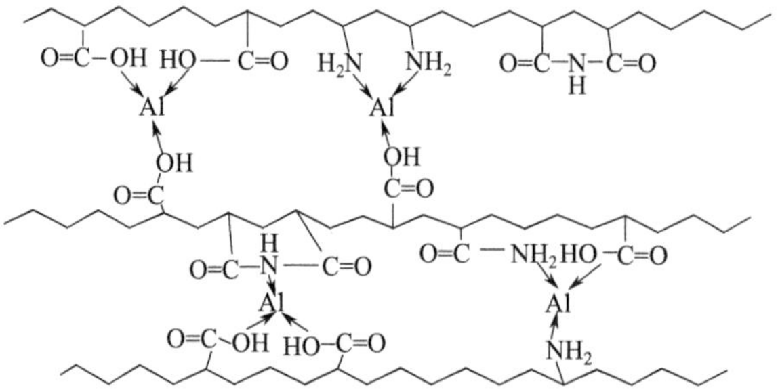

O=C-OH　HO—C=O　H_2N　NH_2　O=C-N-C=O
H
Al　Al
OH　OH
O=C　C=O
H
O=C-N—C=O　O=C —NH_2HO-C=O
Al　Al
O=C-OH　HO-C=O　NH_2

研究表明，高吸水性树脂的吸水率主要取决于高分子键的亲水性、电离基团的密度及三维空间网络的交联密度，即取决于水解产物侧基中亲水性基团—COO、—$CONH_2$、—CONHOC—的多少，特别是电离基团—COO^- 的多少及其密度。此外，也取决于交联及 $AlCl_3$ 的用量。丁伦汉、马垣贵、乔之宏研究表明，对于上述制得的皂化水解的腈纶废丝树脂与 $AlCl_3$ 交联，其吸水率与 $AlCl_3$ 用量的关系如表 4-3-5 所示。

表 4-3-5　交联剂 10%$AlCl_3$ 水溶液用量对吸水树脂吸水率 Q 的影响

10%$AlCl_3$/(mL/g)	1.3	1.5	1.8	2	2.2
吸水率/(g/g)	390	410	650	750	680

表 4-3-5 说明，对于丁伦汉等人所制得的皂化水解干涸物，当 10% $AlCl_3$ 用量为 2.0mL/g 时，树脂的吸水率最高，为 750g/g，低于该用量吸水率低是因为形成三维空间网络的交联密度不够，网络中容纳的水较少，所形成的凝胶体少；高于 2.0mL/g，虽然交联剂量大，交联密度高，但导致的空间网络容纳体积减小，因而吸水率反而下降。

研究还表明，若固定适宜的 $AlCl_3$ 用量，交联反应前水解产物 pH 为中性时，制得的吸水树脂吸水率最高(见表 4-3-6)。

表 4-3-6 交联反应前水解物 pH 值对吸水率影响

水解 pH 值	5	6	7	8	9
吸水率/(g/g)	467	475	516	459	447

李寅等[41]在三口烧瓶中，按氢氧化钠：腈纶丝：水＝0.65：1：10 的投料比加入腈纶废丝、氢氧化钠和水，搅拌，回流，于 95℃ 下反应 8h，将水解产物用 1：1 盐酸中和至 pH＝6，然后在搅拌下慢慢加入一定量的 10% $AlCl_3$ 溶液(按每克水解产物加入 0.2～0.25g $AlCl_3$ 的量)，使水解和交联，最后将交联凝胶在真空烘箱中干燥至恒重，得产物。该吸水剂对去离子水、自来水、0.9%生理盐水和新鲜尿液吸水率分别为 530g/g、530g/g、170g/g、65g/g。

腈纶废丝的水解液与糊化的淀粉相混，搅匀，150℃烘干，得到红褐色物质。该物质研成粉末，加入水，具有高吸水性和保水性，可作种子的涂覆剂和保水剂，使农作物耐干旱、出芽早、出苗率高。

(4) 土壤改良剂或土质安定剂

土壤是硅酸盐的胶体。其表面富含有 Ca^{2+}、Mg^{2+}、Al^{3+} 等碱土金属和过渡金属的阳离子，皂化水解后的腈纶废丝中的—$COONH_2$、—CONH—含孤对电子的 N 原子和带负电荷的 O^{2-} 能与之配位(桥连) 使之絮凝成为适度的大粒子，从而使水的透过性、空气的流通性得到改善，其作用数倍于腐殖质。腈纶废丝碱解液可与糊化淀粉相混、搅拌均匀，于 150℃条件下烘干，制得红褐色土壤改良剂，加入水后其具有高吸水性和保水性，可作为种子的涂覆剂和保水剂，不仅可以使农作物耐干旱，而且可以提高出苗率和农作物的产量；此外，腈纶废丝的碱解产物可与黏土交联形成团粒化结构，使土壤成为适度的大粒子，进而使水的通过性及空气流通性得到改善，其作用数倍于腐殖土。在土壤中加入 0.02%～0.03% 的碱解产物，不仅能够保水保肥，而且能使土壤中的养料缓慢释放，提高肥力，从而显著促进农作物生长[42]。

(5) 用作水处理阻垢剂

孙晓日研究表明，将制得的 HPAN 的 pH 值调到 5 左右，加入合适的氧化剂进行氧化降解，所得产物的阻垢性超过马来酸多元共聚物(SD-10)。雷良材等实验结果表明，当水中 Ca^{2+} 浓度为 200mg/L、阻垢剂用量为 2mg/L 时，静态效果可达 96%，对 $CaCO_3$ 的阻垢率近乎 100%，可有效地防止管道、锅炉、热交换器表面以及油田注水的结垢。文献同时也指出，25%酰胺基的 HPAN 可有效地防止碳钢锅炉、管道等的附垢，且效果优于聚丙烯酸钠。

(6) 用作分散剂

40%的 HPAN 溶液可作为水性涂料的润湿分散剂，用量一般为涂料量的 0.5%～1.5%，且其对 $CaCO_3$、钛白粉、滑石粉和立德粉的润湿分散效果要优于焦磷酸钠和六偏磷酸钠。

（7）皮革填充剂

张举贤等研究表明，往 HPAN 中加入适当的改性剂和分子量调节剂等进行化学改性，可制得 KS-3 高分子皮革填充剂，将其应用于猪、牛正面革的填充，具有填充性好，皮革丰满、柔软，能消除松面，又能增进对铬液的吸收，减少铬污染等优点。

（8）制备新型的丙烯酸类合成浆料

聚乙烯醇(PVA) 是主要的纺织浆料。但其价格高，且对环境产生污染，沈艳琴[43～46]以腈纶废丝为主，以丙烯酸酯和丙烯酰胺(AM) 为辅，合成了 BY 型丙烯类合成浆料，其外观为白色粉末，有效成分≥88%，6%水溶液黏度 60～100cP，pH 值 6～8。该浆料易溶于水，和淀粉及淀粉＋PVA 具有良好的混溶性，在 PVA＋淀粉浆中，BY 型浆料可取代 15%～20%的 PVA。BY 浆料是将 BY-1、BY-2、BY-3 的液体、助剂混合在一起反应，经浓缩干燥而成。BY-1 是由腈纶废丝碱解后再经氧化中和或调 pH 值→浓缩或分离→干燥→粉碎而得。其工艺条件是：废丝与 NaOH 及水的质量比为 100∶(40～60)∶(800～1000)，反应温度 90～100℃，反应时间 5～7h，搅拌速度 80～100r/min，常压反应，100～120℃烘干。BY-2 是三种丙烯酸酯类单体的共聚物，引发剂为过氧化甲苯酰(BPO) 或偶氮二异丁腈(AIBN)。BY-3 是丙烯酰胺与丙烯酸酯的共聚物，主单体为丙烯酰胺。引发剂为过硫酸盐，乳化剂为 OP-10，保护胶体为 PVA，反应时间 4～5h。

（9）制备相变纤维

相变纤维是利用物质相变过程中释放或吸收潜热、温度保持不变的特性而开发的一种蓄热调温功能纤维。随着社会的快速发展和对能源需求的日益加强，由于不可再生资源的逐渐枯竭，相变材料[47～49]及相变纤维的研究利用正受到研究界越来越多的关注。而用于纤维的相变材料除了需要具备适当相变温度、较大相变焓的特性外，还需具备导热性快、耐水洗和耐熨烫性能良好、相变体积变化小、尺寸稳定性好等特点。目前报道的相变材料只有较少一部分可以应用在相变纤维中。郭静[50]等人以硬脂酸(SA) 为相变储能物质，腈纶废丝(PAN) 为聚合物基体，采用湿法纺丝法制备了 PAN/SA 相变纤维。

3.2.2 物理处理技术及应用

物理处理法，是指在不改变腈纶废丝化学结构的前提下，将废丝加以重新利用(注射模塑、制原纤化纤带、缝线和绳索等)。除了可对废丝进行牵伸处理再回用外，腈纶废丝还可以用物理方法进行溶解处理。目前，常见的溶剂有二甲基甲酰胺(DMF)、二甲基亚砜(DMSO)、碳酸乙二酯(EC)、硫氰酸钠(NaSCN)、硝酸和氯化锌溶液等。以 DMSO 作溶剂，在一定条件下有选择地溶解 PAN 废丝，滤掉杂质后将溶液按一定比例掺到原纺丝液中，从而得到回用，回用后对纺丝、拉伸、卷曲等生产工序和产品质量无影响。虽然该方法具有一定的可行性，但也会导致腈纶的生产成本升高，同时操作过程中若掺杂比例不当还会影响产品质量。

为降低因废丝、废胶引起的化工料消耗，厂家通常将此废丝、废胶按一定的比例搭配后在溶剂中溶解，制成一定浓度的原液，在系统中回用。以往，腈纶废丝溶解釜采用常规的单向回转搅拌器。溶解时需将废丝剪断，否则会缠绕在搅拌桨叶上。同时溶解时间长，溶解效果差，溶解后原液中常含有未溶解彻底的浆块，影响原液的过滤性能和产品质量。20 世纪 70 年代初，日本将往复回转技术用于搅拌机构，给化工混合单元操作注入新的特色。例如，配用一种三角形截面搅拌器，即可提高效率的同时兼备较大的轴向循环流与很高的剪切量，拓展了操作弹性。此外，容易对大块状物和长纤维物进行溶解或洗涤。国内有些腈纶生产厂家引进的废丝溶解釜采用了该技术。

通常无挡板搅拌槽搅拌器易使流体产生“打漩”，不能产生有效的剪切和轴向流动，混合效率很低。为此，一般槽内需设置1～4枚挡板。但挡板后面易形成死角，流体易附着到挡板上，难于清洗。往复回转搅拌器不需要复杂的电气变换部分及机构，仅在传动部件中使用把单向回转运动变成在±90°内往复回转的机械机构。靠它的往复正反转运动和具有正三角形截面搅拌桨叶的配合，可在搅拌时产生有效的剪切和轴向运动。正三角形截面的搅拌桨叶，从本身的惯性、机械强度和使沿桨叶的(即釜的径向）方向轴向流趋向均匀等因素考虑，桨叶的叶端较根部细小，于是叶片径向具有一定的斜度。

流体运行时朝三角形顶角方向流动。通常，这种正三角形桨叶二枚成一对，互相交错90°安装，下层叶三角形顶角朝下，而上层顶角朝上。往复搅拌时，在下层桨叶搅动范围内流体向下压出直至釜底，并通过无桨叶搅动范围内向上流动，正好遇到上层桨叶顶角向上，则使流体进一步向上提升，上升流体直至釜内流体自由表面，并通过无桨叶搅动使之折回下降，下降至下层桨叶时，遇上顶角向下使之进一步下降至釜底。这样通过二枚配对桨叶搅拌在釜内形成有效的轴向循环流动。同时，桨叶正反转的瞬间停顿与正反加速(尤其在水平方向）形成较大的剪切运动，显然它属于剪切和循环兼有型。由于桨叶端部设计较细，对流体阻力较小，桨径(D_i）可做得较大。通常取桨径比釜径(D_i/D_g）为0.55～0.95。在往复回转式搅拌的流体处于非稳定状态，由于往复回转机构特点，转速一般在50～300r/min。但操作弹性相当宽广，混合流体黏度范围为0.001～100Pa·s。因此，往复回转式搅拌桨叶的设计只能采用非几何相似原则[51]。传统的单向回转搅拌设计计算准则不能套用。

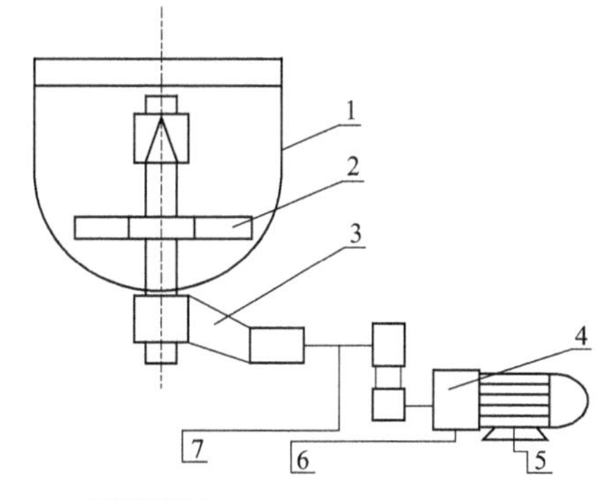

图4-3-8　往复回转搅拌装置
1—有机玻璃釜；2—三角形桨叶；3—往复传动机构；4—变速电机；5—功率表；6—电磁调速器；7—激光测速仪

图4-3-8为往复回转搅拌装置(底伸式）。

总之，PAN废丝的综合利用途径是以碱性条件下水解产物的利用为主。在此条件下所得的水解产物可以看成是聚丙烯酸衍生物的多元共聚物，因此，PAN废丝的综合利用在一定程度上可以说是相对应的聚丙烯酸衍生物的应用。据此，我们可以从聚丙烯酸盐类或其他聚丙烯酸衍生物的应用范围出发，对腈纶废丝水解产物或腈纶废丝本身做出一些相应的化学改性，从而达到拓宽腈纶废丝的利用范围、提高腈纶废丝综合利用程度这一目的。

第4章 废锦纶的高值利用

4.1 锦纶概述

锦纶的化学名称为聚酰胺，俗称尼龙(Nylon)，英文名称 polyamide(PA)，是分子主链上含有重复酰胺基团$\!\!\left[\!\right.$NHCO$\left.\!\right]\!\!$的热塑性树脂的总称，它是世界上最早的合成纤维品种，包括脂肪族 PA，脂肪-芳香族 PA 和芳香族 PA。其中，脂肪族 PA 品种多、产量大，应用广泛，其命名由合成单体具体的碳原子数而定。合成聚酰胺的研究可以追溯到 1928 年。1935 年，Carothers 及其合作者在进行缩聚反应的理论研究时，在实验室用己二酸和己二胺制成了高分子量的线型缩聚物聚己二酰己二胺(聚酰胺 66)。1936～1937 年，杜邦公司根据 Carothers 的研究结果，用熔体纺丝法制成聚酰胺 66 纤维，并将该纤维产品定名为尼龙，这是第一个聚酰胺品种，并于 1939 年实现了工业化生产。另外，德国的 Schlack 在 1938 年发明了用己内酰胺合成聚己内酰胺(聚酰胺 6) 和生产纤维的技术，并于 1941 年实现工业化生产。

经过半个多世纪的发展，许多聚酰胺品种相继问世[52]。脂肪族聚酰胺(PA)包括 PA-6、PA-610、PA-612、PA-1010、PA-11、PA-12 和 PA-46 等；芳香族聚酰胺包括聚对苯二甲酰对苯二胺纤维(Kevlar，我国称芳纶 1414) 和聚间苯二甲酰间苯二胺纤维(Nomex，我国称芳纶 1313) 等；混合型的聚酰胺包括聚己二酰间苯二胺(MXD6) 和聚对苯二甲酰己二胺(聚酰胺 6T) 等。另外，还合成了酰胺基部分或全部被酰亚胺基取代的聚酰胺亚胺和聚酰亚胺等品种。随着聚酰胺品种的增加，其应用领域也从纤维扩展到机械、电气、化工、汽车、日化、医药和建筑等更为广泛的领域。

4.2 锦纶的回收与利用

4.2.1 锦纶 66 盐废液的回收与利用

辽阳石油化纤公司化工四厂由法国隆波利公司(Rhone-Poulenc)引进的锦纶 66 盐生产线于 1978 年正式投产。按原设计在成盐装置的二段结晶器中，每年要排出离心母液 928t，其中含锦纶 66 盐 300t 以上。在此之前，这些废液是进行焚烧处理，每年仅处理费就高达 10

万元。有人在1981年末对该废液进行回收试验。经多次试验后，确定了锦纶66盐废液的回收精制工艺，自1982年以来共回收约含35%锦纶66盐的废液568t，并转入试生产。几年的生产实践证明，用回收的锦纶66盐通过连续缩聚直接纺丝，已生产质量合格的锦纶66长丝1259t，此法不仅节约能源，减少三废，而且提高了经济效益。

4.2.1.1 锦纶66盐回收

(1) 废液来源及其质量

锦纶66盐废液为该公司化工四厂锦纶66盐生产线二段结晶器中排出的母液。外观为棕黄色，有可见杂质，UV指数≥0.2×10^{-3}，透明度为0cm，色度>200哈森。

(2) 锦纶66盐回收精制工艺

① 工艺流程 见图4-4-1。

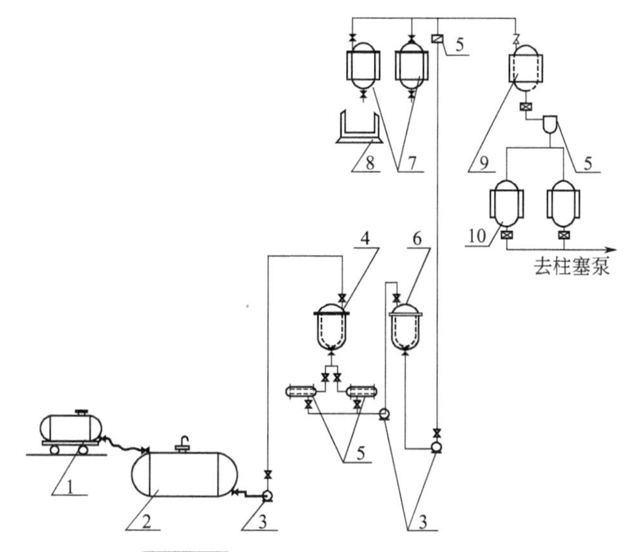

图4-4-1 锦纶66盐废液处理流程

1—槽车；2—储罐；3—输送泵；4—脱色罐；5—过滤器；6—滤液罐；7—蒸发器；8—离心机；9—溶解锅；10—储存釜

② 试生产过程 废液处理过程分四步进行。

第一步在80～85℃条件下，加入1%～3%的活性炭混合搅拌2h，取样分析色度和透明度，如达不到要求，继续搅拌或增加活性炭用量，直到色度≤15哈森、透明度达100cm为止。

第二步是过滤除去活性炭，由于粉末活性炭粒度小，故采用两次过滤的方法，首先用滤布将大量的活性炭滤除，再用纸过滤，除去少量的剩余微粒。

第三步是在减压条件下，蒸发脱水，使锦纶66盐浓缩。

第四步是用离心机离去母液成盐。

③ 温度的影响 活性炭吸附过程是一个放热过程，从热力学观点看，温度降低有利于吸附。温度升高则有利于脱附，但温度不能控制过低，温度过低锦纶66盐没有完全溶解，不利于脱色，温度最好控制在锦纶66盐能充分溶解，而又有利于吸附的范围。

4.2.1.2 回收的锦纶66盐生产锦纶长丝工艺

(1) 工艺流程

锦纶大丝生产工艺流程见图4-4-2。

(2) 生产工艺

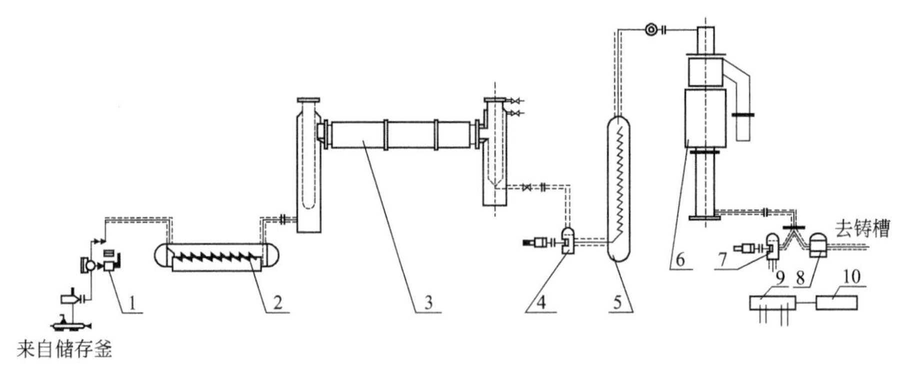

图 4-4-2　锦纶长丝生产工艺流程

1—柱塞泵；2—预热器；3—高压反应器；4—减压泵；5—闪蒸器；6—后缩聚釜；
7—增压泵；8—铸带泵；9—VC403 纺丝机；10—VC433 拉伸机

① 配方　用回收的锦纶 66 盐进行缩聚纺丝，为保证缩聚物能有很好的塑性、熔体分子量分布均匀及增强抗氧性能，避免生成凝胶以延长生产周期，经多次试验，确定工艺配方为：锦纶 66 盐 60%，脱盐水 40%，己内酰胺 2%～5%，冰乙酸 0.035%～0.06%，乙酸锰 0.001%～0.007%。

② 缩聚　按正常缩聚工艺制成的高聚物其分子量偏低，时有气泡丝出现，影响可纺性和物理指标，故对缩聚反应温度进行调整。后缩聚采用真空聚合，使缩聚反应过程中放出的水充分排出，清除聚合物中的气泡，改善聚合工艺条件。

③ 纺丝温度　用回收锦纶 66 盐生产的缩聚物，由于熔体黏度大，纺丝温度控制严格要求。若温度控制偏低，则物料输送和喷丝困难，易产生细丝缺孔等现象，更严重的是在拉伸过程中产生大量的毛丝，使拉伸困难，又造成物理指标下降和外观下降等；温度过高，使物料分解发黄，发脆，不易卷绕和拉伸，严重时产生凝胶，缩短生产周期。为此，在纺丝过程中必须严格控制纺丝温度。

④ 增产措施

1）大幅度提高预热器和预缩聚釜电加热功率。尼龙 66 盐溶液经预热器升温，进入预缩聚釜(高压横管反应器)，随着温度的升高，逐步排除水分，溶液浓缩，在特定的条件下进行缩聚，当尼龙 66 盐分子达到起始反应活化能 92kJ/mol，就能缩合在一起生成缩合体，这种反应是吸热反应，同时又释放出水分子，为维持反应，必须供给反应活化能和水分蒸发的汽化热，因此在加快进料速度的同时，增加电加热功率是十分必要的。

2）并联一台与原后聚釜完全相同的新的后聚釜，当一台后聚釜投入生产运行 3 个月后，可与原釜切换，启用另一台后聚釜，如切换多次，则可使后聚釜使用周期增加几倍，本措施的实施，有效地延长了生产周期，减少了检修费用。

3）熔体分配管改造。由后聚釜完成缩聚过程的缩聚物经增压泵引入纺丝箱体的管线，由两条改成六条，管线走向平稳，流速 0.59m/min，结焦速度极慢，6 个月内仅 0.1mm，延长了除焦周期，提高了纺丝质量的稳定性。

4.2.1.3　回收的锦纶 66 盐及长丝产品质量

目前，回收的锦纶 66 盐与原锦纶 66 盐的质量对比如表 4-4-1 所列，用其生产的锦纶 66 长丝质量良好：纤度可达 68dtex/18 孔，纤度偏差率±0.9%，纤度不匀率 1.5%，相对强度 51.0mN/detx，强度不匀率 4.0%，伸长率 36%，强伸不匀率 8.6%。试生产结果证明，选择的纺丝工艺参数是合理的。后期经过相应的技术不断改进，回收的锦纶 66 盐生产的长丝产品质量将得到优化。

表 4-4-1　回收的锦纶 66 盐与国家标准值的比较

指标	一级品		二级品		备注
	国家标准	回收品	国家标准	回收品	
外观	白色结晶	白色结晶	白色结晶	白色结晶	
色度(哈森值)	≤15	≤15	≤25	≤25	
pH 值	7.5～8	7.5～8	7.0～8.5	7.0～8.5	
水分/%	≤0.4	≤8	≤1.0	≤8	
透明度/cm	>100	>100	>100	>100	比色法测定 仪器测定 干燥法测定
熔点/℃	192.5±5	>192.5	192.5±1	>191.5	
总挥发碱(100g 耗) 0.01H_2SO_4 计/mL	≤9.5	≤9.5	≤15	≤15	
灰分/mg	≤15	≤15	≤150	≤150	
铁/mg	≤0.5	≤0.5	≤5.0	≤5.0	

4.2.2　锦纶 6 聚合废弃物的处理[53]

以己内酰胺为主要原料生产锦纶 6，己内酰胺在聚合塔内发生缩聚反应生成聚己内酰胺。此反应是一个可逆平衡反应，当反应达到平衡时，聚己内酰胺中还有约 9%～15%的己内酰胺单体及低聚物。为利于后加工，需用热水萃取出来，得到可萃取物含量小于 1%的合格切片，此时萃取水中的可萃取物含量为 10%～15%，因此，必须对萃取水中己内酰胺单体进行回收。因单体回收不完全，萃取水仍含有 1%左右的己内酰胺单体和低聚物，并且蒸馏后产生部分残渣。残渣主要成分是未蒸出的己内酰胺单体，环状二聚体、三聚体为主的低聚物，其中的己内酰胺单体含量为 40%～60%。这些废弃物直接排放不仅会使产品成本增加，经济效益流失，同时会造成严重的环境污染。己内酰胺属低毒类化合物，主要作用于中枢神经特别是脑干，可引起实质性脏器的损害。即使其浓度低于国家最高容许浓度，仍能致人出现头昏头痛、乏力、失眠、记忆力减退、食欲下降、皮肤瘙痒、牙龈出血等症状。因而有必要采取有效措施减少或防止己内酰胺对环境造成的污染。

4.2.2.1　聚合废弃物来源

以己内酰胺为主要原料生产锦纶 6 切片，其生产工艺流程为：

脱盐水 ↓（注带）

原料 ⟶ 熔融 ⟶ 聚合 ⟶ 注带 ⟶ 萃取 ⟶ 干燥 ⟶ 干切片PET

锦纶 6 聚合废弃物主要来自注带工段的冷却水、萃取工段的冷凝水、精馏釜清洗水、其他设备清洗水和地面冲洗水等废水以及蒸馏后产生的残渣；其主要成分为己内酰胺单体及其低聚体。

4.2.2.2　处理方法

对废弃物的处理是先利用后治理。目前对含己内酰胺和低聚物的废水及残渣等废弃物的处理主要是回收利用，无法回收利用的一般采用生物降解法处理。

(1) 回收利用

对聚合废弃物进行回收利用，可从源头上控制其向环境的排放总量，同时也可节约原料，降低产品的生产成本。

① 改进己内酰胺回收技术，提高单体回收率。目前单体回收一般都是将萃取水蒸发浓缩，然后在真空状态下将浓缩液进行蒸馏。单体回收工艺有两效蒸发蒸馏回收工艺和三效蒸发蒸馏回收工艺，一般回收率可达 70%，回收的己内酰胺重新用于聚合生产。在生产中随着蒸馏的进行，蒸馏釜中溶液浓度逐渐升高，易发生结垢现象。一旦结垢，回收过程就无法正常进行，而拆开设备去除垢物，既费时费力又影响生产的连续性。各生产厂家做了大量的研究和技术改造工作，通过改进蒸馏装置或蒸馏工艺技术，避免结垢堵塞，单体回收率可达 90%以上。山东烟台华润锦纶有限公司经过多年的生产实践，针对影响己内酰胺回收量的因素，采取相应措施，防止管线堵塞，及时排渣，充分清洗蒸馏釜。不但确保了生产的正常进行，而且提高了己内酰胺回收率，取得了比较可观的经济效益。扬州有机化工厂改进三效蒸发间歇蒸馏工艺技术，降低了蒸发冷凝水中己内酰胺单体含量，单体回收率达 90%。

② 萃取水回用。萃取水是经二效蒸发浓缩而未经蒸馏的己内酰胺水溶液，经特殊处理后，直接返回聚合回用，与新鲜的己内酰胺以一定比例混合加入到聚合管，重新聚合生产纤维级锦纶 6 切片，萃取废水中己内酰胺单体全部回收利用，同时也降低了工艺水的消耗。扬州有机化工厂将三效蒸发冷凝水全部回用于萃取系统，其单体总回收率可达 99%。

③ 直接利用萃取水洗涤蒸馏残渣，再减压过滤，有效地分离残渣中的低聚物和己内酰胺单体，使己内酰胺单体充分回收，降低了己内酰胺的消耗，避免了残渣中含有的和解聚产生的杂质，同时也降低了工艺水的消耗。分离出的低聚物和蒸馏过程中产生的残渣一样，可以在适宜的温度和压力下，用己二酸为开环剂，使己内酰胺单体以及部分低聚物开环聚合，生产塑料级尼龙 6 切片，不但消灭了残渣，也解决了环境污染问题。

(2) 生物降解法

经过回收，聚合固体废物全部利用，而残余废水无法再利用，一般采用生物法来降低或消除其对环境的损害。生物法处理有机废水去除效率高、出水水质较好，适应性强，与化学法相比，不造成二次污染，经过培养驯化的微生物能较好地处理含己内酰胺的工业废水。常用的有厌氧-好氧法和兼氧-好氧法。在国外，锦纶 6 生产废水通常与其他废水混合后进行处理，这样己内酰胺的浓度被稀释，对生物处理系统不会造成太大影响。目前国内锦纶 6 废水的处理大多采用厌氧-好氧-生物碳为主的工艺。现运行的废水处理设施控制进水 COD 浓度不能太高，因此很多锦纶 6 生产厂采用加水稀释的办法以降低进水浓度，为后续生物处理创造有利条件。

由于己内酰胺极易分解，在生物降解过程中转化为 NH_3—N，造成废水中氨氮含量高，因此生物处理系统要能同时达到去除有机物和脱氮的目的。若采用普通活性污泥法处理锦纶 6 废水，其污泥结构较为疏松，污泥指数偏高，容易发生污泥膨胀，影响正常运转。一些锦纶 6 生产厂家的生产实践证明，只要采取了适宜的工艺技术方法，就能使废水处理后达标排放。

4.2.3 锦纶 6 生产中废气废渣的回收

在锦纶 6 生产过程中会有一定量的废气产生，其成分主要是己内酰胺单体和少部分低聚物，这些单体和低聚物产生于熔融加料口、铸带和纺丝头。废气的产生不仅造成环境污染，危害人体健康，而且造成生产的浪费。因此回收废气不仅改变操作环境，而且回收了单体，提高了经济效益。

4.2.3.1 废气回收原理

己内酰胺单体的凝固点是 68.5℃，极易溶于水，它与水的沸点相差很大，溶于水后很容易分离得到纯度较高的己内酰胺单体。一般采用水吸收法，收集后含单体水经过蒸发、真空蒸馏得到纯度较高的己内酰胺单体。

4.2.3.2 废气回收装置

结合国内外有关报道和国内有关厂家使用的装置，这里介绍两种常用的废气回收工艺和有关设备，供大家参考。

（1）板式吸收塔

国内常用板式吸收塔抽吸回收工业废气，其简易流程见图 4-4-3。

将熔融加料口、铸带头、纺丝部位产生的含单体废气用鼓风机吸入并送到板式吸收塔中，用循环水可对进入的废气进行喷淋洗涤，同时将己内酰胺单体溶于循环水中，达到一定浓度后送蒸发系统进行浓缩，浓缩液经蒸馏回收单体，不溶性气体(空气）沿塔上升排出。

（2）喷射抽吸回收装置

国外的一些设备如德国吉玛公司采用的喷射抽吸回收装置，流程见图 4-4-4。

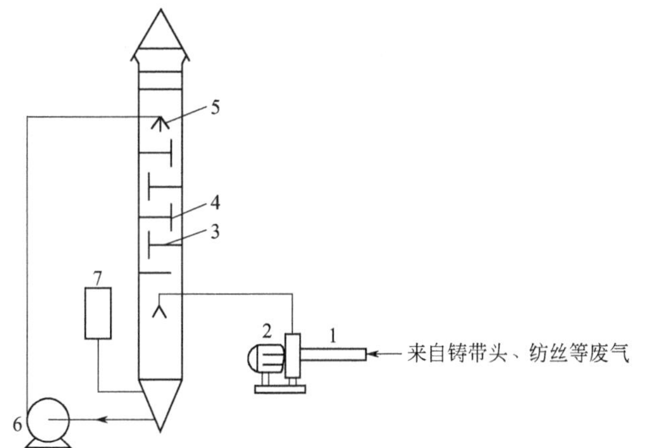

图 4-4-3 板式吸收塔回收废气工艺流程
1—吸收管；2—鼓风机；3—塔板；4—液流管；5—喷头；6—循环泵；7—补充水槽

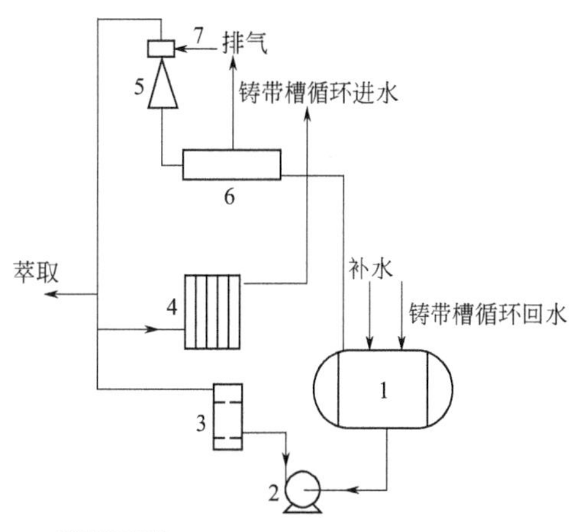

图 4-4-4 喷射抽吸回收废气工艺流程
1—循环水槽；2—循环泵；3—过滤器；4—换热器；5—水喷射头；6—回收总管；7—废气进口

它利用水喷射真空泵的原理，用软水循环喷射产生的负压将含己内酰胺单体的废气吸入，单体迅速冷凝而溶解于水中。随着这一过程的不断进行，循环水中己内酰胺单体的浓度不断提高，当达到一定浓度后送蒸发系统浓缩回收己内酰胺单体，不溶性气体放空到大气中去。己内酰胺单体的冷凝和溶解主要与喷射速度(喷嘴的压力）和扩充下水管的长度有关。在保证单体被抽吸的情况下，喷射速度越低，吸入气体中的单体含量就越高，越容易与水接触而吸收。扩充下水管越长，气液混合的时间就越长，溶解越充分。即使如此，水中含单体一般不超过 1.5%。目前一般将水喷射泵循环吸收单体，并入铸带冷却水循环系统，因为铸带冷却水循环是连续补充无离子水，补充部分连续送往萃取工段。这样做的好处是铸带水循环单体浓度一般≤1%，基本保持平衡，单体抽吸循环是铸带循环的一部分。

4.2.4 废料回收

在锦纶生产中除了废气回收以外，固体废料的回收也是必不可少的。锦纶 6 生产中的固体废料主要是：a. 聚合铸带和纺丝开停车废料；b. 萃取和干燥散失在地上的切片；c. 纺丝废丝；d. 卷绕及后加工的含油水废丝；e. 蒸馏的残渣。其中 a～d 为高聚物，e 为含己内酰胺单体和低聚物的渣。以上各工序产生的废料在 5%左右，因此回收有可观的经济效益，而且减少了环境污染。对其回收可运用化学原理将固体废料降解变成己内酰胺单体，然后再送聚合工段生产，其次是用无降解或降解较少的物理方法将废料熔融再造粒。锦纶固体废料（包括低聚物）在碱性或酸性介质中发生水解反应。用化学解聚法制取己内酰胺单体，其工艺如下：废料→熔融→碱解聚→中和→单体回收→单体。将各类废料除去机械杂质后加入熔融锅，在 300℃下熔融，加入物料质量 3%左右的碱，在压力为 0.09MPa、温度为 300～350℃的条件下解聚。将解聚的己内酰胺单体吸入吸收塔中，用水喷淋吸收，用酸中和后送往单体回收蒸发系统浓缩，通过蒸馏得到己内酰胺单体。

国外普遍采用磷酸作为催化剂解聚锦纶 6 废料，其总吸收率可达 90%，图 4-4-5 是德国 Lurgi 公司催化解聚工艺流程。

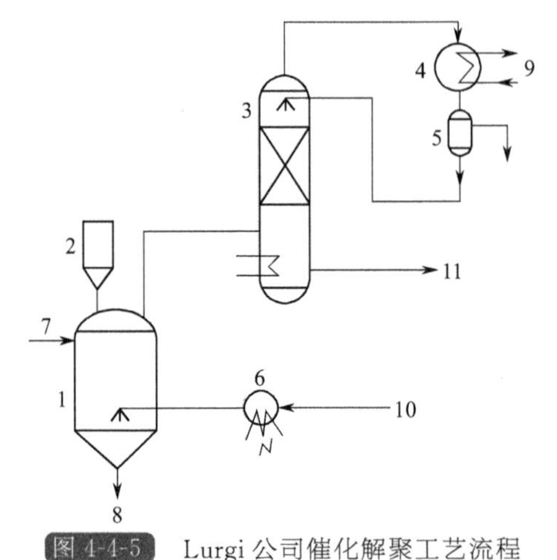

图 4-4-5 Lurgi 公司催化解聚工艺流程

1—解聚釜；2—磷酸槽；3—冷凝塔；4—冷凝器；5—回流槽；6—电加热器；
7—废料；8—残渣；9—水；10—蒸气；11—己内酰胺水溶液

将熔融的己内酰胺或低聚物与磷酸一起计量加入解聚釜，釜夹套温度控制在 280℃左右，从釜底部喷头吹入 320℃被过热蒸气解聚的己内酰胺蒸气经冷凝塔冷凝成己内酰胺水溶液，同时排出大量的水。单体水送往单体回收系统，经蒸发浓缩、蒸馏得到己内酰胺单体。该系统介质为酸性，具有一定的腐蚀性，对设备的材质要求较高。

物理法回收是将锦纶 6 废切片或废丝经过加热熔融，通过计量泵、铸带头将锦纶 6 熔体挤成条状，经铸带水槽冷却后用切粒机切成切片，再重新用于生产。国内目前再造粒技术尚不太成熟，一些小厂将废锦纶 6 加入熔融锅，然后用小螺杆挤成带条，经水冷却切粒。此法由于熔融时间长，锦纶 6 有降解或发黄现象，生成的产品只能用于塑料工业。改进后的是排气螺杆挤压再造粒技术，此方法熔融快，降解少，能耗低，而且可以将废料中产生的水蒸气、油蒸气通过排气口排出。辽阳石油化纤公司化工四厂采用此方法造粒纺丝。上述两种方法都不经过计量，而且依靠螺杆挤出，有时影响生产。

因此，从上面介绍的几种废气、废渣回收的方法来看，采用水喷射循环吸收废气，节约能耗、节省资金、工艺简单、操作方便，是比较好的回收废气的方法。废丝再造粒工艺简单、成本低、投资省，是回收废渣普遍采用的方法之一。

4.2.4.1 锦纶废料的化学处理

（1）废料重新熔融压制成塑料零件

利用锦纶废料重新熔融压制成塑料零件可采用两种方法：一种是直接用废料压制成型；另一种是先把废料制成一定大小的粒子再进行压制成型。不论用哪种方法，首先将收集后的废料进行分类，充分除去油脂，用热水洗净，然后进行烘干，因为含有水分和油脂时易在铸件中形成气泡或缩孔而降低其力学性能。

废料的重新熔融压制可用专门的塑料压铸机来进行。将预处理后的废料装入预先加热的熔化釜或压力滚筒内，加热温度250～270℃，时间20～30min完全熔化，并在一定的模型内压铸即可获得所需的塑料零件。为了增加零件的硬度，可以加入少许的二硫化钼或石墨等填充料，或进行后处理，即在热水中(从50℃逐渐升到90～100℃）根据零件厚度处理20min或更长的时间，然后将零件放在150～180℃的油槽中处理30min，随即缓慢冷却也可提高其硬度。

锦纶塑料零件具有耐磨、耐腐蚀、不吸油等特点。可以代替青铜、各种合金和黑色金属，广泛用于制造齿轮、皮带等各种零件。

（2）用溶剂溶解废料以制成粉末

锦纶废料可以用溶剂溶解的方法来制取粉末，采用的溶剂有硫酸、盐酸、甲酸、甲醇、乙醇等。如用乙醇作为溶剂，废料加入高压釜内加热到190～195℃(约15个大气压)，经过7h而完全溶解，然后冷却即生成颗粒，分离后进行干燥，最后研磨成粉末。若用稀盐酸则可在1个大气压、100℃下溶解，溶解后沉淀、过滤、分离、洗涤、研磨即成。也可以用稀硫酸在高温下溶解，然后用氨水中和，沉淀、分离、干燥、研磨来制取。

所制得粉末的性能与溶剂有关，也与沉淀条件有关。据前苏联文献介绍，在盐酸和甲酸中用30%～40%甲醇和乙醇、丙酮水溶液或用30%氨和甲醛水溶液，沉淀所得的粉末性能较好。

锦纶粉末可通过火焰喷射、热喷涂、静电喷涂或其他方法用作金属表面的复层，也可以直接加入聚合混合物中来使用。

（3）废料水解回收己内酰胺

锦纶废料可在高温下水解、裂解或醇解来回收己内酰胺。如废料处理后可以加一定量的催化剂(2%的氢氧化钠或氢氧化钾）放在一个真空系统［20mmHg(1mmHg＝133.322Pa)的压力］的感应加热釜内进行高温碱性裂解，然后用2%盐酸中和到pH＝6.5～7，然后进行脱色，蒸馏精制而得到己内酰胺。但用废料回收己内酰胺的工艺工程较复杂，不经济，因此一般不用。

（4）废旧锦纶织物利用

把废旧锦纶织物通过化学处理，还原成“己内酰胺”单体，并聚合成工程塑料——尼龙棒。它体轻、耐磨，拉伸强度、压缩强度、抗冲击强度都很高，在工业上可以代替铜和合金钢材料，广泛用于制造矿山、船舶、车辆机械等方面各种零部件。大体工艺流程是：a. 裂解；b. 蒸馏；c. 精制；d. 铸棒(图4-4-6)。

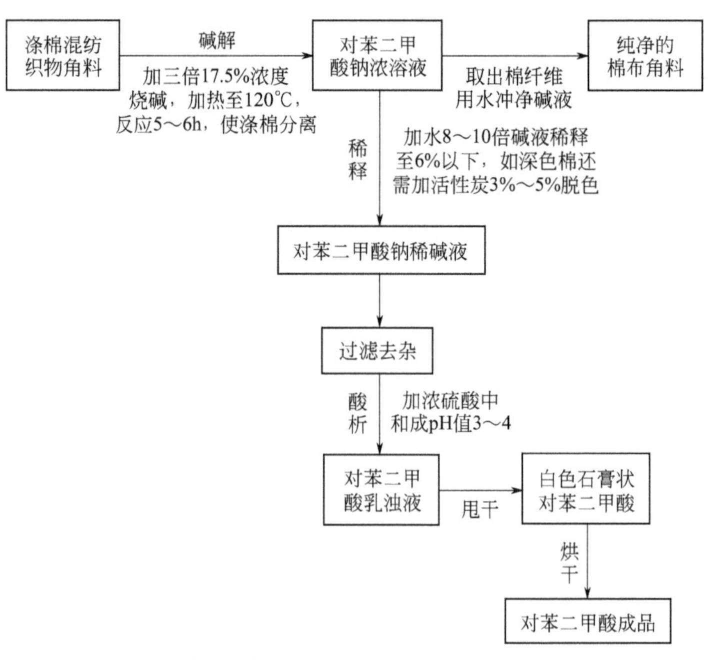

图 4-4-6 废旧锦纶还原工艺流程

4.2.4.2 水解法回收利用锦纶 66 废料

用水解法制备己二酸及己二胺盐酸盐。己二酸是大家熟悉的化工原料，而己二胺盐酸盐通光气后可制成己二异氰酸酯(H. D. I.)。该二异氰酸酯又是聚氨酯的重要原料，在涂料等方面有重要用途。现将制备方法介绍如下。

(1) 水解

在装有回流冷凝器的 5000mL 圆底烧瓶中加入水 300mL、HCl(30%) 2700g 以及锦纶 66 废丝 750g，缓慢升温至沸腾(注意加热不能太猛，否则反应剧烈，造成物料外溢)。在回流情况下，水解 8h。停止加热后自然冷却，静置过夜，任其在烧瓶中结晶。析出的己二酸结晶，用砂芯漏斗过滤，将滤液倒回上述圆底烧瓶中继续加热，并沸腾 4h，冷却后，仍有己二酸析出，再过滤收取。

将滤液置于常压或减压蒸馏瓶中，加热蒸发，蒸到残液量为滤液 1/2 左右时停止加热，冷却结晶、过滤，晶体即为己二胺盐。

(2) 精制

① 己二酸的精制

1) 将粗己二酸结晶用冷去离子水洗涤，以除去水可溶物，然后过滤。因己二酸在 25℃水中的溶解度为 2.3g/100g 水，水的用量约为己二酸结晶质量的 3 倍。用砂芯漏斗过滤。

2) 将上述己二酸结晶用 3 倍质量的去离子水加热溶解，己二酸在 100℃水中的溶解度为 145g/100g 水，趁热用砂芯漏斗过滤。

3) 将滤液静置，自然冷却结晶。

4) 过滤即得纯己二酸结晶。

5) 真空低温干燥。

② 己二胺盐酸盐的精制

1) 将粗己二胺盐酸盐用 4～5 倍工业乙醇加热溶解。

2）过滤。

3）将滤液自然冷却结晶。

4）过滤。

5）干燥。温度<90℃，真空度720mmHg，时间4h。

上述过滤可重复进行一次提高纯度。

③ 应用举例　己二胺盐酸盐制己二异氰酸酯(H.D.I.)。

$$\begin{matrix} NH_2 \cdot HCl \\ | \\ (CH_2)_6 \\ | \\ NH_2 \cdot HCl \end{matrix} \xrightarrow[180\sim190℃]{COCl_3} \begin{matrix} NCO \\ | \\ (CH_2)_6 \\ | \\ NCO \end{matrix}$$

将一定量的己二胺盐酸盐溶于四氢呋喃中(呈浑浊状)，在10h内通入理论量的2.5～3倍的光气，然后滤去沉淀。将滤液精馏，首先蒸出四氢呋喃溶剂，接着可得己二异氰酸酯。沸点120～125℃(10mmHg绝压)。

为了试验方便，用纺丝无油废丝，若用上过油的废丝，则应用洗涤剂、纯碱洗去油剂，干燥，烘干后备用。

4.2.4.3　用溶剂萃取从锦纶废料中回收己内酰胺

(1) 原料

使用进口德国(BASF)的己内胺和全部分析纯的有机溶剂，采用Perkin Elmer气相色谱(3920B)测定有机相中己内酰胺的含量。

(2) 方法

锦纶废料经蒸汽裂解，得到的蒸汽蒸馏裂解液每100g中含有20g己内酰胺、0.8～0.9g纺丝油剂。

为了获得像裂解液中一样的己内酰胺浓度，在80g纯水中溶解2g纯的己内酰胺，在待研究的不同温度下把这种溶液与20mL有机溶剂充分混合30min。在相同的温度下分离两相，采用无水的硫酸钠来干燥有机相，用气相色谱法测定有机相中己内酰胺的含量。为此，制备有机溶剂中不同含量的己内酰胺标准溶液，绘制有机溶剂中己内酰胺的峰值面积对己内酰胺含量的校正曲线。最后计算有机相在不同溶剂中和不同温反应下己内酰胺的分配系数(见表4-4-2)。

表4-4-2　各溶剂在不同温度下己内酰胺的分配系数

序号	溶剂	研究的温度/℃
1	甲苯	20,40,60,80
2	三氯乙烯	20,40,60,80
3	正己烷	20,40,60,68
4	正庚烷	20,40,60,80,98
5	石油醚	20,40,60,80
6	柴油	80
7	煤油	80

采用气相色谱法来测定柴油和煤油中己内酰胺的含量是困难的，因此采用Kjeldanal法来测定上述两种溶剂中己内酰胺的含量。

所考察的所有溶剂对萃取裂解液的蒸气挥发产物和降解产物来讲效率都高。萃取时裂解液很清亮，在所采用的温度下两相完全分离。说明溶剂萃取工艺在工业上是可行的。

(3) 经济评价

柴油和煤油是最好的溶剂。萃取成本计算如下。

① 基本数据　1000L 裂解液。这种液体将含有 8～9L 的纺丝油剂。萃取将需要 20～25L 柴油或煤油。

② 柴油　a. 25L 柴油成本是 69.75RS(单价为 2.97RS/L)；b. 总萃取液(萃取之后，25L 柴油，水中溶解度为 0) 是 69.75RS，9L 纺丝油剂、0.125kg 己内酰胺(回收己内酰胺的成本) 是 1.00RS(单价为 8RS/kg)。总成本 70.75RS。

人们曾建议萃取液可以直接用于锅炉中再烧。油的成本是 2.09RS/L(34L 是 70.75RS)。

③ 煤油　a. 25L 煤油的成本是 50.25RS(单价为 2.01RS/L)；b. 总萃取液是 34L(类似上述总成本是 51.25RS)，因此萃取液的成本是 1.50RS/L(34L 为 51.25RS)。

与普通的燃料油(2.15RS/L) 相比，这些成本是非常划算的。采用柴油或煤油萃取裂解液中的纺丝油剂萃取液取代锅炉中燃料油的话，对这个过程不须增加任何成本。实际上，除去所有的纺丝油剂并且省去活性炭精制设备，生产成本可能有所下降。况且，蒸出的己内酰胺的 pH 值可能较高。

4.2.4.4　锦纶地毯

废旧锦纶地毯的组成主要包括尼龙 6(聚己内酰胺) 和尼龙 66(聚己二酰己二胺) 纤维构成的绒面、丙纶的衬层和碳酸钙的丁苯胶乳胶黏剂。目前有三种方法将锦纶、丙纶衬层和胶黏剂分开。

① 采用半人工的方式将衬层分离，然后用开松机和粉碎机把粘有部分胶黏剂和其他污染物的锦纶打松散，最后进行筛分除去分离后的胶黏剂等杂质。

② 先将锦纶地毯切割，然后用粉碎机粉碎成短纤维，分离胶乳和填料后洗涤，最后根据锦纶和丙纶密度不同采用沉降方式分离。

③ 采用甲酸等脂肪酸的水溶液溶解尼龙 6 和尼龙 66，使之从地毯中分离出来，再根据两者溶解度的差异加水将尼龙 66 优先沉淀出来。分离后的锦纶短纤维可以进行物理回收和化学回收。

(1) 物理回收

将回收的尼龙作为混凝土结构材料和土壤加固材料，这样可以明显改善混凝土的韧性和收缩性能以及土壤加固材料的强度；也可将尼龙短纤维干燥后使用挤出机熔融造粒，可以与新的尼龙共混制成其他产品。

(2) 化学回收

纯尼龙 6 的回收可总结为以碳酸钾或氢氧化钠作催化剂、压力 4.05Pa、温度 270～300℃条件下真空解聚，可以得到回收率 80%的高纯度己内酰胺；尼龙 66 解聚回收单体的工艺可以归纳为：在盐酸/硫酸/硝酸的催化下，将尼龙 66 分解为单体，冷却后，解聚液结晶得到粗己二酸，重结晶得到纯度大于 99.5%的精制己二酸，剩余的液体为相应的盐酸盐/硫酸盐/硝酸盐己二胺，其中，盐酸盐/硝酸盐己二胺用芳烃/醇混合溶剂萃取，减压蒸馏得到纯度达到 99.7%的己二胺，而硫酸盐己二胺则用强碱中和至 pH 值大于 12，从水中游离出的己二胺在真空脱水浓缩后减压蒸馏得到纯度高达 99.7%的己二胺。对于尼龙 6 和尼龙 66 的共混物或共聚物的回收可以参照美国 Du Pont 公司的氨解工艺，此工艺采用氨气和磷酸盐为催化剂，在 330℃和 7MPa 压力下解聚，在经过蒸馏和精馏得到单体己内酰胺、己二胺，反应中产生的副产物氨基己腈、己二腈等可以在精馏后用于其他产品制作。

4.3 废锦纶的再生利用

锦纶 66 对温度敏感，温度超过 300℃会发生交联和降解，有均聚物出现。出现这种情况以后，下一步加工过程不能进行成为真正的废料。锦纶 6 相对好一些，熔融过程的温度间隔较宽，处理起来相对容易一些，在生产中产生的废料一般不回用。废丝切断后作为增强材料与再生胶、氯乙烯复合，生产抗拉的塑料或橡胶产品。也可以用化学的方法进行降解生产化工原料，或生产涂料和黏合剂。

尼龙纤维可通过化学循环回收单体原料，也可在增强材料中作增强体。将废短合成纤维作为增强材料，可与生胶、再生胶、氯化聚乙烯类弹性体等复合。废尼龙短纤维(长 10cm)增强氯化聚乙烯，其性能如表 4-4-3 所列。由表可见，尼龙短纤维在拉伸方向的增强作用比较明显，在横向增强效果不明显。在实际使用时要注意纤维的含量，含量过高会使熔体黏度大，不易混炼或加工。

表 4-4-3　尼龙短纤维增强氯化聚乙烯的性能

性能		短纤维含量/%(质量分数)				
		0	5	10	15	20
拉伸强度/MPa	L	11.4	9.7	14.2	15.4	22.2
	T	11.2	9.5	4.9	5.2	4.5
撕裂强度/(kN/m)	L	16.4	46.4	68.4	69.1	99.6
	T	17.5	35.5	53.8	48.9	58.8
断裂伸长率/%	L	670	48	26	32	36
	T	656	556	276	308	118
永久变形/%	L	68	9	9	9	7
	T	62	10	53	66	15
硬度(邵尔 A)/(°)		60	83	85	89	90

注:L 表示沿拉伸方向测定,T 表示沿横向测定。

由于聚酰胺工艺复杂且流程长，不可避免会产生废料和废渣以及纤维的废弃物。其中纤维废弃物包括了生产过程中的不合格产品和用后废弃物等。而废渣主要为萃取切片后的水液经过蒸发后的残留物。由于聚酰胺合成的反应均为可逆反应，因此在一定条件下，可以促使平衡向解聚方向移动。影响平衡的因素包括温度、催化剂、压力等。温度升高，热运动加剧，促使分子链间的原子振动加剧，使长链断裂，大分子分裂成为小分子；在较低压力下，反应生成的己内酰胺容易汽化，从而易从体系中移走，有利于平衡的移动。根据解聚原理，为促使解聚过程有效彻底地进行，需要将生成的己内酰胺及时从体系中移走，所采用的方法包括利用热蒸汽为载体将己内酰胺带走，或是通过抽真空的方法将己内酰胺气体迅速抽走，而后者需要注意催化剂磷酸在抽真空条件下因沸点下降而大量汽化。

回收聚酰胺的最大来源是废旧地毯，其次是汽车中使用的聚酰胺工程塑料、安全气囊和轮胎帘子线等，这些制品使用量大，且便于集中回收，组分相对简单，容易进行分类分离处理，从而降低回收成本，提高回收效益。

废旧聚酰胺的再生利用技术包括机械再生和化学再生。

4.3.1 机械再生

经过适当分离破碎后回收的聚酰胺纤维可作为混凝土结构材料和土壤加固材料，甚至可直接把废塑料和废玻璃混在一起压成砖块，与普通黏土砖块相比表现出很好的压缩强度；从工程塑料回收而来的聚酰胺根据需要与新树脂混合，如聚酯、玻纤、无机物等，可作为汽车部件和其他工程塑料使用。

4.3.2 化学再生

优化工艺参数，使聚酰胺在催化剂的作用下发生解聚反应，得到聚酰胺 6 或聚酰胺 66 单体，通过重新聚合获得洁净的聚酰胺材料。除此路线外，也可通过裂解方式将其转变为燃料油加以利用。

此外，废锦纶经过分档整理，长丝可以织袜、织绢、打线、结网，卷曲棉型纤维可用于纺线、织布，也可代替棉花保暖(棉纶棉网套)。

第5章 废丙纶的高值利用

5.1 丙纶概述

丙纶为聚丙烯纤维，它是由丙烯作原料，经聚合、熔体纺丝制得的纤维。丙纶于1957年正式开始工业化生产，是合成纤维中的后起之秀。由于具有生产工艺简单、产品价廉、强度高、相对密度低等优点，丙纶发展得很快，目前已是合成纤维的第四大品种。

5.1.1 丙纶的结构

聚丙烯纤维通常由熔体纺丝法制成，一般情况下，纤维纵向光滑、无条纹，横截面呈圆形。也有纺制成异形纤维和复合纤维的。

从构型上看，全同聚丙烯有规则的重复单元，—CH_3 侧基在分子链受拉伸时有规律地排列于主链平面的同一侧或两侧，具有较高的立体规整性，这种规则的结构很容易结晶。从全同聚丙烯的X射线衍射图像分析，它的分子链呈立体螺旋构型。

全同聚丙烯的结晶结构有5种，即α、β、γ、δ和拟六方变体。最常见的晶体属于单晶体系(α变体)，其晶格参数为：$a=0.665\text{nm}$，$b=2.096\text{nm}$，$c=0.650\text{nm}$，c 轴由3个基本链节组成，$\beta=99°12'$。丙纶初生纤维的结晶度约为33%～40%，经拉伸后，结晶度上升至37%～48%，再经热处理，结晶度可达65%～75%。

5.1.2 丙纶的种类、特点及用途

5.1.2.1 丙纶的种类

丙纶有不同种类，包括长丝(包括未变形长丝和膨体变形长丝)、短纤维、鬃丝、膜裂纤维、中空纤维、异形纤维、各种复合纤维和无纺布等。主要用途是制作地毯、装饰布、家具布、各种绳索、包装材料和工业用布，如滤布、袋布等。可与多种纤维混纺制成不同类型的混纺织物，经过针织加工后可以制成衬衣、外衣、运动衣、袜子等。由丙纶中空纤维制成的絮被，质轻、保暖、弹性良好[54]。

5.1.2.2 丙纶的特点

① 丙纶是常见化学纤维中最轻的纤维。相对密度只有0.91，相当于棉花的3/5。由于密度小，用于制作衣物等就较为轻便。

② 丙纶的强度大，而且浸在水中时，其强度几乎没有变化，所以制渔网就特别合适。纤维强度的表示方法是，纤维在连续增加负荷作用下直至断裂时所能承受的最大负荷，称为纤维的绝对强度，单位为 g 或 kg；单位纤度的纤维被拉断时所能承受的力，称为相对强度，单位为 g/旦(旦是表示纤维细度的一种单位，纤维长度 9000m，质量为 1g 时的纤度为 1 旦)。

几种主要纤维的强度如表 4-5-1 所列。

表 4-5-1　主要纤维的强度

纤维	丙纶	涤纶	尼龙	维纶	棉	蚕丝	腈纶	黏胶	羊毛
强度/(g/旦)	4.5～7.5	4.7～6.5	4.5～7.5	4.0～6.5	3.0～4.9	3.0～4.0	2.5～5.0	2.5～3.1	1.0～1.7

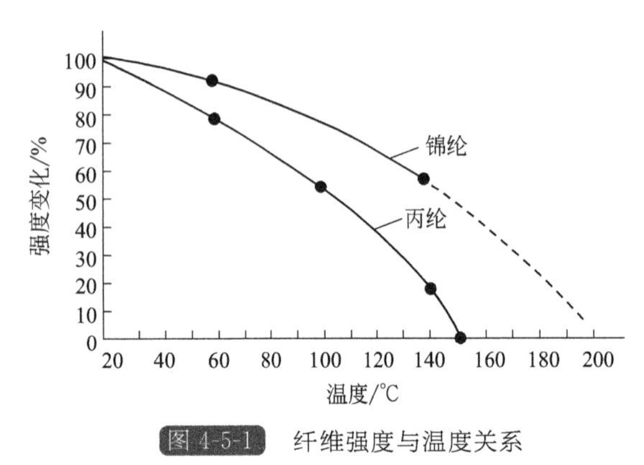

图 4-5-1　纤维强度与温度关系

丙纶的强度随温度的降低而增加，随温度的升高而下降，其下降的程度超过了锦纶。在室温下，设丙纶和锦纶 66 的强度为 100%，纤维的强度与温度的变化关系如图 4-5-1 所示。由于丙纶的熔点低，在高温时强度下降更多，在染整加工时应足够重视。

③ 丙纶耐磨耗性能也很突出。羊毛制的地毯在踩踏 15000 次后就损坏了，而丙纶制的地毯在踩踏 70000 次后仍然完好。

④ 丙纶的弹性好。纤维在负荷作用下发生一定的伸长(如 3%)，解除了负荷后，在规定的时间(如 60s) 内恢复原长的能力，称为纤维的回弹率。如能完全恢复原长，则回弹率为 100%，纤维的回弹率高，其织物的尺寸稳定性就好，不易起皱和变形。从表 4-5-2 中可以看出，丙纶的回弹率是相当高的。

表 4-5-2　几种纤维回弹率

纤维	丙纶	尼龙	涤纶	腈纶	维纶	羊毛	黏胶	棉
回弹率(伸长 3%时)/%	90～100	95～100	90～99	90～95	70～85	99(2%伸长)	55～80	74(2%伸长)

表示纤维弹性的另一个指标是初始弹性模数，也叫杨氏模数，是使单位纤度(或横截面)的纤维产生单位形变所需的负荷，一般指伸长 1%时所需的力，用 kg/mm^2 或 g/旦表示。弹性模数表示纤维的刚性，模数大的纤维，在加工和使用中变形较小。几种主要纤维的弹性模数如表 4-5-3 所列。

表 4-5-3　几种主要纤维的弹性模数

纤维	丙纶	涤纶	尼龙	维纶	腈纶	棉	黏胶	羊毛	蚕丝
弹性模数/(g/旦)	20～55	25～70	8～45	25～70	25～62	68～93	30～70	11～25	50～100

从表 4-5-3 可以看出，丙纶的弹性模数也是比较高的。

⑤ 丙纶性能上的主要缺陷是光、热稳定性差，易于老化，从而在加工和使用过程中容易产生失去光泽、强度、伸度下降以至发脆等现象。虽然有的合成纤维如尼龙、涤纶等，经

过长期日晒，强度也有降低，但丙纶更为显著。丙纶易于老化，主要是由其化学结构所致。近些年来，国内外的丙纶生产和科技人员，通过在聚丙烯树脂中添加防老化稳定剂以及采取共聚、交联，以改变聚丙烯化学结构性能。丙纶的老化问题已基本得到解决。

⑥ 染色性差是丙纶性能的又一主要缺陷。聚丙烯的化学结构中，分子上没有极性基团，缺乏对一般染料的亲和性，因此难以染色，经光、热氧化又易于褪色。经过研究实验，目前已得到较好的解决途径。例如纺丝前在聚丙烯树脂中加入助染剂，以改善丙纶的染色性能；或纺丝前在聚丙烯树脂中加入颜料以纺制有色纤维，即原液着色；或向聚丙烯分子链上嫁接能够接受染料的聚合物；以及在丙纶织物染色前进行表面化学处理，使纤维变性而改善染色性能；等等。这些措施都已得到较好的效果。

⑦ 化学性能。丙纶是碳链高分子化合物，且不含极性基团，耐酸、碱及其他化学药剂的稳定性优于其他合成纤维。但丙纶对有机溶剂的稳定性稍差，见表4-5-4。

表4-5-4 丙纶在各种溶剂中的保留强度

试剂		浓度/%	保留强度(4个月后)/%
酸	盐酸	34	100
	硝酸	66	100
	硫酸	94	100
	甲酸	75	100
	冰乙酸	—	100
碱	氢氧化钾	40	90
	氢氧化钠	40	90
溶剂	三氯乙烯	—	80
	四氯乙烯	—	80
	甲苯	—	85
	苯	—	80
氧化剂	次氯酸钠	有效氯5%	85
	过氧化氢	(12%体积分数)	90

5.1.2.3 丙纶的用途

用它做渔网，质量仅为麻制品的1/3。用它织成军用蚊帐，质量只有50～100g。

丙纶用于制地毯、毛毯、毛毡是合适的。

① 聚丙烯树脂压延成薄膜，再经高度延伸处理拉裂成细条，即成拉裂纤维。这是一种生产费用低的新加工工艺，拉裂纤维用于制麻袋、包装材料，可代替农业生产的黄麻。

② 丙纶可与棉、毛、黏胶纤维混纺用于衣着、绳索、滤布。丙纶可代替棉絮，既轻又暖。丙纶制的医药用纱布可不粘连伤口。

③ 丙纶(PP)纤维材料在轿车中的使用日渐广泛，利用其良好的可塑性，在地毯材料和内饰件塑性骨架材料(如玻璃纤维、天然纤维增强塑性毡材)上广泛使用。因其较小的密度($0.91g/cm^3$)，同样重量的产品单位面积绒面比涤纶、尼龙产品丰满；另外，其良好的回收利用性能满足了欧洲日益严格的汽车回收法规要求。但是普通丙纶由于耐老化、抗紫外线性能较差，不能达到轿车内饰严格的物理指标要求，因此阻燃、抗老化处理的丙纶纤维得到大

力发展，欧洲生产的普通轿车用抗老化、抗紫外线、阻燃的簇绒地毯中，丙纶长丝的用量已经超过尼龙长丝的用量。欧洲轿车内饰生产商已经研制出簇绒长丝、簇绒基布、纤维固结用黏合剂、塑性背涂层材料和背面覆盖的无纺布材料，它们均来自于聚丙烯树脂的车用模压簇绒地毯，整体性能接近于普通尼龙簇绒地毯，但是边角料和成品均可回收使用，因而绿色环保性能极高。

5.2 丙纶的生产过程

聚丙烯的分子结构有全同、间同和无规三种，目前生产的丙纶为全同立构聚合物。聚丙烯的合成是以丙烯为原料，在烷烃溶液中进行定向聚合，用三氯化钛或卤化烷基铝作催化剂，聚合温度为 50～70℃，在 5～10 个大气压下进行，反应表示如下。

$$n\mathrm{CH_2{=}\underset{\displaystyle\mathrm{CH_3}}{\underset{|}{CH}}} \longrightarrow \mathrm{\left[CH_2{-}\underset{\displaystyle\mathrm{CH_3}}{\underset{|}{CH}}\right]_n}$$

丙纶短纤维的聚合度一般控制在 1000～2000，长丝聚合度可提高到 5000 左右。聚合物的等规度一般为 85%～97%，熔点为 164～170℃。

聚丙烯多采用熔体纺丝法制取长丝和短纤维，纺丝过程与涤纶、锦纶相似。由于成纤聚丙烯分子量大，使熔体黏度较高，流动性差，对喷丝不利，所以纺丝温度要比聚丙烯熔点高 50～130℃，即实际熔体温度为 260～300℃左右。

聚丙烯长丝纺丝的工艺流程是：料斗→螺杆空压机→弯管→纺丝箱→计量泵→喷丝头→环形冷却→冷却甬道→油盘→导丝盘→卷绕丝盘。

纺丝后的长丝制品要经过拉伸、加捻和热定型。丙纶在冷却成型过程中的结晶速度较快，故拉伸时要严格控制温度，冷却温度要比涤纶和锦纶低，以防止其结晶度过大，到后加工时牵伸难以进行。因为丙纶的吸湿性很低，对湿度条件要求不像锦纶那样严格。纺丝后进行拉伸、热定型等，再按棉型或毛型纤维的不同要求，切成短纤维。

5.3 废丙纶的再生利用

丙纶又称聚丙烯纤维，生产过程与涤纶生产相似，因为聚丙烯中没有酯键不会发生水解，所以没有复杂的干燥过程。丙纶的性能不适用于服装产品，因为吸水性差，蜡感也很强，缺少服用纤维的舒适性。丙纶的应用主要在低档地毡、非织造布、装饰织物、工业用过滤材料、农用编网、建筑用安全网、混凝土填料、船用绳索等。

废丙纶的再生利用技术包括直接回收利用和间接回收利用[55]。

5.3.1 直接回收利用

在纺丝和非织造布生产中，会产生废料和边角料。这些废料几乎没有杂质，可以直接回用。在回用时，由于非织造布的纤维膨松，必须经过切断和压实才能使用。采用的回收工艺路线(图 4-5-2) 为：切断→压搓造粒→进入螺杆挤出机熔融挤出→纺丝→拉伸→铺网→加固→包装。

例如，常熟有 2300 多家服装厂，年产成衣 3 亿多件，也产生大量废布边角料，过去一

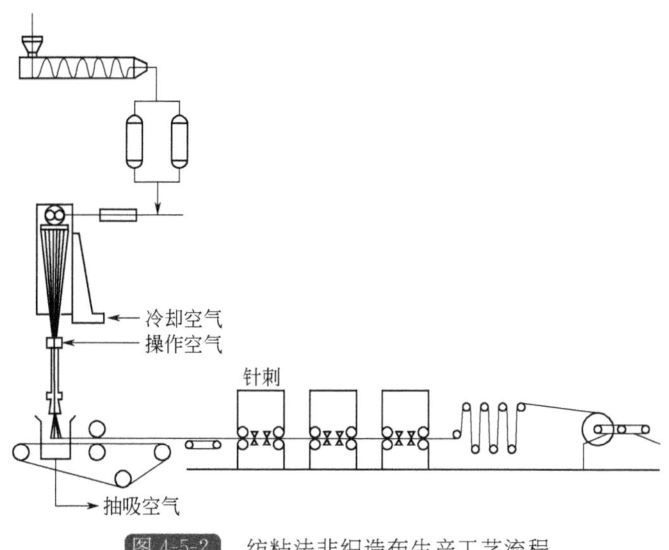

图 4-5-2 纺粘法非织造布生产工艺流程

些厂家集中焚烧，产生污染。1993 年，常熟成立了专“吃”废布料的常熟市汽车试件有限公司，与意大利合作攻关，拥有专利技术的流水线，利用服装行业产生的大量边角料及废丙纶丝，生产精美的汽车装饰件，这些产品为大众、通用、奔驰、宝马等汽车配套选用，废丙纶循环使用，变废为宝，公司年销售额达 10 亿元。

5.3.2 间接回收利用

废丙纶比较难回收，因为与其他纺织材料交织在一起，产量比较低，不适应大工业回收生产。随着丙纶应用增加，构成规模化回收，可以采用下面的工艺路线：粉碎→清洗→浮选→脱水→干燥→压搓造粒→进行回收或催化裂解。

5.3.3 丙纶再生地毯

丙纶 BCF 丝具有膨松、轻质等优异性能，所以丙纶簇绒、针刺地毯迅速发展，约占簇绒、针刺地毯的 80%，丙纶地毯，因价廉物美而用于室内铺地材料。地毯的质量，应符合以下 10 项内容：a. 弹性好；b. 抗震；c. 坚牢柔软；d. 保暖；e. 耐污；f. 隔声；g. 不带静电；h. 有良好的形变回复性；i. 容易清扫；j. 防虫、抗菌、消臭。

针刺地毯有 80% 使用丙纶原料。丙纶地毯用旧后会脱毛，需要更新和回收废旧地毯，现已开发成功再生回用新技术，这种方法能循环回用丙纶原料，生产廉价地毯。

(1) 常规回用废旧丙纶地毯方法

一般来说，现在普遍使用的针刺地毯，是用丙纶纤维压延堆成板状地毯，因在非织造布内要用黏合剂涂层基布，而基布用含无机物黏合乳胶，所以习惯对废旧丙纶地毯采用废弃或焚烧处理。因为体积庞大、处理困难，所以也采用下面两种方法：①用旋转割刀，把废旧丙纶地毯切成细条形状，生产土木建筑用薄板，或作汽车用座垫内垫料；②用热处理制成粒状原料，重新用于生产丙纶地毯。

(2) 丙纶再生地毯

再生回用废旧丙纶地毯新技术，是用 2 种不同熔点的丙纶复合纤维法，即用热处理方法，对熔点低的丙纶地毯外侧用丙纶纤维熔融粘牢成非织造布，因为节约基布，同时又不用黏合乳胶，除了容易快速再生循环回用外，其最大优点就是比现有针刺丙纶地毯制造方法减少原料45%。此外，加工热量也只需生产丙纶针刺地毯的1/2，因此能大大降低再生回用丙纶地毯的制造成本，相当于所节约原料，增产1倍丙纶地毯，所以经济效益十分可观。

参考文献

[1] 李为民，陈乐，缪春宝，等．废弃物的循环利用．北京：化学工业出版社，2011.
[2] 陈占勋．废旧高分子材料资源及综合利用．第2版．北京：化学工业出版社，2006.
[3] 汪秀琛，刘哲．服装材料基础与应用．北京：中国轻工业出版社，2012.
[4] 刘明华，林春香．再生资源导论．北京：化学工业出版社，2013.
[5] 陈蕴智．印刷材料学．北京：中国轻工业出版社，2011.
[6] 袁宗达．物资回收业务基础．上海：华东师范大学出版社，1993.
[7] 伍天荣，李淑华，顾晓梅，等．纺织应用化学与实验．第2版．北京：中国纺织出版社，2007.
[8] 魏寿彭，丁巨元．石油化工概论．北京：化学工业出版社，2011.
[9] 天津第一石油化工厂．石油化工常识．北京：石油化学工业出版社，1977.
[10] 张师军，乔金樑．聚乙烯树脂及其应用．北京：化学工业出版社，2011.
[11] 徐培林，张淑琴．聚氨酯材料手册．第2版．北京：化学工业出版社，2011.
[12] 李蕾．纺织纤维的鉴别方法研究进展．印染助剂，2015，32（4）：5-10.
[13] 杨建设．固体废物处理处置与资源化工程．北京：清华大学出版社，2007.
[14] 李浩，王选仓，等．改性废旧纤维固沙剂的制备及其应用性能评价．公路交通科技，2013，30（5）：13-18.
[15] 刘彦龙，唐朝发，刘学艳．干法纤维板生产技术．长春：吉林人民出版社，2004.
[16] 顾继友，胡英成，朱丽滨．人造板生产技术与应用．北京：化学工业出版社，2009.
[17] 王天佑．木材工业实用大全．北京：中国林业出版社，2002.
[18] 韩雪清．国内外聚酯纤维供需形势分析及发展预测．合成纤维工业，1997，20（3）：31-35.
[19] 张师民．聚酯的生产及应用．北京：中国石化出版社，1997，
[20] 张仲燕，赵根妹，梁琥琪，等．聚酯（PET）废塑料分离回收方法研究．环境科学，1994，20（3）：26-29.
[21] 沈俊才，李伯成，林志丹，等．废弃涤纶织物对β成核剂改性回收PP结晶熔融行为及形态的影响．中国塑料，2010，24（10）：89-93.
[22] 王建坤，王书祥，杨继强，等．涤纶增强混凝土的性能研究．产业用纺织品．2007（8）：35-38.
[23] 朱晶心，马彦龙．利用涤纶废料合成不饱和聚酯树脂的研究．环境工程，2002，20（4）：56.
[24] 徐延生．涤纶纤维阻燃剂的浅析与展望．黑龙江纺织，2009，4：21-22.
[25] 于浩．国内外废成纤聚合物再利用的研究．塑料开发，1997，23（2）：676-681.
[26] 杨浩．上海石化总厂实验厂涤纶废丝再纺装置工艺设计．合成纤维，1988（6）：40-42.
[27] 汪涌．聚酯瓶回收制再生纤维．合成纤维，1997，20（3）：41-42.
[28] 沈明华．用聚酯瓶片料和再生料生产中空粗旦短纤维．合成纤维，1996（6）：40-42.
[29] 项风钰，周菊兴，张清江．涤纶废料合成不饱和聚酯的研究．热固性树脂，1989（3）：18-21.
[30] 余丽秀，孙亚光．利用聚酯（PET）废料研制不饱和聚酯树脂．塑料工业，1993（5）：24-27.
[31] 王远通，于强．用涤纶废丝和反丁烯二酸等合成不饱和聚酯树脂．塑料工业，1988（5）：55-56.
[32] 徐鹤卿．利用回收PET制取聚合物混凝土．塑料加工，1993（5）：24-27.
[33] 黄发荣，陈涛，沈学宁．高分子材料的循环利用．北京：化学工业出版社，2000.
[34] 张亚雷，难降解有机废水（腈纶废水）处理工艺及其有机污染物生物降解性能研究．上海：同济大学，1999．
[35] 范福海，郝艳玲．腈纶废丝改性水解物的制备及其絮凝效果．应用化工，2004，33（6）：28-30.
[36] 韩希清，张谦，梁永平，等．高分子絮凝剂简易制备方法及效果的试验研究．工业水处理，1990，10（1）：28-30.
[37] 刘宇，褚庆辉．利用腈纶废丝合成絮凝剂PAN-DCD. 水处理技术，1997，23（1）．
[38] 吴凡．腈纶胶用作活性染料印花原糊的研究．染整技术，2007，29（12）：33-36.
[39] 沈艳琴．用腈纶废丝制备聚丙烯酸浆料及其性能的研究．上海纺织科技，2010，38（10）：32-34.

[40] 雷良才，李海英．利用废腈纶制备吸水树脂．精细化工，1996，13（4）：57-59.
[41] 李寅，汪承果，赵晓红．腈纶废丝水解法制备高吸水树脂．精细石油化工，1993（5）：19-22.
[42] 于培志，王学英，耿同谋，等．阳离子改性腈纶废丝在正电钻井液中的应用研究．现代化工，2004，24（10）：31-36.
[43] 沈艳琴．以腈纶废丝为原料新型丙烯类浆料的制备．北京纺织，1990（8）.
[44] Yoshinari Taguchi，Hiroshi Yokoyama，Hideo Kado，et a1. Preparation of PCM microcapsules by using oil absorbable polymer particles. Colloids Surf，2007，301（1-3）：41.
[45] Cbeng Shiliang，Chen Yanmo，Yu Hao，et al. Synthesis and properties of a spirmable phase change material CDA-IPDI-MPEG. E-Polymers，2008（136）：1.
[46] Anant Shukla，Buddhi D，Sawhney R L. Thermal cycling test of few selected inorganic and organic phase change materials. Renewable Energy，2008，33（12）：2606.
[47] Guo Jing，Li Nan. Preparation and properties of form-stable phase change materials polyethylene glycol/polyamide 6 blends. Potym Mater Sci Eng，2009，25（5）：161.
[48] Hu ji，Yu Hao，Chen Yanmo，et al. Study on phase-change characteristics of PET-PEG eopolymers. J Maeromol Sci B，2006，45（5）：615.
[49] Hou Min，Yu Hao. Phase change fibre's preparation of CIA-*g*-MPEG and the study on its heat per-formance. J Donghua University：Natural Sci FA，2006，32（6）：124.
[50] 郭静，相恒学，王倩倩，等．腈纶废丝/硬脂酸相变纤维的制备及性能研究．材料导报 B：研究篇，2011，25（3）：77-79.
[51] 任国强，冯连芳，顾雪萍，等．用于腈纶废丝溶解的往复回转式搅拌器的研究．合成纤维工业，2001，24（5）：8-11.
[52] 赖志峰．锦纶 6 纤维的生产技术及其发展趋势．广东化纤，2001(1)：29-31.
[53] 黄南薰，沈宗伟．回收锦纶 6 废料和废渣工艺技术的探讨．合成纤维，1992(02)：25-27.
[54] 周桂荣．丙纶短纤的特性、用途和纺纱工艺特点．上海纺织科技，1997(02)：10-13.
[55] 李增俊，沈来勇．我国丙纶再生纤维的开发与应用// 中国纺织工程学会化纤专业委员会学术年会暨生物基纤维材料与汉麻产业发展论坛，2013.

第五篇
其他废旧高分子材料高值化利用

第1章 废旧高分子涂料的高值利用

1.1 涂料的概述

涂料是一种可以用不同施工工艺涂覆在物件表面的材料，可形成黏附牢固、具有一定强度、连续的固态薄膜。这样形成的膜通称涂膜，又称漆膜或涂层。涂料在使用前是一种有机高分子溶液(如清漆)、胶体(如色漆）或粉末，添加或不添加颜料后调制而成。高分子涂料具有品种多、色彩艳丽、耐老化、装饰效果好和价格便宜等特点，不仅住宅建筑内外饰面大量使用，在一些高级建筑物中也可用来代替昂贵的大理石、花岗岩、面砖、金属等高级材料[1]。常用的高分子涂料有大漆、油性涂料、合成树脂漆。

大漆是一种以天然漆为主要成分经加工而成的熟漆[2]。漆膜坚硬，富有光泽，耐腐蚀。油性涂料是以植物油或植物油加天然树脂或改性酚醛树脂为基本组成。以下介绍几种常用的合成树脂类漆。

（1）醇酸树脂漆

醇酸树脂漆[3]是以油改性醇酸树脂为主要成膜物质的一类涂料，可在常温下干燥，漆膜坚硬光亮，具有优良的耐候性，主要用作工业涂料和建筑涂料，在国民经济各部门具有广泛的用途。我国生产的醇酸树脂漆品种有清漆、磁漆、底漆、腻子等80多种，各种花色达数百种。

（2）氨基树脂漆

氨基树脂[4]是热固性合成树脂的主要品种之一。因性脆，附着力差，不能单独配置涂料，但它与醇酸树脂并用，可以制成性能良好的涂料，这是由于氨基树脂的羟甲基与醇酸树脂的羟基在加热条件下交联固化成膜。两种树脂配合使用的结果是，醇酸树脂改善了氨基树脂的脆性和附着力，而氨基树脂改善了醇酸树脂的硬度、光泽、耐酸、耐碱、耐水、耐油等性能。所以又称氨基树脂涂料为氨基醇酸烘干漆或氨基烘漆。

（3）环氧树脂漆

环氧树脂漆[5]是以环氧树脂为主要成膜物质的涂料。种类众多，各具特点。概括各类特点有：附着力强，耐化学品性、防腐性、耐水性、热稳定性和电绝缘性优良，广泛用于建筑、化工、汽车、舰船、电气绝缘等方面。该漆经户外日晒会失光粉化，一般用作底漆[6]。

（4）聚氨酯漆

聚氨酯漆是在20世纪后半叶才发展起来的一种新型材料，由于它的结构中除含有氨基甲酸酯键外，还含有酯键、醚键、脲键、缩二脲键、脲基甲酸酯键、酰基脲键以及油脂的不饱和键，因此，既具有类似酰胺基的特性，如强度、耐磨性、耐油性，又具有聚酯的耐热性与耐溶剂性，以及聚醚的耐水性和柔顺性。除此之外，聚氨酯的主要原料异氰酸酯很活泼，不仅能与羟基树脂结合，还能与底材中的羟基结合形成牢固的化学键和氢键，增强了与底材的黏附力。同时，聚氨酯主链上氨基甲酸酯的重复出现，又使其树脂具有很好的光学性能，这些特征使它集涂料的优点于一身，具有极好的通用性和优异的使用效果，因此，一经问世，便在飞机、汽车、家具等行业得到了迅速发展。

（5）粉末涂料

粉末涂料与一般涂料的形态完全不同，它是以微细粉末的状态存在的[7]。由于不使用溶剂，所以称为粉末涂料。粉末涂料具有节省能源、减少环境污染、工艺简单、容易实现自动化、涂层坚固耐用及粉末可回收再利用等特点。主要用于电器、交通工具、建筑物及一般工业用途。

1.2 国内涂料发展概况

改革开放以来，我国涂料行业经历了一个快速发展的时期，涂料行业在高速成长的房地产、汽车、船舶、运输、交通道路、家电等行业的带动下，生产总量每年以两位数的增速发展，呈现出产量连连攀升、发展势头强劲的特点。在科技兴国战略指引下，科技体制改革和涂料市场国际化的推动下，国内涂料企业在引进国外先进设备、先进技术的基础上，通过学习、消化和吸收，不断缩小国际品牌企业的技术差距。部分发展较好的本土品牌企业，通过加大技术研发投入力度和产学研结合的方式积极承担重要的涂料、颜料开发项目，科技成果、发明与利润逐年增多，科技创新呈现活跃景象，涂料本土品牌企业与国际品牌企业技术水平差距日益缩小。2009～2015年的全国涂料产量如图5-1-1所示。2015年中国涂料行业总产量达到1718万吨[1]。未来5年，国民经济保持平稳较快发展，受益于工业和民用两方面的需求拉动，将有更多的企业进入涂料行业。中国的涂料市场整体需求总量在逐年增加，市场容量也在不断变大。随着汽车、家具等行业的发展，涂料市场的未来将更加广阔。据中商产业研究院预测，到2021年，中国涂料行业产量将达到3018万吨。

工业发达国家，建筑涂料为消费比例最大的一类涂料，约占涂料总产量的50%。目前，国外涂料生产正向规模化、集团化、自动化方向发展，从树脂合成到涂料的制备，采用规模效益，如反应装置达到了40～60L，设备先进，自动化高，工艺稳定，涂料制备采用封闭式配料系统和自动输送系统[8]。发达国家不仅在涂料品质上进行严格控制，还在施工规范、结构设计上进行控制[9]。在我国涂料中，聚乙烯醇类低档涂料约占40%，并有逐年下降的趋势。而内外墙乳胶漆占40%，溶剂型涂料占20%左右，主要是室内木质装饰漆和外墙涂料[10]。目前内墙涂料主要品种是聚醋酸乙烯、聚醋酸乙烯-丙烯酸酯、聚苯乙烯-丙烯酸、乙烯-醋酸乙烯类乳胶漆和聚乙烯醇类涂料。外墙涂料分乳胶涂料和溶剂型涂料两类。乳胶涂料中以聚苯乙烯-丙烯酸酯和聚丙烯酸类品种为主；溶剂型涂料中以丙烯酸酯类、丙烯酸

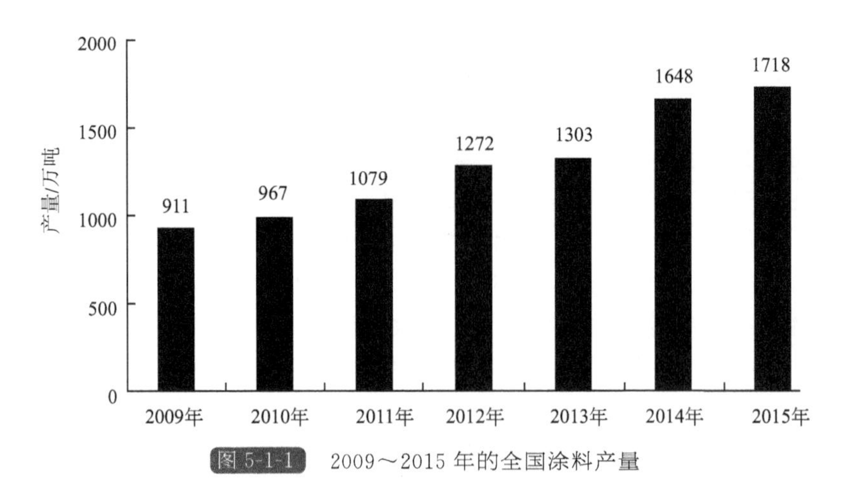

图 5-1-1　2009～2015 年的全国涂料产量

聚氨酯和有机硅接枝丙烯酸类涂料为主，还有各种砂壁状和仿石型等厚质涂料。地面涂料以聚氨酯和环氧树脂类涂料为主[11]。

随着人们对环境问题的关心，对于涂料的污染和毒性问题也越来越重视。涂料中大量使用的溶剂是大气污染的重要来源，因此发展无毒低污染的涂料是环境保护的需要。总之，今后我国涂料工业将有 4 大发展趋势。

1）企业向专业化、集团化、规模化方向发展。

2）产品向高科技含量、高质量、多功能方向发展。

3）品种向环保型方向发展，向低污染、低能耗方向发展[12]。

4）市场向外辐射和扩张，产品的市场定位向全球化方向发展。

1.3　涂料的主要回收方式

随着全球环境污染的日益严重，世界环保组织及多国政府都在为环保做最大的努力。尤其国内近年，我们可以感受到政府在环保方面空前强硬的治理力度。剩余废旧涂料的处理问题早已是各国政府、涂料业界及相关环保组织老生常谈的话题。中国作为涂料需求大国，每年涂料消耗约 1800 万吨，而每年由于涂料使用预算与实际施工的数量出入较大，以及市场供需因素无法准确控制涂料的产出及消耗比，导致所产生的剩余待处理涂料数量大得惊人。据了解，全球废旧剩余涂料基本一致采用传统的燃烧或掩埋等处理方式，而这种不科学的处理手法，对于已患污染重疾的地球环境，无疑是一种难以补救的破坏行为，将积累更多无法估量的毁灭性隐患。如何更好地处理剩余废旧涂料仍然是涂料企业或施工方面临的一大难题。一直以来，废旧涂料回收处理是涂料行业中相当重要的一环，对涂料循环利用、资源价值重塑有着非常重要的作用。废旧涂料回收行业的存在由来已久，应涂料行业而生，不可或缺。虽然我国政府目前尚未对废旧涂料回收行业进行条例规范，其中也存在部分乱象，但是其产业链的核心早已系统化。有部分企业一直对回收的产品采用专业设备和技术进行加工，变废为宝，再次循环利用。例如，英国涂料联合会(简称 BCF) 旗下组织 Paint Care 呼吁政府关注废旧涂料所造成的环境问题。

废旧涂料处理最好的方法是回收再处理，废旧涂料燃烧会污染大气环境，任意倾倒又会污染土地资源，很容易引起火灾。废旧涂料处理有下面几个步骤：先将回收之后的废旧涂料分类，同时不能混杂；可以将废旧涂料放入长方形水槽，并且加入双倍水，再加入一定量的特殊溶剂，浸泡1～2天；然后经过脱水处理，加入适合的溶剂，进行研磨、搅拌、过滤。废旧涂料回收处理后，如果发现光泽度变差，应加入适量增光剂，能够应用到汽车维修、桥梁等的外表涂抹上，通常跟新涂料没有区别，并且成本上仅仅是新涂料的一半。

废旧涂料的定义是变质、过期、剩余的涂料，这些涂料或者因为变质或者因为过期，如果投入到正常使用中容易发生质量问题。但是这些废旧涂料还有可利用价值，废旧涂料可以进行回收处理，加工再利用，回收之后进行再加工能够重新投入使用，是不可多得的材料。废旧涂料处理中有一种是不能够回收的，就是变成固体的涂料没有回收价值。

1.3.1 喷漆的回收

涂料喷涂车间的生产工序主要是打磨和涂料喷涂。一般的涂料施工采用两底两面工艺处理，即两遍底涂料浇淋、两遍面涂料喷涂；在生产过程中，底涂漆使用量较面层涂料量少，且是可回收循环使用的；面层涂料的使用量较大，但由于回收设备在国内未曾有投入和研发，导致目前国内对水性漆的回收方案和设备空白。在实际的喷涂过程中，近60%的涂料是浪费在空中的，飞散的涂料集成块后将成为废渣。另外，堆积的干涂料清理也比较困难，并且统一清理后须通过环卫所统一处理。因此，如何进行面层涂料回收和回收后的再利用是一项迫切需要解决的任务。目前，国内大多数喷涂车间均采用在循环水中加漆雾凝聚剂对废漆雾进行处理，但这最终会产生大量的废漆渣，这些废渣的处理一般都很困难，国内对废漆渣的处理主要有三种方法，即燃烧法、填埋法和回收再生利用法。前两者对环境的污染都很大，尤其是填埋处理影响更深远。传统的回收利用工艺为了方便漆雾的捕抓，一般在喷漆房的循环水槽中加入具有强碱性的絮凝剂，由于漆渣在浸水过程中高分子树脂已经受到一定的破坏，且随着浸泡时间越长，破坏程度越大，因此，再生后的油漆性能和原油漆相差很大。根据废渣的来源不同，分为含水漆渣和干性漆渣。含水漆渣主要是从水槽中打捞，干性漆渣主要是从回收喷漆房壁和管道表面获得，其回收再生处理工艺不同。

(1) 含水漆渣回收再生处理工艺

废油漆渣回收→干燥→粉碎→溶解→过滤→净化→调节黏度

(2) 干性漆渣回收再生处理工艺

废油漆渣回收→稀释剂浸泡→搅拌溶解→调节黏度

含水油漆渣回收再生处理后涂层各项性能明显降低。主要是因为经过水浸泡后漆渣中的高分子树脂和助剂受到一定影响，特别是对光泽度有很大影响的酯类；干性漆渣回收再生处理后性能可与原油漆相差不大，主要是由于干性漆渣主要来源于喷漆房壁和管道表面，没有和水接触，几乎没有受到污染，漆渣中的高分子树脂和其他助剂没有受到破坏，再生处理后的漆液细度和原油漆相差不大，溶解过程不需过滤，只需调节其黏度就可以直接使用。

喷漆的主要回收工艺流程见图5-1-2。废渣回收再生技术对废渣的物性要求较高，若漆渣的分子结构已被完全破坏，变得十分脆硬，无法在溶剂的作用下回黏，则这种漆渣是无法进行再生处理的，故选择一种合适的漆雾凝聚剂是整个工作的关键。漆雾凝聚剂的主要成分是氢氧化钠和水玻璃，另含微量的活性剂，其作用是将氨基醇酸树脂分子中的羧基皂化溶于水中，从而把漆雾截留并使之失去黏性，另外还可起到胶包膜的隔离作用。

将油漆废漆渣回收再生处理无论在理论上还是在实践上都是可行的，而选择合适的漆雾凝聚剂则更有利于回收再生。油漆废渣易着火，又易污染环境，无论是烧掉或倾倒掩埋都会

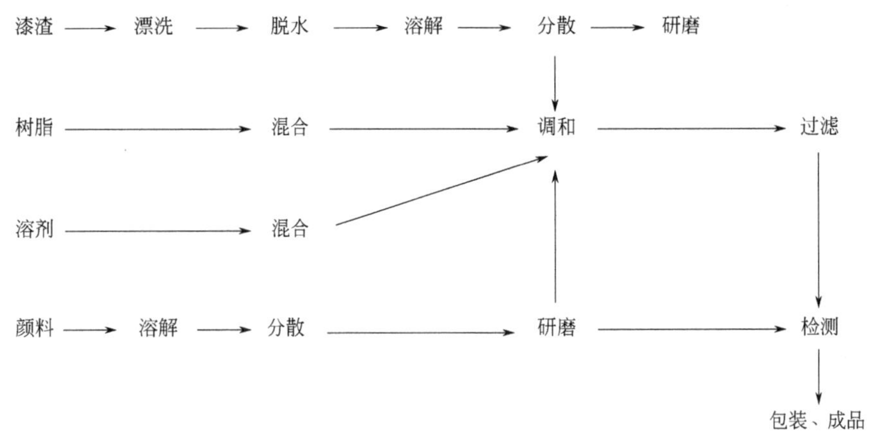

图 5-1-2 喷漆的主要回收工艺流程

造成污染。现将其回收再生处理，变废为宝，解决了油漆废渣难以处理的环境污染问题，其社会效益和影响都是不可估量的。

1.3.2 墙纸涂料的回收

在流水线中，墙纸的生产包含涂布浆料、干燥、印刷、软化等工序。现有工艺采用刮刀将原纸上多余的涂料刮除，但是刮除后的涂料若不进行处理，涂料会掉落在原纸上，影响产品品质；另外，现有刮刀是固定不动的，无法调整原纸上涂料厚度。如图 5-1-3 所示，涂料回收装置包括支架、储料桶和刮刀，储料桶安装在支架上，储料桶的底端设置有出料口，还设置有负压抽风机构和高度调整机构。负压抽风机构对准刮刀，高度调整机构包括齿条、与齿条啮合的齿轮以及与齿轮连接的驱动电机(步进电机可提高高度、调节精度)，齿条与刮刀的顶端固定，齿轮旋转时，带动齿条上下移动，从而带动刮刀上下移动，便于调整刮刀与原纸之间的距离，从而调整原纸上涂料的厚度，将涂料刮匀、刮平整，同时将原纸上多余的涂料刮除掉。

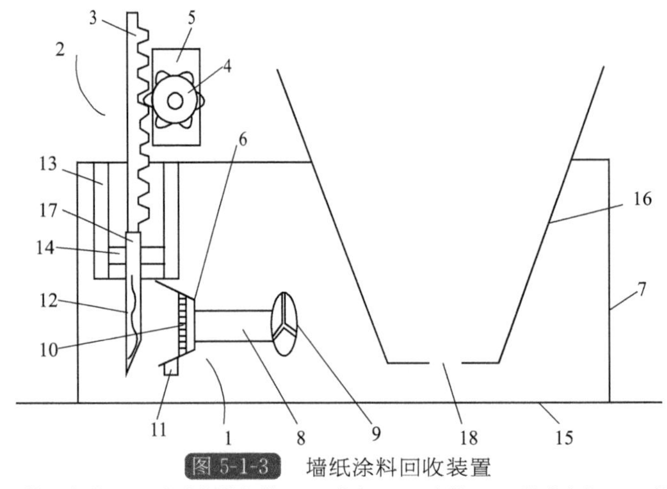

图 5-1-3 墙纸涂料回收装置

1—负压抽风机构；2—高度调整机构；3—齿条；4—齿轮；5—驱动电机；6—抽风罩；7—支架；8—抽风管；9—风机；10—滤网；11—接料槽；12—电热丝；13—导轨；14—滑块；15—原纸；16—储料桶；17—刮刀；18—出料口

负压抽风机构包括抽风罩、与抽风罩连接的抽风管以及与抽风管连接的风机，抽风罩内设置有滤网，风机启动，残留在刮刀上的涂料被抽动而吸附在滤网上，避免涂料进入风机，提高风机的使用寿命，同时滤网可从抽风罩内拆卸下来，便于清洗和更换，方便快捷。抽风罩的下端设置有接料槽，接料槽与抽风罩连接，通过接料槽接住从滤网上掉落的涂料。

刮刀内嵌有电热丝，刮刀在刮除的同时能对原纸上的涂料进行烘干，减少了下道工序时间，降低了时间成本，提高了工作效率。为了确保刮刀高度调整的精确性，从而提高原纸上涂料的平整性，支架上固定有导轨，刮刀上固定有滑块，滑块沿导轨上下移动。在使用时，根据不同定量的墙纸，启动驱动电机，通过齿条移动调整刮刀的高度，调整后，刮刀不动，接通电热丝电源，对刮刀进行加热。储料桶内的涂料沿出料口流到原纸上，朝刮刀移动，刮刀将多余的涂料刮除同时对原纸上的涂料进行烘干。该装置结构简单、使用方便，能够将刮刀上残留的涂料通过负压抽风机构进行收集，避免涂料的掉落，同时可对收集的涂料再次利用，降低了生产成本。电热丝的设置，使得刮刀在刮除的同时能对原纸上的涂料进行烘干，减少下道工序时间，提高工作效率。

1.3.3 水性涂料的回收

在保护地球环境的呼声和各地区环保法规的促进下，近十年来在世界各国汽车工业中，已形成以低 VOC 环保型涂料全面替代传统的有机溶剂型涂料的一场涂装技术革命。低 VOC 环保型涂料(又称低污染型涂料）一般系指高固体分涂料、水性涂料和粉末涂料。其中，水性涂料在汽车工业中更广泛地替代有机溶剂型涂料。例如电泳涂料已普遍用作汽车车身及金属部件的底漆或防腐蚀涂层，又如水性防腐蚀涂料、水性中涂、水性底色漆(金属光泽和本色）和水性罩光清漆等水性喷漆也已获得工业应用。在国外已有几条车身涂装线从底到面全部实现了水性化，在涂装过程中 VOCs 的排放量已大幅度下降，在高的上漆率场合已达到环保法规限制的 $35g/m^2$以下。

为达到最佳的环保效果和节省资源、降低成本的目的，在以水性涂料全面替代有机溶剂型涂料时，普遍采用像电泳涂装和静电喷涂等高上漆率的涂装方法，并努力开发废弃水性涂料(如电泳涂漆件表面带出的槽液，喷涂时产生的过喷漆雾）的回收再利用技术，以达到涂料的完全利用。

1.3.3.1 电泳涂料的回收

电泳涂料和电泳涂装法在汽车工业中获得应用已有三十多年的历史，当初电泳涂装的后清洗水全部作为废水排放处理。1969 年 PPG 公司申请专利将超滤(UF）装置应用于电泳涂装，20 世纪 70 年代在世界范围内很快普及了 UF 法。用 UF 液来清洗电泳涂装后的被涂物，电泳后的清洗液回收入电泳槽再利用。UF 法不仅较大幅度地提高了电泳涂料的利用率(达95%以上)，使电泳涂装迅速普及，同时通过排放 UF 液，使电泳漆槽液中因蓄积杂离子，致使其导电率超过工艺管理范围这一难题得到有效控制。在单涂层电泳涂装场合，实现封闭式电泳后清洗，几乎可做到不排放被电泳涂料污染的废水，并达到较高的电泳涂料利用率。为减少电泳污水的排放量，进一步提高电泳涂料的利用率，近几年来又开发出了 NPECS 电沉积最终纯水洗水的再循环利用法。

NPECS 是立邦涂料电泳沉积系统的英文缩写(nippon paint electric deposition close system)。众所周知，电泳的最终纯水洗的排放水中含有极稀薄的涂料成分，同时还含有细菌等。借助膜分离技术分离涂料和纯水就可以回收涂料。但实际操作并不简单，良好的膜过滤效率和回收涂料在混入电泳槽之前应除去杂离子和低分子量树脂是其难点。

NPECS 法是一种常用的涂料回收再利用工艺，图 5-1-4 所示为 NPECS 法电泳沉积涂料回收再利用流程。NPECS 的工作原理是在从纯水洗工序排出的水中加微量醋酸调整 pH 值，后借助于专用分离膜组（XCC-3010）的 UF 装置浓缩，达到一定浓度的浓缩液送往电泳槽回收，滤液返回纯水洗工序再利用，部分排放，补加少量新鲜纯水以防滤液沉积清洗过程中杂质离子、低分子量树脂等的浓度增加过高。因这种回收滤液中含有微量的溶剂和酸，它们使水洗液中凝聚物减少，颗粒和水痕迹减少，因而使涂膜外观优于一般纯水水洗工艺。

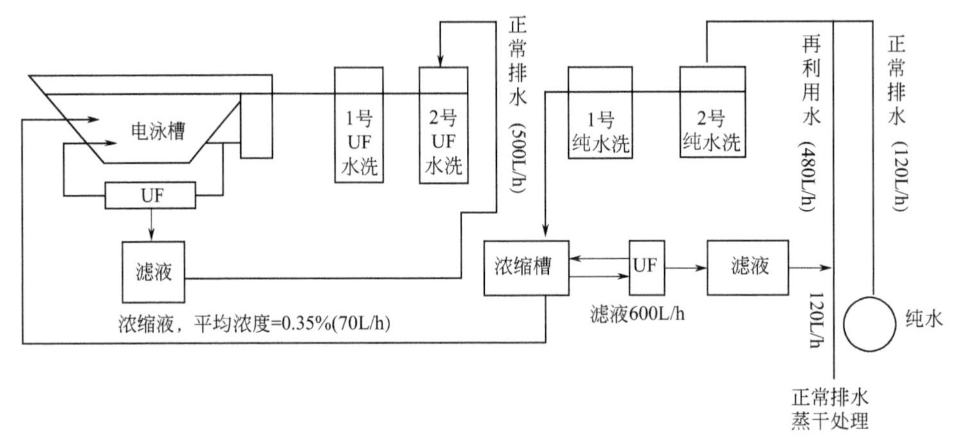

图 5-1-4 NPECS 法电泳沉积涂料回收再利用流程

1.3.3.2 水性涂料自动回收装置

现有技术中针对涂料的浪费也提出了用于对水性涂料进行回收的方法，一般多采用在喷涂装置的喷涂方向的前部设置水幕墙，在喷涂过程中，一部分涂料吸附在被喷涂的产品上，悬浮在空气中的涂料在向前运动的过程中冲撞到水幕墙上，并由水幕墙上的水流将其冲刷到回收箱体内，完成涂料的回收，这种采用水幕墙方式回收涂料的方法虽然完成了涂料的回收，但它所回收的涂料在被水流冲刷的过程中已经完全稀释，不能再作为涂料进行使用，另外被回收的是涂料与水的混合物，由于涂料大多数会污染环境，还需要对所回收的涂料与水的混合物进行处理后才能排放，工艺极其复杂，回收成本较高。

如图 5-1-5 所示，水性涂料自动回收装置具有位于静电喷涂装置所喷涂料运行方向的延长线上的筒体，筒体为两端开口的结构，筒体内设置有吸排气机构和涂料收集机构。涂料收集机构位于吸排气机构与静电喷涂装置之间，具有金属栅栏组阵，由两排多根垂直于涂料运行方向的金属管构成，且相邻两根金属管之间形成空气通道，每根金属管接地。回收装置设置在静电喷涂装置所喷涂料运行方向的延长线上，并位于所需喷涂工件的前方。静电喷涂装置在对所需喷涂的工件进行喷涂作业时，水性涂料在静电喷涂装置的作用下雾化成带负电的涂料喷雾，由带负电的涂料喷雾向前运行对工件进行喷涂，使带负电的涂料吸附在所述的工件上完成喷涂；在喷涂同时开启回收装置的吸排气机构，未吸附在工件上的带负电的涂料喷雾悬浮在空气中，并在吸排气机构的吸力下与空气一起进入回收装置的筒体内，并在吸排气机构的作用下继续沿喷涂方向向前运动，在未吸附在工件上的带负电涂料喷雾的运动过程中，未吸附在工件上的带负电涂料喷雾碰到或接近所述的金属管后被金属管吸附并在重力的作用下沿金属管流入涂料回收箱，进入筒体内的空气为由金属栅栏组阵过滤后的纯净空气，其经由金属栅栏组阵上的空气通道、吸排气机构排放到大气中。

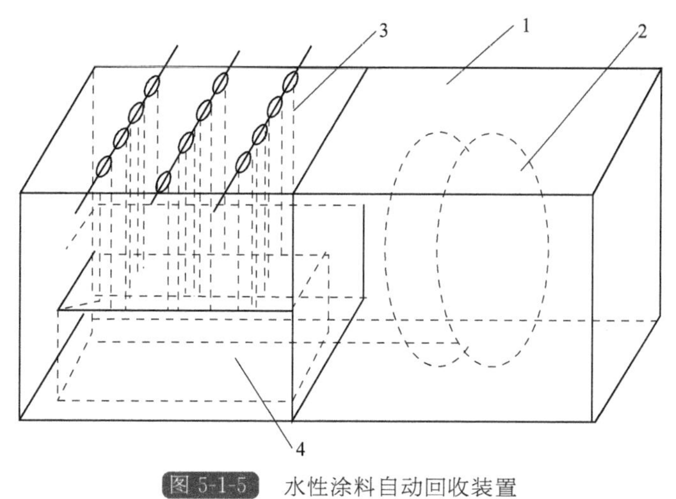

图 5-1-5 水性涂料自动回收装置

1—筒体；2—吸排气机构；3—金属管；4—涂料回收箱

1.3.3.3 水性涂料冷凝式回收器

如图 5-1-6 所示，水性涂料冷凝式回收器采用 3mm 镜面不锈钢作为制冷涂料回收容器的回收面，作为直接吸附水性涂料飞雾用的工作面。水冷式制冷机组安装在制冷涂料回收容器的背面，水冷式制冷机组对制冷涂料回收容器 2 内的制冷循环液体通过高速循环离心泵进行循环均匀制冷，水塔提供的循环水体对压缩机进行工作冷却，达到水冷式制冷机组的有效散热和持续正常工作，直到达到和保持设定的温度，致使镜面回收壁的温度始终在要求的范围内，从而有效回收飞溅在镜面涂料回收面的涂料气雾，涂料气雾在保湿和重力的积累下，会自动回流到收集器内。

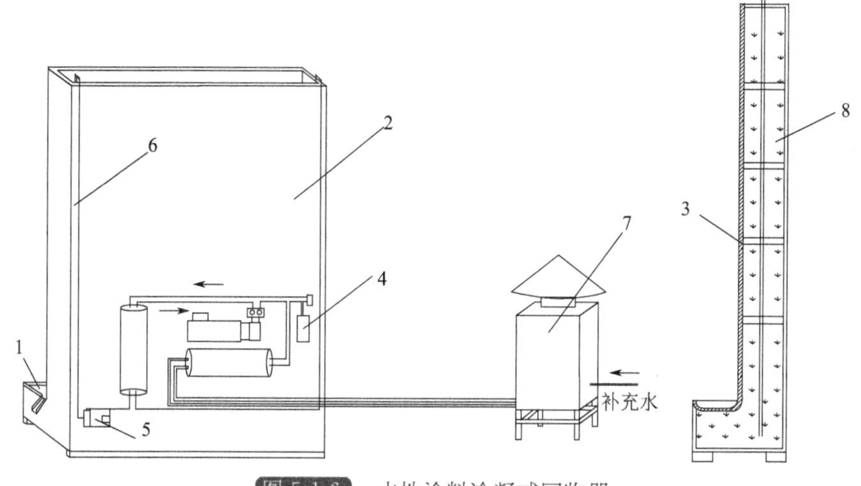

图 5-1-6 水性涂料冷凝式回收器

1—涂料收集器；2—立柜式涂料回收容器；3—涂料回收面；4—制冷机；
5—离心泵；6—制冷液输送管；7—水塔；8—制冷循环液

1.4 聚氨酯涂料的回收再利用

聚氨酯涂料由于其优良的性能，在涂料领域得到广泛的应用，然而在聚氨酯涂料消费量大量增加的同时，在其生产和使用过程中也产生了大量的废弃聚氨酯涂料，包括生产中的边角料和废料[13]。目前，废弃聚氨酯涂料的处理方法主要采用焚烧、填埋和作为包装填料，这不仅造成了化工资源的极大浪费，还造成了新的大气污染和土地浪费等问题。随着人们环保意识的提高，实现低污染、可持续的合理利用资源，已成为人们实际生产中必须克服和考虑的问题。聚氨酯作为重要的大量使用的一种高分子合成材料，废弃聚氨酯涂料的回收与再利用研究已经引起各级政府和科技人员的重视，成为亟待解决的重要课题。

对废旧材料回收再利用水平的高低，可以间接地反映一个国家的科技发展水平。西方一些发达国家在废料回收方面具有丰富的经验，并取得了一系列的成果。虽然国内在化工领域还不够发达，可近些年我国也一直致力于废料回收方面的研究工作。2007 年我国的聚氨酯消费总量占全球消费总量的 28.5%，仅次于北美(31%)。因此，聚氨酯废料的回收再利用已是我国刻不容缓需要解决的问题。研究表明，废弃聚氨酯涂料的回收途径主要有能量法、物理法和化学法。

1.4.1 能量回收

能量回收法是通过将废料焚烧来回收热量，焚烧法一直是处理高聚物废料的一种重要方法。焚烧法不仅可以回收一定的能量，还可以将废弃物的体积减小 99%，减少了存放垃圾场地带来的占用土地问题。许多欧洲国家都采用焚烧法来解决日常生活和工业生产中的废料，焚烧产生的能量可供给日常生活的热能。焚烧法可利用废弃聚氨酯涂料中的大量热能，从而使其在回收方法中占据着重要的作用，1kg 聚氨酯燃烧能够产生 29282kJ 的热量[14]。焚烧法可以说是一种比较好的方法，特别是针对那些化学成分不确定或者与其他物质不易分离的废弃物来说。但是必须要保证在焚烧过程中废料燃烧完全，如果燃烧不完全就会产生有毒气体。

1.4.2 物理回收法

物理回收法不需要经过化学处理，可直接将废弃聚氨酯涂料进行重新利用。物理回收法简单方便，但是目前各种物理回收方法的处理过程都还存在一定的技术限制，获得的产品市场使用范围有限。物理回收法虽然操作简单，成本低廉，但回收所得的制品性能较差，只适用于一些低档制品[15]。

1.4.3 化学回收法

化学回收法是指用不同的化学降解剂和聚氨酯反应，降解得到低分子量的成分。化学降解可分为许多种类型，用不同类型降解剂所得的降解产物不同，其物化性能和作用也不同。现有聚氨酯的降解反应主要有醇解法、碱解法、胺解法、水解法、磷酸酯法等，其原理都是把聚氨酯大分子中含的大量氨基甲酸酯键、醚键、酯键和脲基等断键，使其形成分子量小的含聚酯或者聚醚多元醇或者聚氨酯多元醇及少量胺的液体混合物[16]。其中，醇解法由于温和的反应条件及反应产物的良好性能而受到广泛的关注。

1.4.3.1 醇解法

一般采用低分子量醇和催化剂在一定温度下，将聚氨酯降解成低分子量液体，选择合适的降解剂和降解条件可以获得高质量的多元醇。醇解法的优势在于反应温度不高、反应时间短、降解效率较高，最重要的是醇解产物不用经过复杂的后续处理就可以直接使用。醇解反应一般可在常压、中温的条件下进行。过量的醇解剂通过减压蒸馏方式除去后，得到的醇解产物就可以直接加入原料中重新制备各种聚氨酯制品。

科研工作者至今已对醇解法做了许多研究，主要包括醇解法的降解机理、降解条件的选择、降解产物的组成、降解产物的回收利用等。但是，关于醇解法的降解机理还存在争议，不同的人有不同的看法。目前，人们普遍接受的反应机理是聚氨酯在醇和催化剂的作用下，使得聚氨酯分子中的氨基甲酸酯酯键断裂，被短的醇链取代，释放出长链多元醇和芳香族化合物，从而达到降解的目的[14]。醇解反应中的主要副反应是在醇的作用下，脲基断裂生成胺和多元醇。反应机理可以用图 5-1-7 和图 5-1-8 表示。

$$—R_1—NH—CO—R_2—+HO—R_2—OH \longrightarrow —R_1—NH—CO—O—R_2—OH+—R_2H$$

图 5-1-7 氨基甲酸酯酯键断裂反应机理

$$—R_1—NH—CO—NH—R_1—+HO—R_2—OH \longrightarrow —R_1—NH—CO—O—R_2—OH+—R_1—NH_2$$

图 5-1-8 脲基断裂反应机理

1.4.3.2 胺解法

由于氨基的反应性能强，聚氨酯在较低的温度下，即可被含氨基化合物降解，得到新的羟基和氨基化合物。人们估计用胺代替乙二醇降解废聚氨酯，可以很大程度地提高含降解产物制品的力学强度和抗热性能。

胺解过程，即为聚氨酯分子中的氨基甲酸酯基、缩二脲基、脲基甲酸酯基和脲基等基团断裂的过程，生成一系列新的多元胺、多元醇和芳香族化合物。胺解产物很复杂，很难定性定量分析。用二亚乙基三胺为代表展示胺解反应中的主要反应类型，如图 5-1-9 所示。

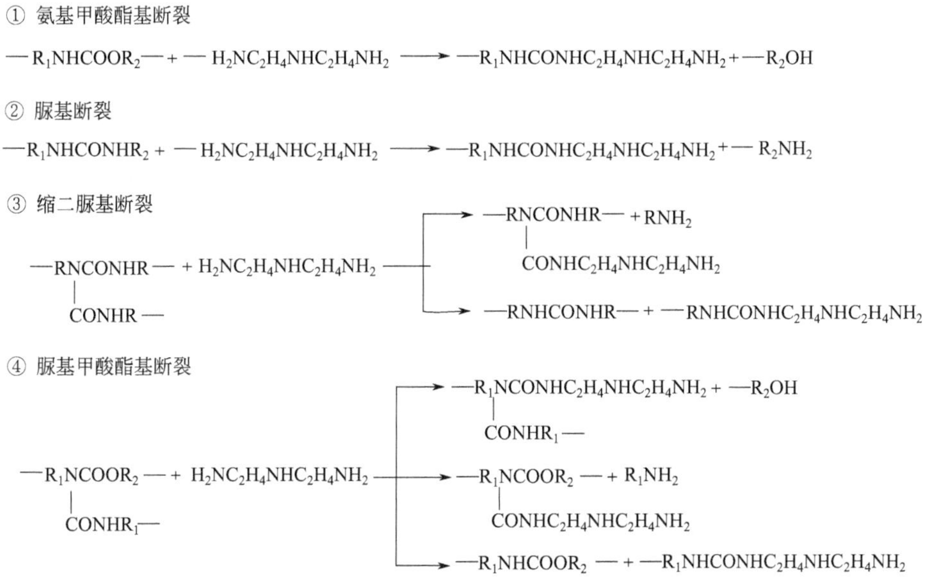

① 氨基甲酸酯基断裂

$$—R_1NHCOOR_2—+—H_2NC_2H_4NHC_2H_4NH_2 \longrightarrow —R_1NHCONHC_2H_4NHC_2H_4NH_2+—R_2OH$$

② 脲基断裂

$$—R_1NHCONHR_2+—H_2NC_2H_4NHC_2H_4NH_2 \longrightarrow —R_1NHCONHC_2H_4NHC_2H_4NH_2+—R_2NH_2$$

③ 缩二脲基断裂

$$\underset{\displaystyle |\atop \displaystyle CONHR—}{—RNCONHR—}+H_2NC_2H_4NHC_2H_4NH_2 \longrightarrow \begin{cases} \underset{\displaystyle |\atop \displaystyle CONHC_2H_4NHC_2H_4NH_2}{—RNCONHR—}+RNH_2 \\ —RNHCONHR—+—RNHCONHC_2H_4NHC_2H_4NH_2 \end{cases}$$

④ 脲基甲酸酯基断裂

$$\underset{\displaystyle |\atop \displaystyle CONHR_1—}{—R_1NCOOR_2—}+H_2NC_2H_4NHC_2H_4NH_2 \longrightarrow \begin{cases} \underset{\displaystyle |\atop \displaystyle CONHR_1—}{—R_1NCONHC_2H_4NHC_2H_4NH_2}+—R_2OH \\ \underset{\displaystyle |\atop \displaystyle CONHC_2H_4NHC_2H_4NH_2}{—R_1NCOOR_2—}+R_1NH_2 \\ —R_1NHCOOR_2—+—R_1NHCONHC_2H_4NHC_2H_4NH_2 \end{cases}$$

图 5-1-9 胺解反应机理

1.4.3.3 水解法

图 5-1-10 是水解反应的基本原理。水解条件如水解温度和水解时间都对水解产物有重要影响，实验得到最佳产物的水解条件是在温度为 523K 下反应 30min，最佳反应条件下产

物中 TDA(二氨基甲苯)含量可以达到 72%。聚氨酯-水的固-液两相系统经过反应后可以转化为液-液两相系统，上层液体是 TDA 的水溶液，下层是聚醚多元醇油状物。水解产物经分离提纯后，得到的二胺可以转化为异氰酸酯，得到的聚醚型多元醇可以掺入原料中用于制备新的聚氨酯制品[17]。

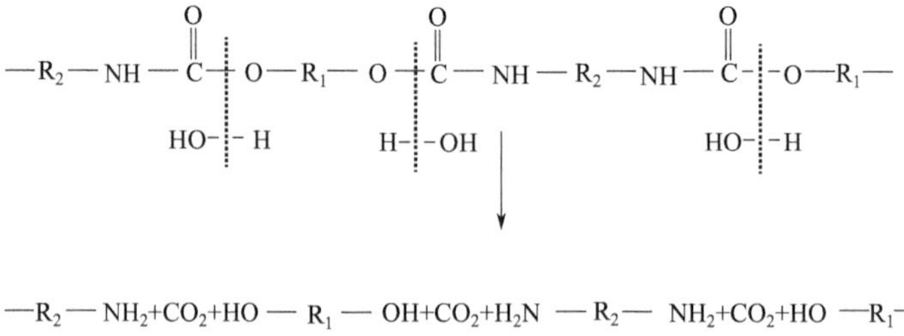

$$-R_2-NH-\overset{O}{\overset{\|}{C}}-O-R_1-O-\overset{O}{\overset{\|}{C}}-NH-R_2-NH-\overset{O}{\overset{\|}{C}}-O-R_1-$$

$$HO-H \qquad H-OH \qquad HO-H$$

$$\downarrow$$

$$-R_2-NH_2+CO_2+HO-R_1-OH+CO_2+H_2N-R_2-NH_2+CO_2+HO-R_1-$$

图 5-1-10 水解反应机理

在水解反应过程中，提高温度和压力或有溶剂存在的条件下都可加快反应速率。Ziyue Dai 等[18]人还对比了用 TDA 和 NaOH 做催化剂的效果反应体系中加入适量的 TDA，可以有效降低泡沫的反应活化能，降低反应温度，提高 TDA 回收率；虽然 NaOH 的碱性比 TDA 的碱性强，但是对此水解反应起不到有效降低反应活化能的作用，对 TDA 的回收率也没有影响。聚氨酯的水解法虽然只利用很环保的水作为降解剂，可该法至今没有得到广泛的应用。这是由于该法反应条件苛刻，需在高温高压下进行，对设备要求高，所得产物也不易提纯，从而使得降解成本大大提高，局限了该法在实际中的应用。

1.4.3.4 碱解法

碱解法是聚氨酯在 MOH(M 是 K、Li、Ca、Na 之一或多种混合物)中降解，生成多元醇和胺。碱解时间一般为 4～6h，反应温度为 160～200℃，碱解反应如图 5-1-11 所示。降解产物可通过萃取的方法将其分离，如加入非极性溶剂和水，降解产物可分布在有机系和水系中。在有机系中可得到聚醚多元醇，该类化合物可直接用于生产聚氨酯泡沫；水系可经过一系列处理如浓缩、结晶和重结晶或真空蒸馏等方法得到二胺，其再经过化学反应可转化为异氰酸酯[19]。虽然碱解反应后所得降解产物易于分离利用，可是降解过程所要求的高温强碱条件，使得该法对设备要求很高，从而大大提高了生产成本，局限了其在工业化中的应用。

$$R_1-NH-CO-O-R_2 \longrightarrow R_1-NCO+R_2-OH$$

$$R_1-NCO+2NaOH \longrightarrow R_1-NH_2+Na_2CO_3$$

图 5-1-11 碱解反应

1.5 环氧树脂涂料的回收再利用

树脂是粉末涂料的主要成膜物质，是决定粉末涂料性质和涂膜性能的最主要成分。树脂可分为热塑性树脂和热固性树脂两大类[20]，环氧树脂属于热固性树脂。由纯环氧树脂所生产出的粉末涂料为环氧粉末涂料，由环氧-聚酯混合所生产的粉末涂料称作环氧-聚酯粉末涂料，又称混合型粉末涂料。

室温固化水性环氧树脂涂料在涂料领域的使用大致分为 4 类。

(1) Ⅰ型水性环氧树脂体系

该体系由水性环氧固化剂和低分子量的液体环氧树脂组成。水性环氧固化剂既是交联剂，又是乳化剂，它在使用前混合乳化便可配成 VOC 涂料。

（2） Ⅱ型水性环氧树脂体系

该体系由高分子量的固体环氧树脂分散体和水性环氧固化剂组成，由于其反应活性低于液态环氧树脂，因此Ⅱ型水性环氧树脂体系的适用期比Ⅰ型长，表干时间比Ⅰ型短。

（3） Ⅲ型水性环氧树脂体系

该体系由低分子量液体环氧树脂乳液和水性环氧固化剂组成，它既含有亲水的表面活性作用的链段，又含有亲油的环氧树脂链段，可大大改善乳化剂和环氧树脂的相容性[21]。

（4） Ⅳ型水性环氧树脂体系

该体系由水性环氧树脂乳液和聚氨酯改性环氧固化剂组成。它是用适量的聚氨酯改性环氧固化剂，以此来固化水性环氧树脂乳液，从而改善水性环氧树脂涂料的性能。

1.5.1 几种常见的环氧树脂种类简介

1.5.1.1 双酚 A 型环氧树脂

目前市场上应用最多的环氧树脂是双酚 A 型环氧树脂，这种树脂是由双酚 A 和环氧氯丙烷反应制备而成[22]。由于制备的双酚 A 型环氧树脂性能优异、产量大、成本相对低廉，因而目前市场上 85%[23]以上是这种环氧树脂。

这种环氧树脂不同单元有着不同的功能，环氧基团活化能比较低，因而赋予该环氧树脂一定的反应活性，醚键赋予柔顺性和耐化学药品性能，苯环提供了较高的强度和耐热性，羟基提供了一定的极性和反应性能，亚甲基也为环氧树脂提供了一定的柔顺性[24]。同种类型的环氧树脂也会因为其固化剂的选择、用量、固化条件的不同而使得本身的交联度差异很大，所以同种类型环氧树脂的固化性能也会有所不同。

1.5.1.2 双酚 S 型环氧树脂

双酚 S 型环氧树脂是由双酚 S 型和氯化聚丙烯反应制备而成。双酚 S 型环氧树脂与双酚 A 型环氧树脂的化学结构比较相似，因此在性能方面相似之处也很多，值得一提的是，双酚 S 型环氧树脂的黏度比相同分子量的双酚 A 型环氧树脂黏度要高一些[25]。双酚 S 型环氧树脂优势是其耐热性能优于双酚 A 型环氧树脂。

1.5.1.3 双酚 F 型环氧树脂

双酚 F 型环氧树脂是由双酚 F 和氯化聚丙烯反应制备而成[26]。双酚 F 型环氧树脂相对于双酚 A 型环氧树脂而言，其单体单元少了两个甲基。之所以研制出双酚 F 型环氧树脂是因为双酚 A 型环氧树脂在冬季常常容易结晶而发生技术操作故障[27]，但是采用双酚 F 型环氧树脂后这种现象则不会出现。同时，双酚 F 型环氧树脂的性能除热变形温度外其他性能均优于双酚 A 型环氧树脂[28]。因此在建材方面双酚 F 型环氧树脂的需求量急剧增加。

1.5.1.4 氢化双酚 A 型环氧树脂

氢化双酚 A 型环氧树脂的制备是先由双酚 A 加氢得到六氢双酚 A，然后再用六氢双酚 A 与氯化聚丙烯反应制得。氢化双酚 A 型环氧树脂的优点是耐候性好、黏度低[29]，缺点是凝胶时间较长，约为双酚 A 型环氧树脂的 2 倍多[30]。

1.5.1.5 卤化环氧树脂

单从机理性能方面讲，卤化环氧树脂的实用性要更大一些。由于在环氧树脂中引入了卤族元素，环氧树脂的机能发生了很大的变化。在环氧树脂的应用过程中，对环氧树脂的阻燃性要求严格的情况有很多，特别是电器行业。提高环氧树脂阻燃性的方法一般有两种，一种是向环氧树脂中添加非反应型阻燃剂，阻燃剂多为氧化铝、氧化锑。这种添加外阻燃剂的方法会使环氧树脂发生起霜现象，影响用于电器行业的环氧树脂的介电性能[31]。因此研制出了直接在现有环氧树脂中引入卤族元素的方法。该种方法制备的卤化环氧树脂便可以作为阻燃性环氧树脂应用于电器行业而很大程度上降低了对材料介电性能方面的影响。目前常见的卤化环氧树脂有溴化环氧树脂和氟化环氧树脂[32]。

1.5.2 环氧树脂回收利用技术

通用环氧树脂是由双酚 A 和环氧氯丙烷制成，双酚 A 也可以用线型酚醛树脂代替形成多官能团(>2) 环氧。环氧树脂可用胺、酸酐等固化，形成不溶不熔的交联产物。

环氧树脂的用途是比较广泛的，主要应用是涂料、复合材料和黏合剂等。增强塑料是环氧树脂的第二大用途，具体应用有印刷电路的层压板、雷达装置的复合材料、商业设备、飞机和汽车部件等。因环氧树脂复合材料具有高强度和优良的尺寸稳定性，所以被广泛用作浇铸和模压的工具、电子元件的包覆、地板和黏合剂。

热固性环氧树脂经粉碎，同样可作填料使用，在此体系中，70%～80%粒子尺寸在200～500μm 范围，剩下的小于 200μm，配比是 80%原始环氧树脂加 20%回收环氧粉末。可以将粉末直接混合后就固化，也可以将粉末经沉泡(1h/90℃) 后再固化。由表 5-1-1 可见，与原始料环氧树脂相比，掺用回收料后弯曲强度、冲击强度有较大幅度的降低，硬度变化不大。对于胺固化体系，经沉泡后粉末的加入使树脂冲击强度有较大的上升，但体系的体积电阻降低。粉末作为填料加入树脂中，固然可以回收利用，但粉末的加入造成黏度增加，会使加工比较困难。

表 5-1-1 粉碎环氧填料对环氧树脂性能的影响

材料	洛氏硬度(L)	弯曲强度/MPa	弯曲模量/MPa	冲击强度/J	热变形温度/℃	体积电阻/$10^{-15}\Omega\cdot cm$
胺固化	120	111	3272	1.13	103	1.700
20%干粉末	129	39	2315	<1.13	90	1.340
20%沉泡粉末	128	46	2239	2.23	108	0.024
酰胺固化	118	84	2638	3.39	60	0.690
20%干粉末	121	82	2507	<1.13	54	2.300
20%沉泡粉末	113	40	1626	1.13	46	0.870
酸酐固化	121	83	2467	2.26	70	12.100
20%干粉末	122	47	2535	1.13	71	7.190
20%沉泡粉末	126	50	1681	<1.13	65	8.010

1.5.2.1 热解法

前已述及，热解是在缺氧或无氧条件下将有机物加热至一定温度，使其分解生成气体、液体(油)、固体(焦) 并加以回收的过程。近年来有机废弃物热解技术以其较低的污染排放和较高的能源回收率得到越来越多的应用。采用热解技术处理废旧树脂，不仅能实现树脂的资源化，回收效果好，污染小，具有一定的吸引力。

热解的一般工艺流程如图 5-1-12 所示。将废旧树脂送入反应器中热解。环氧树脂等聚合物材料在惰性气体保护下加热到一定温度发生热分解，生成低分子量的物质。冷凝由反应器出来的热解油气，得到不凝性气体和液态热解油。金属和玻璃纤维等成分基本不发生性质变化，留在反应器中作为固相残渣，采用简单的物理方法即可分离回收高价值的金属和玻璃纤维。

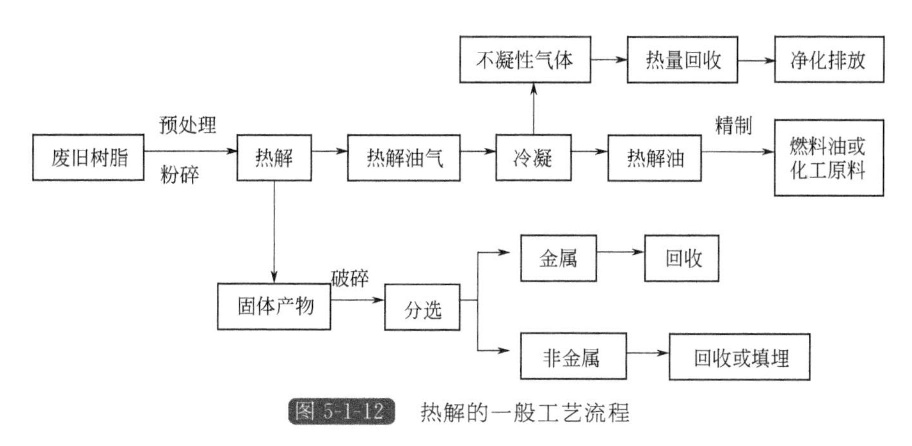

图 5-1-12 热解的一般工艺流程

目前已有的相关研究主要集中在 PCB 热解动力学特性、热解产物的性质、热解过程中含溴阻燃剂的转化和迁移规律以及含溴污染物的控制和脱除。废线路板热解是一个包含无数基元反应的复杂反应。多数学者利用热重分析法，研究废线路板及其主要成分环氧树脂的热解动力学，并结合热解产物提出相应的热解机理。

孙路石等[32]还指出环氧树脂 PCB 的热解油产物中，轻石脑油的氧含量较高，热值很低(约 8MJ/kg)；重石脑油的热值较高(约 28～32MJ/kg)，但相比燃料重油的热值(约 37MJ/kg) 仍有一定差距。热解得到的液体油产物必须要经过适度氢化、脱氧脱水等处理后，才可作为燃料油使用。

1.5.2.2 化学溶液回收法

化学溶液回收法是利用特定的有机或无机溶剂，在一定的温度和压力下，以及有催化剂存在的情况下，将网状的热固性环氧树脂分解成低分子量的线型有机化合物的过程，并把分解得到的有机物和分离得到的无机填料作为原料重新利用的方法。化学溶液法的目的与热解法类似，都是将热固性的环氧树脂分解还原为低分子量的有机物质，但溶液回收法工艺相对温和，分解温度比热解法低，所需设备也相对简单。化学回收再生的技术在资源和能源的有效利用、减少环境负荷上具有很大的优势，它的研究引起了世界的普遍重视。

根据大量的研究结果得知，采用酸溶液法回收热固性环氧树脂的研究主要受到研究固化环氧树脂耐酸性差的启发，所用的热固性环氧树脂塑料都是事先在实验室合成的具有明确的结构和交联剂的材料，成分比较单一，因此利用酸溶液进行废弃环氧树脂复合材料回收的研究工作还有待进一步拓展[33]。

1.5.2.3 物理回收利用法

物理回收利用法，相对于热解法和化学溶液法来说，处理过程中固化环氧树脂不发生化学反应，本体热固性不变，主要通过机械破碎、分选、筛分等物理机械工艺获得不同粒径尺寸的粉碎料，然后将这些粉碎料加工应用于不同制品中。物理回收利用法由于操作工艺简便，废弃物全部得到利用，处置过程中不产生废液、废渣等优点而受到更多关注，在我国已逐渐成为研究热点。

对于废 PCB 中环氧树脂的物理回收利用，首先需要通过破碎工艺将废 PCB 中的金属与非金属解离，破碎过程一般包括两个阶段：一级破碎一般使用剪切式破碎机将物料先破碎成粒径 1～2mm 的大颗粒；二级破碎可采用锤式破碎机将大颗粒继续粉碎为粒径 100～300μm 的小颗粒粉料。实践证明，当粉碎粒径达到 125μm 左右时，废 PCB 颗粒中金属含量已经很低，基本能实现金属和非金属的完全分离[34]。然后根据金属与非金属材料物理性能的差异，采用风力分选、磁选、筛分、涡流分选和电选等选矿的方法将这些材料分离，回收得到的非金属材料粉碎料，即是 PCB 中环氧树脂基材的粉碎料。

回收得到的非金属粉碎料主要包括无机增强材料(如玻璃纤维)、热固性环氧树脂和各类添加剂，目前，所研究的利用这些粉料生产再生制品，主要可以分为两大类：第一类为无机再生制品，即将这些非金属粉料作为填料或主体材料制备无机材料再生产品，如地砖、人造木材、混凝土替代材料等。第二类为有机再生制品，即将这些非金属粉料作为填料添加到有机高分子材料中制成聚合物基复合材料，如环氧树脂复合材料或其他再生复合材料、建筑结构材料、涂料、黏合剂等。

(1) 应用于无机再生制品中

利用 PCB 非金属粉料具有刚性、耐热性、阻燃性、质轻等常规填料不具有的优良特性，可将其作为填料甚至是主体材料，应用到无机再生制品的生产中，如制成各种建筑材料和框架材料(混凝土、地砖、人造木材等)、各类景观材料(石膏模型雕塑、装饰板等)，但目前此类研究还处于可行性研究阶段，实用性有待研究。

(2) 应用于有机再生制品中

由于 PCB 非金属粉料中的树脂大部分为固化的环氧树脂，与其原始的液态环氧树脂(EP) 具有良好的相容性，因此较早的研究是将 PCB 非金属粉料混入未交联的 EP 后再进行交联固化，制成各类能满足要求的环氧树脂再生制品。可行性研究结果发现，PCB 非金属粉料对再生材料的力学性能有一定不利影响，但通过控制投加比例和配方工艺优化，再生制品的力学性能可达到基本要求，同时，还可提高制品的耐热性、耐老化性等热力学性能。

第2章

废旧高分子胶黏剂的高值利用

2.1 概述

胶黏剂属于高分子化合物，它是通过界面的黏附和内聚等作用，使两种或者两种以上的材料黏结在一起的天然的或者合成的有机或无机物质，又叫黏合剂，习惯上简称为胶。随着生产工艺的进步，胶黏剂由于其多功能、高性能在建筑工程、纸制品及包装、制鞋、汽车、电子、家用电器、住房设备、航空航天、生物医药和新能源等行业得到广泛的应用[35,36]。

我国是发现和使用天然胶黏剂最早的国家之一。远古时代就有黄帝煮胶的故事，一些古代书籍就有关于胶黏剂制造和使用的踪迹，足以证明我国使用胶黏剂的历史之悠久。伴随着生产和生活水平的提高，普通分子结构的胶黏剂已经远不能满足人们在生产生活中的应用，这时高分子材料和纳米材料成为改善各种材料性能的有效途径，高分子类聚合物和纳米聚合物成为胶黏剂重要的研究方向。在工业企业现代化的发展中，传统的以金属修复方法为主的设备维护工艺技术已经不能满足针对更多高新设备的维护需求，为此诞生了包括高分子复合材料在内的更多新的胶黏剂，以便解决更多问题，满足新的应用需求。20世纪后期，世界发达国家以美国福世蓝(1st line) 公司为代表的研发机构，研发了以高分子材料和复合材料技术为基础的高分子复合型胶黏剂，它是以高分子复合聚合物与金属粉末或陶瓷粒组成的双组分或多组分的复合材料，它可以极大地解决和弥补金属材料的应用弱项，可广泛用于设备部件的磨损、冲刷、腐蚀、渗漏、裂纹、划伤等修复保护。高分子复合材料技术已发展成为重要的现代化胶黏剂应用技术之一。

2.2 胶黏剂的组成

胶黏剂的组成较为复杂，主要分为基料、固化剂、稀释剂、偶联剂、填料及改性助剂[36]，其各组成部分的作用如下。

(1) 基料

它是胶黏剂的主体材料，是起粘接作用的主要成分，其性质决定了胶黏剂的性能、用途和使用条件。主体材料一般多为各种树脂、橡胶类及天然高分子化合物，胶黏剂一般由1～3种主体材料组成。

(2) 固化剂

固化剂是促使黏结物质通过化学反应加快固化的组分。有的胶黏剂中的树脂(如环氧树脂) 若不加固化剂，其本身不能变成坚硬的固体。固化剂也是胶黏剂的主要组分，其性质和用量对胶黏剂的性能起着重要的作用。

(3) 稀释剂

稀释剂也称溶剂，是用来降低胶黏剂黏度的液体物质。稀释剂分为活性和非活性两种，活性稀释剂含有活性基团，能参与最后的固化反应；而非活性稀释剂没有活性基团，不参与反应，仅起到降低黏度的作用。另外稀释剂还有润湿填料的作用。

(4) 偶联剂

偶联剂是用于提高被粘物与胶黏剂胶接能力的物质。其分子结构上带有不同性质的活性基团，一部分能与被粘物反应，另一部分能与胶黏剂反应，从而使两种不同的材料"联"起来。

(5) 填料

为改善胶黏剂性能或降低成本而加入的一种非黏性固体物质。填料在胶黏剂组分中不与主体材料发生化学反应，它能使胶黏剂的稠度增加、热膨胀系数降低、收缩性减小、抗冲击强度和机械强度提高。

(6) 改性助剂

除以上几种主要成分外，胶黏剂中还含有稳定剂、增稠剂、增韧剂、分散剂、防老剂、阻燃剂、乳化剂、增塑剂等，其目的都是为了改善或提高胶黏剂的总体性能。

2.3 胶黏剂的分类

胶黏剂存在的种类繁多，可以按不同的分类标准将胶黏剂简单分类如下。

(1) 依据胶黏剂的来源分类

按照胶黏剂的来源可以分为天然胶黏剂和合成胶黏剂，例如天然橡胶、沥青、松香、明胶、纤维素、淀粉胶等都属于天然胶黏剂，而采用聚合方法人工合成的各种胶黏剂均属于合成胶黏剂的范畴。

(2) 依据胶黏剂黏料的化学性质分类

根据胶黏剂黏料的化学性质可以分为无机胶黏剂和有机胶黏剂，例如水玻璃、水泥、石膏等均可以作为无机胶黏剂使用，而以高分子材料为黏料的胶黏剂均属于有机胶黏剂。有机胶黏剂再按照结构可以分为热塑性树脂、热固性树脂、橡胶胶黏剂等几种。

(3) 依据胶黏剂的物理状态分类

按照胶黏剂的物理状态可以分为液态、固态和糊状胶黏剂，其中固态胶黏剂又有粉末状和薄膜状的，而液态胶黏剂则可以分为水溶液型、有机溶液型、水乳液型和非水介质分散型等。

(4) 依据胶黏剂的应用方式分类

从胶黏剂的应用方式可以将其分为压敏胶、再湿胶黏剂、瞬干胶黏剂、延迟胶黏剂等。

(5) 依据胶黏剂的使用温度范围分类

从胶黏剂的使用温度范围，可以将其分为耐高温、耐低温和常温使用的胶黏剂；而根据其固化温度则可以分为常温固化型、中温固化型和高温固化型胶黏剂。

(6) 依据胶黏剂的应用领域分类

从胶黏剂的应用领域来分，胶黏剂主要分为土木建筑、纸张与植物、汽车、飞机和船舶、电子电气以及医疗卫生用胶黏剂等种类。

(7) 依据胶黏剂的化学成分分类

从胶黏剂的化学成分可以分为各种具体的胶黏剂种类，如环氧树脂胶黏剂、聚氨酯胶黏剂、聚醋酸乙烯胶黏剂等。

2.4 胶黏剂的应用现状

目前，胶黏剂消费市场主要集中在亚洲、北美和西欧等地区。2015 年全球各地区胶黏剂的消费情况如表 5-2-1 所示。2015 年全球胶黏剂和密封剂的消费量近 1780 万吨，消费额近 480 亿美元[37]；其中，亚洲地区消费量约 888 万吨，占全球胶黏剂总消费量的 50%。

表 5-2-1 2015 年全球各地区胶黏剂的消费量

地区	消费量/万吨	占比/%
北美	380	21.4
西欧	342	19.2
亚洲	888	50.0
其他	168	9.4
总和	1778	100

亚洲是胶黏剂和密封剂的最大消费市场，2011～2015 年消费量增加了约 10%，预计未来 5 年将以年均 3.5%的速度增长[38]。我国占亚洲总消费量的 70%以上，而印度、韩国、新加坡等国家则是胶黏剂的新兴市场。现阶段我国产业结构调整为扩大内需，故将继续保持增长的势头。截至 2016 年，我国胶黏剂产量已经达到 700 万吨。目前我国胶黏剂生产企业超过千家，胶黏剂的品种也超过 3000 种。随着科技的进步，我国胶黏剂工业生产技术水平将逐步提高。

在我国生产的各类胶黏剂中，以“三醛”胶(脲醛、酚醛和三聚氰胺甲醛树脂胶) 和乳液型胶黏剂产量最大。从应用情况看，胶合板和木工用胶量最大，约占总胶黏剂量的 46.97%，建筑材料用胶黏剂占 26.12%，包装及商标用胶黏剂约占 12.15%，制鞋及皮革用胶黏剂占 6.07%，其他胶黏剂占 8.7%。从整个胶黏剂市场看，胶黏剂的交易价格呈上涨趋势，高价位、高附加值的产品需求量逐步增大。虽然我国胶黏剂产量日益增加，但是产品主要以低中档为主，同时胶黏剂的质量不高、技术含量低、品种单一，高档胶黏剂在市场上占据的份额相对较低，最终出现高产量低产值的现象，产值仅仅占到 7%[39]。

2.5 废旧高分子胶黏剂的综合利用

2.5.1 废旧锂电池中胶黏剂的回收

21 世纪以来，随着手机的普及以及不断地更新换代，锂离子电池得到了蓬勃发展，同时废旧锂离子电池的处理也成了一个问题。国内目前没有进行锂电池专业回收、处理的企业，也没有可用于生产过程的经验和工艺，对于报废的锂离子电池只是采取填埋处理。这种做法不仅不能适应经济可持续发展的需要，而且也给环境治理带来很大压力。报废的锂离子电池会因安全装置破坏，可使电池内部含磷电解液逐渐泄漏，并且电池内部含有的钴、铜、镍等重金属元素，造成环境污染的隐患。

市面上常见的锂离子电池正极一般采用 $LiCoO_2$[40]，负极为石墨。负极由 90%的负极活性物质碳素材料、4%～5%的乙炔黑导电剂、6%～7%的黏结剂均匀混合后，涂布于厚约 15μm 的铜箔集流体上。隔膜材料为多孔聚乙烯或聚丙烯。电解液由电解质和有机溶剂组成，电解质一般为锂盐，有机溶剂为碳酸酯类。黏结剂主要成分是聚偏氟乙烯(PVDF)、聚四氟乙烯(PTFE) 等。因此，易造成环境污染的成分主要有重金属、含锂电解质、有机溶剂以及塑料等。

目前锂离子电池的处理中，重金属离子主要采用酸浸和电解的方法进行处理，含锂电解质则采用还原法进行回收，而有机物却笼统地采用焚烧的方法去除[41,42]。焚烧的方法不但会造成一定的污染，而且在焚烧过程中存在爆炸的危险。

孙丽军等[43]率先选用 NMP 对有机溶剂和胶黏剂中的主要成分 PVDF 进行回收。首先在废旧锂离子电池中用 NMP 作为漂洗溶剂溶解胶黏剂，然后通过向含有胶黏剂的滤液中加入一种与 NMP 相溶，且对胶黏剂不溶或溶解度较小、沸点较低的有机溶剂(一般为无水乙醇) 来改变 NMP 对胶黏剂的溶解性能，使得胶黏剂从体系中析出。通过对混合溶液进行蒸馏、回收得到两种 NMP 和乙醇。

2.5.2 脲醛树脂胶黏剂中凝胶的再利用

脲醛树脂(UF) 胶黏剂是木材加工行业中最主要的胶黏剂之一，由于其具有生产工艺简单、成本低、性能佳和使用方便等优点，因此其用量占板材用胶黏剂的 90%以上[44]。但是，在脲醛树脂胶黏剂生产过程中经常出现由多种原因导致的凝胶现象，轻者整批产品作废，重者造成“固罐”，致使企业长时间停产。

时运铭等[45]经过多次实验研究出凝胶再利用的工艺条件：将甲醛溶液加入到反应器中，用 30% NaOH 溶液调节 pH 值至 8.5，边搅拌边加入凝胶，凝胶的加入量以满足体系中 n(甲醛)∶n(尿素) ≥5.5∶1 为宜，然后缓慢升温至 50℃，在该温度条件下搅拌至凝胶全部溶解，之后的操作同正常 UF 胶黏剂的生产工艺。

性能测试结果表明，在生产过程中加入凝胶制取的 UF 胶黏剂，其各项性能指标与正常生产过程中制取的 UF 胶黏剂相当。

2.5.3 可回收的地毯背衬胶

BASF Corp 制备的可回收地毯背衬胶由苯乙烯、丁二烯、甲基丙烯酸、衣康酸共聚乳液和陶土填料组成，是用于尼龙面织物和聚丙烯纤维的地毯胶黏剂[46]。该种地毯背衬胶在碱溶液中，剪力易使胶黏剂完全从面织物上除去，从而实现回收利用。

第3章

其他高分子材料概述

随着社会和科学技术的飞速发展及人们的消费习惯的改变，人们使用的高分子材料数量也迅速增加，以塑料、纤维、橡胶为主体的高分子材料在我们的生活当中随处可见，关于这类废旧的高分子材料的高值化利用在前面几章中已详细说明。除了上述的废旧高分子材料，还有无机高分子材料（如金刚石、石墨、二氧化硅、玻璃、陶瓷等）[47]和高分子复合材料（PP/PE），还有废弃印刷电路板废旧蛋白质基材料、废旧淀粉基材料、石墨烯基材料、中药渣等。

纳米晶软磁材料具有优异的综合磁性能、高的磁导率、高的饱和磁感、低的损耗，可取代目前市场上所有的软磁材料，有非常广泛的应用前景。王巧玲等[48]利用废纳米晶磁片，加入环氧树脂复合材料中，研究纳米晶软磁材料的质量分数对环氧树脂复合材料的电磁屏蔽功能和保温性能的影响。结果显示，在实验范围内，环氧树脂复合材料中加入纳米晶软磁材料可以提高电磁屏蔽效率，而且不影响其保温性能。随着废纳米晶磁片的质量分数增加，复合材料的工频电磁屏蔽效率明显增大，尤其是整片纳米晶磁片加入后，其工频和高频电磁屏蔽效率可达90%以上；由于其热导率较小，不随其他成分的改变而大幅度变化，复合材料具有较好的保温性能。环氧树脂复合材料的原料是废纳米晶磁片、废玻璃、废塑料和SiC粉末等，因此具有节能减排和废物回用效果，是一种具有应用价值的环保材料。国外有学者利用复合材料方法制备磁性薄膜，如将纳米晶的金属软磁颗粒弥散分布在高电阻的非磁性材料中构成两相组织的纳米颗粒薄膜，这种薄膜最大的特点是电阻率高，在100MHz以上超高频段显示出优良的软磁性。

吕芳兵[49]选用1-烯丙基-3-甲基咪唑氯盐（[AMIM]Cl）和1-丁基-3-甲基咪唑氯盐（[BMIM]Cl）两种咪唑型离子液体，在选择性溶解机理作用下分离废旧聚酰胺/棉织物中的聚酰胺和棉纤维组分，制备再生纤维素，之后采用熔融共混和原位共聚两种方法回收废旧聚酰胺纤维，制备再利用自增强聚酰胺复合材料，实现分离后棉纤维和聚酰胺充分有效地再利用。

印刷电路板一般用聚酰亚胺或聚酯薄膜为基材制成，可见电路板的基板材料主要为高分子材料作为增强材料和绝缘胶黏材料。传统机械分选根据电路板各成分的性质，采用破碎、筛分、磁选、涡流分选、静电分选等技术分离回收电路板中有价成分，其中机械分选得到的非金属粉末又称VT粉，主要含有玻璃纤维、热固性树脂等。物理回收非金属组分的关键是如何把VT粉高效、廉价和安全地用作各种材料的填料。目前，物理方法处理废弃电路板非金属组分主要有结构材料填料、改性塑料组分和建筑材料改性增强材料三种用途。格林美公司[50]利用VT粉和废弃塑料作为填充剂，开发了一种生产外观酷似木材而性能又优于木材的塑木型材。此方法可以实现电路板非金属组分和废旧轮胎橡胶粉的无害化资源化利用，具有环保、经济、原材料供应广泛等优点。李金惠等[51]利用VT粉和ABS树脂制备复合材料，将硅烷偶联剂KH-560醇解后加入VT粉中，再将改性后的VT粉、ABS树脂、加工助剂置于高速混合机中混合，经挤出、造粒、注射成型后制备电路板非金属粉/ABS树脂复合材料。郭久勇[52]利用VT粉作为改性剂，制备改性沥青。VT粉中的玻璃纤维和树脂粉产生复合增强效应，降低了沥青的温度敏感性，提高了沥青的综合使用性能。郭杰[53]也曾将不同粒径VT粉进行沥青改性，研究VT粉对沥青常规性能和流变性能的影响。

动、植物废弃蛋白主要来源于动物角蛋白、大豆残渣蛋白、小麦麸质蛋白等。角蛋白是农副产品中被废弃最多的蛋白质，广泛存在于毛发、蹄和指甲中。其中动物毛发(包括人发)和家禽羽毛中角蛋白质量分数超过90%[54]，中国年产家禽羽毛70多万吨[55]，除少部分作为保暖填充材料外，绝大部分被废弃。近年来，从废弃羽毛中提取羽毛角蛋白(feather keratin，FK)的新工艺已有报道[56,57]，可从废弃羽毛和猪毛中提取角蛋白直接制成膜材料[58]；可制备具有可控释放性能的高分子凝胶[59,60]；角蛋白结合金属离子、金属配合物后具有良好的抗氧化性[61]；FK经改性后可用于淀粉废水的处理[62]；FK改性CdS的半导体材料FK-Cd(Ⅱ)能降解染料废水[63]。另外，水产动物加工废弃物(包括皮、骨、鳞)中所含有的丰富胶原蛋白具有很多牲畜胶原蛋白没有的优点，如具有低抗原性、低过敏性等[64,65]。蛋白生物塑料也是当前重点开发的生物降解塑料之一，已应用于许多领域。如农用薄膜、植物培养塑料盆、塑料花瓶[66]、医用输液管、药物载体[67]、食品包装等[68]。

中药渣含有大量有益组分，比如粗纤维、粗蛋白、多糖、粗脂肪以及多种微量元素等，可以变废为宝、循环利用。当今面临能源危机，药渣机制炭、中药药渣燃油、药渣发酵沼气均可以为目前寻找新能源提供思路。韦平英等[69]研究了板蓝根药渣(由广西永福制药厂提供)对配制的低浓度含铅废水的吸附特性。板蓝根药渣能快速、大量地吸附铅。用0.1～0.2mol/L的NaOH溶液预处理板蓝根药渣，能有效提高其吸附铅的能力。孟小燕等[70]采用沸石分子筛、介孔分子筛、Al_2O_3作为催化剂，研究了丹参药渣催化裂解资源化技术。实验得出：以Al_2O_3作为催化剂，裂解温度为450℃，Al_2O_3投加量为10%时，燃油产率最高，为34.26%，燃油热值为24.91MJ/kg。除此之外，中药渣还可以与其他材料复合使用，实现高值化利用。冯彦洪等[71]对几种中药渣(山芝麻、葫芦茶、三叉苦、广藿香)进行蒸汽爆破处理，以马来酸酐改性无规共聚聚丙烯(MAPP)作为相容剂，与聚丙烯(PP)复合制备复合材料，实现几种中药渣废弃物资源的高值化利用。

参考文献

[1] 鄂忠敏. 2015年1—8月中国各省市涂料产量统计. 涂料技术与文摘，2015，(9)：1.

[2] 沈浩. 涂料行业职业基本知识与基本技能（一）——涂料的功能和分类. 上海染料，2013，41(4)：55-56.

[3] 涂纪冰. 醇酸树脂漆. 化学工业，1995，(3).

[4] 刘祥庆. 氨基树脂涂料的现状与发展. 中国涂料，1995，(5)：22-25.

[5] 施雪珍，海特. 水性环氧树脂涂料的特点及应用. 涂料指南，2005，(B04)：8-9.

[6] 吴玉霞. 环氧树脂粉末涂料技术. 微电机，1994，(3)：38-39.

[7] 杨立群，田志斌. 粉末涂料及其发展. 电镀与涂饰，1995，(4)：43-47.

[8] 高美平，聂磊，邵霞，等. 国内外建筑涂料行业VOCs污染控制法规与标准研究. 中国涂料，2017，32(3).

[9] 顾佳杰，胡喆．水性工业涂料技术发展趋势．上海化工，2017，42(6)：34-37.
[10] 武利民．我国涂料研究开发与发达国家之间的差距．中国涂料，2000，(4)：14-17.
[11] 叶春波．中国涂料行业 2016 年发展趋势：涂料产量增速放缓成新常态．石油化工腐蚀与防护，2017，(1)：57.
[12] 吴向平，宁波，郭滟，等．2015 年度中国粉末涂料行业运行分析．涂料技术与文摘，2017，(2)：43-50.
[13] 刘益军．聚氨酯树脂及其应用．北京：化学工业出版社，2012：3-5.
[14] Hicks D，Krommenhoek M，Soderberg D，et al. Polyurethanes recycling and waste management. Utech，1994.
[15] 张俊良．反应注射成型聚氨酯废材的回收利用．黎明化工，1994，(5)：25-28.
[16] 吴自强，曹红军．废聚氨酯的综合利用．再生资源与循环经济，2003，(4)：19-23.
[17] Xue S，Omoto M，Hidai T，et al. Preparation of epoxy hardeners from waste rigid polyurethane foam and their application. Journal of Applied Polymer Science，2010，56(2)：127-134.
[18] Dai Z Y，Hatano B，Kadokawa J I，et al. Effect of diaminotoluene on the decomposition of polyurethane foam waste in superheated water. Polymer Degradation & Stability，2002，76(2)：179-184.
[19] 王静荣，陈大俊．聚氨酯废弃物回收利用的物理化学方法．弹性体，2003，13(6)：61-65.
[20] 孙曼灵．环氧树脂应用原理与技术．北京：机械工业出版社，2002.
[21] Chen C，Benson T T. Fully exfoliated layered silicate epoxy nanocomposites. Journal of Polymer Science Part B Polymer Physics，2010，42(21)：3981-3986.
[22] 杨永超．环氧氯丙烷-环氧树脂的制备及可行性研究．长春：吉林大学，2015.
[23] 陈平，王德中．环氧树脂及其应用．北京：化学工业出版社，2004：124-127.
[24] Fanliang Meng，Sixun Zheng，Weian Zhang，et al. Nanostructured thermosetting blends of epoxy resin and amphiphilic poly(ε-caprolactone)-block-polybutadiene-block-poly(ε-caprolactone) triblock copolymer. Macromolecules，2006，39(2).
[25] 汪国庆．低粘度环氧树脂体系的合成及性能研究．武汉：武汉理工大学，2010.
[26] 洪晓斌，谢凯，肖加余．有机硅改性双酚 F 环氧树脂固化反应．应用化学，2007，24(11)：1263-1267.
[27] 陈宗旻，杨守义，杨建萍．双酚 A 低分子结晶环氧研究．绝缘材料，1981，(4)：25-28.
[28] 俞计华，盘毅，胡芸，等．低粘度液态双酚 F 型环氧树脂的性能研究．热固性树脂，2001，16(4)：1-2.
[29] Akiyama T，Takei K. Synthesis and characterization of rigid aromatic-based epoxy resin. Journal of the Institute of Television Engineers of Japan，2009，4(2)：68-75.
[30] 肖玲．四种新型环氧树脂用磷氮阻燃剂的合成及应用研究．北京：清华大学，2013.
[31] 钱立军，周政懋，李响，等．阻燃添加剂用溴化环氧树脂的合成．塑料，2003，32(5)：81-84.
[32] 孙路石，陆继东，王世杰，等．溴化环氧树脂印刷线路板热解产物的分析．华中科技大学学报：自然科学版，2003，31(8)：50-52.
[33] 董奇志．双酚 F 型及双酚 F/A 型环氧树脂的合成与性能研究．长沙：中国人民解放军国防科学技术大学，2002.
[34] Sembokuya H，Shiraishi F，Kubouchi M，et al. Corrosion behavior of epoxy resin filled with ground resin in sulfuric acid solution (composite materials). Journal of the Society of Materials Science Japan，2003，52(8)：903-908.
[35] 王慎敏，王继华．胶黏剂．北京：化学工业出版社，2011.
[36] 李和平．胶黏剂．北京：化学工业出版社，2005.
[37] 李清．全球胶粘剂行业发展现状及研究进展．中国胶粘剂，2017，(6).
[38] 闫华，董波．我国胶黏剂的现状及发展趋势．化学与粘合，2007，29(1)：39-43.
[39] 龚辈凡．我国胶粘剂工业发展趋势与对策．中国胶粘剂，2001，10(5)：38-41.
[40] 黄彦瑜．锂电池发展简史．物理，2007，36(8)：643-651.
[41] Lee C K，Rhee K I. Preparation of $LiCoO_2$ from spent lithium-ion batteries. Journal of Power Sources，2002，109(1)：17-21.
[42] 王晓峰，孔祥华，赵增营．锂离子电池中贵重金属的回收．电池，2001，(01)：14-15.
[43] 孙丽军．废旧锂离子电池中胶黏剂的回收．黑龙江科技信息，2014，(25)：95.
[44] 费广泰，龚辈凡．我国合成胶粘剂工业的发展．中国胶粘剂，2000，(04)：39-44.
[45] 时运铭，任蕾．脲醛树脂胶粘剂生产中凝胶的产生条件及其再利用研究．中国胶粘剂，2009，(06)：5-7.
[46] 可回收的地毯背衬胶．中国胶粘剂，2003，(1)：64.

[47] 黄曦．无机高分子结合剂在超硬材料制品中应用初探．2010 海峡两岸超硬材料技术发展论坛，2012.
[48] 王巧玲，刘妍慧，赵浩峰，等．废纳米晶磁片植入环氧树脂复合材料的电磁屏蔽作用．上海塑料，2016，(03)：36-39.
[49] 吕芳兵．离子液体溶解分离废旧聚酰胺/棉织物及其再利用复合材料性能研究，无锡：江南大学，2016.
[50] 许开华．一种橡塑再生粒料：中国，CN177549A. 2006-05-24.
[51] 李金惠，只艳，朱剑锋，等．废印刷电路板非金属粉/ABS 树脂复合材料及制备方法：中国，C4103087458A. 2013-05-08.
[52] 郭久勇．废弃电路板非金属材料填充不饱和聚酯团状模塑料及改性沥青研究．上海：上海交通大学，2009.
[53] 郭杰．破碎-分选废弃电路板中非金属粉的资源化利用研究．上海：上海交通大学，2011.
[54] Coward-Kelly G，Agbogbo F K，Holtzapple M T. Lime treatment of keratinous materials for the generation of highly digestible animal feed：2. Animal hair. Bioresource Technol，2006，97(11)：1344-1352.
[55] Yun Xia，Massé D I，Mcallister T A，et al. Identity and diversity of archaeal communities during anaerobic co-digestion of chicken feathers and other animal wastes. Bioresource Technology，2012，110(4)：111-119.
[56] Yin Xiaochun，Li Fangying，He Yufeng，et al. Study on effective extraction of chicken feather keratins and their films for controlling drug release. Biomaterials Science，2013，1(5)：528-536.
[57] Guo Juhau，Pan Sujuan，Yin Xiaochun，et al. pH-sensitive keratin-based polymer hydrogel and its controllable drug-release behavior. Journal of Applied Polymer Science，2015，132(9)：1-8.
[58] Li Fangying，Wang Rongmin，He Yufeng，et al. Keratin films from chicken feathers for controlled drug release. Journal of Controlled Release，2011，152(152)：92-93.
[59] Pan Sujuan，Yin Xiaochun，He Yufeng，et al. Influence of preparation conditions on the properties of keratin- based polymer hydrogel. Arabian Journal for Science and Engineering，2015，40(10)：2853-2859.
[60] Li Tao，Yin Xiaochun，Zhai Wenzhong，et al. Enzymatic digestion of keratin for preparing a pH-sensitive biopolymer hydrogel. Australian Journal of Chemistry，2016，69(2)：191-197.
[61] Li Xiaoxiao，Wang Rongmin，He Yufeng，et al. Feather keratin binding transition metal ions formimicking antioxidant enzyme. Journal of Controlled Release，2013，172(1)：136-137.
[62] Wang Rongmin，Li Fangying，Wang Xiaojie，et al. The application of feather keratin and its derivatives in treatment of potato starch wastewater. Functional Materials Letters，2010，3(3)：213-216.
[63] Wang Qizhao，Lian Juhong，Ma Qiong，et al. Photodegradation of Rhodamine B over a novel photocatalyst of feather keratin decorated CdS under visible light irradiation. New Journal of Chemistry，2015，39(9)：7112-7119.
[64] Nakchum L，Kim S M. Preparation of squid skin collagen hydrolysate as an antihyaluronidase，antityrosinase，and antioxidant agent. Preparative Biochemistry and Biotechnology，2016，46(2)：123-130.
[65] Lee J K，Sang I K，Yong J K，et al. Comparison of collagen characteristics of sea- and freshwater- rainbow trout skin. Food Science and Biotechnology，2016，25(1)：131-136.
[66] Wool R P，Sun X S. Bio-based polymers and composites. Amsterdam：Elsevier Science & Technology，2005：411-447.
[67] Santin M，Ambrosio L. Soybean-based biomaterials：Preparation，properties and tissue regeneration potential. Expert Rev Med Devic，2008，5(3)：349-358.
[68] Song Fei，Tang Daolu，Wang Xiuli，et al. Biodegradable soy protein isolatebased materials：A review. Biomacromolecules，2011，12(10)：3369-3380.
[69] 韦平英，魏东林，莫德清．板蓝根药渣对低浓度含铅废水的吸附特性研究．离子交换与吸附，2003，19(4)：351-356.
[70] 孟小燕，于宏兵，王攀，等．低碳经济视角下中药行业药渣催化裂解资源化研究．环境污染与防治，2010，32(6)：32-35.
[71] 冯彦洪，张叶青，李向丽，等．几种中药渣/PP 复合材料的制备与性能．高分子材料科学与工程，2012，28(5)：121-124.

索　引

（按汉语拼音排序）

K

L

M

N

O

P

Q

R

Y

Z

其他